普通高等教育系列教材

SolidWorks 2018 三维设计及应用教程

商跃进　曹　茹　等编著

机 械 工 业 出 版 社

本书系统地介绍了计算机三维辅助机械设计的基本原理及实现方法。通过设计案例，以SolidWorks及其插件为平台，详细介绍了使用现代工具进行零件建模、虚拟装配、图纸绘制及产品展示等CAD技术，进行运动仿真和FEM分析的CAE技术以及进行数控铣削和车削编程的CAM技术。全书包括三维设计概述、零件参数化设计、虚拟装配设计、工程图创建、SolidWorks提高设计效率的方法、机构运动/动力学仿真、机械零件结构设计和计算机辅助制造共8部分。本书最大的特色是基于OBE理念，根据“因用而学”的原则，内容安排系统全面、原理归纳精炼通用、范例实践仿真实用。

本书可作为大、中专院校机械类专业和各种培训机构相关课程的教材和参考书，也可供从事机械CAD/CAE/CAM研究与应用的工程技术人员和研究人员参阅。

本书配有电子教案，需要的教师可登录www.cmpedu.com免费注册，审核通过后下载，或联系编辑索取（微信：15910938545，电话：010-88379739）。

图书在版编目（CIP）数据

SolidWorks 2018三维设计及应用教程/商跃进等编著. —4版. —北京：机械工业出版社，2018.3（2024.8重印）
普通高等教育系列教材
ISBN 978-7-111-59422-2

Ⅰ. ①S… Ⅱ. ①商… Ⅲ. ①机械设计-计算机辅助设计-应用软件-高等学校-教材 Ⅳ. ①TH122

中国版本图书馆CIP数据核字（2018）第050868号

机械工业出版社（北京市百万庄大街22号 邮政编码100037）
策划编辑：和庆娣 责任编辑：和庆娣 胡 静
责任校对：张艳霞 责任印制：单爱军
河北泓景印刷有限公司印刷

2024年8月第4版·第15次印刷
184mm×260mm·20.25印张·496千字
标准书号：ISBN 978-7-111-59422-2
定价：59.00元

电话服务
客服电话：010-88361066
010-88379833
010-68326294

网络服务
机 工 官 网：www.cmpbook.com
机 工 官 博：weibo.com/cmp1952
金 书 网：www.golden-book.com
机工教育服务网：www.cmpedu.com

前　言

党的二十大报告着重总结了过去五年的历史成就，勾画了未来中国经济和社会发展前进的方向："建设现代化产业体系。坚持把发展经济的着力点放在实体经济上，推进新型工业化，加快建设制造强国、质量强国、航天强国、交通强国、网络强国、数字中国"。实现制造强国，智能制造是必经之路。三维 CAD 系统设计的零部件不仅所见即所得，而且由于全相关，零件、装配和工程图中的修改可以实现牵一发动全身；并且可以对零部件进行质量属性评测、装配干涉检查、空间运动仿真、应力应变评价、可加工性分析等一系列的仿真，极大地提高了设计水平和效率。

三维机械设计技术涉及的内容十分广泛，软件命令繁多，如何合理组织和编排其核心内容，形成通俗易懂、简练实用的教材，是本书解决的首要问题。本书以 SolidWorks 2018 为平台，基于成果导向（Outcome Based Education，OBE）工程教育理念，本着 CAD/CAE/CAM 一体化的思路组织内容，按照"内容系统全面、原理精炼通用、范例仿真实用"的原则编写，重在培养读者利用现代工具进行机械设计的创新能力，力求避免有关书籍中理论过深或手册式命令堆砌的问题，尽力使读者真正做到知其然，又知其所以然，从本质上提高设计能力。本书的主要特色如下。

内容系统全面——更注重"知识系统"，力求做到"融会贯通"。尽力使读者明白计算机三维辅助设计是机械制图、机械原理、机械设计及机械制造等课程中所学理论知识的综合运用，是"产品设计与制造仿真，而非简单的画图"。使读者把设计、绘图、制造等步骤连接起来，建立基于三维技术的全新机械设计知识体系。

原理精炼通用——更注重"能力培养"，力求做到"删繁就简"。深入浅出的归纳设计原理，"让读者专注于设计方法而非软件本身"。按照机械产品设计需求归纳通用方法和讲解最常用的命令，尽力做到选材精练、图文并茂、通俗易懂。

范例仿真实用——更注重"因用而学"，力求做到"工程背景"。使读者在归纳的设计原理指导下完成工程实例的设计实践，并进一步理解和掌握设计原理，举一反三，从而更好地解决工程实际问题。

本书的第 1 章、第 5 章由苏梅编写，第 2 章由曹茹编写，第 3 章、第 6 章由董雅宏编写，第 4 章由曹兴潇编写，第 7 章、第 8 章由商跃进编写。全书由商跃进和曹茹统稿；商跃进和董雅宏对例题进行了上机验证，制作教学 PPT 并进行了教学实践；曹茹和商玉冰对全书进行了校对。

本书编写过程中，得到了兰州交通大学校级重点教改项目（JGZ201701）的资助，兰州交通大学机电工程学院有关老师及机械工业出版社编辑给予了大力支持和帮助，在此表示衷心的感谢。

由于水平所限、时间仓促，难免存在疏漏和不妥之处，敬请读者提出宝贵意见和建议。

编　者

目　　录

第1章　三维设计概述

CAD/CAM 三维设计的发展和应用已经成为衡量一个国家科技现代化与工业现代化水平的重要指标。本章重点介绍三维设计技术的意义、内容及其建模工具，SolidWorks 图形用户界面基本组、用户界面设置和文件基本操作。

1.1　三维设计技术基础

制造业的全球化和信息化，催生了一门产品开发综合性应用技术——计算机辅助设计与制造（Computer Aided Design and Computer Aided Manufacturing，CAD/CAM）。该技术是新一代数字化、虚拟化、智能化设计平台的基础，是培育创新型人才的重要手段。

1.1.1　CAD/CAM 技术概述

与二维设计相比，三维参数化设计真正实现了计算机辅助绘图向计算机辅助设计的转变。用三维模型表达产品设计理念，不仅更为直观、高效，而包含了质量、材料、结构等物理、工程特性的三维功能模型，可以实现真正的虚拟设计和优化设计。

1. 三维设计的意义与作用

三维 CAD 系统中，用参数化约束来表达零部件的设计意图，三维/二维全相关，修改在三维与二维模型中保持一致，使得所设计的产品修改更容易，管理更方便。三维 CAD 系统中，由于使用了统一的数据库，在装配状态下进行零件设计，可避免干涉现象，起到事半功倍的作用。三维 CAD 系统中，工程图直接由三维模型投影而成，生成的工程图更准确；可以渲染产品的颜色等属性和纹理等效果，所见即所得；可以进行机构运动等计算机辅助工程（Computer Aided Engineer，CAE）、CAM 数控加工仿真分析。凡此种种，采用三维设计是设计理念的一种变革，是 CAD 应用的真正开始。

使用三维 CAD 的目的主要是：表达设计思维，绘图/建模不是设计的终极目标；提高修改速度，零件设计必须实现关联；实现制造仿真——设计就是模拟加工和装配。

2. CAD/CAM 的功能和任务

图 1-1 为铁路车轮的设计过程示例，分析可知 CAD/CAM 的主要任务是对产品设计制造

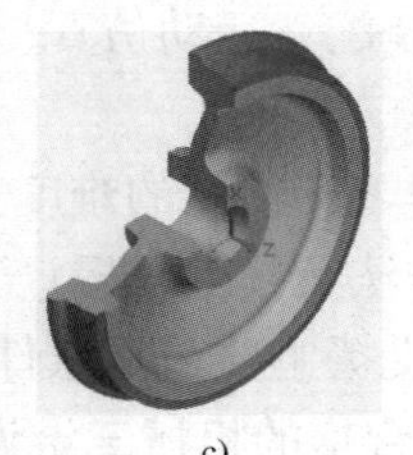

a)　　b)　　c)

图 1-1　铁路车轮 CAD/CAM 设计过程

a）设计（CAD）　b）分析（CAE）　c）仿真（CAM）

过程中的信息进行处理。信息主要包括设计制造中的设计需求分析、概念设计、设计建模、设计分析、设计评价和设计表示、加工工艺分析、数控编程等。其工作流程，如图1-2所示。

1.1.2 三维设计工具简介

不同三维设计软件的主要侧重功能不一样，正确地了解每个软件的特性有助于更好地掌握三维设计软件。

1. 机械三维设计软件的类型

机械三维设计包括CAD设计软件［如SolidWorks、CATIA、UGNX（Unigraphics）、Pro/E（Pro/ENGINEER）等］、CAE分析软件（如ANSYS等）、机构分析软件（如ADAMS等）、CAM数控加工软件、CAPP工艺软件、PDM/PLM协同管理软件等。

2. 软件的选用原则

企业在选择CAD软件的时候，应先对自身的需求以及企业实力做出客观的评价。主要从以下5方面来考虑软件的选择。

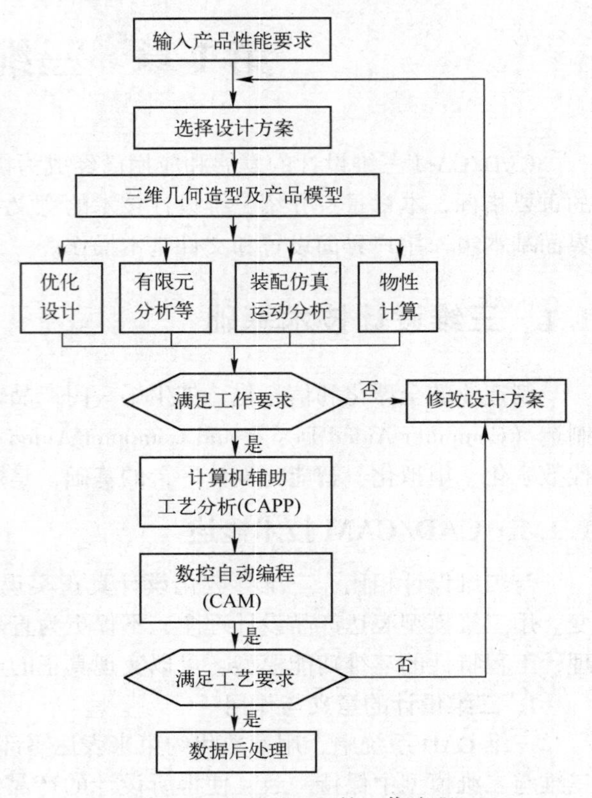

图1-2 CAD/CAM的工作流程

1）软件功能：在选择CAD软件时，软件的功能是否能够满足用户的需要是最关键的一点。这里所指的软件功能不仅仅包括软件的CAD功能，还包括软件所提供的二次开发环境、与其他CAD软件的数据交换能力、是否能够与其他CAM/CAE等数字产品设计软件较好地集成等。当然，作为设计软件，CAD功能是其中最为重要的。一款优秀的CAD软件应在提供了强大的几何（曲线、曲面）造型能力的基础上，还应具有参数化设计功能，三维实体模型与二维工程图形应能转化并关联。企业应视自身需要选择具有相应功能的CAD软件。

2）软件及其配套硬件的性价比：软件的功能是否满足企业发展的要求是非常重要的，另外价格也是一个因素。

3）软件的集成化程度：目前很多大型CAD软件实际上都与CAM/CAE相结合，集三维绘图、零部件装配、运动仿真、有限元分析、数控加工动态显示等功能于一身，企业应视自身需求选用。

4）软件学习和使用的难度：一个好的CAD软件还应满足易学易用的要求。

5）升级方法及技术支援：升级方式可以参考企业所要购买软件的前几个版本所用的升级方式。技术支援主要包括软件商提供的技术培训以及方式如软硬件维护及方式等。

3. 做一名合格的机械三维设计人员

做一名合格的机械三维设计人员，学习三维设计软件时，应该注意掌握以下学习方法。

1）明确设计思想。要明白三维设计不仅要直观，更重要的是为了贯彻设计思想，减少错误，提高设计效率。没有设计思想，就等于没有了设计灵魂，只是单一的“搭积木”，往往会事倍功半。

2）注重学练结合。三维软件的实践性很强，**“光学不练等于白干，光练不看等于傻干，边看边练事半功倍”**。

3）夯实基础知识。三维设计通常就是零件加工过程的计算机仿真。一般来说，机械设计人员一定要掌握机械制图、公差与配合、机构学等基础知识，了解制造工艺过程。

4）培养美学认识。现代的工业设计很大程度上依赖美学和工程学的结合。随着社会的发展和进步，人们对产品的美观程度有了较高的要求，要做设计必须从美学和工程学两方面入手，工程方面在学校里学得很多，实践中也会积累一些，美学则相对较难。

1.1.3 三维设计快速入门

1. 快速入门引例—哑铃三维设计

下面通过在SolidWorks中建立图1-3所示哑铃的设计过程，领略三维设计的基本流程及特点。具体过程如下。

（1）造铃片

1）新建零件。

选择“文件”→“新建”命令，在弹出的“新建SolidWorks文件”对话框中，选中“零件”，单击“确定”按钮，进入SolidWorks“零件”造型界面。选择“文件”→“保存”命令，在弹出的文件对话框中设文件名为“铃片.sldprt”，单击“保存”按钮。

2）造片体。

- 绘制截面：选择右视基准面，单击“草图”工具栏上的“草图绘制”→“圆”，单击坐标原点，拖动绘制圆，单击“智能尺寸”，选择圆，将直径设置为140 mm，单击“确定”按钮。
- 拉片体：在工具栏中单击“特征”→“拉伸凸台/基体”，如图1-4所示，在“拉伸”对话框中选择“两侧对称”，设为40 mm，单击“确定”按钮。

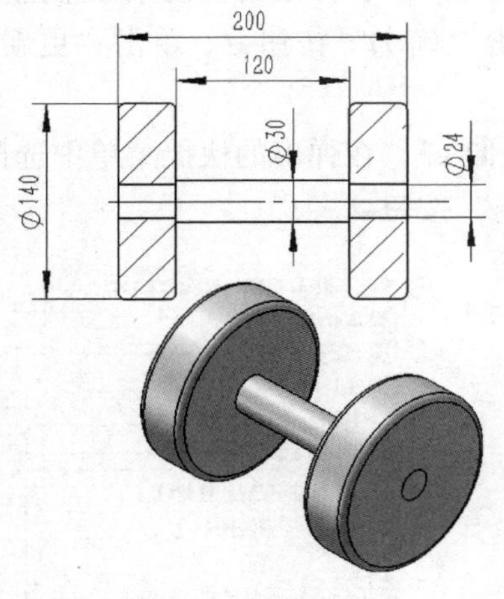

图1-3 哑铃示意图

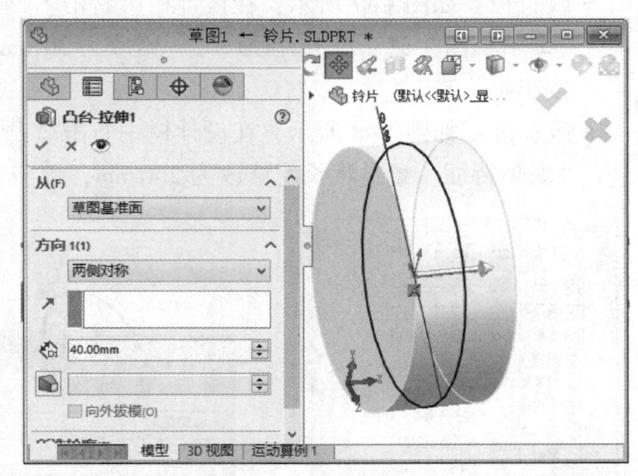

图1-4 哑铃片体造型

3）打通孔。

- 绘孔圆：选择铃片端面，单击草图工具栏上的“草图绘制”→“圆”，单击坐标原点，拖动绘制圆，单击“智能尺寸”，将圆直径设置为24mm，单击“确定”按钮。
- 切孔体：在工具条中单击“特征”→“拉伸切除”，如图1-5所示，设为“完全贯穿”，单击“确定”按钮。

4）倒圆角。

在工具条中单击“特征”→“圆角”，如图1-6所示，单击圆柱面，选择“完整预览”单选按钮，设圆角参数为5.00mm，单击“确定”按钮。最后选择“文件”→“保存”命令。

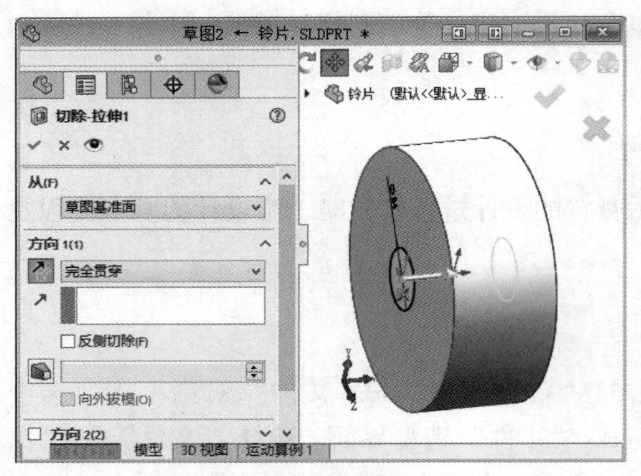

图1-5　打通孔

图1-6　倒圆角

（2）改手柄

1）另存为。

在哑铃片编辑环境，选择“文件”→“另存为”命令，设置文件名为“手柄.sldprt”，单击“保存”按钮。

2）改柄身。

- 改直径：如图1-7所示，在设计树中右击“凸台-拉伸1”，在弹出的快捷菜单中选择“编辑草图”，双击直径尺寸，修改为30mm，单击“确定”按钮。单击“更新”按钮。
- 改长度：如图1-8所示，在设计树中右击“凸台-拉伸1”，在弹出的快捷菜单中选择“编辑特征”，将长度修改为200mm，单击“确定”按钮。

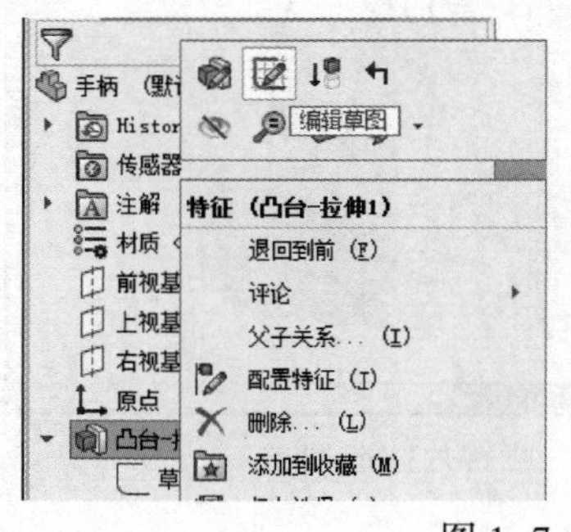

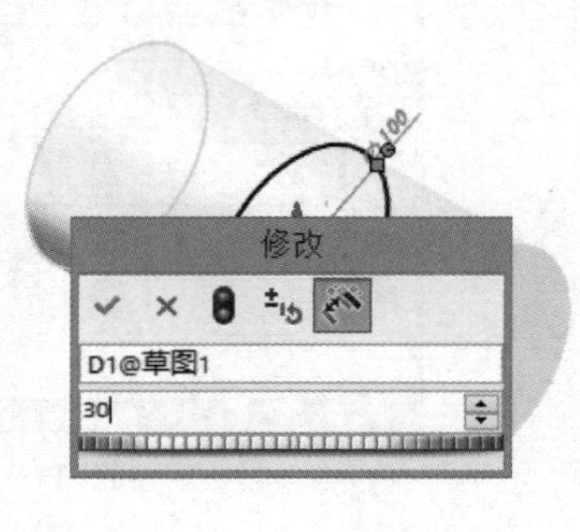

图1-7　改直径

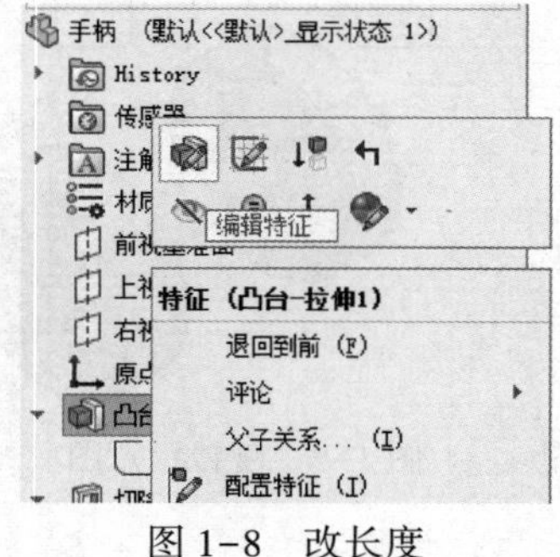

图1-8　改长度

3）改柄头。

- 改左头：在设计树中右击“切除-拉伸 1”，在弹出的快捷菜单中选择“编辑特征”，如图 1-9 所示。选择“给定深度”，“尺寸”为 40 mm，选择“反侧切除”复选框，单击“确定”按钮。
- 删圆角：在设计树中右击“圆角 1”，在弹出的快捷菜单中选择“删除”命令，再在弹出的对话框中单击“是”按钮。
- 镜像右头：在“特征”工具栏中单击“镜像”，如图 1-10 所示，选择“镜像面/基准面”为“右视基准面”，选择“要镜像的特征”为“切除-拉伸 1”，单击“确定”按钮。

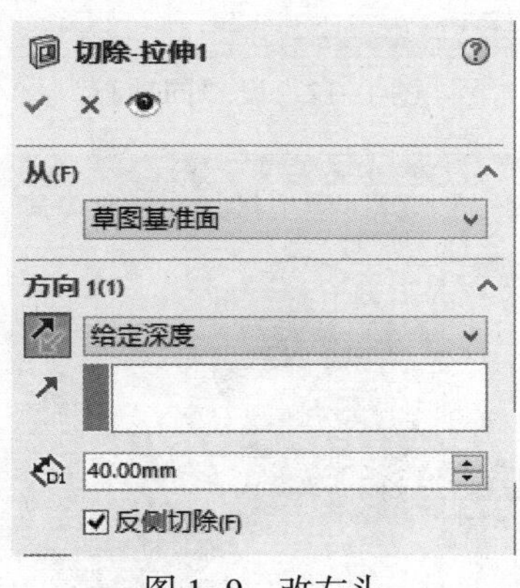

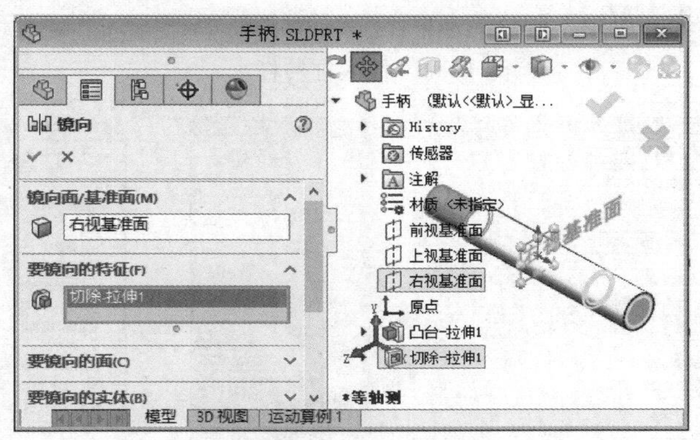

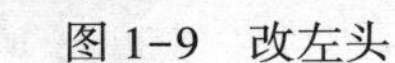
图 1-9　改左头　　　　图 1-10　右头造型

（3）装哑铃

1）生成新装配。

单击“标准”工具栏上的“新建”。在弹出的“新建 SolidWorks 文件”对话框中选择“装配体”，然后单击“确定”按钮。

2）装手柄。

在“插入零部件”对话框中单击“浏览”按钮，在图 1-11 所示的对话框中，找到并选择“手柄”文件后，单击“打开”按钮。再单击“确定”按钮即可插入杠铃杆。选择“文件”→“保存”命令，在弹出的对话框中设文件名为“哑铃”，单击“确定”按钮。

3）装左铃片。

- 插铃片：在工具栏中单击“装配体”→“插入零部件”按钮，单击“浏览”按钮，找到并选择“铃片”文件，单击“打开”按钮，在图形区空白处单击，即插入铃片。
- 设同心：在“装配”工具栏上单击“配合”按钮，在图形区中选中杠铃杆柱面和杠铃片孔圆柱面，如图 1-12 所示，选中“同轴心”，单击“确定”按钮完成轮轴同心配合。重复上述步骤完成杠铃杆和另一个杠铃片的同心配合。
- 设重合：在“装配”工具栏上单击“配合”按钮，在图形区中选中铃片侧面和手柄安装面，如图 1-13 所示，在“标准配合”中选择“重合”，单击“确定”按钮。

4）装右铃片：重复上述步骤，插入另一个铃片，结果如图 1-14 所示，并保存为“哑铃 . sldasm”。

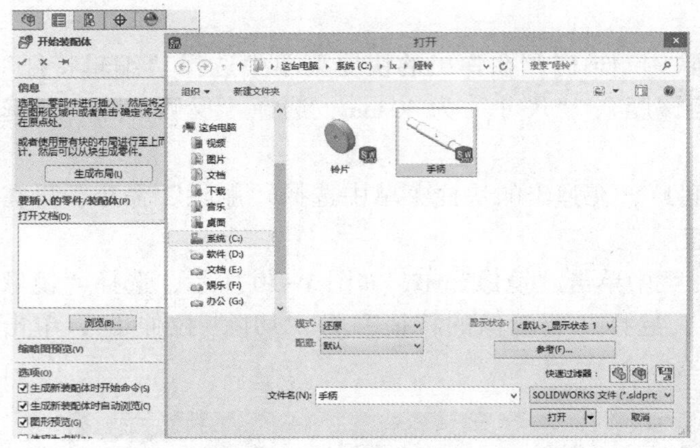

图 1-11　插入杠铃杆

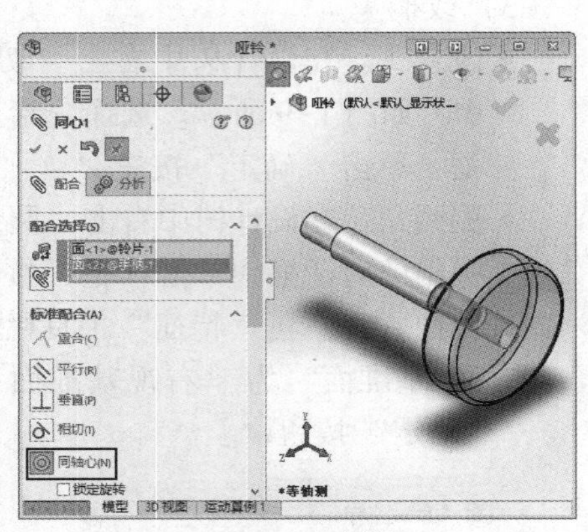

图 1-12　设“同轴心”

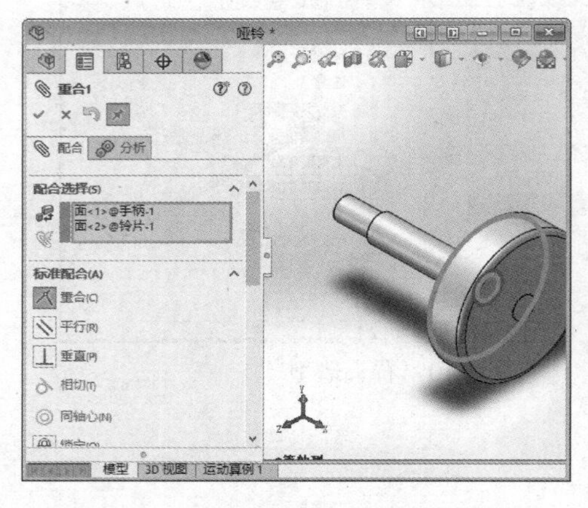

图 1-13　铃片内侧面和手柄头重合配合

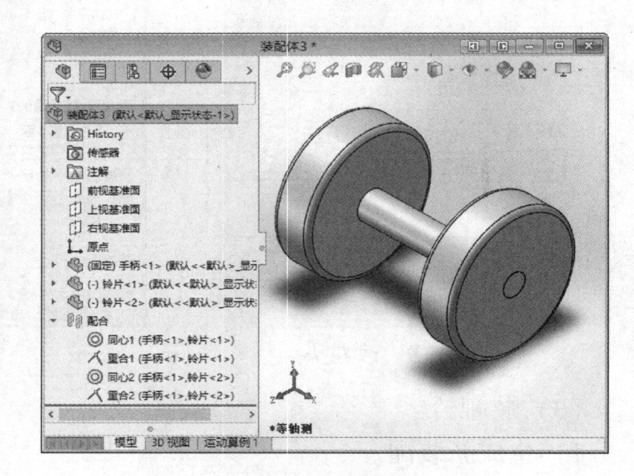

图 1-14　哑铃装配

（4）出图纸

1）生成新的工程图文档。

单击“标准”工具栏上的“新建”按钮，弹出“新建 SolidWorks 文件”对话框，单击“工程图”按钮，单击“确定”按钮，弹出“新工程图”窗口。

2）生成标准三视图。

单击“视图布局”上的“标准三视图”按钮，在弹出的“标准三视图”对话框中找到“哑铃 . sldasm”文件，并单击“确定”按钮。选择“文件”→“保存”命令，在弹出的对话框中设“文件名”为“哑铃”，单击“确定”按钮。

3）标注尺寸。

单击“注解”工具栏注解上的“模型项目”按钮，单击“确定”按钮，再单击“是”按钮，完成尺寸标注。保存为“哑铃装配图 . sldasm”。

（5）添材料

打开哑铃装配文件，如图 1-15 所示，在装配设计树中右击“手柄”中的“材质”，在弹出的快捷菜单中选择“黄铜”，零件被赋予相应材料并变为相应颜色。重复上述步骤为铃片之一设置“材料”为“红铜”即可。

(6) 称质量

在哑铃装配环境中，选择“评估”→“质量属性”命令，弹出如图 1-16 所示的“质量属性”对话框，可知杠铃质量为 11. 584 千克。

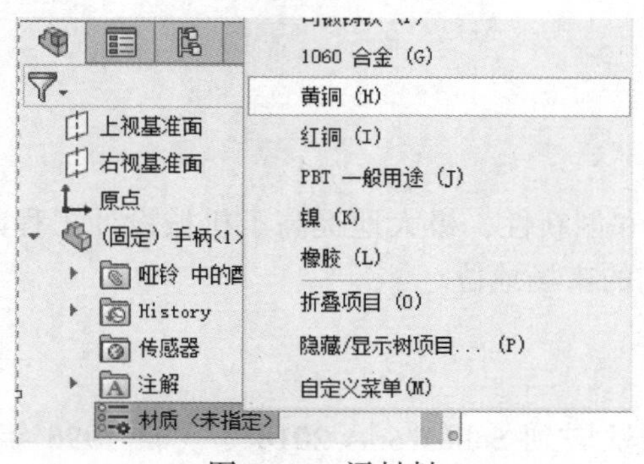

图 1-15　添材料

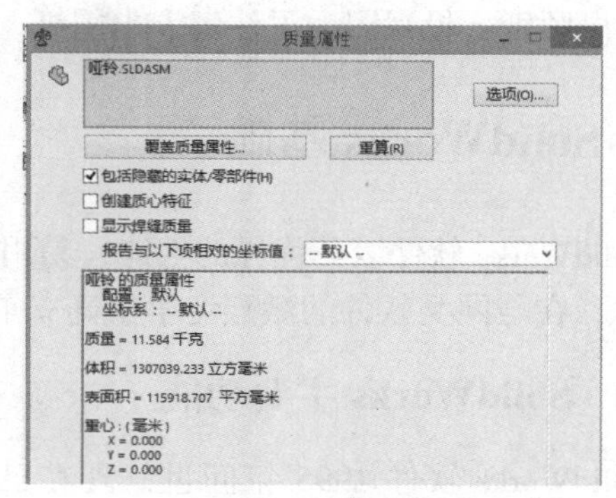

图 1-16　称质量

(7) 验关联

打开铃片，如图 1-17 所示，右击“草图 1”，在弹出的快捷菜单中选择“编辑草图”，修改铃片直径为100 mm。单击工具栏上的“更新”按钮，完成零件更新。然后，打开哑铃装配文件，测量可见质量变为 6. 240 千克；打开哑铃工程图，可见铃片直径变为 100。这说明零件、装配和工程图是全相关的。

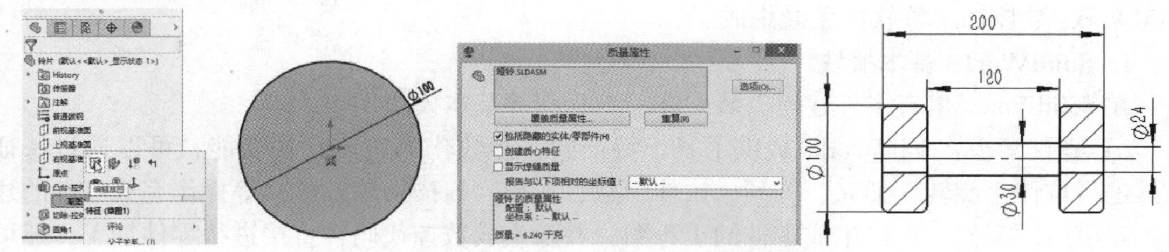

图 1-17　零件、装配和工程图是全相关验证

2. 三维设计的要点

(1) 三维 CAD 软件建模特点

由举重哑铃建模过程可见：SolidWorks 等三维 CAD 软件具有**“机械制造仿真、所见即所得和牵一发动全身”**的特点。

(2) 三维设计的建模层次

由以上分析可知，三维设计分为 4 个层次：草图、特征、零件和产品，如图 1-18所示。在三维设计中，**“草图设计是基础，特征设计是关键，零件设计是核心，装配设计是目标，图纸设计是成果”**。

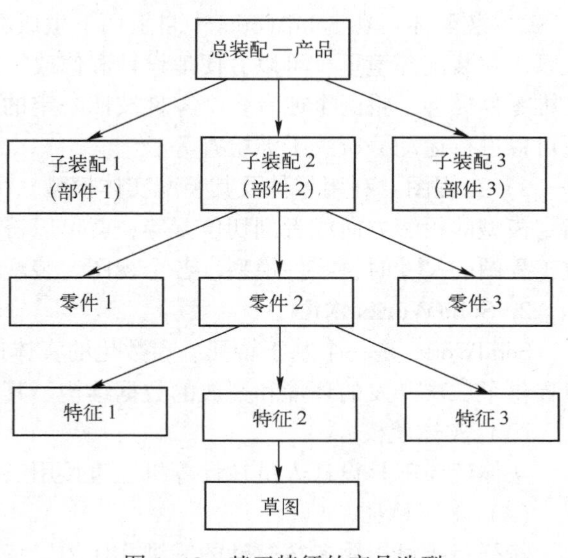

图 1-18　基于特征的产品造型

(3) 三维 CAD 软件建模步骤

SolidWorks 等三维 CAD 软件一般都拥有**“制零件、装机械、出图纸”**的 3 种基

本功能。各种基本功能的操作步骤可总结为以下三步曲。

- 制零件：画草图、造特征、制零件。
- 装机械：添零件、设配合、装机械。
- 出图纸：投视图、添注解、出图纸。

1.2 SolidWorks 基础

SolidWorks 软件以其优异的性能、易用性和创新性，极大地提高了机械设计工程师的设计效率，在与同类软件的激烈竞争中确立了它的市场地位。

1.2.1 SolidWorks 主要功能

SolidWorks 软件 1995 年问世，现在已经发展到 SolidWorks 2018 了。自 1996 年以来，SolidWorks 公司已为数千家中国制造企业的产品开发提供完整的信息化解决方案及服务，并在 CAD/CAE/CAM/CAPP/PDM/ERP 等领域为企业的信息化建设提供了完整的、实用的解决方案，在航空、航天、铁道、兵器、电子、机械等领域拥有广泛的用户。

SolidWorks 是一个在 Windows 环境下进行机械设计的软件，是一个以设计功能为主的 CAD/CAE/CAM 软件。包含零件建模、装配设计、工程图等基本模块和钣金、焊接、布路、曲面造型等专用模块，还能与有限元分析软件 Simulation、机构运动学分析软件 Motion 以及 CAMWorks 数控加工等软件无缝集成。

1. SolidWorks 基本模块

在 SolidWorks 里有零件建模、装配体、工程图等基本模块。

1）零件建模：SolidWorks 提供了基于特征的、参数化的实体建模功能，可以通过特征工具进行拉伸、旋转、抽壳、阵列、拉伸切除、扫描、扫描切除、放样等操作完成零件的建模。建模后的零件，可以生成零件的工程图，并且生成数控代码，直接进行零件加工，还可以插入装配体中形成装配关系。

2）装配体：在 SolidWorks 中自上而下生成新零件时，要参考其他零件并保持这种参数关系，在装配环境里，可以方便地设计和修改零部件。在自下而上的设计中，可利用已有的三维零件模型，将两个或者多个零件按照一定的约束关系进行组装，形成产品的虚拟装配，还可以进行运动分析、干涉检查等。

3）工程图：利用零件及其装配实体模型，可以自动生成零件及装配的工程图，只需要指定模型的投影方向或者剖切位置等，就可以得到需要的图形，且工程图是全相关的，当修改工程图的尺寸时，零件模型、各个视图、装配体都自动更新。

2. SolidWorks 术语

SolidWorks 是一个基于特征、参数化的实体造型系统，具有强大的实体建模功能；同时也提供了二次开发的环境和开放的数据结构。其主要术语如下。

（1）实体建模

实体建模就是设计人员在计算机上直接用三维基本元素来构造零件完成三维模型。

（2）基于特征

特征是指可以用参数驱动的三维几何体。特征兼有形状和功能两种属性，包括特定几何形状、拓扑关系、典型功能制造技术和公差要求。它是产品设计和制造者最关注的对象，是产品局部信息的集合。

基于特征的设计中，特征是设计的基本单元，零件模型是各种特征的叠加。例如，如图 1-19所示的铃片是下料、打孔和倒圆角 3 个特征的组合。

（3）参数化

传统的 CAD 绘图，其尺寸仅有“注释”功能，参数化设计的尺寸用变量参数来表示，具有“驱动”能力，模型改变由尺寸驱动。

（4）全相关

SolidWorks 零件模型与其相关的工程图及装配体是完全关联的，即对模型的修改会自动反映到与之相关的工程图和装配体中；同样，对工程图和装配体的修改也会自动反映在模型中。

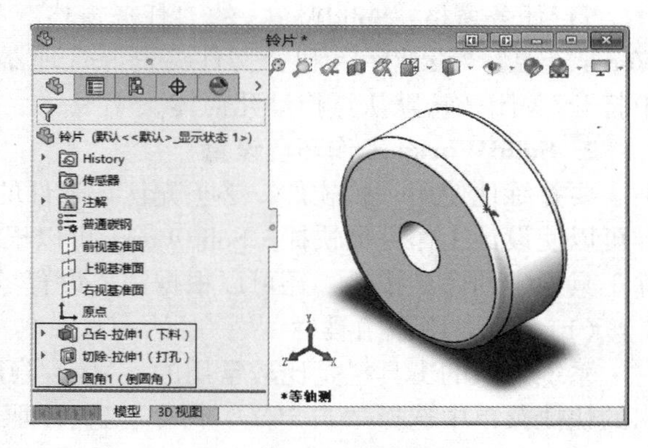

图 1-19　基于特征举例

1.2.2　SolidWorks 基本操作

SolidWorks 界面操作完全使用 Windows 风格，具有人性化的操作界面，从而具备使用简单、操作方便的特点。SolidWorks 2018 包括了直接响应用户需求和 21 世纪产品开发需求的新增功能和增强功能，将智能的 CAM 软件和 Inspection 检测工具集成为一个整体，从而简化了设计、制造和检验，而无须创建二维图纸。

1. SolidWorks 用户界面

SolidWorks 采用了 Windows 图形用户界面，易学易用。其界面组成如图 1-20 所示。

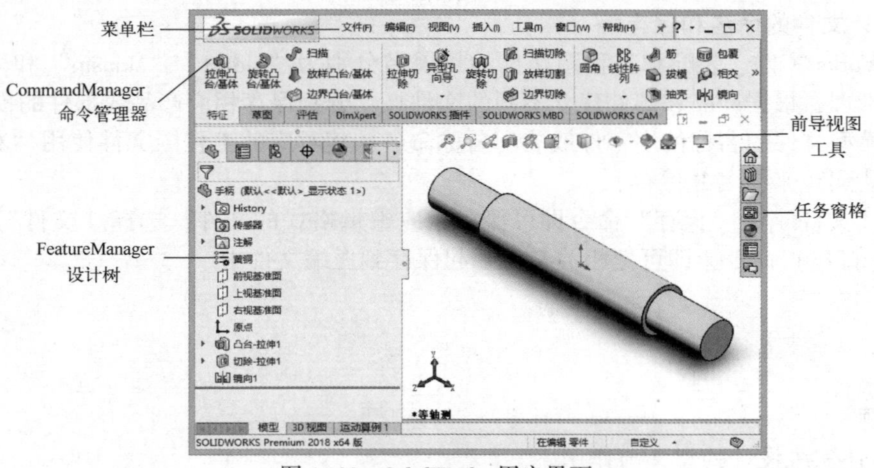

图 1-20　SolidWorks 用户界面

1）菜单栏：菜单几乎包括所有 SolidWorks 命令。默认情况下，菜单是隐藏的。要显示菜单，需将鼠标移到 SolidWorks 徽标上或单击它。若想使菜单保持可见，单击使其变为。

2）CommandManager 命令管理器：常用工具栏，当单击位于工具栏下面的选项卡时，将更新以显示该工具栏。例如，如果单击“草图”选项卡，将出现“草图”工具栏。

3）FeatureManager 设计树：SolidWorks 软件在一个被称为 FeatureManager 设计树的特殊窗口中显示模型的结构。设计树可以显示特征创建的顺序等相关信息。用户可以通过 FeatureManager 设计树选择和编辑特征、草图、工程视图和构造几何线等。

4）前导视图工具：提供前视、轴测图等操纵视图查看方式所需的所有工具。

5）任务窗格：SolidWorks 的“任务窗格”类似 Windows 菜单，包含 3 个面板：“SolidWorks 资源”“设计库”和“文件夹资源管理器”。通过面板访问现有几何体，可以在界面中打开/关闭及从默认点拖动几何体。

2. SolidWorks 工作环境设置

要熟练地使用一款软件，必须先认识软件的工作环境，再设置适合自己的使用环境，这样可以使设计工作更加快捷。SolidWorks 可以根据需要显示或者隐藏工具栏，以及添加或删除工具栏中的命令按钮，还可以根据需要设置零件、装配体和工程图的工作界面。

（1）显示/隐藏工具栏

系统默认的工具栏是比较常用的。显示/隐藏工具栏的方法：在工具栏区域右击，在弹出的快捷菜单中选择“自定义”命令，选择/取消选择需要显示/隐藏的工具栏复选框即可。

（2）添加/删除工具栏命令按钮

在系统默认的工具栏中，并没有包括平时所用的所有命令按钮。添加/删除工具栏命令按钮的方法：选择“工具”→“自定义”命令，在弹出的对话框中选择“命令”选项卡，并将该选项卡中相应的按钮拖放到工具栏中即可添加。

（3）显示/隐藏坐标系等

选择“视图”→“显示/隐藏”，再选择要显示/隐藏的“坐标系”等。

（4）显示效果设置

用户可以更改操作界面的背景颜色、显示角度、显示方式等。操作方法是使用前导视图中的相应按钮，例如，用前导视图工具中的“视图定向”按钮等可以选择观察角度等。

3. 设计文件的命名和保存

SolidWorks 零件、装配和工程图文件的扩展名分别为“sldprt”“sldasm”和“slddrw”。为了便于管理，根据产品和部件建立不同的文件夹，分别保存相应产品或部件的模型和工程图文件。模型文件的名称使用零件或装配名称命名，其对应的工程图文件使用“相同名称+工作图或装配”来命名并保存。

选择“文件”→“保存”命令即可保存相应编辑格式的文件；选择“文件”→“PackandGo”（打包）命令，即可把相关文件一起保存到压缩文件中。

习题 1

简答题

1）简述三维设计的意义与作用。

2）简述三维设计软件的基本功能与步骤。

3）SolidWorks 是什么样的软件？它有什么特点？

4）简述 SolidWorks 设计树的作用。

5）SolidWorks 零件、装配和工程图文件的扩展名分别是什么？

6）上机练习哑铃建模全过程。

第 2 章　零件参数化设计

在三维 CAD 软件中，通常需要在选定的平面上绘制二维几何图形（草图），再对这个草图进行特征操作，使之生成三维特征，由多个特征组成零件。**“零件设计是核心，特征设计是关键，草图设计是基础”**。本部分重点介绍草图绘制、特征造型和零件设计的相关知识。

2.1　草图绘制

本部分重点介绍草图绘制步骤、绘制工具和约束方法等。

2.1.1　草图绘制快速入门

1. 草图绘制引例

下面以在前视基准面上绘制图 2-1 所示草图为例，说明草图绘制的过程。经过对草图分析可以得出其绘制思路如图 2-1a~图 2-1d 所示，具体步骤如下。

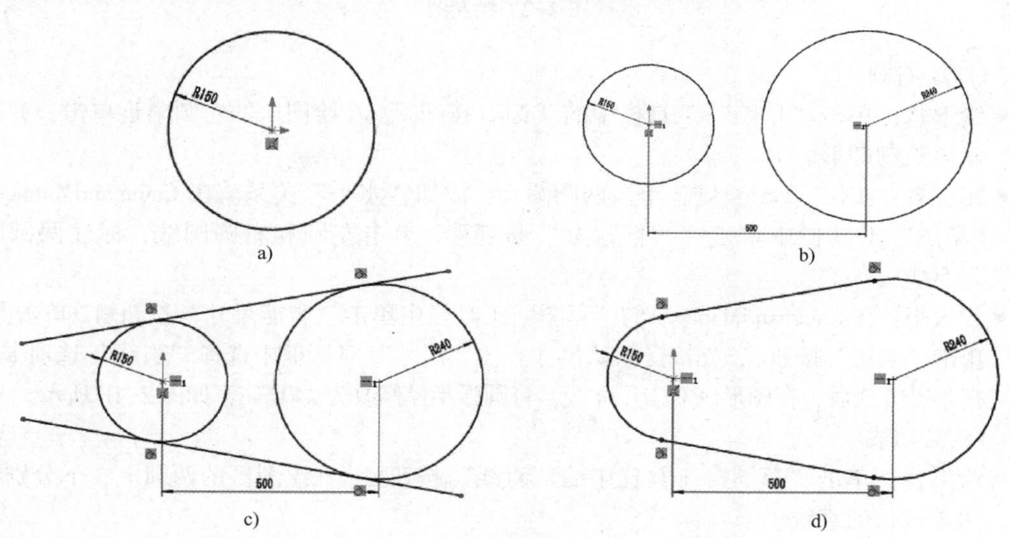

图 2-1　草图绘制引例

a）绘左圆　b）绘右圆　c）绘切线　d）裁多余

（1）选平面

双击桌面上的快捷方式启动 SolidWorks，在“新建 SolidWorks 文件”对话框中单击“零件”按钮，然后单击“确定”按钮，新零件窗口出现。在左侧的设计树中选择“前视基准面”；在 CommandManager 中，单击“草图”→“草图绘制”进入草图绘制环境。

（2）绘左圆

- 绘形状：单击“草图”工具栏中的“圆”按钮，在绘图区的坐标原点附近单击，并移动鼠标绘制圆形，如图 2-2a 所示。
- 定位置：按住〈Ctrl〉键，单击原点和圆心，按图 2-2b 所示，添加“重合”关系。
- 设大小：在 CommandManager 的“草图”工具栏中单击“智能尺寸”按钮，单击圆线，单击“确定”按钮✔，先接受默认尺寸，在“尺寸”对话框中选择“引线”选项卡，选择半径方式后，在图形区双击尺寸线，将圆弧半径修改为 150 mm，单击“标准”工具栏上的“保存”按钮保存为“草图实例”文件。

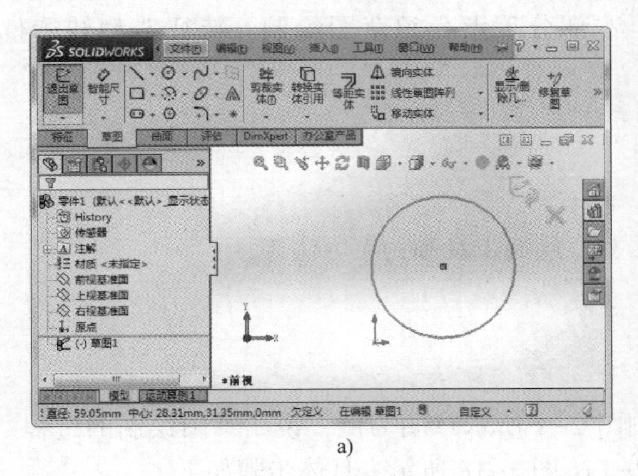
a)

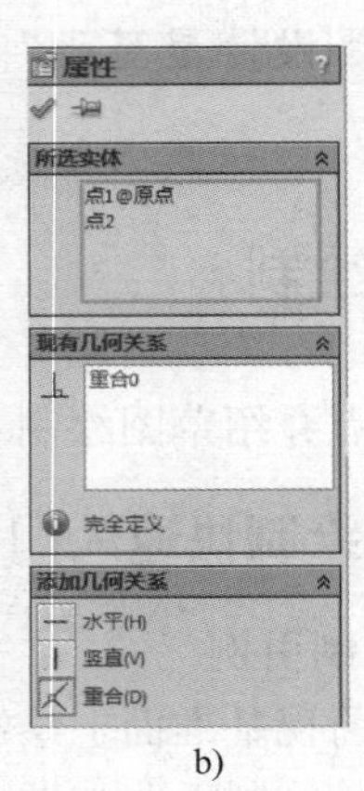
b)

图 2-2　绘左圆

（3）绘右圆

- 绘形状：单击“草图”工具栏中的“圆”按钮，在绘图区的左圆附近单击，并移动鼠标绘制圆形。
- 定位置：按住〈Ctrl〉键，单击两圆圆心，添加“水平”关系。在 CommandManager 的“草图”工具栏中单击“智能尺寸”按钮，单击左圆和右圆圆线，标注两圆距离为 500。
- 设大小：在 CommandManager 的“草图”工具栏中单击“智能尺寸”按钮，单击圆线，单击“确定”按钮✔，先接受默认尺寸。在“尺寸”对话框中选择“引线”选项卡，选择半径方式后，在图形区双击尺寸线，将圆弧半径修改为 240 mm，如图 2-1b 所示。

（4）绘切线

- 绘形状：单击“草图”工具栏中的“直线”按钮，在绘图区的两圆上、下分别绘制两条较长的直线。
- 定位置：按住〈Ctrl〉键，单击上面的直线和左圆圆线，添加“相切”关系；重复上述步骤，添加上面的直线和右圆的“相切”关系。以此类推，添加下面的直线与左右圆的“相切”关系，如图 2-1c 所示。

（5）裁多余

在 CommandManager 的“草图”工具栏中单击“剪裁实体”按钮，用“剪裁到最近端”方式，裁剪掉草图中多余的部分获得所需草图，如图 2-1d 所示。单击“标准”工具栏上的“保存”按钮保存。

（6）看多变

在绘图区中，分别单击 *R*150、*R*240 和 500 等尺寸，修改为其他数值（如，将 *R*240 改为 *R*300），观察草图的变化，理解牵一发而动全身的思想在草图绘制过程中是如何实现的。

2. 草图设计的过程

正确绘制草图是三维设计的基础，由上面引例可总结出草图设计的过程为：**“选平面→定顺序→绘形状→添约束”**。

1）选平面：选定绘制二维几何图形（草图）的平面（草图平面）。

2）定顺序：分析草图中图线的组成，并确定绘制的先后顺序。

3）绘形状：用草图工具（如直线、圆弧等）绘制或编辑图线。

4）添约束：添加几何约束（垂直、相切等）和尺寸约束（定位尺寸、定形尺寸）。

3. 基本术语

（1）草图

三维实体模型在某个截面上的二维轮廓称为草图，草图包括图线（实线和辅助线）和约束（尺寸约束和几何约束）两方面的信息。

草图可以封闭，也可以开口，但不允许交叉（如图 2-3 所示）。封闭的草图可以生成三维实体模型，也可以生成三维曲面模型，但开口草图只能生成曲面模型。

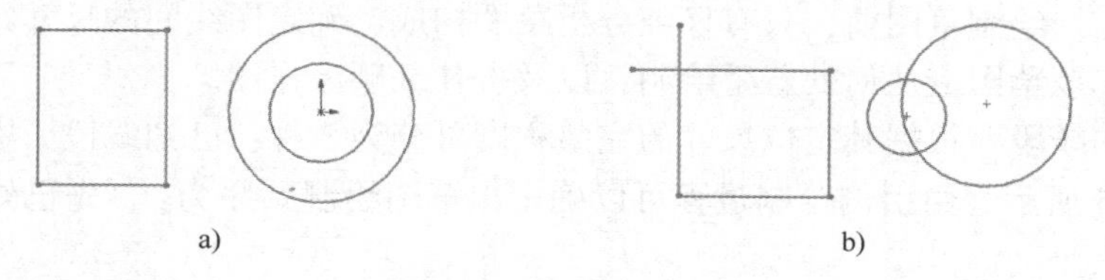

图 2-3　草图合法性

a）可以作为草图的图线　b）不可以作为草图的图线

SolidWorks 提供了草图合法性检查工具来检查草图中可能妨碍生成特征的错误。具体操作为：选择“工具”→“草图绘具”→“检查草图合法性”命令。在“检查有关特征草图合法性”对话框中，选择“特征用法”的类型，再单击“检查”按钮，草图根据所需特征类型的轮廓类型来进行检查。

（2）草图平面

草图平面即绘制二维几何图形（草图）的基准平面，如图 2-4 所示。可以是实体表面，也可以是用户创建的参考表面。

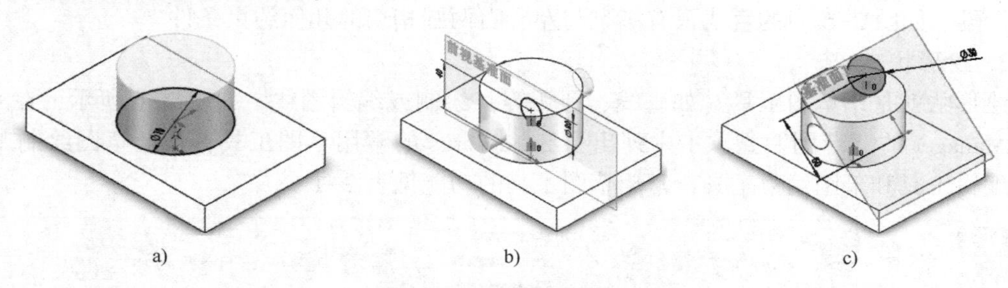

图 2-4　草图平面类型

a）已有平面　b）默认平面　c）用户平面

（3）约束

约束指草图中圆弧等图线自身大小及图线之间位置关系，包括几何约束和尺寸约束。

2.1.2 草图绘制基础

1. 选平面

在创建草图前，用户必须选择一个平面（之前特征的某一个平面、系统默认的基准面或用户创建的基准面）作为草图平面，其选取原则是：**“先已有、后默认、次插入”**。

- 先已有：选取前一个特征的某一个平面。如图 2-4a 所示为选矩形块上表面为圆柱草图平面。
- 后默认：选取系统默认基准面，SolidWorks 系统默认提供 3 个基准面，分别是上视基准面、前视基准面和右视基准面。如图 2-4b 所示为选前视基准面为圆孔草图平面。
- 次插入：用户使用菜单命令创建的基准面。SolidWorks 用户创建基准平面的操作为：选择“工具”→“参考几何体”→“基准面”命令。如图 2-4c 所示为选用户创建的基准面为斜圆柱草图平面。

2. 定顺序

草图均由若干段直线和圆弧等图线连接而成，各图线的大小及其相对位置都由几何关系和尺寸关系确定。绘制草图前，只有仔细分析草图构成，确定图线间的尺寸约束和几何约束关系，才能明确该草图应从何处着手绘制，以及按什么顺序作图。

平面图形的线段，根据其定位尺寸的完整程度可分为 3 种：已知线段、中间线段、连接线段，如图 2-5 所示。由引例绘制过程可以确定出草图绘制顺序为：**“先已知、后中间，再连接”**。

- 已知线段：定位尺寸和定形尺寸齐全的线段。已知线段的定位点通常是设计基准或工艺基准。如图 2-5中的圆 *R*150 的圆心与坐标原点重合，即两个定位尺寸均等于零。
- 中间线段：具有一个定位尺寸的线段和一个几何约束的线段。如图 2-5 中的圆 *R*150 的圆心与圆 *R*240 的圆心相距 500 mm，且满足两者在同一水平线上的几何约束条件。
- 连接线段：没有定位尺寸，但有两个几何约束的线段。如图 2-5 中的直线只有满足与左、右两圆相切的几何约束条件。

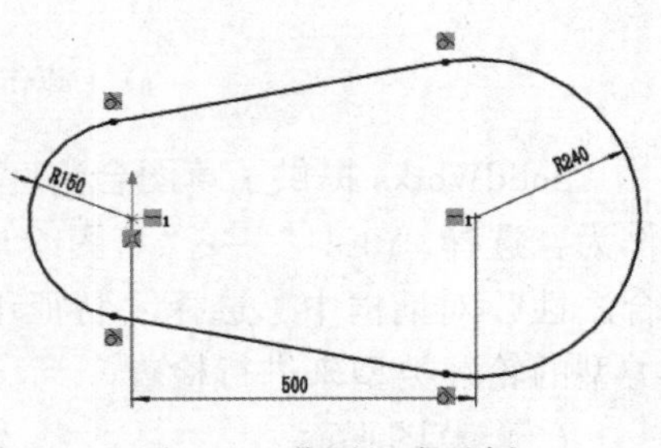

图 2-5 草图组成示例

3. 绘形状

绘形状就是用草图工具（如直线、圆弧等）绘制或编辑图线。如图 2-6 所示，在 CommandManager 的“草图”选项卡中列出了 SolidWorks 的常用草图工具，包括草图绘制工具、草图编辑工具和草图约束工具，常用草图工具的功能见表 2-1。

图 2-6 常用草图工具

表 2-1 常用草图工具的功能

图标	名称	功能	示例
	直线	绘制基于两点的一条直线	
	中心圆	绘制基于中心的圆	
	剪裁实体	根据指定的剪裁类型（如最近端 ）剪裁实体	
	转换实体	把原有模型的边缘投影成当前草图基准面上的草图线，并自动添加与原轮廓重合的几何约束	

4. 添约束

添约束就是为草图图线添加几何约束（垂直、相切等）和尺寸约束（定位尺寸、定形尺寸）以确定图线的位置和大小。

（1）约束的作用

每个草图都必须有一定的约束，没有约束则无从体现设计意图。绘制草图前，应仔细分析草图图形结构，明确草图中几何元素之间的约束关系。例如，从图 2-7a 来看，仅有长度、角度等几个尺寸约束，但图形中隐含了以下设计意图。

1）矩形中心是定位基准，且位于坐标原点处。

2）左右边线位置竖直，上下边线位置水平，且两条上边线共线。

3）根据所画的中心线，草图左右两侧对称，槽口顶点位于中心线上。

为此，需要根据上述设计意图对图形施加足够的几何约束和尺寸约束，如图 2-7b 所示。当驱动尺寸变化时，尽管图形大小和形状发生了变化，但设计意图始终保持不变，如图 2-7c 所示。

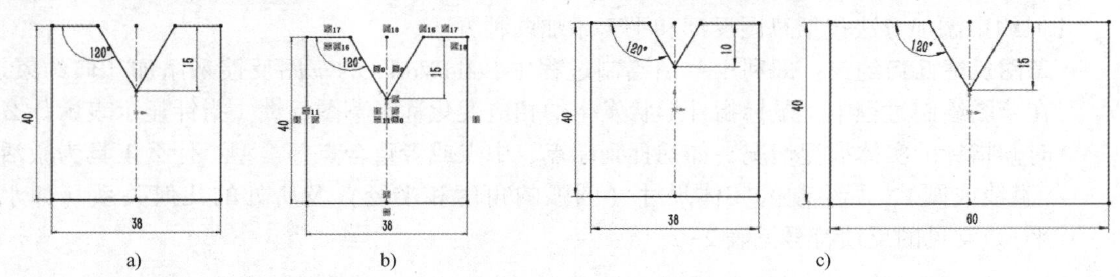

图 2-7 约束的作用

a）设计意图 b）完整约束 c）牵一发动全身

（2）约束的类型

约束有两种类型，分别是几何约束和尺寸约束。

- 几何约束：用几何关系进行约束，主要用于图线之间的位置约束。从人的思维习惯上说，对于任何几何图形，几何约束总是第一约束条件。如引例中的左圆圆心与坐标原点重合、直线与圆相切等。在 SolidWorks 中几何约束称作几何关系，包括水平、竖直、共线、全等、垂直、平行、相切、同心、中点、交叉点、重合、相等、对称、固定、穿透、融合点。

- 尺寸约束：用尺寸进行约束，包括进行位置约束的定位尺寸和进行形状约束的定形尺寸。定位尺寸和定形尺寸均为参数化驱动尺寸，用来定义那些无法用几何约束表达的或者是设计过程中可能需要改变的参数。当尺寸约束改变时，草图可以随时更改。如引例中的左圆圆心与右圆圆心相距 500 mm 为定位尺寸，两圆半径为定形尺寸。

(3) 草图状态

草图状态是指由尺寸约束和几何约束决定的草图约束状态，包括欠定义、完全定义和过定义 3 种。

- 欠定义是指草图的不充分约束状态，欠定义的绘制元素是蓝色的（默认设置）。如图 2-8 中的四边形的上边线缺角度或长度尺寸约束。在零件早期设计阶段，一般没有足够的信息来对草图进行完全的定义，随着设计的深入，会逐步得到更多有用信息，可以随时为草图添加其他约束。
- 完全定义是指草图具有完整的约束，完全定义的草图元素是黑色的（默认设置）。如图 2-8 中的左边线起始于坐标原点、角度为竖直、长度为 50，已经完全确定。一般来说，零件最终完成设计时，要实现尺寸驱动，即通过修改尺寸改变草图形状和大小，草图必须完全定义。
- 过定义是指草图中有重复的尺寸或互相冲突的约束关系，过定义的几何体是红色的（默认设置）。如图 2-8 中的右边线，已经为竖直线，又想添加与下边线（水平线）的直角关系，两者冲突。直到修改后才能使用，应该删除其中 1 个多余约束。

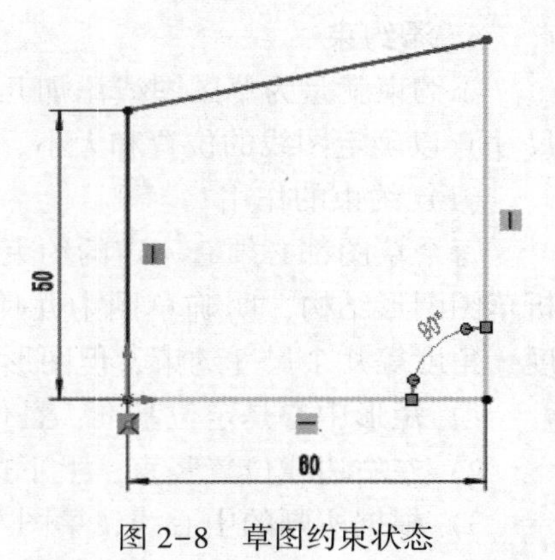

图 2-8 草图约束状态

(4) 几何约束添加方法

几何约束添加方法包括草图反馈和手工添加两种方法。

- **草图反馈几何约束**：即利用草图绘制过程中 SolidWorks 的草图反馈来添加几何约束。在草图绘制过程中，鼠标指针形状发生的相应变化称为草图反馈。指针显示表示什么时候指针的实体捕捉情况，如捕捉到端点、中点或者重合点等类型；什么工具为激活（直线或圆）；所绘制的实体尺寸（圆弧的角度和半径）及所处的几何关系（如水平）。常见的反馈符号见表 2-2。

表 2-2 常见的反馈符号

反馈名称	解释	反馈符号	反馈名称	解释	反馈符号
水平	绘制直线时，单击确定起点后，沿水平方向移动光标时显示可添加水平关系	30.58, 180°	竖直	绘制直线时，单击确定起点后，沿垂直方向移动光标时显示可添加垂直关系	19.04, 90°
端点	当光标扫过时，黄色同心圆表示终点		中点	当光标越过直线时，变成红色	
重合点（在边缘）	在中心点处，同心圆的圆周四分点被显示出来		相切	与圆或圆弧相切	6.28, 90°

- **手工添加几何关系**：即利用 SolidWorks 添加几何关系工具添加。选择“工具”→“几何关系”→“添加”命令或者在草图工具栏单击“添加几何关系”按钮，再选择要添加几何关系的对象（选择多个对象时按住〈Ctrl〉键再单击所选对象）。常用草图约束工具的功能见表 2-3。

表 2-3　常用草图约束工具的功能

图标	名　称	功　能	示　例
	添加几何关系	给选定的实体添加“水平”等几何关系（也可以选定实体，在其相应的属性对话框中添加）	
	显示/删除几何关系	显示/删除已经存在几何关系 右击几何关系图标，在弹出的快速菜单中选择“删除”命令	
	显示/隐藏几何关系	显示/隐藏几何关系图标 选择“视图”→“显示/隐藏”→“草图几何关系”命令	
	完全定义草图	用尺寸实现草图完全约束（先添加几何约束，再使用） 选择“工具”→“标注尺寸”→“完全定义草图”命令	

（5）尺寸标注

SolidWorks 常用的尺寸标注命令是智能尺寸和完全定义草图，具体使用过程如下。

- **智能尺寸标注**：选择“工具”→“尺寸”→“智能尺寸”命令或“草图”工具栏上单击“智能尺寸”，然后选中标注尺寸的图线，再单击确定尺寸放置的位置。
- **完全定义草图**：用尺寸实现草图完全约束（可在添加几何约束后使用），菜单命令为：选择“工具”→“标注尺寸”→“完全定义草图”命令（或右击空白处，在弹出的快捷菜单中选择“完全定义草图”命令）。
- **修改尺寸数值**：在选中尺寸的状态下，双击尺寸文本，即可修改为新的尺寸值。由于是驱动尺寸，因此图形大小也自动发生改变。
- **修改尺寸属性**：选择要修改属性的尺寸，在“属性”对话框中修改数值、名称等。如图 2-9a 所示可以通过选择不同的属性为两个圆标注不同的定位关系。

尺寸标注注意事项：选择两条平行线标注其距离，若不平行则变成标注其角度。选择三点可以标注角度，第一个点为交点。选择圆可标注其直径，选择圆弧则标注其半径。如图 2-9b所示，选择两条圆形线可标注其圆心之间的距离，可通过属性修改标注方式；标注中心线和实线之间的尺寸，若指针在两者之间是标注两者的实际尺寸，若指针在一侧为对称尺寸（实际尺寸的两倍）。

5. 草图绘制原则

草图服务于特征，在绘制草图的过程中应该注意以下几个原则。

1）根据建立特征的方法及特征间的相互关系，确定草图的基本形状和绘图平面。

2）为便于草图修改和特征管理，草图尽可能简单，一般为“单轮廓，不倒角”，零件上的圆角和倒角用特征来生成。

3）零件的第一幅草图应该按坐标原点来定位，以确定特征在绘图空间的位置。

4）为了贯彻设计意图，施加约束时，一般先确定草图元素的定位几何关系，再添加其

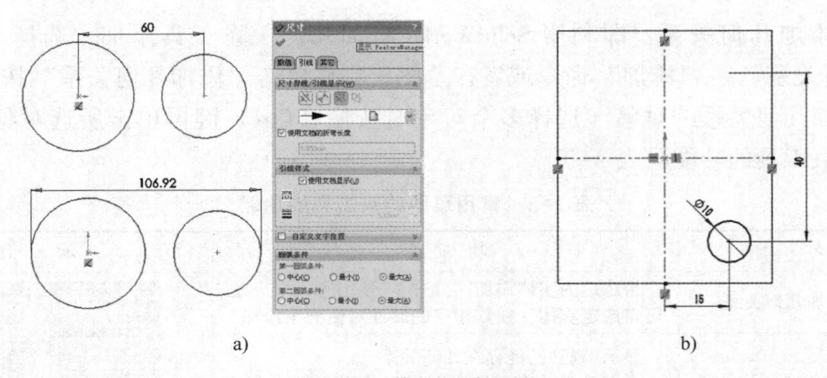

图 2-9　修改尺寸属性

a）圆距离标注　b）对称尺寸标注

定位尺寸，最后标注其定形尺寸。

5）对于复杂的草图尽量“边绘图，边约束”，使每个图线完全定义。

2.1.3　草图绘制实践

本节以图 2-10 所示草图为例，详细说明草图设计的步骤。

1. 草图构成分析

参照前面草图设计的方法，分析图 2-10 可知：草图中圆弧 *R*15 为已知线段，两圆弧 *R*10 和 *R*12 为中间线段，两圆弧 *R*20 和 *R*45 及直线为连接线段。各图线连接点均为相切关系。

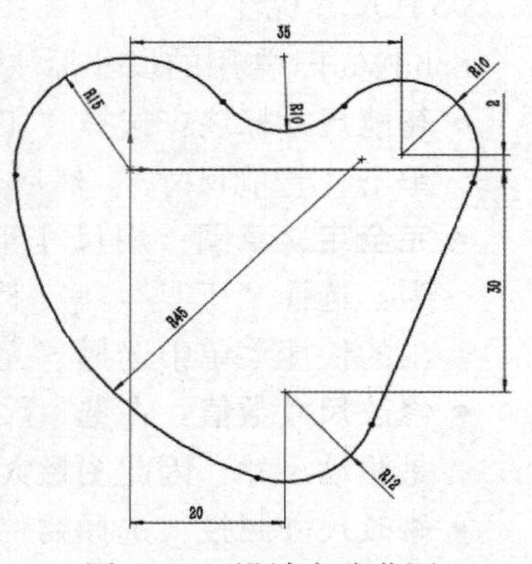

图 2-10　设计实践草图

2. 草图绘制步骤

（1）选平面

双击桌面上的快捷方式启动 SolidWorks，在“新建 SolidWorks 文件”对话框中单击“零件”，然后单击“确定”按钮，新零件窗口出现，单击“标准”工具栏上的“保存”按钮保存为“草图实践”文件。在左侧的设计树中选择“前视基准面”。在 CommandManager 中，单击“草图”→“草图绘制”进入草图绘制环境。

（2）绘制已知线段——圆弧 *R*15

- 定位绘形状：单击“草图”工具栏中的“圆”按钮，在绘图区捕捉坐标原点，并移动鼠标绘制圆形。
- 标半径尺寸：在 CommandManager 的“草图”工具栏中单击“智能尺寸”按钮，单击圆线，单击“确定”按钮，先接受默认尺寸，如图 2-11a 所示。在“尺寸”对话框的“引线”选项卡中，选择半径方式后，在图形区双击尺寸线，将圆弧半径修改为 15 mm。

（3）绘制中线段——两圆弧 *R*10 和 *R*12

- 绘形状：单击“草图”工具栏中的“圆”按钮，在绘图区圆 *R*15 附近单击，并移动鼠标绘制圆形。
- 标尺寸：右击空白处，在弹出的快捷菜单中选择“完全定义草图”，单击“确定”按钮。在 CommandManager 的“草图”工具栏中单击“智能尺寸”按钮，单击两圆圆线，标注两圆的尺寸。

- 改数值：单击尺寸线，修改定位尺寸（水平距离为 35 mm，竖直距离为 2 mm）；修改定形尺寸半径为 10 mm（在“尺寸”对话框的“引线”选项卡中，选择半径方式后，在图形区双击尺寸线，将圆弧半径修改为 10 mm）。

重复上述步骤，绘制 *R*12 的圆弧，结果如图 2-11b 所示。

（4）绘制连接线段 1——两圆弧 *R*10 和 *R*45

- 绘形状：单击“草图”工具栏中的“圆”按钮，在绘图区两圆 *R*15 和 *R*10 上部较远位置单击，并移动鼠标绘制圆形，其最下端不得与两圆交叉。
- 定位置：按〈Ctrl〉键，单击上面“绘形状”中刚绘制的圆线和 *R*15 圆线，添加“相切”关系；重复上述步骤，添加该圆与 R10 的圆的“相切”关系。
- 裁多余：在 CommandManager 的“草图”工具栏中单击“剪裁实体”按钮，用“剪裁到最近端”命令，裁剪掉上部圆弧。
- 标半径：在 CommandManager 的“草图”工具栏中单击“智能尺寸”按钮，单击圆弧线标注其半径为 10 mm。

重复上述步骤，绘制 *R*45 的圆弧。

（5）绘制连接线段 2——直线

- 绘形状：单击“草图”工具栏中的“直线”按钮，在绘图区 *R*10 和 *R*12 两圆右侧绘制一条较长的直线。
- 定位置：按〈Ctrl〉键，单击上面的直线和圆 *R*10 的圆线，添加“相切”关系；重复上述步骤，添加上面的直线与圆 *R*12 的“相切”关系，如图 2-11c 所示。

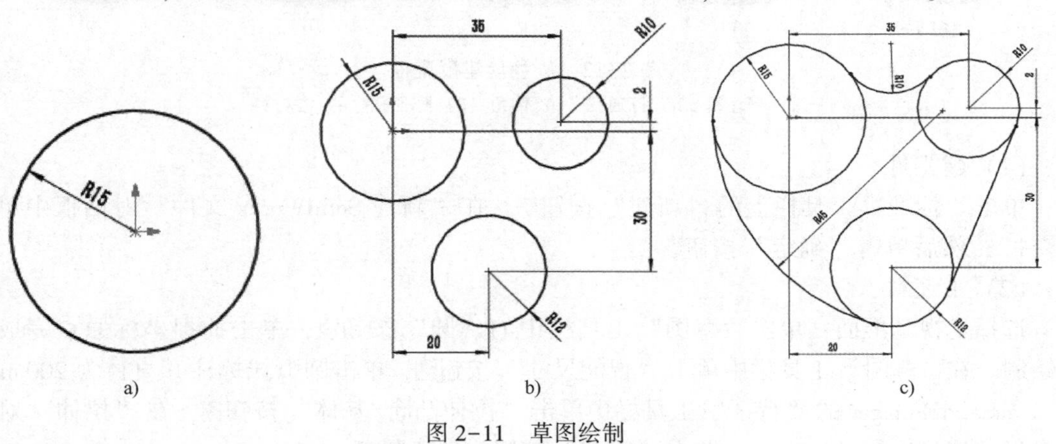

图 2-11　草图绘制

a）先已知　b）后中间　c）再连接

- 裁多余：在 CommandManager 的“草图”工具栏中单击“剪裁实体”按钮，用“剪裁到最近端”命令，裁剪掉草图中多余的线条获得最终草图。单击“标准”工具栏上的“保存”按钮。

（6）看多变

在绘图区中，分别单击图中 *R*15 等各尺寸，修改其数值，观察草图的变化，理解牵一发而动全身的思想在草图绘制过程中是如何实现的。

2.2 特征造型

本部分介绍特征创建的流程、特征的类型及其创建方法、特征编辑工具的使用方法等。

2.2.1 特征造型快速入门

1. 引例：法兰盘建模

图 2-12 所示为法兰盘建模流程，其加工工艺为：首先，用拉伸凸台特征完成法兰盘下料；然后，用拉伸切除命令钻孔，用倒角特征对孔边倒角；最后，用圆周阵列特征创建其他孔。

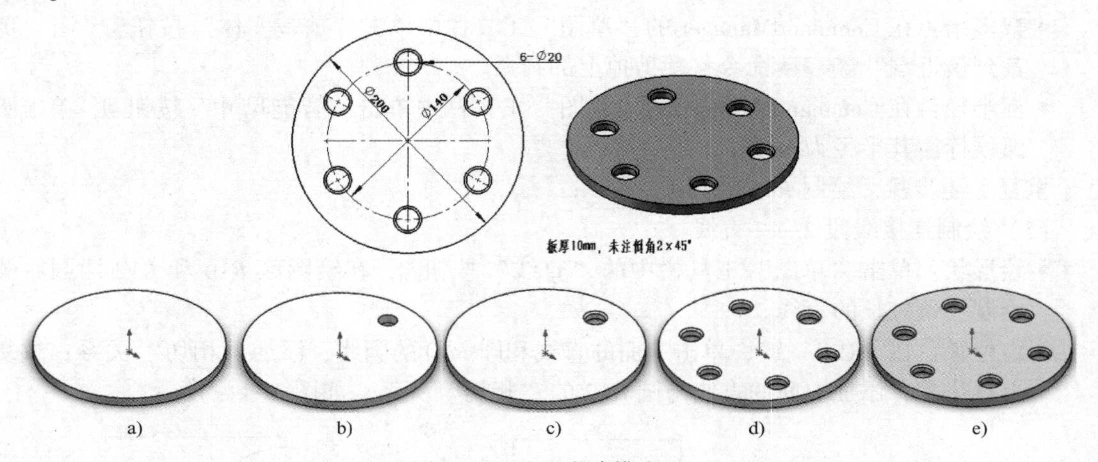

图 2-12 法兰盘建模流程
a）下坯料 b）打通孔 c）倒角 d）阵列孔 e）添材料

（1）建零件

单击“标准”工具栏上的“新建”按钮，在“新建 SolidWorks 文件”对话框中单击“零件”，然后单击“确定”按钮。

（2）下坯料

选择上视基准面，单击“草图”工具栏中的“圆”按钮，单击捕捉坐标原点完成圆的绘制。在“草图”工具栏中单击“智能尺寸”按钮，单击圆弧线标注其直径为 200 mm。在 CommandManager 的“特征”工具栏中单击“拉伸凸台/基体”按钮，在“拉伸”对话框中设“厚度”为 10 mm，单击“确定”按钮创建圆盘。

（3）打通孔

- 绘制定位圆：选择圆盘上表面，单击“正视于”按钮 正视于，单击“草图”工具栏上的“圆”按钮，捕捉到原点后单击，移动指针并单击即完成圆的绘制，如图 2-13a 所示。在“圆”对话框中选择“作为构造线”复选框。单击“智能尺寸”按钮设置直径为 140mm，单击“确定”按钮。
- 绘制孔截面圆：单击“草图”工具栏上的“圆”按钮，单击捕捉定位圆线上的定位点，移动指针并单击即完成圆的绘制。单击“智能尺寸”按钮将圆的直径设置为

20 mm，单击“确定”按钮✔。

- 拉伸切除特征：在 CommandManager 的“特征”工具栏中单击“拉伸切除”按钮，如图 2-13b所示，在“切除-拉伸”对话框中设为“完全贯穿”，单击“确定”按钮✔。

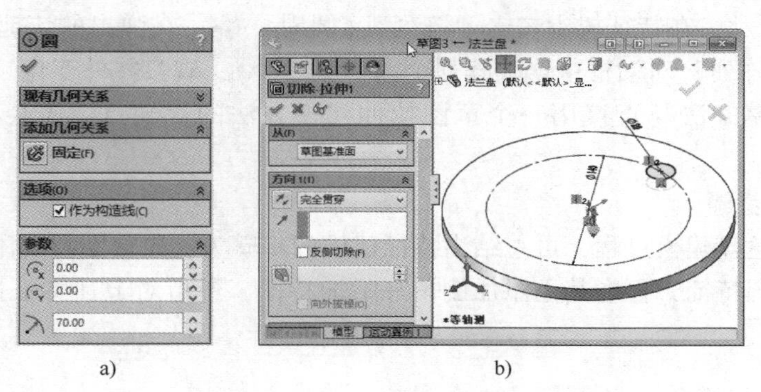

图 2-13　打通孔

（4）倒角

如图 2-14 所示，在 CommandManager 的“特征”工具栏中选择“圆角”→“倒角”，单击选择孔的圆柱面为倒角对象；在“倒角”对话框中选择“角度距离”单选按钮，倒角参数为 2×45°，单击“确定”按钮✔。

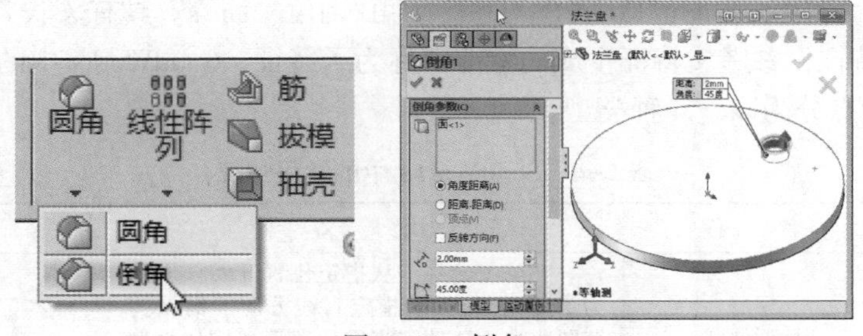

图 2-14　倒角

（5）阵列孔

在 CommandManager 的“特征”工具栏中选择“阵列”→“圆周阵列”，选择圆盘的圆柱面，以其轴线为圆周阵列的轴线，如图 2-15 所示。设阵列个数为 6，选择“等间距”复选框，打开特征树，从中选择“切除-拉伸”和“倒角”特征，单击“确定”按钮✔，如图 2-16 所示。

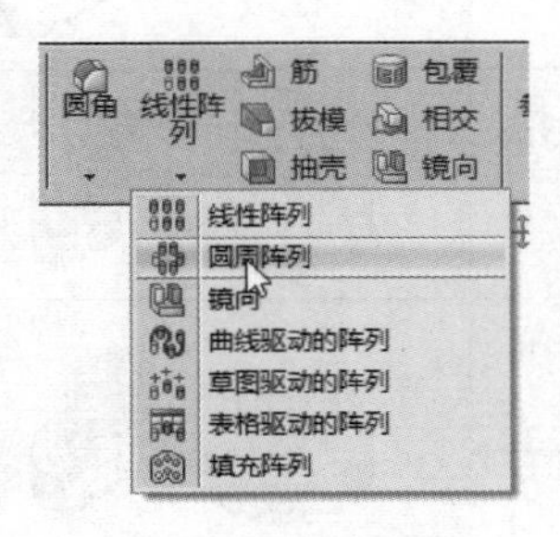

图 2-15　阵列孔

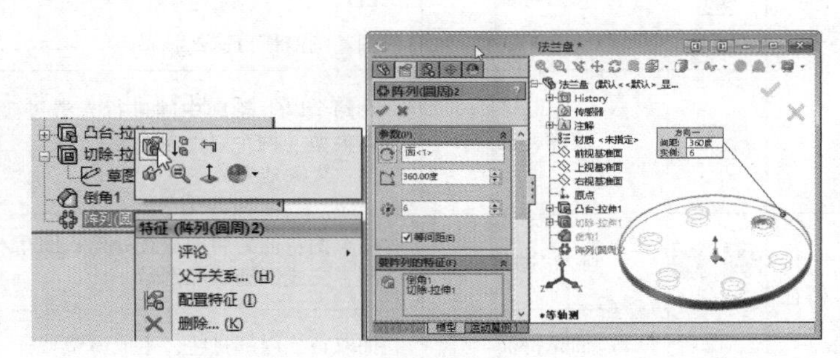

图 2-16　孔阵列特征编辑

(6) 添材料

在特征树中，右击“材质”，在弹出的快捷菜单中选择“黄铜”。

(7) 看多变

如图 2-16 所示，在特征树中右击“阵列”（圆周），在弹出的快捷菜单中选择“特征”命令，在“阵列”对话框中修改阵列个数（如 3 个），观察零件变化。

对比上述建模方法与直接用一个草图拉伸建模方法的优缺点，体会草图尽量简单的好处。

2. 特征创建步骤

由引例中法兰盘建模过程，可总结出特征建模的步骤为：**先草图→次附加→再操作**。即先建立拉伸等草图特征，再在其上添加倒角等附加特征，最后对上述特征进行阵列等操作，形成操作特征。

2.2.2 特征基本操作

1. 特征定义

特征是构成零件模型的三维基本单元，它对应于零件上的一个或多个功能，能被固定的方法加工成型。正确创建特征是三维设计的关键。

2. 特征类型

零件建模时，常用的特征包括凸台/切除、圆角/倒角、筋等。具有关联关系的特征，被参考的特征称为父特征，参考父特征生成的特征则称为子特征。SolidWorks 中的常用特征（见表 2-4）按其建立特点分为以下 4 种类型。

表 2-4 SolidWorks 中的常用特征

类型	图标	名　称	定　义	示　例
草图特征		拉伸特征	一个草图轮廓，从指定位置开始（默认为草图平面），沿指定直线方向（默认为草图法线）移动到指定位置形成实体模型（一个草图） 例：圆沿草图法线移动得圆柱	
		旋转特征	一个草图轮廓，绕一个轴线旋转一定的角度形成实体模型（一个草图） 例：圆绕中心线旋转得圆环	
		扫描特征	一个轮廓，沿一个路径（一条线）移动形成实体模型（两个草图，先路径，后轮廓） 例：圆沿槽口运动扫描环	
		放样特征	在两个以上轮廓中间进行光滑过渡形成实体模型（两个以上草图） 例：天圆地方体	
附加特征	/	圆角/倒角	在草图特征的两面交线处生成圆角/倒角 例：交线倒圆角和倒角	
		抽壳特征	抽取特征内部材料，生成薄壁特征	

（续）

类型	图标	名　称	定　义	示　例
操作特征		镜像特征	沿镜面（模型面或基准面）镜像，生成一个特征（或多个特征）的复制 例：一孔中面镜像得对称孔	
		阵列特征	将现有特征沿某一个方向进行线性阵列或绕某个轴圆周阵列获得实体模型 例：一孔双向线性或圆周阵列四孔	

1）草图特征：由草图经过拉伸、旋转、切除、扫描、放样等操作生成的特征。上述特征创建时，在模型上添加材料的称为“凸台”，如：引例中法兰盘的下坯料；在模型上去除材料的称为“切除”，如：引例中法兰盘的打通孔。

2）附加特征：对已有特征局部进行附加操作生成的特征，如引例中法兰盘的倒角。

3）操作特征：是针对基础特征以及附加特征的整体阵列、复制以及移动等操作获得的特征，如：引例中法兰盘的阵列孔角。

4）参考特征：是建立其他特征的基准，也叫定位特征，如：引例中选用的上视基准面。

3. 特征创建步骤

由引例中法兰盘建模过程，可总结出特征建模的步骤为：先草图→次附加→再操作。

- 先草图：先创建草图特征，建模过程为：选草图→指起点→取路径→定目标。如法兰盘中的打通孔，即草图圆由坯料上表面沿其法线贯穿到坯料底面，如图 2-17a 所示。
- 次附加：对草图特征进行附加操作，建模过程为：选位置→定方式→设参数→添附加。如法兰盘中的倒角，即在孔圆柱面端线上按角度距离方式倒 2×45°的角，如图 2-17b 所示。
- 再操作：对草图特征和附加特征进行整体操作，建模过程为：选对象→定方式→设参数→加操作。如法兰盘中的阵孔角，即将通孔和倒角，按照圆周方式阵列 6 个，如图 2-17c 所示。

4. 特征编辑方法

特征树是指记录组成零件的所有特征的类型及其相互关系的树形结构，通过右击特征树中的特征名称，从弹出的快捷菜单中选择相应命令可对特征进行编辑操作，如图 2-18 所示。常用特征编辑方法见表 2-5。

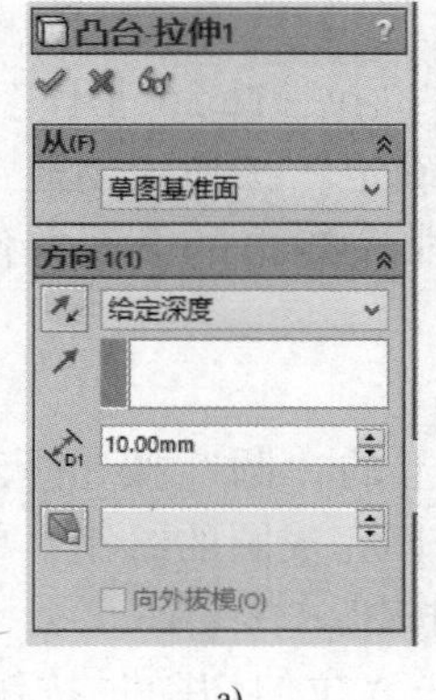

a)

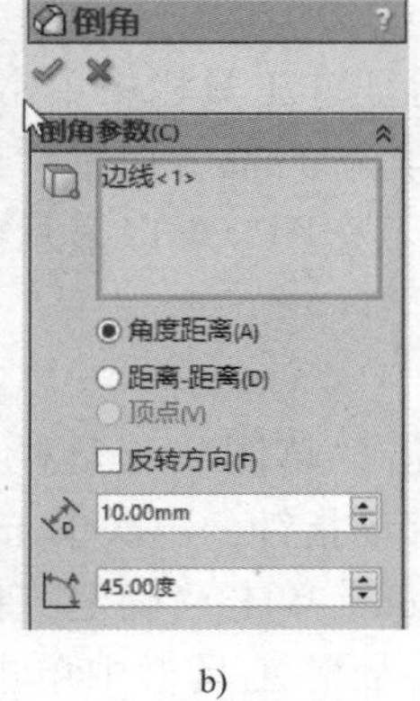

b)

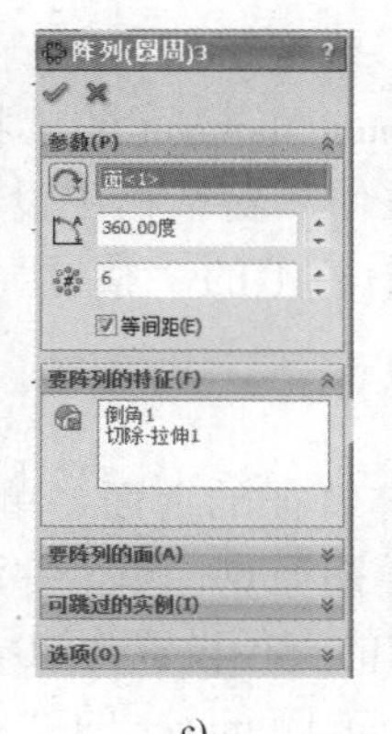

c)

图 2-17　常用特征属性设置

a）拉伸设置　b）倒角设置　c）阵列设置编辑菜单

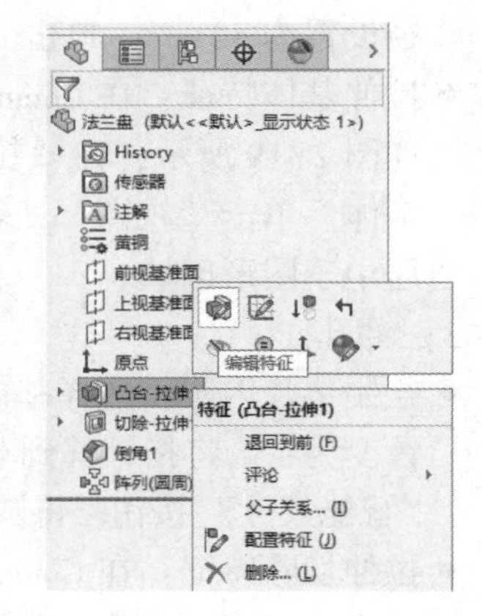

图 2-18　特征树及常用特征编辑

表 2-5　SolidWorks 常用特征编辑方法

名　称	功　能	操 作 方 法
编辑草图	进入草图编辑状态，以便修改草图	右击设计树中的草图名称，然后在快捷菜单中选择相应菜单项
编辑草图平面	改变草图所在平面，用于调整视向	
编辑特征	进入特征编辑状态，以便修改特征尺寸	
压缩/解除压缩	隐藏/显示特征，且不装入/装入内存	
删除	在零件中删除特征（不可恢复）	
更改顺序	更改特征要素先后顺序	在设计树中选中并拖动特征名来更改顺序（不能更改具有父子关系的特征位置）
插入特征（回退）	暂时隐藏回退棒之后的特征，以便插入特征	在设计树中拖动回退棒（设计树底线）
重命名	对特征树中的特征或草图进行重命名，以便于理解	在设计树中先选中特征，再单击后输入新名称

2.2.3　SolidWorks 特征实践

1. 拉伸特征——垫片设计

（1）基本流程

垫片是具有一定厚度的中空实体，其建模流程：首先，绘制横断面草图轮廓，并利用拉伸工具生成基本特征；然后，绘制中间孔并利用拉伸切除工具生成孔特征。

（2）操作步骤

1）生成新的零件文档。

单击“标准”工具栏上的“新建”按钮，弹出“新建 SolidWorks 文件”对话框，单击“零件”，然后再单击“确定”按钮，新零件窗口出现。

2）下料。

- 绘制垫片外圆：选择上视基准面。单击“草图”工具栏中的“草图控制”按钮后，单击“圆”按钮，将指针移到草图原点，当指针变为时，单击并移动指针，再次单击即完成圆的绘制。
- 添加尺寸：单击“智能尺寸”按钮，选择圆，移动指针单击放置该直径尺寸，将直径设置为 40 mm，单击“确定”按钮✔。
- 拉伸基体特征：在 CommandManager 的“特征”工具栏中单击“拉伸凸台/基体”，如图 2-19 所示，在“拉伸”对话框中设为 3 mm，单击“确定”按钮✔创建垫片基体。单击“视图”工具栏上的“整屏显示全图”以显示整个矩形的全图并使其居中于图形区域。

3）冲孔。

- 绘制垫片内圆：选择基体特征的上面。单击“草图”工具栏上的“圆”按钮，指针变为。将指针移到草图原点，单击并移动指针，再次单击即完成圆的绘制；单击“智能尺寸”按钮将圆的直径设置为 20 mm，单击“确定”按钮✔。
- 拉伸切除特征：在 CommandManager 的“特征”工具栏中单击“拉伸切除”按钮，如图 2-20 所示，在“切除-拉伸”对话框中设为“完全贯穿”，单击“确定”按钮✔。单击“视图”工具栏上的“整屏显示全图”以显示整个矩形的全图并使其居中于图形区域。

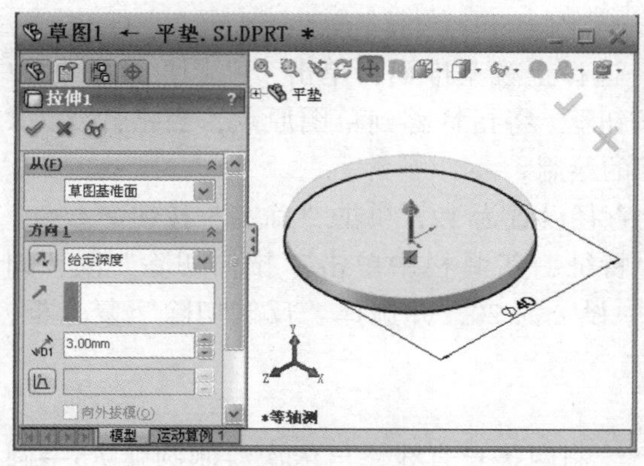

图 2-19　下料

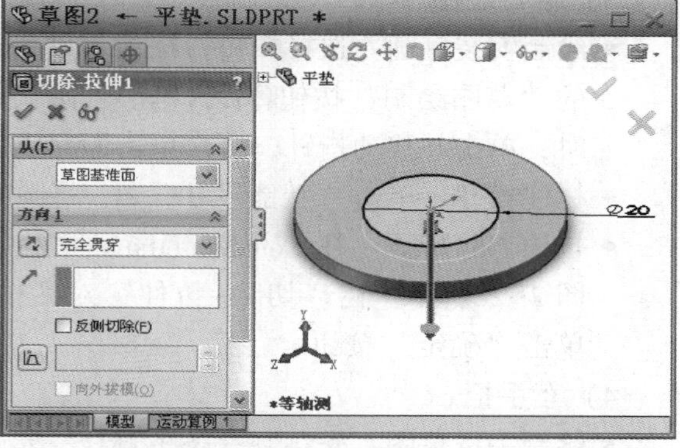

图 2-20　冲孔

4）改料厚。

在特征树中右击“拉伸 1”，在弹出的快捷菜单中选择“编辑特征”，在“拉伸”对话框中通过改变下料厚度，来对比分析用“完全贯穿”和给定深度为 3 mm 进行冲孔的区别，理解特征之间的关联关系对设计意图的影响。

2. 旋转特征——手柄建模

（1）基本流程

如图 2-21 所示，手柄一般由棒料车削加工，参照加工过程其建模流程为：首先用拉伸凸台工具生成棒料；然后用反侧拉伸切除工具生成安装座；最后用旋转切除工具生成手把。

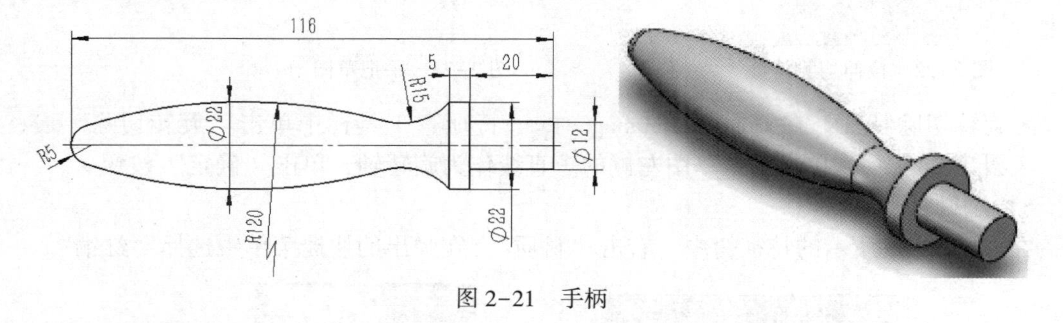

图 2-21　手柄

（2）操作步骤

1）生成新的零件文档。

单击“标准”工具栏上的“新建”按钮，弹出“新建 SolidWorks 文件”对话框。单击“零件”，然后单击“确定”按钮，新零件窗口出现。

2）生成棒料。

- 绘制棒料圆：选择右视基准面，单击“草图”工具栏中的“草图绘制”按钮后，单击“圆”按钮，将指针移到草图原点，当指针变为时，单击并移动指针，再次单击即完成圆的绘制。
- 标注尺寸：单击“智能尺寸”，选择圆，移动指针单击放置该直径尺寸，将直径设置为 22，单击“确定”按钮。
- 拉伸棒料特征：在 CommandManager 的“特征”工具栏中单击“拉伸凸台/基体”，

在“拉伸”对话框中设为 116，单击“确定”按钮✔创建棒料基体。

3）车安装座。

- 绘制安装座圆：选择棒料特征的右端面，选择上视基准面，单击“草图”工具栏中的“草图绘制”按钮后，单击“圆”按钮，将指针移到草图原点，当指针变为时，单击并移动指针，再次单击即完成圆的绘制。
- 标注尺寸：单击“智能尺寸”，将圆的直径设置为 12，单击“确定”按钮✔。
- 拉伸切除特征：在 CommandManager 的“特征”工具栏中单击“拉伸切除”，如图 2-22所示，在“切除-拉伸”对话框中设为 20，并选择“反侧切除”复选框，单击“确定”按钮✔。

4）车手把。

- 绘制手把草图：先绘制三条短直线，然后绘制两条长直线，再依次绘制圆弧 $R5$→圆弧 $R120$→圆弧 $R15$，手把草图如图 2-23 所示。

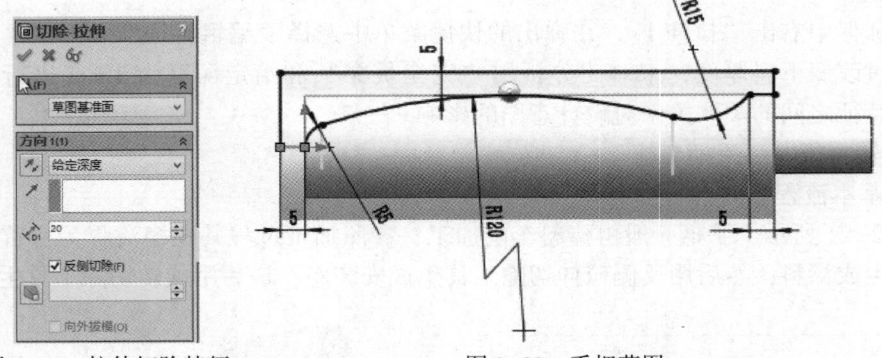

图 2-22　拉伸切除特征　　图 2-23　手把草图

- 旋转切除特征：在 CommandManager 的“特征”工具栏中单击“旋转切除”，如图 2-24所示，单击手把草图左侧的短直线作为旋转轴，单击“确定”按钮✔。

5）添材料。

在如图 2-25 所示的特征树中，右击“材质”，在弹出的快捷菜单中选择“红铜”。

图 2-24　旋转切除设置

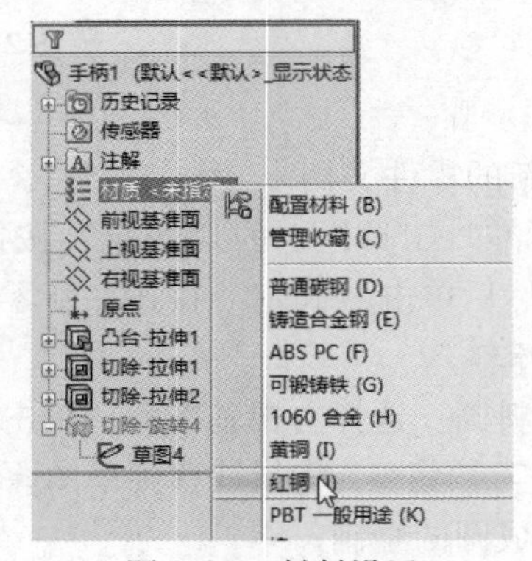

图 2-25　材料设置

对比上述建模方法与用整个断面旋转凸台建模方法的优缺点，体会草图尽量简单的好处。

3. 扫描特征——皮带建模

（1）基本流程

图 2-26 所示皮带的建模流程为：首先，生成皮带轮廓草图；然后，生成皮带截面草图；最后，用扫描特征使皮带截面草图沿皮带轮廓草图扫描生成皮带零件。

（2）操作步骤

1）生成新的零件文档。

单击“标准”工具栏上的“新建”按钮，弹出“新建 SolidWorks 文件”对话框。单击“零件”，然后单击“确定”按钮，新零件窗口出现。

2）生成皮带轮廓草图。

选择前视基准面，单击“草图”工具栏中的“草图绘制”按钮后，按照 2.1.1 节中草图设计引例的步骤完成皮带轮廓草图的绘制。

3）生成皮带截面草图。

- 改视向：如图 2-27 所示，单击“视图”工具栏上的“视向选择”→“等轴测”按钮，以显示整个矩形的全图并使其居中于图形区域。

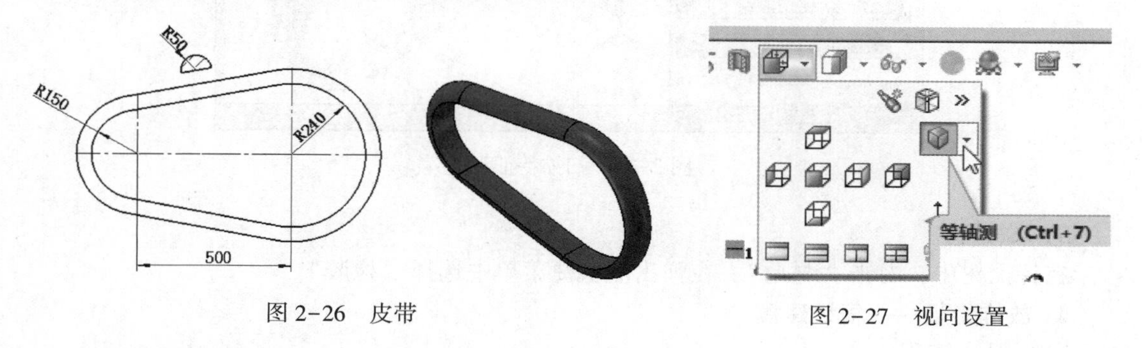

图 2-26 皮带　　　　图 2-27 视向设置

- 绘形状：选择右视基准面，单击“草图”工具栏中的“草图绘制”按钮后，单击“圆”按钮；如图 2-28 所示，在皮带轮廓草图上方，单击并移动指针，再次单击完成圆的绘制。单击“草图”工具栏的“直线”按钮，在绘图区捕捉圆上的两个直径点绘制直径直线。
- 裁多余：在 CommandManager 的“草图”工具栏中单击“剪裁实体”按钮，选择“剪裁到最近端”命令，裁剪掉下部圆弧。
- 定位置：按〈Ctrl〉键，单击皮带截面草图圆心和皮带轮廓草图上方的直线；按图 2-29 所示，添加“穿透”关系。

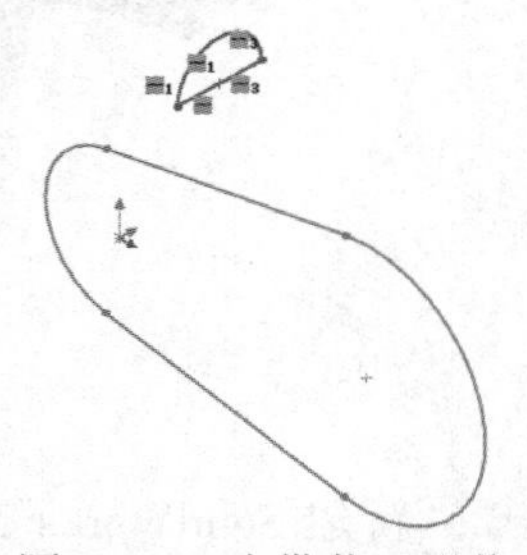

图 2-28 皮带截面形状

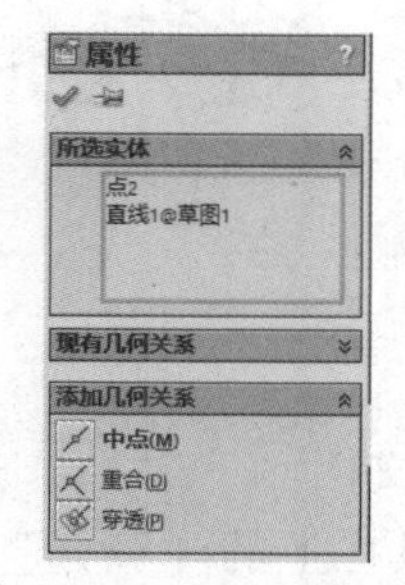

图 2-29 穿透关系设置

● 标半径：在 CommandManager 的“草图”工具栏中单击“智能尺寸”按钮，单击圆弧线标注半径为 50 mm。单击绘图区右上角的按钮，退出草图。

4）扫皮带。

在 CommandManager 的“特征”工具栏中单击“扫描”按钮，如图 2-30 所示，单击皮带截面草图作为扫描轮廓，单击皮带轮廓草图作为扫描路径，单击“确定”按钮。

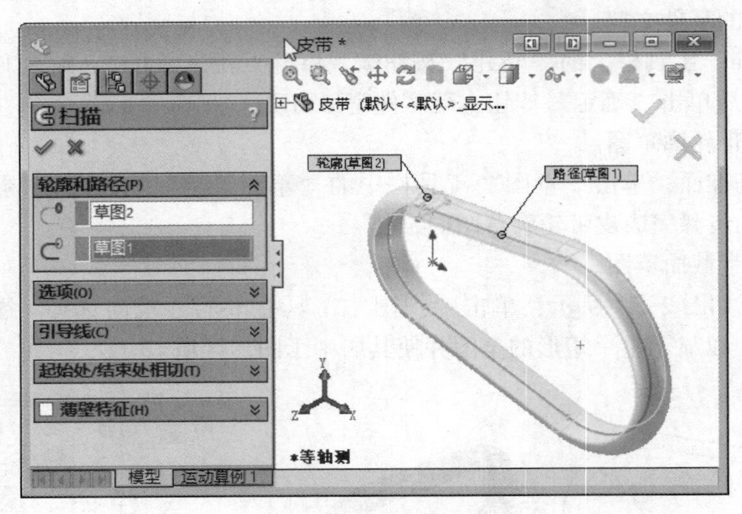

图 2-30　扫描特征设置

5）添材料。

在特征树中，右击“材质”，在弹出的快捷菜单中选择“橡胶”。

4. 放样特征——扁铲建模

（1）基本流程

如图 2-31 所示，扁铲的建模流程为：首先，生成 5 个控制截面的草图；然后，用放样特征生成矩形断面的铲面；最后，用放样特征生成由矩形断面逐步过渡到圆截面的铲头。

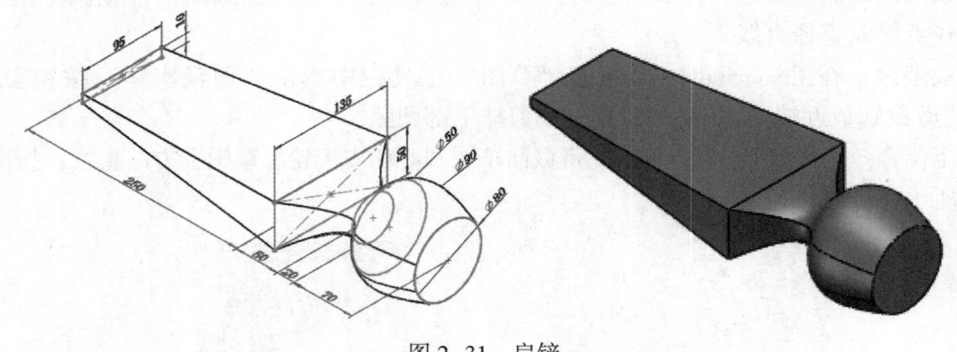

图 2-31　扁铲

（2）操作步骤

1）生成新的零件文档。

单击“标准”工具栏上的“新建”按钮，弹出“新建 SolidWorks 文件”对话框。单击“零件”，然后单击“确定”按钮，新零件窗口出现。

2）绘制 95 mm×10 mm 矩形草图。

选择右视基准面，在 CommandManager 的“草图”工具栏中单击“草图绘制”按钮后，如图 2-32 所示，选择“矩形”→“中心矩形”，捕捉坐标原点，拖动鼠标绘制矩形。单击“智能尺寸”按钮，标注矩形尺寸为 95 mm×10 mm。单击绘图区右上角的“退出草图”按钮。单击“视图”工具栏上的“视向选择”→“等轴测”按钮，以显示整个矩形的全图并使其居中于图形区域。

3）绘制 135 mm×50 mm 矩形草图。

- 插基准：选择“插入”→“参考几何体”→“基准面”命令，如图 2-33 所示，在打开的特征树中选择“右视基准面”作为第一参考，在“基准面”对话框中将两者距离设为 250 mm ，单击“确定”按钮插入基准面 1。

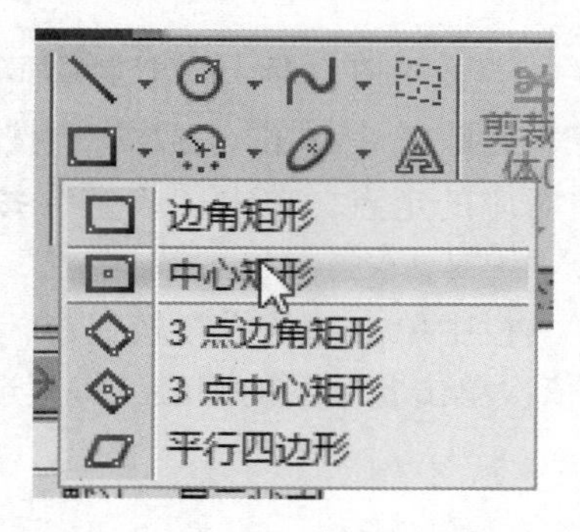

图 2-32　中心矩形工具选择

图 2-33　插入基准面设置

- 绘形状：选择基准面 1，在 CommandManager 的“草图”工具栏中单击“草图绘制”按钮后，单击“矩形”→“中心矩形”，捕捉坐标原点，拖动鼠标绘制矩形。单击“智能尺寸”按钮，标注矩形尺寸为 135 mm×50 mm。单击绘图区右上角的“退出草图”按钮。

4）绘制圆 ϕ50 的草图。

- 插基准：选择“插入”→“参考几何体”→“基准面”命令，在打开的特征树中选择“基准面 1”作为第一参考，在“基准面”对话框中将两者距离设为 50 mm ，单击“确定”按钮插入基准面 2。
- 绘形状：选择基准面 2，在 CommandManager 的“草图”工具栏中单击“草图绘制”按钮后，单击“圆”按钮，捕捉坐标原点，拖动鼠标绘制圆。单击“智能尺寸”按钮，标注直径为 50 mm。单击绘图区右上角的“退出草图”。

5）绘制圆 ϕ90 的草图。

- 插基准：选择“插入”→“参考几何体”→“基准面”命令，在打开的特征树中选择“基准面 2”作为第一参考，在“基准面”对话框中将两者距离设为 20 mm ，单击“确定”按钮插入基准面 3。
- 绘形状：选择基准面 3，在 CommandManager 的“草图”工具栏中单击“草图绘制”按钮后，单击“圆”按钮，捕捉坐标原点，拖动鼠标绘制圆。单击“智能尺寸”按钮，标注直径为 90 mm。单击绘图区右上角的“退出草图”按钮。

6）绘制圆 $\phi80$ 的草图。

- 插基准：选择“插入”→“参考几何体”→“基准面”命令，在打开的特征树中选择“基准面 3”作为第一参考，在“基准面”对话框中将两者距离设为 70 mm，单击“确定”按钮插入基准面 4。
- 绘形状：选择基准面 3，在 CommandManager 的“草图”工具栏中单击“草图绘制”按钮后，单击“圆”按钮，捕捉坐标原点，拖动鼠标绘制圆。单击“智能尺寸”按钮，标注直径为 80 mm。单击绘图区右上角的“退出草图”按钮。完成 5 个控制截面草图绘制，如图 2-34 所示。

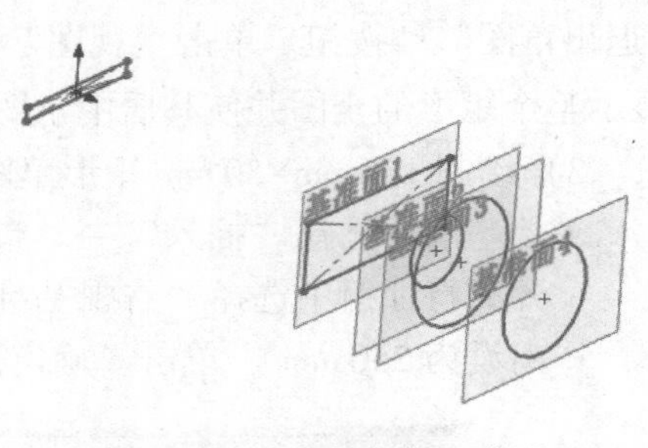

图 2-34　5 个控制截面草图

7）扁铲放样。

- 铲面放样：在 CommandManager 的“特征”工具栏中单击“放样”按钮，如图 2-35所示，单击铲面两个矩形截面草图中对应的定点，单击“确定”按钮完成铲面放样。
- 铲头放样：在 CommandManager 的“特征”工具栏中单击“放样”按钮，如图 2-36 所示，在铲面 135×50 矩形中心附近单击，再依次单击各个圆的圆心，将其选为放样轮廓，单击“确定”按钮完成铲头放样。

8）添材料。

在特征树中，右击“材质”，在弹出的快捷菜单中选择“黄铜”。为了清理图形显示，选择“视图”→“隐藏所用类型”命令，隐藏基准面和坐标原点等辅助内容。

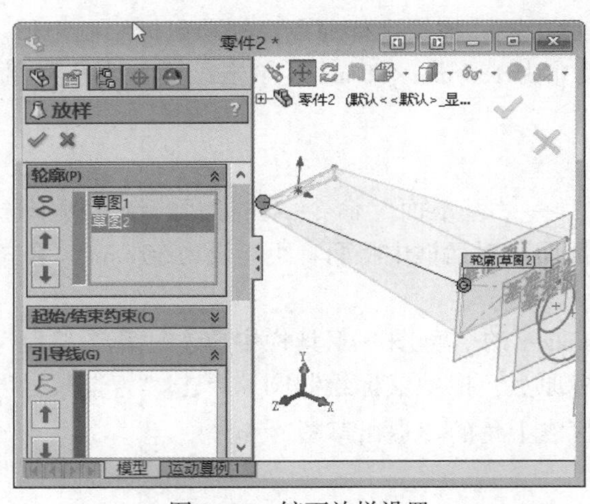

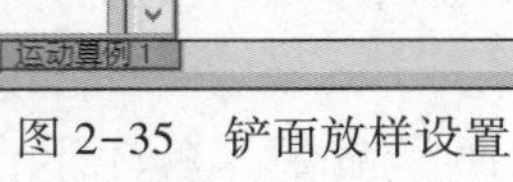
图 2-35　铲面放样设置

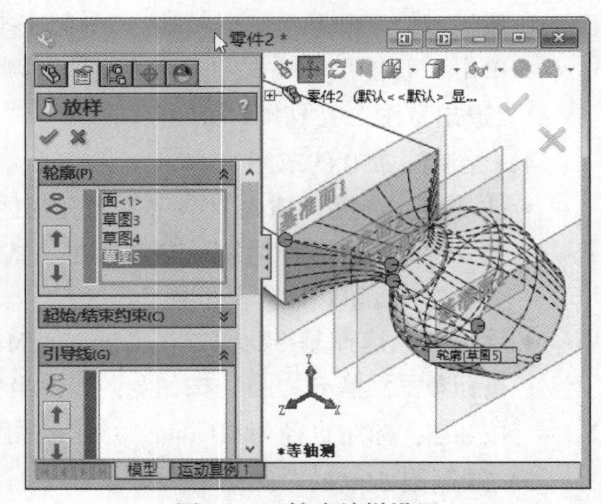

图 2-36　铲头放样设置

5. 草图特征造型方法选用技巧——圆柱特征建模对比

三维实体可以用多种特征造型方法实现，按照提高建模效率的目的可归纳出草图特征的选用顺序依次是先拉伸、次旋转、再扫描、后放样。具体原因可由表 2-6 中圆柱造型进行分析和理解。

表 2-6　草图特征造型方法选用技巧

序号	特征名称	操作过程	序号	特征名称	操作过程
1	拉伸特征		3	扫描特征	
2	旋转特征		4	放样特征	

由表 2-6 可见，拉伸特征仅有一个草图圆和一个直径尺寸，旋转有一个矩形草图和两个线性尺寸，扫描和放养均需要两个草图，而且放样还需要插入参考平面。

2.3　零件设计

2.3.1　零件设计基础

1. 零件建模引例

本节要建立如图 2-37 所示的轴承座。

（1）零件结构分析

参照该零件的加工过程，分析可知该零件包括毛坯拉伸特征、轴承孔拉伸切除特征、安装孔拉伸切除和安装孔镜像特征组成。其中毛坯拉伸特征为零件第一个特征，且应该选择图 2-38 中所示的草图为最佳轮廓，如图 2-39 所示。把模型放置在假想的“盒子”里，确定使用前视基准面为草图平面以获得最佳视角，用拉伸凸台特征形成实体。其他特征建立顺序如图 2-40 所示。

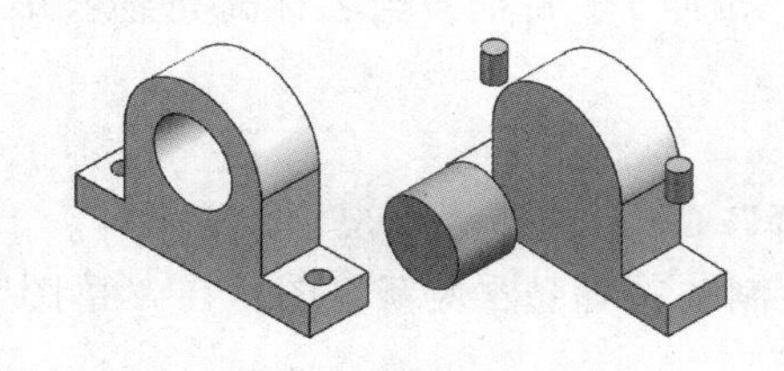

图 2-37　零件特征组成

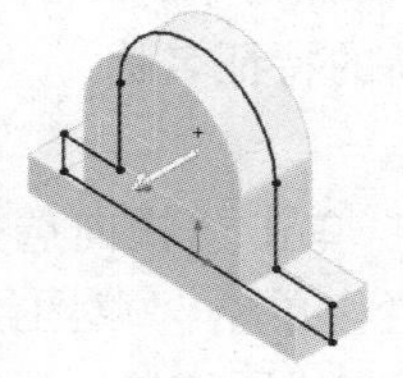

图 2-38　最佳轮廓

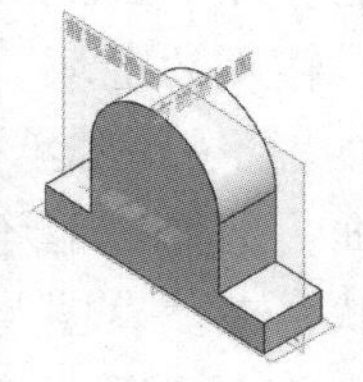

图 2-39　最佳草图平面

（2）零件建模过程

分析零件特征组成，确定特征创建顺序，再选择特征最佳草图轮廓和草图平面后即可开始零件建模，具体步骤如下。

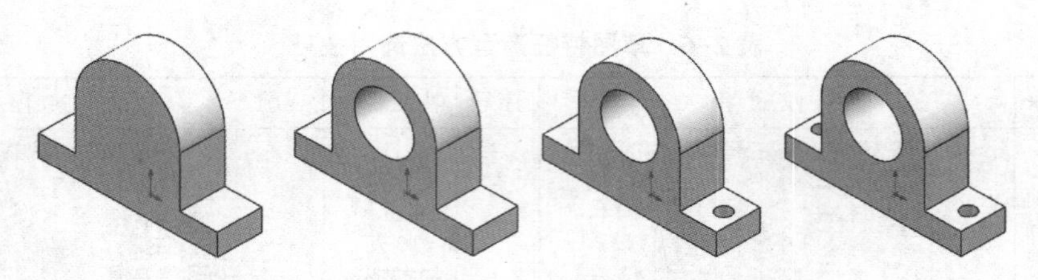

零件加工：毛坯→打轴承孔→钻安装孔 1→钻安装孔 2

零件造型：基础特征（毛坯）→拉伸切除（轴承孔）→拉伸切除（安装孔 1）→镜像（安装孔 2）

图 2-40　SolidWorks 的零件设计过程

1）建立新零件。

单击“标准”工具栏上的“新建”按钮，弹出“新建 SolidWorks 文件”对话框。单击“零件”，然后单击“确定”按钮，新零件窗口出现，并以“支座”名称保存。

2）基础特征——毛坯。

- 选平面：选择前视基准面作为草图平面，在“草图”工具栏中单击“草图绘制”按钮插入新草图。
- 先已知——矩形：单击“矩形”，如图 2-41a 所示，移动鼠标捕捉圆的左侧定位点，并拖动鼠标绘制矩形。按〈Ctrl〉键，单击矩形下边线和坐标原点，添加“中点”关系。在“草图”工具栏中单击“智能尺寸”按钮，分别标注长度、高度为 120 mm 和 15 mm。
- 后中间——圆：在“草图”工具栏中单击“圆”按钮，在矩形上方完成圆的绘制。按〈Ctrl〉键，单击圆心和坐标原点，添加“竖直”关系。在“草图”工具栏中单击“智能尺寸”按钮，单击圆线和矩形下边线，标注两者距离为 60 mm。单击圆线，标注圆的半径为 35 mm，如图 2-41b 所示。
- 再连接——直线：绘制两条竖线，并分别添加直线和圆的相切关系，如图 2-41c 所示。
- 裁多余：单击“剪裁”实体按钮，剪裁掉草图中多余的部分，如图 2-41d 所示。
- 造特征：在 CommandManager 的“特征”工具栏中单击“拉伸凸台/基体”按钮，在“拉伸”对话框中设方向 1 为“两侧对称”，为 30 mm 并单击“确定”按钮，则完成拉伸特征建立。
- 重命名：在 FeatureManager 设计树中，单击“拉伸 1”特征，当名称高亮显示并可编辑时，输入“毛坯”作为新的特征名称。

3）切除特征——轴承孔。

- 选平面：选择“毛坯前面”，单击“视向选择”，选择“正视于”正视于。
- 绘形状：在“草图”工具栏中单击“草图绘制”按钮插入新草图，在“草图”工具栏中单击“圆”按钮，完成圆绘制。
- 定位置：按住〈Ctrl〉键，选择毛坯前面的圆弧和圆线，添加“同心”关系。
- 设大小：单击“智能尺寸”按钮，将圆的直径设为 40 mm，然后单击“确定”按钮。
- 轴承孔：选择“插入”→“切除”→“拉伸”命令或在“特征”工具栏命令单击

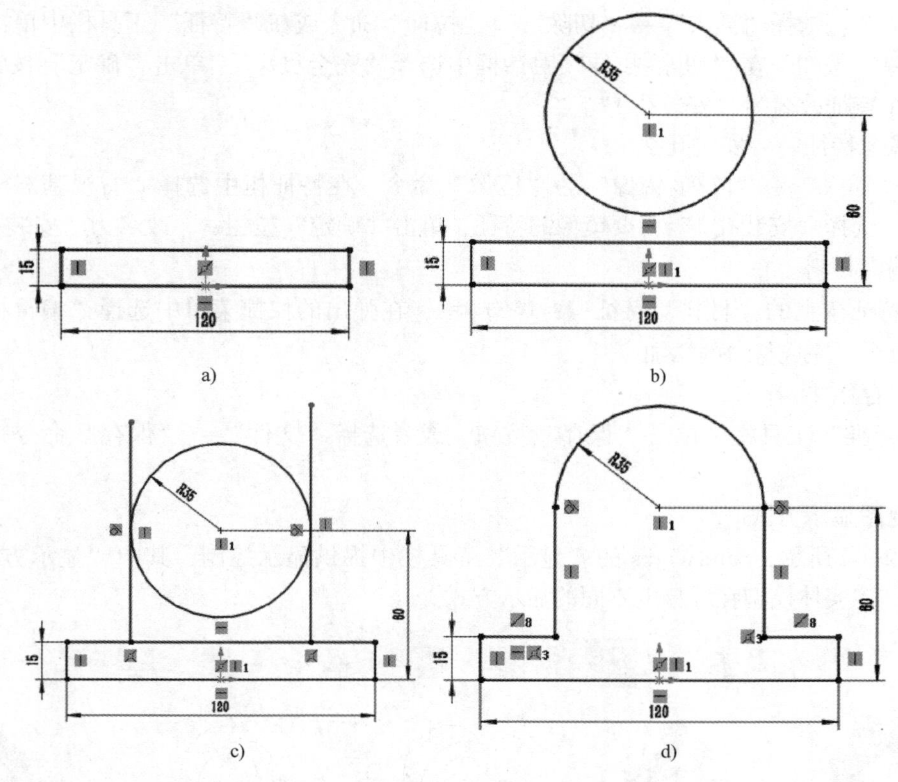

图 2-41　毛坯草图

“拉伸切除”按钮。如图 2-42 所示，在“切除-拉伸”对话框中选择“完全贯穿”，单击“确定”按钮✔。这种类型的终止条件总是完全贯穿整个实体模型以适应深度变化。把这个特征改名为“轴承孔”。

4）切除特征——安装孔 1。

- 孔定位：选择底板上平面，单击“视向选择”，选择“正视于”正视于。如图 2-43 所示，单击“草图”工具栏上的“直线”按钮，捕捉底板上平面上下两边的中点，绘制直线，在“属性”对话框中选择“作为构造线”复选框。在“草图”工具栏中单击“圆”按钮，完成圆绘制。按住〈Ctrl〉键，选择圆心和坐标原点，添加“水平”关系约束。在“草图”工具栏中单击“智能尺寸”按钮，单击圆线和中心线，移动鼠标超过中心线，标注对称尺寸为 100 mm。单击圆线，标注其直径为 10 mm。

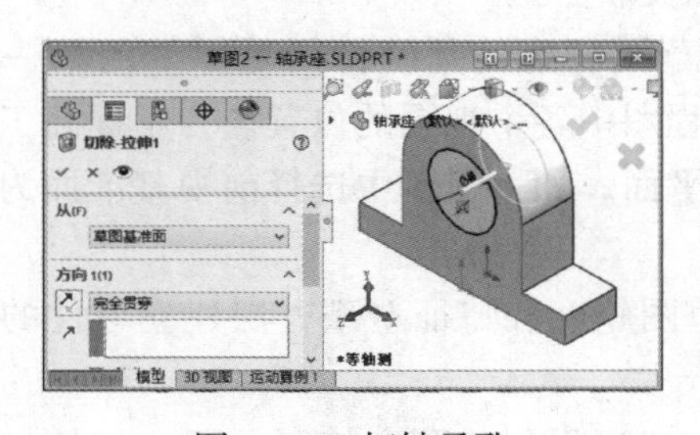

图 2-42　打轴承孔

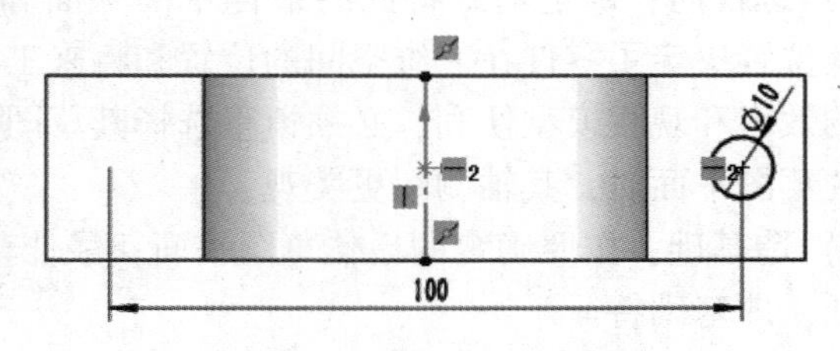

图 2-43　安装孔 1 尺寸标注

- 钻通孔：选择“插入”→“切除”→“拉伸”命令或在“特征”工具栏中单击“拉伸切除”按钮。在“切除-拉伸”对话框中选择“完全贯穿”，单击“确定”按钮✔。把这个特征改名为“安装孔 1”。

5）镜像特征——安装孔 2。

选择“插入”→“阵列/镜像”→“镜像”命令。在特征树中选择“右视基准面”作为镜像平面，选择“安装孔 1”为要镜像的特征，单击“确定”按钮✔，改名为“安装孔 2”。

6）编辑材料。

右击特征树上的“材料”特征 材质 <未指定>，在弹出的快捷菜单中选择“编辑材料”→“黄铜”命令，完成材料的添加。

7）保存结果。

在“标准”工具栏中单击“保存”按钮，或者选择“文件”→“保存”命令来保存所做工作。

8）视图显示方式。

如图 2-44 所示，SolidWorks 的“显示”工具栏中提供显示控制，其中“显示方式”中提供了许多实体模型在屏幕上不同的显示方式。

图 2-44　显示方式和对应按钮

2. 零件建模步骤

由以上引例可见：三维零件设计过程是零件真实制造过程的虚拟仿真，其建模过程可总结为：**分特征→定顺序→选视向→造基础→添其他→选材料**。

1）分特征：分析零件的特征组成、相互关系及特征的最佳轮廓；如引例中的轴承座，包括毛坯、轴承孔、安装孔等特征，其中前者相关面是后两者的草图平面，而后两者均完全贯穿前者。

2）定顺序：确定特征的构造顺序、构造方法和关联方式。

3）选视向：确定基础特征的最佳草图平面和草图轮廓。基础特征是零件的第一个特征，其位置决定了零件在三维空间的位置和将来工程图中各个视图的位置。为了提高工程图生成的效率和观察模型便利，必须慎重选择其草图平面。如，引例中选择前视基准面为基础特征的草图平面时，其轴测图更美观。

4）造基础：按照确定的最佳草图平面、最佳草图轮廓和特征造型方法建立零件的第一个特征，即基础特征。

5）添其他：按照特征之间的关系，参照零件加工过程创建剩余特征，即“如何加工就如何造型”。

6）**选材料**：为零件选择合适的材料。

2.3.2 设计意图体现

1. 零件的设计意图

关于尺寸数值被改变后，模型会如何变化的计划称为设计意图。在参数化建模程序中尺寸参数控制着模型的结构，所以设计意图的表达就十分重要。例如，引例中零件的设计意图是：所有的孔都是通孔，安装孔是对称的，顶端孔的位置从基准面开始测量。

2. 设计意图的影响因素

开始零件建模时，选择哪一个特征作为第一个特征，选择哪个外形轮廓最好，确定了最佳的外形轮廓后，对草图平面的选择有何影响，采用何种顺序来添加其他辅助特征，这些都要受制于设计意图。为了有效地使用 SolidWorks 这样的参数化建模软件，建模前必须考虑好设计意图。

（1）草图对设计意图的影响

影响设计意图的草图因素包括几何约束、尺寸关系和草图的复杂程度。

- 几何约束的影响。草图几何约束的影响包括草图平面的选择和图线的位置关系。如图 2-45a 所示，选择大圆盘上表面为小圆柱草图平面时，下面大圆盘厚度 10 mm 变化时总高度增加，小圆柱高度 30 mm 不变；选择大圆盘下表面为小圆柱草图平面时，下面大圆盘厚度 10 mm 变化时总高度 40 mm 不变，小圆柱高度减小。

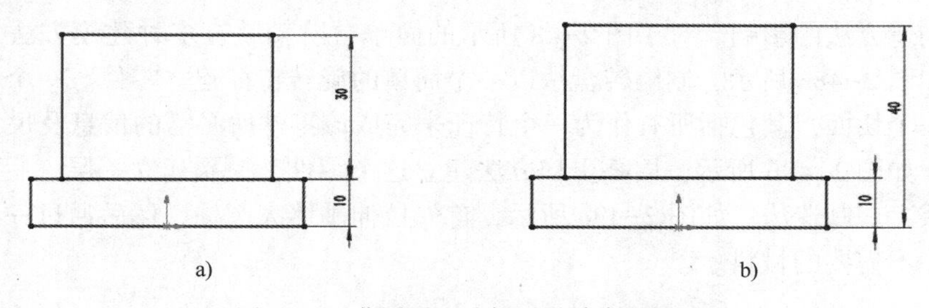

图 2-45　草图平面选择对设计意图影响

- 尺寸关系的影响。尺寸关系某种程度上也是反映了设计人员打算如何修改尺寸。如图 2-46a所示，无论矩形尺寸 100 mm 如何变化，两个孔始终与边界保持 20 mm 的距离。如图 2-46b 所示，两个孔以矩形左侧为基准进行标注，尺寸标注将使孔相对于矩形的左侧定位，孔的位置不受矩形整体宽度的影响。如图 2-46c 所示，标注孔与矩形边线的距离以及两个孔的中心距，这将保证两孔中心距离不变。

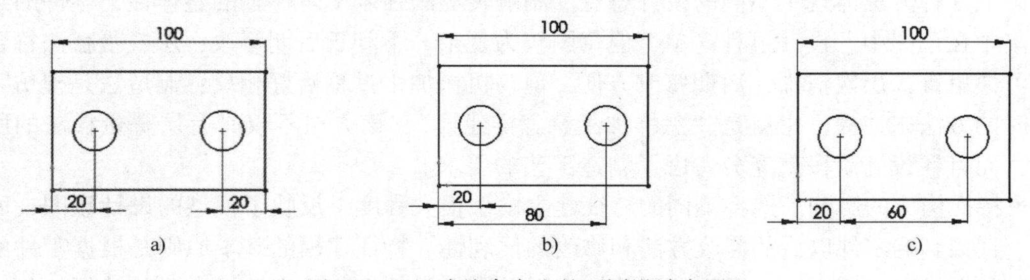

图 2-46　尺寸约束产生的不同设计意图

- 草图复杂程度的影响。很多情况下，同一零件可以由一个复杂的草图直接生成，也可以由一个简单的草图生成集体特征后，再添加倒角等附加特征来生成。如图 2-47所示的零件，可以用圆角草图拉伸获得，也可以用拉伸直角草图后再添加圆角特征的方法获得。其中复杂草图拉伸法，建模速度较快，但草图复杂，不利于以后的零件修改和在装配条件下压缩圆角等细节，而简单草图拉伸法则更利于以后的修改操作。

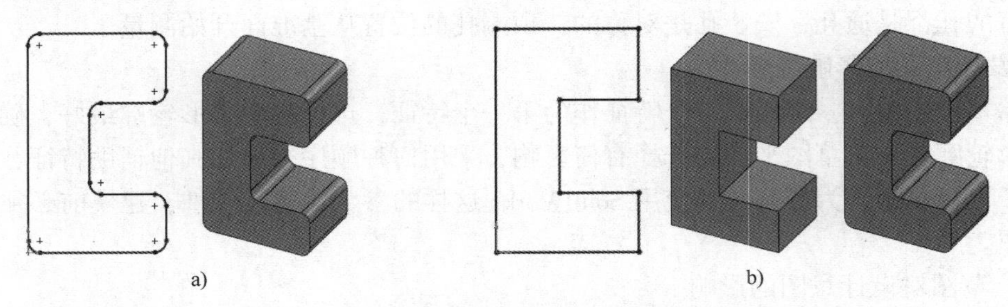

图 2-47　草图复杂程度的影响

a）复杂草图　b）简单草图

（2）特征对设计意图的影响

设计意图不仅仅受草图的影响，特征构造方法、特征构成、构造顺序及其关系等对设计意图也有很大影响。

- 特征构造方法的影响。对于图 2-48 所示的简单台阶轴就有多种建模方法。制陶转盘法：如图 2-48a 所示，制陶转盘法以一个简单的旋转特征建立零件。一个单个的草图表示一个切面，其包括所有作为一个特征来完成该零件所必需的信息及尺寸。层叠蛋糕法：如图 2-49b 所示，层叠蛋糕方法建立这个零件，一次建立一层，后面一层加到前一层上。制造法：如图 2-49c 所示，首先拉伸基体大圆柱，然后通过一系列的切割来去除不需要的材料。

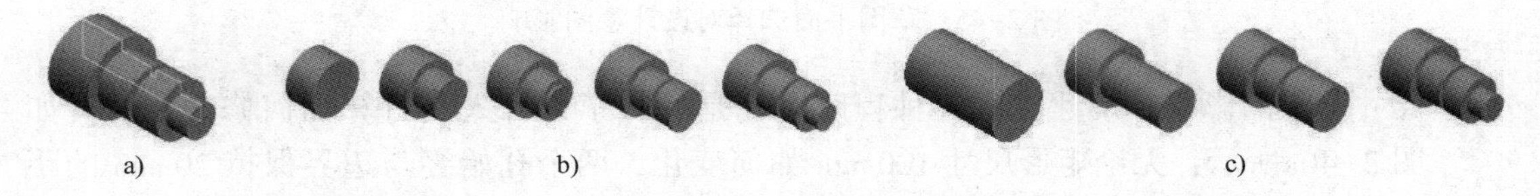

图 2-48　简单台阶轴建模方法

a）制陶转盘法　b）层叠蛋糕法　c）制造法

以上 3 种方法体现了不同的设计思想。制陶转盘法强调了阶梯轴的整体性，零件的定义主要集中在草图中，设计过程简单，但草图较为复杂，不利于后期修改；层叠蛋糕法符合人们的习惯思维，层次清晰，后期修改方便，但与机械加工过程恰好相反；制造法是模仿零件加工时的方法来建模，也就是“怎样加工就怎样建模”，该方法不仅具有层叠蛋糕法的所有优点，而且在设计阶段就充分考虑了制造工艺的要求。

- 特征构成的影响。选择不同的特征建立模型很大程度上反映了模型的设计意图，而且直接影响零件以后的修改方法和修改的便利性。特征建模的基本原则是根据零件的加工方式和成型方法、零件的形状特点以及零件局部细节等来选择合适的特征。如，利用传统的车削、铣削等方法完成的机加工零件不宜采用很复杂的特征；通过注塑或压铸方法成型的薄壁零件，要考虑拔模和壁厚均匀的问题；铸造零件要考虑零件出模的分型面来选择适当的草图平面，零件的出模方向则需要考虑添加适当的拔模角度，而“抽壳”特征则需要保持零件的壁厚基本均匀；钣金和焊接零件，可采用 SolidWorks 的钣金工具和焊接工具进行建模。

- 最佳轮廓的影响。在拉伸时，最佳轮廓可比其他轮廓建立更多的模型部分。在图 2-49 中，分别显示了模型的 3 种可能轮廓和零件的最终特征组成，读者思考一下选择哪一个轮廓最好。

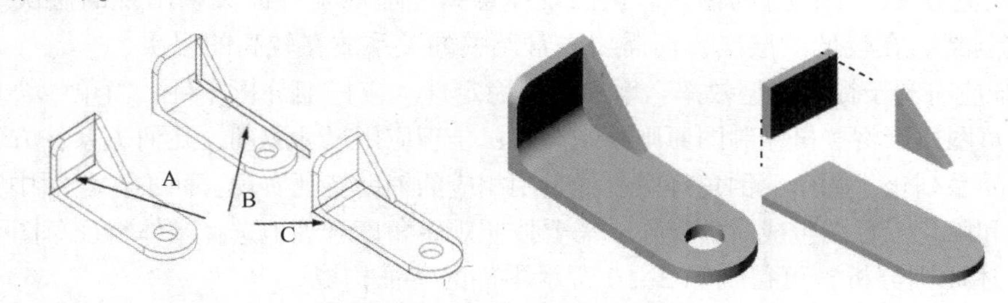

图 2-49 “最佳”轮廓和零件特征规划

轮廓 A 是矩形的，比模型本身大很多，需要很多的切除或凸台来去除或添加材料以及建立一些细节，才能完成建模；轮廓 B 使用模型上“L”形的一条边，提供了较好的基本外形，但是需要一些额外的工作来形成半圆形的末端；轮廓 C 是最好的，只需再添加两个凸台，就可以完成基本外形，然后再建立切除特征和圆角特征，即可完成模型。

- 观察角度的影响。在 SolidWorks 的模型空间里，零件的摆放位置多种多样。事实上，模型在三维空间的摆放位置与建模本身的要求没有太大的关系，合理地选择模型的观察角度是基于如下的考虑：在零件环境中，可利用视图定向工具切换到适当的角度，便于设计者观察；在装配体中，便于零件定位和选取配合对象；在工程图中，与标准投影方向一致，便于生成视图。

如将引例中的零件，在投影空间中放置几次，即可发现最佳轮廓在上视基准面上。

3. 零件建模规划

零件的造型过程，就是对组成该零件的形状特征进行造型的总和。把零件分解成若干个特征，并确定特征之间组合形式与相对位置及其构造方法的过程称为零件规划。零件规划包括特征分解、特征关联等内容。

(1) 特征分解

在基于特征的零件设计系统中，特征的组成及其相互关系是系统的核心部分，直接关系着几何造型的难易程度和设计与制造信息在企业内各应用环节间交换与共享的方便程度。

零件的第一个特征为其基础特征，特征的组合形式通常有叠加和挖切。其分解原则可总结为**“达意图、仿加工、便修改”**。

1) 特征应具有一定的设计和制造意义。如为了使减速器从动轴能够满足设计要求和工艺要求，它的结构形状形成过程和需要考虑的主要问题，如表 2-7 所示。

表 2-7　从动轴的结构分析

结构组成	主要考虑的问题	结构组成	主要考虑的问题
	为了伸出外部与其他部件相接，制出一轴颈		为了支撑齿轮和用轴承支承轴，右端做成轴颈
	为了用轴承支承轴又在左端制出一轴颈		为了与齿轮连接，右端做一键槽；为了与外部设备连接，左端也做一键槽。为了装配方便，保护装配表面，多处做成倒角，退刀槽
	为了固定齿轮的轴向位置，增加一稍大的凸肩		

2）特征应方便加工信息的输入。按照设计意图合理规划特征关系出现的层次。比较固定的关系应当封装在较低的层次，而需要经常调整的关系放在较高的层次。

3）特征应有利于提高造型效率，增加造型稳定性。应仔细分析零件，简单、合理、有效地建立相应草图；严格按机械制图原则绘制草图；合理应用尺寸驱动、几何关系，方便日后修改与零件产品系列化；圆角、倒角等图素尽量用相应的辅助特征实现，而不在草图中完成。为了观察方便和简化工程图生成时的操作，需要按照观察角度合理地选择基体特征草图平面。

按照上述原则分析，可得到图 2-50 所示零件的特征构成。

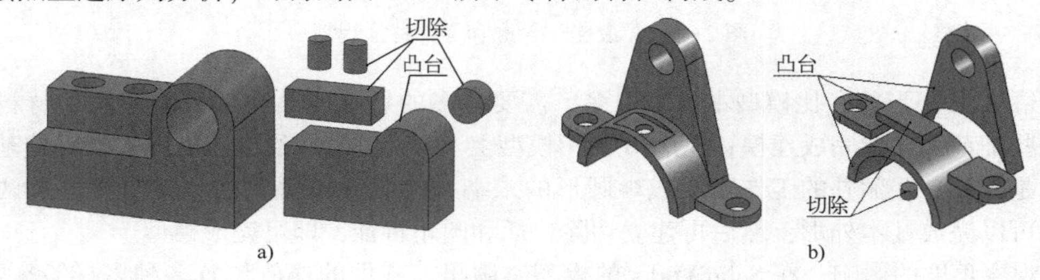

图 2-50　零件建模前的规划过程示例

（2）特征关联

如果一个特征的建立参照了其他特征的元素，则该特征称为子特征，被参照特征称为该特征的父特征，父特征与子特征之间形成父子关系，也叫特征关联。例如，带孔板的特征组成如图 2-51c 所示，其父子关系如图 2-51f 所示。

在特征管理树中，子特征肯定位于父特征之后。删除父特征会同时删除子特征，而删除子特征不会影响父特征。

特征关联方式有：草图约束关联、特征拓扑关联和特征时序关联等几种类型。

1）草图约束关联：指定义草图时借用父特征的平面作为草图平面，草图图线与父特征的边线建立了重合、相切等几何关联或距离、角度等尺寸关联关系。如图 2-52b 所示，零件建立的草图关联关系包括凹槽特征的草图平面为圆柱的上表面及其草图圆距圆柱边线 10 mm。

2）特征拓扑关联：拓扑关系指的是几何实体在空间中的相互位置关系，例如，孔对于实体模型的贯穿关系等。对于拉伸特征而言，拓扑关系主要体现在特征定义的终止条件中，如完全贯穿、到离指定面指定的距离等终止条件方式决定了特征之间的拓扑关系。如图 2-52c 所示，零件建立了凹槽特征的高度为距离圆柱特征的下表面 10 mm 的拓扑关联。

3）特征时序关联：时序关联指的是特征建立的先后次序。建立多个特征组成的零件时，应该按照特征的重要性和尺度进行建模。先建立构成零件基本形态的主要特征和较大尺度的特征，然后再添加辅助的圆角、倒角等辅助特征。如图 2-52d 所示，零件建立了拉伸

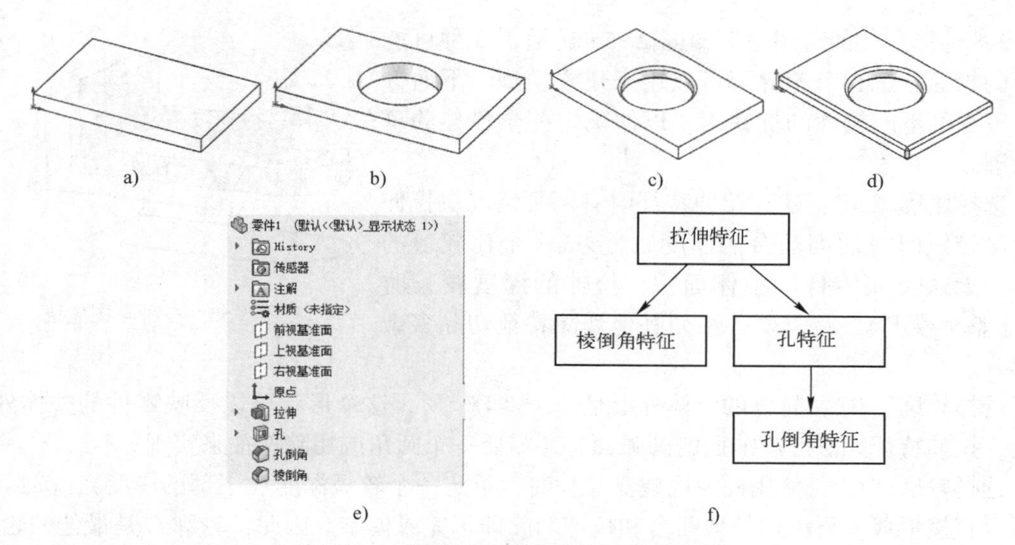

图 2-51　带孔板特征构成及其父子关系

a）拉伸特征　b）打孔特征　c）孔倒角特征　d）棱倒角特征　e）设计树　f）特征的父子关系

凸台→拉伸切除→边线倒圆角的时序关联关系。

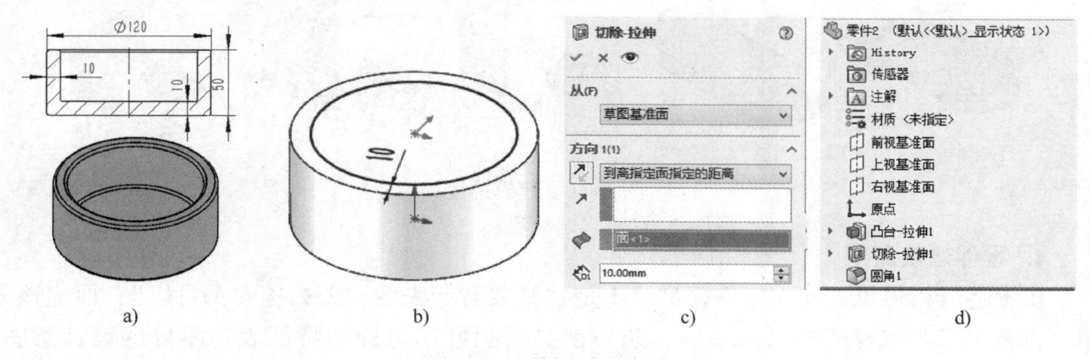

图 2-52　特征关联方式

a）示例零件　b）草图约束关联　c）特征拓扑关联　d）特征时序关联

（3）零件规划实例

下面以图 2-53 所示的零件为例，说明零件建模前的规划过程。

1）选择合适的观察角度。如图 2-54 所示。对于这个模型而言，A 的放置方法最佳，应该把选择的最佳轮廓草图绘制在“上视”基准面上。

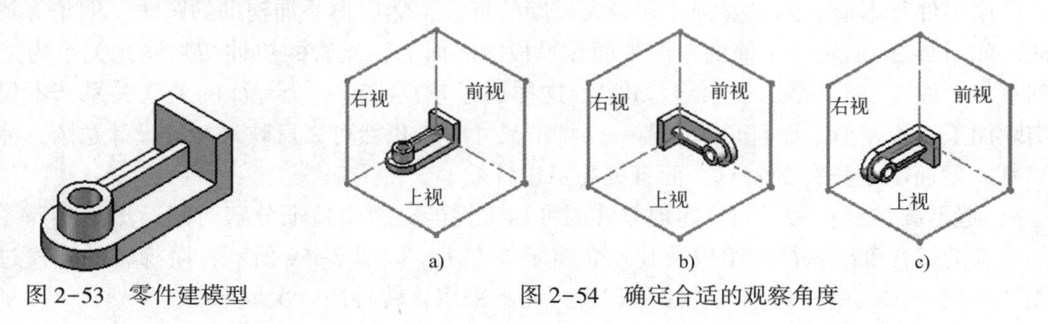

图 2-53　零件建模型

图 2-54　确定合适的观察角度

2）选择最佳的草图轮廓。图 2-55 显示了 3 种可能选择的轮廓，这 3 个轮廓都可以用来建立模型，下面分析以下 3 种不同轮廓的优缺点，以便确定一个最佳的草图轮廓。

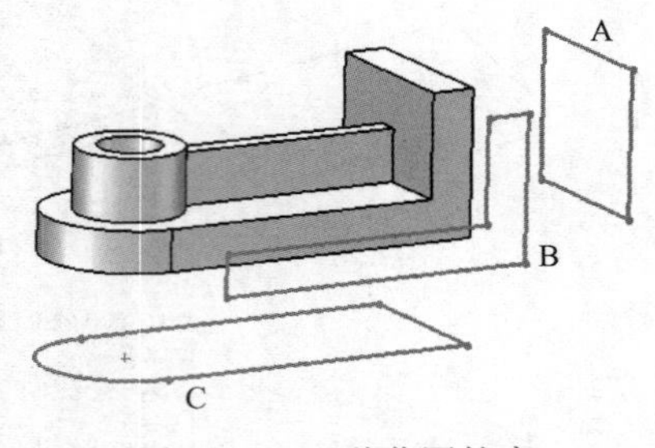

图 2-55　三种草图轮廓

选择轮廓“A”：建立拉伸特征时有两种情况：拉伸的深度较短时（后面凸台的厚度），形成一个比较薄的实体，无法反映零件的整体面貌；拉伸的深度较长时（大于整个模型），将需要一系列其他切除特征切除多余的部分。

选择轮廓“B”：轮廓的整体外形是一个“L”形，这个形状可以反映零件的整体外貌。但是，拉伸特征无法形成前面的圆弧面，还需要一个圆角或切除特征来实现。

选择轮廓“C”：使用此轮廓建立拉伸时，给定一个较短深度（下部的厚度），圆弧面部分可以直接形成，再添加拉伸凸台和拉伸切除即可完成模型。因此，轮廓 C 是最佳的轮廓。

3）确定特征建立顺序。根据确定最佳的轮廓的分析过程划分出整个零件的建模过程，如图 2-56 所示。

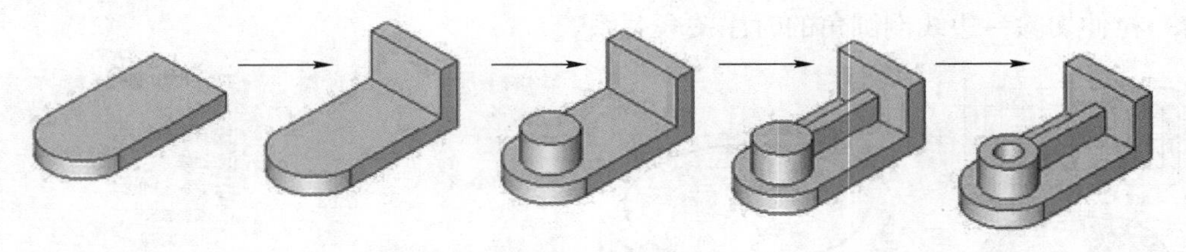

图 2-56　建模过程

4. 零件建模原则

由上述分析可见，建立零件模型绝不是“只要看起来像，怎么构建都可以”，而应该采用“怎样加工就怎样建模”的思想，建模前必须想好用怎样的特征表达零件的设计意图，必须考虑零件的加工和测量等问题。良好、合理、有效的建模习惯需要遵循以下几点原则：**“草图尽量简，特征需关联，造型要仿真，别只顾眼前”**。

1）草图尽量简：为了有利于草图的修改和特征的管理，草图尽可能简单，一般为“单轮廓，不倒角”，零件上的圆角和倒角用特征来生成。如图 2-57 所示，从单轮廓草图开始建模。

2）特征须关联：为了充分体现设计意图，提高零件的可修改性，特征之间应该有草图平面借用、特征目标参考、尺寸和几何关系约束、特征建立先后顺序等关联关系。通常，先建立构成零件基本形态的主要特征和较大尺度的特征，然后再添加辅助的圆角、倒角等辅助特征。如图 2-58 所示，圆筒的草图平面在平板的底面上，支管的拉伸切除终止关系为“成形到下一个面”，而不是用“给定深度”。这样通过建立与前一个特征的关联关系，不仅与其实际加工工程相似，而且再改变前一个特征尺寸时，仍然可以反映最初的设计意图，体现了“牵一发而动全身”的特点，而且提高了设计效率。

3）造型要仿真：为了充分体现零件的可加工性能，减少特征分解时间，尽量参照零件的加工制造过程确定特征的组成及其建立顺序与方法。如图 2-59 所示，阶梯轴的建模过程参照“一夹一顶”的阶梯轴加工过程建模，而不采用旋转特征一次成形。

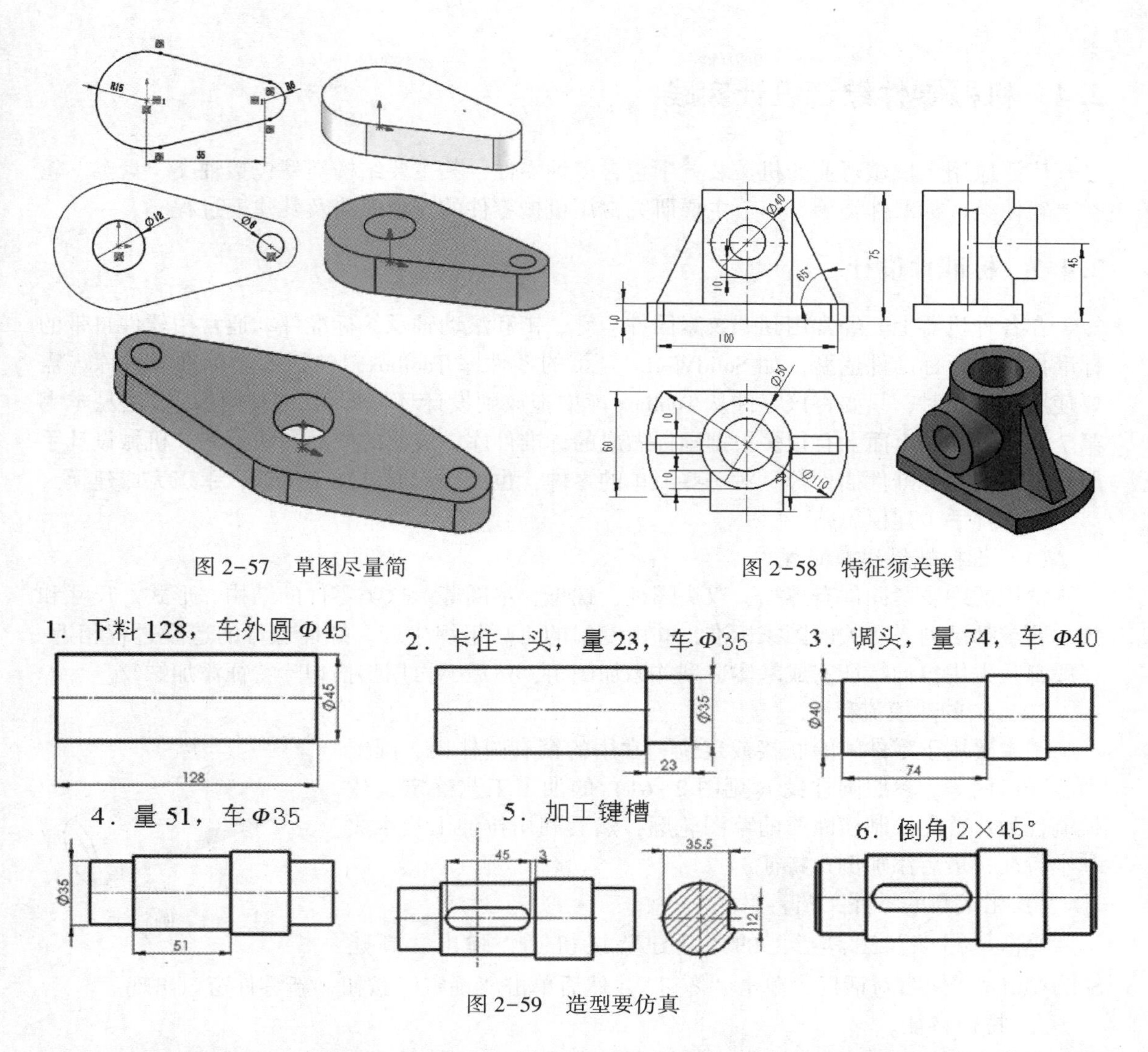

图 2-57　草图尽量简　　图 2-58　特征须关联

图 2-59　造型要仿真

4）别只顾眼前：建模时，不能只考虑目前正在建模的零件建立相关特征，而应该从提高零件模型的可重复性利用程度、以后装配时减小零件规模、生成图纸和后续 CAE 分析等多种用途选择合理的草图和特征组成。如图 2-60 所示，两个零件均是由图中所示特征，圆周阵列而获得，只是角度不同而已。

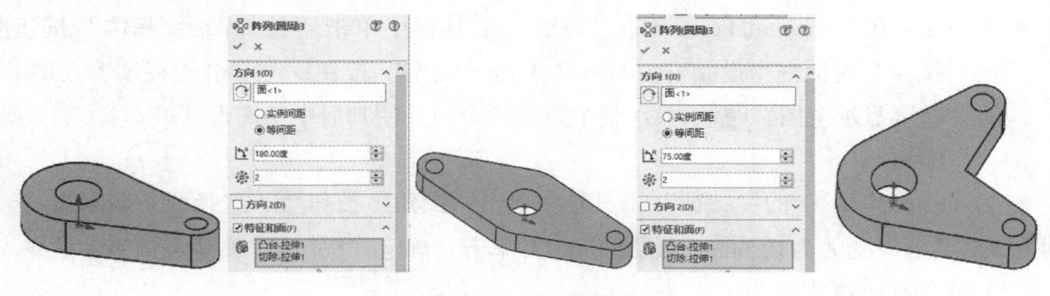

图 2-60　别只顾眼前

2.4 机械零件综合设计实践

广泛应用于机械行业的机械装置中包含多种零件，其主要结构类型包括轴类、盘类、轮类、箱体类、标准件类等。本节主要研究常用机械零件的建模思路及其建模过程。

2.4.1 标准件设计

在各种机器上，经常用到螺纹紧固件、键、销和滚动轴承等标准件。通常用软件自带的标准件库进行标准件造型，如 SolidWorks 自带的零件库 Toolbox，包括各类标准零件库，需要使用某零件时，只要将该零件从 Toolbox 库中拖放到设计环境即可，具体使用方法见本书第 7 章。另外，市面上有很多根据国标做成的标准件库，成熟的产品有法恩特、机械设计手册软件版中的标准件插件等。对一些简单的零件，也可以参照其加工工艺，手工完成建模。

标准件手工建模思路

（1）螺栓螺母建模流程

常用的螺纹紧固件有螺栓、双头螺柱、螺母、垫圈等。这类零件的结构、形式、尺寸和技术要求都已列入有关的国家标准，并由专门的工厂组织生产。螺栓螺母的造型过程相近，一般都是先用拉伸特征完成基体造型并添加倒角，然后，再用扫描切除特征添加螺纹。

（2）销的建模流程

销主要用于零件间的联接或定位。常用的销有圆柱销、圆锥销、开口销等。参照圆柱销（见图 2-61）的加工工艺确定其建模流程为：首先绘制横断面的草图轮廓，然后利用拉伸工具生成基本特征，最后添加倒角特征。

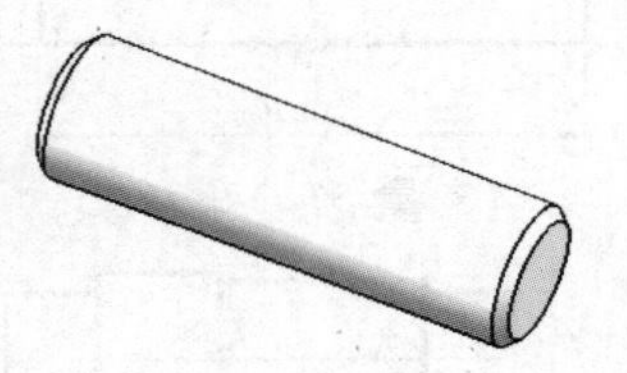

图 2-61　圆柱销

1）生成新的零件文档。

单击“标准”工具栏上的“新建”按钮，弹出“新建 SolidWorks 文件”对话框。单击“零件”，然后单击“确定”按钮，新零件窗口出现。

2）拉伸特征。

- 绘草图：选择右视基准面。在 CommandManager 中单击“草图”工具栏上的“草图绘制”→“圆”按钮，在绘图区捕捉草图原点，单击并移动指针，再次单击即完成圆的绘制。单击“智能尺寸”按钮，选择圆线，将直径设置为 6mm，单击“确定”按钮。
- 造特征：在 CommandManager 的“特征”工具栏中单击“拉伸凸台/基体”按钮，在“拉伸”对话框中设为 20 mm，单击“确定”按钮。单击“视图”工具栏上的“整屏显示全图”以显示整个矩形的全图并使其居中于图形区域。

3）倒角特征。

在 CommandManager 的“特征”工具栏中单击“倒角”按钮，选择两条倒角边线，在“倒角”对话框中设为 0.5mm，设为 45°并单击“确定”按钮，则生成销零件模型。

（3）键的建模流程

键用来联接轴与安装在轴上的齿轮、带轮等传动零件，起传递转矩的作用。键的种类很多，常用的有普通平键、半圆键和钩头楔键等。如图 2-62 所示普通平键的建模流程为：首先绘制键的草图轮廓，然后利用拉伸工具即可完成造型，具体操作过程如下。

1）生成新的零件文档。

单击“标准”工具栏上的“新建”按钮，弹出“新建 SolidWorks 文件”对话框。单击“零件”，然后单击“确定”按钮，新零件窗口出现。

2）绘制直槽口。

选择前视基准面。如图 2-63 所示，在 CommandManager 中选择“草图”工具栏上的“槽口”→“直槽口”，在绘图区单击并沿水平方向移动指针，再次单击后，上下移动并单击即可完成直槽口的绘制。

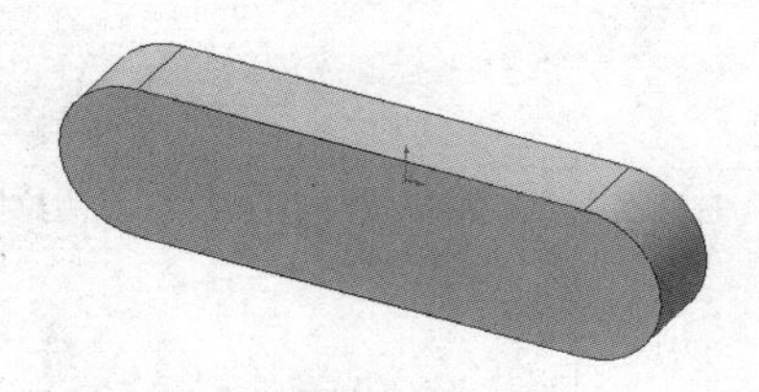

图 2-62　普通平键

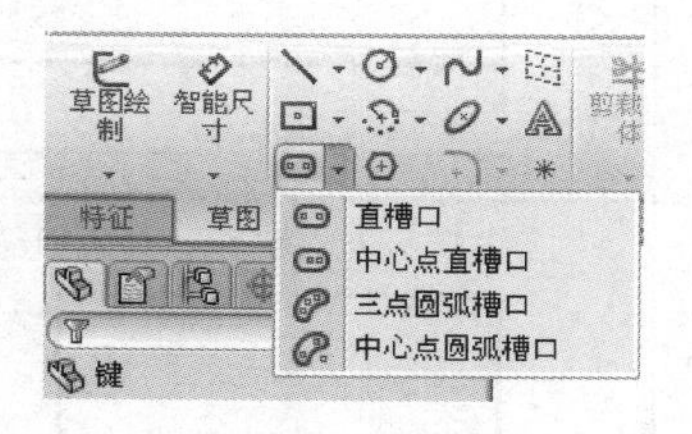

图 2-63　绘制直槽口命令

3）添加定位几何关系和尺寸。

按〈Ctrl〉键并选择直槽口中心线和坐标原点，添加“中点几何关系”；单击“智能尺寸”按钮，单击半圆，移动指针单击放置该尺寸，将半径设置为 18mm。分别单击两圆，并标注圆心距为 104 mm，如图 2-64 所示。

4）拉伸基体特征。

在 CommandManager 的“特征”工具栏中单击“拉伸凸台/基体”按钮，如图 2-65 所示，在“拉伸”对话框中设为 20 mm 并单击“确定”按钮，则生成键零件模型。

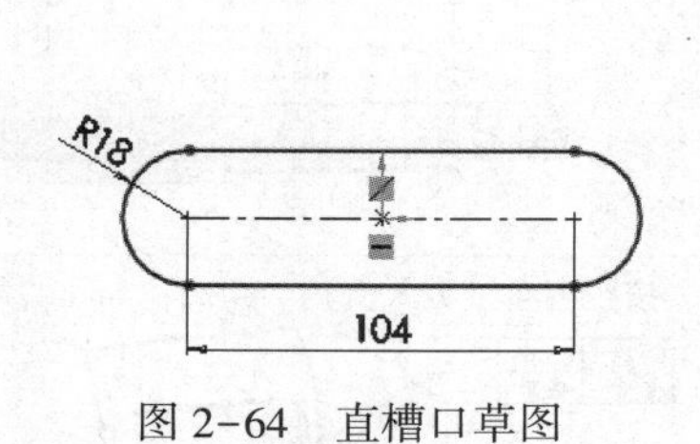

图 2-64　直槽口草图

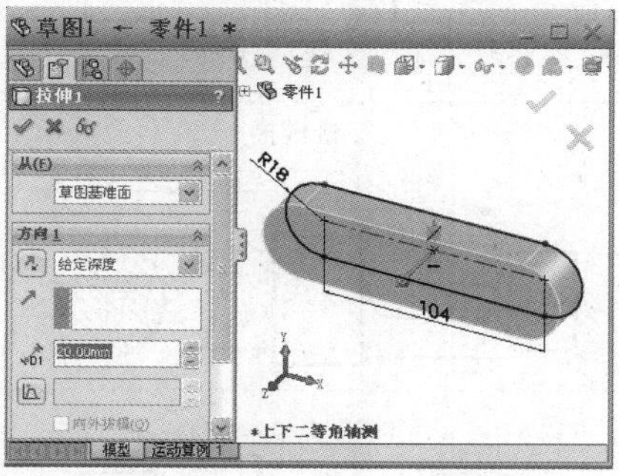

图 2-65　拉伸平键

2.4.2　轴类零件设计

在机械机构中，轴类零件起传递动力和支承的作用。轴类零件分为轴、花键轴、齿轮轴等。轴的结构多采用阶梯形，一般在轴上都有键槽。当轴上装配的齿轮较小时，可以将小齿轮与轴设计在一起，构成齿轮轴，当轴上装配的齿轮的尺寸较大时，应做成装配结构，分别设计齿轮和轴。当轴传递的扭矩较大时，常常将轴设计成花键轴。

1. 建模流程

在对一般的轴类零件进行实体造型时，可以根据“加工仿真”思想来确定其建模流程为：拉伸凸台获得棒料→反侧拉伸切除获得各个部位→拉伸切除获得键槽→倒角和圆角完成轴模型，具体见表2-8。

表2-8 轴类零件主要加工过程及其仿真

工　序	工序名称与工序草图	SolidWorks 特征建模
1	下料128，车外圆Φ45 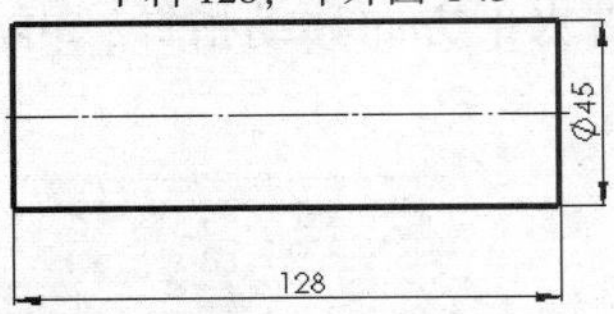	右视基准面上Φ45的圆按给定深度128拉伸凸台 
2	卡住一头，量23，车右轴颈Φ35 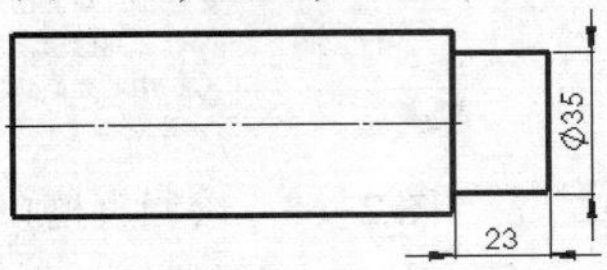	右端面上Φ35的圆按给定深度23反侧拉伸切除 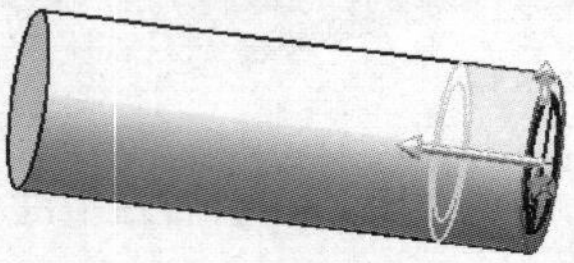
3	调头，量74，车齿轮座Φ40 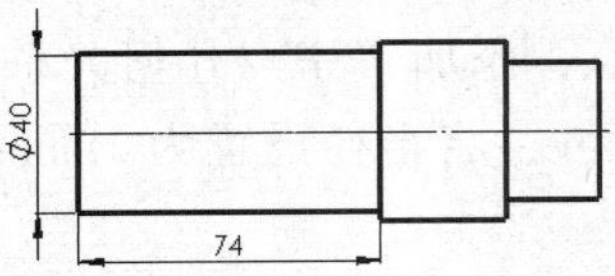	左端面上Φ40的圆按给定深度74反侧拉伸切除 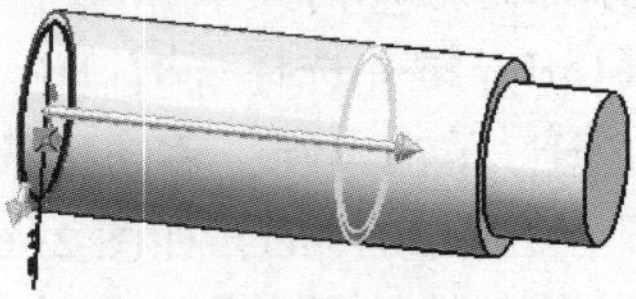
4	量51，车左轴颈Φ35 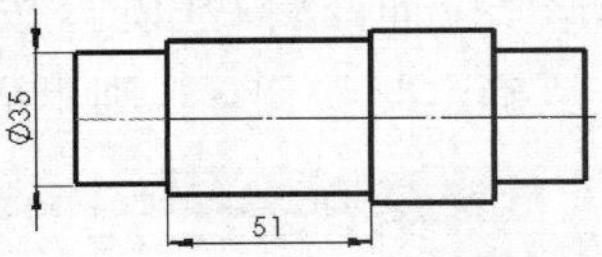	左端面上Φ35的圆到指定面距离51反侧拉伸切除 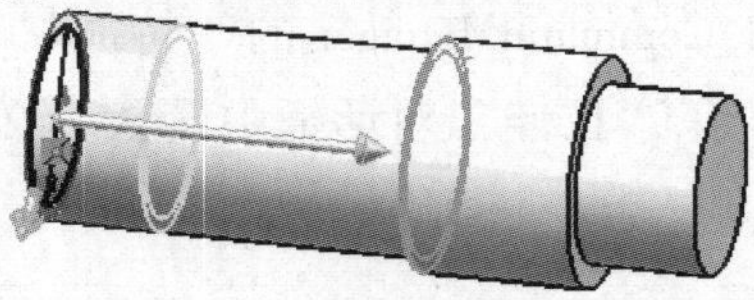
5	铣键槽 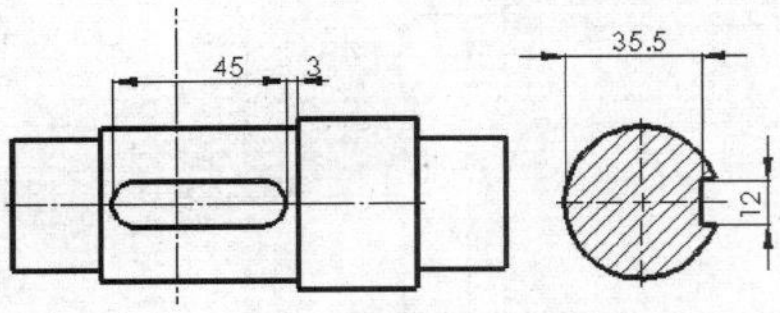	前视基准面上直槽口从等距15.5处完全贯穿切除 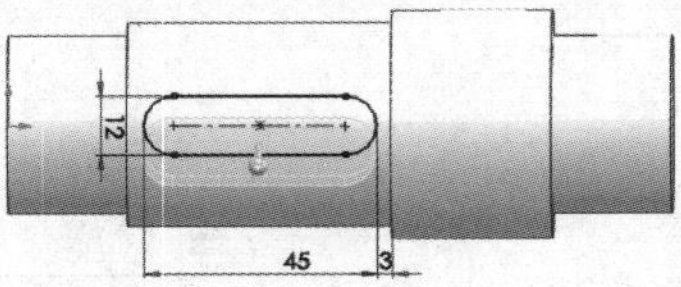
6	车倒角2×45° 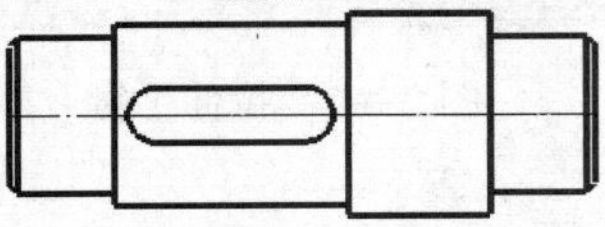	按距离角度方式倒角，距离：2mm，角度：45° 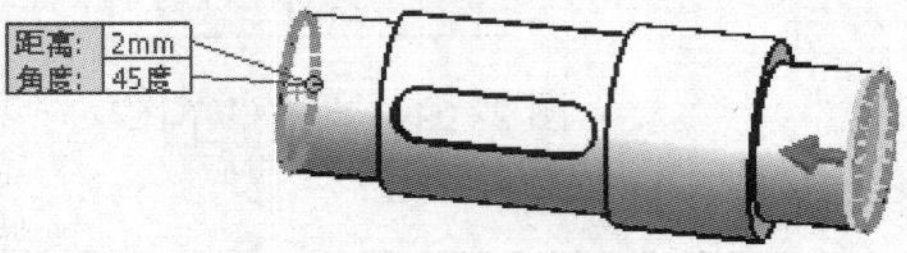

2. 操作步骤

在一级圆柱齿轮减速器中，包含有轴和齿轮轴两种类型的轴类零件，其操作步骤如下。

（1）生成新的零件文档

单击“标准”工具栏上的“新建”按钮，弹出“新建SolidWorks文件”对话框。单击“零件”，然后单击“确定”按钮，新零件窗口出现。

（2）下料

选择右视基准面，单击“草图”工具栏中的“草图绘制”→“圆”按钮，单击捕捉坐标原点，移动指针并单击完成圆的绘制。在CommandManager的“草图”工具栏中单击“智能尺寸”按钮，单击圆弧线标注直径为45 mm。在CommandManager的“特征”工具栏中单击“拉伸凸台/基体”按钮，在“拉伸”对话框中设为128 mm，单击“确定”按钮完成下料，如图2-66所示。

（3）车右轴颈

选择棒料特征的右端面，单击“草图”工具栏中的“草图绘制”→“圆”按钮，将指针移到草图原点，指针变为时，单击并移动指针，再次单击即完成圆的绘制。单击“智能尺寸”按钮将圆的直径设置为35 mm，单击“确定”按钮。在CommandManager的“特征”工具栏中单击“拉伸切除”按钮，如图2-67所示，在“拉伸”对话框中设为23mm，并选择“反侧切除”复选框，单击“确定”按钮。

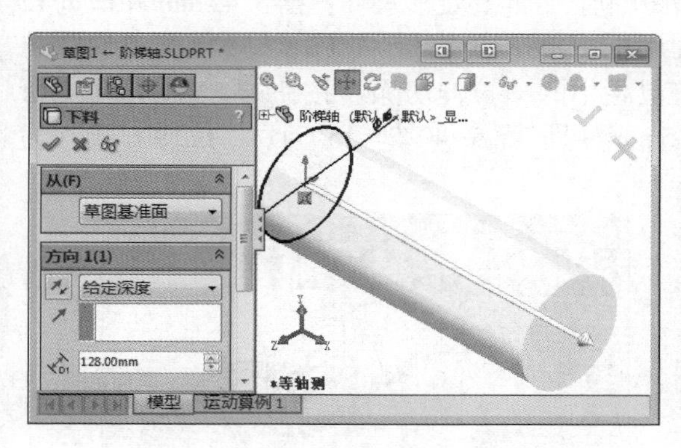

图2-66　下料

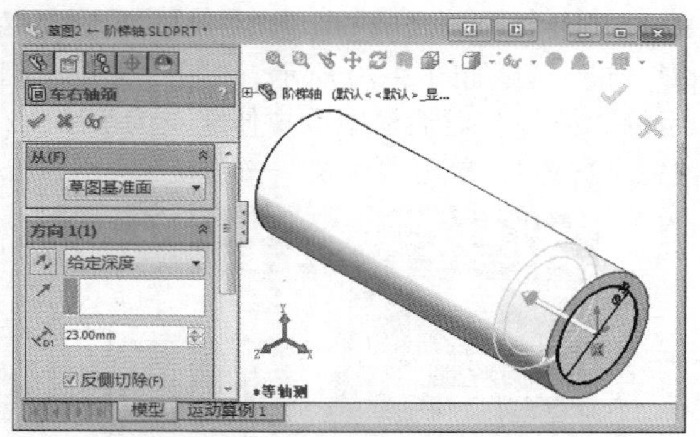

图2-67　车右轴颈

（4）车齿轮座

选择棒料特征的左端面，单击“草图”工具栏中的“草图绘制”→“圆”按钮，将指针移到草图原点，指针变为时，单击并移动指针，再次单击即完成圆的绘制。单击“智能尺寸”按钮将圆的直径设置为40mm，单击“确定”按钮。在CommandManager的“特征”工具栏中单击“拉伸切除”按钮，如图2-68所示，在“拉伸”对话框中设为74 mm，并选择“反侧切除”复选框，单击“确定”按钮。

（5）车左轴颈

选择棒料特征的左端面，单击“草图”工具栏中的“草图绘制”→“圆”按钮，将指针移到草图原点，指针变为时，单击并移动指针，再次单击即完成圆的绘制。单击“智能尺寸”按钮将圆的直径设置为35mm，单击“确定”按钮。在CommandManager的“特征”工具栏中单击“拉伸切除”按钮，如图2-69所示，在“拉伸”对话框中设拉伸方式为“到离指定面指定的距离”，单击选中轴肩左侧面，设距离为51 mm，并选择“反侧切除”复选框，单击“确定”按钮。

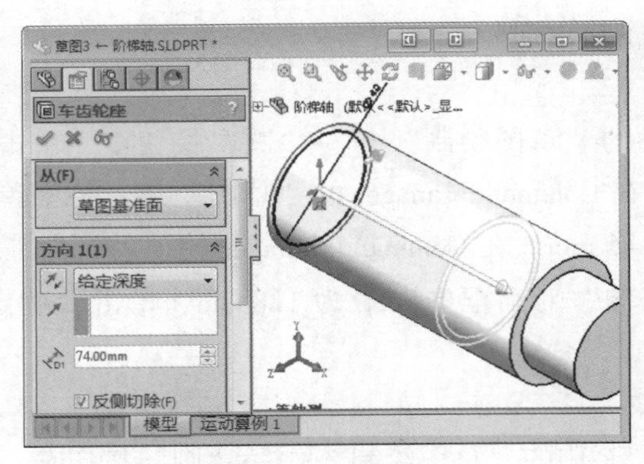

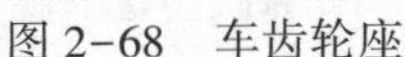

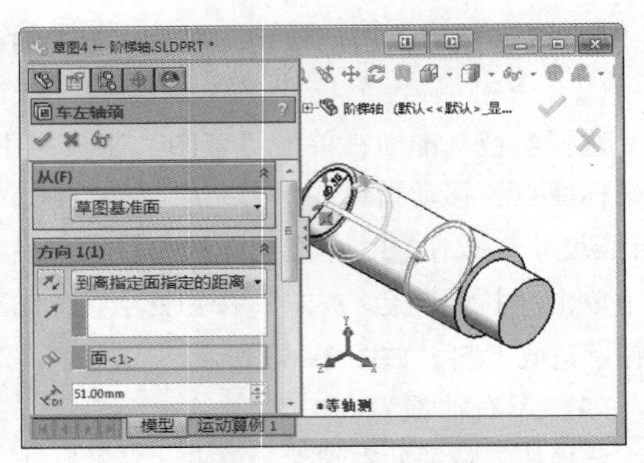

图 2-68　车齿轮座　　　　图 2-69　车左轴颈

（6）铣键槽

选择前视基准面，选择“视图定向”→“正视于”，单击“草图”工具栏上的“直槽口”按钮，绘制键槽草图。给槽口中心线和草图原点添加“重合”关系，并单击“智能尺寸”按钮为其添加定位尺寸：槽距轴肩 3 mm 和定形尺寸：槽长 45 mm 和槽宽 12 mm。在标注圆弧之间的距离时，在“尺寸”对话框中单击“引线”选项卡，“圆弧条件”选择“最大”，如图 2-70 所示。单击“特征”工具栏中的“拉伸切除”按钮，在图 2-71 所示的“拉伸”对话框中设拉伸起点为等距 15. 5 mm（即 35. 5-40/2=15. 5），“拉伸方式”为“完全贯穿”，单击“确定”按钮。

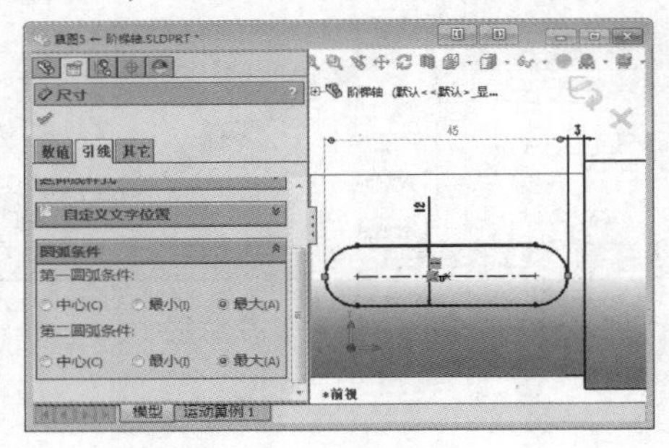

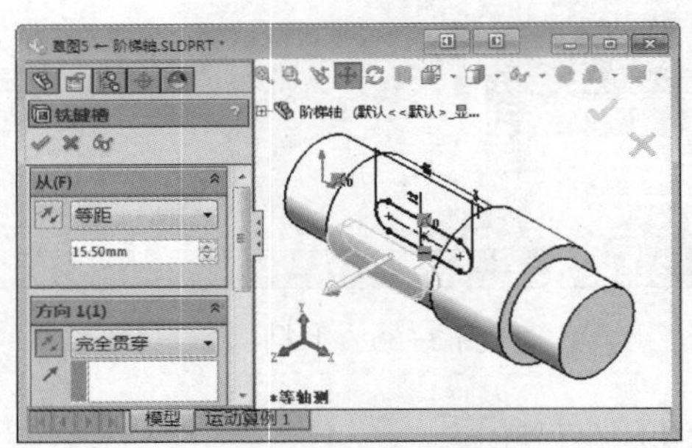

图 2-70　键槽草图　　　　图 2-71　铣键槽

（7）车倒角

在“特征”工具栏中单击“倒角”按钮，选择倒角边线，在图 2-72 所示的“倒角”对话框中设为2 mm，设为 45°并单击“确定”按钮。完成阶梯轴建模，如图 2-73 所示。

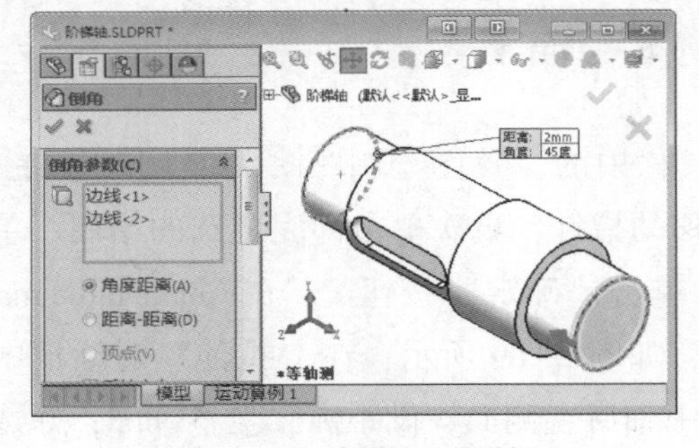

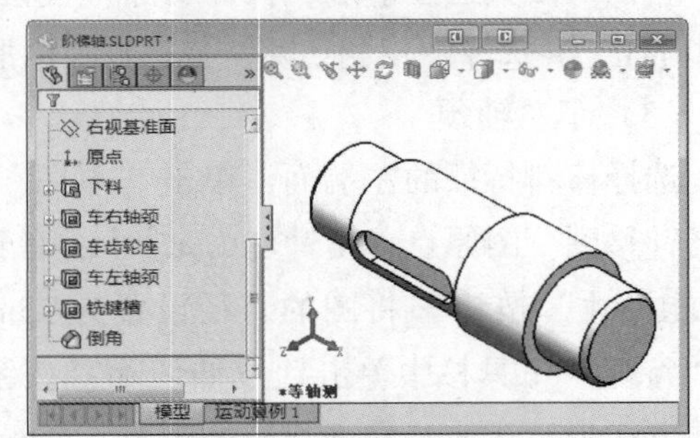

图 2-72　“倒角”对话框　　　　图 2-73　轴模型

2.4.3　螺旋弹簧类零件设计

螺旋弹簧常用于机械中的平衡机构，在汽车、机床、电器等工业生产中广泛应用。螺旋弹簧是用弹簧钢丝绕制成的螺旋状弹簧，弹簧钢丝的截面有圆形和矩形等，以圆形截面最为常用。螺旋弹簧类型较多，按外形可分为普通圆柱螺旋弹簧和变径螺旋弹簧。圆柱形螺旋弹簧结构简单，制造方便，应用最广，可作压缩弹簧、拉伸弹簧和扭转弹簧；变径螺旋弹簧有圆锥螺旋弹簧、蜗卷螺旋弹簧和中凹形螺旋弹簧等。下面说明 SolidWorks 中分别采用沿螺旋线扫描方法和绕直线扭转扫描方法完成圆柱压缩螺旋弹簧建模的过程。

1. 沿螺旋线扫描方法

(1) 建模流程

如图 2-74 所示，螺旋弹簧是由簧条圆绕一条螺旋线扫描而成的，其建模流程为：先绘制两个草图（螺旋线和簧条圆），然后将簧条圆沿螺旋线扫描创建弹簧基体，最后利用拉伸切除特征创建支撑圈。

(2) 操作步骤

1) 生成新的零件文档。

单击“标准”工具栏上的“新建”按钮，弹出“新建 SolidWorks 文件”对话框。单击“零件”，然后单击“确定”按钮，新零件窗口出现。

2) 绘制螺旋线。

- 绘制螺旋线基圆：选择上视基准面，单击“草图”工具栏上的“草图绘制”→“圆”，捕捉草图原点，移动指针并单击完成圆的绘制。单击“草图”工具栏上的“智能尺寸”按钮，选择圆，移动指针单击放置该直径尺寸的位置，将直径设置为弹簧中径 220mm，单击“确定”按钮。
- 插入螺旋线：选择“插入”→“曲线”→“螺旋线/涡状线”命令，在如图 2-75 所示的“螺旋线/涡状线”对话框中，设定“定义方式”为“高度和圈数”，“参数”为“可变螺距”，并输入底部支撑圈、工作圈和顶部支撑圈的螺距和圈数，单击“确定”按钮。

3) 绘制簧条圆。

选择右视基准面，单击“草图”工具栏上的“圆”按钮。将指针移到螺旋线起点捕捉该点，单击并移动指针，再次单击即完成圆的绘制。单击“智能尺寸”按钮，将圆直径设置为 50 mm，单击“确定”按钮。

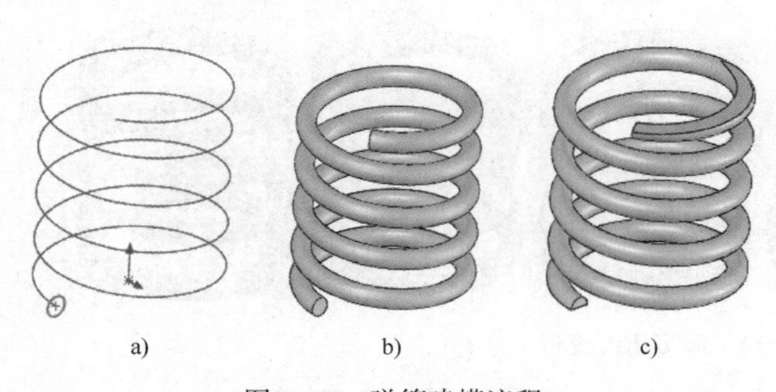

图 2-74　弹簧建模流程

a) 螺旋线和簧条圆　b) 扫描弹簧　c) 端面磨平

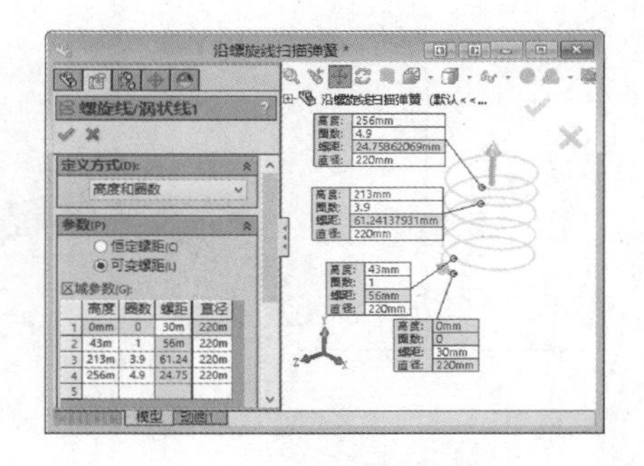

图 2-75　螺旋线设置

4）扫描弹簧基体。

在 CommandManager 的“草图”工具栏中单击“退出草图”按钮。在 CommandManager 的“特征”工具栏中单击“扫描”按钮，选择簧条圆的轮廓和螺旋线的路径，在如图 2-76 所示的“扫描”对话框中单击“确定”按钮✔完成弹簧造型。

5）磨削支撑圈。

选择前视基准面，单击“草图”工具栏上的“边角矩形”按钮，在图形区中单击两点完成矩形的绘制。按〈Ctrl〉键并选中矩形底边和原点，添加“中点”几何关系；按〈Ctrl〉键并选中矩形左边和条圆，添加“相切”几何关系；单击“智能尺寸”按钮，选择矩形左边，移动指针单击放置该尺寸的位置，将长度设为弹簧自由高 256 mm，单击“确定”按钮✔，完成草图绘制。

在 CommandManager 的“特征”工具栏中单击“拉伸切除”按钮，如图 2-77 所示，设置“方向 1”和“方向 2”为“完全贯穿”，并选择“反侧切除”复选框，单击“确定”按钮✔完成弹簧造型。

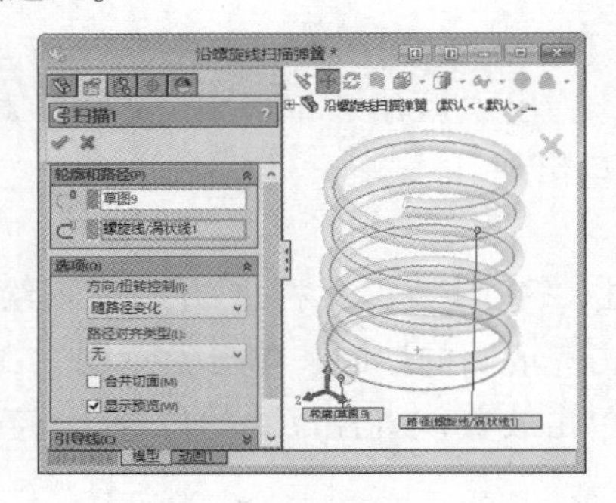

图 2-76　扫描弹簧基体

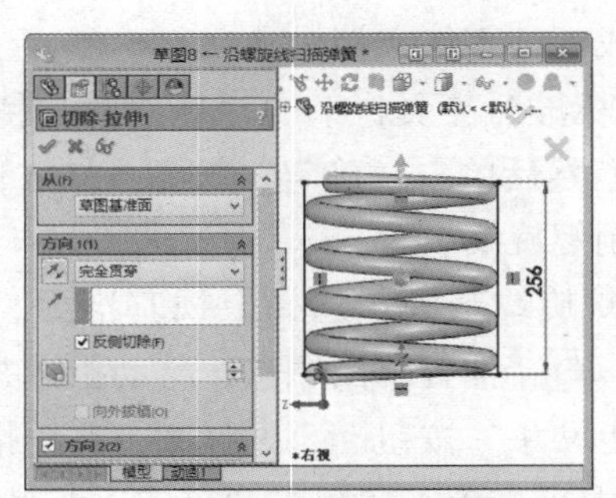

图 2-77　磨削支撑圈

2. 绕直线扭转扫描方法

（1）建模流程

参照弹簧卷制工艺过程，如图 2-78 所示，弹簧是由簧条圆绕三条首尾相连的直线扭转而成的，基本思路是“先滚子→后卷簧→再磨圈”，其建模流程为：先在 3 个草图中分别绘制 3 条首尾相连的直线（滚子中心线），再绘制簧条圆，然后利用扫描特征中的沿路径扭转命令依次创建弹簧基体（下支撑圈→工作圈→上支撑圈），最后利用反侧拉伸切除特征磨平支撑圈。

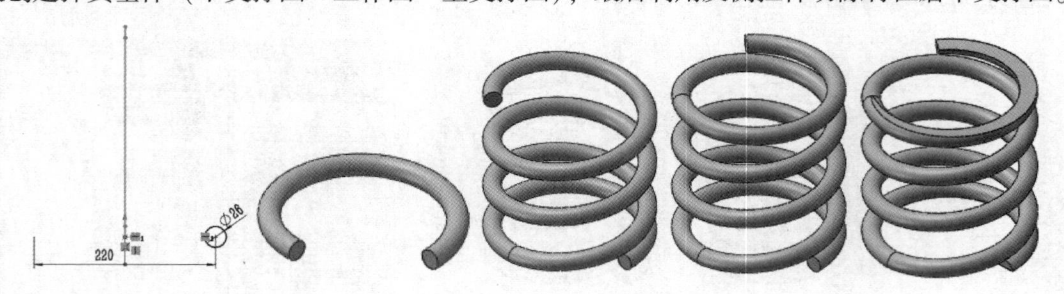

图 2-78　弹簧建模流程

（2）操作步骤

1）生成新的零件文档。

单击“标准”工具栏上的“新建”按钮，弹出“新建 SolidWorks 文件”对话框。单击“零件”，然后单击“确定”按钮，新零件窗口出现。

2）绘制滚子中心线。

- 下支撑圈滚子中心线：在左侧的设计树中选择“前视基准面”，在 CommandManager 中，选择“草图”→“草图绘制”进入草图绘制环境。如图 2-79a 所示，单击“草图”工具栏中的“直线”按钮，在绘图区捕捉草图原点，并移动鼠标绘制竖直直线。单击“智能尺寸”按钮，标注直线高为 13mm（簧条半径），单击“确定”按钮。在“草图”工具栏中单击“退出草图”按钮。
- 上支撑圈滚子中心线：在左侧的设计树中选择“前视基准面”，在 CommandManager 中，选择“草图”→“草图绘制”进入草图绘制环境。如图 2-79b 所示，单击“草图”绘制工具栏中“直线”按钮，在绘图区下支撑圈滚子中心线上方单击并移动鼠标绘制竖直直线。按〈Ctrl〉键，选择两条直线，添加“共线”和“相等关系”。单击“智能尺寸”按钮，标注两直线端点距离为弹簧自由高 260mm，单击“确定”按钮。在“草图”工具栏中单击“退出草图”按钮。
- 工作圈滚子中心线：在左侧的设计树中选择“前视基准面”，在 CommandManager 中，选择“草图”→“草图绘制”进入草图绘制环境。如图 2-79c 所示，单击“草图”绘制工具栏中的“直线”按钮，将上面的两条直线首尾相连。在“草图”工具栏中单击“退出草图”按钮。

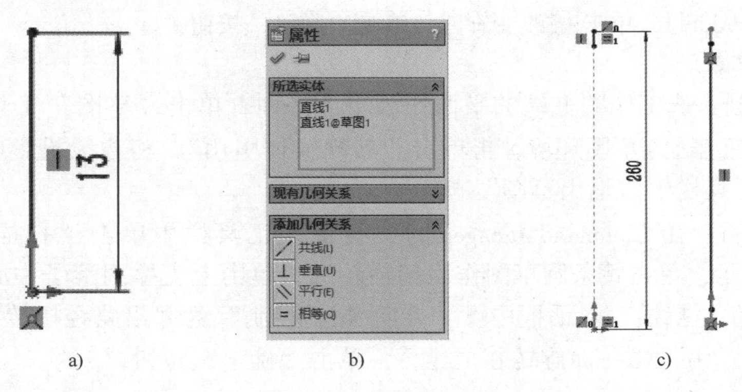

图 2-79　绘制中心线

3）卷下支撑圈。

- 绘制簧条圆：在特征树中选择“前视基准面”，单击“草图”工具栏中的“圆”按钮，在绘图区滚子中心线右侧，单击并移动指针，再次单击即完成簧条圆的绘制。单击“直线”按钮，捕捉草图原点，向下绘制竖直直线，并设为构造线。按〈Ctrl〉键，单击草图原点和簧条圆圆心，添加“水平”关系；单击“智能尺寸”按钮，选择簧条圆和构造线，并将鼠标移动到构造线左侧单击标注对称尺寸为弹簧中径 220 mm，完成簧条圆定位。再单击簧条圆，标注其直径为 26 mm，如图 2-80 所示。在“草图”工具栏中单击“退出草图”按钮。
- 扫描下支撑圈：在 CommandManager 的“特征”工具栏中单击“扫描”按钮，如图 2-81 所示，单击簧条圆草图作为扫描轮廓，单击下支撑圈滚子中心线草图作为扫描路径，在选项卡中设“方向/扭转控制”为“沿路径扭转”；“定义方式”为“旋转”“0.75”（即旋转0.75圈），单击“确定”按钮✔。

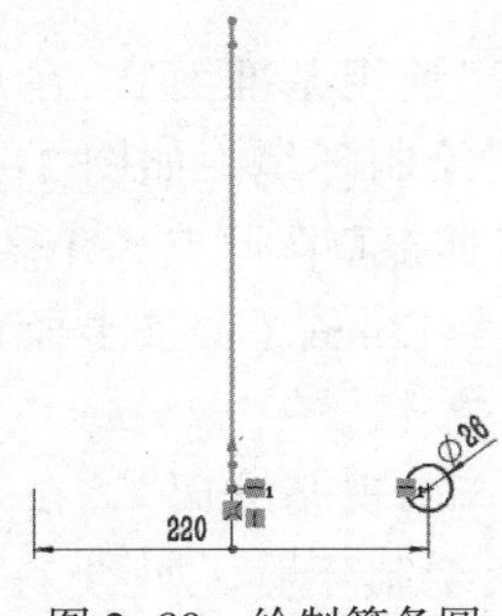

图2-80　绘制簧条圆

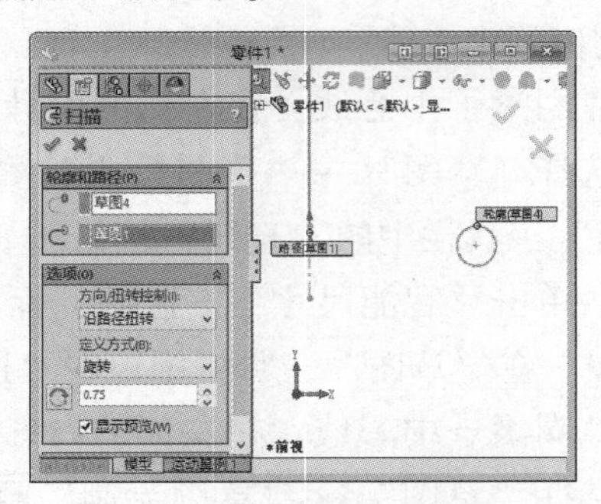

图2-81　绘制支撑圈

4）卷工作圈。

- 绘制簧条圆：选下支撑圈上端的平面作为草图平面，单击“草图”工具栏上的“草图绘制”按钮，进入草图环境，再单击“转换实体引用”按钮，将边线投影成簧条圆。单击“草图”工具栏中的“退出草图”按钮。
- 扫描工作圈：在CommandManager的“特征”工具栏中单击“扫描”按钮，如图2-82所示，单击簧条圆草图作为扫描轮廓，单击工作圈滚子中心线草图作为扫描路径，在“扫描”对话框中设“方向/扭转控制”为“沿路径扭转”；“定义方式”为“旋转”“2.90”（即旋转2.90圈），单击改变旋向，单击“确定”按钮✔。

5）卷上支撑圈。

- 绘制簧条圆：选工作圈上端的平面作为草图平面，单击“草图”工具栏上的“草图绘制”按钮进入草图环境，再单击“转换实体引用”，将边线投影成簧条圆。单击“草图”工具栏中“退出草图”按钮。
- 扫描工作圈：在CommandManager的“特征”工具栏中单击“扫描”按钮，如图2-83所示，单击簧条圆草图作为扫描轮廓，单击上支撑圈滚子中心线草图作为扫描路径，在“扫描”对话框中设“方向/扭转控制”为“沿路径扭转”；“定义方式”为“旋转”“0.75”（即旋转0.75圈），单击“确定”按钮✔。

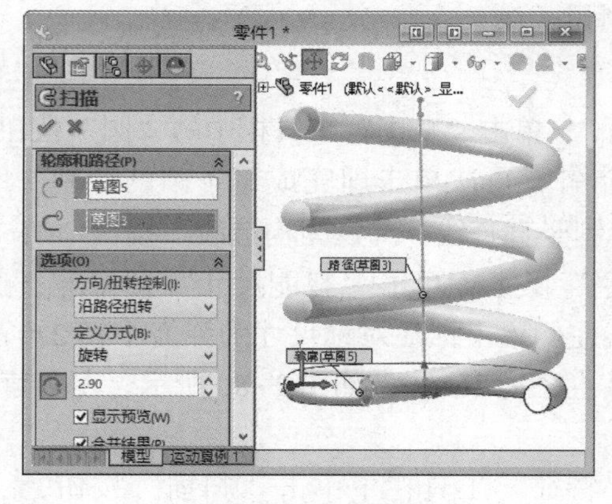

图2-82　绕工作圈

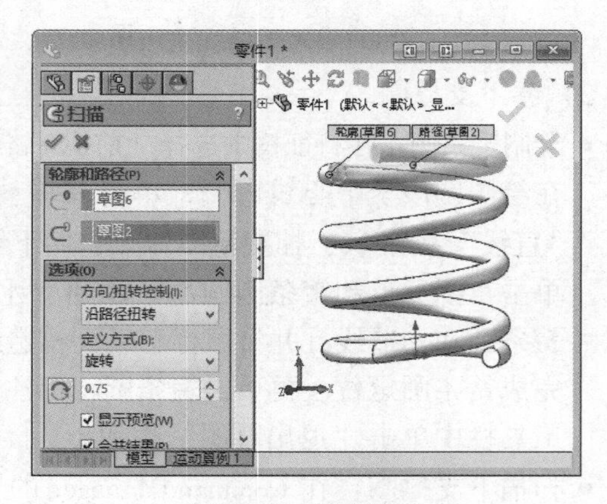

图2-83　绕支撑圈

6）磨支撑圈。

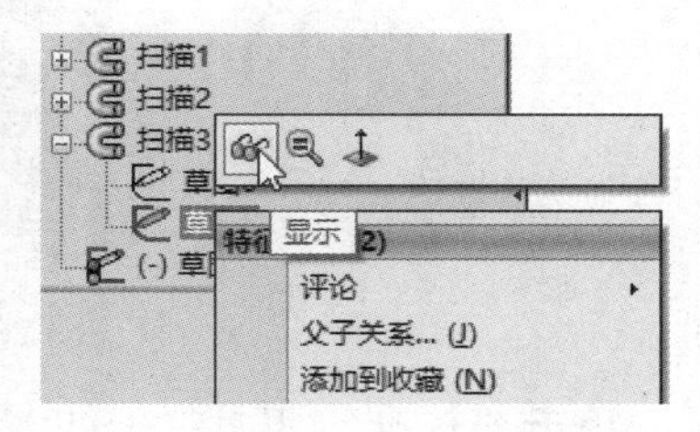

图 2-84　显示草图

- 绘制磨簧矩形：选下支撑圈端面作为草图平面，选择“视图方向”→“正视于”。如图 2-84 所示，在“草图”工具栏中单击“草图绘制”按钮插入新草图，单击“矩形”按钮，在绘图区单击，然后移动指针来生成矩形。按〈Ctrl〉键，单击草图原点和矩形下边线，添加“中点”关系；单击矩形右边线和下支撑圈圆线，添加“相切”关系；选择特征树中“扫描 3”，右击上支撑圈滚子中心线草图，在弹出的快捷菜单中选择“显示”按钮来显示草图，单击矩形上边线和支撑圈滚子中心线的上端点，添加“中点”关系，如图 2-85 所示。
- 反侧切除磨圈：在 CommandManager“特征”工具栏中单击“拉伸切除”按钮，如图 2-86 所示，设“方向 1”为“完全贯穿”，并选择“反侧切除”复选框，“方向 2”也为“完全贯穿”，单击“确定”按钮完成磨圈。

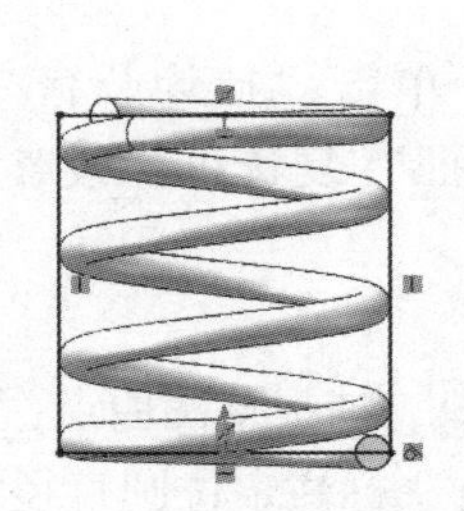
图 2-85　磨圈草图

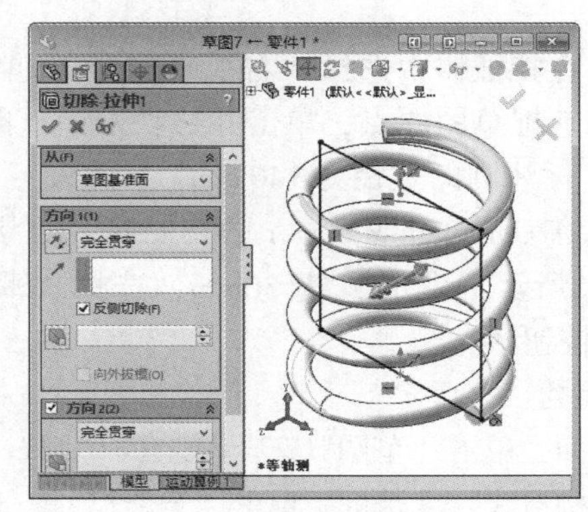

图 2-86　磨圈

7）看多变。

在特征树中，右击“注解”，在弹出的快捷菜单中选择“显示特征尺寸”，在绘图区中修改簧条直径、弹簧中径和有效圈数等驱动尺寸观察模型变化，体会“牵一发动全身”的特点。对比两种弹簧建模方法，体会加工仿真的优势。

2.4.4　盘类零件设计

盘类零件通常是指机械机构中盖、环、套类零件，例如，分度盘、分定价环、垫圈、垫片、轴套、薄壁套。

1. 建模流程

如图 2-87 所示，齿轮减速器轴承端盖的建模流程为：先用拉伸凸台生成盖板，再用拉伸凸台特征生成定位筒形轴承基本形体；然后，使用拉伸切除命令打孔，使用阵列特征得到零件的其他孔特征；最后，生成圆角和倒角特征。

2. 操作步骤

（1）生成新的零件文档

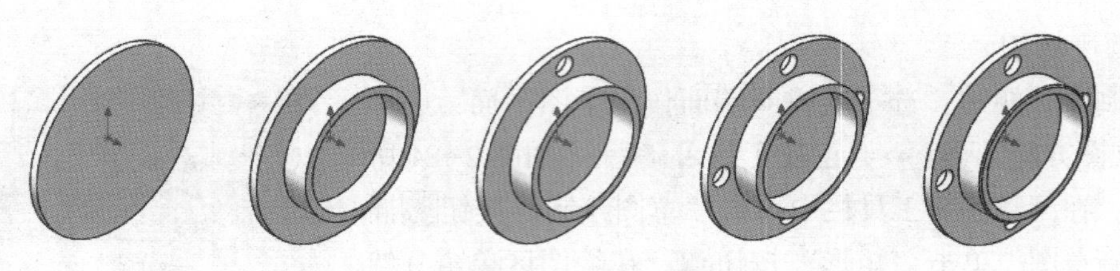

图 2-87　齿轮减速器轴承端盖建模流程

单击“标准”工具栏上的“新建”按钮，弹出“新建 SolidWorks 文件”对话框。单击“零件”，然后单击“确定”按钮，新零件窗口出现。

（2）建盖板

- 绘板面：在特征树中选择“右视基准面”，单击“草图”工具栏上的“圆”按钮，在绘图区捕捉草图原点，单击并移动指针，再次单击即完成圆的绘制。单击“智能尺寸”按钮，设直径为 240 mm。
- 拉盖板：在 CommandManager 的“特征”工具栏中单击“拉伸凸台/基体”按钮，在“拉伸”对话框中设为 10mm，单击“确定”按钮。

（3）建支筒

- 绘内边：在特征树中选择“右视基准面”，单击“草图”工具栏上的“圆”按钮，在绘图区捕捉草图原点，单击并移动指针，再次单击即完成圆的绘制。单击“智能尺寸”，标注圆的直径为 140 mm。
- 拉支筒：在 CommandManager 的“特征”工具栏中单击“拉伸凸台/基体”按钮，如图 2-88所示，设定为 30mm，选择“薄壁特征”复选框，设为 10 mm，单击“确定”按钮。

（4）钻螺栓孔

选择端盖前面，单击“草图”工具栏上的“圆”按钮，捕捉草图原点，绘制螺栓孔定位圆，选择“作为构造线”复选框，单击“智能尺寸”按钮，标注定位圆直径为 200 mm。单击“草图”工具栏上的“圆”按钮，捕捉定位圆上侧的定位原点，绘制螺栓孔圆，单击“智能尺寸”按钮，标注螺栓孔圆直径为 25 mm。如图 2-89 所示，在“特征”工具栏中单击“拉伸切除”按钮，在“切除-拉伸”对话框中设为“完全贯穿”，单击“确定”按钮。

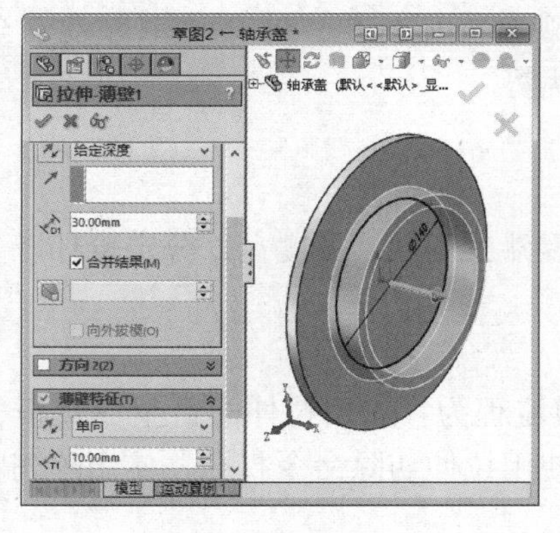

图 2-88　建支筒

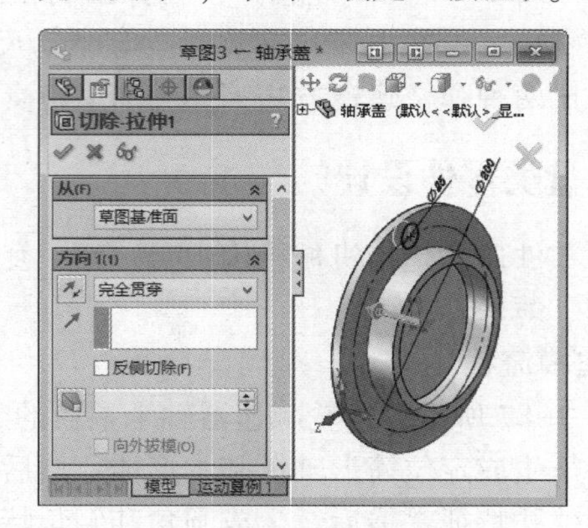

图 2-89　钻螺栓孔

（5）圆周阵列螺栓孔

选择“插入”→“阵列/镜像”→“圆周阵列”命令，如图 2-90 所示，选圆柱面为阵列方向，阵列角度为 360°，阵列数目为 4，并选择“等间距”复选框，单击“确定”按钮。

（6）倒角

在 CommandManager 的“特征”工具栏中单击“倒角”按钮，选择倒角边线，在图 2-91 所示的“倒角参数”对话框中设为 2mm，设为 45°并单击“确定”按钮，完成端盖造型。

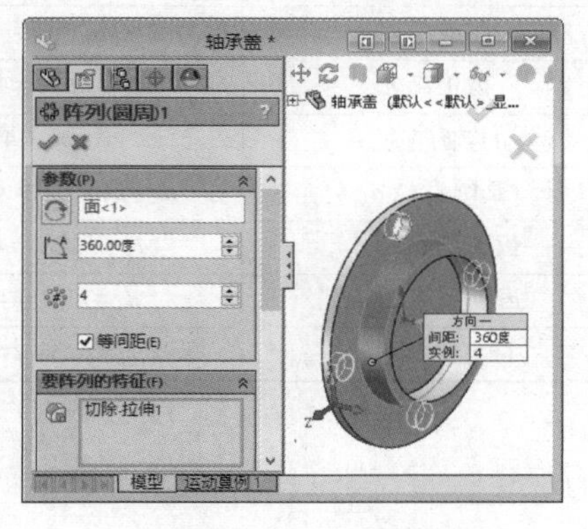

图 2-90　阵列参数设置

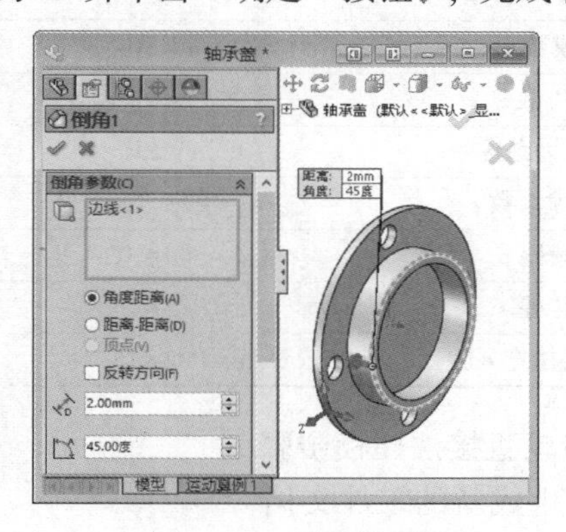

图 2-91　倒角设置

2.4.5　齿轮类零件设计

在机械机构中，常常用齿轮把一根轴的转动传递给另一根轴。齿轮的种类很多，根据其传动情况可分为：用于两平行轴的机构传递圆柱齿轮、用于两相交轴的机构传递锥齿轮及用于两交叉轴的机构传递蜗轮蜗杆。

在 SolidWorks 中可以采用直接造型法或由 toolbox、geartrix、fntgear、rfswapi 等插件生成齿轮。常见的圆柱齿轮分为直齿轮和斜齿轮两种，下面以渐开线直齿轮为例说明圆柱齿轮的设计方法。

1. 直接造型法建模流程

SolidWorks 可以通过选择“草图”→“样条曲线”→“方程式驱动的曲线”命令，然后输入参数方程来绘制 3D 曲线，因此也可以通过这个功能，用渐开线的参数方程来画标准齿轮。渐开线直齿齿轮相应的参数见图 2-92 和表 2-9。

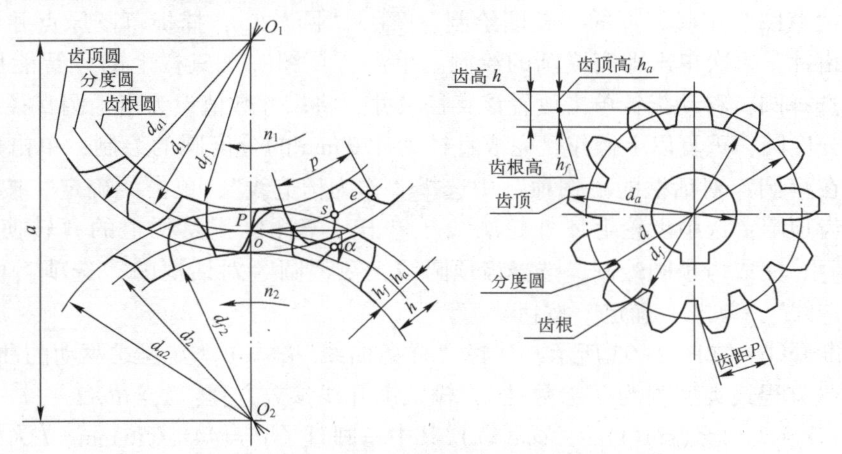

图 2-92　渐开线直齿齿轮参数示意图

圆柱齿轮采用直接造型法的建模流程为：计算齿轮参数；用齿顶圆拉伸凸台生成直齿轮毛坯；绘制齿轮渐开线齿槽轮廓，完全贯穿处插入单个齿槽，阵列完成所有齿槽的创建；拉伸切除、镜像和阵列切除辐板及辐板孔；拉伸切除，完成轴孔与键槽。

表 2-9　渐开线直齿齿轮参数

参数名称	参数值	参数名称	参数值
模数 m	$m=10$	齿顶高 h_a	$h_a=m=10$
齿数 z	$z=47$	齿根高 h_f	$h_f=ha+c=10.25$
压力角 α	$\alpha=20°$	分度圆直径 d	$d=m_z=470$
顶隙系数 c	$c=0.25$	基圆直径 d_b	$d_b=d\cos20°=441.656$
齿距 p	$P=\pi m=31.4$	齿根圆直径 d_f	$d_f=d-2h_f=449.5$
齿厚 s	$s=P/2=15.7$	齿顶圆直径 d_a	$d_a=d+2h_a=490$
齿槽宽 e	$e=P/2=15.7$	齿根圆角半径 r_f	$r_f=0.38m=3.8$

2. 齿轮直接法建模步骤

（1）生成新的零件文档

单击“标准”工具栏上的“新建”按钮，弹出“新建 SolidWorks 文件”对话框。单击“零件”，然后单击“确定”按钮，新零件窗口出现。

（2）拉轮坯

选择前视基准面，单击“草图”工具栏上的“草图绘制”→“圆”，捕捉草图原点，单击并移动指针，再次单击即完成圆的绘制。单击“草图”工具栏上的“智能尺寸”按钮，标注圆直径尺寸为齿顶直径 490 mm，单击“确定”按钮。

在“特征”工具栏中单击“拉伸凸台/基体”按钮，在“拉伸”对话框中设“拉伸方向”为“两侧对称”，设为 140 mm，单击“确定”按钮（使用两侧对称方式，便于以后装配时以前视面作为中面设配合）。在特征树中单击“拉伸 1”使其高亮显示后，再单击并重命名为“拉轮坯”。

（3）插齿槽

- 绘制齿根圆：选择齿轮前面，选择“视图定向”→正视于“”来转换视向后，单击“草图”工具栏上的“草图绘制”→“圆”，捕捉草图原点并单击，然后移动指针，再次单击即完成圆的绘制。单击“草图”工具栏上的“智能尺寸”按钮，选择圆，移动指针单击放置该直径尺寸，将尺寸数值设为齿根圆直径 449.5 mm。
- 绘制分度圆：重复以上操作，完成直径为 470 mm 的分度圆的绘制，单击选中分度圆线，在“圆”对话框的“选项”中选择“作为构造线”，单击“确定”按钮。
- 绘制齿顶圆：选中齿轮毛坯外轮廓线，单击“草图”工具栏上的“转换实体引用”按钮，完成齿顶圆绘制，选择齿顶圆线，在“圆”对话框的“选项”中选择“作为构造线”，单击“确定”按钮。
- 绘制渐开线：如图 2-93 所示，选择“样条曲线”→“方程式驱动的曲线”命令，选择“方程式类型”为“参数性”，输入渐开线参数方程：$X_t=db/2*(t*\sin(t)+\cos(t))$；$Y_t=d_b/2*(\sin(t)-t*\cos(t))$，其中基圆直径 $d_b=441.656$ mm，t 为极坐标角度取 $t_1=0$，$t_2=1$（单位为弧度），单击“确定”按钮。

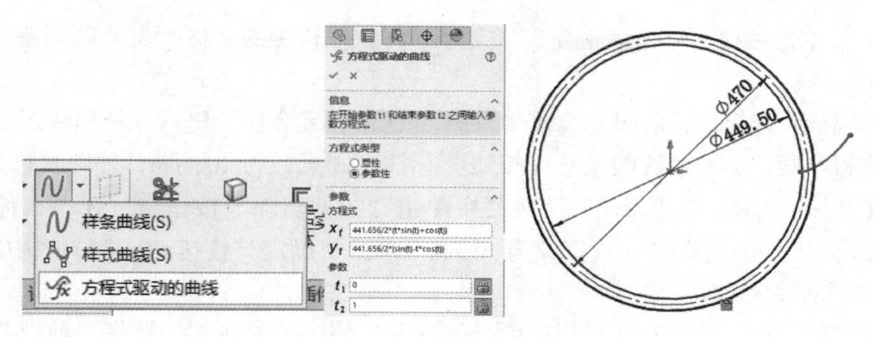

图 2-93　齿轮渐开线

- 绘制齿形中心线：单击“草图”按钮工具栏上的“中心线”按钮，将指针移到草图原点并处捕捉原点并单击，移动指针到齿根圆时再次单击，如图 2-94 所示。
- 镜像渐开线：单击“草图”工具栏上的“镜像实体”按钮，如图 2-95 所示，在图形区单击样条曲线，在“镜像”对话框中单击“镜像点”下的空框后，在图形区单击中心线，单击“确定”按钮。
- 裁多余：单击“剪裁”按钮，剪裁掉草图中多余的部分得到齿槽轮廓。
- 添约束：按〈Ctrl〉键单击分度圆圆弧上端点及其相邻渐开线，选择“重合”，单击“确定”按钮。按〈Ctrl〉键单击分度圆圆弧下端点及其相邻渐开线，选择“重合”，单击“确定”按钮。单击“草图”工具栏中的“智能尺寸”按钮，单击分度圆圆弧，再依次单击两端点标注弧长为 15. 7 mm。单击齿形中心线，选择“水平”，单击“确定”。按〈Ctrl〉键单击齿根圆圆弧两端点和齿形中心线，选择“对称”，单击“确定”按钮。重复上述步骤分别为分度圆圆弧两端点和齿顶圆圆弧两端点添加“对称”，单击“确定”按钮，完成草图约束。

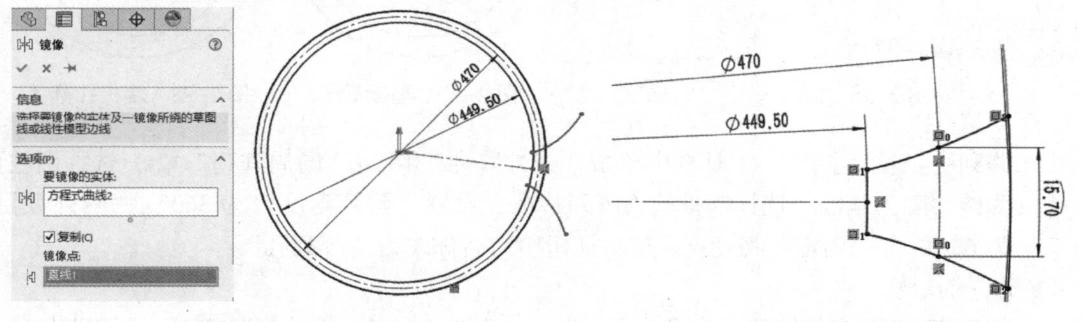

图 2-94　镜像草图　　　　图 2-95　齿廓草图

- 拉伸齿槽：在“特征”工具栏中单击“拉伸切除”按钮，在“拉伸”对话框中设为“完全贯穿”，单击“确定”按钮。将特征树中的名称改为“插齿槽”。
- 倒根圆角：在“特征”工具栏中单击“倒圆角”按钮，选择齿根两条直线，圆角半径为 3. 8 mm，单击“确定”按钮。将特征树中的名称改为“根圆角”。

（4）阵列齿特征

- 阵列槽：选择“插入”→“阵列/镜像”→“圆周阵列”命令，选“圆柱面”为阵列基准，在特征树中选择“插齿槽”和“根圆角”为阵列对象，如图 2-96 所示；在“阵列槽”对话框中设“阵列角度”为 360 度；“阵列数目”为 47，并单击“等间距”单选按钮，单击“确定”按钮✔。将特征树中的名称改为“阵列槽”。

（5）切辐板

- 切前辐板：选择齿轮前面，选择“草图”→“草图绘制”后，利用草图绘制工具绘制辐板草图，单击“智能尺寸”按钮标注内圆直径为200 mm，外圆直径为400 mm，如图2-97所示。在“特征”工具栏中单击“拉伸切除”按钮，在“拉伸”对话框中设为“给定深度”，设置为30 mm，单击“确定”按钮✔。将特征树中的名称改为“切前辐板”。
- 切后辐板：在“特征”工具栏中单击“镜像”，在特征树中选择“前视基准面”并设置为“前视基准面”镜像面/基准面，在特征树中选择“切前辐板”，设置要镜像的特征为“切前辐板”，单击“确定”按钮✔。将特征树中的名称改为“切后辐板”。
- 打辐板孔：选择辐板前面，单击“草图”→“草图绘制”后，利用草图绘制工具绘制辐板草图，单击“智能尺寸”按钮标注辐板孔直径为50 mm，定位圆直径为300 mm，如图2-98所示。在“特征”工具栏中单击“拉伸切除”按钮，在“拉伸”对话框中设为“完全贯穿”，单击“确定”按钮✔。将特征树中的名称改为“打辐板孔”。

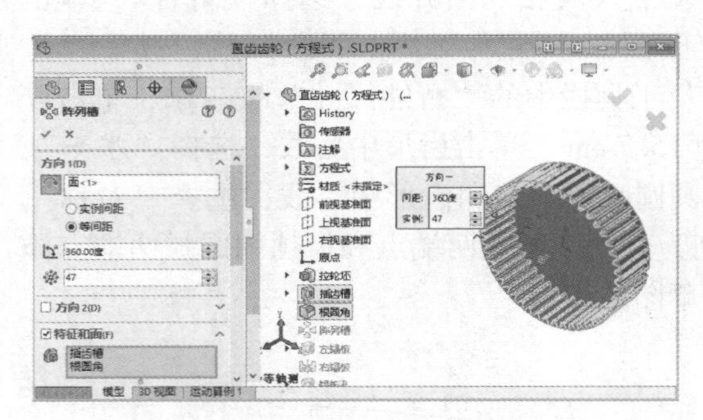
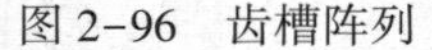

图2-96　齿槽阵列

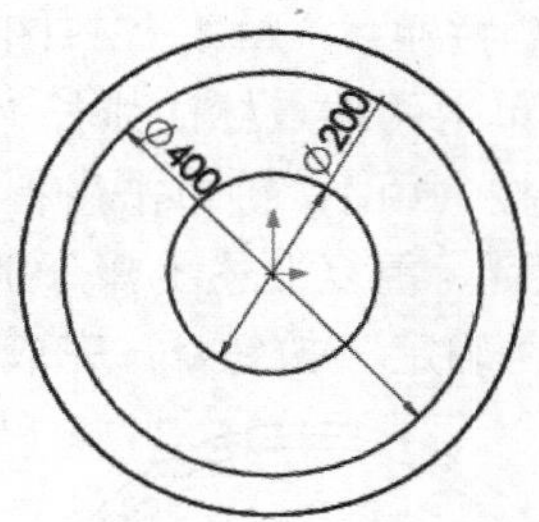

图2-97　辐板草图

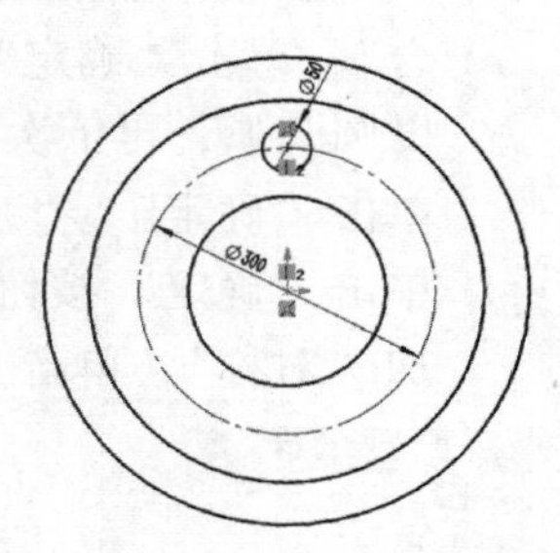

图2-98　辐板孔草图

- 阵列孔：在“特征”工具栏中单击“线性阵列”→“圆周阵列”，选择圆柱面为圆周阵列基准，选择辐板孔为阵列特征，设置“阵列角度”为360°，“阵列数目”为6，单击“确定”按钮✔。将特征树中的名称改为“阵列孔”。

（6）挖孔槽

- 打轮孔：选择齿轮侧面为草图平面。单击“草图”→“草图绘制”后，利用草图绘制工具绘制轴孔圆，单击“智能尺寸”按钮标注圆直径140 mm，如图2-99所示。在“特征”工具栏中单击“拉伸切除”按钮，在“拉伸”对话框中设为“完全贯穿”，单击“确定”按钮✔。将特征树中的名称改为“打轮孔”。
- 挖键槽：选择齿轮侧面为草图平面。单击“草图”→“草图绘制”后，利用草图绘制工具绘制键槽矩形，单击“智能尺寸”按钮标注相关尺寸，如图2-100所示。在“特征”工具栏中单击“拉伸切除”按钮，在“拉伸”对话框中设为“完全贯穿”，单击“确定”按钮✔。将特征树中的名称改为“挖键槽”。完成齿轮建模，齿轮模型如图2-101所示。

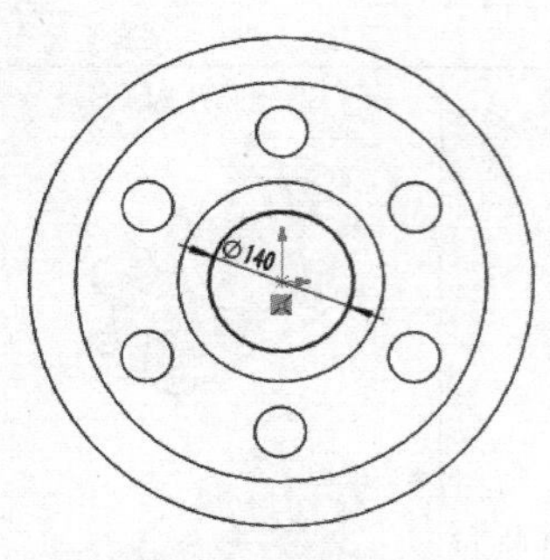

图 2-99　轴孔草图

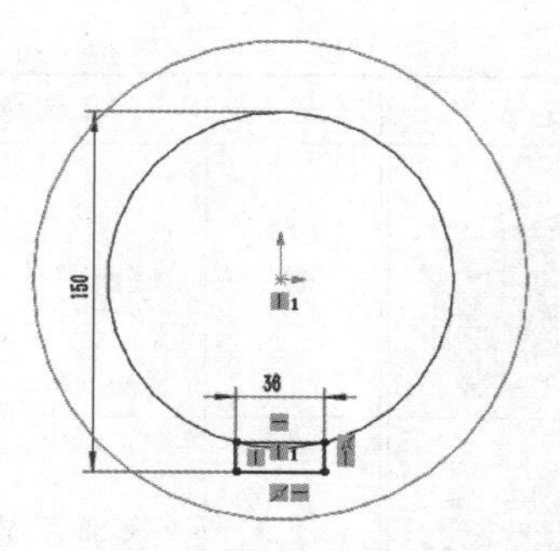

图 2-100　键槽草图

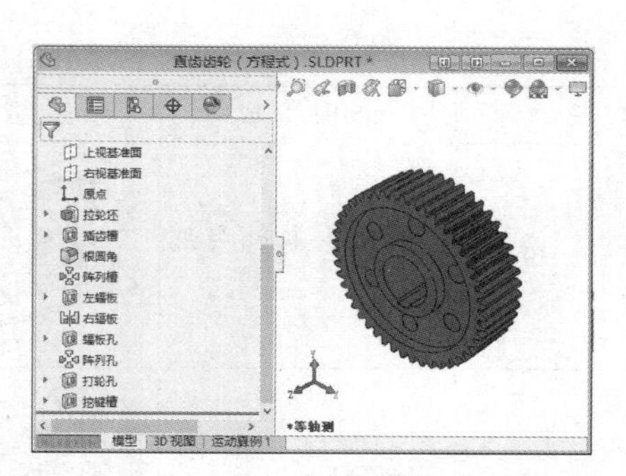

图 2-101　齿轮模型

2.4.6　箱体零件设计

减速器箱体用以支持和固定轴系零件，是保证传动件啮合精度、良好润滑及轴系可靠密封的重要零件，其质量占减速器总质量的30%~50%，因此，必须重视箱体的结构设计。减速器箱体可以是铸造件，也可以是焊接件，进行批量生产时，通常使用铸造件。

1. 基本流程

箱体结构零件比较复杂，一般的造型原则：“先面后孔，基准先行；先主后次，先加后减，先粗后细”。一级圆柱齿轮减速器的箱体和机盖，除部分孔特征外，其结构为对称结构。为减少创建机座模型的工作量，应先建立对称结构的部分特征，而后使用镜像命令取得另外的特征。减速器的箱体建模过程见表 2-10。

表 2-10　减速器的箱体建模过程

序　号	结构组成	造型方法	序　号	结构组成	造型方法
1	容纳齿轮和润滑油的齿轮腔	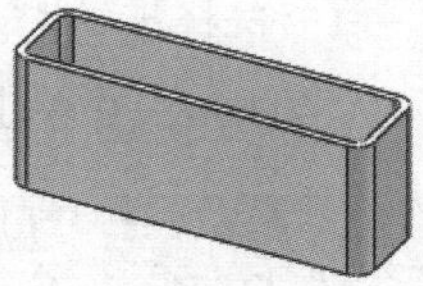	5	轴承孔凸台与加强肋	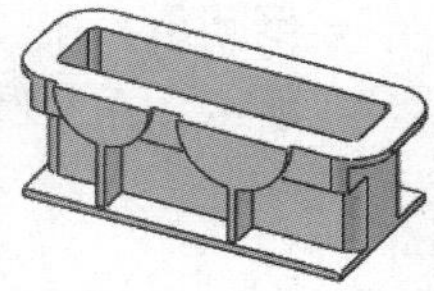
2	减速器盖连接用装配凸缘	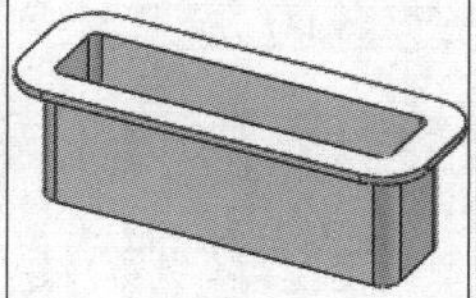	6	支撑两根轴的轴承孔	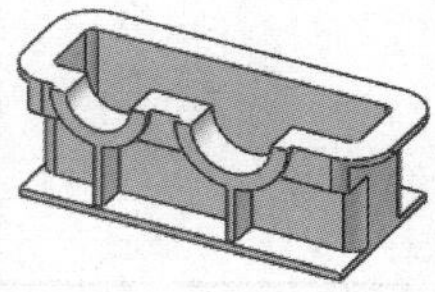
3	安装固定用安装底座	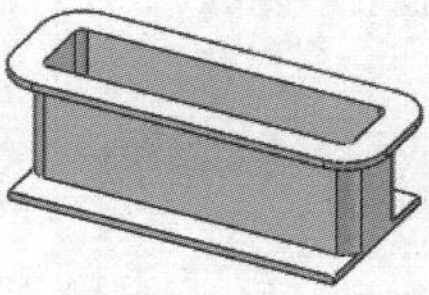	7	密封防尘用轴承端盖安装孔	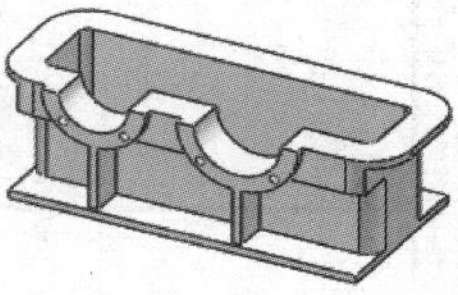
4	轴承孔加强凸缘	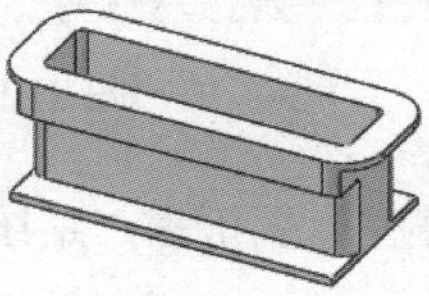	8	装配凸缘装配孔	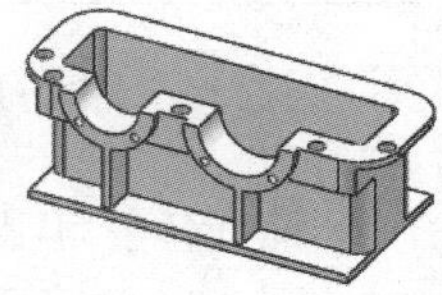

（续）

序　号	结构组成	造型方法	序　号	结构组成	造型方法
9	底座安装孔与底座槽		11	底座槽	
10	镜像对称		12	换油用放油凸台及孔	

2. 操作步骤

（1）启动 SolidWorks

单击“标准”工具栏上的“新建”按钮，弹出“新建 SolidWorks 文件”对话框，单击“零件”，然后单击“确定”按钮，新零件窗口出现。

（2）生成齿轮腔

- 拉伸基体：在打开的设计树中选择“上视基准面”为草图绘制平面。单击“草图”工具栏的“矩形”按钮，绘制矩形包围草图原点。按〈Ctrl〉键，右击矩形右边线，在弹出的快捷菜单中选择“中点”，单击草图原点，添加“水平”关系。单击工具栏中的“智能尺寸”按钮，标注尺寸，如图 2-102 所示。单击“特征”工具栏中的“拉伸凸台/基体”按钮，在“拉伸”对话框中设置拉伸终止条件为“给定深度”，“深度值”为 300 mm，单击“确定”按钮，生成齿轮腔基体。
- 倒圆角：在“特征”工具栏中单击“圆角”，选择齿轮腔基体的 4 条竖线，如图 2-103 所示，在“圆角”对话框中设“圆角半径”为 40 mm，并单击“确定”按钮。

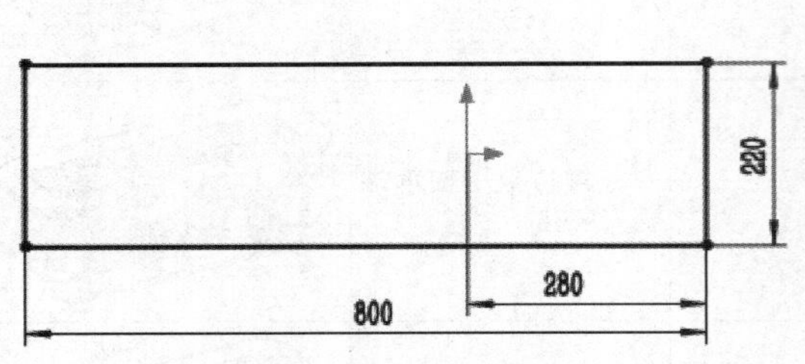

图 2-102　矩形轮廓

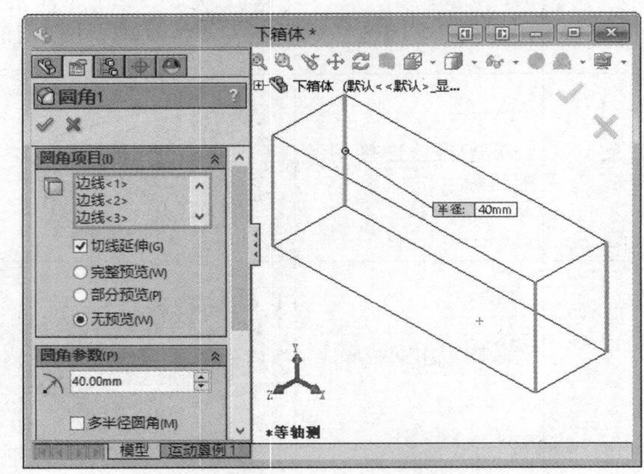

图 2-103　圆角绘制

- 抽壳体：单击“特征”工具栏中的“抽壳”按钮，系统弹出“抽壳”对话框，如图 2-104 所示。在“厚度”文本框中输入抽壳的厚度值为 20 mm，保持其他选项为系统默认值不变，单击“确定”按钮，生成下箱体的腔体。

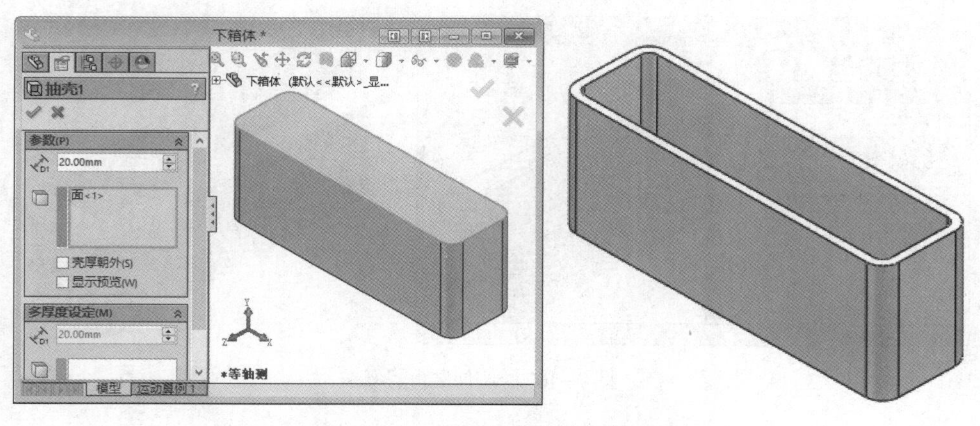

图 2-104　下箱体基体抽壳

(3) 生成装配凸缘

选择齿轮腔上端面为草图绘制平面，单击“草图”工具栏上的“等距实体”按钮，如图 2-105所示，在“等距实体”对话框中设“等距尺寸”为 60 mm，单击“确定”按钮。单击“草图”工具栏上的“转换实体引用”按钮，如图 2-106 所示，单击齿轮腔内腔底面，单击“确定”按钮。

单击“特征”工具栏中的“拉伸凸台/基体”按钮，系统弹出“凸台-拉伸”对话框，如图 2-107 所示，设“终止条件”为“给定深度”，“向下深度”值为 20 mm，单击“确定”按钮。

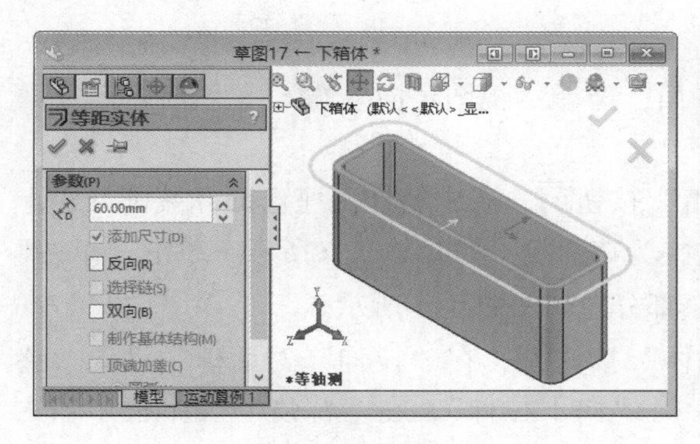

图 2-105　等距装配凸缘外边

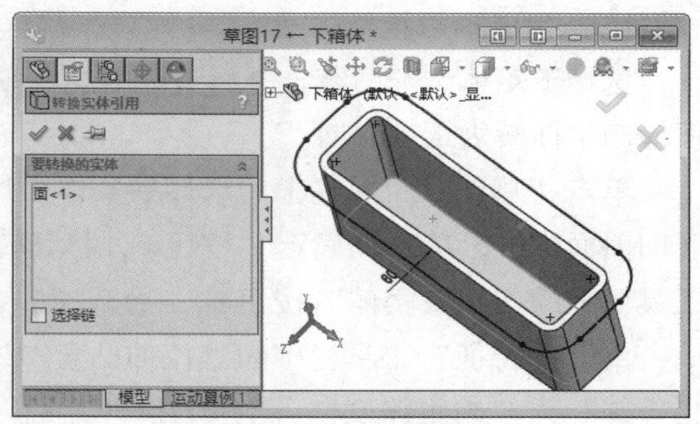

图 2-106　转换实体引用装配凸缘内边

(4) 创建安装底座

单击“旋转视图”按钮，选择前面所完成的箱体底面为草图绘制平面，选择“视图定向”→“正视于”，使绘图平面转为正视方向。

单击“草图”工具栏上的“矩形”按钮，绘制矩形包围草图原点。按〈Ctrl〉键，右击矩形右边线，在弹出的快捷菜单中选择“中点”，单击草图原点，添加“水平”关系。按〈Ctrl〉键，矩形左右边线与箱体底面对应左右边线分别添加“共线”关系。单击工具栏中的“智能尺寸”按钮，标注矩形宽度为 400mm，如图 2-108 所示。

单击“特征”工具栏中的“拉伸凸台/基体”按钮，在“拉伸”对话框中设置“终

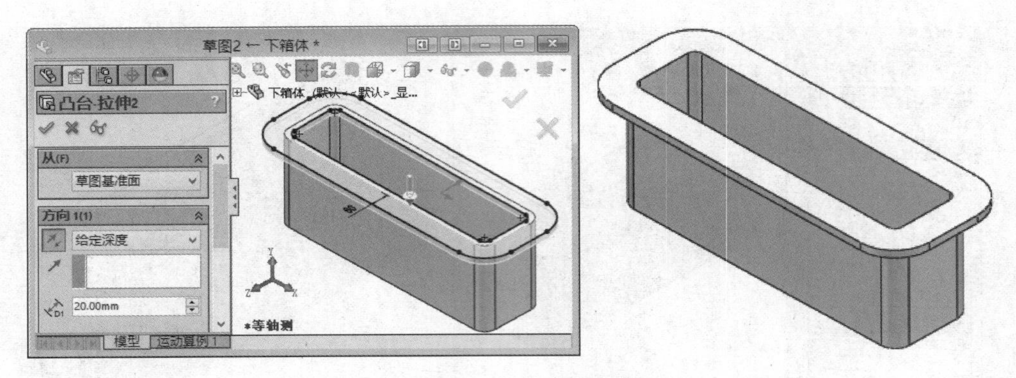

图 2-107　拉伸装配凸缘

止条件”为“给定深度”，“向上深度”值为 20 mm，单击“确定”按钮✔，生成安装底座，如图 2-109 所示。在特征树中选择该特征，再单击并更名为“底座”。

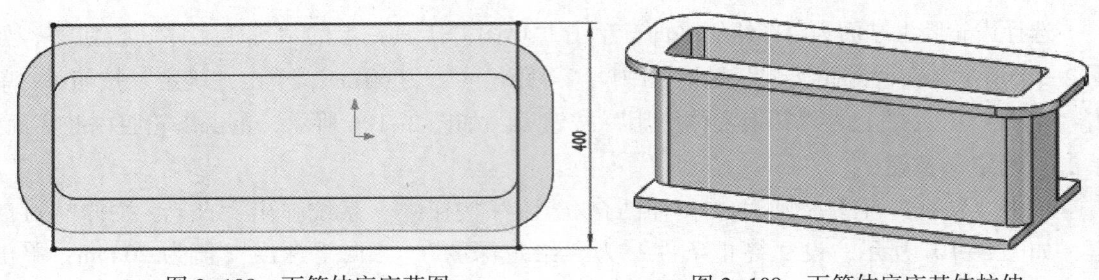

图 2-108　下箱体底座草图　　　　图 2-109　下箱体底座基体拉伸

（5）生成轴承孔加强凸缘

选择下箱体装配凸缘上表面为草图绘制平面，选择“视图定向”→“正视于”，使绘图平面转为正视方向。

单击“草图”工具栏上的“转换实体引用”按钮，选中箱体底座上面和装配凸缘上表面前面边线，单击“确定”按钮✔，将其转换为草图线，如图 2-110 所示。单击“草图”工具栏上的“剪裁实体”按钮，剪裁掉多余部分，如图 2-111 所示。

单击“特征”工具栏中的“拉伸凸台/基体”按钮，在“拉伸”对话框中设置“终止条件”为“给定深度”，选择“拉伸方向”为“向下拉伸”，在“深度”文本框中输入 90 mm，单击“确定”按钮✔，完成轴承孔加强凸缘的创建，如图 2-112 所示。

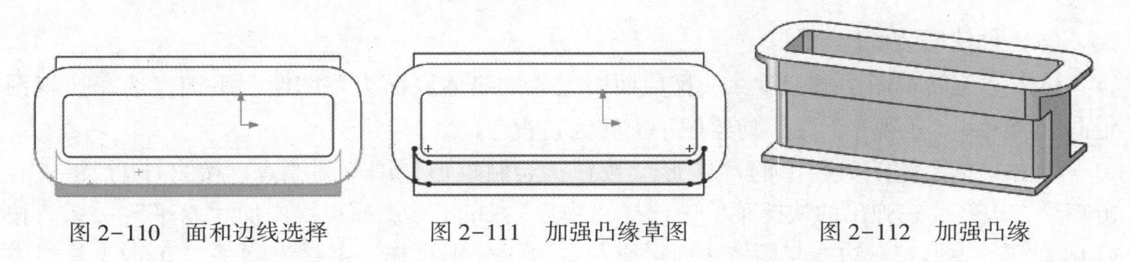

图 2-110　面和边线选择　　　　图 2-111　加强凸缘草图　　　　图 2-112　加强凸缘

（6）创建轴承孔凸台

单击“旋转视图”按钮，选择下箱体壳体内侧前面为草图绘制平面，选择“视图定向”→“正视于”，使绘图平面转为正视方向。

选中箱体上轮廓线，单击“草图”工具栏上的“转换实体引用”按钮，绘制一条与轮廓线重合的直线。单击“草图”工具栏上的“圆”按钮，分别绘制两个圆。按〈Ctrl〉键，并单击右圆圆心和坐标原点，在对话框中的“添加几何关系”选项组中单击“竖直”按钮，添加两点的几何关系为在同一条垂直线上。重复上述操作，分别将两圆圆心与直线的几何关系设为“重合”。在“草图”工具栏上单击“剪裁实体”按钮，剪裁掉多余部分，按图 2-113 所示标注尺寸。

选择“视图定向”→“等轴测”显示等轴测图。单击“特征”工具栏中的“拉伸凸台/基体”按钮，系统弹出“拉伸”对话框，设置“终止条件”为“给定深度”，选择“拉伸方向”为“向外拉伸”并在“深度”文本框中输入深度值：100 mm，单击“确定”按钮，完成下箱体轴承安装孔凸台的创建，如图 2-114 所示。

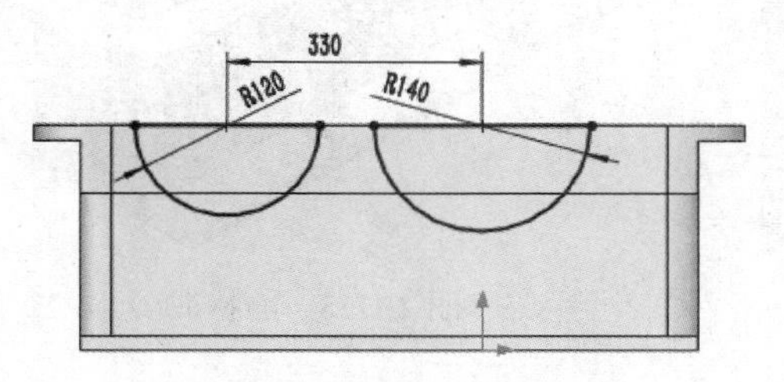

图 2-113　轴承孔草图凸台

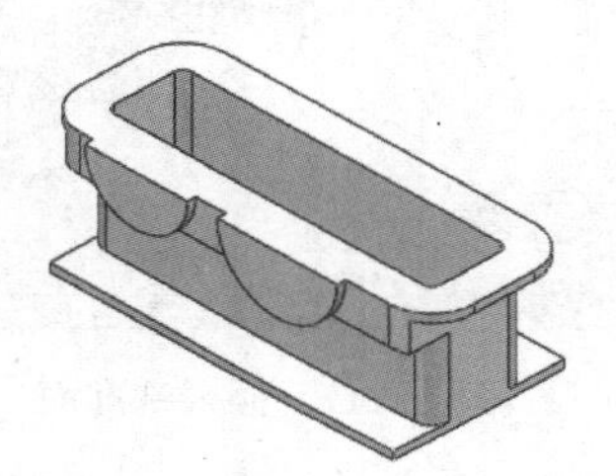
图 2-114　轴承孔凸台

（7）创建轴承孔凸台加强筋

选择“右视基准面”为草图绘制平面，选择“视图定向”→“正视于”，使绘图平面转为正视方向。单击“草图”工具栏上的“直线”按钮，如图 2-115 所示，捕捉凸台圆最下面的点和底座上面边线绘制竖直直线。

单击“特征”工具栏中的“筋”按钮，系统弹出“筋”对话框，设“厚度”为“两侧”，在文本框中输入厚度值：20mm，如图 2-116 所示。单击“确定”按钮，完成最终的筋特征创建。

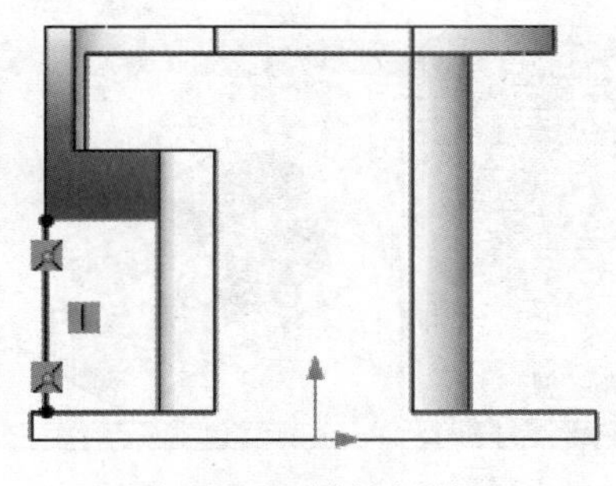
图 2-115　筋特征设置

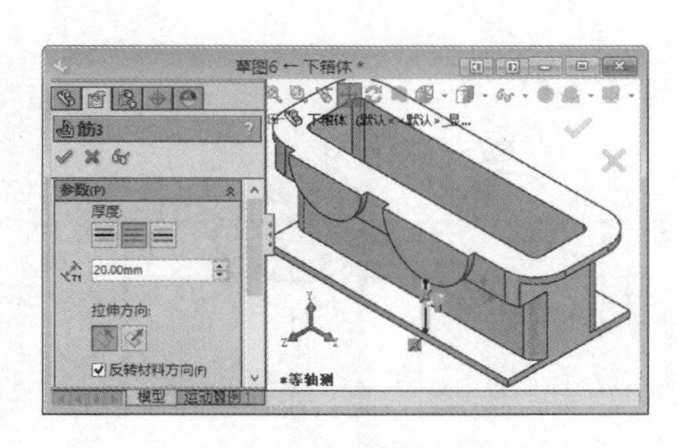

图 2-116　筋特征 1

选择“插入”→“参考几何体”→“基准面”命令，系统弹出“基准面”对话框，如图 2-117所示。在对话框中选择创建基准面的方式为“点和平行面”，选择“右视基准面”和左圆圆心，单击“确定”按钮完成基准面创建。

选择新创建的“基准面 1”为加强筋草图绘制平面，选择“视图定向”→“正视于”，使绘图平面转为正视方向。选中箱体上轮廓线，单击“草图”工具栏上的“转换实体引用”按钮。

单击“特征”工具栏中的“筋”按钮，在系统弹出的“筋”对话框中设“厚度”为“两侧”，输入厚度值：20mm，并选择“反转材料方向”复选框，单击“确定”按钮，完成小圆下的加强筋创建，如图 2-118 所示。

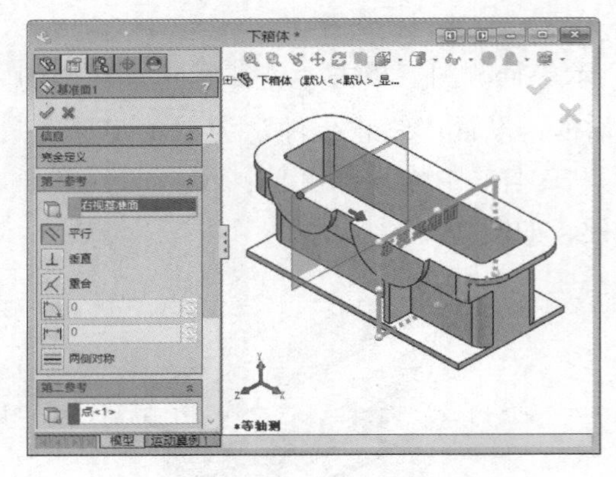

图 2-117　插入基准面

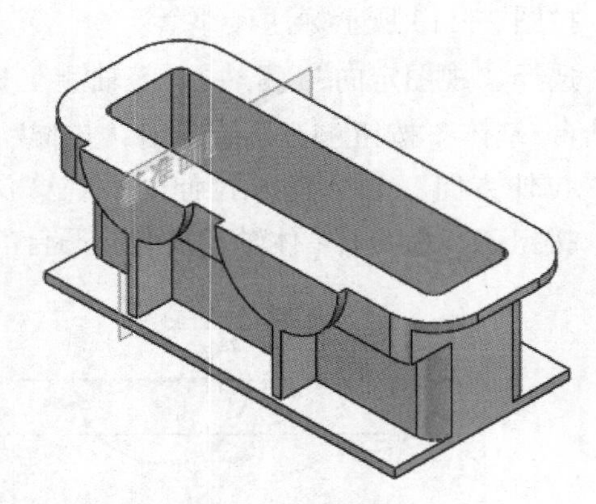

图 2-118　筋特征 2

（8）创建轴承安装孔

选择轴承安装凸缘外表面为草图绘制平面，选择“视图定向”→“正视于”，使绘图平面转为正视方向。

单击“草图”工具栏上的“圆”按钮，分别以轴承安装凸缘的圆心为圆心画圆，设置圆的直径分别为：160 mm、200 mm，单击“确定”按钮，如图 2-119 所示。单击“等轴测”按钮显示等轴测图。

单击“特征”工具栏中的“拉伸切除”按钮，在“切除-拉伸”对话框中设置切除方式为“成形到下一面”，单击“确定”按钮，完成实体拉伸切除的操作，拉伸切除后的下箱体如图 2-120 所示。

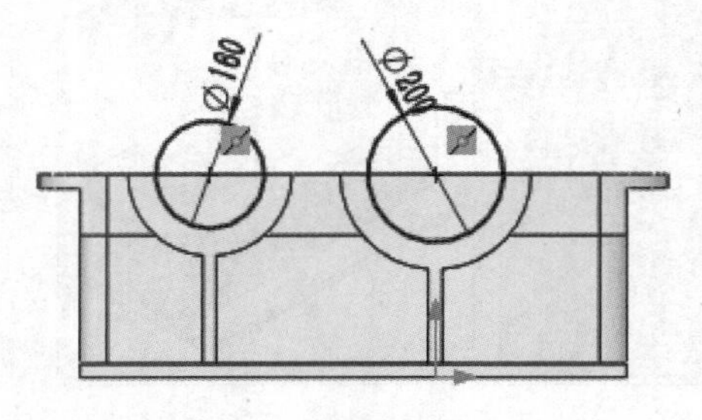

图 2-119　轴承安装孔草图

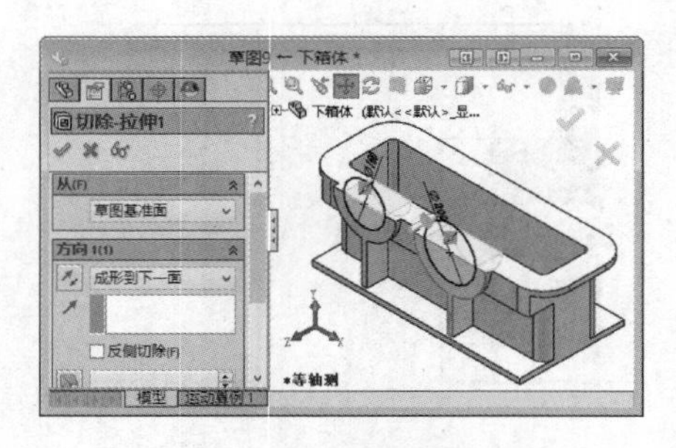

图 2-120　轴承安装孔拉伸切除

（9）创建端盖安装孔

选择下箱体轴承安装孔凸台外表面为草图绘制平面，选择“视图定向”→“正视于”，使绘图平面转为正视方向。接下来完成如图 2-121 所示的草图。

单击“草图”工具栏上的“圆”按钮，分别以两个轴承安装孔凸缘的圆心为圆心画圆，系统弹出“圆”对话框，选择“作为构造线”复选框，并设置直径分别为 240 mm 和 200 mm。

单击“草图”工具栏上的“中心线”按钮，绘制一条过大轴承安装孔圆心的垂直中心线。过大轴承安装孔绘制另一条中心线与垂直中心线成 45°。

单击“草图”工具栏上的“圆”按钮，绘制端盖安装孔并标注直径为 20 mm。

单击“草图”工具栏上的“添加几何关系”按钮，分别将安装孔圆心与 45°中心线和 $\phi240$ 圆线的几何关系设为“重合”。

单击“草图”工具栏中的“镜像实体”按钮，在图形区中单击安装孔，在“镜像”对话框中单击“镜像点”下的空框，再在图形区中单击垂直中心线，单击“确定”按钮✔，完成安装孔镜像。

重复上述操作，完成小圆的安装孔草图绘制。

单击“特征”工具栏中的“拉伸切除”按钮，在“拉伸切除”对话框中设“切除方式”为“给定深度”，在“深度”文本框中输入切除深度值 20 mm。单击“确定”按钮✔，完成端盖安装孔创建，如图 2-122 所示。

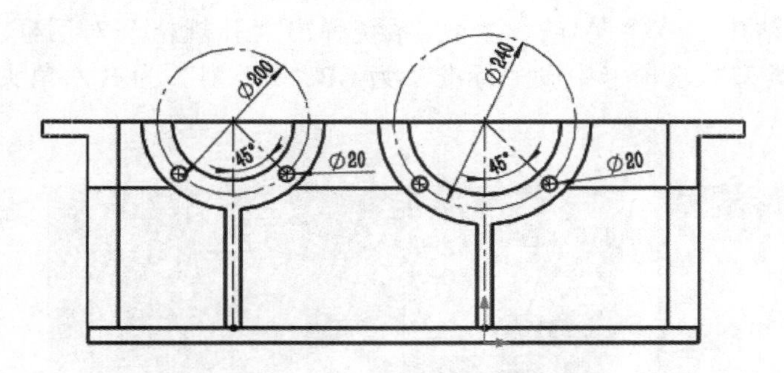

图 2-121　端盖安装孔草图

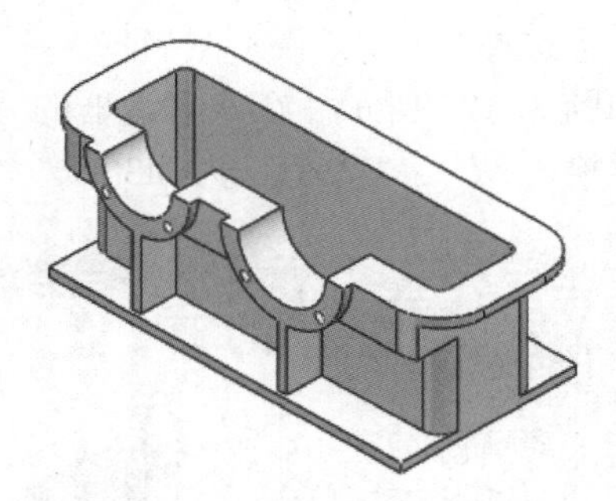

图 2-122　端盖安装孔切除

（10）生成上箱盖装配孔

选择下箱体装配凸缘上表面为草图绘制平面，选择“视图定向”→“正视于”，使绘图平面转为正视方向。

如图 2-123 所示，单击“草图”工具栏上的“中心线”按钮，绘制箱体中心线和两轴承孔轴线。单击“草图”工具栏上的“圆”按钮，在草图绘制平面上绘制左下角的圆，标注其与相应中心线的对称尺寸 280 mm、320 mm，及其直径 40 mm。

单击“草图”工具栏上的“圆”按钮，在草图绘制平面上绘制最左侧的圆，标注其关于箱体中心线的对称尺寸 140 mm 和距草图原点的距离 550 mm，按住〈Ctrl〉键，选择新绘制的圆与圆 $\phi40$，添加“相等”关系。

单击“草图”工具栏上的“镜像实体”按钮，在图形区中单击左侧的圆，在“镜像”对话框中单击“镜像点”下的空框，再在图形区中单击左轴承孔轴线，单击“确定”按钮✔完成中间圆的镜像。重复上述步骤镜像右下角的圆。

单击“草图”工具栏上的“圆”按钮，在草图绘制平面上绘制最右侧的圆，按住

〈Ctrl〉键，选择该圆与圆 $\phi40$，添加“相等”关系，单击该圆圆心与最左侧圆圆心，添加“水平”关系。标注其与最左侧圆的距离 860 mm。选择“视图定向”→“等轴测”显示等轴测图。

单击“特征”工具栏中的“拉伸切除”按钮，在“拉伸切除”对话框中设置切除方式为“成形到下一面”，单击“确定”按钮，完成实体拉伸切除的操作，如图 2-124 所示。

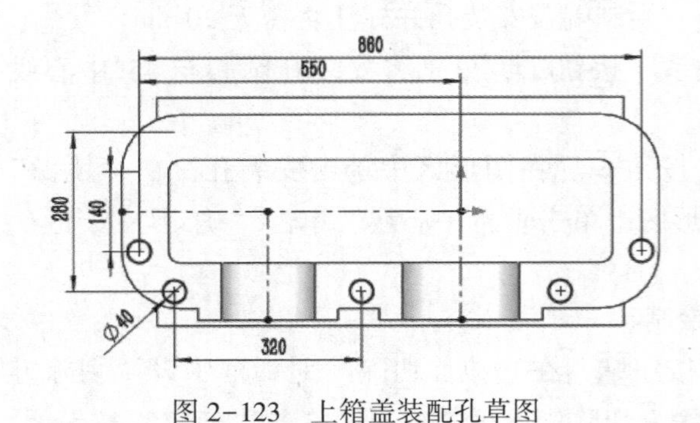

图 2-123　上箱盖装配孔草图　　　　图 2-124　上箱盖装配孔切除

(11) 创建箱体底座安装孔

选择“插入”→“特征”→“钻孔”→“向导”命令，系统弹出“孔规格”对话框，如图 2-125 所示。在该对话框的“类型”选项卡中设“标准”为 GB，“类型”为“六角头螺栓 C 级”，“大小”为 M30。

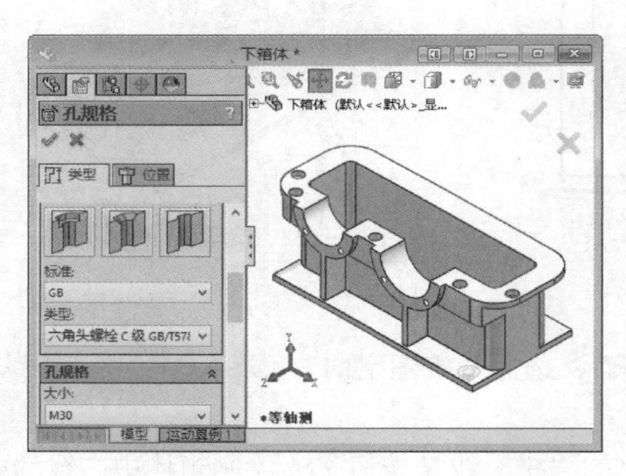

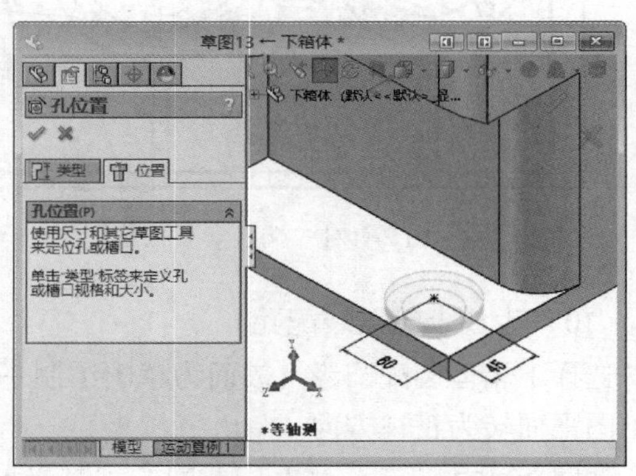

图 2-125　钻孔

在“位置”选项卡中单击“3D 草图”按钮，在安装座上面单击定位，并标注孔距离前边线 45 mm，右边线 60 mm。单击“确定”按钮完成一个底座安装孔的创建。

选择“插入”→“阵列/镜像”→“线性阵列”命令，系统弹出“阵列（线性）”对话框，如图 2-126 所示。在图形区中选择底板长边作为第一阵列方向，“间距”为 650 mm，“数量”为 2，要阵列的特征为“孔 1”，单击“确定”按钮完成实体特征的创建。

(12) 镜像特征

选择“插入”→“阵列/镜像”→“镜像”命令，系统弹出“镜像”对话框，如图 2-127所示，在特征树中选取“前视基准面”为镜像基准面，单击特征树中的“底座”

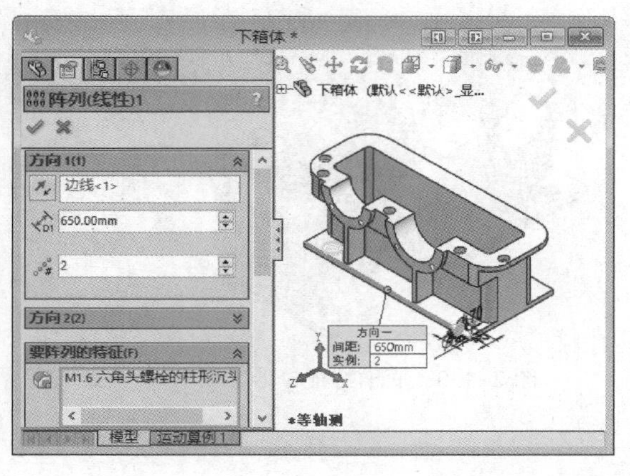

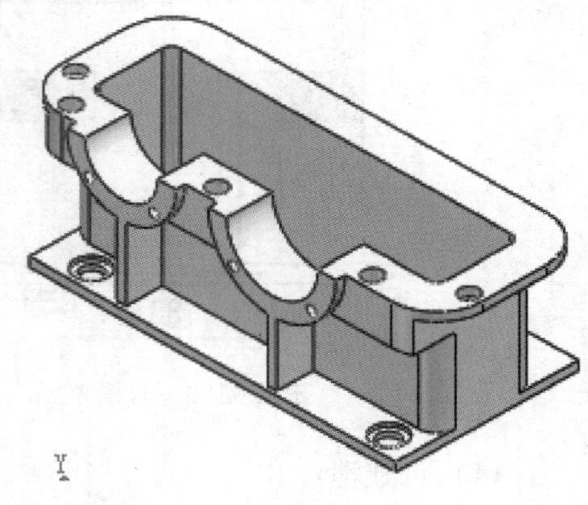

图 2-126　阵列孔特征

特征之后的第一个特征，然后，按住〈Shift〉键，单击特征树中的最后一个特征从而选择要镜像的全部特征并单击“确定”按钮✔，完成实体镜像特征的创建，如图 2-128 所示。

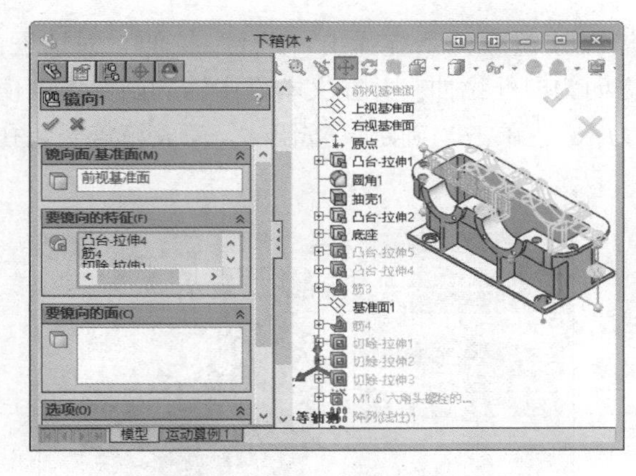

图 2-127　镜像特征

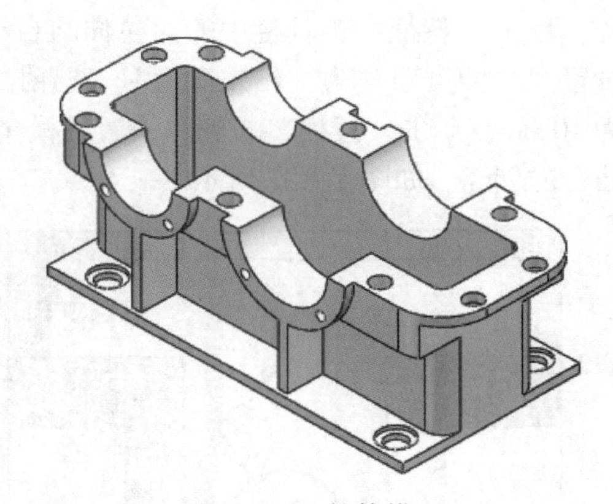

图 2-128　箱体模型

（13）创建下箱体底座槽

选择下箱体侧面为草图绘制平面，选择“视图定向”→“正视于”，使绘图平面转为正视方向。

单击“草图”工具栏上的“矩形”按钮，绘制切除特征的矩形轮廓。按住〈Ctrl〉键，单击草图原点和矩形下边线，添加“中点”关系。单击“智能尺寸”按钮，标注其尺寸为 180 mm×10 mm，如图 2-129 所示。

选择“视图定向”→“等轴测”显示等轴测图。

单击“特征”工具栏中的“拉伸切除”按钮，在“切除-拉伸”对话框中设置切除方式为“完全贯穿”，单击“确定”按钮✔，完成实体拉伸切除的创建，拉伸切除后的下箱体底座如图 2-130 所示。

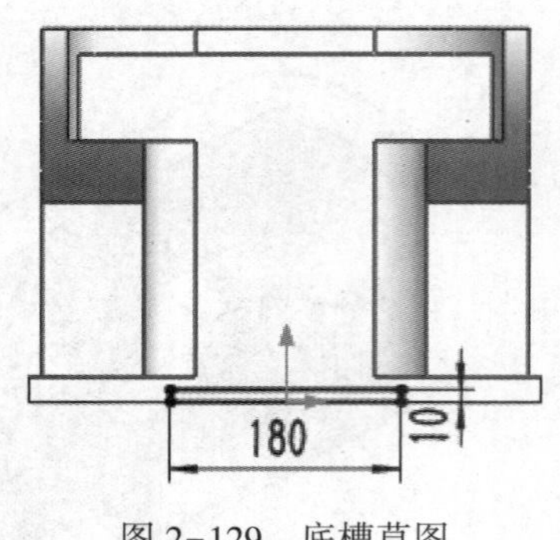

图 2-129　底槽草图

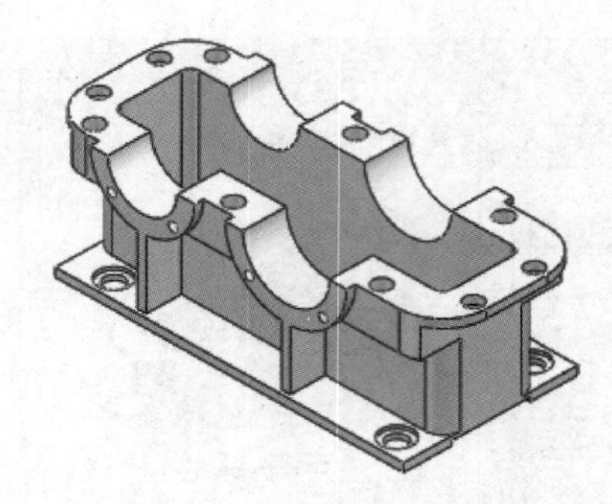
图 2-130　底槽特征拉伸

（14）创建泄油孔

选择下箱体侧面为草图绘制平面，单击“视图定向”→“正视于”，使绘图平面转为正视方向。

单击“草图”工具栏上的“圆”按钮，绘制泄油孔凸台的草图，按住〈Ctrl〉键，单击草图原点和圆心，添加“竖直“关系。标注圆心与草图原点的距离为 90 mm，圆直径为 80 mm，如图 2-131 所示。

单击“特征”工具栏中的“拉伸凸台/基体”按钮，系统弹出“凸台-拉伸”对话框，设置“拉伸类型”为“给定深度”，选择拉伸方向为向外拉伸，并在文本框中输入凸台厚度值为 10 mm，单击“拔模”按钮，设置拔模角度为 18°，单击“确定”按钮，完成箱盖安装孔凸台的创建，如图 2-132 所示。

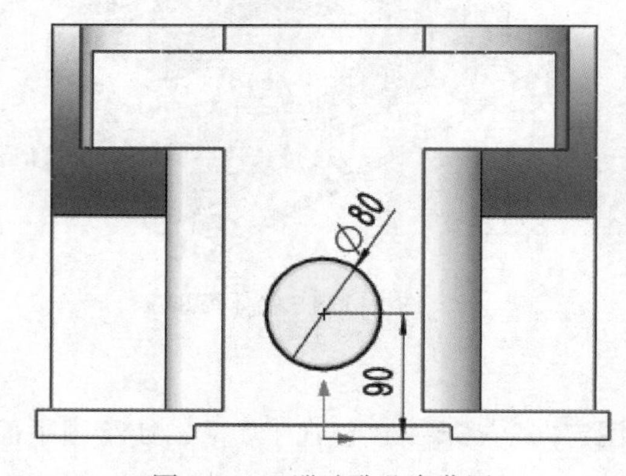

图 2-131　泄油孔凸台草图

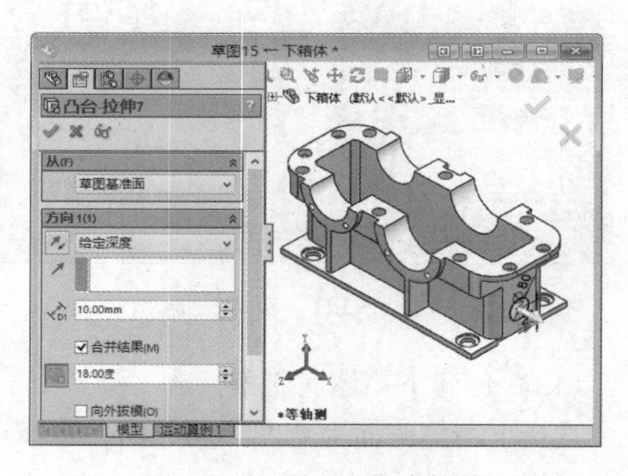

图 2-132　泄油孔凸台拉伸

选择泄油孔凸台上表面为泄油孔的草图绘制平面，单击“视图定向”→“正视于”，使绘图平面转为正视方向。单击“草图”工具栏上的“圆”按钮，以泄油孔凸台中心为圆心绘制泄油孔的草图轮廓，并标注直径为 30 mm。单击“特征”工具栏中的“拉伸切除”按钮，系统弹出“拉伸”对话框，设置“拉伸类型”为“成形到下一面”，图形区高亮显示“拉伸切除”的方向，如图 2-133 所示。单击“确定”按钮，完成泄油孔的创建，如图 2-134 所示。

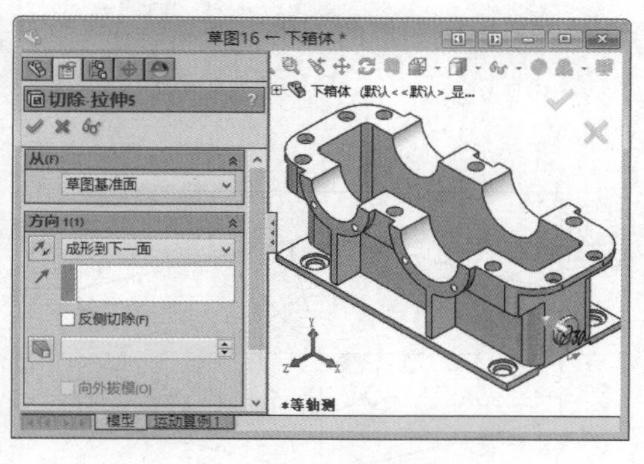

图 2-133　泄油孔创建

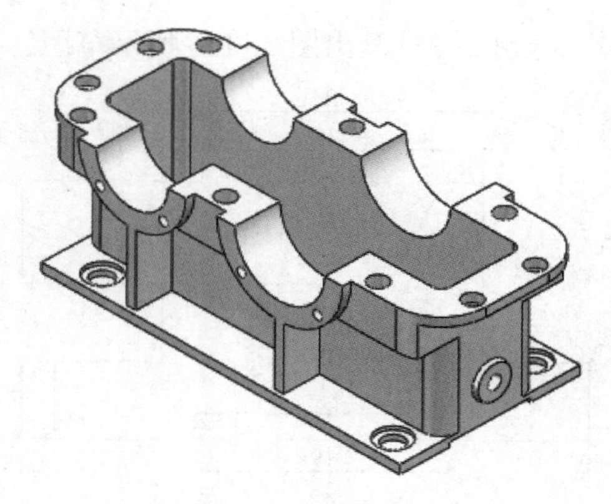

图 2-134　下箱体实体

习题 2

习题 2-1　简答题

1）简述草图平面选择的原则。SolidWorks 的三个基本基准面的名称叫什么？

2）使用草图约束有什么好处？有几种约束状态？选择多个实体时，需要按住哪个键？

3）简述草图绘制的基本流程及其原则。

4）简述转换实体引用的作用。

5）简述 SolidWorks 特征的类型及其创建过程。如何编辑这些特征？

6）何谓设计意图？影响设计意图的因素有哪些？

7）简述零件规划的内容。

习题 2-2　按图 2-135 所示步骤完成草图绘制，体会“先已知，后中间，再连接”的绘图思想，并建立 $\phi5$ mm 的扫描特征。

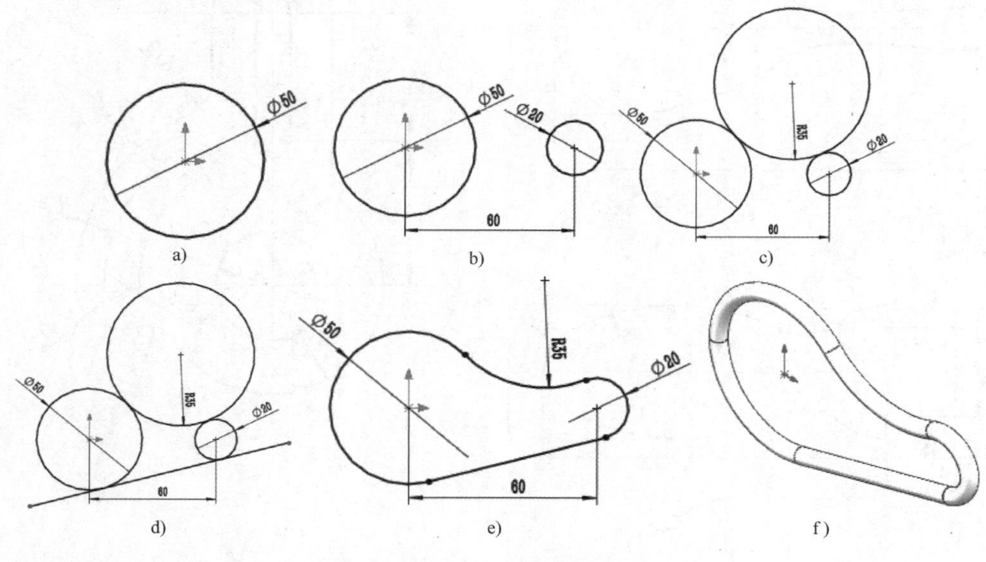

图 2-135　习题 2-2

习题 2-3　画出图 2-136 所示草图，并给出轮廓所围成图形的面积。

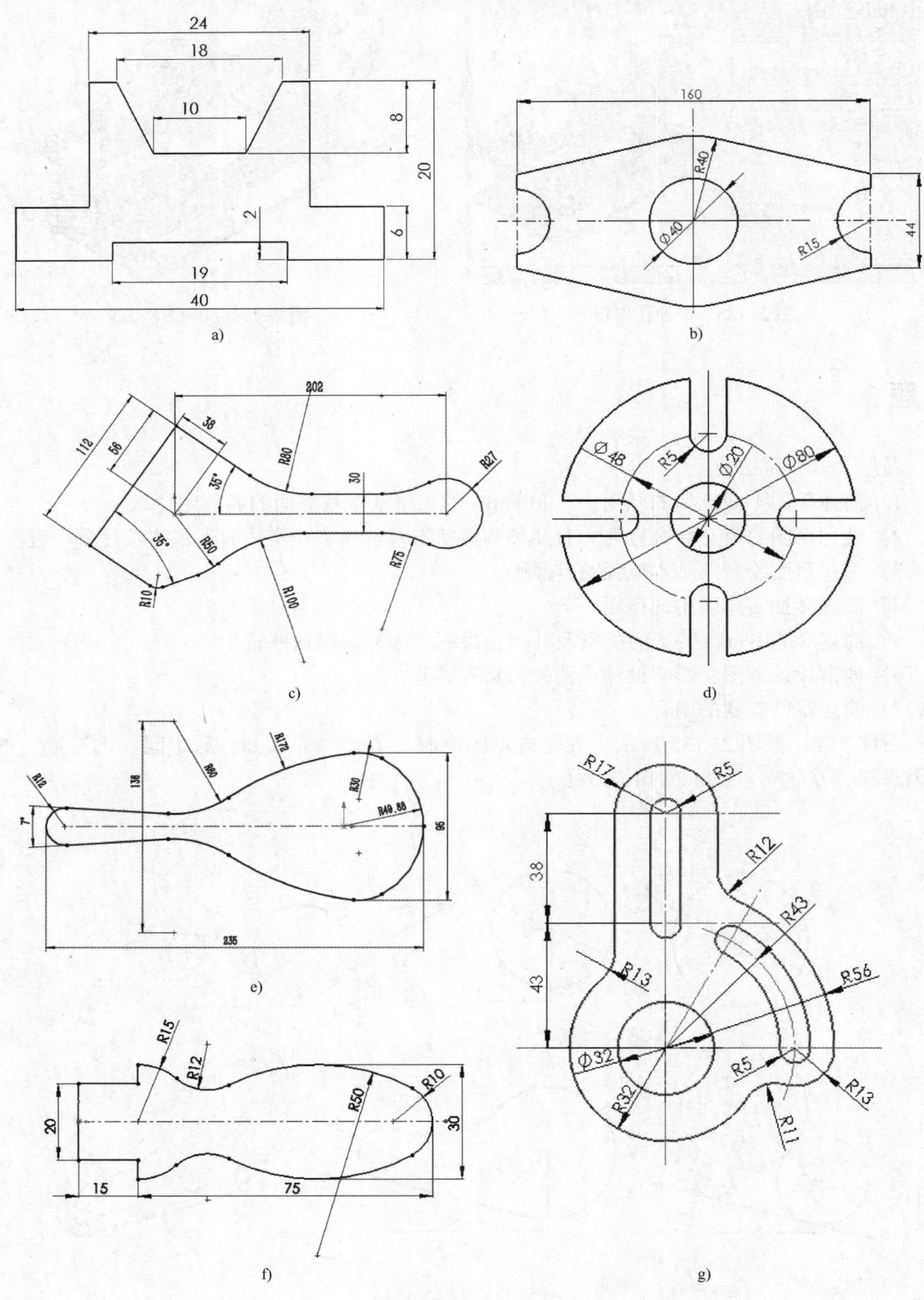

图 2-136　习题 2-3

习题 2-4　按图 2-137 所示完成基本特征练习。

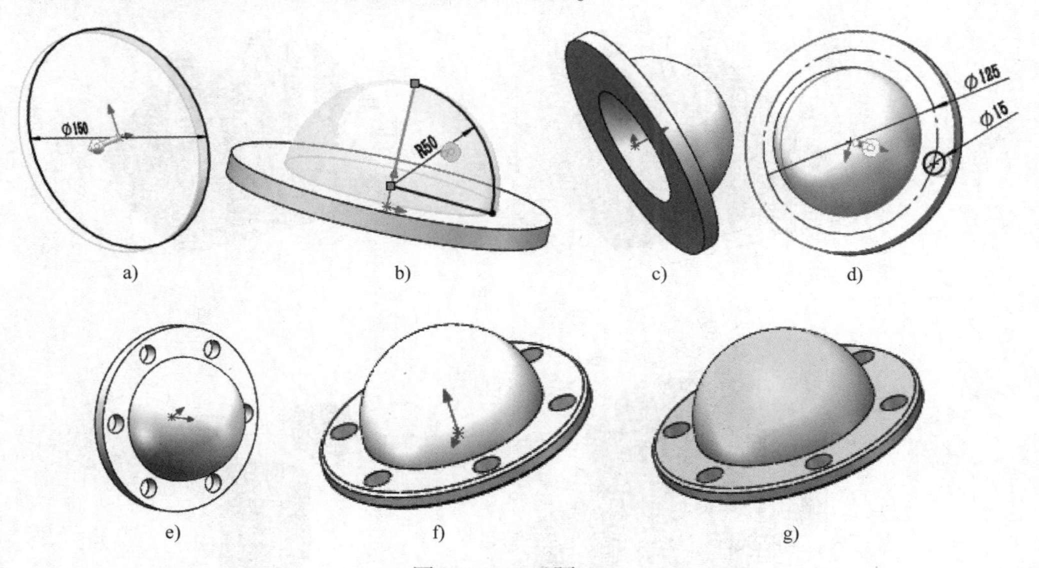

图 2-137　习题 2-4

a）拉伸厚 10 mm　b）旋转 360°　c）抽壳厚 10 mm　d）完全贯穿

e）阵列 6 孔　f）倒角 2×45°　d）添黄铜

习题 2-5　按图 2-138 所示步骤完成零件，体会“草图尽量简，特征须关联，造型要仿真，别只顾眼前”的建模思想。

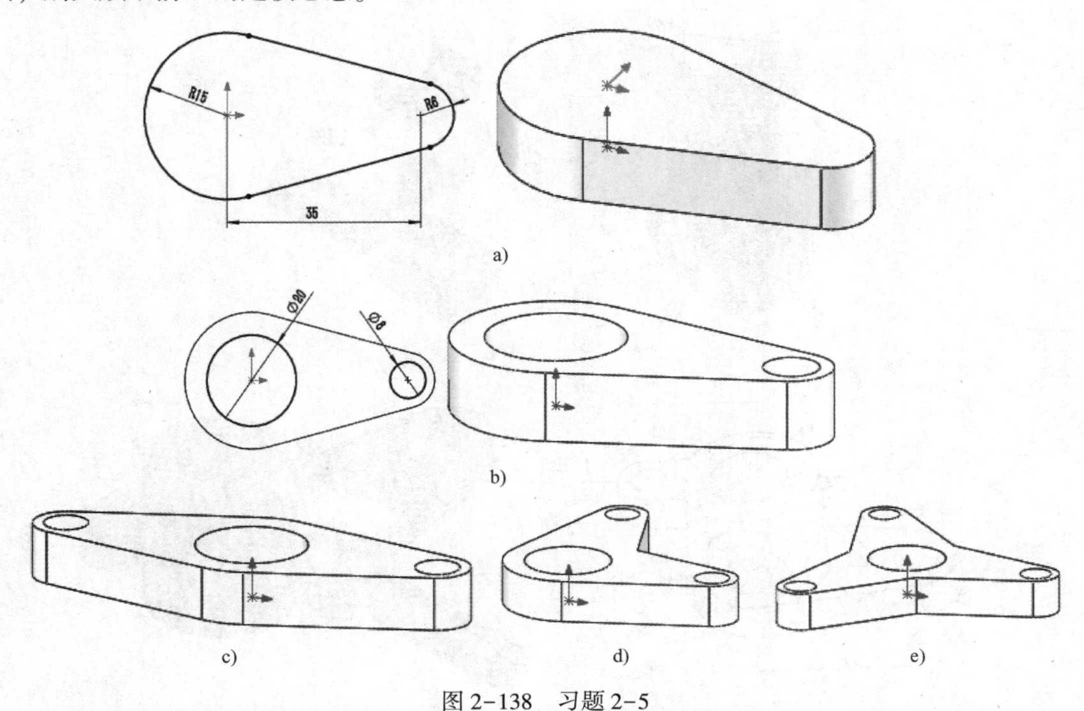

图 2-138　习题 2-5

a) 拉伸　b）完全贯穿　c）圆周阵列 2 个 360°　d）改圆周阵列 2 个 90°　e）改圆周阵列 3 个 360°

习题 2-6　按照图 2-139 所示的分析结果完成零件造型，并计算材料为普通碳钢时的重量。

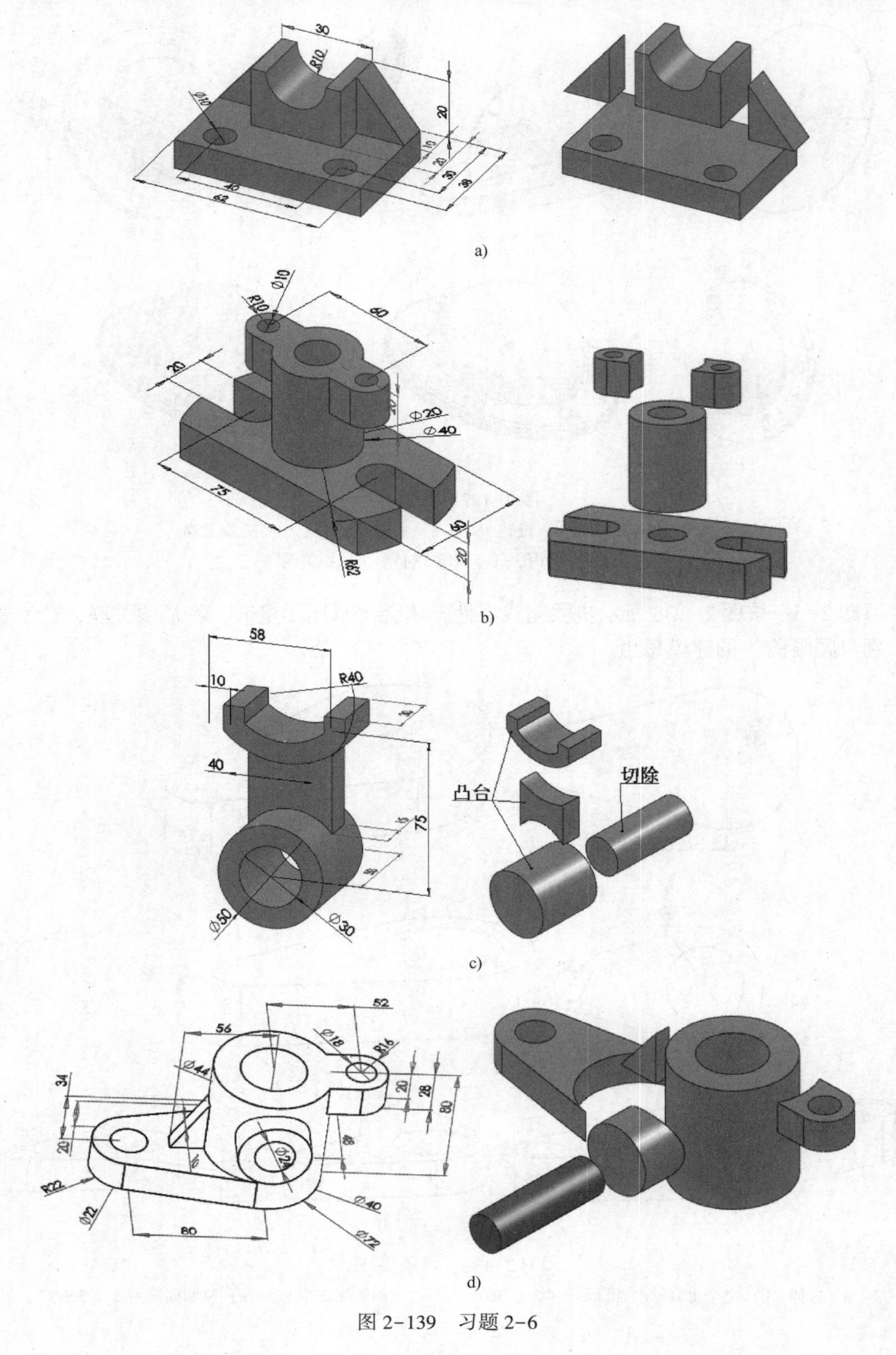

图 2-139　习题 2-6

习题 2-7　建立图 2-140 所示的零件模型。

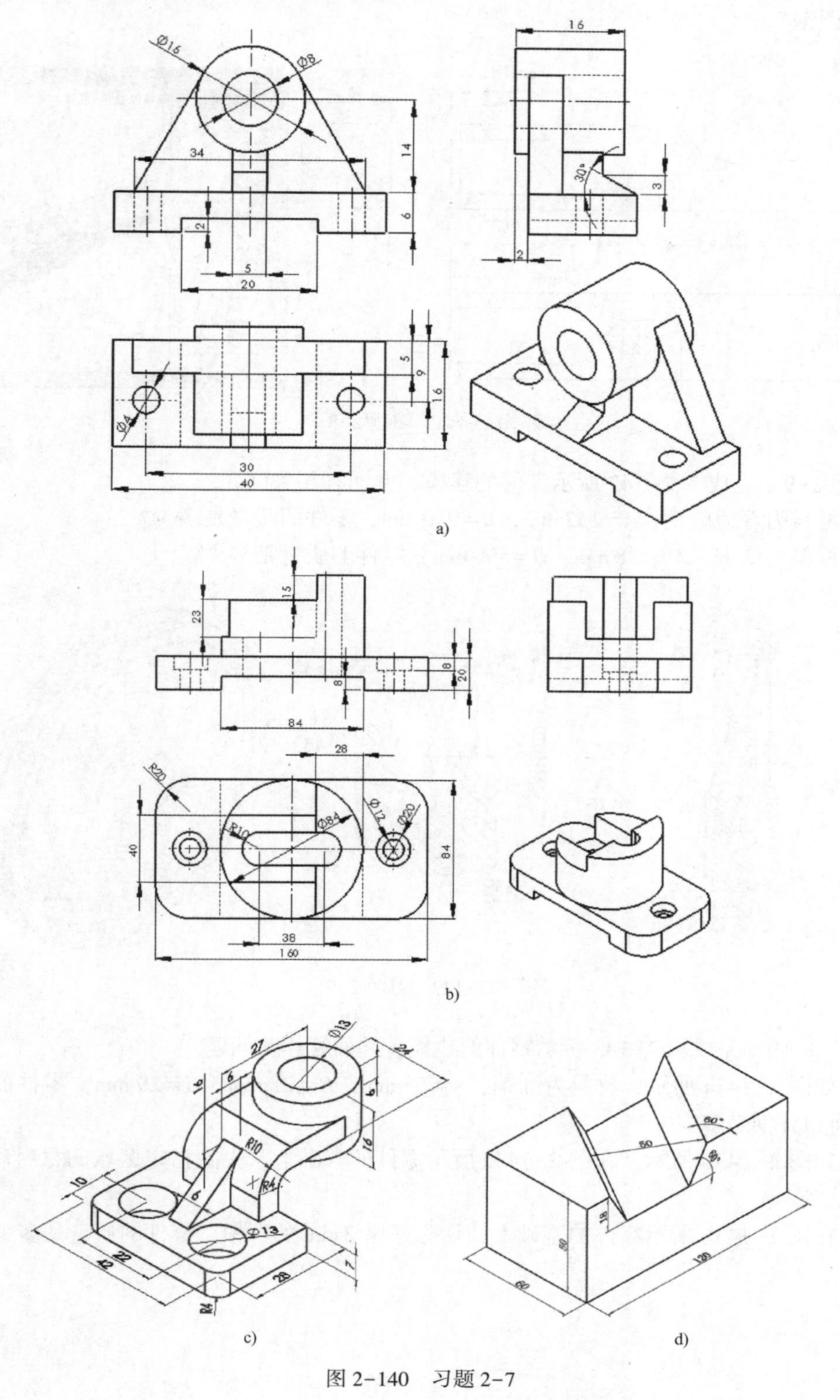

图 2-140　习题 2-7

习题 2-8　参照钳工加工过程完成图 2-141 所示的錾口锤的建模（毛坯为 ϕ30 mm×94 mm的圆钢）。

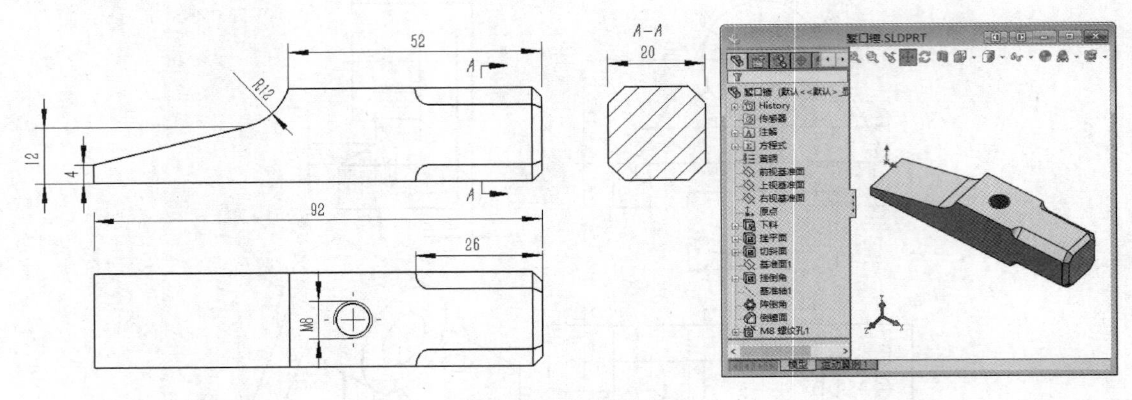

图 2-141　习题 2-8

习题 2-9　完成图 2-142 所示零件的建模，并回答相关问题。

1）材料为普通碳钢，A=132 mm，B=910 mm，零件的质量是多少？

2）材料为红铜，A=128 mm，B=890 mm，零件的质量是多少？

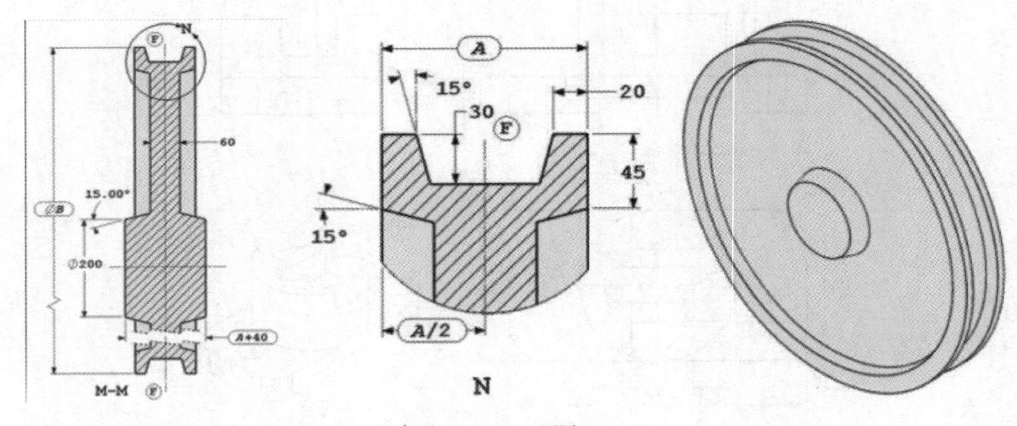

图 2-142　习题 2-9

习题 2-10　完成图 2-143 所示零件的建模，并回答相关问题。

1）如图 2-143a 所示，材料为红铜，A=65 mm，B=22 mm，C=29 mm，零件的质量和端面的面积分别是多少？

2）如图 2-143b 所示，在图 2-143a 所示零件的基础上，去除指定区域的材料后，零件的质量是多少？

3）在图 2-143b 所示零件的基础上，切除壁厚 2 mm 的凹槽，零件的质量是多少？

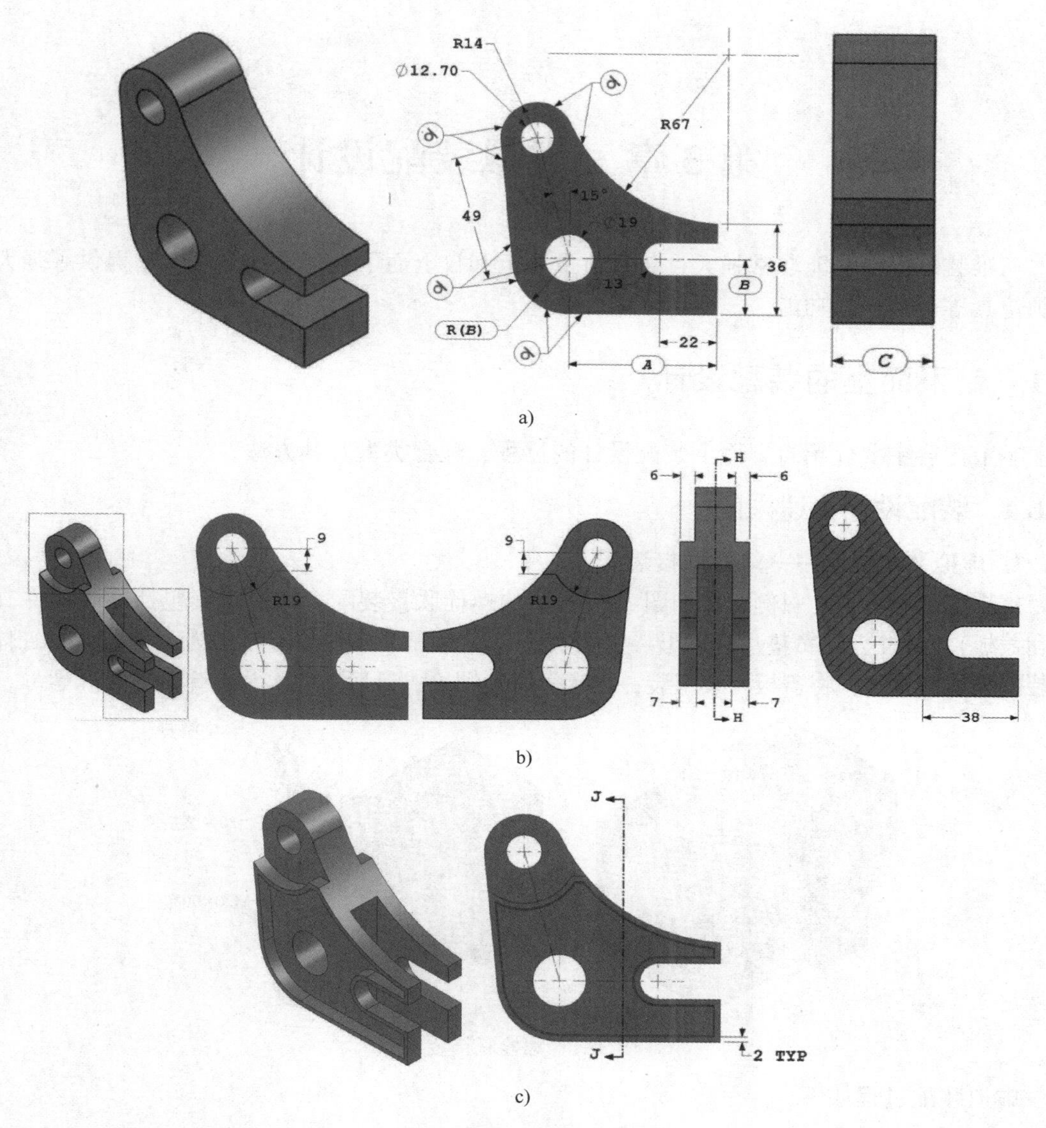

a)

b)

c)

图 2-143　习题 2-9

第3章　虚拟装配设计

三维装配设计功能非常强大，包括自下而上和自上而下装配设计方法。还提供了强大的动画仿真等产品表达功能。

3.1　自下而上的装配设计

本节内容主要介绍自下而上装配设计的过程、配合类型及其方法。

3.1.1　装配设计快速入门

1. 虚拟装配引例——螺栓联接装配

虚拟装配分析：此引例完成如图3-1所示的螺栓联接装配。螺栓联接包括被联接件（缸体和盖板）、螺栓、弹簧垫片和螺母。根据实际装配过程可知其装配流程为：首先，将缸体插入装配环境；其次，将盖板与其组装；再次，装上螺栓；最后，依次装上弹簧垫片和螺母。

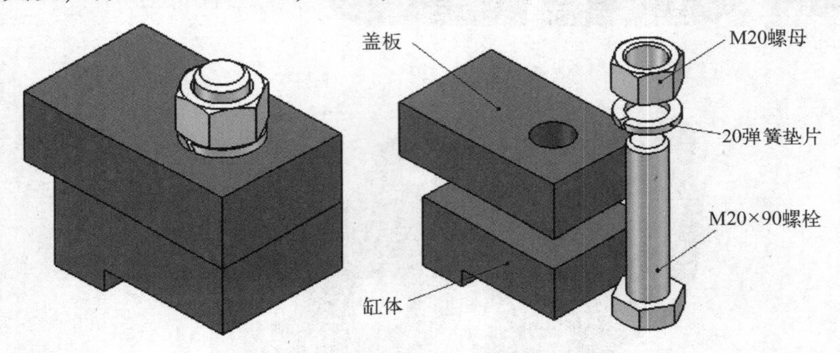

图3-1　螺栓联接装配

虚拟装配过程如下。

（1）插入缸体

1）新建装配体文件。

启动SolidWorks，选择“文件”→“新建”命令，在打开的“新建SolidWorks文件”对话框中，选择“装配体”，单击“确定”按钮。系统出现SolidWorks建立装配体文件界面，并弹出“插入零部件”对话框。

2）缸体定位。

在“插入零部件”对话框中单击“浏览”按钮，如图3-2所示，选择<资源文件>目录下的“3\缸体.sldprt”，在“打开”对话框中单击“打开”按钮，缸体在图形区域中预览。在“插入零部件”对话框中单击“确定”按钮，使缸体坐标与装配环境坐标对齐，并自动设为“固定”。该零件会出现在设计树中，并带有“固定”标记。

3）调整视角。

选择“视图定向”→“等轴测”显示等轴测图，如图3-2所示。单击“标准”

工具栏上的“保存”按钮，将该装配体命名为“螺栓联接”并保存。

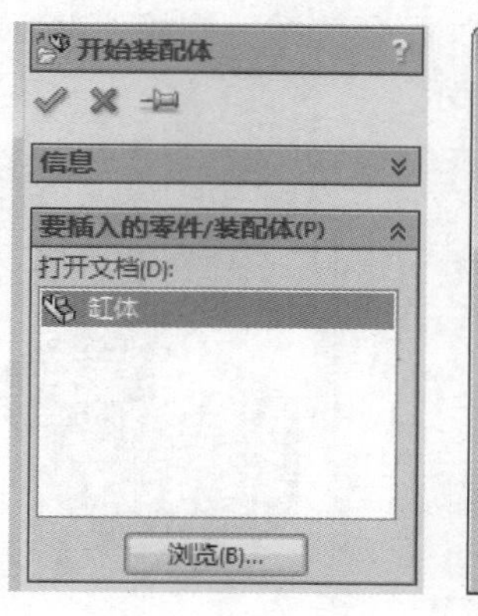

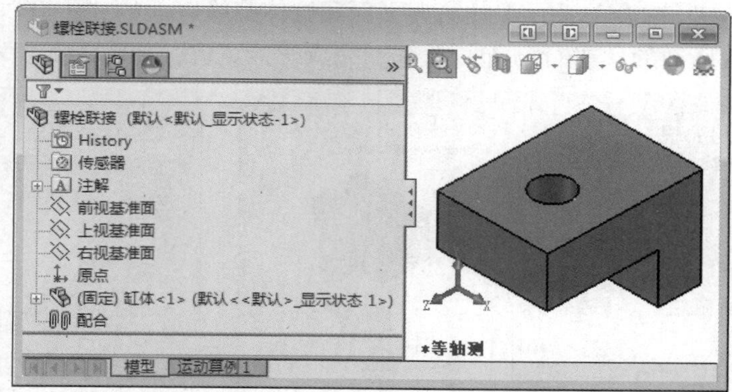

图 3-2　插入缸体

（2）装盖板

1）插盖板。

选择“插入”→“零部件”→“现有零件/装配体”命令，并单击“浏览”按钮，找到<资源文件>目录下的“3\盖板 . sldprt”，该零件在屏幕上定位后单击放置它。装配体的设计管理树中将显示盖板。

2）添加装配关系。

单击“装配体”工具栏中的“插入配合”按钮，系统弹出“配合”对话框。如图 3-3 所示，分别选择两零件的圆孔面，选择“配合”对话框的“标准配合”选项组中的“同轴心”，单击“确定”按钮，添加“同轴心”关系，同时将在“配合”选项卡内显示所添加的配合。

重复上述步骤，分别添加盖板底面与缸体顶面和两者前面均为重合关系。完成盖板装配，并在“配合”选项卡内显示所有配合关系，如图 3-4 所示。

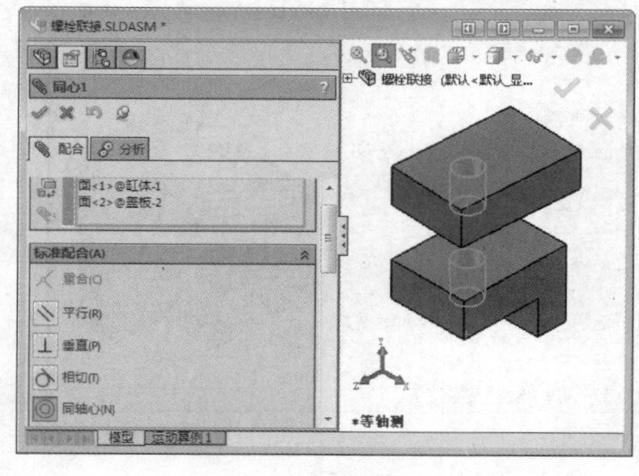

图 3-3　添加同轴心关系

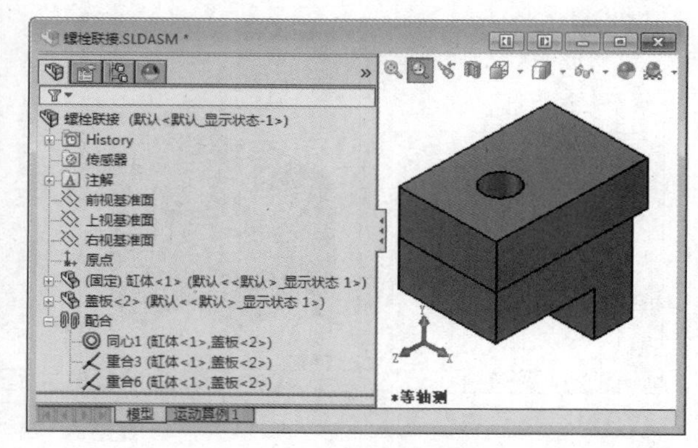

图 3-4　盖板装配

（3）装螺栓

1）插入螺栓。

单击“装配体”工具栏上的“插入零部件”按钮，将“M20×90 螺栓 . sldpr”添加到装配体中。

2）添加装配关系。

单击“装配体”工具栏中的“插入配合”按钮，添加螺栓圆柱面和盖板圆孔面的“同轴心”配合关系，螺栓头上平面和缸体凸缘底面的“重合”配合关系，螺栓头侧面与缸体凸缘底面的“平行”配合关系，完成螺栓定位，如图 3-5 所示。

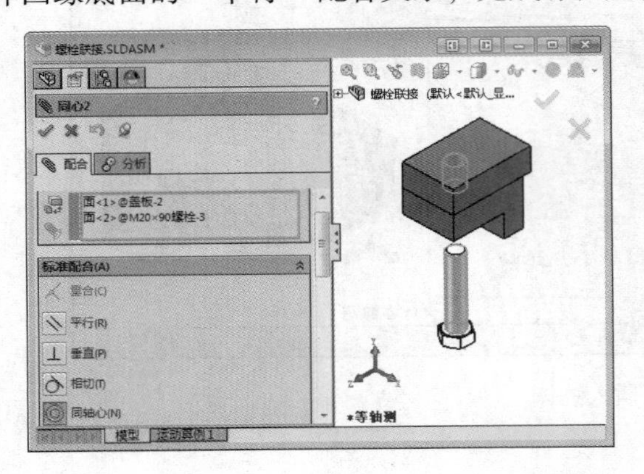

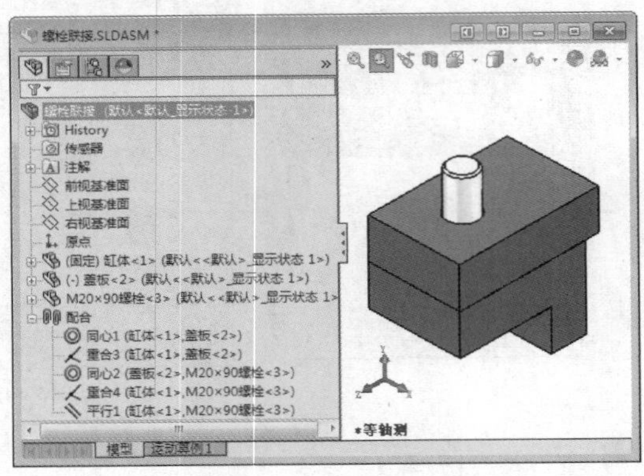

图 3-5　装螺栓

（4）装垫片

1）插入弹簧垫片。

单击“装配体”工具栏上的“插入零部件”按钮，将“20 弹簧垫片 . sldpr”添加到装配体中。

2）添加装配关系。

单击“装配体”工具栏中的“插入配合”按钮，添加垫片圆孔面和螺栓圆柱面的“同轴心”配合关系，垫片底面和盖板顶面的“重合”配合关系，垫片切口面与盖板前面的“垂直”配合关系，完成弹簧垫片定位，如图 3-6 所示。

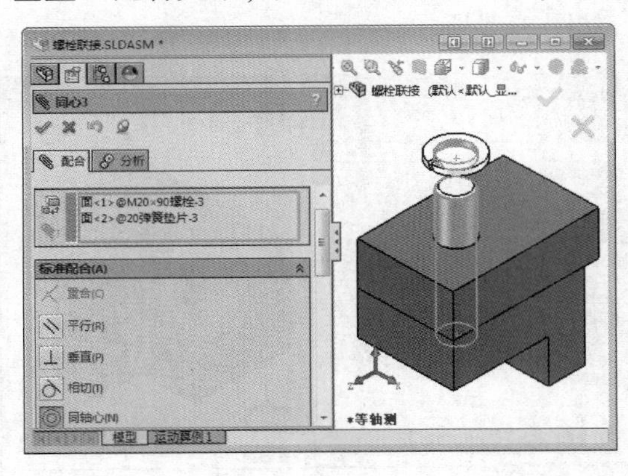

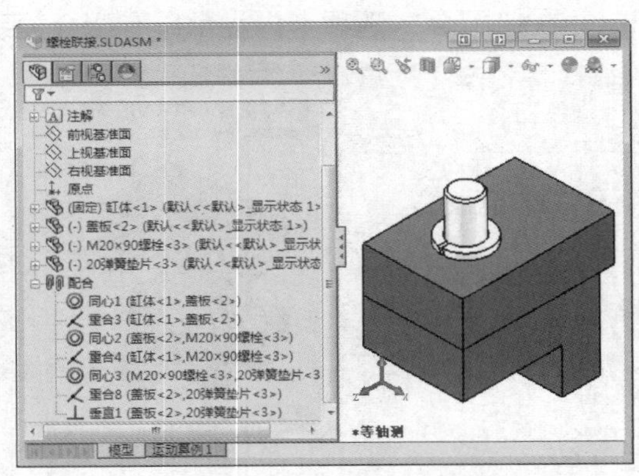

图 3-6　装垫片

（5）装螺母

1）插入螺母。

单击“装配体”工具栏上的“插入零部件”按钮，将“M20 螺母 . sldpr”添加到装配体中。

2）添加装配关系。

单击“装配体”工具栏中的“插入配合”按钮，添加螺母圆孔面和螺栓圆柱面的

“同轴心”配合关系，螺母底面和垫片顶面的“重合”配合关系，螺母侧面与被连接件前面的“平行”配合关系，完成螺母定位，如图 3-7 所示。

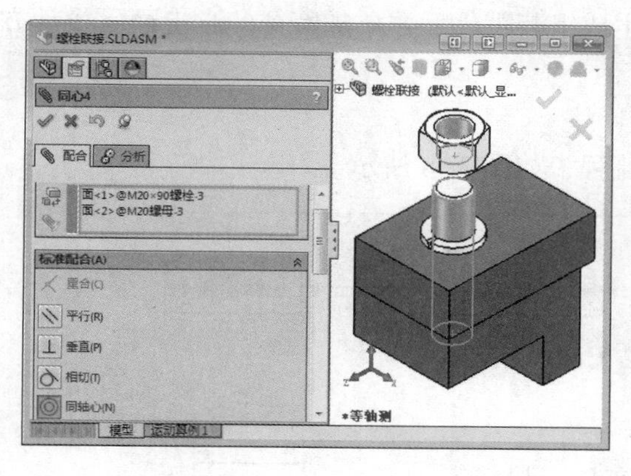

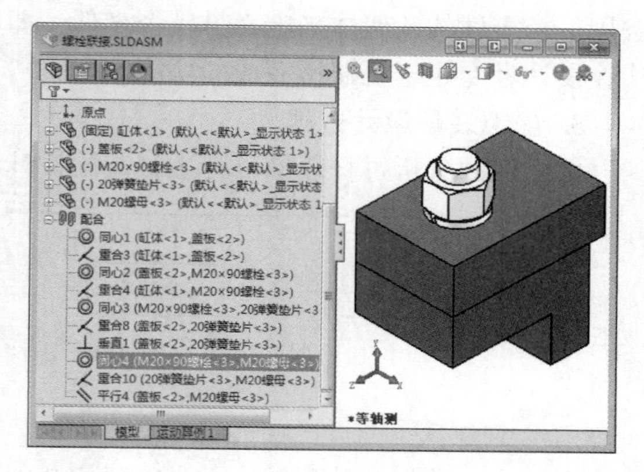

图 3-7　装螺母

2. 虚拟装配过程

由上述引例装配过程可见装配设计的思路是：添零件、设配合、装机械。详细过程为安地基、定位置、添零件和设配合。

1）安地基：建立一个新的装配体，向装配体中添加第一个零部件（地零件）。

2）定位置：设定“地零件”与装配环境坐标系的关系，“地零件”自动设为固定状态。

3）添零件：向装配体中加入其他的零部件，零件默认为浮动状态。

4）设配合：在相配合的两个零件上选取配合对，设定配合对的配合关系。

3.1.2　虚拟装配设计基础

1. 虚拟装配设计定义

按规定的技术要求，将零部件进行配合和连接，使之成为半成品或成品的工艺过程称为装配。把零件装配成半成品称为部件装配；把零件和部件装配成产品的过程称为总装配。而虚拟装配设计是指在零件造型完成以后，根据设计意图将不同零件组织在一起，形成与实际产品装配相一致的装配结构，并对之进行相应的分析与评价的过程。

2. 虚拟装配设计方法

装配设计是三维 CAD 软件的三大基本功能单元之一，可以完成零件之间的配合关系表达、运动分析、干涉检查等诸多内容。在现代 CAD 应用中，装配环境已经成为产品综合性能验证的基础环境。三维 CAD 软件一般支持自下而上和自上而下两种装配造型设计方法。

（1）自下而上设计方法

自下而上设计方法是一种归纳设计方法。在装配造型之前，首先独立设计所有零部件，然后将零部件插入装配体，再根据零件的配合关系，将其组装在一起。与自上而下设计法相比，它们的相互关系及装配行为更为简单。使用该设计方法，设计者更专注于单个零件的设计。

（2）自上而下设计方法

自上而下设计方法是一种演绎设计方法。该方法从装配体中开始设计工作，先对产品进行整体描述；然后分解成各个零部件，再按顺序将部件分解成更小的零部件，直到分解成最底层的零件；最后对零件进行零件间的关联设计。与自下而上设计方法的不同之处是，该方法用一个零件的几何体来定义另一个零件，即生成组装零件后才添加特征。自上而下设计方法让设计者专注于机器所完成的功能。

3. 虚拟装配设计过程

由引例的分析过程总结可得虚拟装配设计流程，如图 3-8 所示。

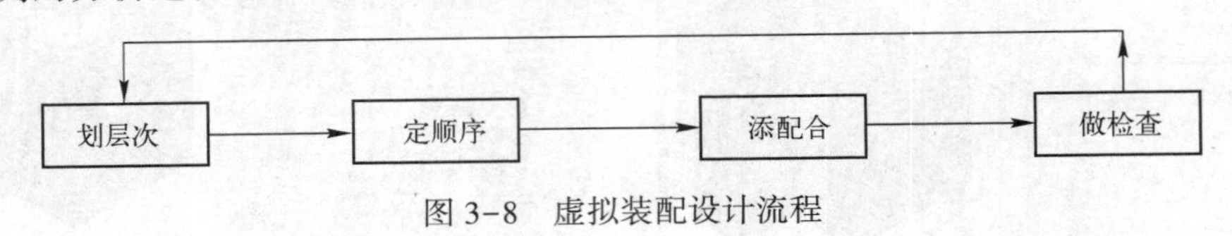

图 3-8 虚拟装配设计流程

（1）划层次

划层次，即划分装配层次，是指确定机械产品（机器）中零部件的组成，并确定各装配单元的基准件。具体思路是：首先按照运动关系划分成固定部件和运动部件两大类。然后，再按照拆卸运动部件的顺序进行部件的细分。最后，再按安装顺序将各低级部件依次分为零件。按照上述原则分析可得减速器低速轴组件的装配层次，如图 3-9 所示。

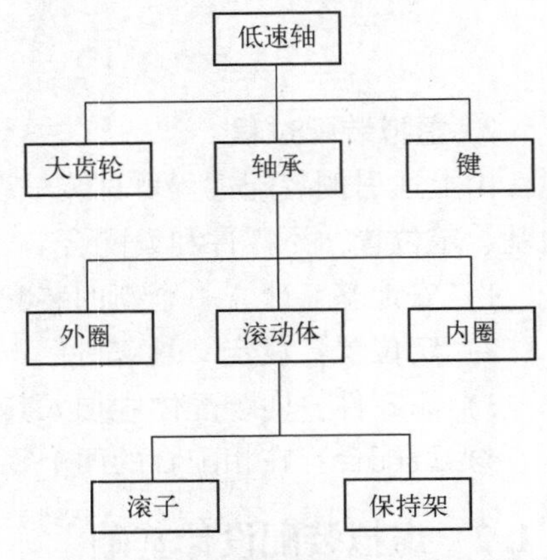

图 3-9 减速器低速轴组件的装配层次

机器是人们为某种使用要求而设计，通过执行确定的机械运动来完成包括机械力、运动和能量转换等动力学任务的一种装置。从结构组成、机械运动的特点进行分析，机器都由若干个机构组成，机构又可分解为多个运动单元（构件），而构件又是由独立的制造单元（零件）按照一定关系装配而成的。常用术语如下。

- 机构：具有特定结构形状和运动特征的构件组合称为机构，也叫部件。如内燃机中的曲柄滑块机构和凸轮机构等。机构由运动副和构件组成。
- 运动副：运动副是两产生相对运动构件的活动接触关系。
- 构件：能产生相对运动的单元体称为构件，它是机器中最小的运动单元。
- 构架：一般包括固定不动的机架，与机架相连的连架杆（其中，输入动力的主动件，输出动力的从动件）及与连接两连架杆的连杆。
- 子装配：把零件装配成构件或机构的过程称为子装配，也叫部件装配。
- 总装配：零件和部件装配成为最终产品的过程称为总装配。

（2）定顺序

定顺序，即确定装配顺序，在划分装配单元和确定装配基准件之后，还需要根据装配体的结构形式和各零部件的相互配合关系，确定各个组成零部件的装配顺序。安排装配顺序的原则是：“先下后上、先内后外”；“先机架、后连架、再连杆”。

（3）添配合

添配合，即添加装配配合关系，以约束零件自由度及各零件相对位置。配合关系包括面约束、线约束、点约束等几大类。每种约束所限制的自由度数目不同，具体的知识可以参考机械原理方面的书籍。确定两个部件的相对位置，主要是依据部件上的表面、边线、角点、轴线、中心点、对称面进行定位，这些定位要素之间的约束关系如表 3–1 所示。

表 3–1　几何特征间的约束关系

	点	直　线	圆　弧	平面或基准面	圆柱与圆锥
点	重合、距离	重合、距离	–	重合、距离	重合、同轴心、距离
直　线	☆	重合、平行、垂直距离、角度	同轴心	重合、平行、垂直、距离	重合、平行、垂直、相切、同轴心、距离、角度
圆　弧	☆	☆	同轴心	重合	同轴心
平面或基准面	☆	☆	☆	重合、平行、垂直、距离、角度	相切、距离
圆柱与圆锥	☆	☆	☆	☆	平行、垂直、相切、同轴心、距离、角度

注：–表示两种几何实体之间无法建立配合；☆表示为表格中对称单元格中的内容。

每个零件在空间中具有 6 个自由度（3 个平移自由度和 3 个旋转自由度），通过对某个自由度的约束，可以控制零件的相对位置，根据约束的多少，零件处于不同的约束状态。通常包括 3 种约束状态：当零部件的装配关系还不足以限制零部件的运动自由度时，称零部件处于欠约束状态（或者称为动配合）；当施加的装配关系完全限制了运动自由度时，称零部件处于全约束状态（或者称为静装配）；当施加的装配关系比全约束多时，称零部件处于过约束状态。

（4）做检查

做检查，即执行装配体检查，包括零件相互间的间隙分析和零件干涉检查。通过分析检查可以发现所设计的零件在装配体中不正确的结构部分，然后根据装配体的结构和零部件的干涉情况修改零件的原设计模型。

装配体的干涉检查分为静态干涉检查和动态干涉检查。静态干涉检查是指在特定装配结构形式下，检查装配体的各个零部件之间的相对位置关系是否存在干涉；而动态干涉检查是在运动过程中检查是否存在零部件之间的运动干涉。

4. 装配技巧

1）草图尽量简：绘制零件时，尽量用完全定义的简单草图。复杂草图对速度影响巨大，一定要避免在草图中使用圆角、阵列。不精确的草图更容易产生配合错误，且极难分析错误的原因。总之草图一定要简单，这是重中之重！

2）多用子装配：尽量按照产品的层次结构使用子装配体组织产品，避免把所有零件添加到一个装配体内。使用子装配体，一旦设计有变更，只有需要更新的子装配体才会被更新，否则的话，装配体内所有配合都会被更新。

3）尽量少对多：最佳配合是把多数零件配合到一个或两个固定的零件。避免使用链式配合，这样更容易产生错误。

4）配合快到慢：配合类型对性能也有显著影响，配合时一定要遵循性能由快到慢的原则，例如，先关系配合、逻辑配合，然后距离配合、范围配合。另外一定要避免循环配合及外部参考。

5. SolidWorks 虚拟装配操作

（1）零件操作

- 添加零件的方法：在打开的装配体中，选择“插入”→“零部件”→“已有零部件”命令或单击装配工具管理器（如图 3-10 所示）上的“插入零部件”按钮后，在弹出的对话框中双击所需零部件文件，然后在装配体窗口中放置零部件的区域单击。
- 旋转或移动零部件的方法：对于欠定义的零部件，可以通过“装配体”工具栏上的“移动零部件”或“旋转零部件”工具来改变零部件的位置和方向，而不影响其他零部件。

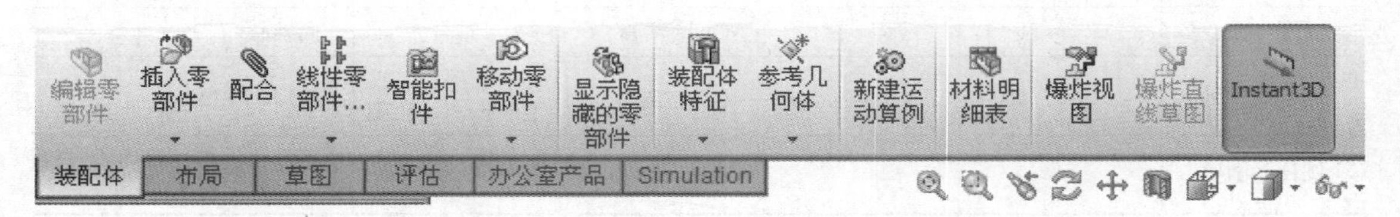

图 3-10　SolidWorks 装配工具管理器

（2）配合添加

与工程中经常使用的定位方式和零件关系相对应，SolidWorks 主要提供了平面重合、平面平行、平面之间成角度、曲面相切、直线重合、同轴心和点重合等配合关系。分为标准配合、机械配合与高级配合三大类，具体含义见表 3-2。

表 3-2　SolidWorks 中常用的配合关系

标准配合		机械配合与高级配合	
配合管理器	配合关系定义	配合管理器	配合关系定义
配合 配合　分析 配合选择(S) 标准配合(A) 重合(C) 平行(R) 垂直(P) 相切(T) 同轴心(N) 锁定(O) 1.00mm 30.00deg 配合对齐:	重合：所选项共享同一个无限基准面 平行：所选项等间距 垂直：所选项成 90°角 相切：将所选项以相切形式放置（到少有一选择项为圆柱面、圆锥面或球面） 同轴心：所选项共享同一中心线 ：所选项以指定的距离放置 ：所选项以指定的角度放置	配合 配合　分析 配合选择(S) 标准配合(A) 高级配合(D) 对称(Y) 宽度(I) 机械配合(A) 凸轮(M) 铰链(H) 齿轮(G) 齿条小齿轮(K)	对称：两个相同实体绕基准面或平面对称 宽度：将标签置于凹槽宽度内 凸轮：圆柱、基准面或点与一系列相切的拉伸面重合或相切 齿轮：两个零部件绕所选轴相对旋转 齿条小齿轮：一个零件（齿条）的线性平移引起另一个零件（齿轮）的周转，反之亦然

添加配合的方法：单击“装配体”工具栏上的“配合”按钮后，在配合零件上选择配合部位，在配合管理器中选择配合方式即可。

（3）装配设计树

装配设计树是三维 CAD 软件用来记录和管理零部件之间装配约束关系的树状结构，由零件名称、零件组成、约束定义状态、配合方式组成。轮轴装配的装配设计树如图 3-11 所示。

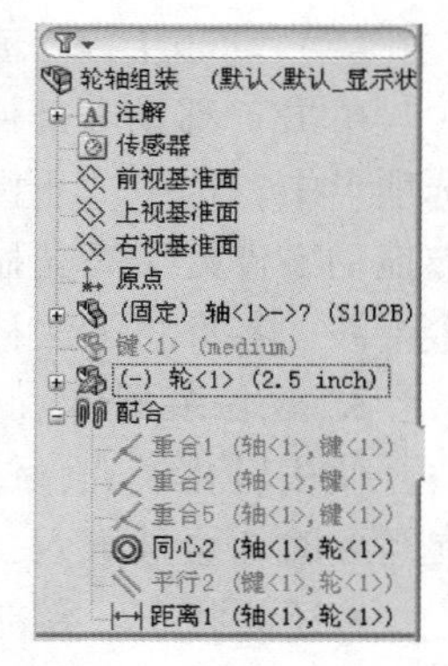

图 3-11　装配设计树

装配设计树中显示了零部件的约束情况和现实状态，除了位置已完全定义的零部件之外，其余装配体零部件都有一个前缀。

“+”：表示零部件的位置存在过定义。

“-”：表示装配体零部件的位置欠定义。

“固定”：表示装配体零部件的位置锁定于某个位置。

“?”：表示无法解除的装配配合。

在装配体中，可以多次使用某些零部件。因此，每个零部件都有一个后缀〈n〉：表示同一零部件的生成序号。

3.1.3　装配管理

1. 装配体编辑

与零件编辑一样，装配体编辑也有特殊的命令来修改错误和问题，用户可以从装配设计树中选取装配部件，编辑装配部件之间的关系。

如果要编辑装配体中的某项配合，只要右击装配设计树中的该配合名称，系统就会弹出快捷菜单，选择相应的菜单项即可进行相应的编辑操作。常用的装配体编辑操作见表 3-3。

表 3-3　常用的装配体编辑操作

名　称	功　能
编辑配合	修改或删除已经设定的配合关系
固定/浮动	强制零部件相对装配环境不能运动/恢复零部件装配约束状态
替换零部件	用不同的零部件替换所选零件的所有实例
重新排序	在装配设计树中拖动定位零部件名称实现顺序重排，以控制其在明细栏中的顺序
压缩/设定还原	零部件压缩时，暂时从内存中移除，而不会删除，以提高操作速度
轻化/还原	零部件轻化时，只有部分模型数据装入内存，其余的模型数据将根据需要载入
生成/解散子装配体	将装配设计树中选中的多个零部件/子装配体生成/解散子装配体
弹性/刚性属性	右击“子装配体”，在弹出的快捷菜单中选择“零部件属性”，在弹出的对话框中选择“弹性”或“刚性”
随配合复制	快速装配重复零件的方法。单击“插入零部件”下方的级联按钮，选择“随配合复制”按钮，弹出“随配合复制”对话框，选取需重复安装的零部件，然后定义约束粘贴的位置

2. 干涉检查

在 SolidWorks 中，可以检查装配体中任意两个零部件是否占有相同的空间，即干涉检查。装配体的干涉检查：进行装配体静态干涉检查和动态干涉检查。

（1）静态干涉检查

选择“工具”→“干涉检查”命令，出现“干涉体积”对话框。选择两个或多个零部件，选择零件方框中列出所选零部件的名称。单击“检查”按钮，如果其中有干涉的情况，干涉信息方框会列出发生的干涉（每对干涉的零部件会列出一次干涉报告）。当单击清单中的一个项目时，相关的干涉体积会在绘图区中被高亮显示，还会列出相关零部件的名称。

（2）动态干涉检查

单击“移动零部件”按钮，然后，移动需要检查的零件，在装配设计树的“属性”选项卡中，选中“干涉”按钮旁边的方框，激活干涉检查功能。如果零件间存在干涉，则被拖动零件处于高亮显示，并表示干涉区域。如果选择“碰撞时停止”，在移动过程中如发生干涉，零件将无法移动。

3. 轻化装配体

使用轻化模式，使零部件处于轻化状态，只有部分模型信息被载入内存，其他信息只有在需要时才会被载入，可以显著提高大装配体的操作速度。零部件各种状态定义如下。

- 还原状态：零部件的模型信息完全装入内存。
- 轻化状态：零部件的模型信息部分装入内存，只在需要时才装入内存并参与运算。
- 压缩状态：零部件的模型信息暂时从内存中清除，零件功能不再可用也不参与运算。
- 隐藏状态：零部件的模型信息完全装入内存，但是零部件不可见。

设定装配体轻化模式的步骤是：在装配特征树中右击装配体名称，在弹出的快捷菜单中选择“由还原到轻化”。

4. 文档管理

SolidWorks 生成的 prt，slddrw，sldasm 等文件之间相互关联，例如，一个 prt 零件可能被多个 sldasm 的装配体借用，同时 slddrw 的图样也引用了 prt 零件，如果冒失地修改 prt 零件的名字，那么借用该零件的装配体就会找不到该零件，引用该零件的图样就会显示空白，会产生很多复杂的问题。因此，使用 SolidWorks 时必须注意以下几方面的操作。

（1）文件重命名

打开装配文件（*.sldasm），在装配设计树中右击想改名的零件，或者选择“打开”→“文件”→“另存为”命令，用新文件名保存。

（2）Pack and Go（打包）

通常零件必须和与其相关联的装配或工程图一起复制到其他计算机上才可以进行相关设计，因此，SolidWorks 提供了“Pack and Go”（打包）功能。该功能可以将模型设计（零件、装配体、工程图及 SolidWorks Simulation 结果等）所有相关文件收集到一个文件夹或 zip（压缩）文件中。具体步骤为：打开装配文件（*.sldasm），选择“文件”→“打包”命令，并选择打包方式。

3.1.4 装配实践 1：铁路客车轮对压装仿真

1. 装配过程分析

（1）结构组成分析

铁路客车轮对的特点是两轮加一轴，过盈连接，轮轴同转。其基本结构如图 3-12 所示。

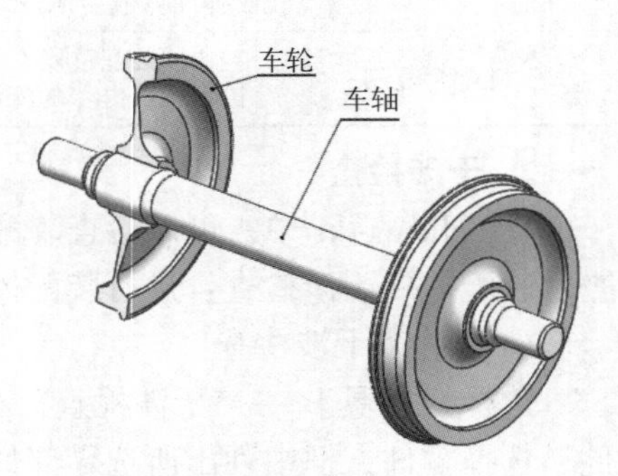

图 3-12 铁路客车轮对

（2）轮对压装工艺分析

目前大多数工厂采用以轮毂孔外端面定位压装车轴的轮对压装方法，其工艺过程如下。

1）轮轴套装：用车轴专用工具划出车轴的全长中

心线，并在车轴两端轴颈上套上防护套；然后将选配好的车轴轮座表面和车轮轮毂孔内清扫干净，并均匀地涂抹纯净植物油；最后将两个车轮分别套装在车轴的两端。

2）压装车轮：将套装好的车轮车轴吊放到轮对压装专用的移动（旋转）小车上，启动小车开关，使轮毂孔的外端面靠紧压力机的定位面即完成压装的定位。启动压力机进行压装。通过专用对称尺划出车轴全长中心线，压装到位后，关机停压（若在压装过程中发现压力曲线不合格则立即停压），打开小车开关，将小车复位。

3）调头压装：将小车旋转 180°，再按同样的过程压装另一侧的车轮。

4）尺寸检测：车轮压装完成后，用专用工具仔细测量 L 和任意 3 处的距离差，并检查轮位差和压装力大小以及压力曲线是否合格。

（3）装配仿真过程分析

按照“装配仿真”的思路，参照轮对压装工艺，可得到轮对虚拟装配的过程及其配合关系，见表 3-4。按表中要求在 SolidWorks 中完成轮对虚拟装配模型。

表 3-4　轮对虚拟装配过程及其配合关系

序　　号	名　　称	配合关系
1	装车轴	车轴零件坐标系与轮对装配坐标系重合
2	装左车轮	轮毂孔与左轮座同轴心并锁定
3	装右车轮	与左车轮关于车轴中面对称（镜像）
4	车轮定位	轮缘内侧面相距 $L = 1353$ mm

2. 轮对装配

（1）装车轴

1）新建装配体文件。

启动 SolidWorks，选择“文件”→“新建”命令，在打开的“新建 SolidWorks 文件”对话框中，选择“装配体”，单击“确定”按钮。系统出现 SolidWorks 建立装配体文件界面，并弹出“插入零部件”对话框。

2）车轴定位。

如图 3-13 所示，在“开始装配体”对话框中单击“浏览”按钮，在弹出的“打开”对话框中选择<资源文件>目录下的“3\ 车轴 . sldprt”，单击“打开”按钮。在图形区域中预览车轴。单击“确定”按钮使其坐标与装配环境坐标对齐，并自动设为“固定”。该零件会出现在装配设计树中，并带有“固定”标记。

3）调整视角。

选择“视图定向”→“等轴测”显示等轴测图。单击“标准”工具栏上的“保存”按钮，将该装配体命名为“铁路客车轮对”并保存。

（2）装车轮

1）插左车轮。

选择“插入”→“零部件”→“现有零件/装配体”命令，并单击“浏览”按钮，找到<资源文件>目录下的部件“连杆组 . sldasm”，在图形区单击定位该部件。

2）装左车轮。

单击“装配体”工具栏中的“插入配合”按钮，系统弹出“配合”对话框。如图 3-14

所示，选择车轮的轮毂孔面和车轴的轮座面，在“标准配合”选项组中选择“同轴心”及“锁定旋转”复选框，单击“确定”按钮✔，添加“同轴心”关系，同时在“配合选择”选项组内显示所添加的配合。

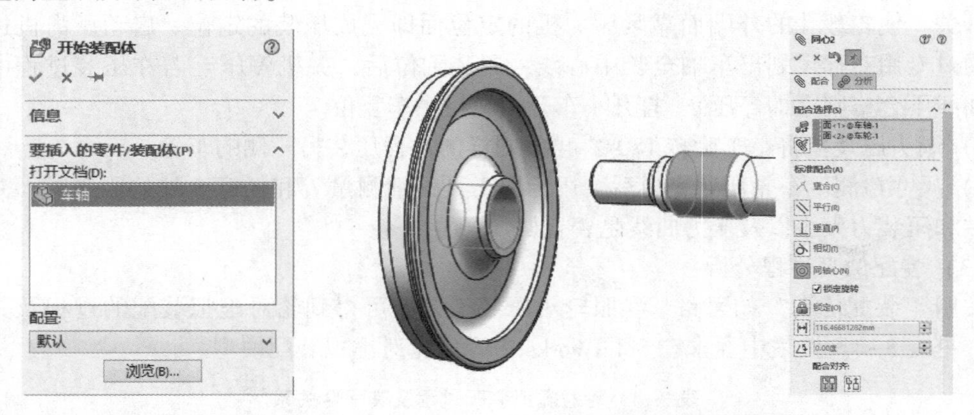

图 3-13　车轴定位　　　　图 3-14　轮轴同轴心并锁定旋转

3）镜像右车轮。

单击“装配体”工具栏中的“线性零部件阵列”→“镜像零部件”按钮，系统弹出“镜像零部件”对话框。如图 3-15 所示，选择车轮的轮毂孔面和车轴的轮座面，在“标准配合”选项组中选择“同轴心”及“锁定旋转”复选框，单击“确定”按钮✔，添加“同轴心”配合关系。

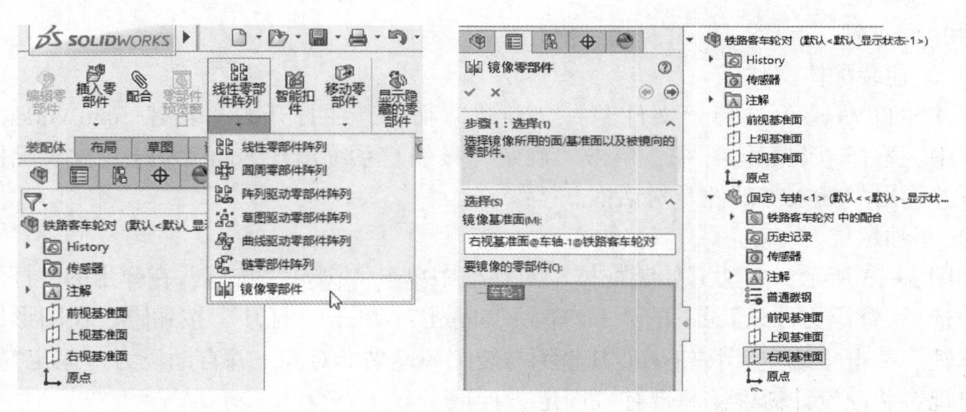

图 3-15　镜像右车轮

4）定轮距离。

单击“装配体”工具栏中的“插入配合”按钮，系统弹出“配合”对话框。如图 3-16 所示，选择左、右车轮轮缘内侧面，设置“标准配合”选项组中的“距离”为 1353 mm，单击“确定”按钮✔。

（3）轮对观察

在“视图”工具栏上单击“剖切”按钮，如图 3-17 所示，选择剖面 1 为“前视基准面”，剖面 2 为“上视基准面”，单击车轴和左车轮，将其选入“按零部件的截面”列表中，单击“确定”按钮✔。

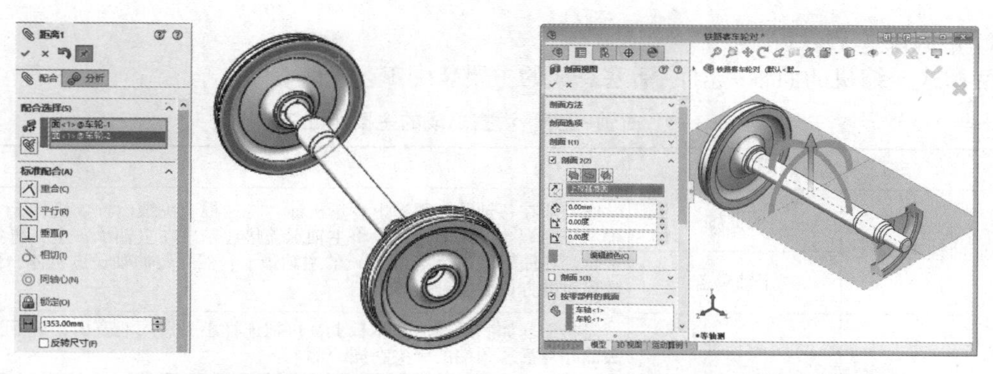

图 3-16　设定轮缘内测距　　　　图 3-17　零件剖切观察

（4）打包保存

如图 3-18 所示，选择“文件”→“Pack and Go”命令，取消选择“平展到单一文件夹”复选框，选择“保存到 Zip 文件”单选按钮，单击“保存”按钮，打包所有相关零件，以便在其他计算机上编辑。

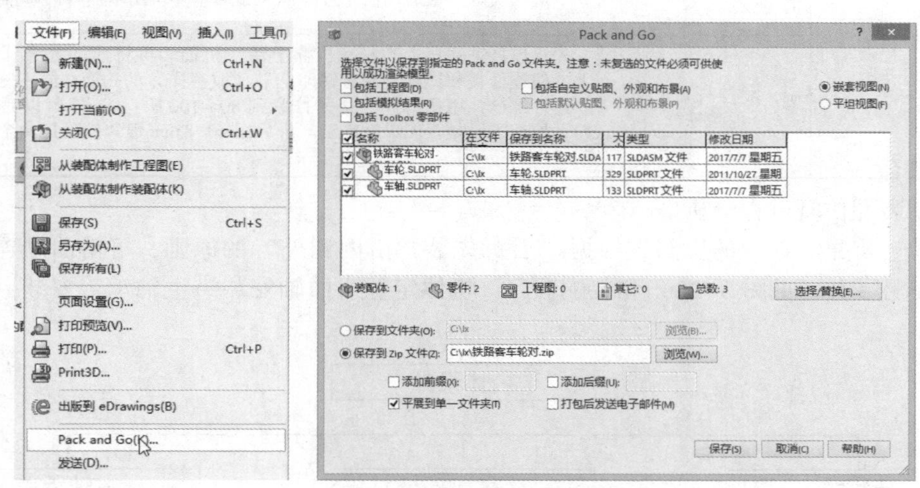

图 3-18　零件打包

3.1.5　装配实践 2：活塞式压缩机装配

1. 装配过程分析

（1）结构组成分析

如图 3-19 所示，活塞式压缩机的曲柄连杆滑块机构主要由机体组、活塞组、连杆组、曲轴组等组成。

- 机体组：包括气缸盖、气缸体和油底壳体等，其作用是机架。
- 活塞组：包括活塞、活塞销、活塞环等，是机构中的从动件。
- 连杆组：包括连杆、连杆衬套、连杆盖、连杆轴承、连杆螺钉等，属于机构中的连杆。
- 曲轴组：包括曲轴、主轴承盖、飞轮等，是机构中的主动件。

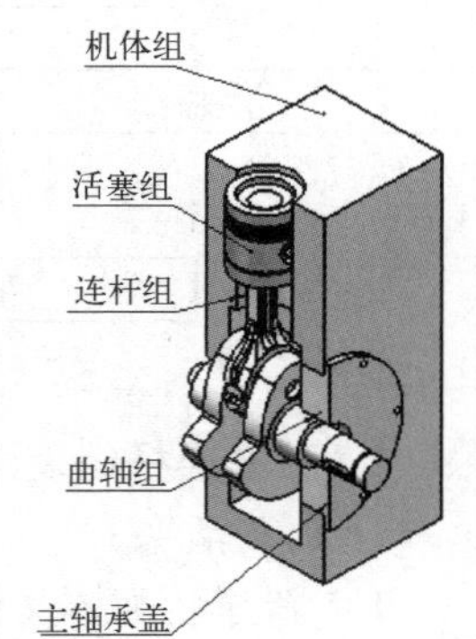

图 3-19　活塞式压缩机

（2）装配工艺分析

活塞式压缩机的曲轴-连杆-活塞总成的主要装配工艺见表 3-5。

表 3-5　曲轴-连杆-活塞总成的主要装配工艺

工序名称		工序内容
装曲轴组	装曲轴	安装前在各轴颈表面涂上少量机油，将一根双头螺栓拧入机体上安装主轴承盖的螺孔，用来定位。将主轴承盖垫片贴放在主轴承盖上，再把主轴承盖套在曲轴右端（有螺纹）的主轴颈上，然后将曲轴送进机体，把主轴承盖对准方位后装到机体上
	主轴承盖	
装活塞-连杆	装连杆	先将活塞加热后横放在木板上，再把连杆小头送入活塞内，确保连杆小头油孔与活塞顶端的铲尖在同一侧
	装活塞	活塞销涂机油后插入销孔，对正后用木槌打入，最后将活塞销挡圈落入挡圈槽中，将活塞裙下端放到台钳钳口，再夹紧连杆体，使活塞、连杆固定。然后用活塞环钳张开活塞环口，自下而上，依次将活塞环装入相应的环槽中。应使油环倒角向上，各环口位置应按规定错开
	将活塞连杆组件装入气缸	先将连杆轴瓦压入连杆大头，并在活塞体、活塞裙和连杆轴瓦的表面涂上清洁机油。再将曲轴转到上止点 20°左右位置。然后使连杆大头分开面朝下送入气缸。最后用活塞环卡圈夹紧活塞环，用木柄将活塞推入气缸
	将连杆盖上保险铁丝	先将连杆轴瓦压入连杆盖，涂上清洁机油。再将连杆盖合到连杆大头上，使连杆盖和连杆大头有钢印记号（或字样）的一面在同一侧。然后拧入连杆螺栓，用扭力扳手交替拧紧到 80~100 N·m。拧紧以后，转动飞轮，检查飞轮是否能灵活转动。最后用 ϕ1.8 mm 镀锌铁丝把两个连杆螺栓锁紧

（3）装配仿真过程分析

按照“装配仿真”的思路，根据“后拆先装，由内到外”的原则，可得曲轴连杆活塞总成的装配层次（见图 3-20）和装配顺序：机体定位→曲轴安装→主轴承盖安装→活塞连杆组安装。

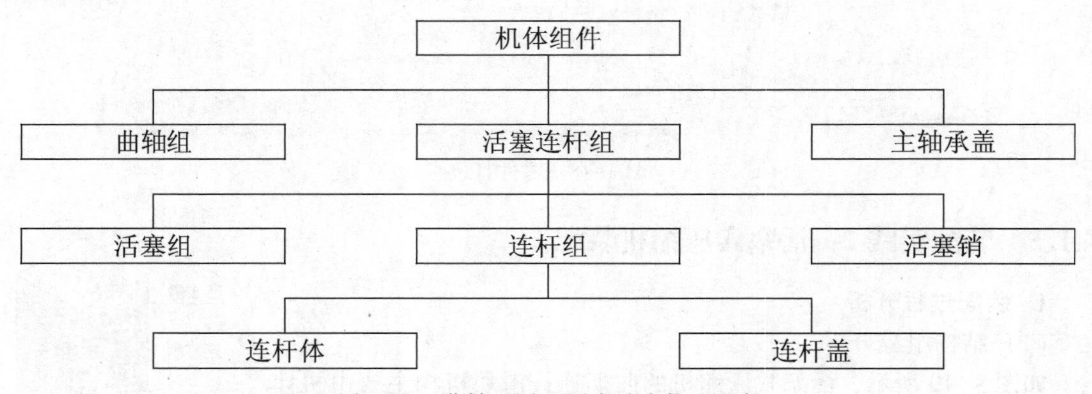

图 3-20　曲轴-连杆-活塞总成装配层次

2. 活塞连杆组装配

（1）装活塞

1）新建装配体文件。

启动 SolidWorks，选择“文件”→“新建”命令，在打开的“新建 SolidWorks 文件”对话框中，选择“装配体”，单击“确定”按钮。系统出现 SolidWorks 建立装配体文件界面，并弹出“插入零部件”对话框。

2）活塞定位。

在“插入零部件”对话框中单击“浏览”按钮，系统弹出“打开”对话框，如图3-21所示，选择<资源文件>目录下的零件“3\ 活塞 . sldprt”，在“打开”对话框中单击“打开”按钮，在图形区域中预览活塞。单击“确定”按钮使其坐标与装配环境坐标对齐，并自动设为“固定”。该零件会出现在装配设计树中，并带有“固定”标记。

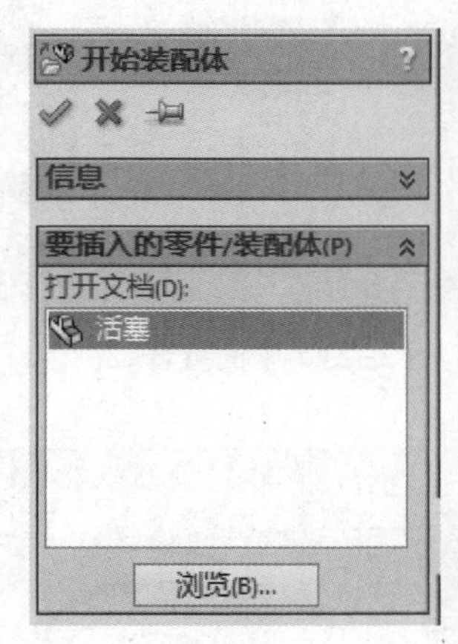

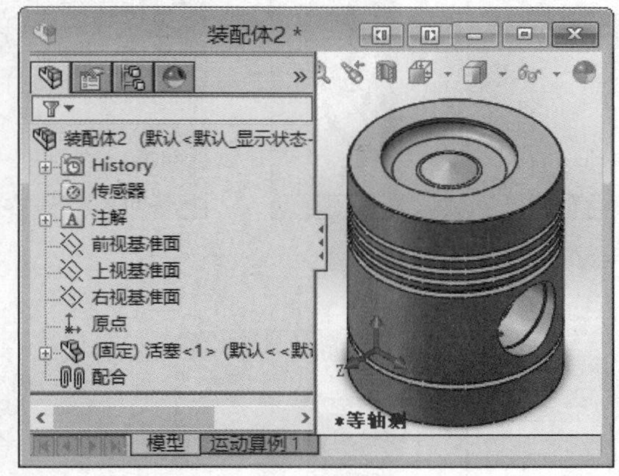

图3-21 活塞定位

3）调整视角。

选择“视图定向”→“等轴测”显示等轴测图。单击“标准”工具栏上的“保存”按钮，将该装配体命名为“活塞连杆组”并保存。

（2）装连杆组

1）插连杆。

选择“插入”→“零部件”→“现有零件/装配体”命令，并单击“浏览”按钮，找到<资源文件>目录下的部件“3\ 连杆组 . sldasm”，在图形区单击定位该部件。

2）添加装配关系。

单击“装配体”工具栏中的“插入配合”按钮，系统弹出“配合”对话框。如图3-22所示，分别选择两零件的活塞销孔面，选择“配合”对话框的“标准配合”选项组中的“同轴心”，单击“确定”按钮，添加“同轴心”关系，同时在“配合”区内显示所添加的配合。

如图3-23所示，展开装配设计树，选择活塞中面与连杆中面为其添加“重合”关系。

（3）装活塞销

1）插入活塞销。

单击“装配体”工具栏上的“插入零部件”按钮，将部件“活塞销 . sldasm”添加到装配体中。

2）添加装配关系。

单击“装配体”工具栏中的“插入配合”按钮，如图3-24和图3-25所示，分别添加活塞销圆柱面和活塞上的活塞销圆孔面的“同轴心”配合关系、活塞销部件中的挡环端面和活塞挡环槽外侧面的“重合”配合关系。综合运用“剖切”、“旋转”等视图工具调整视向。

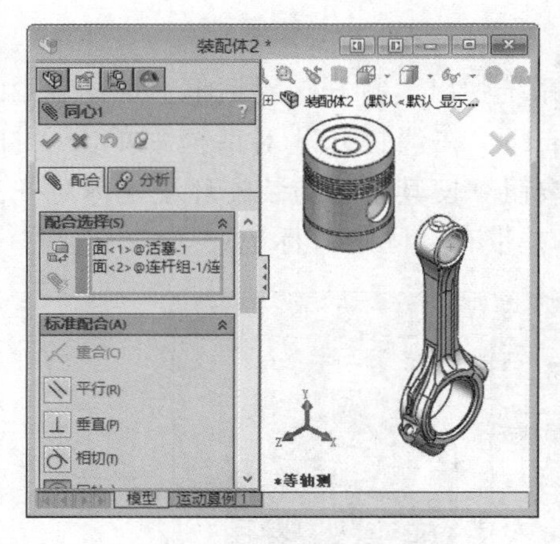

图 3-22 活塞销孔同轴心

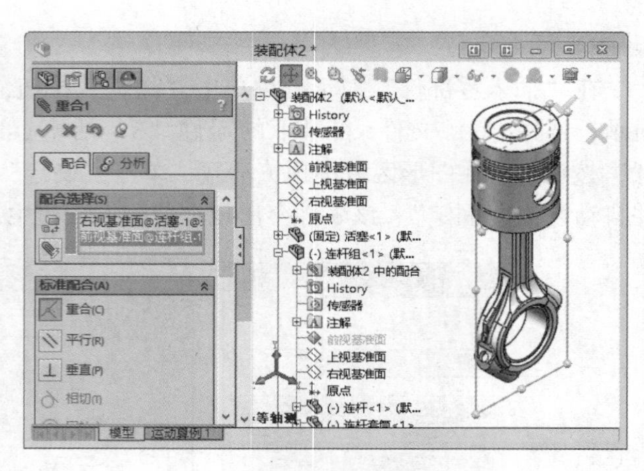

图 3-23 中面重合

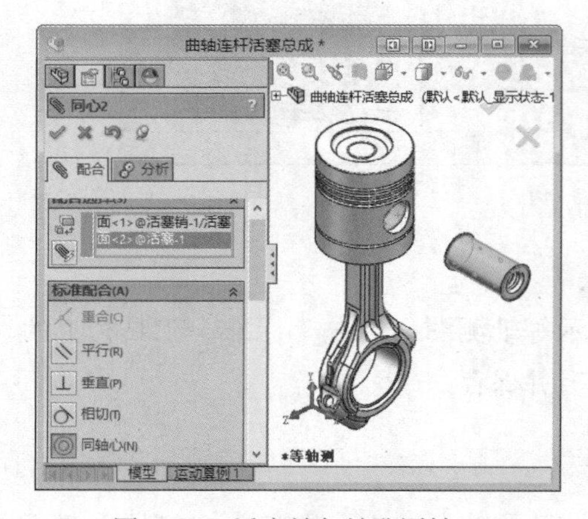

图 3-24 活塞销与销孔同轴心

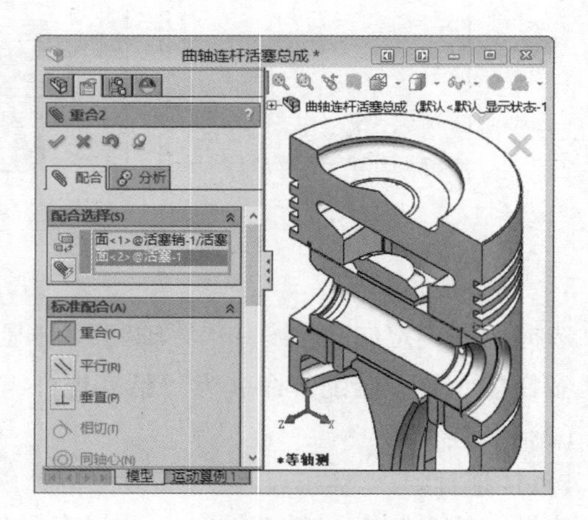

图 3-25 挡环与挡环槽面重合

3. 压缩机总成装配

（1）装机体

1）新建装配体文件。

启动 SolidWorks，选择“文件”→“新建”命令，在打开的“新建 SolidWorks 文件”对话框中，选择“装配体”，单击“确定”按钮。系统出现 SolidWorks 建立装配体文件界面，并弹出“插入零部件”对话框。

2）机体定位。

在“插入零部件”对话框中单击“浏览”按钮，系统弹出“打开”对话框。如图 3-26 所示，选择<资源文件>目录下的零件“3 \ 机体 . sldasm”，在“打开”对话框中单击“打开”按钮，在图形区域中预览机体组。单击“确定”按钮使其坐标与装配环境坐标对齐，并自动设为“固定”。该零件出现在设计树中，并带有“固定”标记。

3）调整视角。

选择“视图定向”→“等轴测”显示等轴测图。单击“标准”工具栏上的“保存”按钮，将该装配体命名为“活塞式压缩机”并保存。

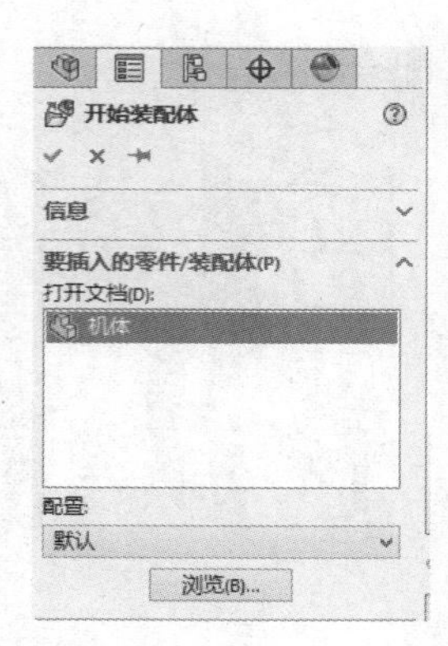

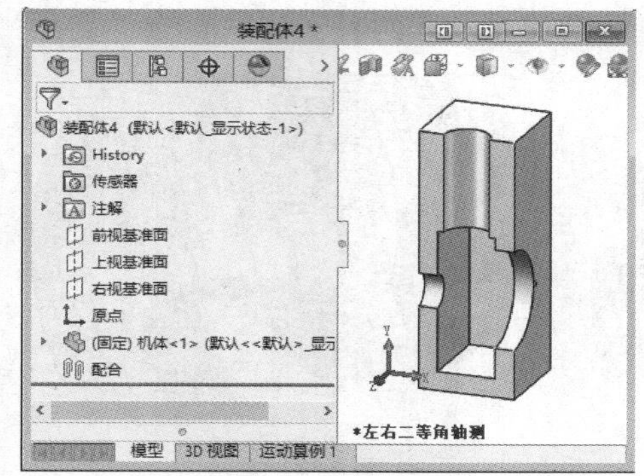

图 3-26　机体组定位

（2）装曲轴

1）插曲轴。

选择“插入”→“零部件”→“现有零件/装配体”命令，并单击“浏览”按钮，找到<资源文件>目录下的部件“3 \ 曲轴 . sldprt”，在图形区单击定位该部件。

2）添配合。

单击“装配体”工具栏中的“插入配合”按钮，系统弹出“配合”对话框。如图 3-27 所示，选择机体主轴承孔与曲轴组主轴颈柱面，选择“配合”对话框的“标准配合”选项组中的“同轴心”，单击“确定”按钮，添加“同轴心”关系，同时在“配合”区内显示所添加的配合。

如图 3-28 所示，展开装配设计树，分别选择机体和曲轴右视基准面，添加“重合”关系。

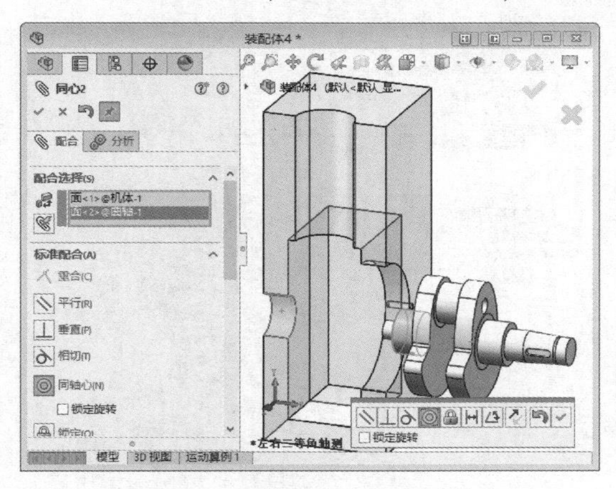

图 3-27　主轴颈与主轴承同轴心

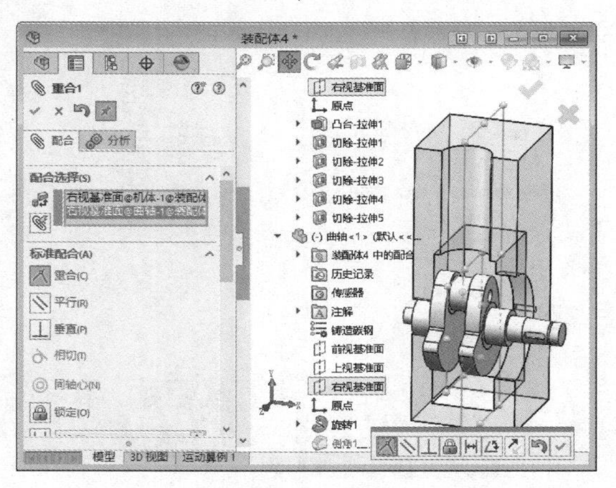

图 3-28　中面重合

（3）主轴承盖

1）插曲轴。

选择“插入”→“零部件”→“现有零件/装配体”命令，并单击“浏览”按钮，找到<资源文件>目录下的部件“3 \ 主轴承盖 . sldprt”，在图形区单击定位该部件。

2）添配合。

单击“装配体”工具栏中的“插入配合”按钮，系统弹出“配合”对话框。如图 3-29 所示，分别添加机体主轴承盖孔与主轴承盖的“同轴心”配合关系，机体和主轴承盖螺栓孔的“同轴心”配合关系及其两者安装平面的“重合”配合关系。

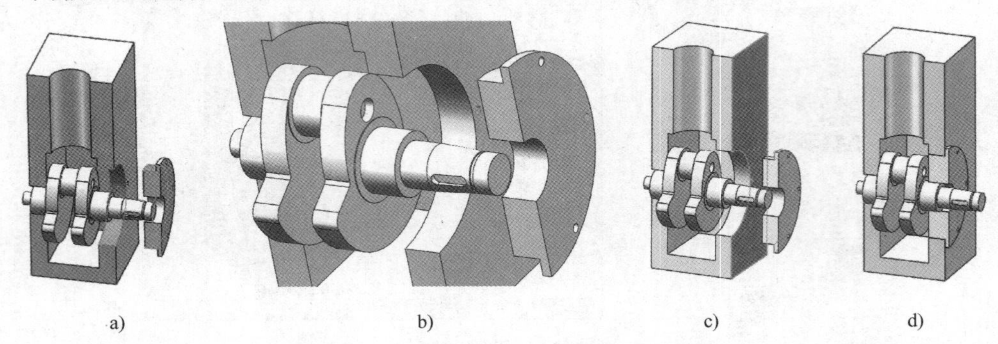

图 3-29 机体和主轴承盖配合部位

a）盖孔同轴心 b）螺栓孔同轴心 c）安装平面重合 d）装配结果

（4）装活塞连杆组

1）插入活塞连杆组。

单击“装配体”工具栏上的“插入零部件”按钮，将部件“活塞连杆组 .sldasm”添加到装配体中。如图 3-30 所示，在装配设计树中右击“活塞连杆组”，从弹出的快捷菜单中选择“零部件属性”；单击“求解为”下的“柔性”单选按钮（即可以按子装配中的配合关系运动），最后单击“确定”按钮。

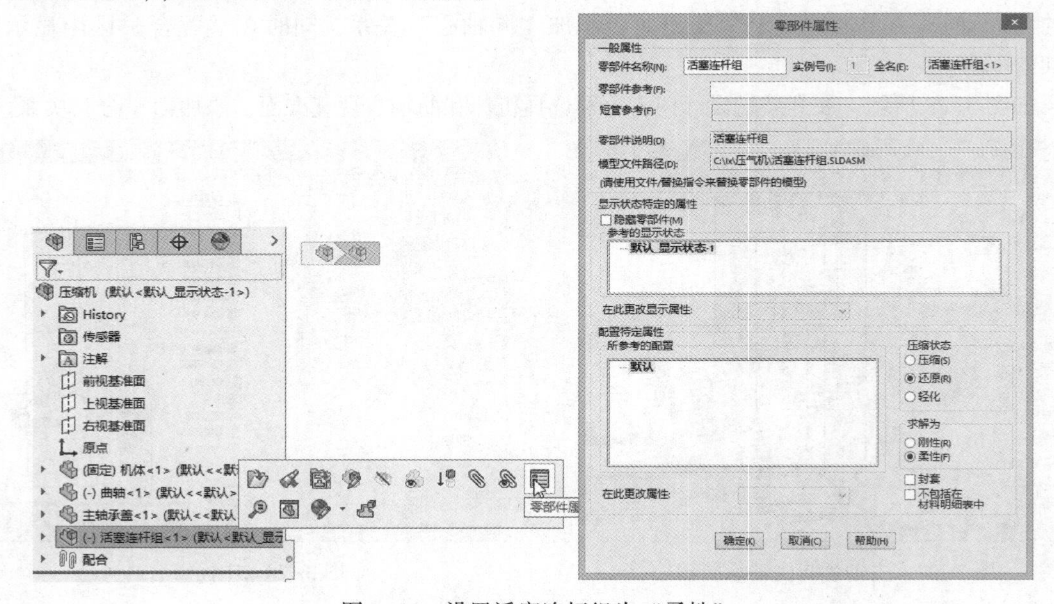

图 3-30 设置活塞连杆组为“柔性”

2）添加装配关系。

单击“装配体”工具栏中的“插入配合”按钮，如图 3-31 所示，分别添加连杆瓦圆孔面和曲轴的连杆颈柱面的“同轴心”装配关系，活塞圆柱面和缸套圆孔面的“同轴心”配合关系。完成曲轴连杆活塞总成装配。

（5）总成观察

在“视图”工具栏上单击“剖切”按钮，如图 3-32 所示，选择“剖面 1”为“上视基准面”，“剖面 2”为“前视基准面”，在装配设计树中选择曲轴和活塞连杆组，并选择“排除选定项”单选按钮。

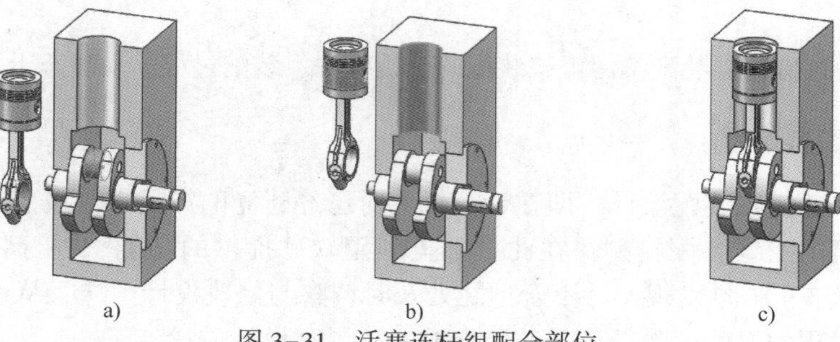

a)　　b)　　c)

图 3-31　活塞连杆组配合部位

a）连杆与曲轴同轴心　b）活塞与气缸同轴心　c）装配结果

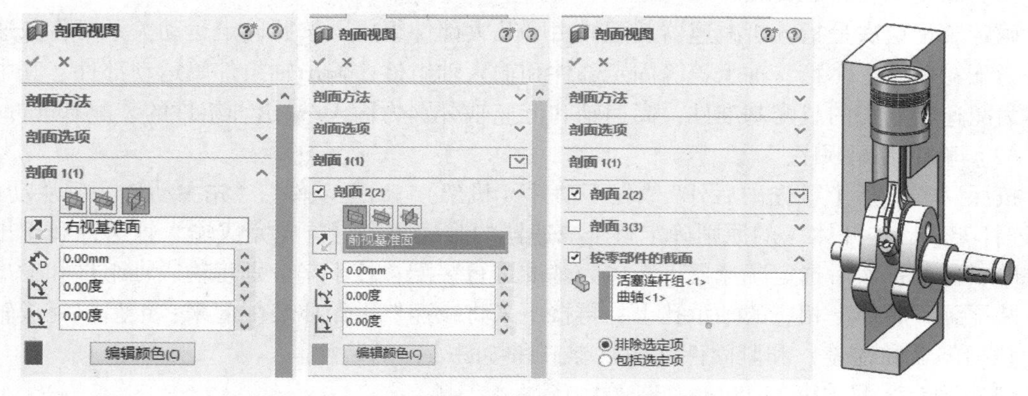

图 3-32　总成装配及其剖切观察效果

（6）打包保存

如图 3-33 所示，选择“文件”→“Pack and Go”命令，不选择“平展到单一文件夹”复选框，选择“保存到 Zip 文件”单选按钮，单击“保存”按钮，打包所有相关零件，以便在其他计算机上编辑。

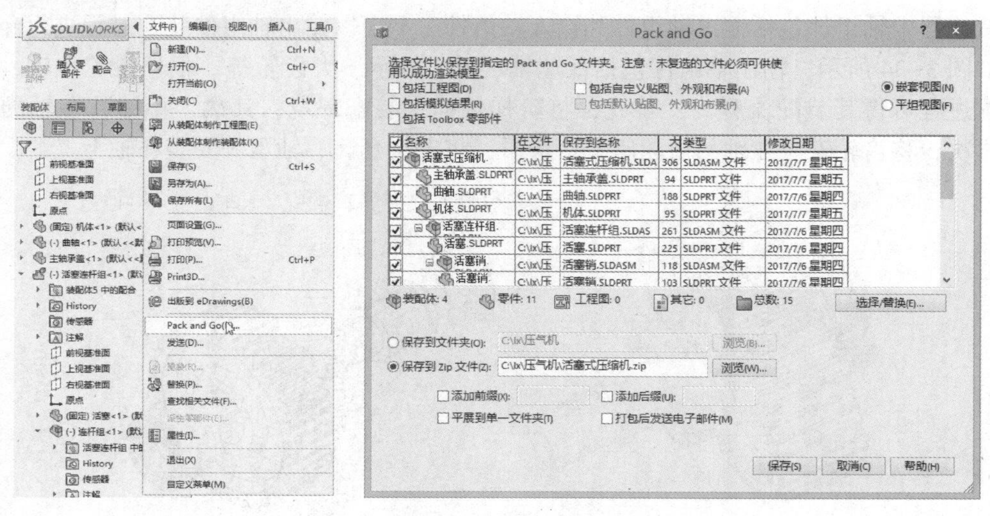

图 3-33　零件打包

3.2 单级减速器装配综合设计

本节主要通过减速器装配学习虚拟装配的分析方法、装配过程、动静态干涉检查等内容。

3.2.1 装配过程分析

减速器产品的虚拟装配设计，即在计算机上对已经建立的产品零件按照产品的装配关系完成部件和整机的三维装配模型，在此基础上利用软件提供的功能，进行装配零件之间的动、静态干涉检查。一旦发现设计不合理之处及时调整与修改设计图样，从而可缩短产品制造与装配生产过程的时间，降低产品的装配成本，提高设计质量。

（1）确定装配层次

确定装配层次是指分析减速器装配体由哪几大部件组成，按照确定运动关系可将减速器划分为下箱体、上体箱、轴承盖等固定部件和输入轴组件、输出轴组件等运动部件。其中下箱体为减速器装配的装配基准件，高速轴和低速轴分别为输入/输出轴组件的装配基准件。

（2）确定装配顺序

按照“先下后上、先内后外”“先不动件（机架）、后运动件”“先主动件、后从动件”“先连杆架、后连杆体”的原则确定整个减速器的装配顺序。首先完成输入轴组件和输出轴组件的子装配；然后选定减速器下箱体为基准进行装配；接下来分别将输入轴组件和输出轴组件装配到下箱体上相应的轴承孔上；再接下来将减速器上箱体装配起来；最后，完成轴承盖（包括闷盖和透盖）和紧固件（包括螺钉和垫圈等）的装配。

（3）确定装配约束

装配约束是确定基准件和其他组成件的定位及相互约束关系。如要完成轴承盖的配合，需根据轴承盖的轴心和下箱的轴承孔的重合，完成轴心定位；根据轴承盖的内壁面和下箱的外壁面重合以及轴承盖和箱体上的螺栓孔重合完成轴承盖的装配。

3.2.2 轴组件装配

减速器中轴组件包括输出轴组件和输入轴组件。下面以输出轴组件装配过程进行介绍。

如图 3-34 所示，输出轴组件包括低速轴、键、轴承、大齿轮等。根据齿轮、轴、键实际装配过程可得其装配流程为：首先，将阶梯轴插入装配环境；其次，将键装在轴的键槽中；再次，将齿轮安装在轴的齿轮座上；最后，将定位套筒、轴承等安装在轴上。

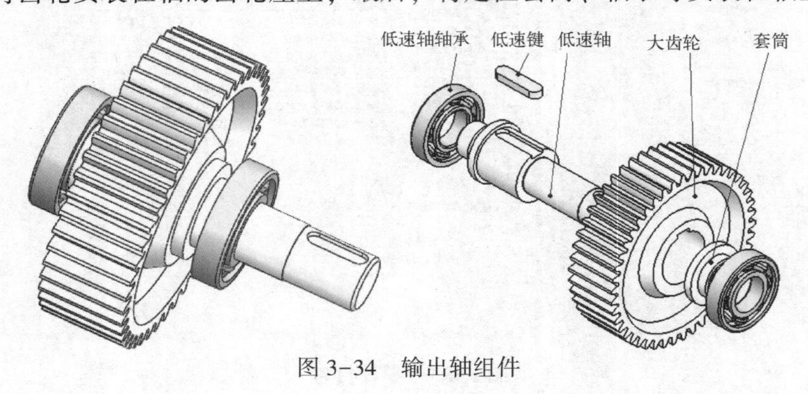

图 3-34　输出轴组件

（1）低速轴定位

由于轴是装配的主体，是其他零件装配的基础。因此，在建立输出轴组件的过程中，先调入轴零件，并把它设为“固定”。

1）新建装配体文件。

启动 SolidWorks，选择“文件”→“新建”命令，在打开的“新建 SolidWorks 文件”对话框中，选择“装配体”，单击“确定”按钮。系统出现 SolidWorks 建立装配体文件界面，并弹出“插入零部件”对话框。

2）低速轴插入与定位。

在“插入零部件”对话框中单击“浏览”按钮，系统弹出“打开”对话框，选择<资源文件>目录下的“3\ 低速轴 . sldprt”，在“打开”对话框中单击“打开”按钮，在图形区域中预览低速轴。在“插入零部件”对话框中单击“确定”按钮✔，使低速轴零件坐标与装配环境坐标对齐，并自动设为“固定”。该零件会出现在装配设计树中，并带有“固定”标记，如图 3-35所示。

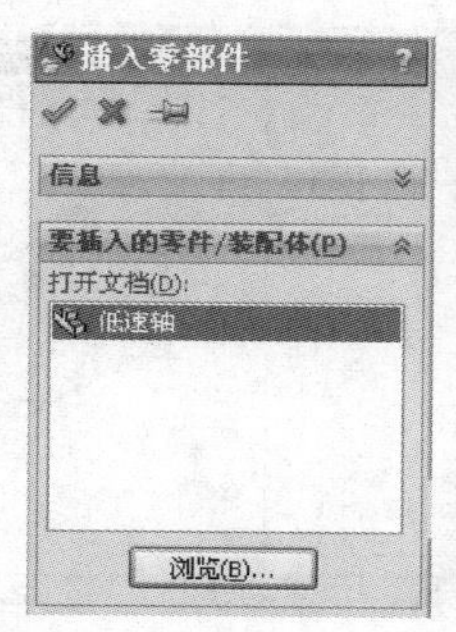

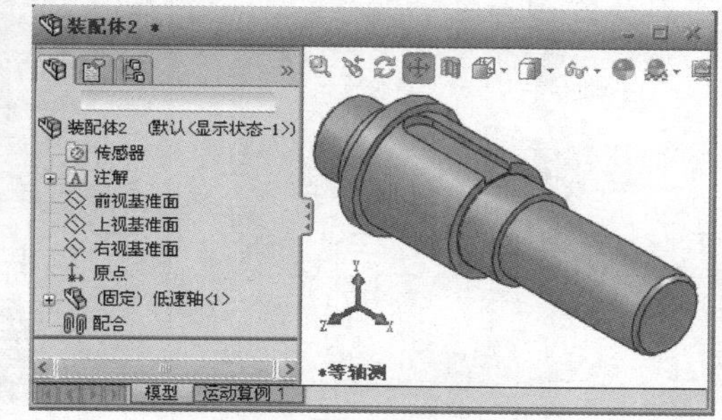

图 3-35　插入低速轴

3）保存低速轴组件装配。

选择“视图定向”→“等轴测”显示等轴测图，单击“标准”工具栏上的“保存”按钮，将该装配体命名为“低速轴组件”并保存。

（2）键装配

轴与键通过轴上的键槽配合，通过添加键与键槽之间的位置约束关系，即可完成轴键的配合。轴键的装配步骤如下。

1）插入键。

选择“插入”→“零部件”→“现有零件/装配体”命令，并单击“浏览”按钮，找到<资源文件>目录下的“3\ 低速键 . sldprt”，如图 3-36 所示，该零件在屏幕上定位后单击放置。装配体的设计树中将显示出被插入的键。

2）添加装配关系。

单击“装配体”工具栏中的“插入配合”按钮，系统弹出“配合”对话框。选择低速轴键槽的底面和低速键的下表面为配合面，单击“配合”对话框中“标准配合”选项组的“重合”按钮，添加配合面的关系为“重合”，单击“确定”按钮✔，完成“重合”关系的添加，同时在“配合”区内显示所添加的配合，如图 3-37 所示。

重复上述步骤，如图 3-38 所示，分别添加键的侧面与键槽的侧面为重合关系、键的曲面与键槽的曲面为同心关系。这样，键的位置已完全确定，其前面的欠定位符号“(-)”将去除，即显示出完全定位状态，并在“配合”项内显示所添加的配合关系，如图 3-39 所示。

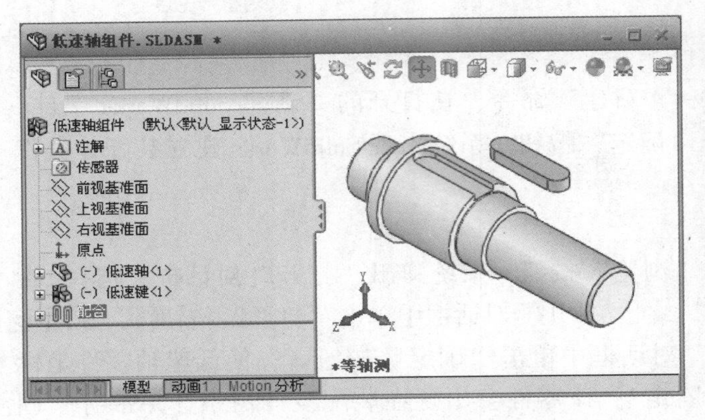

图 3-36　插入键

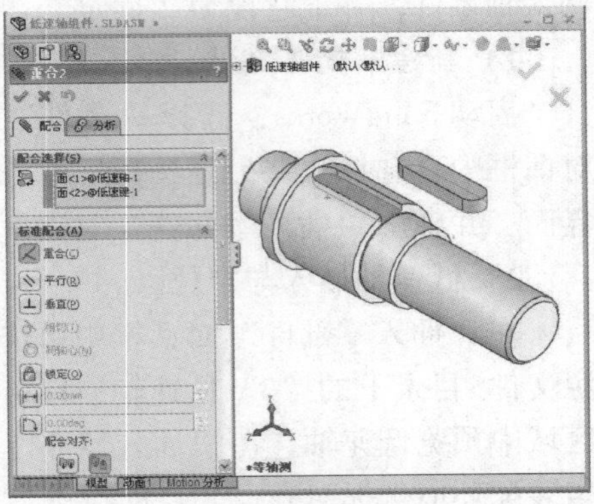

图 3-37　添加重合关系

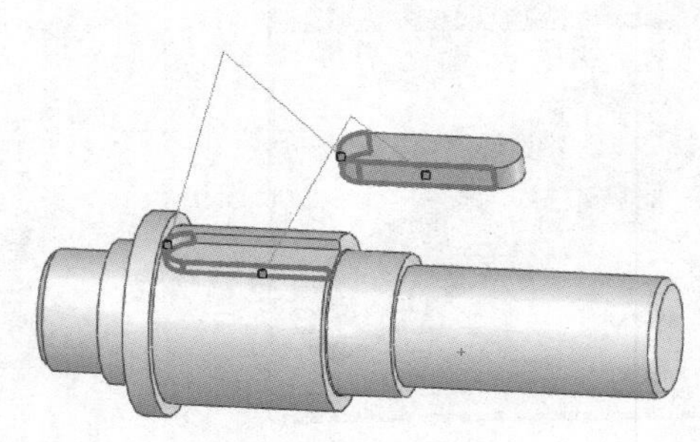

图 3-38　配合面

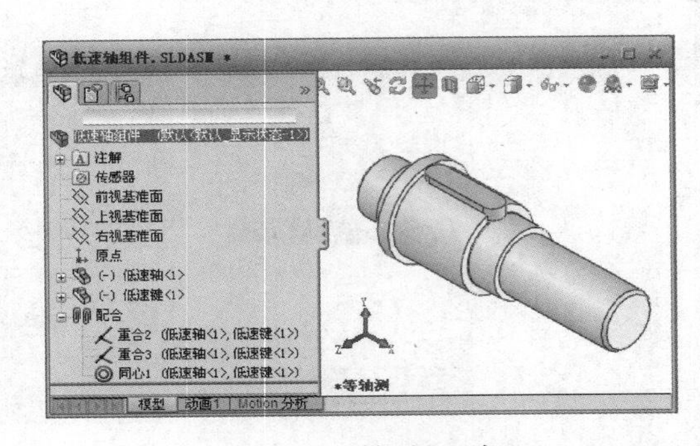

图 3-39　轴-键配合

（3）大齿轮装配

1）插入大齿轮。

单击“装配体”工具栏上的“插入零部件”按钮，将“大齿轮.sldprt”添加到装配体中。

2）添加装配关系。

单击“装配体”工具栏中的“插入配合”按钮，单击“装配体”工具栏上的“零部件移动”按钮或“旋转零部件”按钮。如图 3-40 所示，为大齿轮孔表面和轴-键组件中的齿轮座表面添加“同轴心”配合关系，并分别为大齿轮键槽与键的相对应的一对侧面及大齿轮端面与轴肩后端面添加“重合”配合关系，完成大齿轮定位，如图 3-41 所示。

（4）套筒装配

1）插入套筒。

单击“装配体”工具栏上的“插入零部件”按钮，将低速轴的“套筒.sldprt”添加到装配体中。

2）添加装配关系。

单击“装配体”工具栏中的“插入配合”按钮，利用“装配体”工具栏上的“零部件移动”或“旋转零部件”。图 3-42 所示为套筒内表面和轴段外表面添加“同轴心”配合关系；并为套筒端面与齿轮端面添加“重合”配合关系，完成套筒定位，如图 3-43 所示。

图 3-40　大齿轮轴配合面

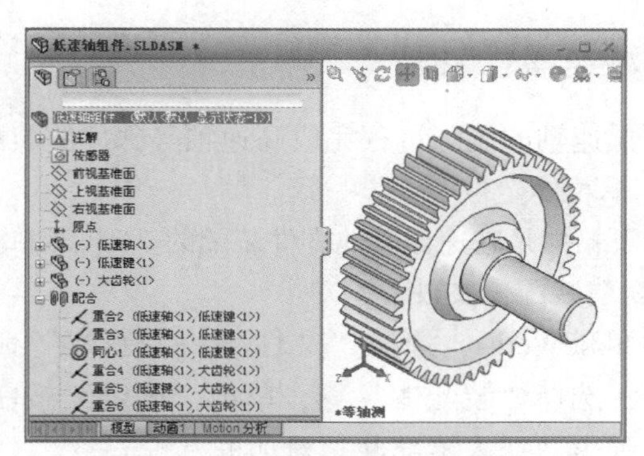

图 3-41　大齿轮装配结果

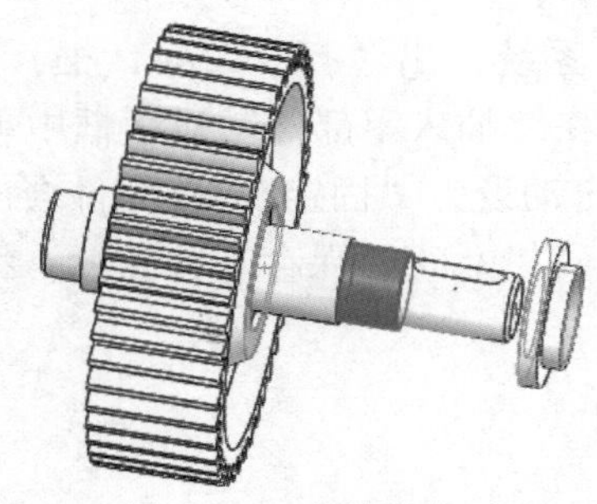

图 3-42　套筒配合面

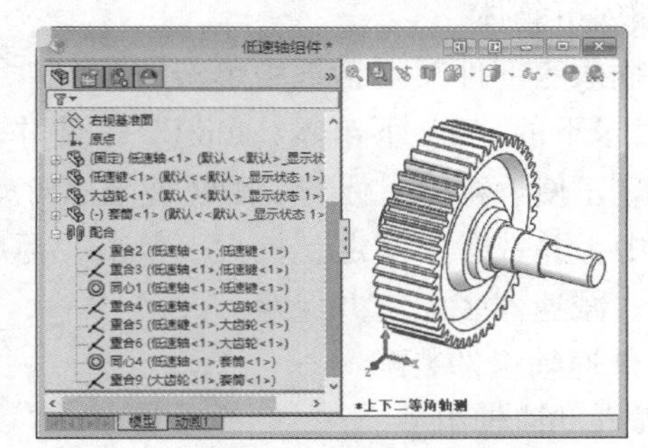

图 3-43　套筒装配结果

（5）轴承装配

1）插入低速轴轴承。

轴承是由滚珠、保持架和内外圈等组成的装配体。单击“装配体”工具栏上的“插入零部件”按钮，将子装配“低速轴轴承 . sldasm”添加到装配体中。

2）添加装配关系。

单击“装配体”工具栏中的“插入配合”按钮，为轴承内圈孔内表面和轴段外表面配合添加“同轴心”配合关系，并为轴承内圈的端面与轴肩侧端面添加“重合”配合关系，完成一侧轴承定位，如图 3-44 所示。重复上述步骤，将“低速轴轴承”安装在套筒的外侧。至此，低速轴组件已全部装配完成，完成的组件图如图 3-45 所示。单击“保存”按钮，将该装配零件保存为“低速轴组件 . sldasm”。

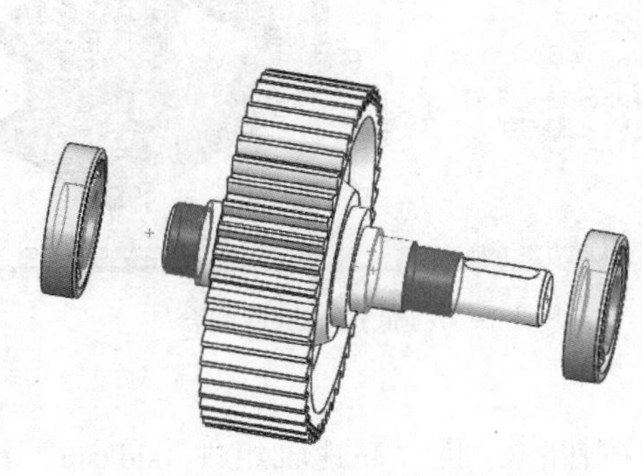

图 3-44　轴承配合面

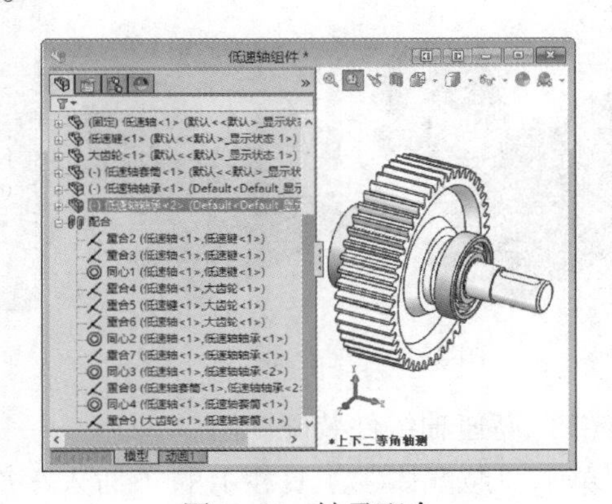

图 3-45　轴承配合

3.2.3 减速器总装配

参照低速轴的装配过程完成高速轴等部件的装配后，开始进行减速器总装配。

(1) 下箱体定位

由于下箱体是减速器其他零件装配的基础。因此，先调入下箱体，并把它设为“固定”。

1) 新建装配体文件。

启动 SolidWorks，选择“文件”→“新建”命令，在打开的“新建 SolidWorks 文件”对话框中，选择“装配体”，单击“确定”按钮。系统出现 SolidWorks 建立装配体文件界面，并弹出“插入零部件”对话框。

2) 插入下箱体。

在“插入零部件”对话框中单击“浏览”按钮，系统弹出“打开”对话框，选择<资源文件>目录下的“3\下箱体.sldprt”零件并打开。在“插入零部件”对话框中单击“打开”按钮，使下箱体坐标与装配环境坐标对齐，并自动设为“固定”。该零件会出现在装配设计树中，并带有“固定”标记。单击“标准”工具栏上的“保存”按钮，将该装配体命名为“减速器装配”并保存。

(2) 低速轴组件装配

1) 插入低速轴组件。

单击“装配体”工具栏上的“插入零部件”按钮，将“低速轴组件.sldasm”添加到装配体中。

2) 添加装配关系。

单击“装配体”工具栏中的“插入配合”按钮，结合“装配体”工具栏上的“零部件移动”或“旋转零部件”按钮调整位置和视向。为低速轴轴承外表面与下箱体轴承孔内表面添加“同轴心”配合关系，为下箱体前视基准面和低速轴中的大齿轮前视基准面添加“重合”配合关系，结果如图 3-46 和图 3-47 所示。

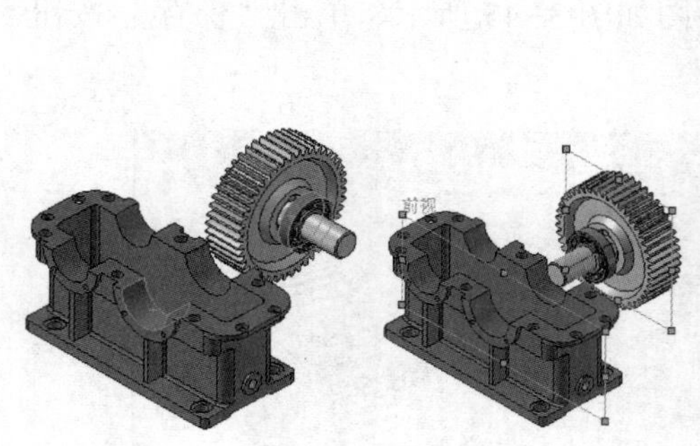

图 3-46 配合面

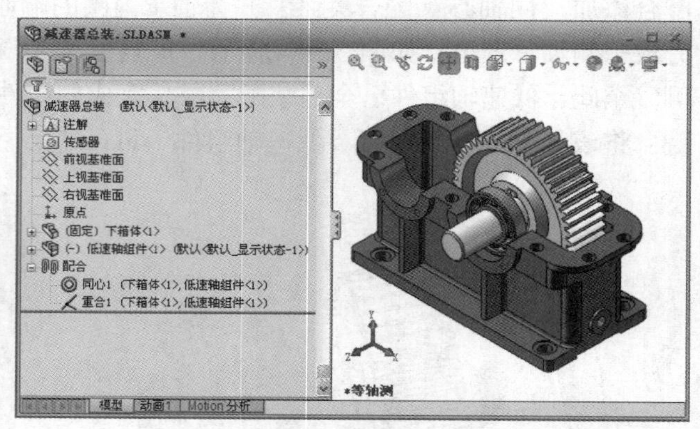

图 3-47 低速轴组件配合

(3) 高速轴组件装配

单击“装配体”工具栏上的“插入零部件”按钮，将“高速轴组件.sldasm”添加到装配体中。

为“高速轴轴承”外表面和下箱体轴承孔内表面添加“同轴心”配合关系，为下箱体前视基准面和小齿轮前视基准面添加“重合”配合关系，结果如图 3-48 和图 3-49 所示。

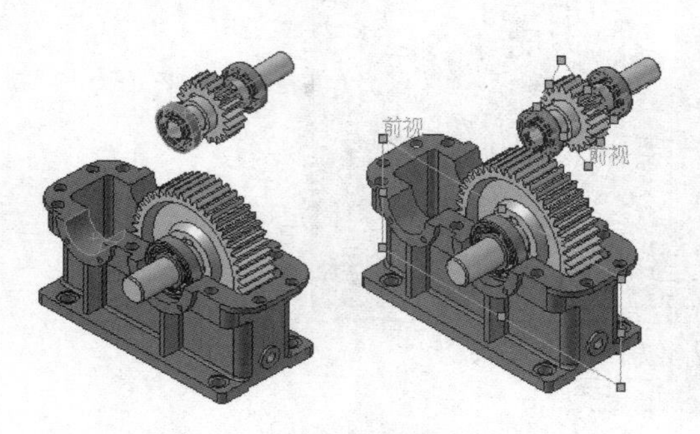

图 3-48　高速轴组件配合面

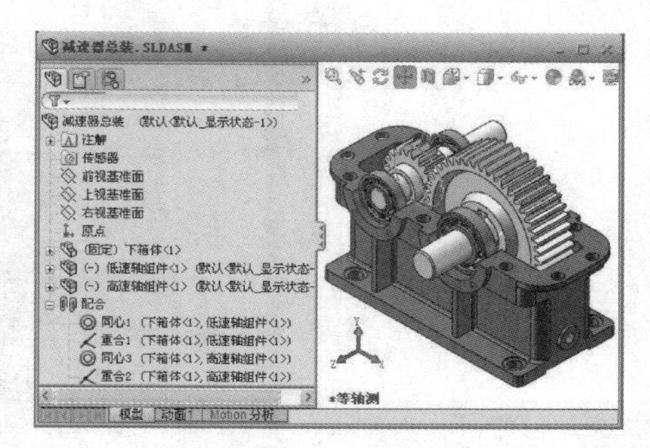

图 3-49　高速轴组件配合

（4）齿轮啮合装配

完成了下箱体与高、低速轴组件的装配后，下面来进行齿轮啮合的装配，装配之前需要在两个齿轮中插入辅助装配的草图。

1）插入辅助装配草图。

如图 3-50 所示，在设计树中右击“小齿轮”，在弹出的快捷菜单中选择“编辑零件”命令，在装配体中进入零件编辑状态。然后，在设计树中选择“小齿轮”，右击“前视基准面”，在弹出的快捷菜单中选择“插入草图”命令。选择“视图定向”→“前视”，使草图平面正对屏幕，如图 3-51所示。然后，以“作为构造线”的方式绘制一个圆，并标注其直径为 200 mm，如图 3-52所示。再单击“草图”工具栏上的“中心线”按钮绘制一条通过小齿轮齿槽中面的中心线。

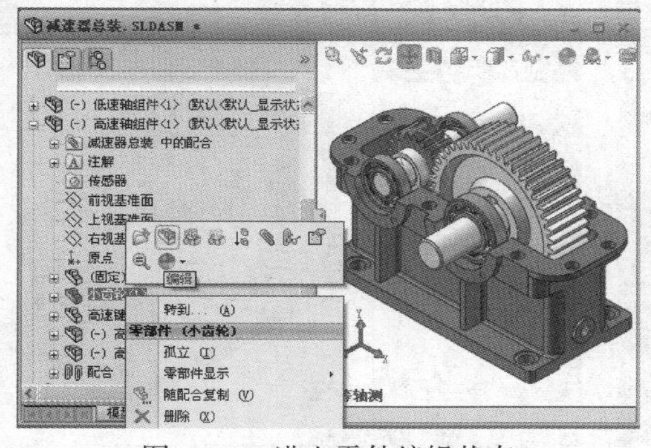

图 3-50　进入零件编辑状态

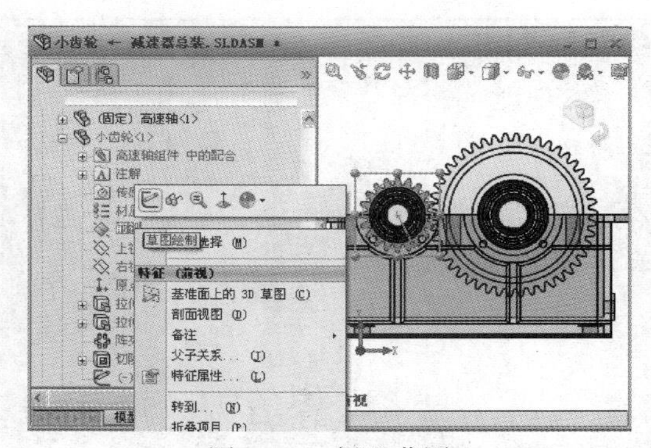

图 3-51　插入草图

单击“特征”工具栏上的“编辑零件”按钮，并退出“零件编辑状态”。

重复上述步骤，在大齿轮“前视基准面”上以“作为构造线”的方式绘制一个圆，并标注其直径为 460 mm。再单击“草图”工具栏上的“中心线”按钮绘制一条通过大齿轮齿中面的中心线，如图 3-53 所示。完成辅助装配草图的绘制，如图 3-54 所示。

2）齿轮啮合的装配。

为两齿轮分度圆与各自中心线交点添加“重合”配合关系，然后将该“重合”配合关系设为“压缩”状态，即只用于“定位”，如图 3-55 所示。

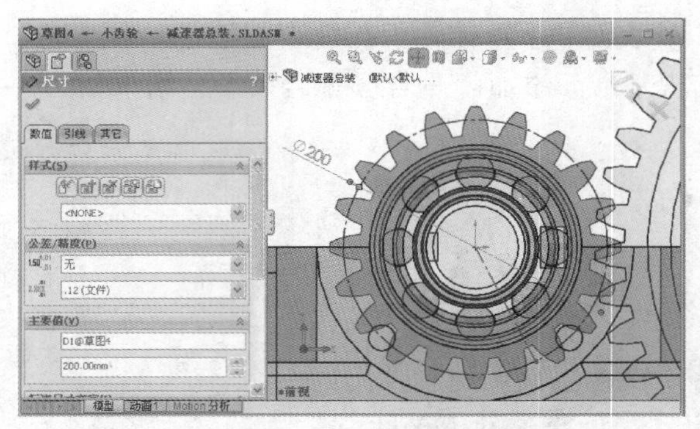

图 3-52　小齿轮辅助装配草图

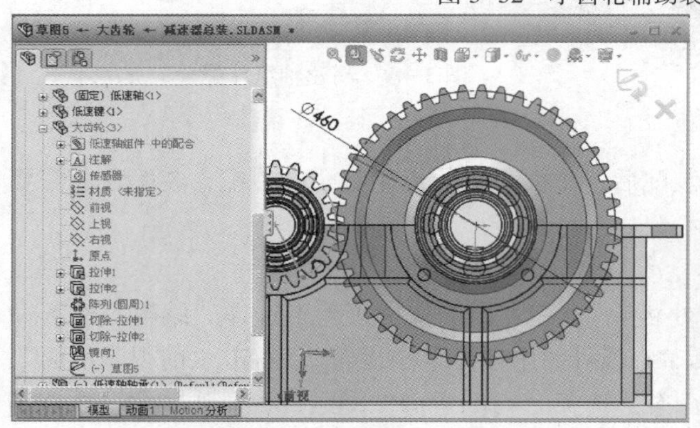

图 3-53　大齿轮辅助装配草图

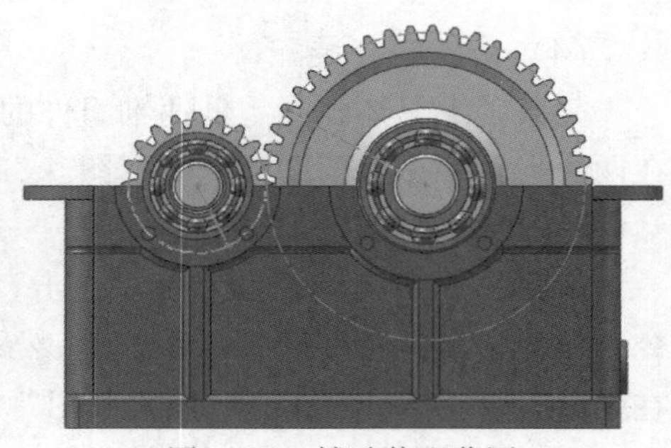

图 3-54　辅助装配草图

如图 3-56 所示，为两齿轮分度圆添加“高级配合”中的“齿轮”装配关系，并接受默认的传动比率“200:460”。

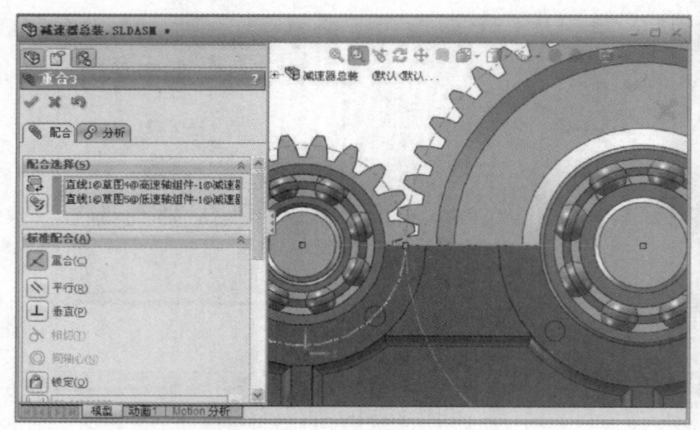

图 3-55　用于定位的“重合”配合设置

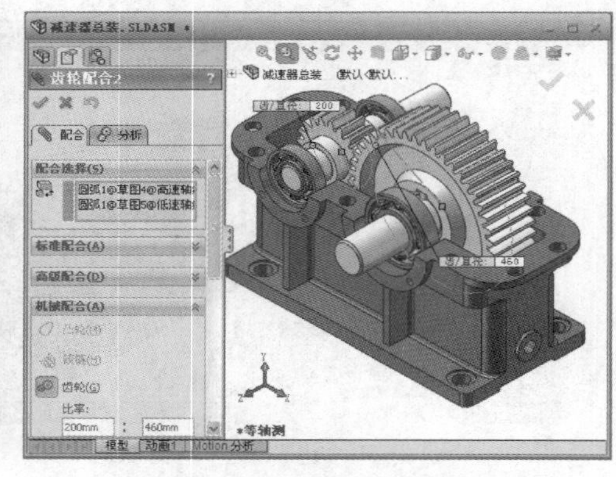

图 3-56　“齿轮”装配关系

（5）装配上箱体

单击“装配体”工具栏上的“插入零部件”按钮，将“上箱体 . sldasm”添加到装配体中。

单击“装配体”工具栏中的“插入配合”按钮，结合“装配体”工具栏上的“零部件移动”或“旋转零部件”调整位置和视向。如图 3-57 所示，分别为下箱体侧面与上箱盖侧面、上箱盖安装凸缘下表面和下箱体上表面、下箱体前端面与上箱体前端面添加

“重合”配合关系。完成的上箱体装配模型如图 3-58 所示。

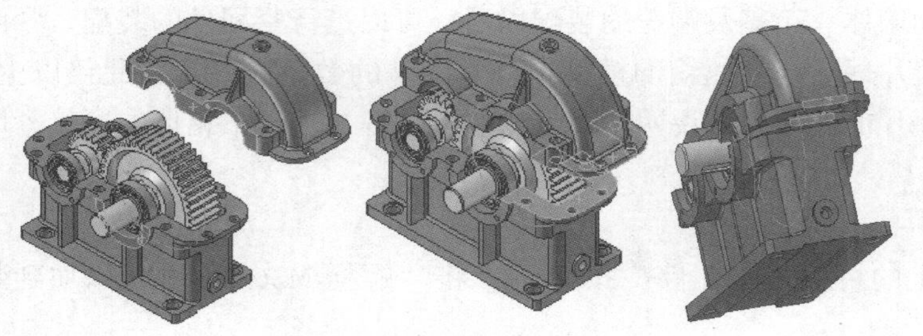

图 3-57　上箱盖配合面

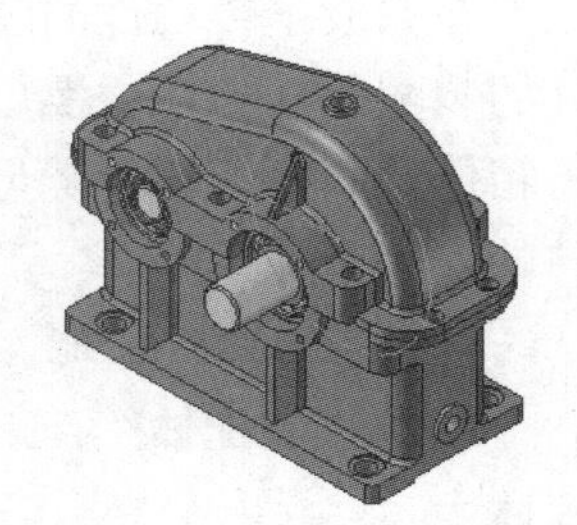

图 3-58　上箱盖装配模型

（6）端盖的装配

端盖的装配包括大、小闷盖及大、小透盖的装配。大闷盖的装配过程如下。

单击“装配体”工具栏上的“插入零部件”按钮，将“大闷盖 . sldasm”添加到装配体中。

单击“装配体”工具栏中的“插入配合”按钮，结合“装配体”工具栏上的“零部件移动”或“旋转零部件”调整位置和视向。分别为“大闷盖”小端外表面和下箱体大轴承孔内表面、大闷盖上的一个安装孔与变速箱侧面一个螺孔添加“同轴心”配合关系；为大轴承安装凸缘外表面与大闷盖大端内表面添加“重合”配合关系，如图 3-59 所示。该装配的最后效果如图 3-60 所示。

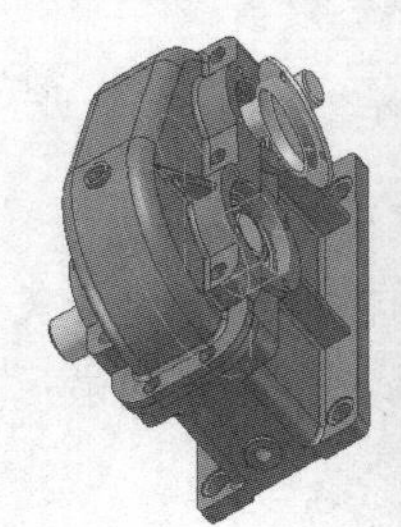

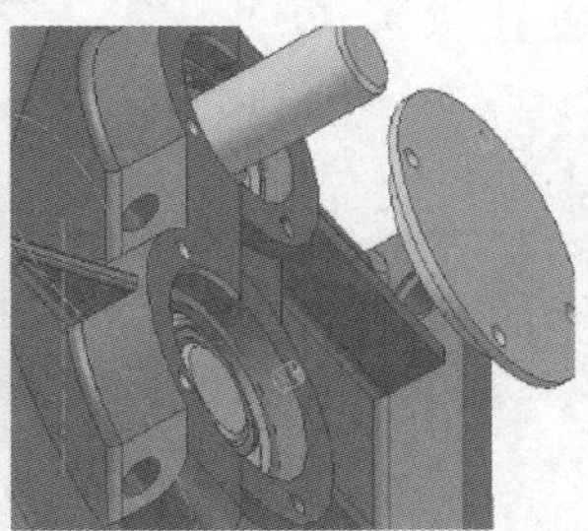

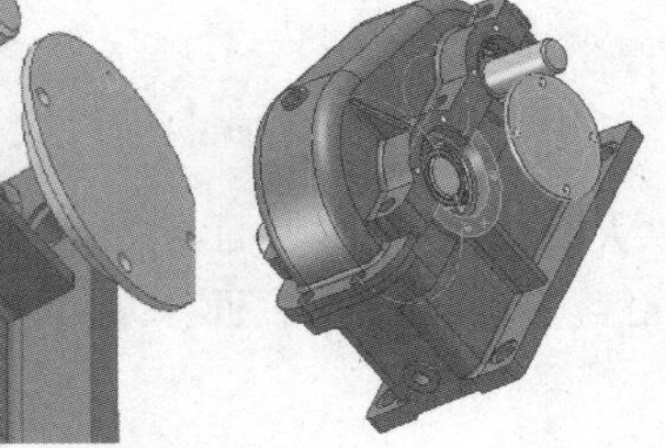

图 3-59　大闷盖配合面

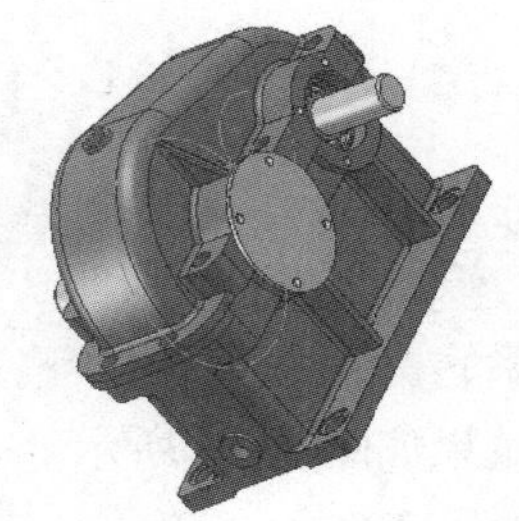

图 3-60　大闷盖装配模型

重复上述操作完成其他端盖的装配，装配关系及最终结果如图 3-61 所示。

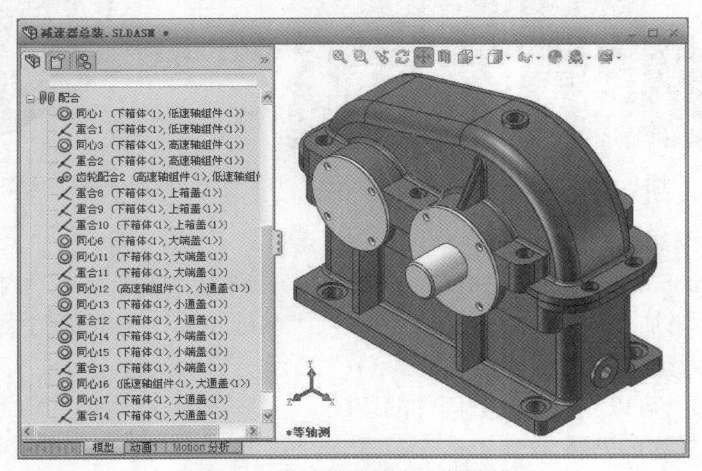

图 3-61　端盖装配关系及装配模型

（7）紧固件装配

在完成了传动件的装配和箱体、箱盖及端盖的装配以后，可以进行紧固件的装配。紧固件的装配包括螺栓、螺母及垫片等。在变速箱的模型中，紧固件的数量较多，在此仅以上、下箱体的联接螺栓、螺母及垫片的安装为例说明紧固件的装配过程。上、下箱体的联接紧固件的安装步骤如下。

1）螺栓 M36 装配。

单击“装配体”工具栏上的“插入零部件”按钮，将“螺栓 M36. sldprt”添加到装配体中。

单击“装配体”工具栏中的“插入配合”按钮，结合“装配体”工具栏上的“零部件移动”或“旋转零部件”调整位置和视向，分别为“螺栓 M36”螺杆外表面和上箱盖安装孔添加“同轴心”配合关系；为下箱体安装凸台下表面与螺栓六方下表面添加“重合”配合关系，如图 3-62 所示。该装配的最后效果如图 3-63 所示。

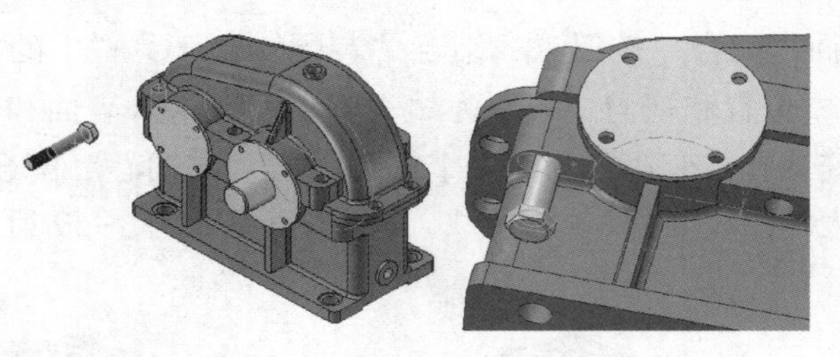
图 3-62　螺栓配合面

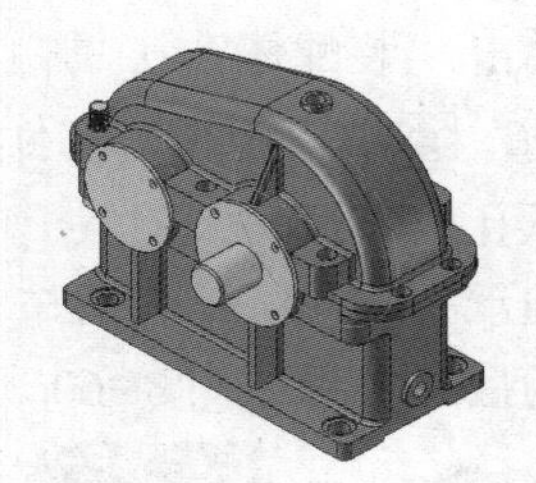
图 3-63　螺栓装配模型

2）大垫片装配。

如图 3-64 所示，分别为“大垫片”内孔表面与上箱盖安装孔添加“同轴心”配合关系；为“大垫片”下表面与上箱盖安装凸缘上表面添加“重合”配合关系。该装配的最后效果如图 3-65 所示。

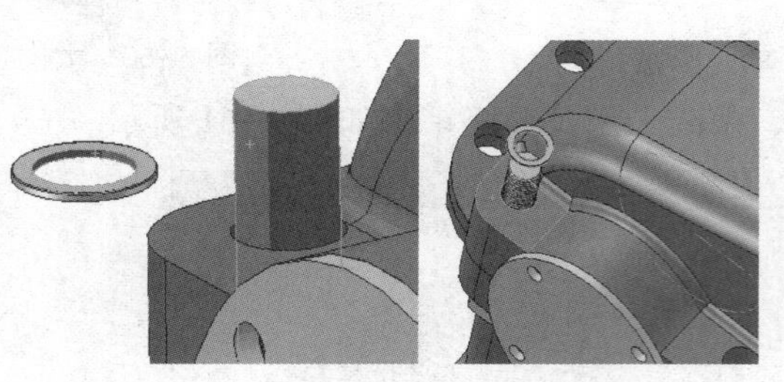
图 3-64　大垫片配合面

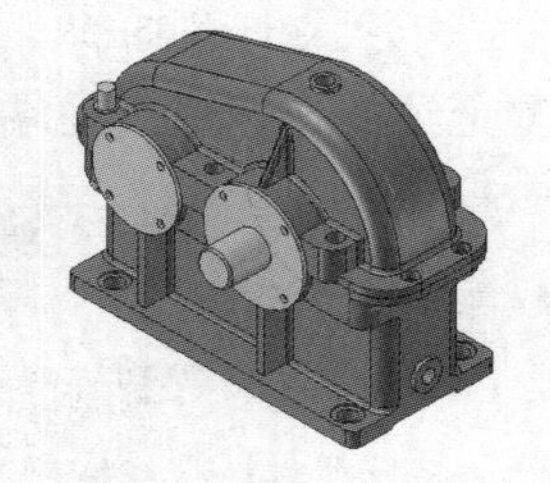
图 3-65　大垫片装配模型

3）配合螺母 M36。

插入“螺母 M36. sldprt”后，如图 3-66 所示，分别为“螺母 M36”内孔表面与“螺栓 M36”螺杆外表面添加“同轴心”配合关系；为“螺母 M36”下表面与大垫片上表面添加“重合”配合关系，该装配的最后效果如图 3-67 所示。

仿照上述步骤，可以完成其他紧固件的装配。

4）螺塞和通气塞的安装。

螺塞和通气塞的安装较简单，可仿照螺栓装配进行安装，完成减速器装配。

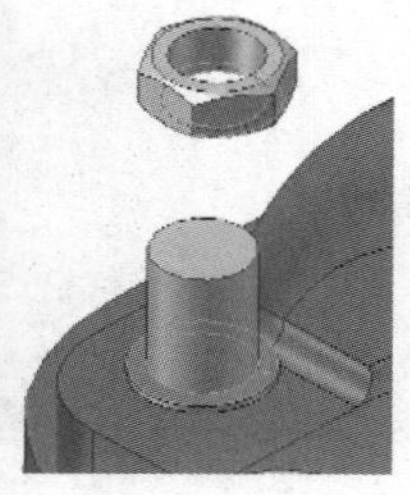

图 3-66　螺母配合面

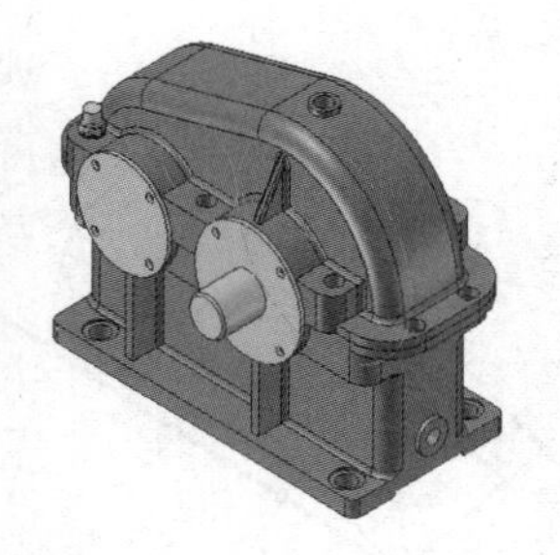

图 3-67　螺母装配模型

3.3　自上而下的装配设计

本部分介绍自上而下的装配设计的概念、设计思路、设计方法、设计实例等内容。

3.3.1　快速入门

1. 引例——曲柄摇杆机构设计

产品的最终结果是一个装配体，设计的目的是得到结构最合理的装配体。装配体中包含了许多零件，如果单独设计每一个零件，最终的设计结果可能需要进行大量的修改。如果在设计中能够充分地参考已有零件的结构，可以使设计更接近装配的结构，即在装配状态下进行设计更合理。本节以曲柄摇杆机构设计为例，介绍自上而下的装配设计的方法与操作步骤。

如图 3-68 所示，曲柄摇杆机构参数包括曲柄长度 L_1、连杆长度 L_2、摇杆长度 L_3、机架长度 L_4、极位夹角 θ 和摇杆摆角 ψ。极位夹角 θ 是曲柄摇杆机构在曲柄与连杆拉直共线位置和曲柄与连杆重叠共线位置两个极限位置时的夹角。已知曲柄长度 $L_1=35$ mm、连杆长度 $L_2=120$ mm、摇杆长度 $L_3=90$ mm 和机架长度 $L_4=100$ mm，试设计此曲柄摇杆机构。

（1）总体布置设计

1）新建布局。

单击“新建”按钮，选择“装配体”后，单击“确定”按钮。在“装配体”对话框中单击“取消”按钮后，再单击✖，系统新建一个装配体。在“布局”工具栏中单击“生成布局”按钮。最后将该新建的装配体保存为“自上而下设计入门 . sldasm”。

2）草图块绘制。

- 曲柄草图绘制：用“直线”工具绘制曲柄直线草图，为其标注装配尺寸 40 mm。
- 曲柄草图块制作：在图形区单击曲柄草图线，如图 3-69 所示，单击“布局”工具栏上的“制作块”，单击“确定”按钮✔。单击设计树中的块名称，更名为“曲柄”。完成“曲柄”草图块的创建。
- 其他零件草图块制作：重复上述步骤，制作连杆、摇杆、机架等草图块。“连杆”长度为 120 mm、“摇杆”长度为 90 mm 和“机架”长度为 100 mm。

3）草图块装配。

在图形区单击“机架”块，为其添加“水平”约束；按〈Ctrl〉键，选择其左端点和坐标原点，添加“重合”约束。

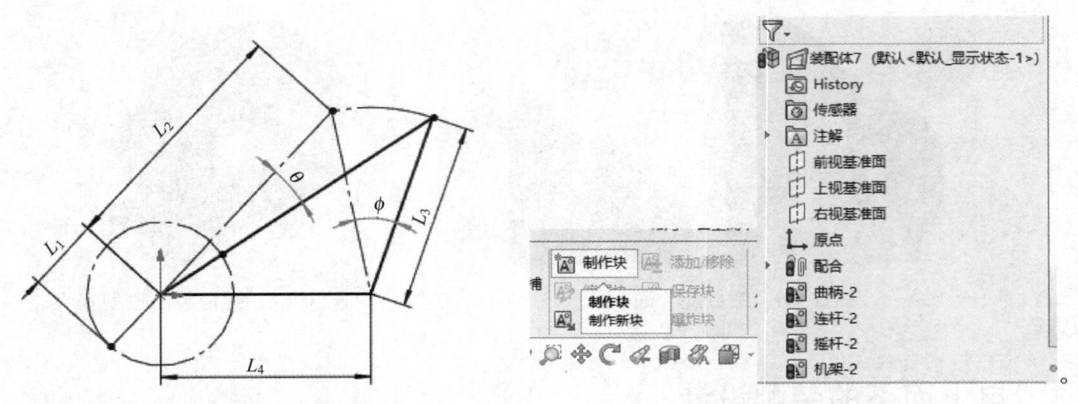

图 3-68　曲柄摇杆机构基本参数　　　　图 3-69　草图块制作

重复上述步骤，如图 3-70a 所示，为曲柄、连杆和摇杆的连接点添加重合约束。单击“布局”，完成机构草图块总体装配，如图 3-70b 所示。

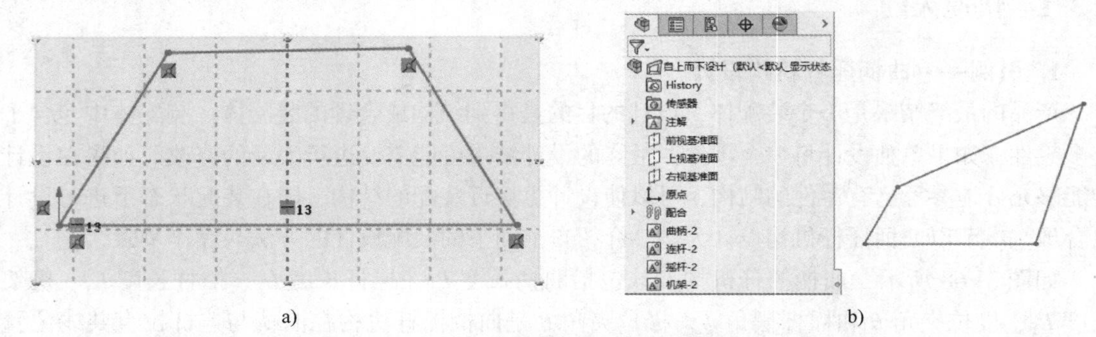

图 3-70　曲柄摇杆机构草图块模型

（2）总体参数验证

1）启动 Motion 插件。

选择“SolidWorks 插件”→“SolidWorks Motion”命令，如图 3-71a 所示，单击左下角的“运动算例 1”，选择下拉列表框中的“Motion 分析”。

2）机构运动仿真。

如图 3-71a、b 所示，在“Motion 管理器”中单击“旋转马达”按钮，在图形区单击机架和曲柄交点，在“马达”对话框中单击“确定”按钮✔，接受默认马达速度。在“Motion 管理器”中单击“计算”按钮，开始仿真。

3）摇杆摆角绘图。

在“Motion 管理器”中单击“绘图”按钮，在图形区单击摇杆，如图 3-71c 所示，在“结果”选项组中依次选择“位移/速度/加速度”“角位移”和“幅值”，单击“确定”按钮✔，绘制摇杆角位移，如图 3-71d 所示。可见摇杆摆角为 131°-66°=65°。

（3）零件设计

1）生成块零件。

如图 3-72 所示，在设计树中右击“曲柄”，在弹出的快捷菜单中选择“从块制作零件”命令；在“从块制作零件”对话框中设“块到零件的约束”为“在块上”，单击“确定”

按钮✔。单击两次“确定”按钮✔。

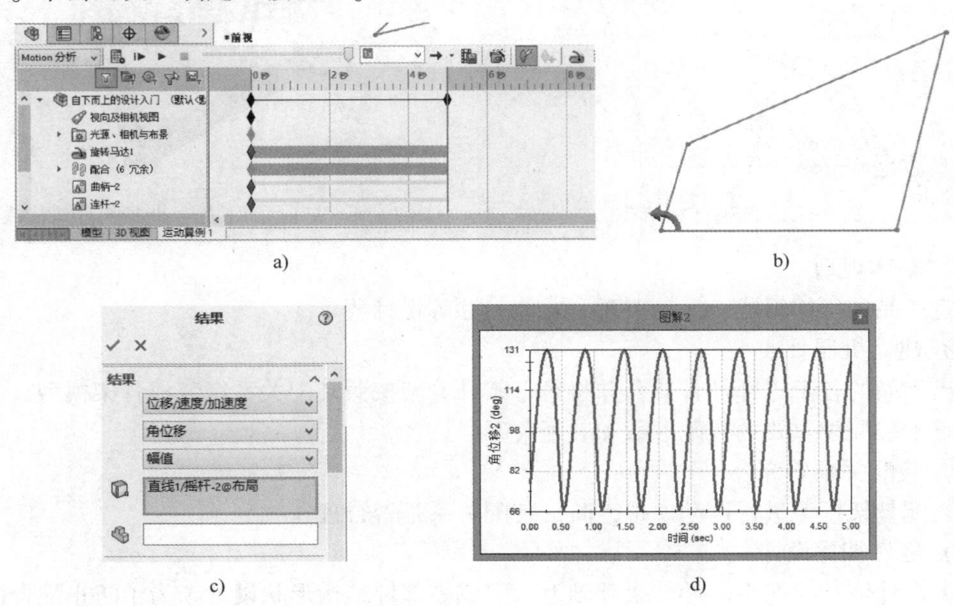

图 3-71　曲柄摇杆机构运动仿真

重复上述步骤，分别制作“连杆”“摇杆”和“机架”等零件，完成草图块到零件的转换，此时的设计树如图 3-72 所示。

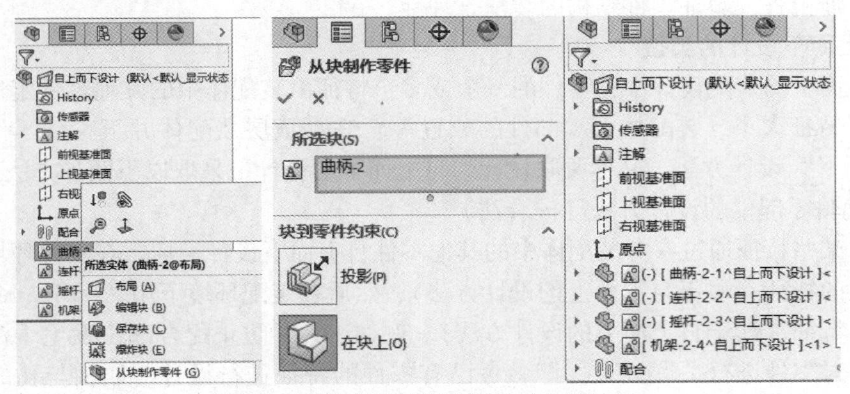

图 3-72　从草图块制作零件后的设计树

2）零件详细设计。

在设计树中右击“曲柄”，在弹出的快捷菜单中选择“打开零件工具”，在零件建模环境中，选择“前视基准面”为草图平面，用“直槽口”绘制长度与草图中心线相等，直径为 5 mm 的草图；用拉伸特征创建厚度为 5 mm 的零件，为其添加材料为“普通碳钢”，结果如图 3-73 所示。

重复上述步骤，分别制作“连杆”“摇杆”和“机架”零件，结果如图 3-74 所示。

2. 自上而下的设计步骤

由以上引例可见，自上而下的设计的思路是“先骨架、次装配、再验证、后实体”，设计步骤如下。

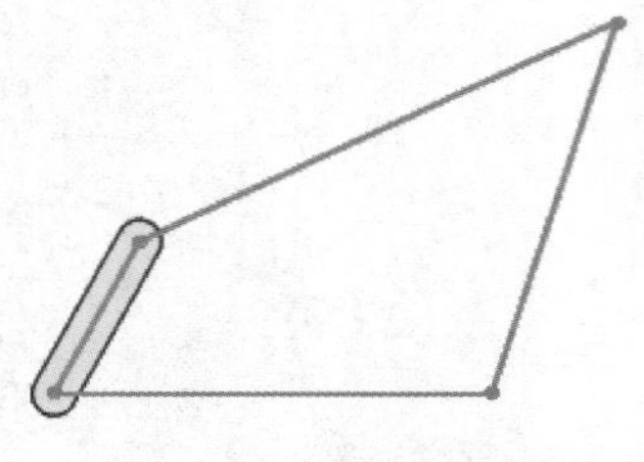

图 3-73　曲柄详细结构

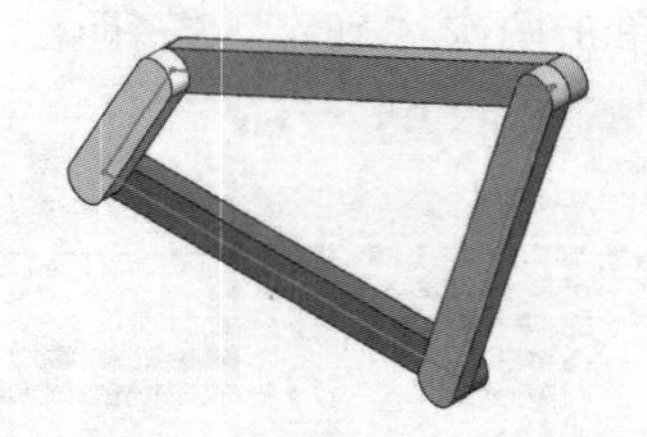

图 3-74　“自上而下法”曲柄摇杆机构模型

（1）整体规划

确定产品的机构组成、运动关系、总体尺寸等设计要求。

（2）建立机器骨架

画出产品的各个零部件骨架，并将每个零件骨架按照装配关系组装成骨架模型。骨架模型包含整个装配中重要的装配参数和装配关系。

（3）装配关系验证

对装配骨架模型进行运动模拟，验证装配关系是否合理。

（4）零件细化设计

根据设计信息，在零部件骨架基础上，完成零部件结构形状设计。为了防止配合部位发生干涉，可以在装配环境中对零件进行关联设计。

（5）装配模型验证

用细化后的零件模型替换装配骨架模型中的零件骨架模型，完成装配模型设计。对装配模型进行干涉检查，验证零件结构的装配合理性。

3. 自上而下设计的类型

在自上而下的装配设计中，零件的一个或多个特征由装配体中的其他零件定义。由于其设计意图（特征大小、装配体中零部件的放置等）来自顶层装配体并下移到零件，因此称为“自上而下”设计方法，又称关联设计。自上而下的设计可采取以下两种方法。

（1）编辑零部件的设计方法（混合法）

零件的某些特征通过参考装配体中的其他零件自上而下设计。通常在零件环境中创建零件的非关联的特征（属于自下而上的设计方法），然后在装配环境下用“编辑”命令来创建零件的关联特征（属于自上而下的设计方法）。例如，为了防止配合部位发生干涉，可以在装配环境中对零件进行关联设计，即参考已有零件的特征进行设计。如轴与孔的配合确定后，轴与孔的尺寸即形成关联，当修改轴的尺寸时，孔的尺寸应该做相应的改变。关联设计的目的就是要实现自动响应这些变更，以保证设计结果的一致性。

（2）布局草图的设计方法

整个装配体从布局草图开始自上而下设计。通常，首先通过绘制一个或多个布局草图，定义零部件位置和装配总体尺寸（如长度尺寸）等；然后，在生成零件之前，分析机构运动关系，优化布局草图；最后，利用以上布局草图为参考基准，给定的断面形状及断面尺寸，来创建零件的三维模型。即其设计流程为“先骨架、再装配、次分析、后实体”。

3.3.2　螺栓联接装配自上而下设计

如图 3-75 所示，在 3.1.1 节中完成螺栓联接装配后，为了防止配合部位发生干涉，可以在装配环境中对零件进行关联设计，保证设计结果的一致性，具体要求见表 3-6。

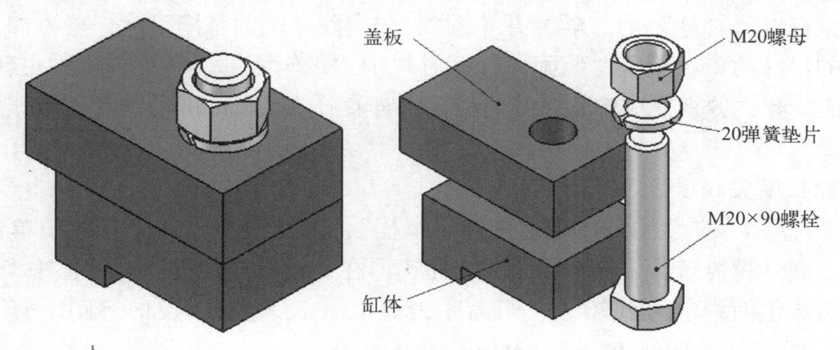

图 3-75　螺栓联接

表 3-6　螺栓联接装配自上而下设计的零件关联关系

序　　号	相互关联的零件	关联关系
1	螺栓和其他零件	缸体和盖板螺栓孔径比螺杆直径大 2 mm 弹簧垫圈内径比螺杆直径大 2 mm 螺母孔径与螺杆直径相等 螺栓长度高出螺母上表面 3 个螺纹的螺距，约 10 mm
2	缸体和盖板	螺栓孔的位置一致，直径相等

（1）打开自下而上设计的装配文件

打开<资源文件>目录下的“3 \ 螺栓联接 . sldasm”文件，并另存为“螺栓联接自上而下设计 . sldasm”文件。

（2）盖板螺栓孔关联设计

为了便于操作，先隐藏除缸体和盖板之外的其他零件。

如图 3-76 所示，在装配设计树中选择“盖板”，在“装配体”工具栏中单击“编辑零部件”按钮，展开盖板节点。右击“盖板”的“螺栓联接中的配合”，在弹出的快捷菜单中选择相应命令，先删除原来的草图尺寸，再添加草图圆与缸体圆线的“全等”关系，如图 3-77 所示。单击“模型更新”按钮，完成盖板螺栓孔关联设计。

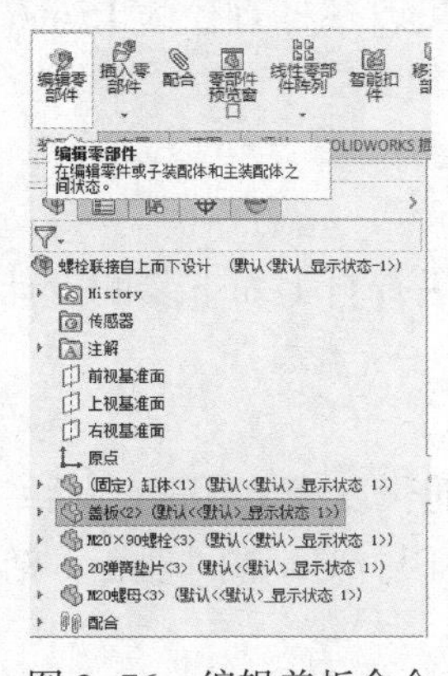

图 3-76　编辑盖板命令

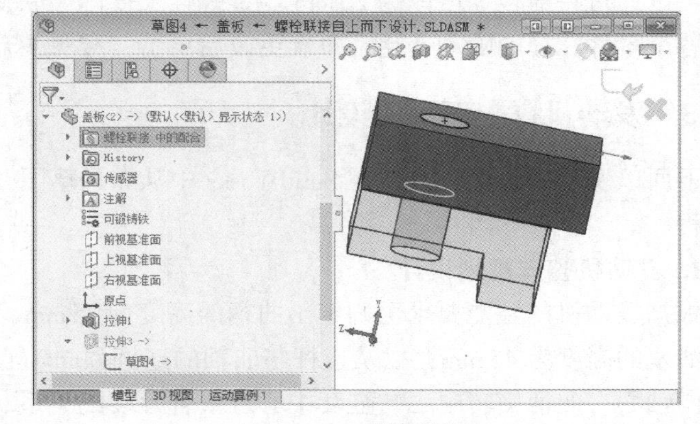

图 3-77　螺栓联接

（3）缸体螺栓孔直径关联设计

为了便于操作，先隐藏除缸体和螺栓之外的其他零件。

在装配设计树中选择“缸体”，在“装配体”工具栏中单击“编辑零部件”按钮，展开缸体节点，右击“缸体”的“螺栓孔草图”，先删除原来的草图尺寸，再添加草图圆比螺柱圆大2 mm的尺寸约束，单击“装配体”工具栏中“编辑零部件”完成零件更新。

重复上述步骤，分别完成弹簧垫片内径比螺杆直径大 2 mm 和螺母内径与螺杆直径相等的关联设计。

（4）螺栓长度关联设计

如图 3-78 所示，在装配设计树中选择“螺栓”，在“装配体”工具栏中单击“编辑零部件”按钮，展开螺栓节点，右击“螺杆特征”，在“凸台-拉伸”对话框中，将“方向”修改为“到离指定面指定的距离”，“距离”设为 10 mm，选择“反向等距”复选框，单击“确定”按钮✔，完成螺栓长度关联设计。

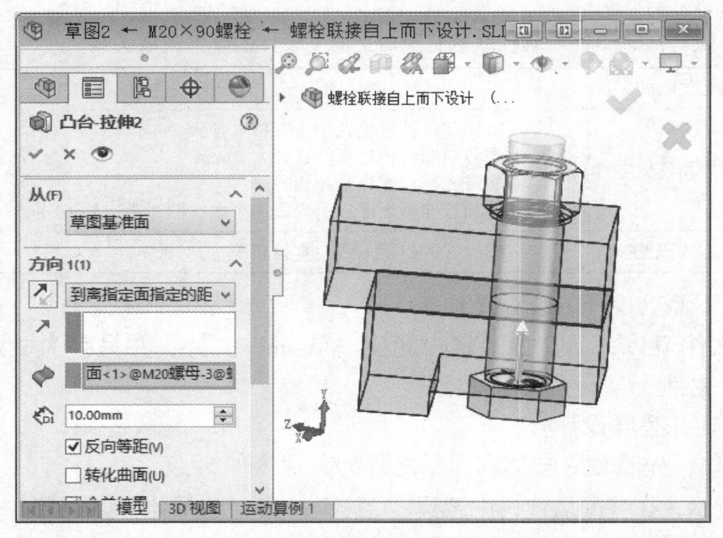

图 3-78　螺栓联接

（5）关联设计验证

可以通过将盖板厚度改为20 mm 验证螺栓长度的关联变化；更改螺杆直径为15 mm 验证其他各个零件孔径的随动变化，每次更改后单击“模型更新”按钮。

3.3.3　发动机自上而下的设计

下面以发动机为例，讲述在 SolidWorks 中从布局草图开始，进行自上而下装配设计的完整过程。

1. 发动机整体规划设计

根据发动机的性能要求可确定出曲柄的高度为 35 mm、连杆的长度为 100 mm、活塞销孔以上活塞的高度为 45 mm；以及连杆与曲轴的连杆颈同轴心、连杆与活塞销同轴心、活塞与缸套同轴心、曲柄旋转中心与缸套中心线重合等装配关系。

将活塞置于两个极限位置（上下止点如图 3-79 和图 3-80 所示），可以确定气缸的上下止点位置分别距曲柄中心 180 mm 和 110 mm（即活塞行程为 70 mm）以及曲轴箱的尺寸（大于曲柄旋转直径一定尺寸，本次取 10 mm）。

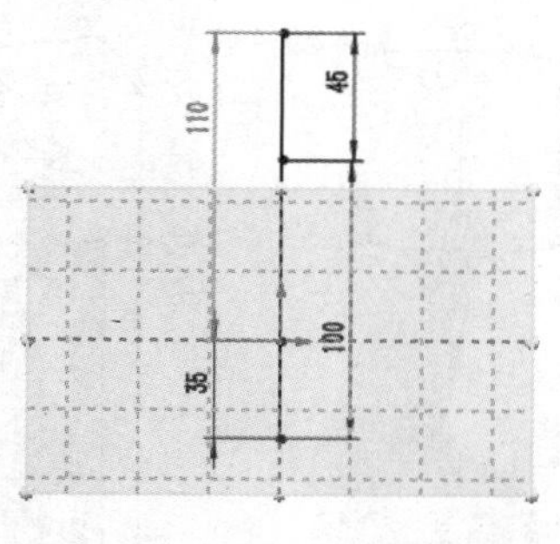

图 3-79 活塞处于下止点

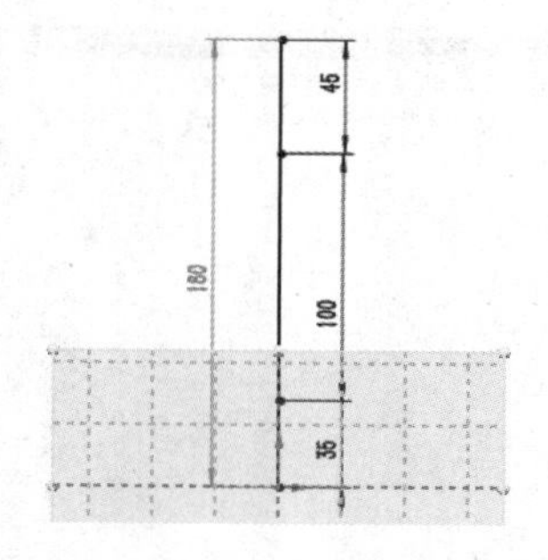

图 3-80 活塞处于上止点

2. 建立发动机骨架模型

根据整体规划的分析结果创建发动机骨架模型，具体过程如下。

在装配环境中建立布局，绘制机构布局草图，将草图线制作成相应零件的草图块；为机构草图块模型添加以下装配关系：机体线添加“竖直”约束，其下端点与坐标原点“重合”，如图 3-81a 所示；依次编辑各零件草图块，标注其相应尺寸：活塞 45 mm、连杆 100 mm、曲轴 35 mm、机体 180 mm，如图 3-81b 所示；依次将各草图块新建为草图零件，如图 3-81c 所示。

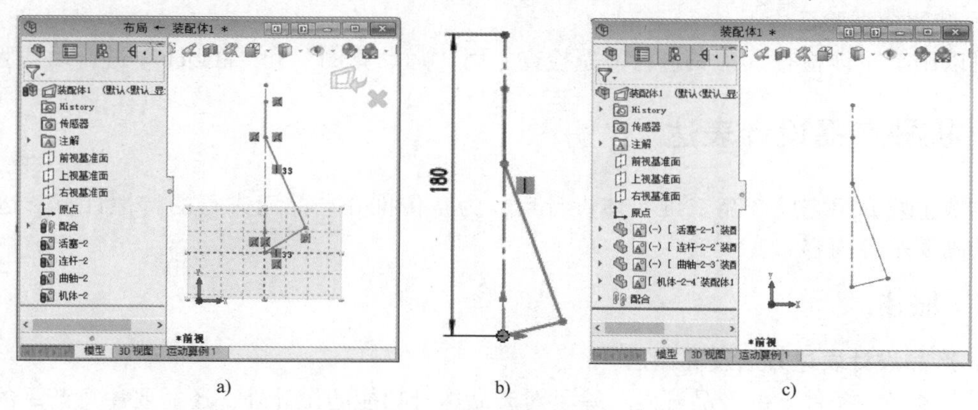

图 3-81 发动机零件骨架模型设置

a）骨架外形 b）草图块骨架配合 c）草图块尺寸

3. 零部件细化设计

在零件环境中打开相应零件的骨架模型，如“活塞”，参照图 3-82 所示零件断面尺寸，以骨架为依据建立各零件的细化模型，完成发动机结构设计，如图 3-83 所示。

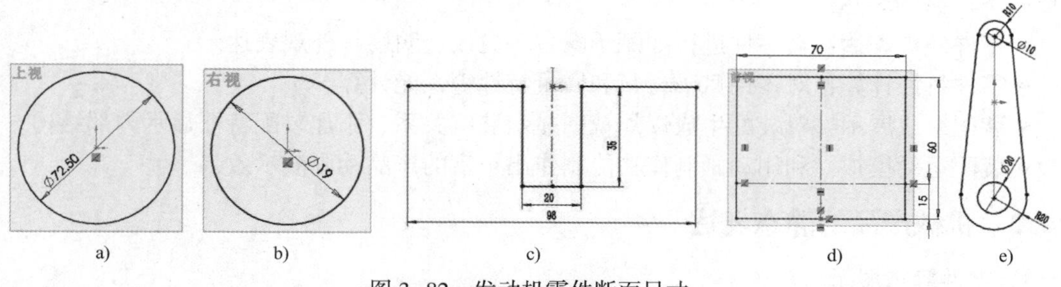

图 3-82 发动机零件断面尺寸

a）气缸体 b）曲轴主轴颈孔 c）曲轴 d）活塞 e）连杆

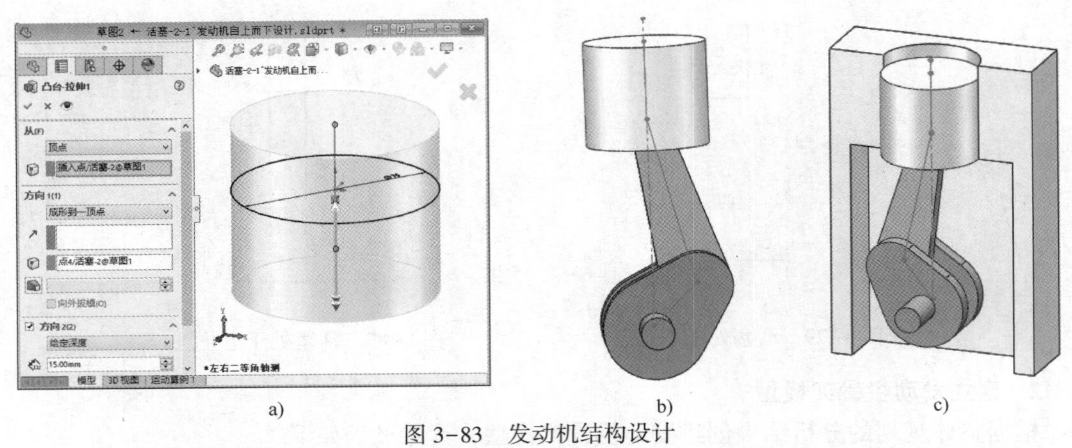

图 3-83 发动机结构设计

a）活塞结构设计 b）曲柄活塞机构设计 c）机体结构设计

4. 零件关联设计

零件关联设计包括连杆小头孔与活塞销孔关联、连杆大头与曲轴连杆颈关联、曲轴主轴颈关联。

5. 装配模型验证

可以用“干涉检查”工具进行静态检查，用“运动算例”和“Motion”进行动态验证。

3.4 机械产品设计表达

本节主要介绍完成产品三维实体设计后，为宣传推介产品而进行的特性计算、运动模拟、动画演示等内容。

3.4.1 概述

1. 产品设计表达方法及其作用

在市场经济条件下的产品开发，除了对产品本身功能的设计外，还需要注意产品的后续宣传和形象的传递，其采取的形式多种多样，如海报、说明书、产品操作动画演示、渲染图像等。特别是如何使产品动态运作，符合其实际的规律，并且把这种视像记录下来。这是一门新兴的学科，它在产品开发过程中占据着越来越重要的地位。

2. SolidWorks 产品表达功能

SolidWorks 在完成了对零件的实体建模以及部件、产品的最终装配后，设计人员还可以完成以下产品的表达。

- 零件外观表达：对零件进行如赋予颜色、更改透明度等外观表达。
- 零件特性计算：对零件赋予材料和质量特性等性能计算。
- 装配组成展示：对装配生成爆炸视图显示装配关系、添加装配特征显示内部结构。
- 装配运动模拟：利用动画制作功能制作出丰富的产品动画演示效果。

3.4.2 机械产品的静态表达

1. 零件静态展示

（1）零件的显示模式

SolidWorks 可以用多种显示模式显示所选实体的零件模型，如图 3-84 所示。

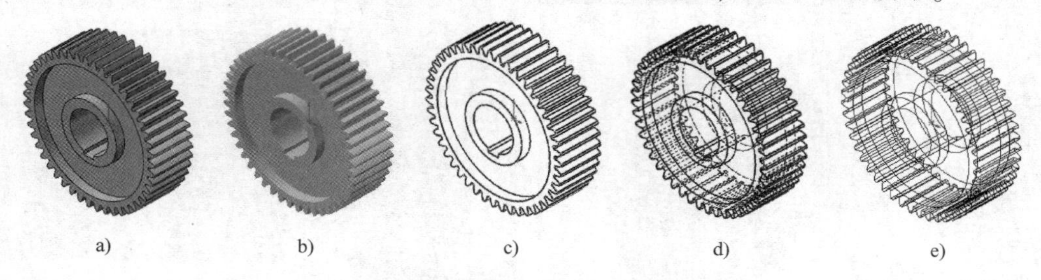

图 3-84　零件的显示模式

a）带边线上色　b）上色　c）消除隐藏线　d）隐藏线可见　e）线架图

（2）编辑外观显示

SolidWorks 可以在“外观”对话框中修改所选零件、特征或面实体的外观、颜色和光学属性等外观显示。利用“外观”对话框，不仅可以配置整个模型实体的颜色和光学效果，还可以单独配置每个特征，甚至是每个面。具体操作如下。

打开“直齿齿轮”文件，如图 3-85 所示，右击一个面、特征或实体，如“拉伸轮坯”，在弹出的快捷菜单中选择“外观”，然后，在“外观”对话框中可以进行颜色设置和光学属性设置，如颜色为紫红色，然后单击“确定”按钮，设置效果如图 3-86 所示。

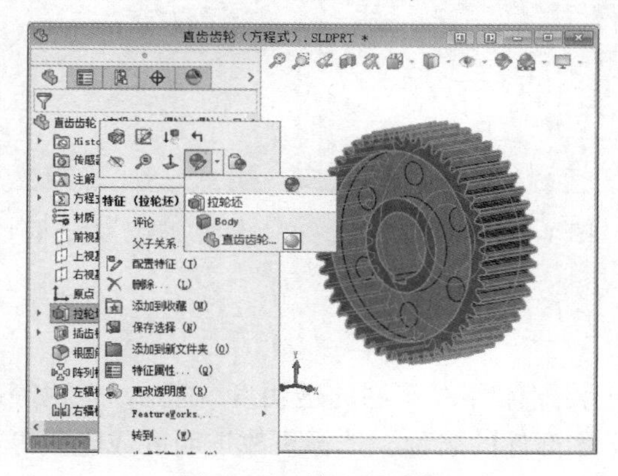

图 3-85　外观对话框

图 3-86　应用颜色到所选特征

（3）赋予材质

零件的显示属性也可以通过添加材质来进行设置。SolidWorks 不仅可以通过材质属性设置改变零件的颜色，而且还为后续的装配、工程图及应力分析提供数据。欲对齿轮零件应用材质，具体步骤为：如图 3-87 所示，打开齿轮零件，在设计树中右击“材质”，在弹出的快捷菜单中选择“编辑材料”，在弹出的“材料”对话框中（图 3-88）选择“黄铜”，单击“应用”按钮，再单击“关闭”按钮，材质应用到零件，材质名称出现在设计树中。添加黄铜材质的效果如图 3-89 所示。

（4）质量属性和截面属性

为零件添加材料后，可以计算出零件质量属性，或显示面的剖面属性。具体步骤为：选择“评估”→“质量属性”或“截面属性”命令，在相应的对话框内进行“质量属性”或“截面属性”计算，如图 3-90 所示。

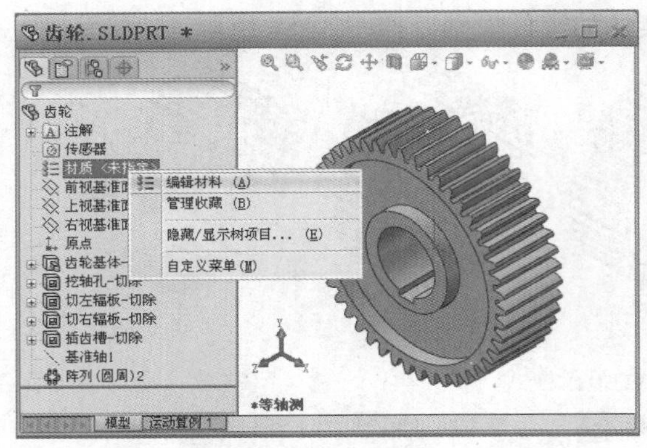

图 3-87　编辑材料

图 3-88　“材料”对话框

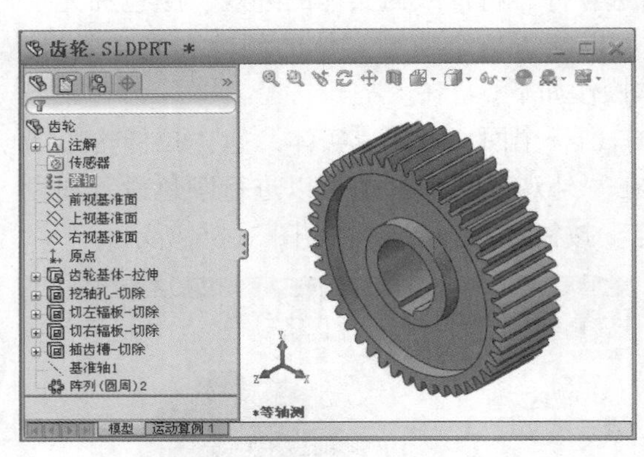

图 3-89　添加黄铜材质的效果

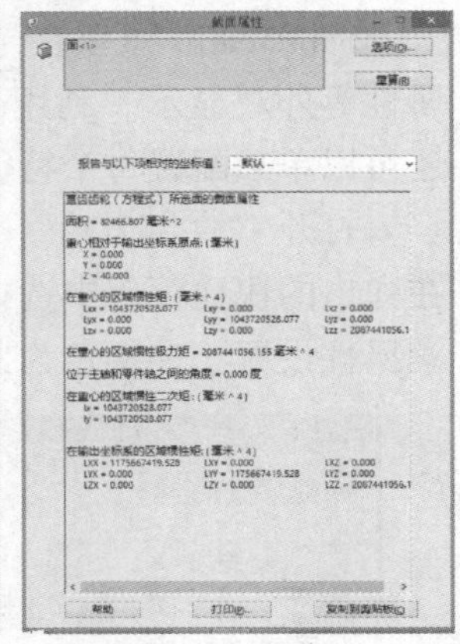

图 3-90　“质量属性”和“截面属性”对话框

2. 装配静态展示

（1）零件显示状态表达

为了组装方便和显示内部结构等，可以改变装配体外部零件的透明度、显示/隐藏等显示状态来观察内部结构。在装配设计树中，单击零部件的名称，选择更改透明度或隐藏等工具，如图 3-91 所示。

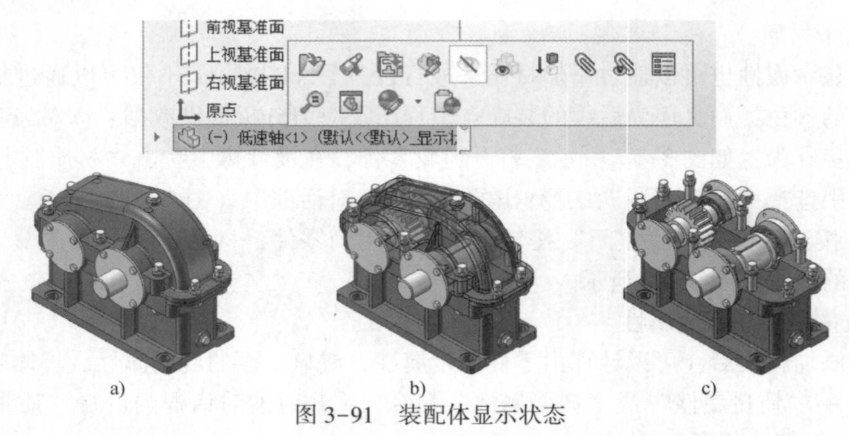

图 3-91　装配体显示状态

a）完全状态　b）更改上箱盖透明度　b）隐藏上箱盖

（2）装配体剖视表达

除了通过改变对装配体外部零件的透明度等方法来对内部结构进行显示外，SolidWorks还提供了两个装配体独有的特征：切除和钻孔，在不影响零件模型的前提下，通过对装配体进行剖切和钻孔来对装配体内部特征进行更明确的表达，操作示例如下。

打开<资源>目录下“3\ 减速器\ 减速器总装 . sldasm”装配文件，选择“插入”→“装配体特征”→“切除”→“拉伸”命令，选择下箱体底座上表面为草图绘制平面，选择“视图定向” →“正视于” ，使绘图平面转为正视方向。

单击“草图”工具栏上的“矩形”按钮，绘制切除草图的矩形轮廓，如图 3-92 所示。在图 3-93 所示的“切除-拉伸”对话框中，设“方向 1”选项组中通过控制拉伸方向，并设置为“完全贯穿”方式；在“特征范围”选项组中单击“所选零部件”单选按钮，取消选择“自动选择”复选框，单击“自动选择”下面的列表框，在设计树选中需要切除的所有零件，单击“确定”按钮，生成切除特征，如图 3-94 所示。

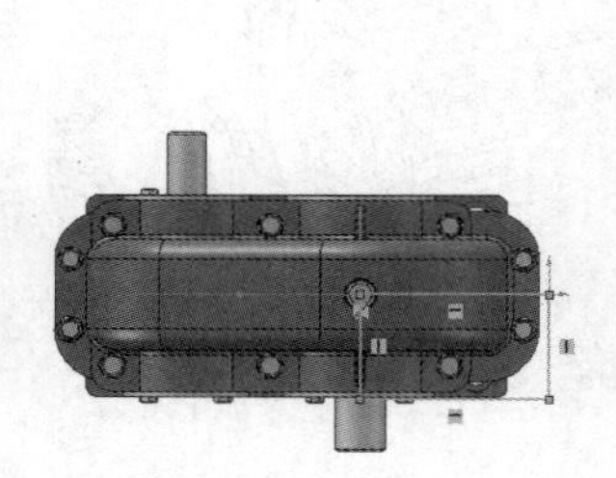
图 3-92　切除草图

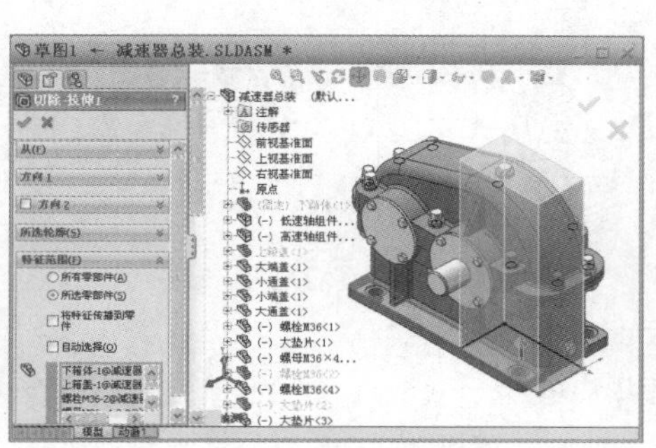
图 3-93　“切除-拉伸”对话框

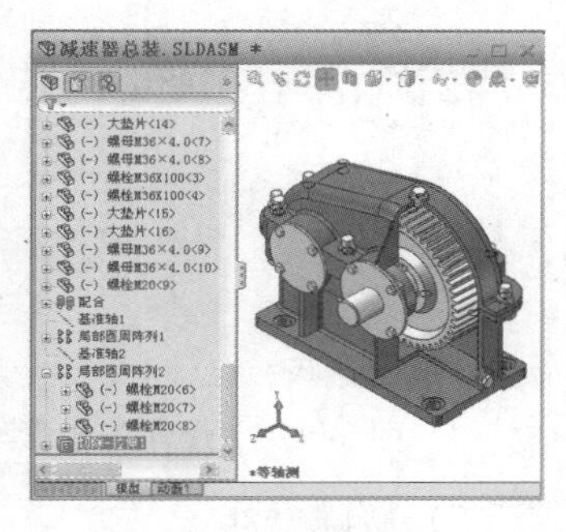
图 3-94　切除特征

（3）生成爆炸视图

装配体爆炸视图可以形象地表达零部件的拆卸顺序及其相互关系。在生成爆炸以后，在“配置”设计树中添加爆炸及其包含的爆炸步骤，通过右击每个爆炸，在弹出的快捷菜单中选择相应命令实现显示爆炸和解除爆炸、删除和重新定义。下面以生成低速轴组件爆炸视图为例说明生成爆炸视图的过程。

1）打开装配文件。

打开<资源文件>目录下“3\ 减速器\ 低速轴组件 . sldasm”装配文件。

2）拆卸右轴承。

选择“插入”→“爆炸视图”命令，如图 3-95 所示，在图形区中单击“右轴承”，然后选中操纵杆控标的水平箭头，输入移动距离为 800 mm，单击“应用”按钮预览效果，单击“完成”按钮生成“右轴承”爆炸，如图 3-96 所示。

3）爆拆其他零部件。

重复上述步骤，参照图 3-97 所示的爆炸步骤，依次将左轴承向水平轴负方向移动 100 mm，套筒和齿轮向水平轴正方向分别移动 700 mm 和 550 mm，键向垂直于轴的正方向移动 100 mm，单击“确定”按钮，完成低速轴组件的爆炸视图。

4）添加引线。

爆炸完成后，单击工具栏上的“爆炸直线草图”按钮，依次单击各圆可以添加爆炸轨迹线。注意看箭头方向，若反向，则需及时调整，如图 3-98 所示。

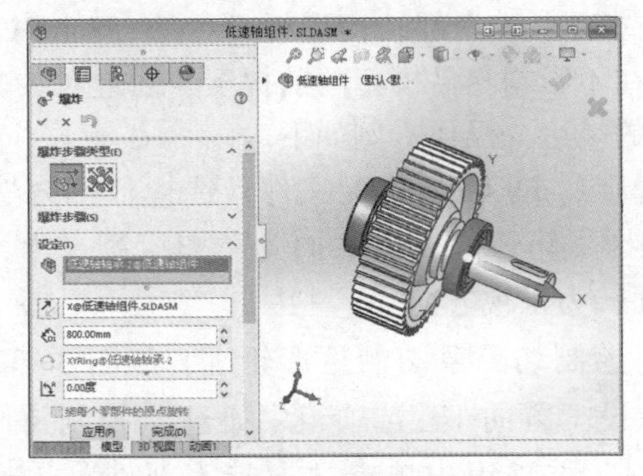

图 3-95 “爆炸”对象和爆炸方向

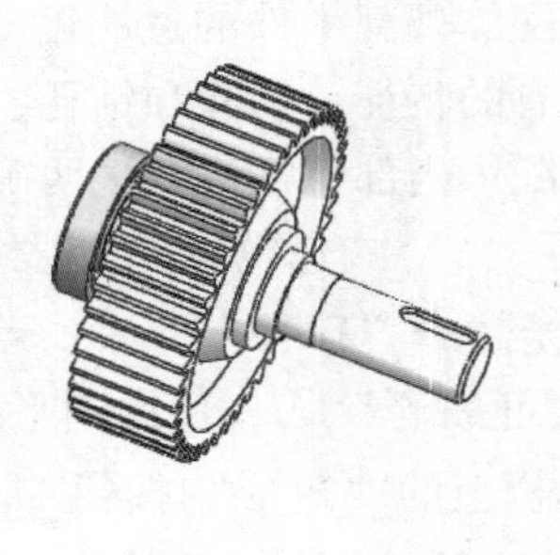

图 3-96 右轴承爆炸结果

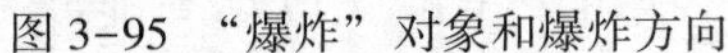

图 3-97 “爆炸”步骤与爆炸结果

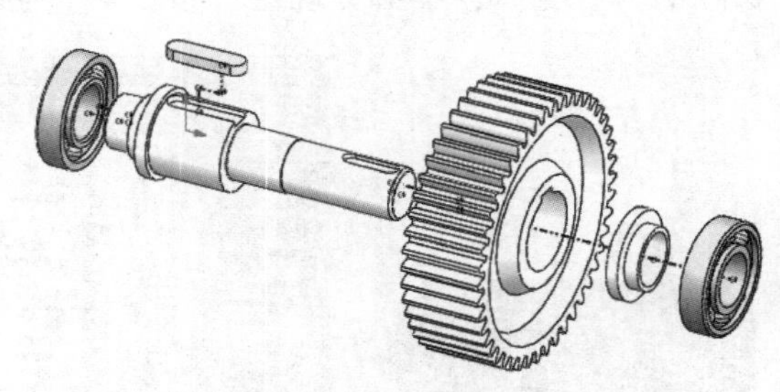

图 3-98 添加引线

5）解除爆炸。

如图 3-99 所示，单击“配置”切换到配置管理器，右击其中的“爆炸视图”，在弹出的快捷菜单中选择“解除爆炸”或“动画解除爆炸”命令，即可解除爆炸。

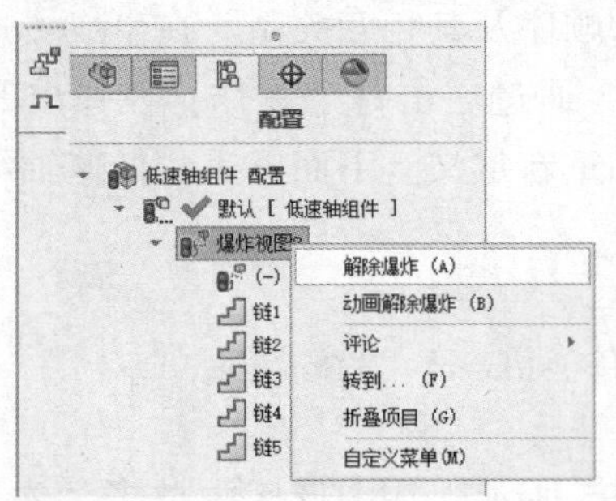

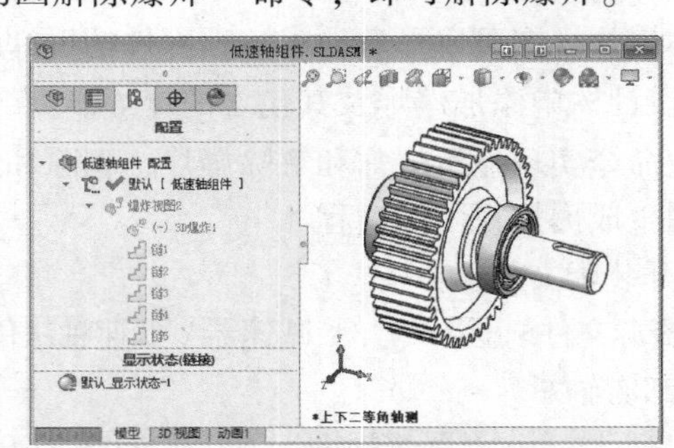

图 3-99 解除爆炸

若恢复爆炸，右击其中的“爆炸视图”，在弹出的快捷菜单中选择“爆炸”或“动画爆炸”，即可查看爆炸效果。

3. 3D PDF 文件输出

为了让客户更直观地看产品，可以将 SolidWorks 文件转 3D PDF 文件，具体操作步骤如下。

1）保存 3D PDF 文件：在 SolidWorks 中，选择“文件”→“另存为”命令，选择“文件类型”为 PDT，并且选择下面的“保存为 3D PDF”，单击“保存”按钮。

2）查看 3D PDF 文件：用 Adobe Acrobat 或者 Adobe Reader 打开刚才生成的 PDF 文件，

用相应工具可以旋转视图，也可以右键隐藏选中零件，还可以切面。

3.4.3 机械产品的动画表达

SolidWorks 通过“运动算例”能够方便地制作出丰富的产品动画演示效果，以演示产品的外观和性能，增强客户与企业之间的交流。

1. 快速入门—动画向导

借助于动画向导可以旋转零件或装配体、爆炸或解除爆炸装配体、生成物理模拟。下面以低速轴组件为例说明动画向导的使用过程。

1）生成爆炸视图。

打开“低速轴组件 . sldasm”装配文件，生成爆炸视图。

2）生成爆炸动画。

单击窗口底部的“运动算例 1”标签，单击“运动算例”管理器工具栏上的“动画向导”按钮。在图 3-100 所示的“选择动画类型”对话框中单击“爆炸”单选按钮，单击“下一步”按钮。在图 3-101 所示的“动画控制选项”对话框中设置动画播放“时间长度(秒)”为 12，运动的“开始时间（秒)”为 0，单击“完成”按钮。

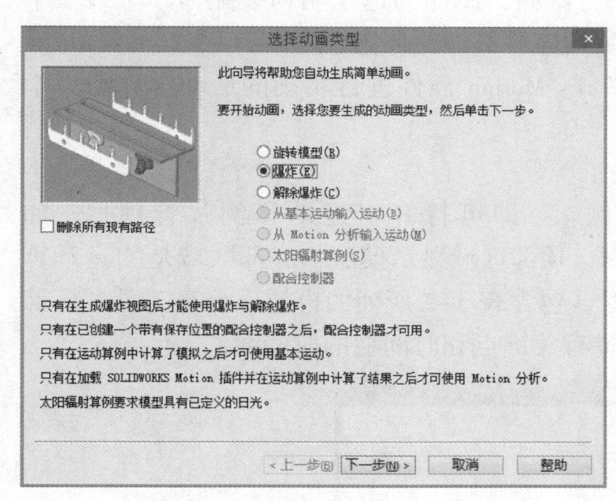

图 3-100 “选择动画类型”对话框

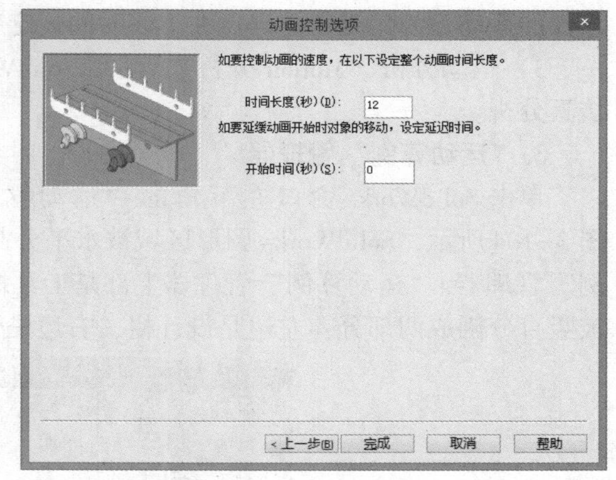

图 3-101 “爆炸”时“动画控制选项”对话框

3）生成解除爆炸动画。

单击“运动算例”管理器工具栏上的“动画向导”按钮，在“选择动画类型”对话框中单击“解除爆炸”单选按钮，单击“下一步”按钮。在图 3-102 所示“动画控制选项”对话框中设置动画播放“时间长度（秒)”为 8，运动的“开始时间（秒)”为 12（爆炸动画结束时间)，单击“完成”按钮。这样就在爆炸动画之后添加了解除爆炸动画，如图 3-103 所示。

4）播放和存储动画。

单击“运动算例”管理器工具栏的“播放”按钮播放动画。单击“SolidWorksAnimator”工具栏上的“保存”按钮并保存为 . avi 文件。

2. 运动算例简介

SolidWorks 运动算例为运动的图形模拟。在建模运动时，可利用配合约束零部件在装配体中的运动。

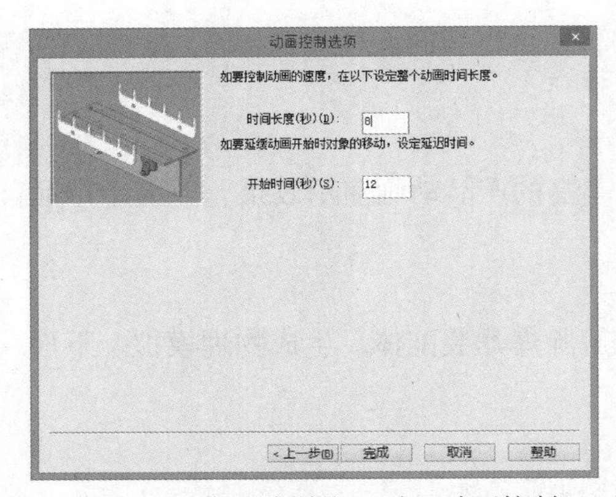

图 3-102 “解除爆炸”时“动画控制选项”对话框

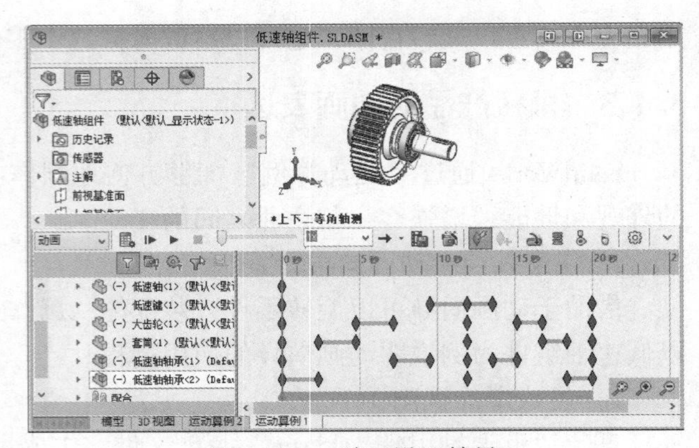

图 3-103 动画设置结果

运动算例的 MotionManage 为基于时间线的界面，包括以下运动算例工具。

1）基本运动。可使用基本运动在装配体上模仿马达、弹簧、碰撞以及引力，可用来生成基于物理模拟的演示性动画。

2）动画。可使用动画来演示装配体的运动，例如，添加马达来驱动装配体一个或多个零件的运动。使用设定键码点在不同时间规定装配体零部件的位置。

3）运动分析（Motion 分析）。使用 SolidWorks Motion 插件进行精确的运动学和动力学仿真分析。

3. “运动算例”管理器

单击 SolidWorks 窗口左下角的“运动算例 1”即可打开“运动算例”管理器。如图 3-104 所示，SolidWorks 图形区域被水平分割，顶部区域显示模型，底部区域是“运动算例”管理器。“运动算例”管理器上部是工具栏，包含表 3-7 所列的模拟成分等工具，下部被竖直分割成两部分：左边是设计树，右边是带有关键点和时间栏的时间线。

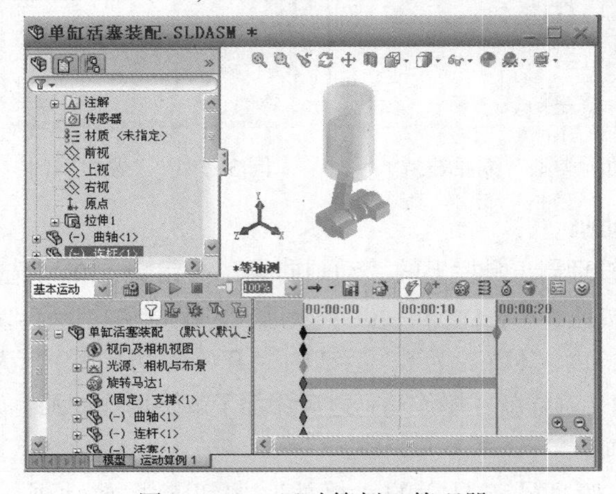

图 3-104 “运动算例”管理器

表 3-7 模拟成分及其添加方式

名　称	作　用	添加方式
线性马达	模拟线性力	单击“线性马达”按钮，选择零部件边线、表面或基准轴、基准面。通过移动速度滑杆设定速度，单击“确定”按钮

（续）

名　称	作　用	添加方式
旋转马达	模拟旋转力矩	单击“旋转马达”按钮，选择零部件边线、表面或基准轴、基准面。通过移动速度滑杆设定速度，单击“确定”按钮
线性弹簧	模拟弹力	单击“线性弹簧”按钮，选择两个线性边线、顶点作为弹簧端点。设置自由长度数值以决定弹簧是否拉伸或压缩。设定弹簧的刚度值，单击“确定”按钮
引力	模拟引力	单击“引力”按钮，选择一线性边线、平面、基准面或基准轴，移动强度滑杆设定引力强度，单击“确定”按钮

4. 装配体的基本运动

有些机械产品和机构可能在极限位置间具有运动特性，如机床导轨上的工作台、曲柄滑块机构等。SolidWorks 提供的“基本运动”可模拟马达、弹簧及引力在装配体上的效果。可展示机构在设计限制的自由度范围内按一定规律运动。

（1）生成模拟的步骤

生成模拟的步骤为：建立基本运动，然后添加表 3-7 所列的模拟成分，最后进行运动仿真。下面以单缸活塞连杆机构物理模拟为例说明物理模拟过程。

（2）单缸活塞连杆机构物理模拟

1）建立基本运动。

打开“资源文件”目录下的“3\ 单缸活塞装配 . sldasm”装配文件，在窗口左下角单击“运动算例”标签，并在“运动算例”管理器中选择“基本运动”，如图 3-105 所示。

2）添加模拟成分。

在“运动算例”管理器中单击“旋转马达”，选择“曲柄”侧面，如图 3-106 所示，在“马达”对话框中选择“旋转马达”，在“运动”选项组中设置相关参数为“等速”，“100 RPM”，单击“确定”按钮。

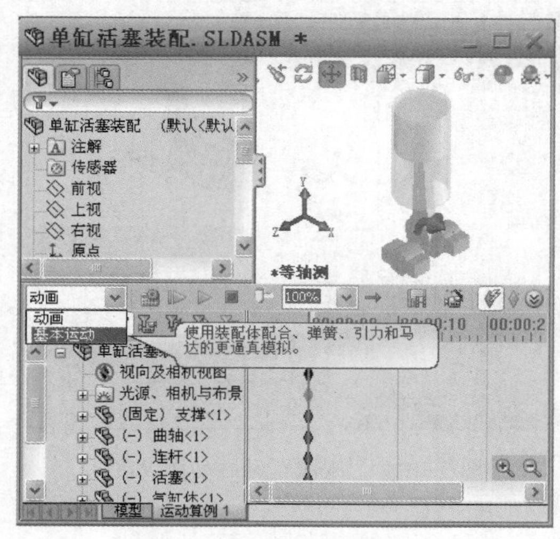

图 3-105　运动管理器

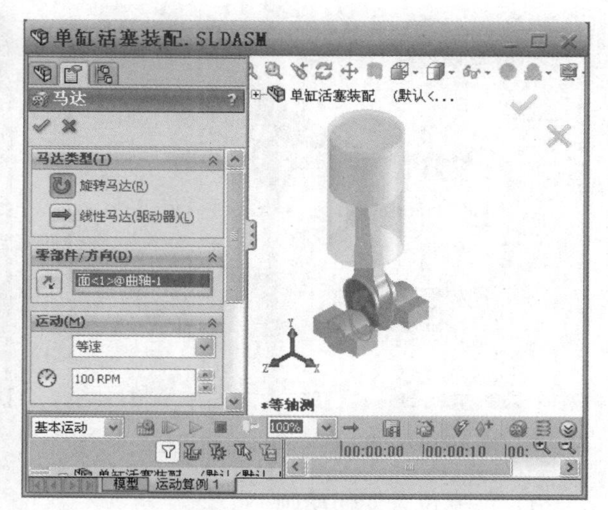

图 3-106　添加模拟成分

3）播放模拟。

在“模拟”工具栏上单击“计算模拟”按钮，在弹出的提示对话框中，单击“确定”按钮，开始播放模拟。单击“停止”按钮可停止模拟播放，单击“播放”按钮可重播模拟。

5. 高级动画

（1）动画原理

SolidWorks 不仅可以记录零部件的位置变化，还可以记录零部件视像属性，包括隐藏和显示、透明度、外观等的变化和产品渲染过程。

SolidWorks 生成动画的原理与电影相似，它先确定零部件在各个时刻的外观和“关键点”，然后计算从起点位置移动到终点位置所需的顺序。故生成一个动作的步骤如下。

1）将零件移到初始位置。

2）将时间滑杆拖到结束时间。

3）将零件移到最终位置。

（2）高级动画范例 1——液压夹具体综合动画

本范例中包括视像属性动画、位置变化动画、装配体动态剖切动画和组合动画。

1）打开运动算例。

打开<资源文件>目录下“3 \ 液压夹具体 . sldasm”装配文件，然后单击窗口底部的“动画 1”标签，在“运动算例”管理器中选择“动画”。

2）“显示/隐藏零件”动画。

如图 3-107 所示，单击设计树中的“零部件（Corps）”，并在时间栏中将该零件的“外观”对应的键码拖动到动作结束时间对应的坐标 20 处。右击“外观”，在弹出的快捷菜单中选择“隐藏”命令，自动在时间栏中添加时间线，完成“隐藏动画”的创建，如图 3-108 所示。单击工具栏的“播放”按钮▷播放动画。单击工具栏的“保存”按钮保存动画。

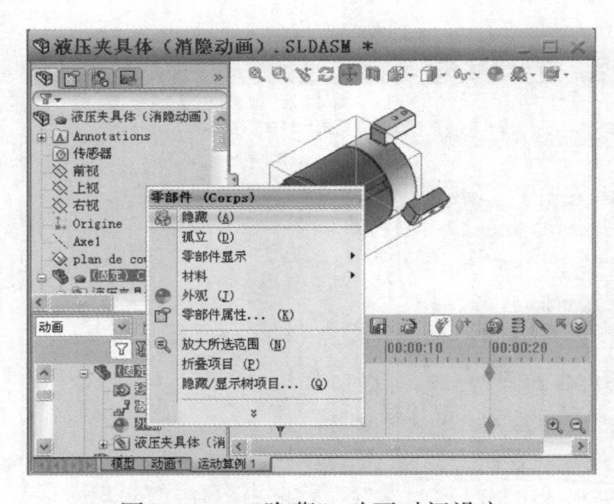

图 3-107 “隐藏”动画时间设定

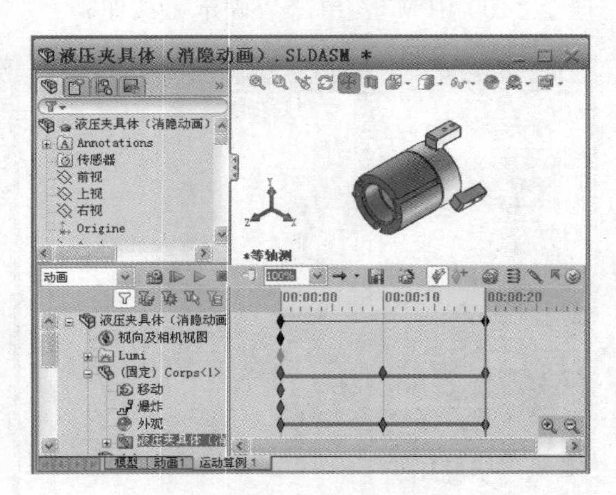

图 3-108 “隐藏”动画动作设定

3）活塞位置变化动画。

如图 3-109 所示，单击设计树中的“Piston at joints”零件，将“移动”对应的时间栏中的键码拖动到动作结束时间对应的坐标 20 处。在图形区中将“Piston at joints”零件拖动到极限位置，自动在时间栏中添加时间线。完成活塞位置变化动画的创建，如图 3-110 所示。单击工具栏的“播放”按钮▷播放动画。单击工具栏的“保存”按钮保存动画。

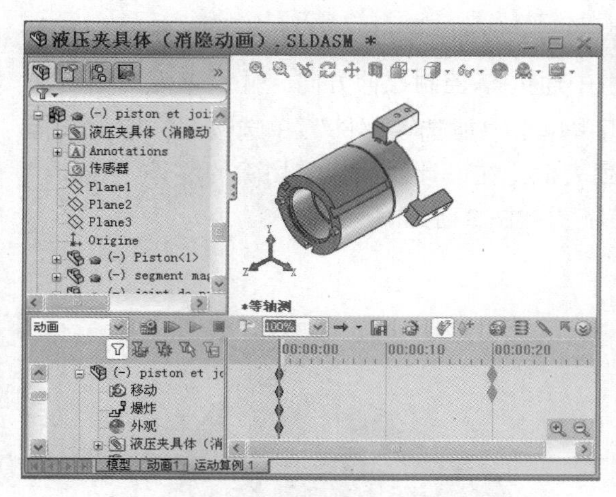

图 3-109 位置变化动画时间设定

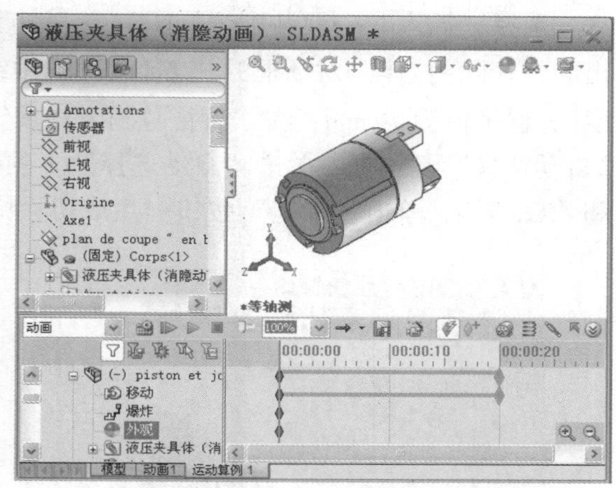

图 3-110 位置变化动画动作设定

4）剖切动画。

利用装配体独有的“切除”特征可以制作展示装配体内部特征的效果，结合动画则可制作动态剖切效果。具体思路是：在前视基准面上创建一个切除特征，其长度尺寸大于装配体的高度。添加装配体与前视基准面的“距离”配合关系，配合开始的距离为切除特征的长度，即无剖切效果；终止时的配合距离为零，即全部剖切效果。具体操作如下。

如图 3-111 所示，在特征树中右击“零部件（Corps）”，在弹出的快捷菜单中选择“浮动”命令使其可以移动。

选择“前视基准面”作为草图绘制平面，选择“视图定向”→“正视于”，使绘图平面转为正视方向。单击“草图”工具栏上的“圆”、“直线”和“剪裁实体”按钮绘制切除特征草图，如图 3-112 所示。选择“视图定向”→“等轴测”显示等轴测图。

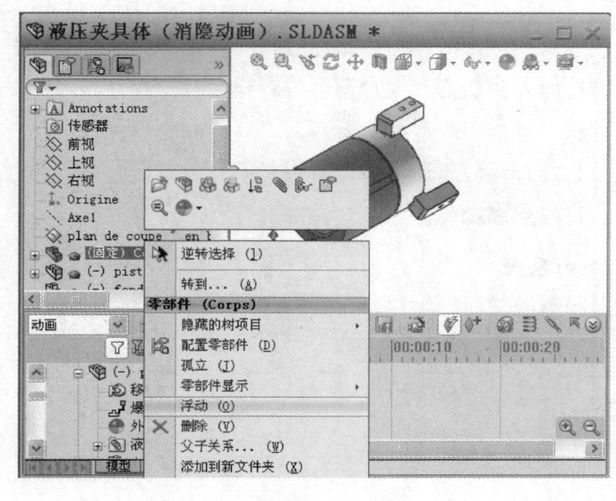

图 3-111 设定“浮动”

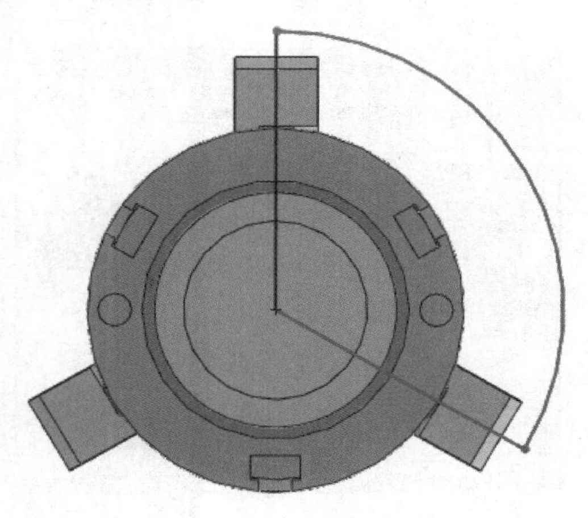

图 3-112 切除特征草图

选择“插入”→“装配体特征”→“切除”→“拉伸”命令，如图3-113所示，在弹出的“切除-拉伸”对话框的“方向1”选项组中通过控制拉伸方向，并设置为“给定深度”，深度值为70 mm；在“特征范围”选项组中单击“所选零部件”单选按钮，取消选择“自动选择”复选框，单击“自动选择”下的列表框，在设计树选择需切除的零件“Corps”和“Cache”，单击“确定”按钮生成切除特征，如图3-114所示。

图3-113 “切除-拉伸”对话框

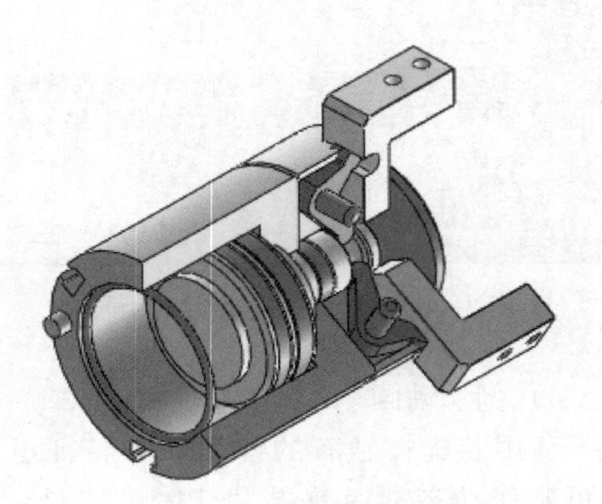

图3-114 切除模型

单击“装配体”工具栏中的“插入配合”按钮，为“前视基准面”和“Corps”的小凸台顶面添加“距离”关系，距离数值设为70 mm，如图3-115所示。

单击窗口底部的“动画”标签，切换到“运动算例”管理器窗口。如图3-116所示，单击设计树中的“距离1（前视，Corp<1>）”下的距离，将对应的键码拖动到动作结束时间对应的坐标20处。在时间坐标10对应处右击，在弹出的快捷菜单中选择“放置键码”，然后双击该键码，将数值修改为0 mm（全剖效果），单击“确定”按钮，在两键码之间生成时间线，表明完成了剖切动画的创建，如图3-117所示。单击工具栏的“播放”按钮播放动画。单击“Animator”工具栏的“保存”按钮将动画保存为“剖切动画”，也可用添加控制零件的方式生成类似动画。

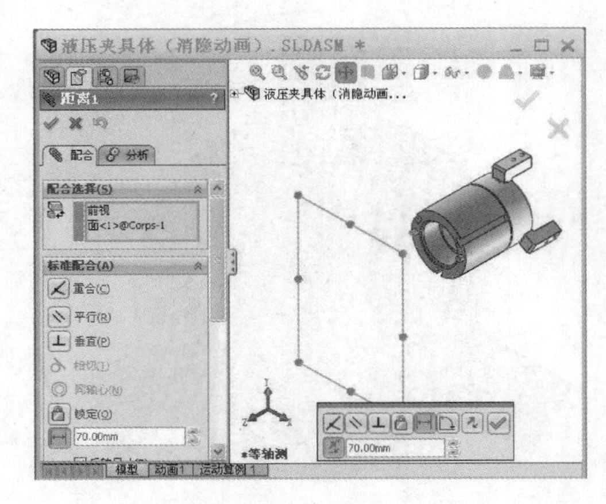

图3-115 添加“距离”关系

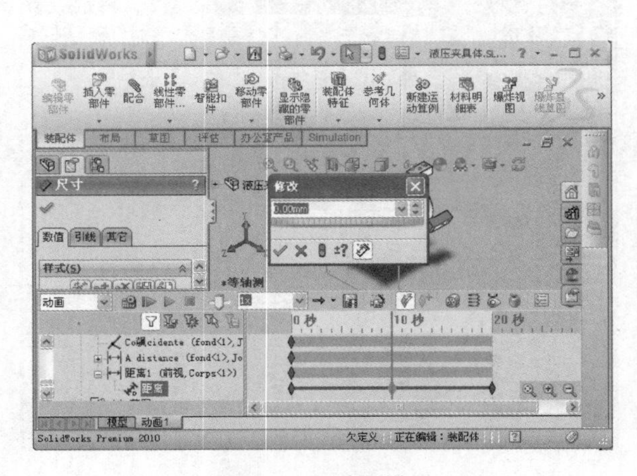

图3-116 动画设置

5）组合动画。

可以将上述动画组合在同一个文件中，并通过拖动时间栏里各动作的键码，调整其先后顺序。如图 3-118 所示，由于“显示/隐藏动画”的时间线在剖切动画时间线之前，因此组合动画的顺序为：先显示/隐藏动画，后剖切动画。

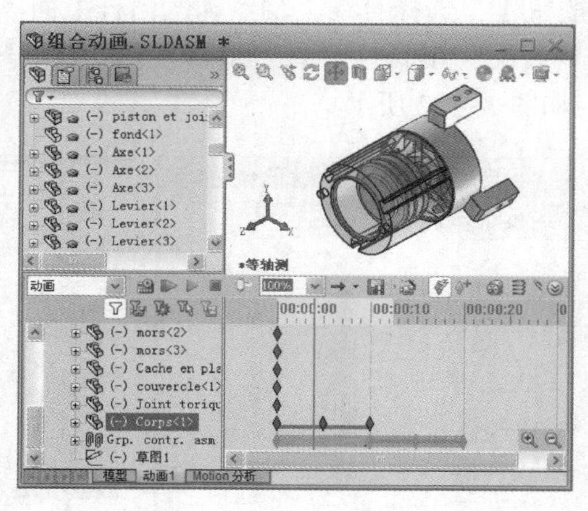

图 3-117　0~10 s 为剖切动画

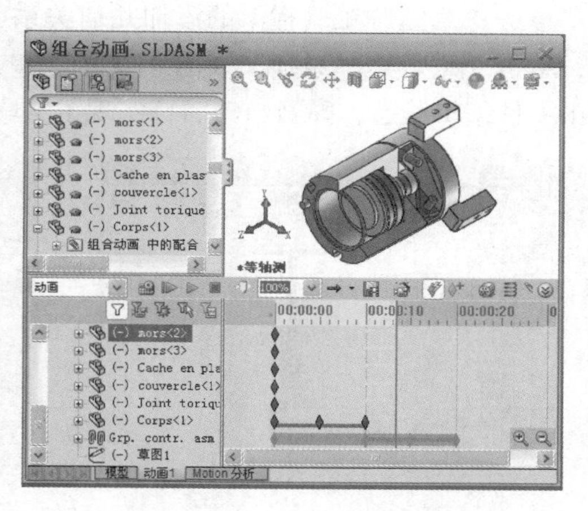

图 3-118　10~20 s 为组合动画

（3）高级动画范例 2——气门弹簧关联动画

在 SolidWorks 装配体中可以编辑一个零件，使其特征参考其他零件的特征，从而使该特征随着被参考零件特征的改变而改变，即建立了两个零件之间的关联。下面通过气门弹簧关联动画介绍关联设计技术的操作及应用。

气门弹簧的工作原理是：气门杆在气门导套中不断进行往复运动，气门杆的位置不同，气门弹簧的高度亦不同。整个过程中弹簧的圈数保持不变，气门弹簧的高度随气门杆的位置变化，即气门弹簧的高度与气门杆的位置是相关联的。

1）创建气门机构装配。

选择“文件”→“打开”命令，找到并打开“导套-气门杆组件 . sldasm”装配文件。单击“装配体”工具栏上的“插入零部件”按钮，将“气门弹簧 . sldprt”零件添加到装配体中。如图 3-119 所示，单击“装配体”工具栏中的“插入配合”按钮，为气门弹簧底面和导套底座顶面添加“重合”关系，为控制弹簧高度的直线和导套圆柱面添加“同轴心”关系，结果如图 3-120 所示。

图 3-119　气门弹簧配合对象

图 3-120　气门弹簧配合模型

2）气门弹簧关联设计。

如图 3-121 所示，在特征树中选择“气门弹簧”→“扫描特征”→“草图 1”并右击，在弹出的快捷菜单中选择“编辑草图”，进入草图编辑状态。选择“视图定向”→“正视于”，使绘图平面转为正视方向。

单击“草图”工具栏上的添加几何关系”按钮，选择直线上端点和气门杆上面下边线，单击“重合”添加“重合”关系。单击“装配”工具栏上的“编辑零件”按钮，退出零件编辑状态，弹簧与气门杆实现了关联，如图 3-122 所示。

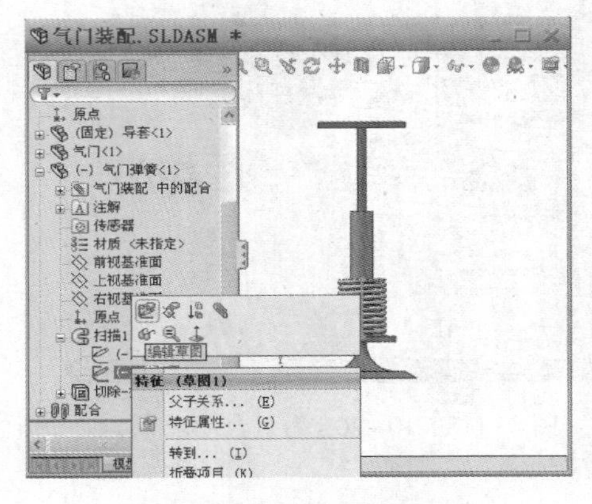

图 3-121　编辑草图

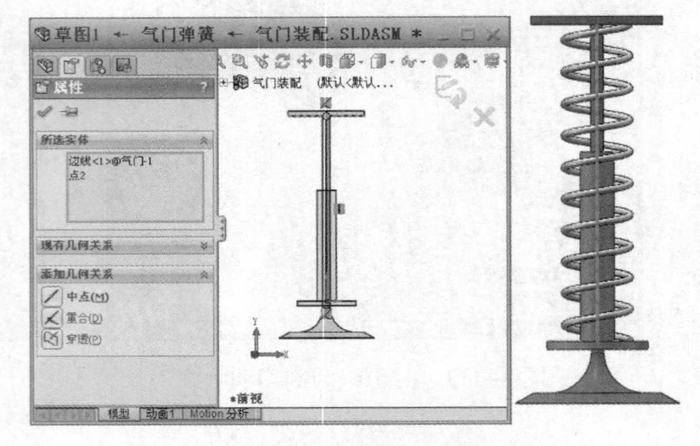

图 3-122　关联的几何关系与关联结果

3）添加位置控制配合。

为了精确控制气门杆的位置，单击“装配体”工具栏中的“插入配合”按钮，如图 3-123 所示，为气门杆平板下底面和导套底座顶面添加“距离”关系，取距离初始值为 50 mm。

4）关联动画设计。

如图 3-124 所示，单击设计树中的“距离 1（导套<1>，气门<1>）”，将对应的键码拖动到动作结束时间对应的坐标 20 处。并双击该键码，将数值修改为 35（弹簧的最小高度），单击“确定”按钮，在两键码之间生成时间线，表明完成了弹簧变形动画创建，如图 3-125所示。单击工具栏的“播放”按钮播放动画。单击工具栏的“保存”按钮将动画保存为“气门弹簧变形动画”。

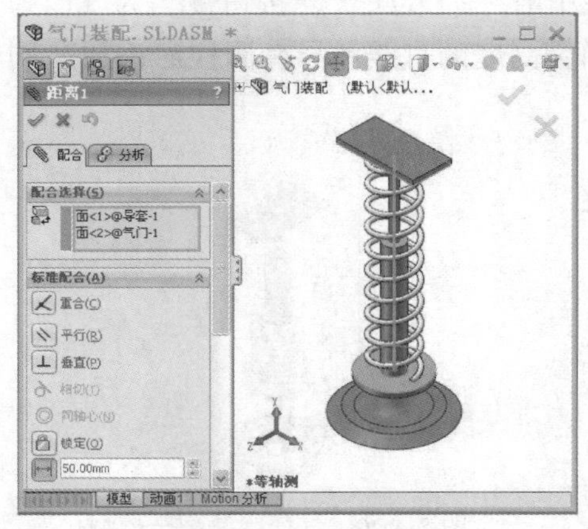

图 3-123　添加“距离”关系

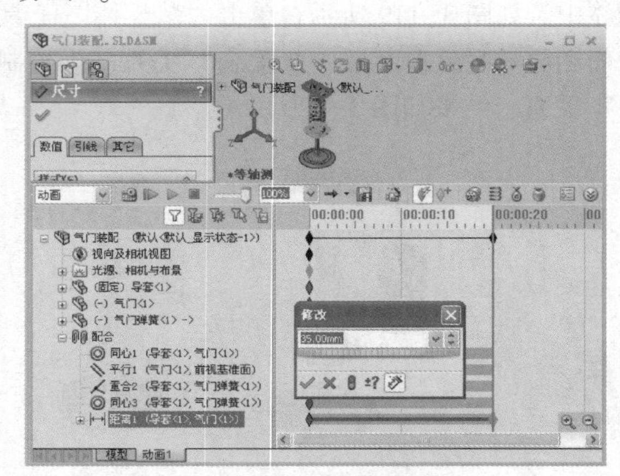

图 3-124　修改键码值

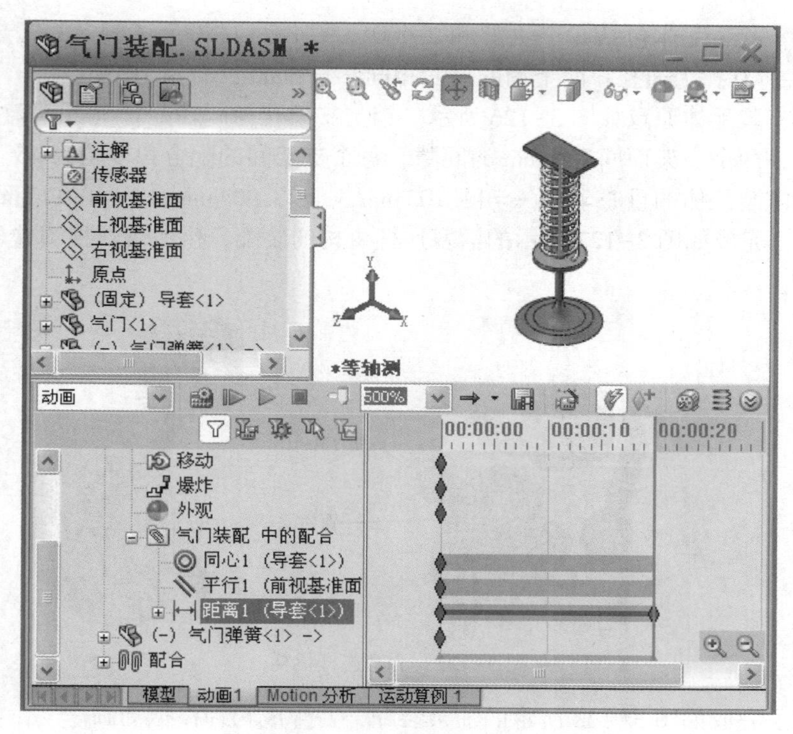

图 3-125　弹簧变形动画

习题 3

习题 3-1　简答题

1）简述装配步骤，说明如何确定基准零件，如何选择装配顺序，如何选择装配关系。

2）简述机械产品表达的类型和用途。

3）简述自上而下的设计过程。

习题 3-2　在 SolidWorks 中建立如图 3-126 所示的变速器装配体模型。

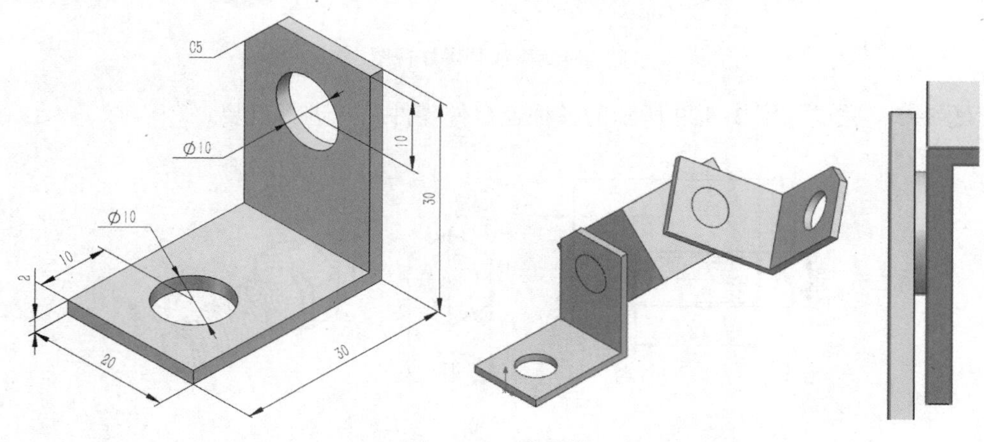

图 3-126　变速器

模型组成：此装配体包括 3 个支架和 2 个销，零件材料均为黄铜。3 个支架的尺寸相同，厚 2 mm，所有孔为通孔；两个销的尺寸相同，长 5 mm，直径 10 mm。

配合关系：装配体原点如图 3-126 所示。销与支架孔为同轴配合（无间隙），销的端面与支架面重合，两个支架面间有 1 mm 的间隙，每个支架间的配合角度均为 45°。

问题：确定装配体的重心坐标(x=11.105 mm，y =23.904 mm，z=-40.112 mm)。

习题 3-3　完成如图 3-127 所示的活塞连杆机构的装配，生成爆炸视图并显示装配和分解的动画过程。

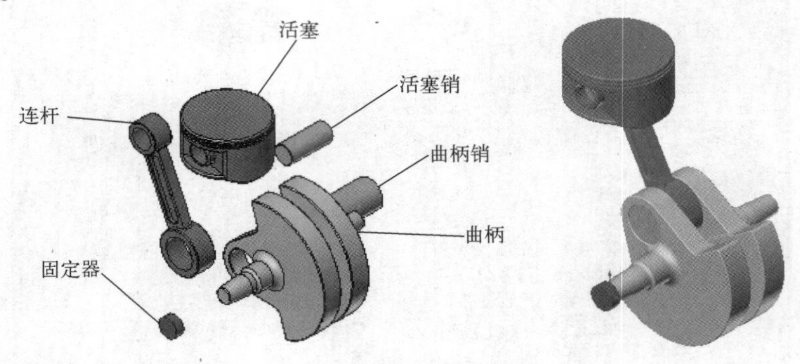

图 3-127　活塞连杆机构

习题 3-4　完成如图 3-128 所示的油泵装配，并生成物理模拟动画。

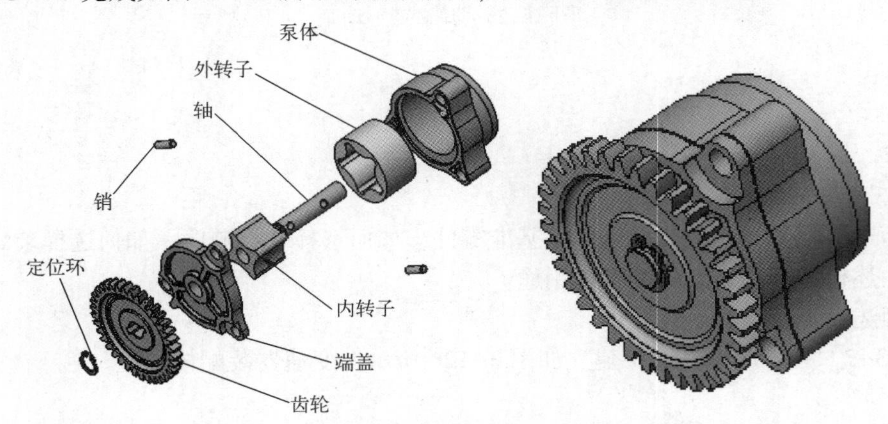

图 3-128　油泵爆炸视图

习题 3-5　完成如图 3-129 所示的各种连接件零件，并进行组装。

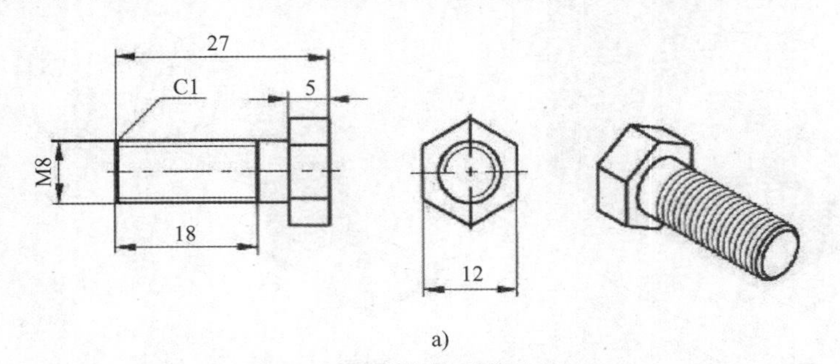

a)

图 3-129　连接件零件及装配

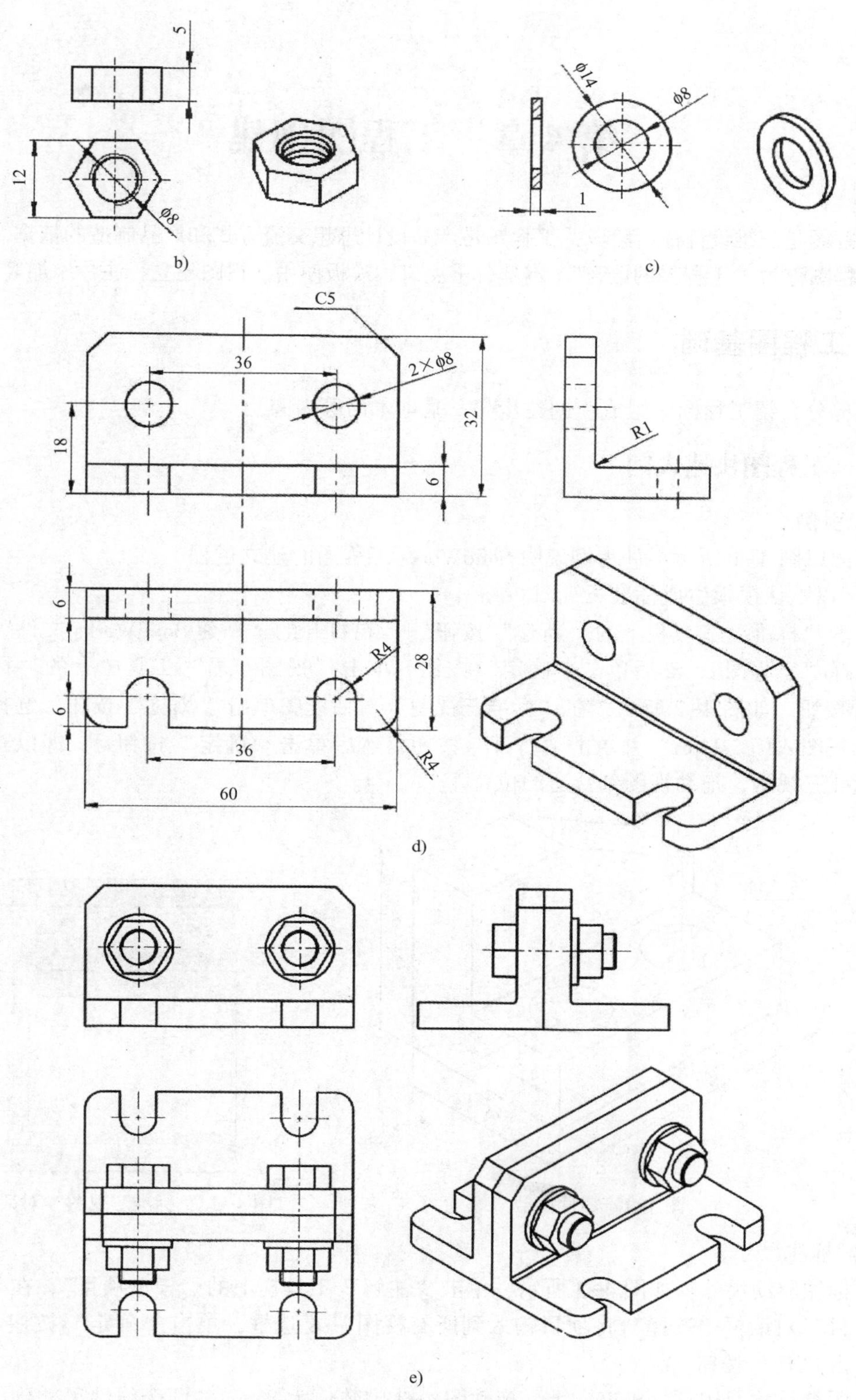

图 3-129　连接件零件及装配（续）

第4章　工程图创建

工程图是三维设计最后阶段，工程图是产品设计思想交流方式和产品制造的依据。人们常常把工程图称为“工程界的语言”。本部分重点讲解模板使用、视图建立、注释添加等知识。

4.1　工程图基础

本部分介绍工程图的组成、创建步骤、基本术语等内容。

4.1.1　工程图快速入门

1. 引例

下面以图 4-1 所示零件为例说明 SolidWorks 工程图的建立过程。

1）以默认模板生成标准三视图。

单击“标准”工具栏上的“新建”按钮，在打开的“新建 SolidWorks 文件”对话框中，选择“工程图”，然后单击“确定”按钮。单击“视图布局”工具栏上的“标准三视图”按钮。如图 4-2 所示，在“标准三视图”对话框中单击“浏览”按钮，选择零件模型“工程图入门 . sldprt”并单击“打开”按钮，然后单击“确定”按钮，即以默认模板生成标准三视图，拖动视图到合适的位置。

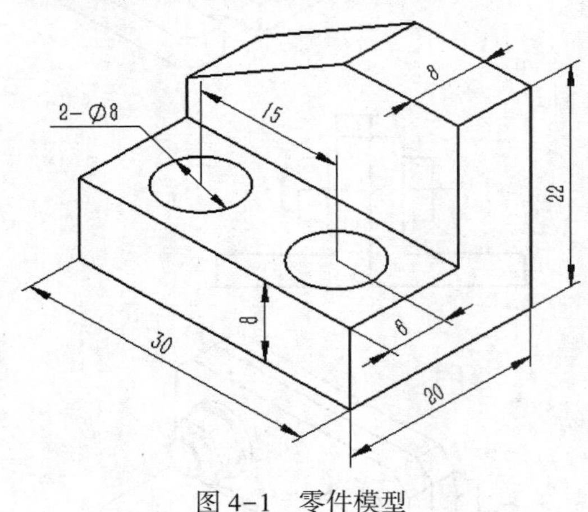

图 4-1　零件模型

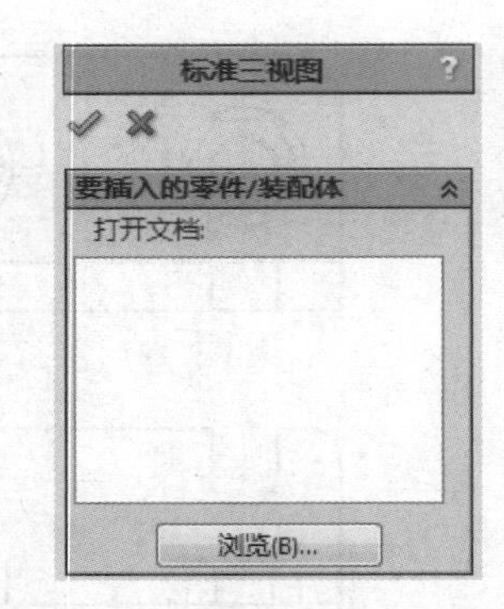

图 4-2　“标准三视图”对话框

2）标注尺寸。

- 标注驱动尺寸：如图 4-3 所示，单击“注解”工具栏上的“模型项目”，在“模型项目”对话框中选择“将项目输入到所有视图”复选框，单击“确定”按钮，再单击“是”按钮。
- 调整尺寸：按下〈Shift〉键，拖动图 4-3 中数值为 8 mm 的两个线性尺寸到图形区左视图的相应位置，如图 4-4 所示。

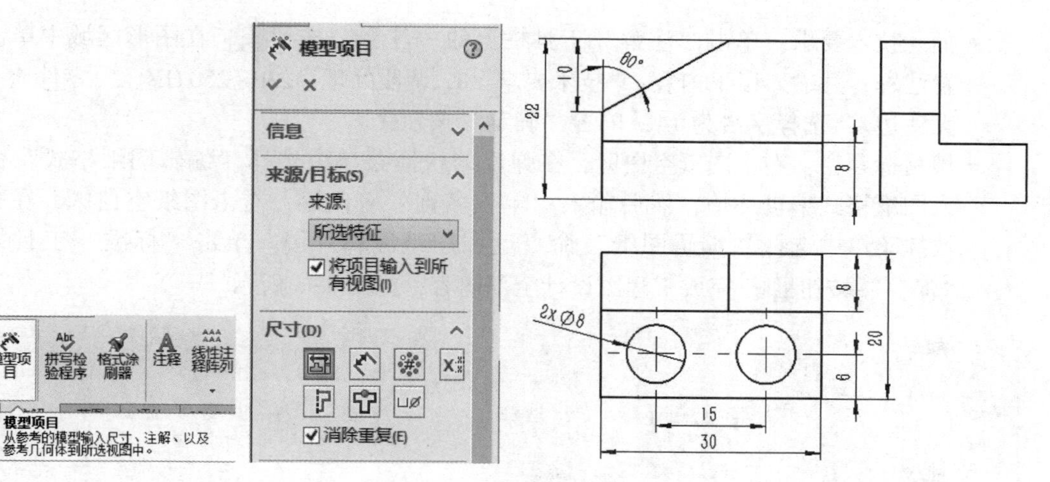

图 4-3　标注驱动尺寸

- 标注尺寸公差：单击孔间距尺寸 15，在“公差/精度”选项组中设 为“对称”，数值为 0.1 mm，如图 4-4 所示。

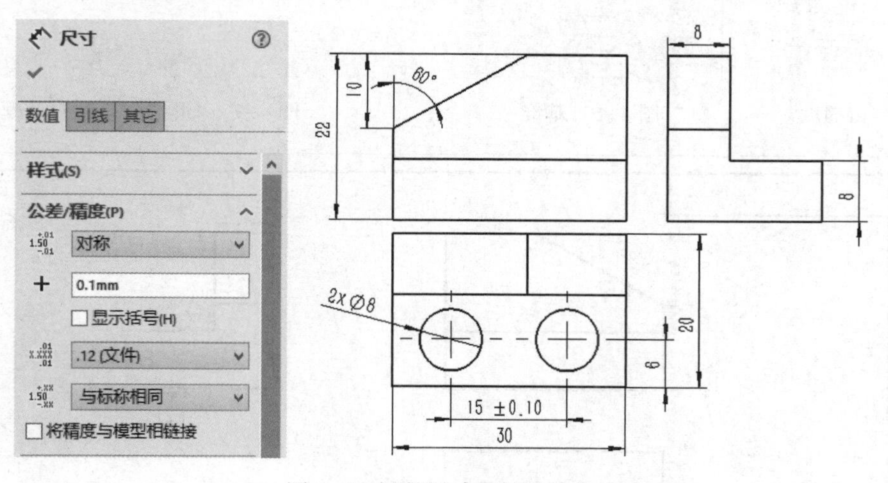

图 4-4　调整尺寸和标注公差

3）添加注解。

- 插入表面粗糙度：单击“注解”工具栏上的“表面粗糙度”按钮。如图 4-5 所示，在“表面粗糙度”对话框中选择粗糙度的“符号”为，数值为 *Ra*1.6，在图形区选中相关边线插入表面粗糙度后，单击“确定”按钮。
- 插入基准特征：单击“注解”工具栏上的“基准特征”按钮。在图 4-6 所示的“基准特征”对话框中取消选择“使用文件样式”，并依次单击 和，在图形区域中单击左视图的下边线，移动指针将引线放置在工程图视图中，单击“确定”按钮。
- 插入几何公差符号：单击“注解”工具栏上的“形位公差”按钮。在图 4-7 所示的“形位公差”对话框中，设“符号”为//，“公差 1”为 0.2，“主要”为 A。在图形区中单击左视图的上边线，移动指针定位，单击“确定”按钮，完成几何公差的标注。

- 插入技术要求：单击“注解”工具栏上的“注释”按钮A，在图形区域中单击以放置注释，并输入以下内容：“技术要求 1. 调质处理 230~250 HB。2. 零件应干净且无毛边。”选择字号为 14，单击“确定”按钮✔。
- 填写标题栏：右击图纸空白区，在弹出的快捷菜单中选择“编辑图纸格式”命令进入图纸格式编辑环境，然后输入“单位名称”等内容。右击图纸空白区，在弹出的快捷菜单中选择“编辑图纸”命令返回图纸编辑环境。单击“标准”工具栏上的“保存”按钮，完成工程图设计全部内容，如图 4-8 所示。

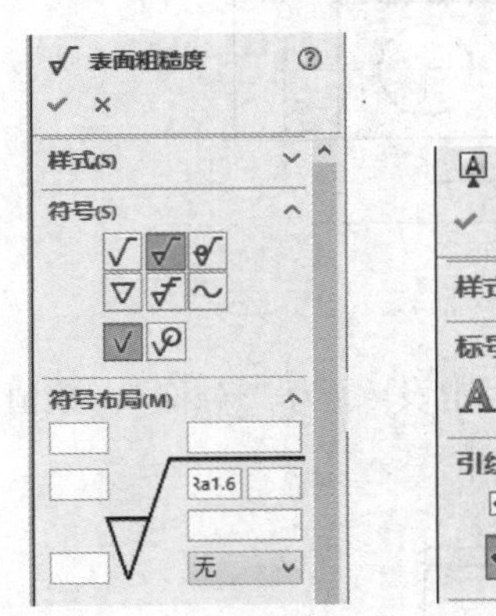

图 4-5 粗糙度

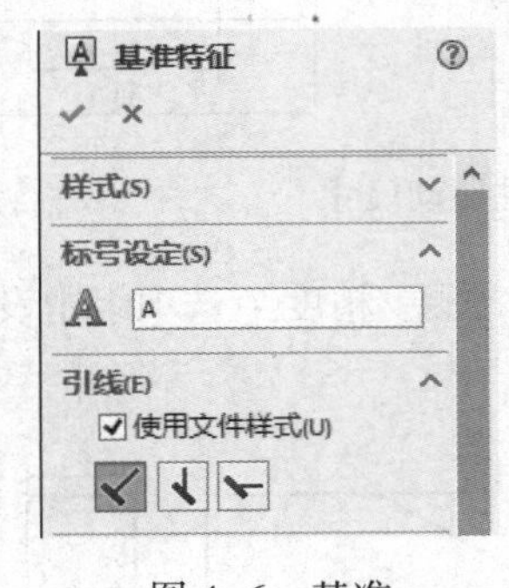

图 4-6 基准

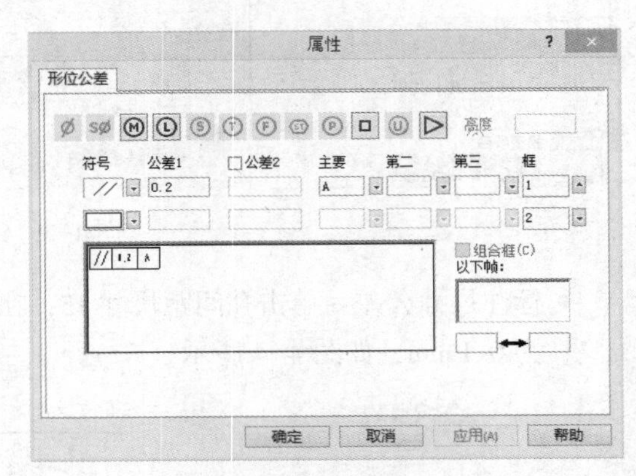

图 4-7 “形位公差”对话框

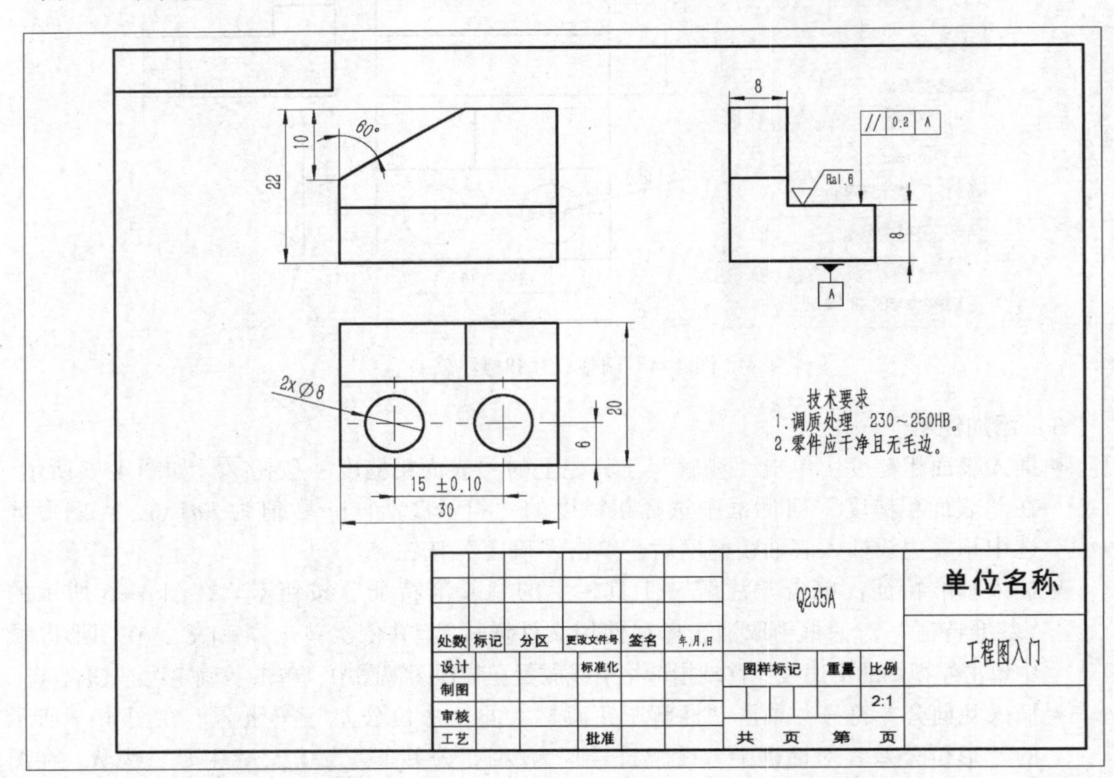

图 4-8 工程图实例

4）输出工程图。

选择“文件”→“另存为”命令，格式选“*.pdf”，然后打印。也可以直接打印，步骤为：选择“文件”→“打印”命令，弹出“打印”对话框，如图 4-9 所示。在“打印范围”选项组中，单击“所有图纸”单选按钮。单击“页面设置”按钮，弹出“页面设置”对话框，如图 4-10 所示，在“比例和分辨率”选项组中，单击“调整比例以套合”单选按钮，纸张大小选 A4，单击“确定”按钮关闭“页面设置”对话框。再次单击“确定”按钮关闭“打印”对话框并打印工程图。

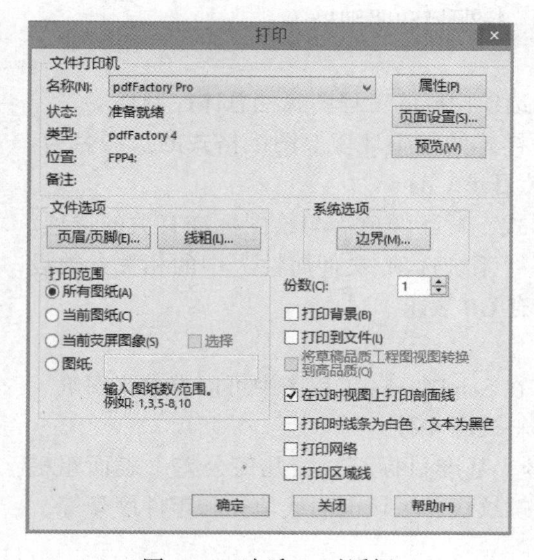

图 4-9 “打印”对话框

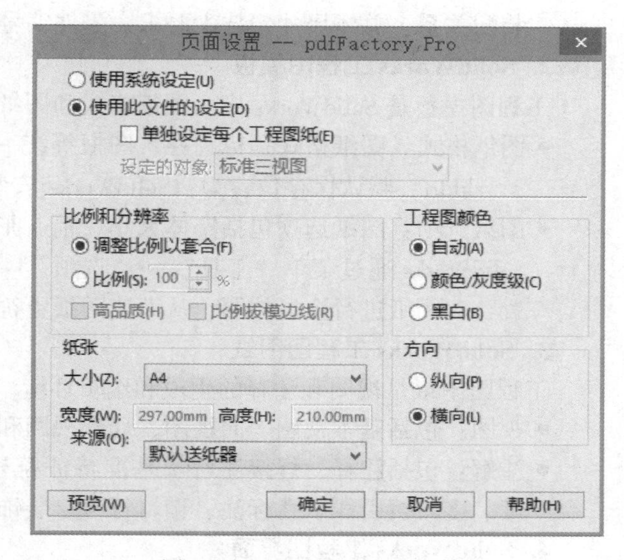

图 4-10 “页面设置”对话框

2. 创建工程图的步骤

根据上面引例中创建工程图的过程，可将在 SolidWorks 中创建工程图的步骤归纳如下。

1）选模板：设置图纸格式和图纸属性。

2）投视图：生成标准工程视图和派生工程视图，并合理布置各视图的位置和比例。

3）标尺寸：标注定形定位尺寸及其公差。

4）填注解：填写粗糙度、几何公差、技术要求、标题栏信息等注解内容。

5）出图纸：打印输出图纸、打包保存或另存为 PDF 格式输出。

4.1.2 工程图基本术语

1. 工程图

所谓工程图，就是工程上将物体按一定的投影方法和技术规定表达在图样上，用以表达机件的结构形状、大小及制造、检验中所必需技术要求的图样；是表达设计意图、确定制造依据，交流经验的技术文件。每个工程技术人员必须掌握绘制工程图样的基本理论以及绘图方法，必须具有较强的绘图和读图能力，以适应生产和科技发展的需要。

工程图包含两个相对独立的部分，即图纸格式和图纸内容。

- 图纸格式是图纸中内容不发生很大变化的部分，例如，图纸幅面定义、表格等。
- 图纸内容是表达机械结构形状的图形及说明，包括视图和注释等。“视图”是物体按正投影法在投影面上的投影；“注释”是补充说明用的文字和符号。

工程图按照表达的对象分为两种形式，即零件工作图和部件/产品装配图。

- 零件工作图（简称为零件图）是零件制造、检验和制订工艺规程的基本技术文件。包括制造和检验零件所需全部内容，例如，图形、尺寸及其公差、表面粗糙度、形位公差、对材料及热处理的说明及其他技术要求、标题栏等。
- 部件/产品装配图（简称为装配体）是一种表达机器或部件装配、检验、安装、维修服务的重要技术文件。包括组装零件所需全部内容，例如，各零件的主要结构形状、装配关系、总体尺寸、技术要求、零件编号、标题栏和明细栏等。

2. SolidWorks 工程图模板

工程图模板是 SolidWorks 中由图纸格式和图纸选项构成的工程图属性总体控制环境。

- 图纸格式：图纸格式是标题栏、图框等统一样式的编辑环境。图纸格式的扩展名为：*.slddrt，默认保存位置为：SolidWorks 安装目录\data\。
- 图纸选项：图纸选项包括字体大小、箭头形式、背景颜色等与绘图标准有关的选项。SolidWorks 通过菜单“工具”→“选项”→“系统选项/文件属性”中的相关参数设置，对图纸进行全局控制，从而使图纸更符合 GB 要求。

3. SolidWorks 工程图图纸

工程图图纸是视图和注释的生成和编辑环境。在 SolidWorks 工程图中可以有多张图纸。

- 视图：包括基本视图、向视图、局部视图和斜视图 4 种。
- 注解：包括注释、焊接注解、基准特征符号、基准目标符号、几何公差、表面粗糙度、多转折引线、孔标注、销钉符号、装饰螺纹线、区域剖面线填充和零件序号等。

4. SolidWorks 工程图界面

工程图窗口的设计树中包括图样格式和每个视图的图标。标准视图包含视图中显示的零件和装配体的特征清单；派生视图（如局部或剖面视图）包含其他特定视图的项目（局部视图图标、剖切线等）。菜单中包括全部操作命令。工具条中包括常用命令，按照“视图布局”“注解”和“草图”来布置。

4.2 工程图模板创建

在手工绘图时代，企业都会向设计人员提供规格不一的标准化空白图纸，其上已绘制好了图框、标题栏，甚至标示了企业名称和徽标，标准化空白图纸极大地减少了设计人员的工作量，并且保障了企业工程图形式上的规范。在 SolidWorks 等三维 CAD 软件中，同样提供了类似的工程图模板，用户可以在工程图模板中绘制图纸图框和标题栏等图纸格式，并且可以设定尺寸、箭头和文字的样式等图纸选项。

4.2.1 创建符合国家标准规范的图纸格式

国家标准（GB）对图纸幅面等进行了具体的规定。

1. 图纸幅面和格式的 GB 规范

图纸幅面和格式由 GB/T 14689-2008《技术制图　图纸幅面和格式》规定。

（1）图纸幅面

图纸幅面指的是图纸宽度与长度组成的图面。绘制技术图样时应优先采用图 4-11 和表 4-1所规定的基本幅面，必要时也允许加长幅面。

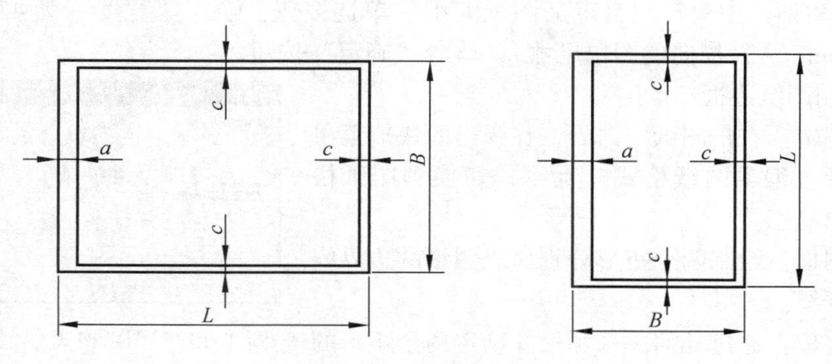

图 4-11　图纸幅面

表 4-1　图纸幅面及图框格式尺寸　　（单位：mm）

幅面代号	A0	A1	A2	A3	A4
$B\times L$	841×1189	594×841	420×594	297×420	210×297
a	25				
c	10			5	

（2）标题栏

每张图纸上都必须画标题栏。GB/T 10609. 1-2008《技术制图　标题栏》推荐的标题栏如图 4-12 所示。

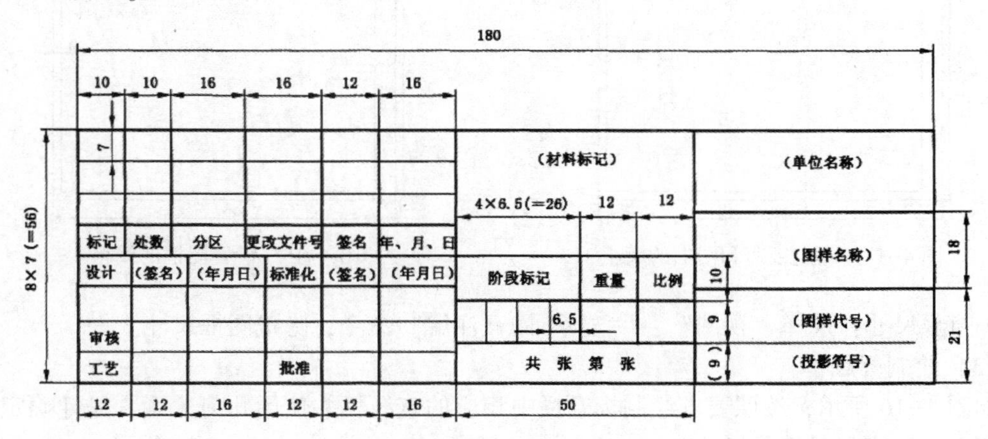

图 4-12　标题栏

2. 创建符合国家标准的图纸格式

图纸格式是指工程图中图框、标题栏，甚至标示了企业名称和徽标等保障企业工程图规范的内容。下面通过建立一个符合国家标准的 A3 图幅工程图模板说明在 SolidWorks 中图纸格式的创建和使用方法，创建步骤如下。

（1）设置图幅

选择“文件”→“新建”命令，在打开的“新建 SolidWorks 文件”对话框中，选择“工程图”，单击“确定”按钮，弹出“图纸格式/大小”对话框如图 4-13 所示。在“图纸格式/大小”对话框中单击“自定义图纸大小”单选按钮，输入“宽度”为 420 mm，“高度”为 297 mm（A3-横向的图幅尺寸），单击“确定”按钮。

（2）绘制图纸边框

- 格式编辑：右击图纸空白处，在弹出的快捷菜单中选择“编辑图纸格式”命令，切换到图纸格式编辑状态。
- 绘制图框：绘制两个矩形分别代表图纸的边界线和图框线。

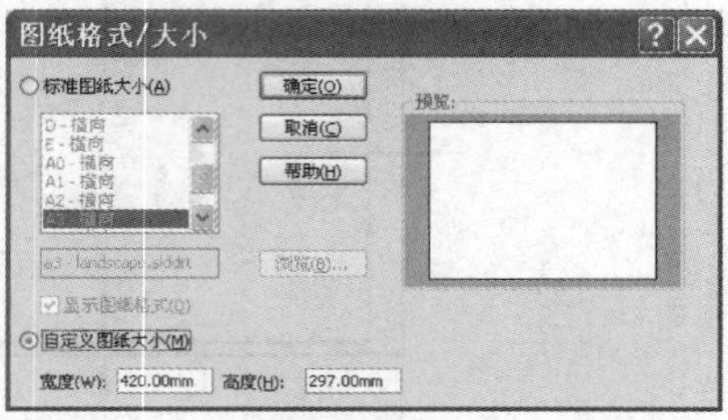

图 4-13 “图纸格式/大小”对话框

- 约束定位：通过几何关系和尺寸确定两个矩形的大小和位置。选择外侧矩形的下角点，在属性管理器的“参数”选项组中确定该点的坐标点位置（X=0，Y=0）。按住〈Ctrl〉键，选择外侧矩形的左边和下边，在属性管理器中单击“固定”为两边线建立“固定”几何关系，在标注尺寸时以这两个边定位。如图 4-14 所示，标注两个矩形的尺寸。
- 设置线型：选择“视图”→“工具栏”→“线型”命令，打开“线型”工具栏。

按〈Ctrl〉键，选择内侧代表图框的矩形，单击“线型”工具栏中的“线粗”按钮，定义 4 条直线的线型为“粗实线”，单击“确定”按钮。重复上述步骤，定义外侧代表图纸边线的 4 条直线为“细实线”，如图 4-15 所示。

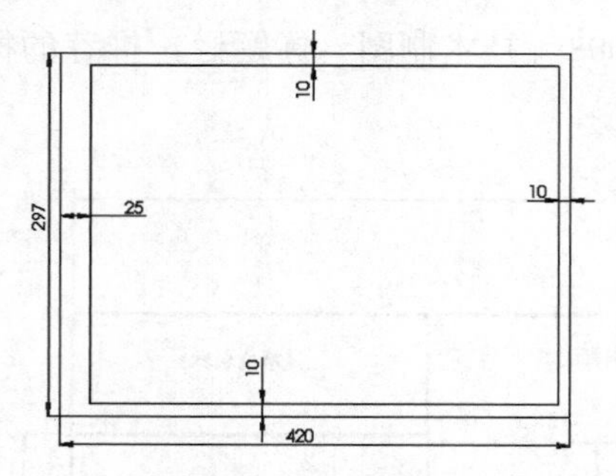

图 4-14 确定纸边和图框的大小

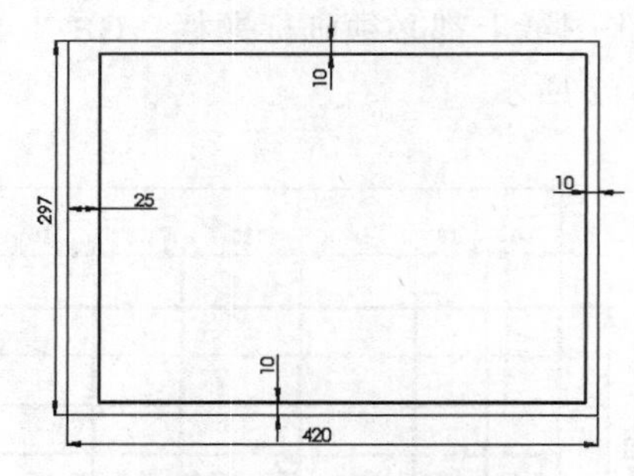

图 4-15 设置图框的线粗

- 隐藏尺寸：选择“视图”→“显示/隐藏注解”命令，隐藏图框尺寸。

（3）绘制标题栏

如图 4-16 所示，按照要求绘制标题栏中相应的直线，并使用几何关系、尺寸确定直线的位置，绘制完成后隐藏尺寸。

（4）填写标题栏

1）填写一般注释。

一般注释是工程图中固定不变的文字，如标题栏中的“设计”等。具体步骤为：单击“注解”工具栏中的“注释”按钮，如图 4-17 所示，在标题栏相应位置添加注释文字。

2）添加链接属性的注释。

① 链接比例等图纸属性。右击标题栏的“比例”下面一栏，在弹出的快捷菜单中选择

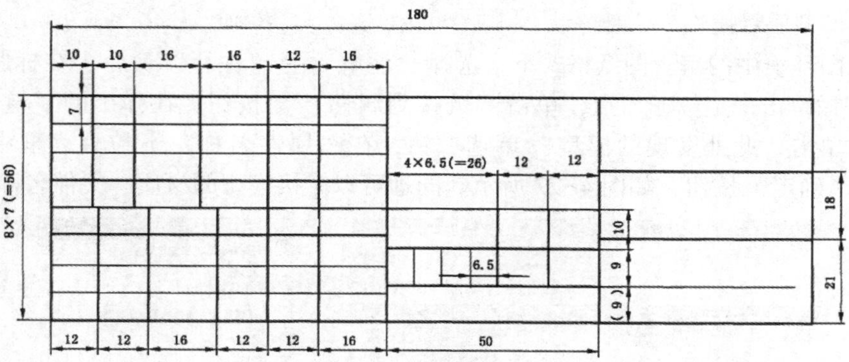

图 4-16　绘制标题栏

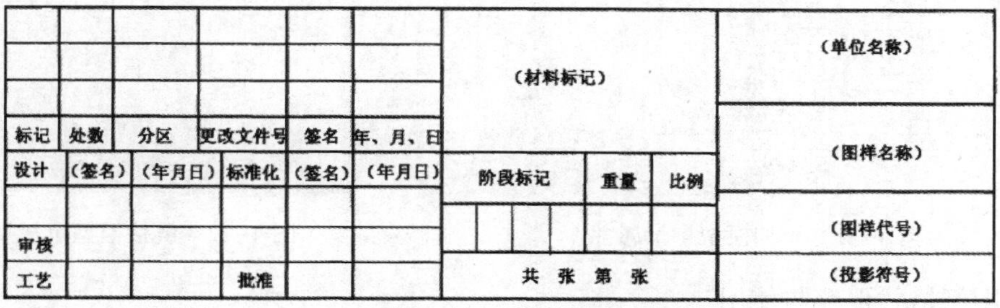

标记	处数	分区	更改文件号	签名	年、月、日	（材料标记）			（单位名称）
设计	（签名）	（年月日）	标准化	（签名）	（年月日）	阶段标记	重量	比例	（图样名称）
									（图样代号）
审核									
工艺			批准			共　张　第　张			（投影符号）

图 4-17　一般性注释

“注解” → “注释” 命令，弹出 “注释” 对话框如图 4-18 所示；单击 “链接到属性” 按钮，弹出 “链接到属性” 对话框，如图 4-19 所示；单击 “属性名称” 下拉列表框选择 “SW-图纸比例（Sheet Scale）”。注释显示图纸的比例，如图 4-20 所示。同理，可在 “图样名称” 中链接 “工程图名”，并在 “属性名称” 下拉列表框中选择 “SW-文件名称(File Name)”。

图 4-18　链接属性

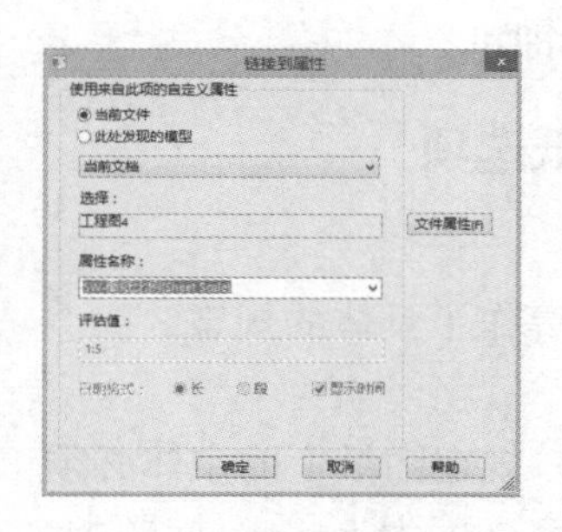

图 4-19　链接内容选择

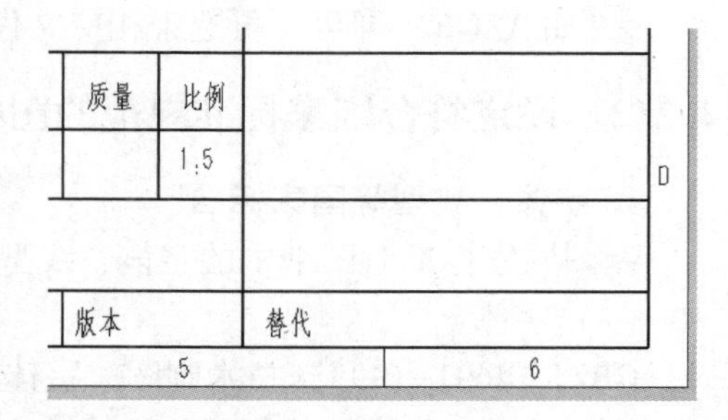

图 4-20　链接图纸比例

② 链接重量等模型属性。可以在模型文件中添加 “重量” 等属性，然后，利用链接方式将其链接到标题栏中。当模型材质变化时重量也相应改变，具体步骤如下。

● 添加模型质量属性。在模型环境中，选择 “文件” → “属性” 命令。如图 4-21 所示，在 “摘要信息” 对话框中单击 “编辑清单” 按钮，然后，在 “编辑自定义属性清单” 对话框中输入 “重量”，单击 “确定” 按钮。再在 “摘要信息” 对话框的 “属性名称” 列表中选择 “重量”，在 “类型” 列表中选择 “文字”，在 “数值/文字表达” 列表中选择 “质量”，单击 “确定” 按钮。

● 链接模型质量属性。

在工程图环境中的编辑图纸格式下，选择“注解”→“注释”命令，在标题栏的“重量”下面一栏单击来定位输入点，单击“链接到属性”按钮，在弹出的“链接到属性”对话框中，单击“此处发现的模型”单选按钮，在“属性名称”下拉列表框中选择“质量”，单击“确定”按钮，如图4-22所示。同理可以链接模型的材质、文件名称等属性。

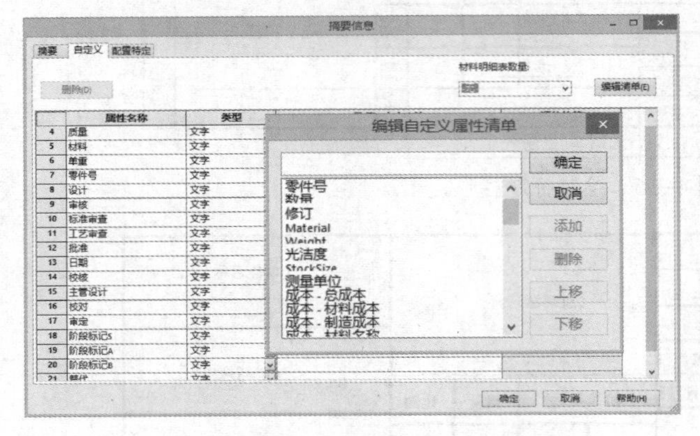

图4-21　添加模型重量属性

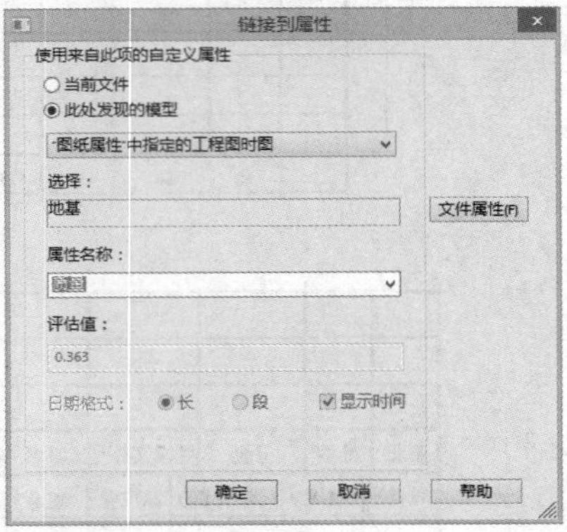

图4-22　链接模型重量属性

(5) 图纸格式保存与使用

● 返回图纸编辑状态：在图纸的空白区域右击，从弹出的快捷菜单中选择“编辑图纸”命令，并放大全图。

● 保存图纸格式：选择“文件”→“保存图纸格式”命令，保存为“A3-GB横向.slddrt”。

● 使用图纸格式：在工程图设计树中，右击“图纸格式”，在弹出的快捷菜单中选择“属性”命令，在“图纸属性”对话框的“图纸格式”中选择相应图纸格式名称（如A3GB）即可。再选中相应文件即可。

4.2.2　设定符合国家标准规范的图纸选项

1. 字体、线型等国家标准

制图国家标准对图纸中的字体、线型等作了具体的规定。

(1) 字体

GB/T 14691-1993《技术制图　字体》规定图纸上的字体必须工整、笔画清楚、间隔均匀、排列整齐。汉字应使用长仿宋体，文字高度为5 mm，标题类文字高度为7 mm；尺寸标注的字体（数字和字母）应使用国标规定的斜体，字头向右倾斜，与水平基准线成75°，对于A0、A1、A2高度为5 mm（5号字），A3、A4高度为3.5 mm（3.5号字）。

(2) 图线

根据GB/T 17450-1998《技术制图　图线》规定，在机械制图中常用的线型有实线、虚线、点画线、双点画线、波浪线、双折线等，如图4-23所示。

依据图形的复杂程度和零件的大小，以线条清晰为要求来选取图线。在同一图样中，同类图线的宽度应一致。推荐粗实线取0.5 mm，细线取粗实线的1/2，中心线和虚线的短画与间隔分别取1 mm、长画可依据图形选恰当的长度。

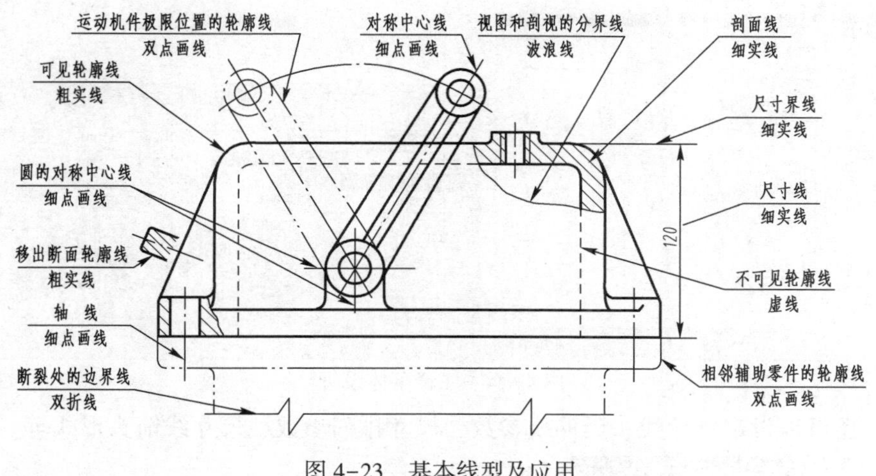

图 4-23　基本线型及应用

（3）比例

工程图中常用的比例见表 4-2。

表 4-2　常用比例

原值比例	1∶1
缩小比例	(1∶1.5)　1∶2　(1∶2.5)　(1∶3)　(1∶4)　1∶5　1∶10 1∶2×10^n　(1∶2.5×10^n)　(1∶3×10^n)　(1∶4×10^n)　1∶5×10^n　(1∶6×10^n)
放大比例	2∶1　(2.5∶1)　(4∶1)　5∶1 1×10^n∶1　2×10^n∶1　(2.5×10^n∶1)　(4×10^n∶1)　5×10^n∶1

注：n 为正整数。

2. SolidWorks 图纸选项

系统设置主要用来根据用户的需要定义 SolidWorks 的功能，且系统设置将选项对话框从结构形式上分为“系统选项”和“文档属性”两个选项卡，系统选项的设置保存在注册表中，这些设置的更改会影响当前和将来的所有文件。“文档属性”的设置保存在当前文档中，仅在该文件打开时可用。图纸选项的设置内容主要是在“文档属性”中更改，操作步骤如下。

（1）编辑文档属性

在工程图环境中选择“工具”→“选项”→“文档属性”命令，进入“文档属性”对话框。

（2）注释字体等选项设置

如图 4-24 所示，单击“注释”，在“选择字体”对话框中选择“字体”为“仿宋_GB2312”，“字体样式”为“常规”，“高度”为“3.5 mm”，单击“确定”按钮完成注释字体设置。

另外，在“注解”中可对零件序号、几何公差、粗糙度等格式进行设置。

（3）尺寸及其公差字体设置

如图 4-25 所示，在“文档属性”选项卡中，选择“尺寸”→“字体”，在“选择字体”对话框中选择“字体”为“仿宋_GB2312”，“字体样式”为“常规”，“高度”为“3.5 mm”，单击“确定”按钮；单击“公差”，在“尺寸公差”对话框中选择“公差类型”为“双边”，“字体比例”为“0.5”，单击“确定”按钮。

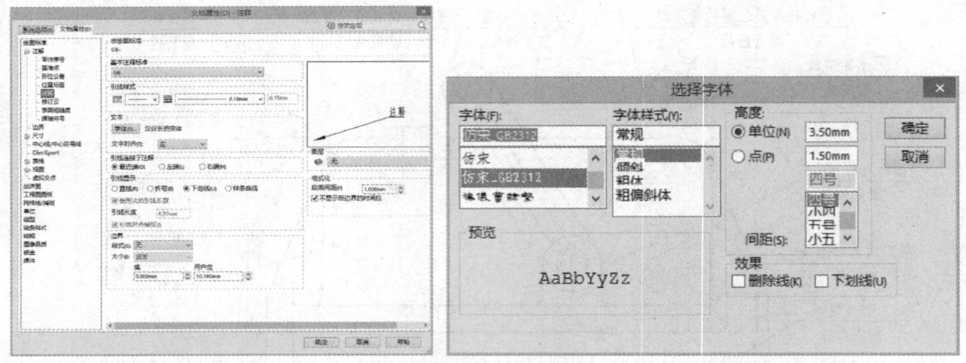

图 4-24　注释字体设置

另外，还可以设定尺寸线、延伸线参数、尺寸排列参数、尺寸线箭头形式等。

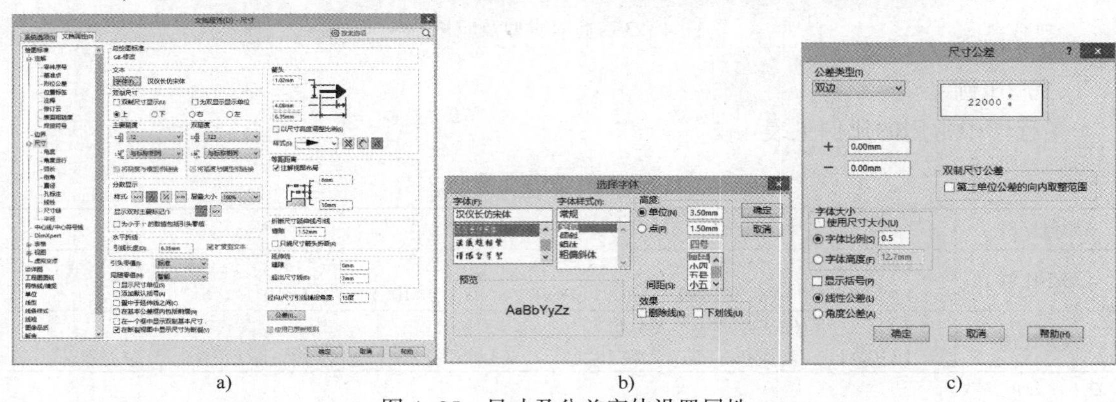

a)　　　　　　　　　　b)　　　　　　　　　　c)

图 4-25　尺寸及公差字体设置属性

a）“尺寸” 设置　b）选字体设置　c）尺寸公差设置

（4）图线设置

- 线型设置：在“文档属性”选项卡中，选择“线型”，将“可见边线”的“样式”设为“实线”，“线粗”设为“0.5mm”，单击“确定”按钮，如图 4-26a 所示。
- 中心线和中心符号显示设置：在“文档属性”选项卡中，选择“出详图”，选择“中心符号-孔-零件”和“中心线”复选框，单击“确定”按钮，如图 4-26b 所示。

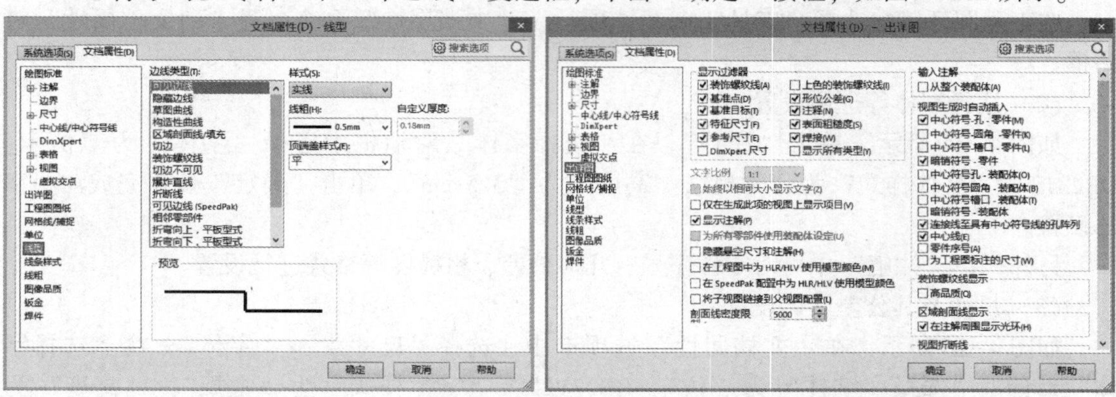

a)　　　　　　　　　　　　b)

图 4-26　线型属性

a）线型　b）出详图

- 切边隐藏设置：在“系统选项”选项卡中，选择“显示类型”，在“相切边线”选项组中单击“移除”单选按钮，单击“确定”按钮，则之后生成的视图中的相切边线不可见，如图4-27所示。
- 图纸背景颜色：在“系统选项”选项卡中选择“颜色”，在“颜色方案”列表框中选择“工程图，纸张颜色”，单击“编辑”按钮，选择所需颜色，单击“确定”按钮。

（5）图纸比例设置

如图4-28所示，在工程图的设计树中，右击“图纸1”，在弹出的快捷菜单中选择“属性”，在“图纸属性”对话框中，将图纸比例设为1:1，单击“确定”按钮。

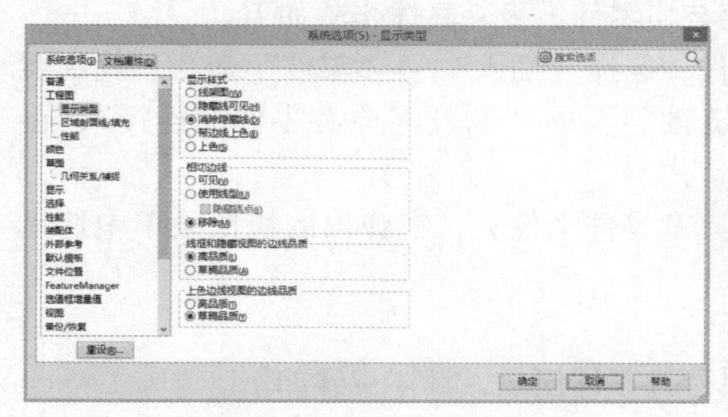

图4-27　切线边不可见设置

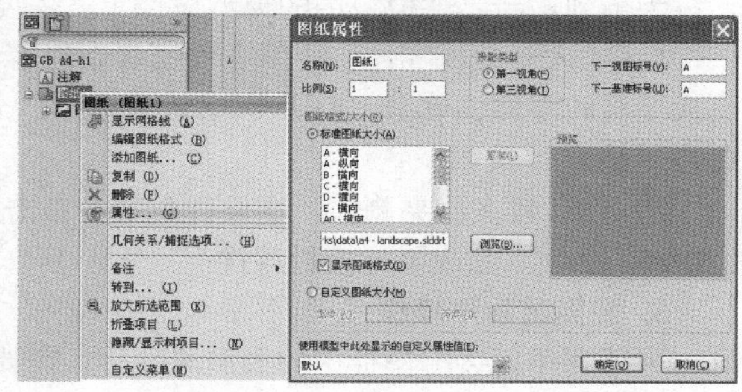

图4-28　“图纸属性”对话框

3. 保存工程图模板

完成上述图纸格式和图纸选项设置后，即可将其保存为模板文件，以便重复利用。步骤为：选择“文件”→“另存为”命令，在“保存类型”下拉列表中选择“工程图模板（*.drwdot）”，在文件名中输入“A3_横放模板.drwdot”，单击“保存”按钮。

4.2.3　工程图模板管理与使用

1. SolidWorks 文件位置设置

一般情况下，制作工程图模板是在原有模板的基础上进行必要的修改后，保存下来即可使用。SolidWorks 模板除了工程图模板外，还包括零件模板和装配模板，其文件类型分别为：*.prtdot、*.asmdot 和 *.drwdot。模板的默认保存位置为：SolidWorks 安装目录下“\data\templates”。也可以根据需要添加用户自己创建的模板文件的存储位置。添加文件位置的步骤为：在“系统选项”选项卡中，选择“文件位置”选项组中的“文件模板”，单击“添加”按钮，选中用户模板文件夹，如将<资源文件>目录下的“4\模板”文件夹复制到“C:\Solidworks data”中，将其添加到“GB 工程图模板”文件夹。

2. 使用工程图模板

选择“文件”→“新建”→“高级”命令，选中“GB 工程图模板”中的相应模板，例如，A2 横放，单击“确定”按钮，则以该模板生成工程图。

3. 更改工程图模板

1）获取新模板图纸格式：以新工程图模板建立工程图文件（不添加视图），选择“文件”→“保存图纸格式”命令，以“新图纸格式.slddrt”为名保存。

2）获取新模板图纸选项：选择“工具”→“选项”命令，在“文档属性”选项卡中选择“绘图标准”，选择“大写字母”中的“全部大写”，再单击“保存到外部文件”按钮，保存为“新文档属性 . sldstd”。

3）替换旧模板图纸格式：打开旧模板建立的工程图，在设计树中右击“图纸 1”，在弹出的快捷菜单中选择“属性”，单击“浏览”按钮，查找到上一步保存的“新图纸格式 . slddrt”，单击“应用更改”按钮，完成图纸格式替换。

4）替换旧模板图纸选项：选择“工具”→“选项”命令，在“文档属性”选项卡中选择“绘图标准”，单击“从外部文件装载”按钮，选择上一步保存的“新文档属性 . sldstd”，单击“打开”和“确定”按钮，完成文档属性替换。

4. 替换零件模板

为了利用新零件模板中的模型属性等，需要替换零件模板，具体步骤如下。

1）插入新模板零件：用新零件模板新建零件。选择“插入”→“零件”命令，找到要更换模板的零件，单击“打开”按钮，选择“链接”下的“断开与原有零件的连接”，再单击“确定”按钮✔。

2）设计树文件夹删除：在设计树中，右击原有零件文件夹，在弹出的快捷菜单中选择“删除”命令，完成零件模板替换。

5. 替换装配体模板

为了利用新装配模板中的模型属性等，需要替换零件模板，具体步骤如下。

1）插入新模板装配：用新装配模板新建装配。用“插入零部件”命令，将装配体插入装配环境。

2）解散子装配体：在设计树中，右击原有装配文件夹，在弹出的快捷菜单中选择“解散子装配体”。

4.3 工程图纸创建

工程图纸中包括表达模型结构形状的视图和以文字、符号补充说明的注解。

4.3.1 创建符合国家标准的视图

1. 视图类型

根据有关标准和规定，用正投影法所绘制的物体的图形称为视图。视图分为基本视图、向视图、剖视图和局部视图 4 种。

（1）基本视图

如图 4-29 所示，将机件置于一个正六面体投影面体系中，机件向基本投影面投影所得的视图称基本视图。向基本投影面投影可得到前、后、上、下、左、右 6 个基本视图。

（2）向视图

在主视图或其他视图上注明投射方向所得的视图为向视图。向视图是未按投影关系配置的视图。为了便于读图，向视图必须进行标注。在视图的上方用大写字母标注出视图的名称，在相应视图附近用箭头指明投射方向，并标注相同的字母。

（3）剖视图

为了清晰地表达机件的内部结构，常采用剖视的表达方法。假想用剖切面（平面或柱面）剖开机件，移去观察者和剖切面之间的部分，将其余部分向投影面投影所得到的图形称为剖视图。按剖切面剖开机件范围的大小不同，剖视图分为全剖视图、半剖视图和局部剖视图。

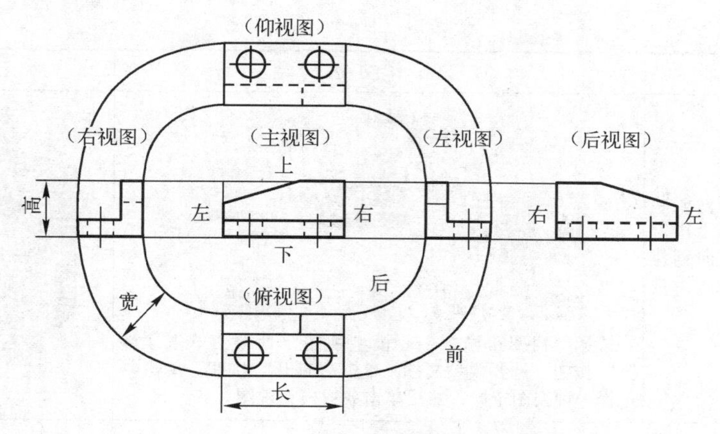

图 4-29　6 个基本视图的配置

（4）局部视图

将机件的某一局部结构向基本投影面投影所得到的视图，称为局部视图。

将机件的部分结构，用大于视图所采用的比例画出的图形称为局部放大图。

2. SolidWorks 视图创建

SolidWorks 中可以创建的视图包括以下两种。

- 标准工程视图：以零件或装配体模型生成的视图，包括标准三视图、模型视图。
- 派生工程视图：由现有视图投影得到的视图，包括投影视图、辅助视图、剖面视图、局部视图、断开的剖视图、断裂视图、剪裁视图。

SolidWorks 视图布局中包括的常用工具，如图 4-30 所示。<资源文件>目录下“4. \工程图入门 . sldprt”和“4\半联轴器 . sldprt”为例，操作步骤分别见表 4-3 和表 4-4。

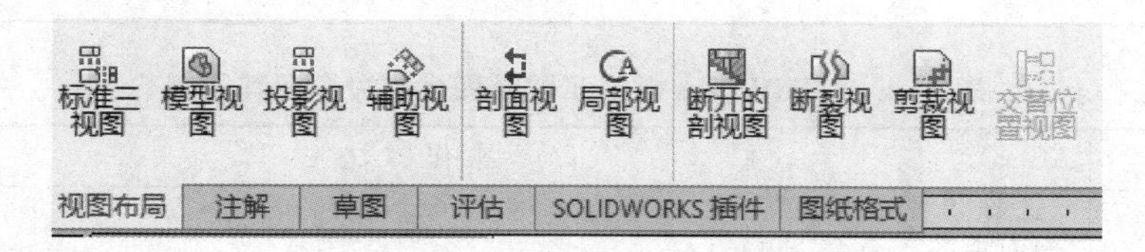

图 4-30　SolidWorks 视图布局工具

表 4-3　SolidWorks 工程视图生成命令及操作示例

名　称	功　能	操 作 方 法	示　　例
标准三视图	基于零件或装配体生成其主视图（也叫前视图）、俯视图、左视图	选择“视图布局”→“标准三视图”命令，单击“浏览”按钮，选择模型文件“资源文件\4. 工程图\工程图入门 . sldprt”，单击“打开”按钮	

（续）

名　称	功　能	操作方法	示　例
模型视图	基于零件或装配体模型中指定的视图方向创建视图（如上视图）	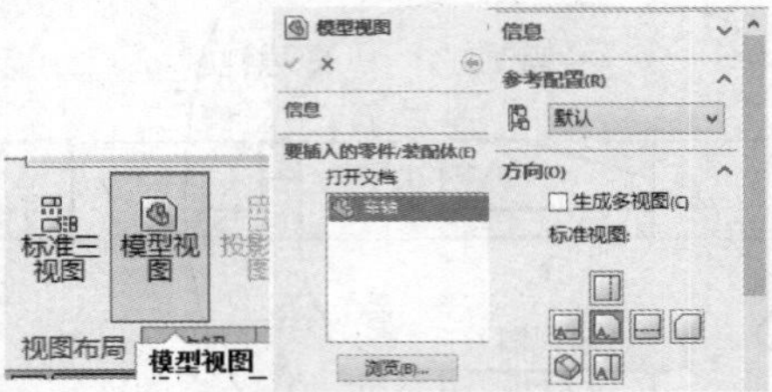 选择“视图布局”→“模型视图”命令，单击“浏览”按钮，选择模型文件，单击“打开”按钮。单击选择一种视图定向，然后单击放置模型视图	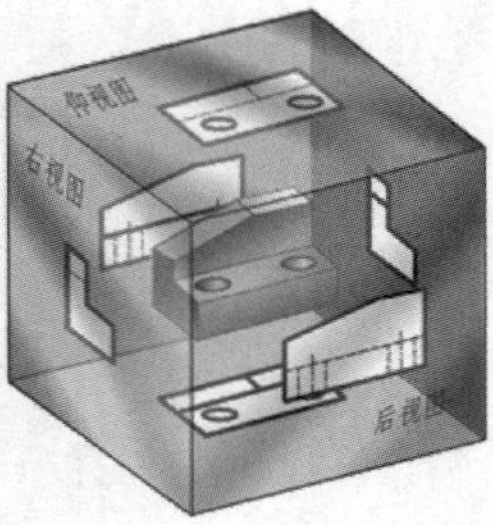
投影视图	在现有视图的上下左右4个投影方向上建立视图	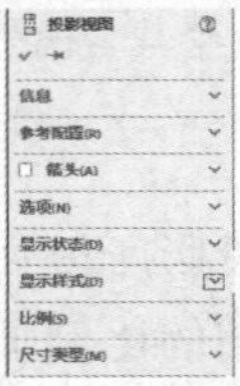 选择“视图布局”→“投影视图”命令，单击参考视图，设定“比例”等属性，向左移动鼠标，到预定位置单击放置视图	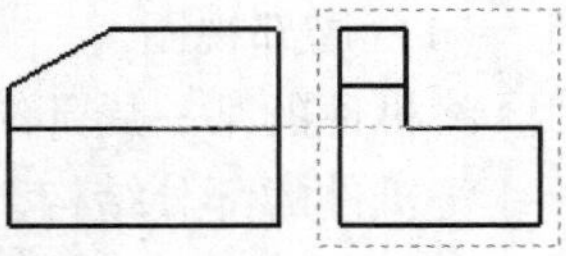
辅助视图	在垂直现有视图的一条参考边线的方向上生成视图	选择“视图布局”→“辅助视图”命令，选择视图中的斜边作为参考边线，单击放置视图，将其名称更改为“A向”	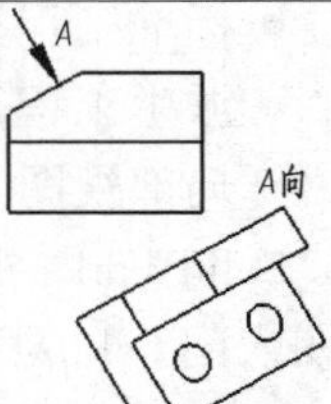

表 4-4　SolidWorks 派生工程视图生成命令及其示例

名　称	功　能	操作方法	
剖面视图	全剖	选择“视图布局”→“剖面视图”命令，单击“剖面视图”，选择“剖切方向”和“视图中心”，单击放置剖视图，右击剖切线，在弹出的快捷菜单中选择“隐藏切割线”命令，右击剖视图名称，在弹出的快捷菜单中选择“隐藏” 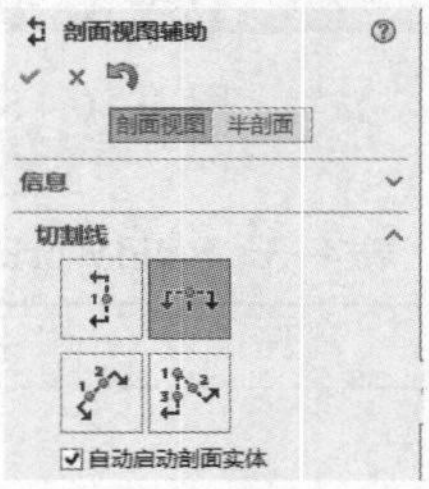 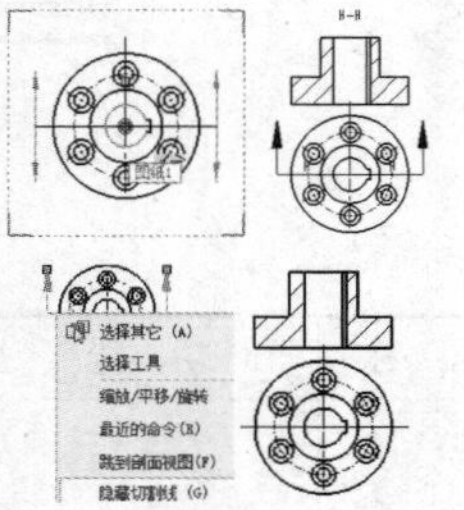	
	半剖	选择“视图布局”→“剖面视图”命令，单击“半剖面”，选择“剖切方向”和“视图中心”，单击放置剖视图，右击剖切线，在弹出的快捷菜单中选择“隐藏切割线”，右击剖视图名称，在弹出的快捷菜单中选择“隐藏” 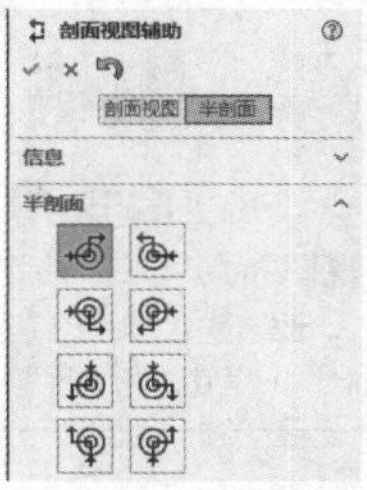 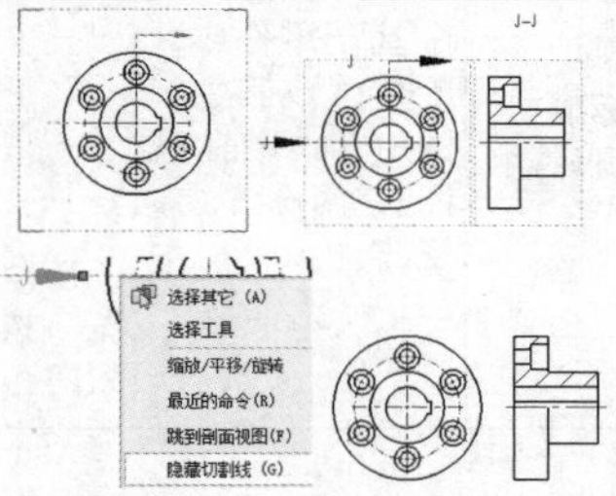	

（续）

名 称	功 能	操作方法
剖面视图	旋转剖	选择“视图布局”→“剖面视图”命令，单击“剖面视图”，选择“剖切方向”，单击视图中心和下面圆心定位起始边，单击右上角圆心，定位终止边，单击放置剖视图 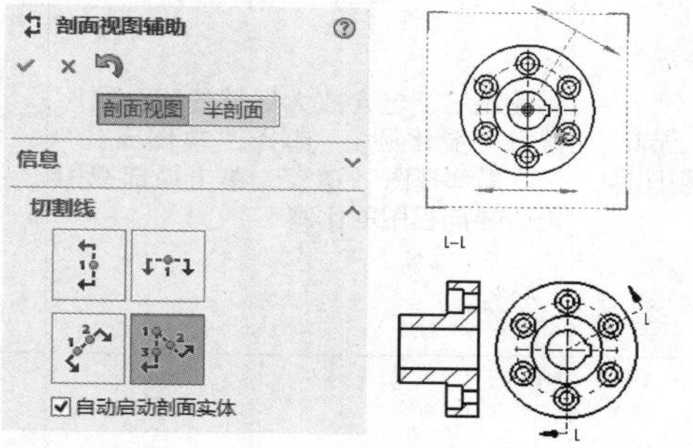
	阶梯剖	选择“视图布局”→“剖面视图”命令，单击“剖面视图”，选择“剖切方向”或，单击左侧两圆心，选中，单击转折交点，单击上圆圆心，定位终止边，单击放置剖视图 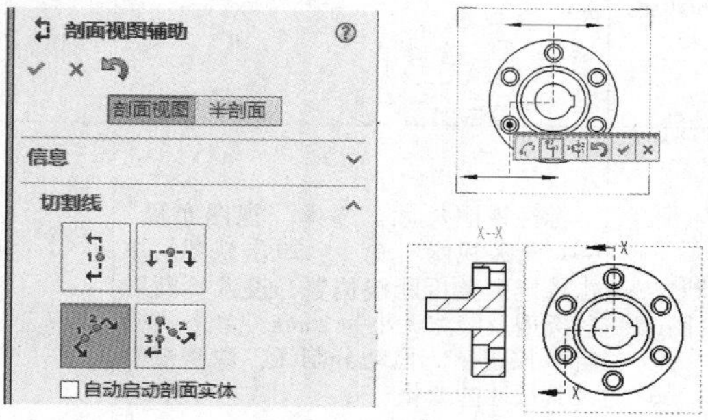
断开的剖视图	全剖	在预剖切视图中绘制覆盖全图的矩形草图，选择“视图布局”→“剖面视图”命令，按指定深度数值或选中另一视图经过中心的圆线，单击“确定”按钮 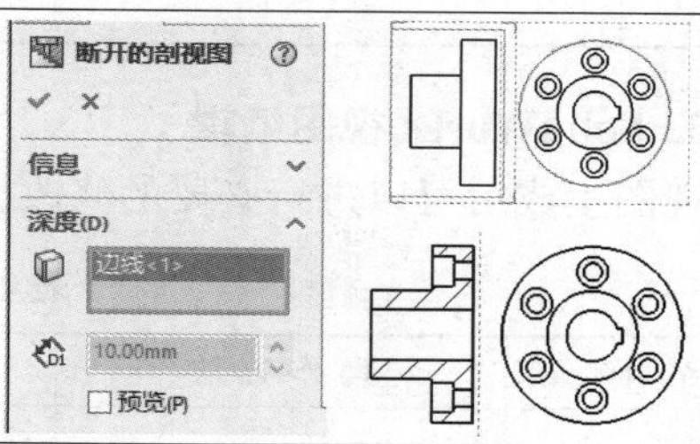
	半剖	在预剖切视图中绘制覆盖一半视图的矩形草图，选择“视图布局”→“剖面视图”命令，按指定深度数值或选中另一视图经过中心的圆线，单击“确定”按钮 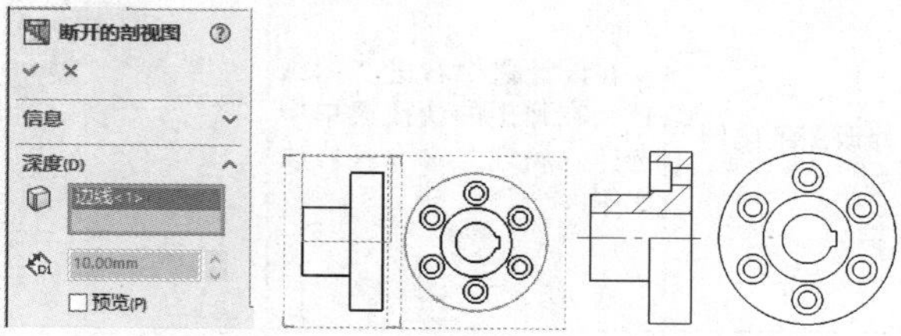
	局部剖	在预剖切视图中绘制封闭草图，选择“视图布局”→“剖面视图”命令，按指定剖切面距最外侧的深度数值（取 70 mm），单击“确定”按钮 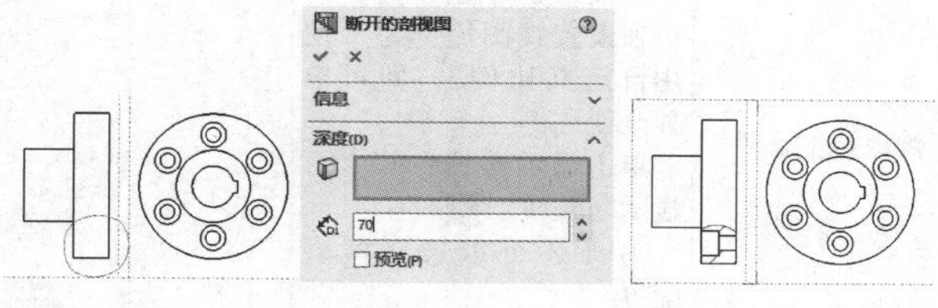

(续)

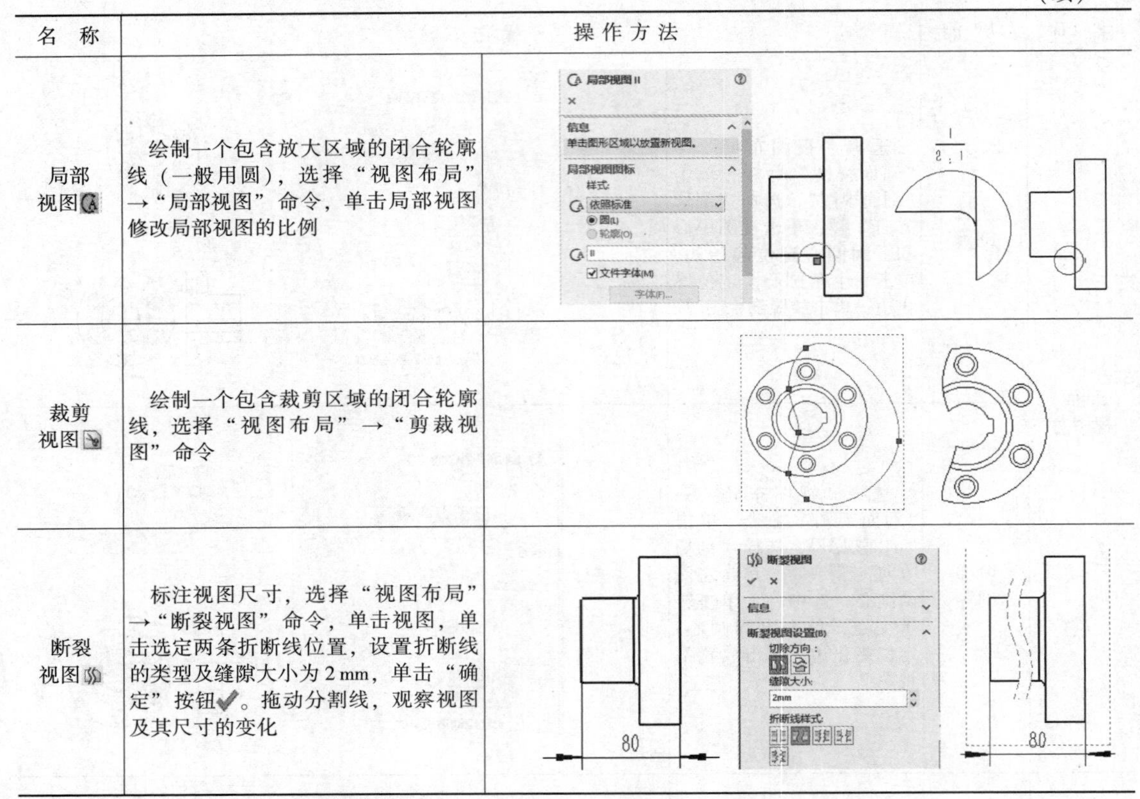

名　称	操作方法	
局部视图	绘制一个包含放大区域的闭合轮廓线（一般用圆），选择“视图布局”→“局部视图”命令，单击局部视图修改局部视图的比例	
裁剪视图	绘制一个包含裁剪区域的闭合轮廓线，选择“视图布局”→“剪裁视图”命令	
断裂视图	标注视图尺寸，选择“视图布局”→“断裂视图”命令，单击视图，单击选定两条折断线位置，设置折断线的类型及缝隙大小为 2 mm，单击“确定”按钮。拖动分割线，观察视图及其尺寸的变化	

3. SolidWorks 视图编辑

视图生成后可以进行必要的修改，常用修改命令见表 4-5。

表 4-5　常用视图编辑方法

名　称	操作方法	示　例
修改图纸比例	在设计树中右击“图纸 1”，在弹出的快捷菜单中选择“属性”命令，修改比例	
修改视图属性	在图形区单击视图，可单独设置视图比例为“使用自定义比例”，即可单独改变比例 单击显示样式中的“可显示隐藏线” 另外还可以选择模型配置	

（续）

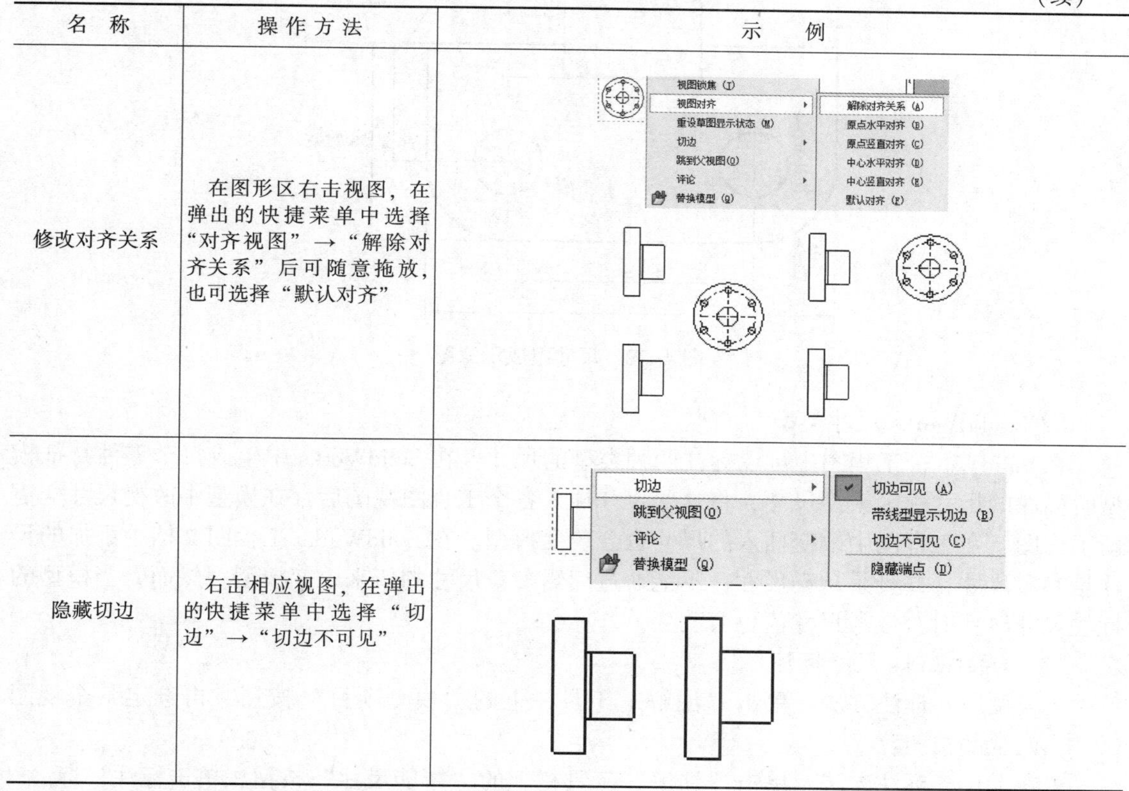

名　称	操作方法	示　　例
修改对齐关系	在图形区右击视图，在弹出的快捷菜单中选择“对齐视图”→“解除对齐关系”后可随意拖放，也可选择“默认对齐”	视图锁焦 (T) 视图对齐 重设草图显示状态 (M) 切边 跳到父视图(O) 评论 替换模型 (Q) 解除对齐关系 (A) 原点水平对齐 (B) 原点竖直对齐 (C) 中心水平对齐 (D) 中心竖直对齐 (E) 默认对齐 (F)
隐藏切边	右击相应视图，在弹出的快捷菜单中选择“切边”→“切边不可见”	切边 跳到父视图(O) 评论 替换模型 (Q) 切边可见 (A) 带线型显示切边 (B) 切边不可见 (C) 隐藏端点 (D)

4.3.2　添加符合国家标准的注解

注解包括尺寸、注释、焊接注解、基准特征符号、基准目标符号、形位公差、表面粗糙度、多转折引线、孔标注、销钉符号、装饰螺纹线、区域剖面线填充和零件序号等。注解工具如图 4-31 所示。

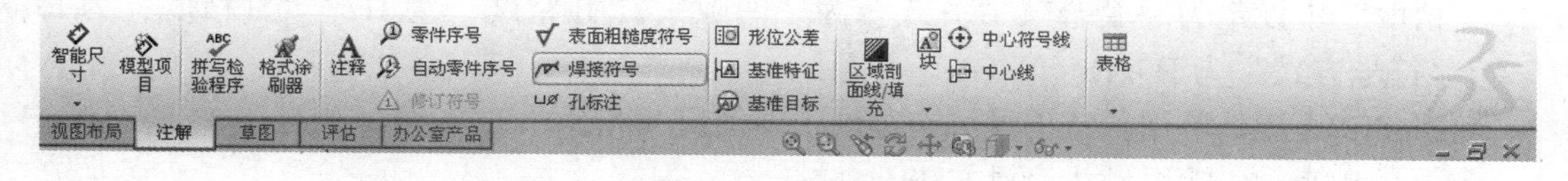

图 4-31　注解工具

1. 中心线和中心符号线添加

在工程视图标注尺寸和添加注释前，应先用“中心线”和“中心符号线”工具添加中心线或中心符号线。

2. 尺寸标注

（1）尺寸标注规则

工程图纸中的尺寸由数值、尺寸线等组成，如图 4-32 所示。尺寸标注应满足以下规则：所标尺寸应为机件最后完工尺寸；机件的每一尺寸，只应在反映该结构最清晰的图形上标注一次；尺寸数字不可被任何图线所通过，当无法避免时，必须将该图线断开；当圆弧>180°时，应标注直径符号；圆弧≤180°时，应标注半径符号。

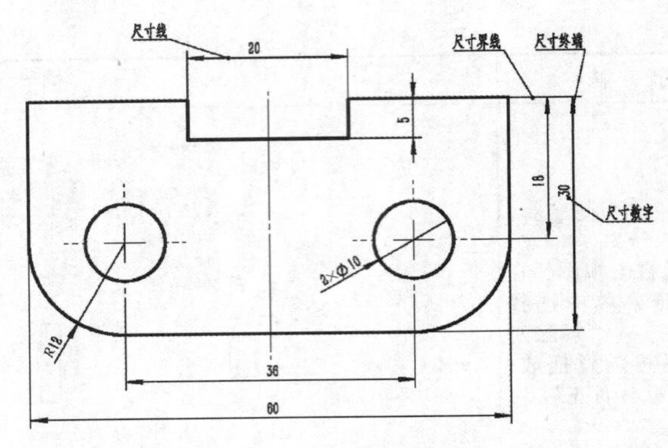

图 4-32　尺寸组成示意图

（2）SolidWorks 尺寸类型

在 SolidWorks 工程图中可以标注两种类型的尺寸：在 SolidWorks 中生成每个零件特征模型时标注的尺寸称为模型尺寸，将这些尺寸插入各个工程图视图后，在模型中改变尺寸会更新工程图，在工程图中改变插入的尺寸也会改变模型。在 SolidWorks 工程图文档中添加的尺寸是参考尺寸，并且是从动尺寸；不能通过编辑参考尺寸的值来改变模型。然而，当模型的标注尺寸改变时，参考尺寸值也会改变。

（3）SolidWorks 尺寸标注

- 模型尺寸标注方法：单击“注解”工具栏上的“模型项目”按钮，再选定某个视图或全部视图。
- 参考尺寸标注方法：单击“注解”工具栏上的“智能尺寸”按钮，单击标注目标。
- 尺寸公差标注：单击键槽宽度等有公差要求的尺寸，如图 4-33a 所示，在“公差/精度”中设为“双边”，基本尺寸保留小数数字为“无”（即无小数位），偏差保留小数数字为 0.12（即保留两位小数），其他标签中的公差字体设“字体比例”为 0.7。
- 尺寸配合标注：单击轴/孔直径等有配合要求的尺寸，如图 4-33b 所示，在“公差/精度”中设定为“套合”，“方式”为“间隙”，“孔精度”为 H7，“轴精度”为 f6，“符号方式”为 H7/f6。
- DimXpert 工具使用：该工具可在零件上增加尺寸和公差。

（4）SolidWorks 常用尺寸编辑方法

- 尺寸数目添加：单击螺栓孔直径等尺寸，如图 4-33c 所示，在“标注尺寸”文本框中输入“6×”等符号；然后单击“确定”按钮✔完成尺寸标注。
- 尺寸视图间移动：按住〈Shift〉键，拖动尺寸到目标视图。
- 自动对齐尺寸：选择所有尺寸，如图 4-43d 所示，选择“工具”→“对齐”→“自动排列”命令则所有尺寸自动等间隔布局。

3. 插入基准特征符号和形位公差符号

单击“注解”工具栏上的“基准特征”按钮。在图 4-34 所示的“基准特征”对话框中取消选择“使用文件样式”复选框，并依次单击和，在图形区捕捉基准线或尺寸线中间，单击放置基准特征符号，单击“确定”按钮✔。

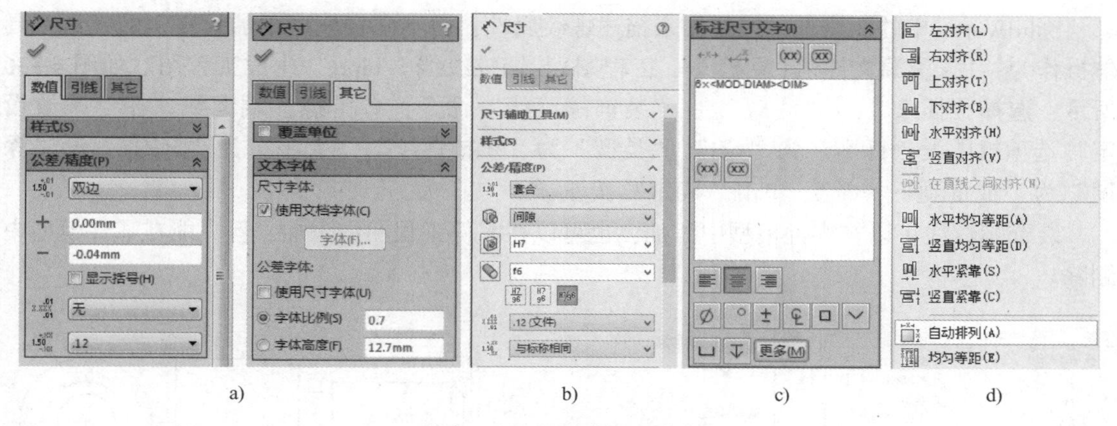

a) b) c) d)

图 4-33 尺寸标注操作

a）公差设置 b）配合设置 c）添加尺寸文字 d）对齐尺寸

单击“注解”工具栏上的“形位公差”按钮。在图 4-34 所示的“形位公差”对话框中，设“符号”为⌯，设“公差 1”为 0.04，设“主要”为 A，在图形区中指定位置单击插入形位公差符号，单击“确定”按钮。

4. 插入粗糙度符号

单击“注解”工具栏上的“表面粗糙度”。在图 4-35 所示的表面粗糙度对话框的“符号”选项组中单击，在“符号布局”选项组中输入粗糙度数值 Ra6.3，然后在图形区域中单击主视图齿顶圆。单击“确定”按钮标注表面粗糙度。

图 4-34 “形位公差”对话框

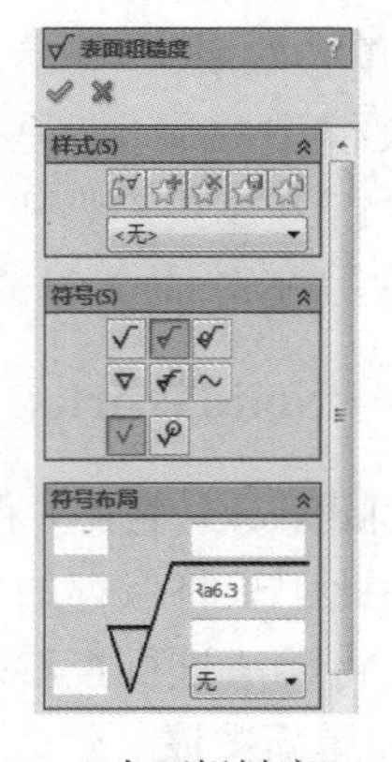

图 4-35 “表面粗糙度”对话框

5. 技术要求

单击“注解”工具栏上的“注释”按钮，在图形区域中单击以放置注释。输入技术要求，例如，“技术要求 1. 热处理调质，230～250 HB。2. 未注倒角 *C*2，未注圆角 *R*10。3. 清除毛刺。”（文字内容较多时，可在 Word 等文字处理软件中编辑后，再复制到工程图中）

6. 添加装饰螺纹线

国家标准规定：外螺纹的牙顶（大径）及螺纹终止线用粗实线表示，牙底（小径）用细实线表示。在垂直于螺纹轴线的投影面的视图中，表示牙底的细实线圆只画约 3/4 圈。

SolidWorks 中的装饰螺纹线是用来描述螺纹属性，而不必在模型中加入真实的螺纹。具体操作为：用<资源文件>目录下“4. 工程图\装饰螺纹线 . sldprt”生成工程图。如图 4-36 所示，选择“插入”→“注解”→“装饰螺旋线”命令，单击螺栓端面线，在“螺纹设定”选项组中设“标准”为“GB”，“类型”为“机械螺纹”，“大小”为“M10”，设“深度”为“成形到下一面”，单击“确定”按钮✔。

装饰螺纹线可以在零件模型中添加，也可以在零件工程图中添加，但只能在零件模型中删除。

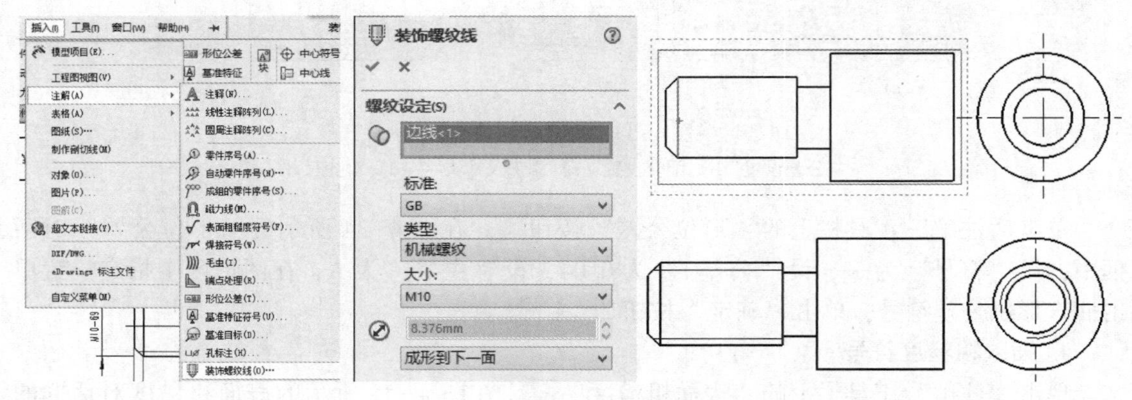

图 4-36　添加装饰螺旋线

7. 填写标题栏

“单位名称”等信息用一般注释直接填写。“图样名称”“图样代号”等信息，通过修改模型的属性填写。具体步骤为：右击设计树中的“视图”，在弹出的快捷菜单中选择“打开零件/装配文件”命令，在模型编辑环境中，选择“菜单”→“属性”命令，然后在对话框的“自定义”选项卡中修改相应链接。

4.3.3　SolidWorks 工程图输出

SolidWorks 生成工程图后会在设计人员之间交流，由于工程图和模型之间具有关联关系，因此，只将保存的“ * . slddrw”工程图文件传给其他人员或将模型文件转移到其他位置时，将无法进行查看。通常可以采用以下 5 种方式解决上述问题。

1. 重新关联

当模型文件更名、移动位置或是单独传输了工程图文件后，打开工程图时会要求重新指定关联的模型文件。具体示例如下。

1）准备：将<资源文件>目录下“4\工程图快速入门 . slddrw”及其关联的模型文件“工程图快速入门 . sldprt”复制到其他文件夹，如“C:\”，并将模型文件更名为“演示 . sldprt”。

2）关联：用 SolidWorks 打开工程图文件“工程图快速入门 . slddrw”，如图 4-37 所示，单击“浏览文件”，浏览到更名后的模型文件“演示 . sldprt”，单击“打开”按钮，则重新关联。否则 9 秒后，进入工程图环境时各个视图均为空白视图，如图 4-38 所示。

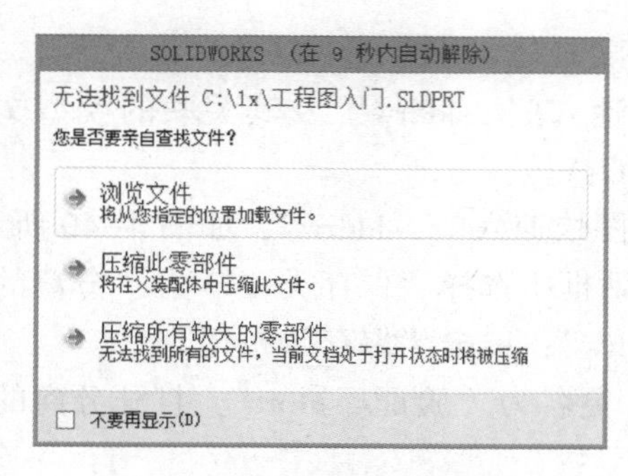

图 4-37　重新关联模型选项

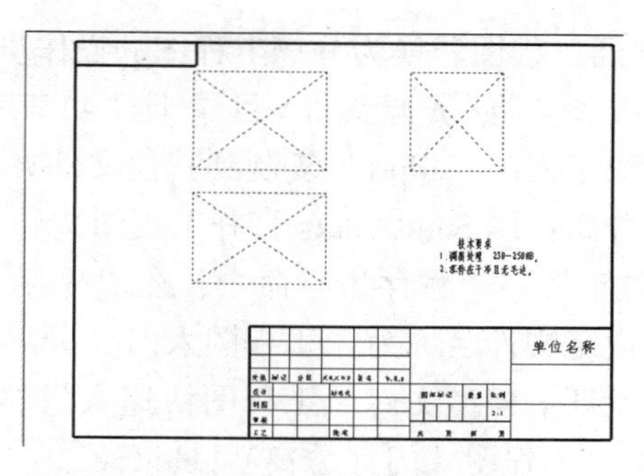

图 4-38　无法找到关联的模型文件

2. 打包保存

为了不破坏工程图和模型之间的关联关系，又能保证传输文件的完整性，可用打包保存方式生成压缩包文件再进行传输。具体示例如下。

1）准备：将<资源文件>目录下“4\工程图快速入门.slddrw”及其关联的模型文件“工程图快速入门.sldprt”复制到其他文件夹，如“C:\”。

2）打包：用 SolidWorks 打开工程图文件“工程图快速入门.slddrw”，如图 4-39 所示，选择“文件”→“Pack and Go”命令，在“Pack and Go”对话框中单击“保存到 Zip 文件”单选按钮，设定保存文件夹和名称，如“工程图入门.zip”，单击“保存”按钮。

3）验证：将打包文件“工程图入门.zip”解压，打开其中的工程图文件“工程图快速入门.slddrw”。

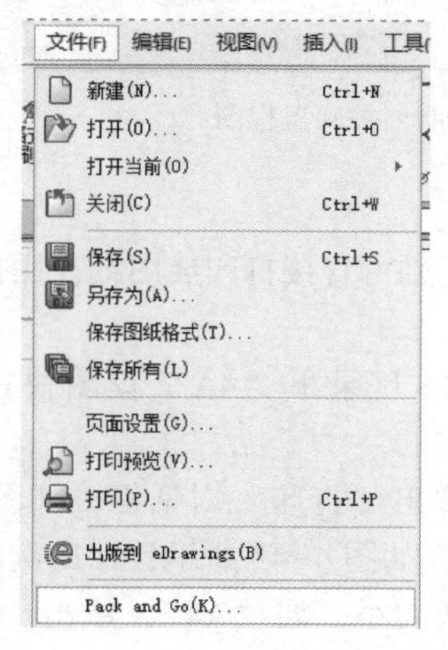

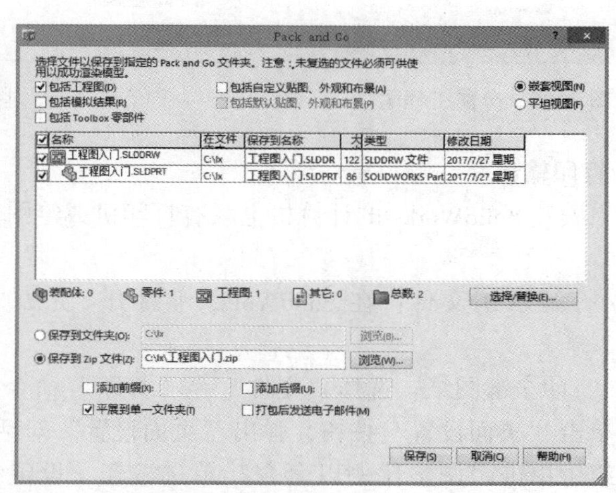

图 4-39　打包保存工程图及其模型

3. 分离工程图

分离格式的工程图无须将三维模型文件装入内存，即可打开并编辑工程图。由于内存中没有装入模型文件，以分离模式打开工程图的时间将大幅缩短，这对大型装配体工程图来说是很大的性能改善。而且，用户可以将分离格式的工程图传送给其他的 SolidWorks 用户而不用传送模型文件。当设计组的设计员编辑模型时，其他的设计员可以独立地在工程图中进行操作，对工程图添加细节及注解，在分离格式的工程图中进行的编辑方法与普通格式的工程图基本相同。

将普通工程图转换为分离工程图的操作步骤如下。

1）准备：将<资源文件>目录下“4\工程图快速入门 . slddrw”及其关联的模型文件“工程图快速入门 . sldprt”复制到其他文件夹，如“C:\”。

2）分离：用 SolidWorks 打开工程图文件“工程图快速入门 . slddrw”，如图 4-40 所示，选择“文件”→“另存为”命令，在“另存为”对话框中选择“保存类型”为“分离的工程图”，设定文件名称为“工程图入门（分离）. slddrw”，单击“保存”按钮。

3）验证：模型文件“工程图快速入门 . sldprt”更名为“验证 . sldprt”，打开分离的工程图文件“工程图入门（分离）. slddrw”。

4）关联：在打开的“工程图入门（分离）. slddrw”工程图文件中，右击设计树中的任一个工程视图，在弹出的快捷菜单中选择“打开零件”；如图 4-41 所示，在弹出的对话框中单击“浏览文件”，选中上一步更名的模型文件“验证 . sldprt”；选择“文件”→“另存为”命令，在“另存为”对话框中选择“保存类型”为“工程图”，设“文件名”为“验证 . slddrw”，单击“保存”按钮，则将原分离的工程图转换为普通的工程图。

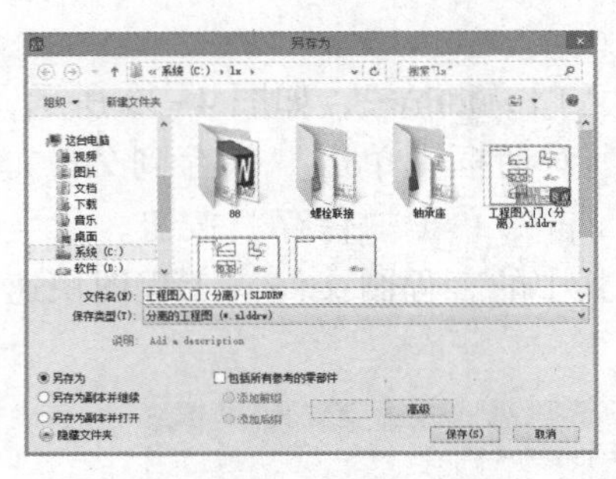

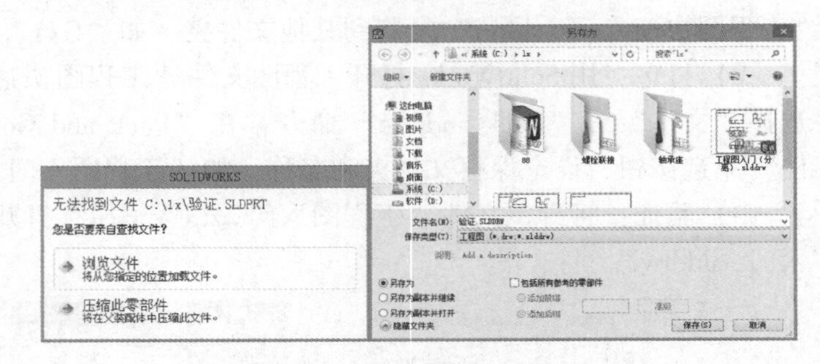

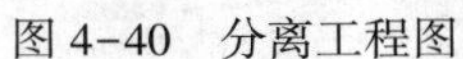
图 4-40　分离工程图　　　　图 4-41　关联工程图

4. 打印输出

如果安装 SolidWorks 的计算机上联有打印机或绘图仪，则可直接打印成图纸，操作步骤如下。

1）打开示例文件：在 SolidWorks 中打开<资源文件>目录下“4\工程图快速入门 . slddrw”。

2）打印全部图纸：选择“文件”→“打印”命令，弹出“打印”对话框，如图 4-42 所示。单击“页面设置”按钮，弹出“页面设置”对话框，如图 4-43 所示，在比例和分辨率选项组中单击“调整比例以套合”单选按钮，设定纸张大小，如“A4”，单击“确定”按钮。在“打印”对话框的“打印范围”选项组中，单击“所有图纸”单选按钮，单击“确定”按钮。

3）打印所选区域：单击“局部放大”按钮，框选打印区域。选择“文件”→“打印”命令，弹出“打印”对话框，如图 4-44 所示，在“打印范围”选项组中，单击“当前荧屏图像”单选按钮，然后单击“确定”按钮。

5. 另存为 PDF 等格式文件

如果联接打印机的计算机上没有安装 SolidWorks，则可先将工程图另存为 PDF 等格式的文件，再打印相应文件即可。操作步骤如下。

1）打开示例文件：在 SolidWorks 中打开<资源文件>目录下“4\工程图快速入门.slddrw”。

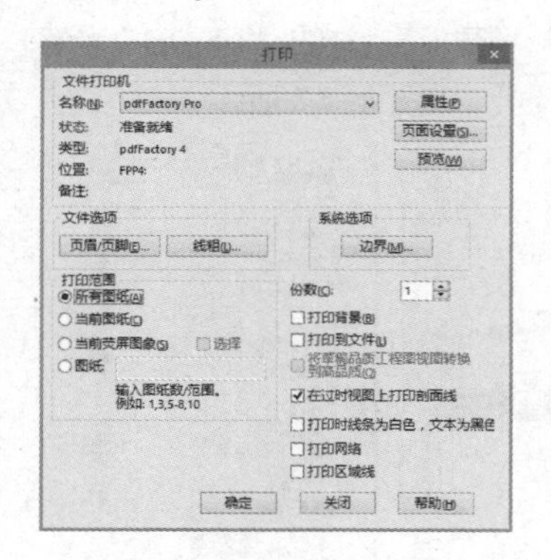

图 4-42　打印所有图纸

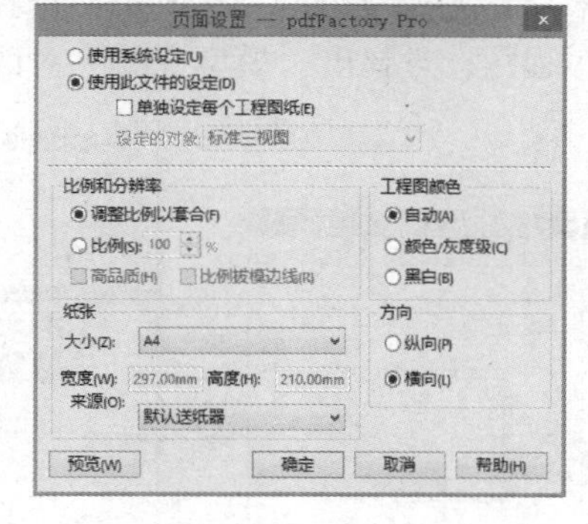

图 4-43　页面设置

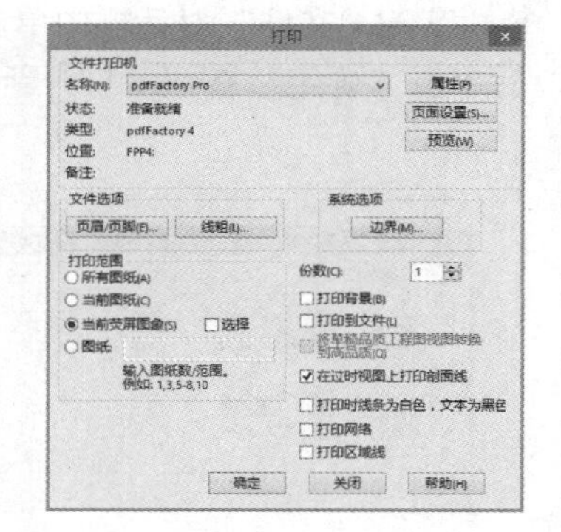

图 4-44　打印选定区域

2）另存为 PDF 文件：选择“文件”→“另存为”命令，在“另存为”对话框中选择“保存类型”为“(*.pdf)”，设“文件名”为“工程图快速入门.pdf”，单击“保存”按钮。

4.3.4 半联轴器工作图创建

下面以图 4-45 所示的半联轴器工作图及其生成过程来练习以上命令。

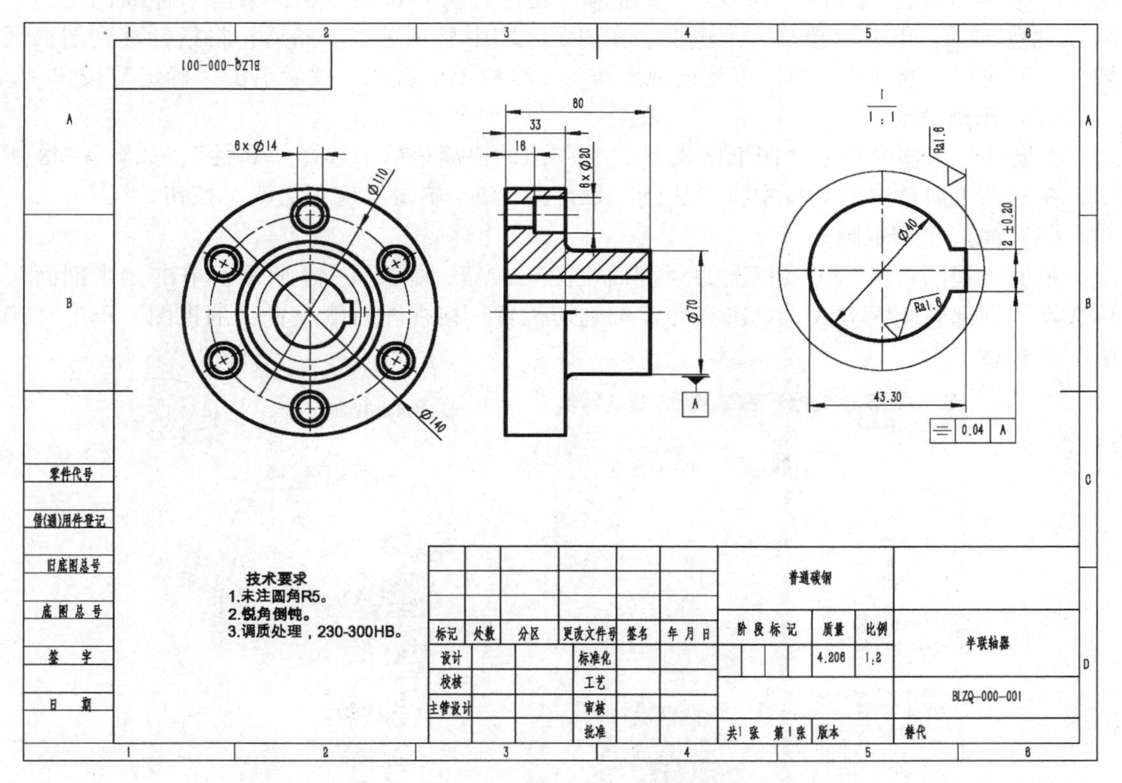

图 4-45　半联轴器工作图

1. 选择模板

打开“半联轴器.sldprt”，单击“标准”工具栏上的“新建”按钮，在弹出的“新建SolidWorks 文件”对话框中单击“高级”；如图4-46所示，选择“模板”中的“gb_a4”，然后单击“确定”按钮。打开新工程图，且弹出“模型视图”对话框，如图4-47所示。

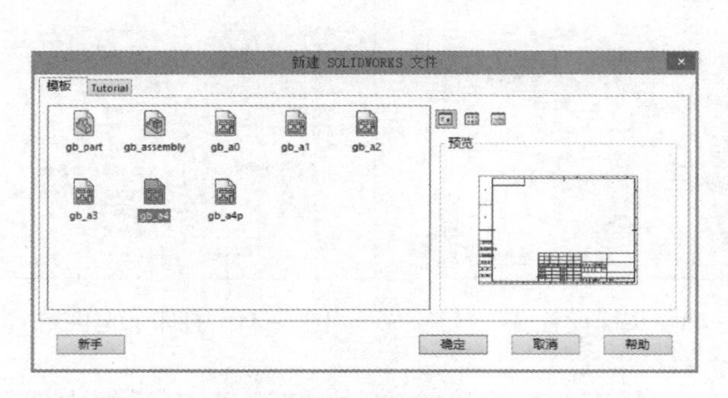

图4-46 工程图模板选择

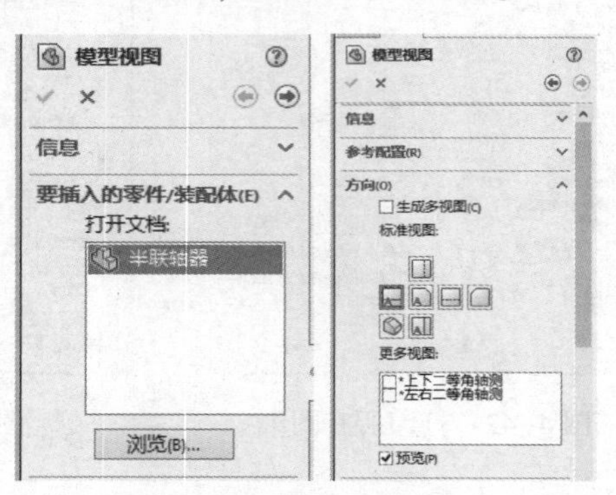

图4-47 生成模型视图

2. 生成视图

(1) 生成右视图

在“模型视图”对话框中，执行下列操作：在“要插入的零件/装配体”选项组列表，选择“半联轴器”，单击“下一步”按钮，在“方向”选项组中，单击“标准视图”下的“右视”，单击“预览”复选框，在图形区域中显示预览。然后，将指针移到图形区域，显示前视图的预览。单击以将前视图作为工程视图1放置，然后单击“确定”按钮。

(2) 比例设定

在属性管理器中右击“图纸格式1”，在弹出的快捷菜单中选择“属性”，如图4-48所示，在“图纸属性”对话框中将“比例”设定为1:2，单击“应用更改”按钮。

(3) 生成半剖视图

单击“视图布局”工具栏上的“剖面视图”按钮，如图4-49所示，单击“半剖面”，再选择“顶部右侧”方式，单击圆心定位剖切位置，在视图右侧放置半剖视图，单击“确定”按钮。

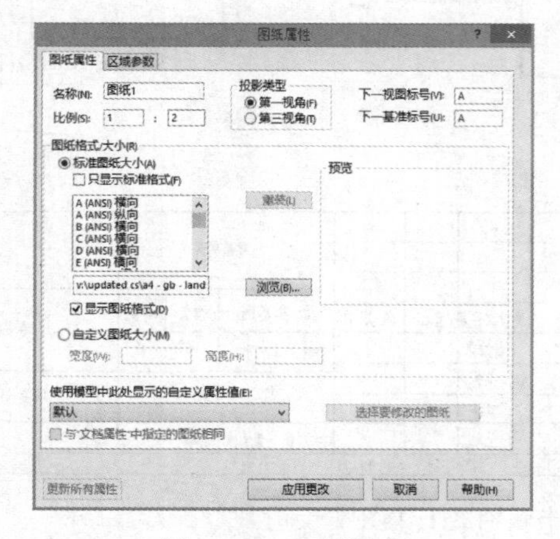

图4-48 比例设定

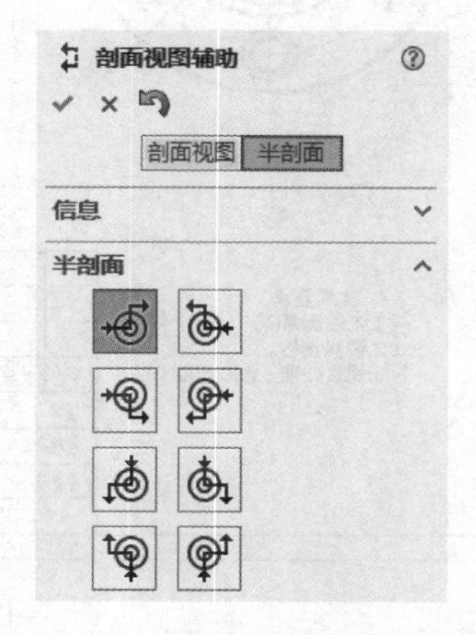

图4-49 “剖面视图”按钮

右击切割线，在弹出的快捷菜单中选择“隐藏切割线”；右击半剖视图上方的符号，在弹出的快捷菜单中选择“隐藏”，右击半剖视图，在弹出的快捷菜单中选择“切边”→“切边不可见”，完成半剖视图，如图 4-50 所示。

（4）生成局部视图

如图 4-51 所示，在轴左侧键槽处绘制草图圆，单击“视图布局”工具栏上的“局部视图”按钮，单击“确定”按钮✔生成键槽放大视图。

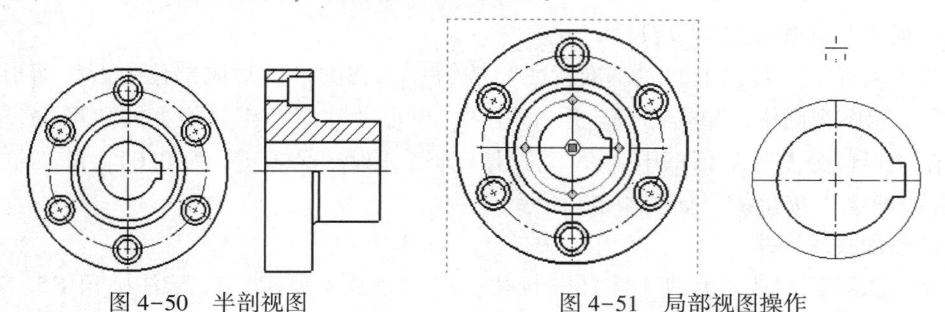

图 4-50　半剖视图　　　　图 4-51　局部视图操作

3. 标注尺寸

（1）自动标注尺寸

单击“注解”工具栏上的“模型项目”按钮，如图 4-52 所示，选择“将项目输入到所有视图”复选框，单击“确定”按钮✔。

（2）调整视图尺寸

按住〈Shift〉键，拖动圆盘上的所有直径尺寸到圆形所在视图。选择所有尺寸，右击并在弹出的快捷菜单中选择“对齐”→“自动排列”命令。

（3）尺寸公差标注

单击键槽宽度，在“公差/精度”选项组中设为“对称”，数值为 0.2。

（4）添加孔的数目

单击螺栓孔直径，在“标注尺寸文字”文本框中输入“6×”，然后单击“确定”按钮✔。

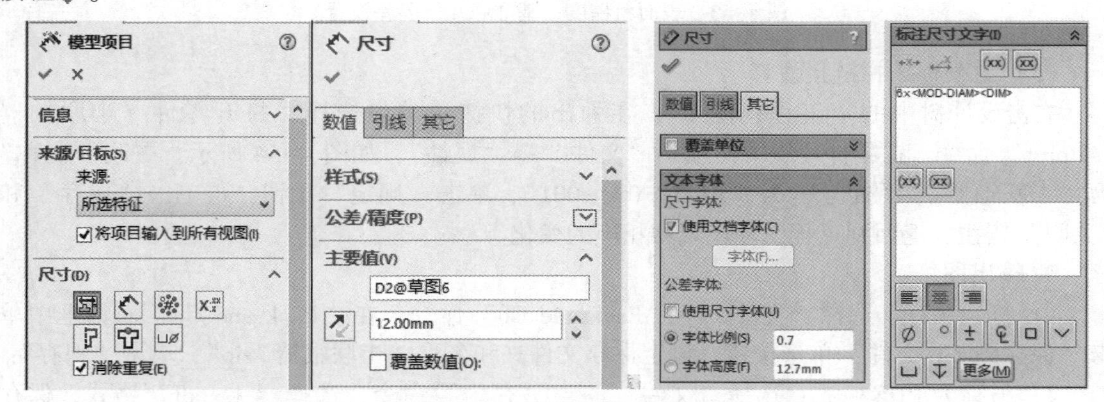

图 4-52　尺寸标注操作

4. 添加注解

（1）添加中心符号线和中心线

单击“中心线”按钮，单击半剖视图上的螺栓孔的两条边线为其添加中心线，拖动中心线的控制点调整其长度。

(2) 插入粗糙度符号

单击“注解”工具栏上的“表面粗糙度”，输入粗糙度数值 Ra1.6，然后移动鼠标到图形区域中键槽部位，调整位置后，单击“确定”按钮。同理，标注其他位置的粗糙度。

(3) 插入基准和几何公差符号

单击“注解”工具栏上的“基准特征”按钮，在图形区对应部位附近移动指针将引线放置在工程图视图中，单击“确定”按钮。单击“注解”工具栏上的“形位公差”按钮，在“形位公差”对话框中，设“符号”为⌯，设“公差1”为 0.04，设“主要”为 A，单击“确定”按钮，如图 4-53 所示。

(4) 添加技术要求

单击“注解”工具栏上的“注释”按钮，填写“技术要求 1. 未注圆角 R5。2. 锐角倒钝。3. 调质处理，230-300 HB。”

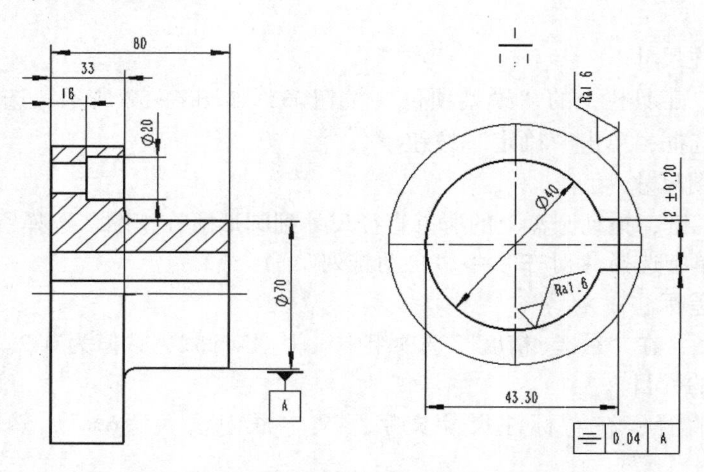

图 4-53 表面粗糙度、基准和几何公差设置

(5) 更改标题栏链接注释

右击设计树中的“工程视图 1”，在弹出的快捷菜单中选择“打开零件（半联轴器.sldprt）”命令，在零件环境中，选择“文件”→“属性”，如图 4-54 所示，更改“名称”为“半联轴器”，“代号”为“BLZQ-000-001”，单击“确定”按钮，再单击“保存”和“关闭”按钮，返回到工程图环境观察相应的变化。

5. 输出图纸

1) 打包保存：选择“文件”→“Pack and Go”命令，在“Pack and Go”对话框中单击“保存到 Zip 文件”单选按钮，设定保存文件夹和名称“半联轴器.zip”，单击“保存”。

2) 另存为 PDF 格式：选择“文件”→“另存为”命令，选择“*.pdf”格式，保存为“半联轴器.pdf”。

3) 打印全部图纸：选择“文件”→“打印”命令，单击“打印”对话框中的“页面设置”按钮，在“页面设置”对话框中，选择“比例和分辨率”为“调整比例以套合”，设定纸张大小，如“A4”，单击“确定”按钮。在“打印范围”选项组中，选择“所有图纸”，单击“确定”按钮。

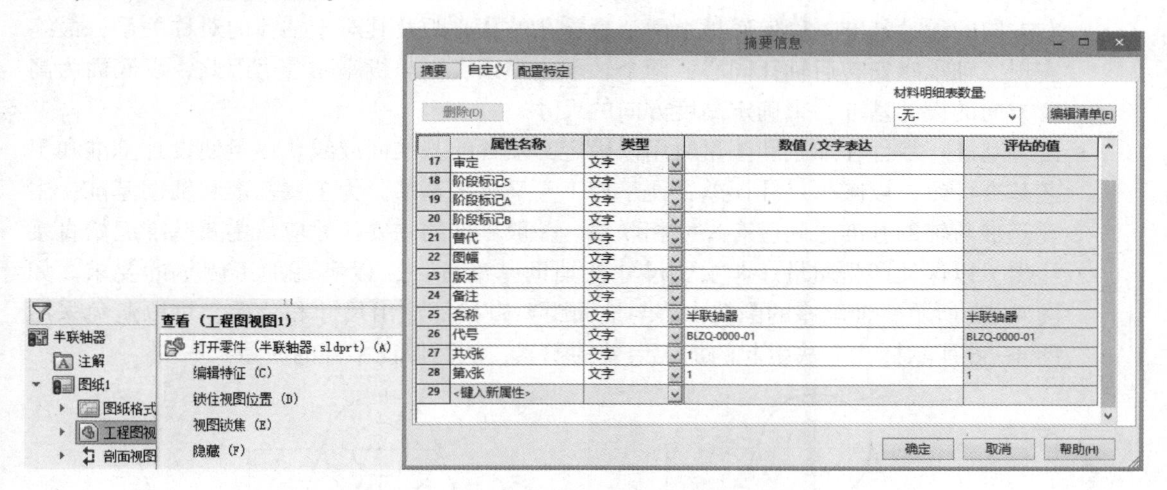

图 4-54　表面粗糙度、基准和形位公差设置

4.4　创建零件图

4.4.1　零件图基本知识

零件工作图（简称零件图），是表达单个零件形状和大小的图样，是指导零件制造和检验的重要技术文件；遵循 GB/T 17451-1998《技术制图—图样画法—视图》的规定。

1. 零件图内容

1）一组视图：能把零件内外结构、位置表达清楚的一组视图（视图、剖视、断面图）。

2）完整的尺寸：加工和检验所需的全部结构定位尺寸、定形尺寸和零件的总体尺寸。

3）技术要求：说明零件制造和检验时应达到的技术要求（零件的热处理、涂镀、修饰、喷漆等要求；零件的检测、验收、包装等要求；视图中未标注的大部分要求）。

4）标题栏：说明零件的名称、材料、数量、图样代号、比例以及相关人员签字等。

2. 零件图的视图选择原则

选择视图的原则是：在完整、清晰地表达零件内、外形状的前提下，尽量减少图形数量，有助于画图和看图。

1）主视图选择：应能最清楚地显示零件的形状特征，应符合其工作或加工位置要求。

2）其他视图选择：能补充主视图未能表达的结构、形状，且尽量少，符合简化画法。

3. 零件图的尺寸标注要求

零件图上所标注的尺寸不但要满足设计要求，还应满足生产要求。零件图上的尺寸要标注得完整、清晰、符合国家标准（GB/T 4458.4-2003）规定等要求。

（1）选择恰当的尺寸基准

尺寸基准，即尺寸标注的起点，尺寸基准按用途分为设计基准和工艺基准。主要尺寸应从设计基准出发直接标注，一般尺寸应从工艺基准出发标注。

- 设计基准：零件工作时用以确定其位置的面或线。如图 4-55 所示的轴承座，因为一根轴通常要用两个轴承座支持，两者的轴孔应在同一轴线上。因此，应将对称面为左右方向的设计基准，确保底板上两个螺栓孔的孔心距及其对于轴孔的对称关系，最终实现二轴承座安装后轴孔同心；两个轴承座都以底面与机座贴合，因此，以底面为高度方向的设计基准，来确定高度方向的尺寸。
- 工艺基准：零件在加工和测量时用以确定其位置的基准面或线。尽量使设计基准和工艺基准一致，以减少尺寸误差，便于加工。又可将基准分为主要基准和辅助基准，主要基准与辅助基准之间应有尺寸相联系。一般零件的主要尺寸应从主要基准起始直接注出，以保证产品质量。非主要尺寸从辅助基准标注，以满足加工测量的要求。如图 4-55 所示，轴承座的圆孔中心与地面距离直接标注出尺寸和公差，可以避免采用图 4-56 所示标注方法引起的加工误差的积累，从而保证零件的质量。

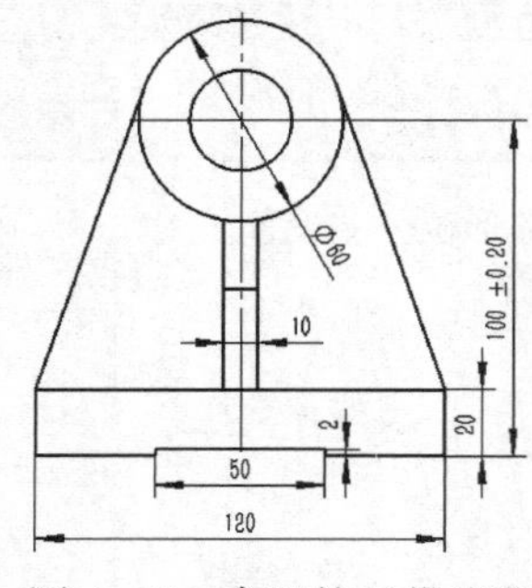

图 4-55　合理的工艺基准

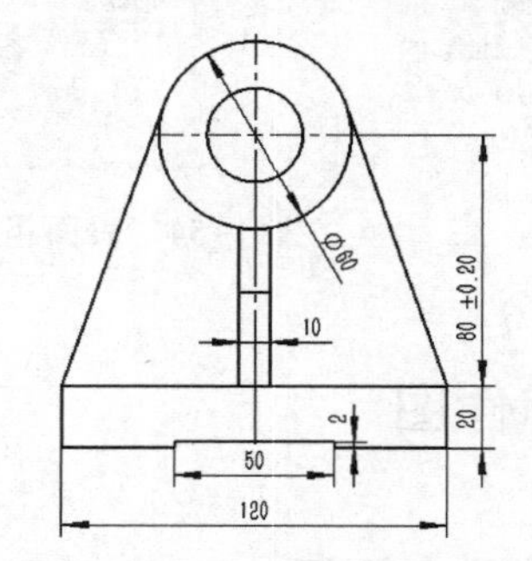

图 4-56　不合理的工艺基准

（2）按零件加工工序标注尺寸

标注尺寸应尽量与加工工序一致，以便于加工，并能保证加工尺寸的精度。图 4-57a 中的轴向尺寸是按“车外圆 ϕ10×20”→“车退刀槽 4×ϕ7.7”→“车螺纹 M10”的加工工序标注的。而图 4-57b 中尺寸不符合加工工序要求。

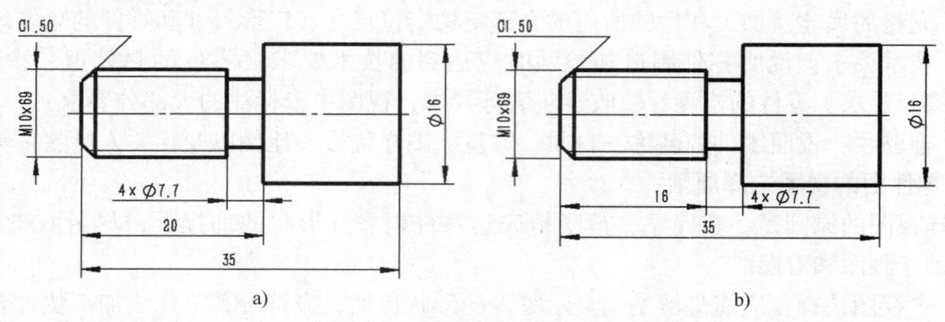

图 4-57　加工工艺的尺寸标注
a）合理　b）不合理

（3）标注尺寸要便于测量

标注尺寸要便于测量，应避免在加工时进行任何计算。图 4-58 所示为套筒件轴向尺寸的两种标注法。图 4-58a 标注法测量不方便，图 4-58b 标注法测量方便。

（4）避免标注成封闭的尺寸链

尺寸链就是在同向尺寸中首尾相接的一组尺寸，每个尺寸称为尺寸链中的一环。尺寸链一般都应留有开口环，即对精度要求较低的一环不标注尺寸。如图 4-59a 所示的轴的尺寸就构成一个封闭的尺寸链，因为尺寸 c 为尺寸 a、d、e 之和，而尺寸 e 没有精度要求。在加工尺寸 a、d、c 时，所产生的误差将积累到尺寸 e 上，因此挑选一个不重要的尺寸 e 不标注，如图 4-59b 所示）。

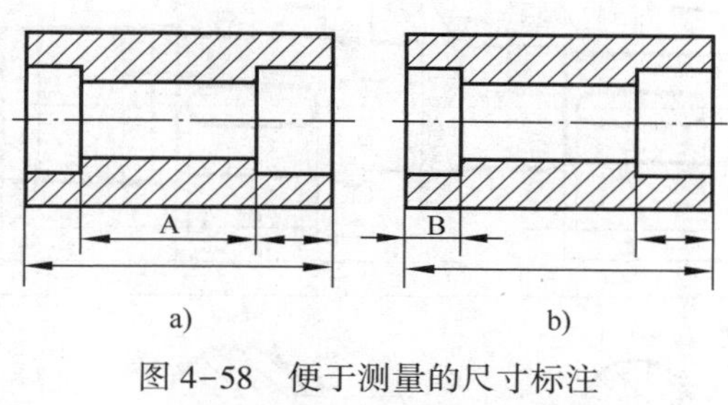

图 4-58　便于测量的尺寸标注

a）不易测量　b）容易测量

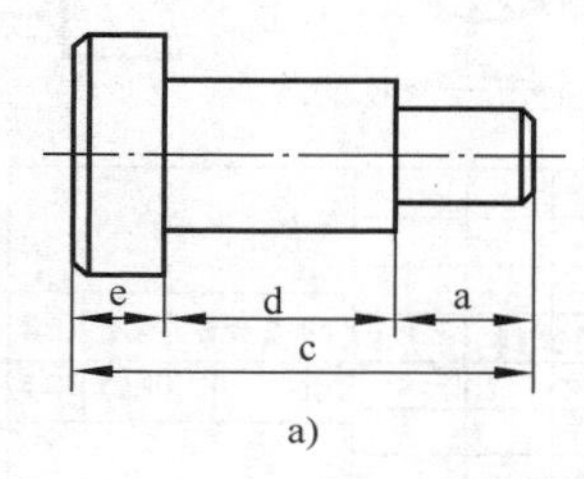

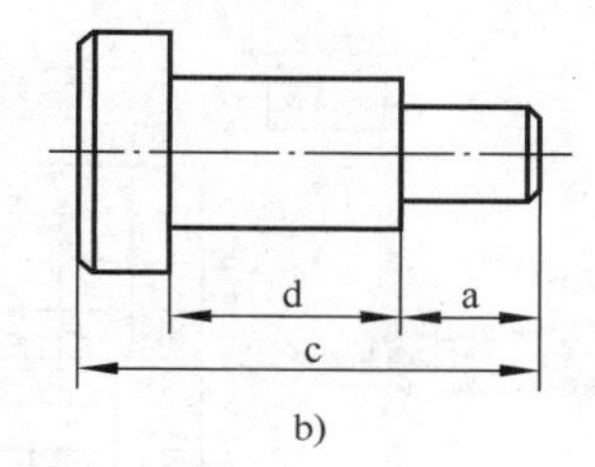

图 4-59　尺寸链标注

a）错误　b）正确

4.4.2　轴类零件工作图实践

1. 轴套类零件工作图内容

轴套类零件的结构一般比较简单，各组成部分多是同轴线的不同直径的回转体（圆柱或圆锥），而且常带有键槽、轴肩、螺纹及退刀槽、中心孔等结构。如图 4-60 所示，轴套类零件一般只需一个主视图，在有键槽和孔的地方，增加必要的剖视或剖面。对于不易表达清楚的局部，例如退刀槽、中心孔等，必要时应绘制局部放大图。

选择主视图时，多按加工位置将轴线水平放置，以垂直轴线的方向作为主视图的投影方向。凡有配合处的径向尺寸都应标出尺寸偏差，对尺寸及偏差相同的直径应逐一标注，不得省略。标注轴向尺寸时，首先应选好基准面，并尽量使尺寸的标注反映加工工艺的要求，不允许出现封闭的尺寸链。倒角、圆角都应标注或在技术要求中说明。

2. 轴工作图设计

轴工程图的创建主要有以下步骤：选用工程图模板，生成和移动主视图、移出剖面视图和断裂视图，标注键槽类尺寸及其公差、粗糙度、基准和几何公差，添加链接型注释，输出工程图。

3. 生成视图

（1）打开工程图模板

打开“轴 . sldprt”。单击“标准”工具栏上的“新建”按钮，弹出“新建 SolidWorks 文件”对话框，单击“高级”，如图 4-61 所示，选择“模板”中的“gb_a4”，然后单击

“确定”按钮。新工程图出现在图形区域中，且“模型视图”对话框出现。

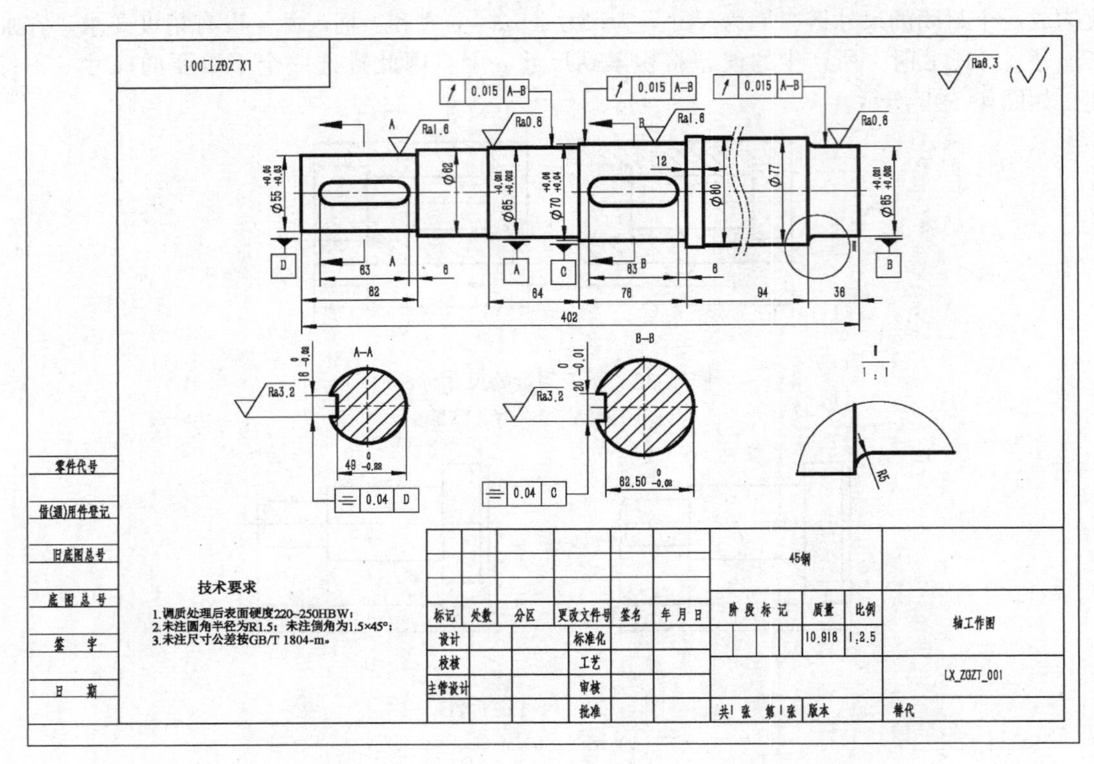

图 4-60 轴的工程图

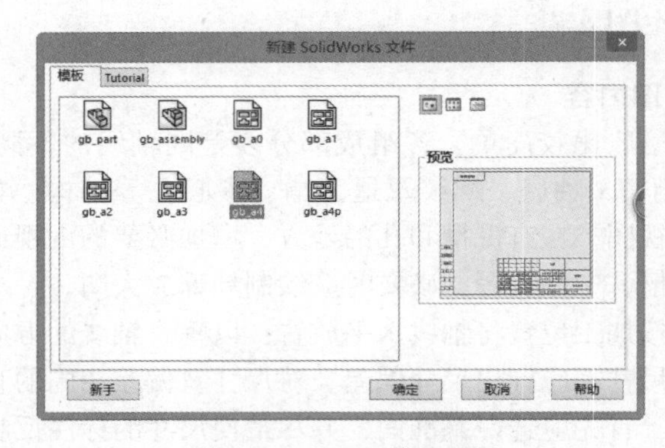

图 4-61 工程图模板选择

（2）生成主视图

如图 4-62 所示，在“模型视图”对话框中，执行下列操作：在“要插入的零件/装配体”选项组中，选择“轴”。单击“下一步”按钮，在“方向”选项组中，单击“标准视图”中的“前视”，选择“预览”复选框，在图形区域中显示预览。然后，将指针移到图形区域，并显示前视图的预览。单击以将前视图作为工程视图 1 放置，单击“确定”按钮。

（3）比例设定

在属性管理器中右击“图纸格式 1”，在弹出的快捷菜单中选择“属性”命令，如

图 4-63 所示，在“图纸属性”对话框中将“比例”设为 1∶2.5，单击“标准图纸大小”单选按钮，并在下面的列表框中选择 A4（GB）。单击“确定”按钮。

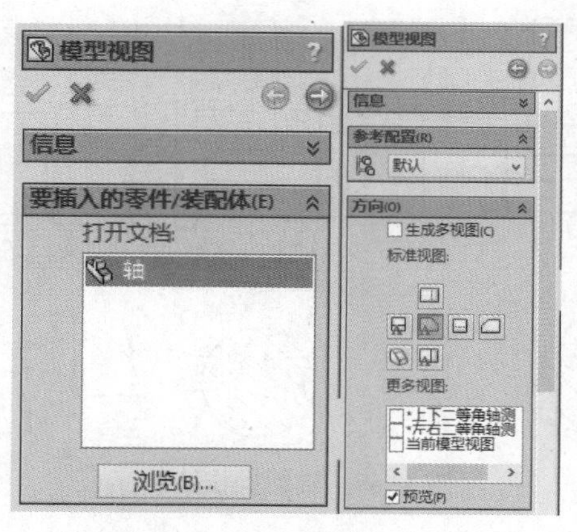

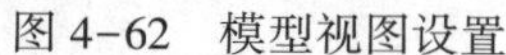
图 4-62　模型视图设置

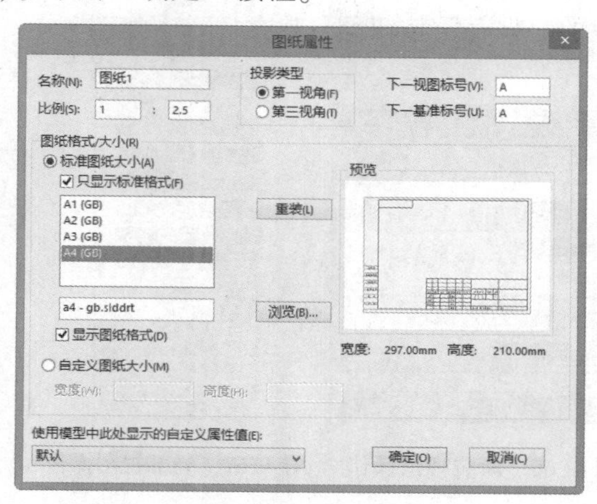

图 4-63　比例设定

（4）生成移出剖面视图

单击“视图”工具栏中的“剖面视图”按钮。将指针移动到联轴器键槽截面处，单击绘制剖切线。将指针移到右面并单击放置视图，在如图 4-64 所示的“剖面视图”对话框中选择“只显示切面”复选框，单击“确定”按钮。如图 4-65 所示，在设计树中右击“剖面视图”，在弹出的快捷菜单中选择“视图对齐”→“解除对齐关系”命令，然后，将剖面视图移到恰当位置。重复上述操作，生成大齿轮键槽截面处端键槽。

（5）生成断裂视图

单击“视图”工具栏中的“断裂视图”按钮，在断裂起始处单击，然后在断裂结束处单击插入断裂线；如图 4-66 所示，在“断裂视图”对话框中，设置“缝隙大小”为 2 mm，“折断线样式”为“曲线切断”，单击“确定”按钮。

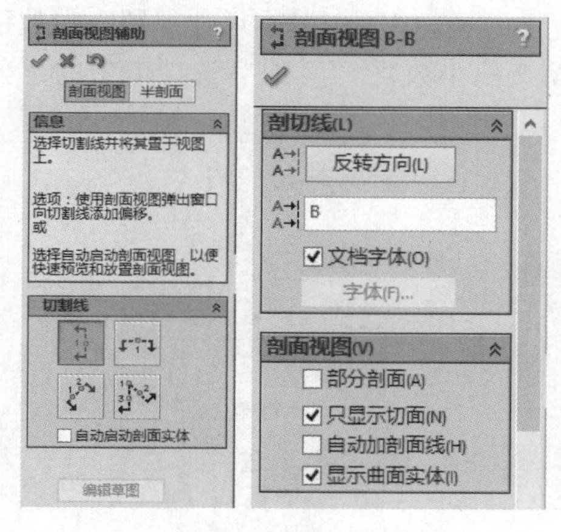

图 4-64　剖面视图操作

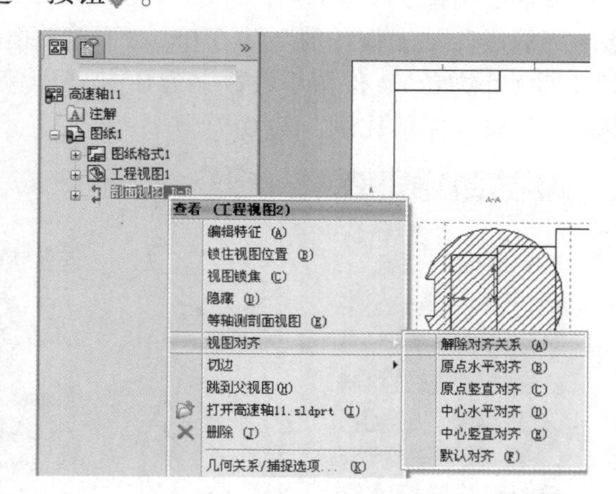

图 4-65　解除视图对齐关系

（6）生成局部视图

单击“视图”工具栏中的“局部视图”，在轴左侧圆角过渡处绘制草图圆；如图 4-67

所示，在“局部视图”对话框中单击“使用自定义比例”单选按钮，并设为1:1；选中要断裂的视图，单击“确定”按钮✔，完成视图生成，如图4-68所示。单击“标准”工具栏上的“保存”按钮，保存“轴工作图”。

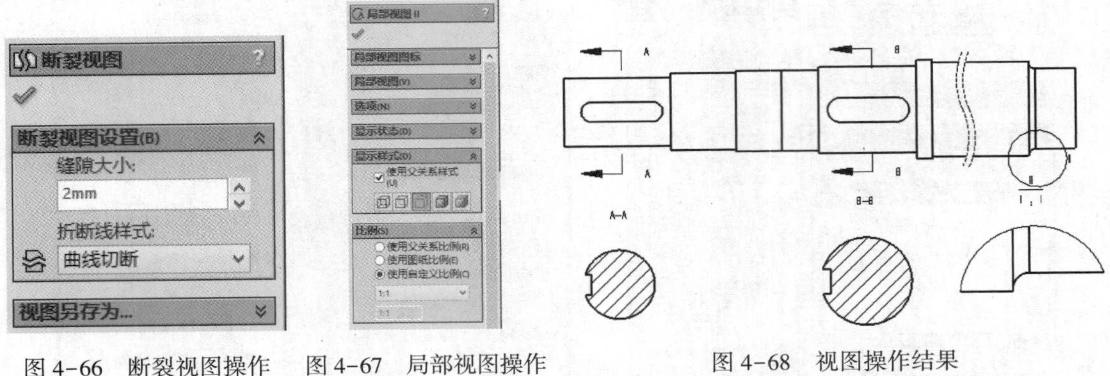

图4-66　断裂视图操作　图4-67　局部视图操作　图4-68　视图操作结果

4. 标注尺寸

（1）标注驱动尺寸

单击“注解”工具栏上的“模型项目”按钮，选择“将项目输入到所有视图”，单击“确定”按钮✔。

（2）调整驱动尺寸

选择所用所有尺寸，右击空白处，在弹出的快捷菜单中选择“对齐”→“自动排列”命令，单击“确定”按钮✔。手工拖动位置不恰当的尺寸，在视图之间移动尺寸时按下〈Shift〉键。删除不恰当的尺寸，单击“注解”工具栏上的“智能尺寸”按钮，重新标注。

对于键槽等尺寸，先标注默认圆线尺寸，然后在“尺寸”对话框的“引线”选项卡中选择“第一圆弧条件”为“最大”。然后单击“确定”按钮✔完成尺寸标注，如图4-69所示。

（3）添加尺寸公差

单击轴左端直径尺寸ϕ55；如图4-70所示，在“尺寸”对话框的“公差/精度”选项组中选择“双边”，“上偏差值”为0.05、“下偏差值”为“+0.03”)，基本尺寸保留小数数字为“无”（即无小数位），保留小数数字为0.12（即保留2位小数），“其他”选项卡中的“公差字体大小”设“字体比例”为0.7。

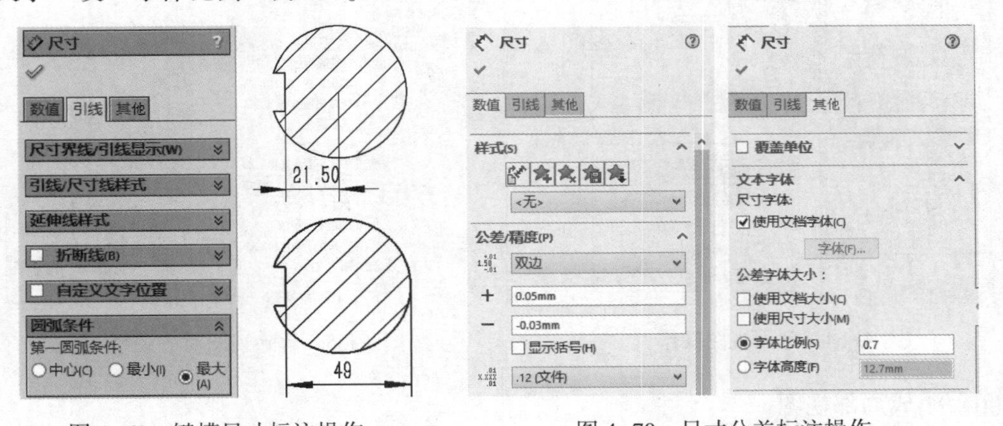

图4-69　键槽尺寸标注操作　图4-70　尺寸公差标注操作

重复上述步骤标注其他尺寸的公差，如图 4-71 所示。

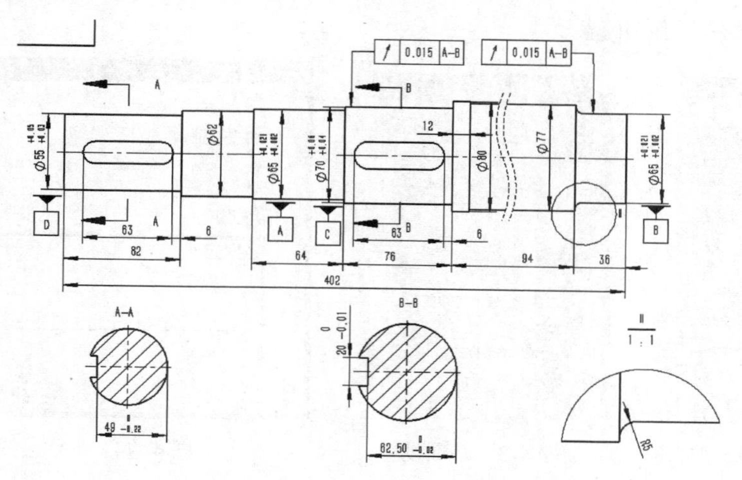

图 4-71　尺寸标注结果

5. 添加注解

（1）添加中心符号线和中心线

单击“注解”工具栏上的“中心符号线”按钮，在视图中的圆线上单击“确定”按钮。单击“注解”工具栏上的“中心线”按钮，在视图中移动指针到须添加中心线的一条边线处单击，然后再在中心线所在一侧单击，生成贯穿整个视图的中心线，单击“确定”按钮。拖动“中心线”和“中心符号线”的控制点调整其长度。

（2）插入粗糙度符号

单击“注解”工具栏上的“表面粗糙度”按钮。在图 4-72 所示的“表面粗糙度”对话框中的“符号”选项组中单击；在“符号布局”选项组中输入粗糙度数值 Ra1.6，然后在图形区域中单击对应部位，调整位置后单击“确定”按钮。同理，标注其他位置的粗糙度。选中并在左右最下框中输入“()”，然后，在右上角空白处标注。

（3）插入基准特征符号和形位公差符号

单击“注解”工具栏上的“基准特征”按钮，在图 4-73 所示的“基准特征”对话框中取消选择“使用文件样式”，并依次单击和，在图形区对应部位放置基准符号，单击“确定”按钮。

单击“注解”工具栏上的“形位公差”按钮。在图 4-74 所示的“形位公差”选项卡中，在第一行的“符号”中选择，设“公差 1”为 0.015，设“主要”为 A-B。在图形区中单击轴颈等部位移动指针以放置几何公差符号，单击“确定”按钮完成形位公差标注。同理，标注其他位置的几何公差。

（4）技术要求

放大显示工程图的左下角，单击“注解”工具栏上的“注释”按钮。在图形区域中单击以放置注释。输入以下内容：“技术要求　1. 调质处理后表面硬度 220~250HBW；2. 未注圆角半径为 R1.5；未注倒角为 1.5×45°；3. 未注尺寸公差按 GB/T 4458.5-2003。”（上述内容可在 Word 中编辑后粘贴到 SolidWorks 中）。选择所有注释文字。在

“格式化”工具栏上，选择“字号”为16。选择“注释”然后单击“粗体”，完成**字体加粗**。单击“保存”按钮。

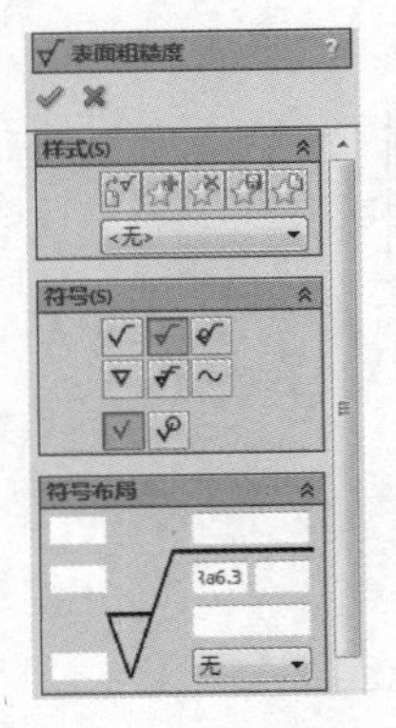

图4-72　表面粗糙度

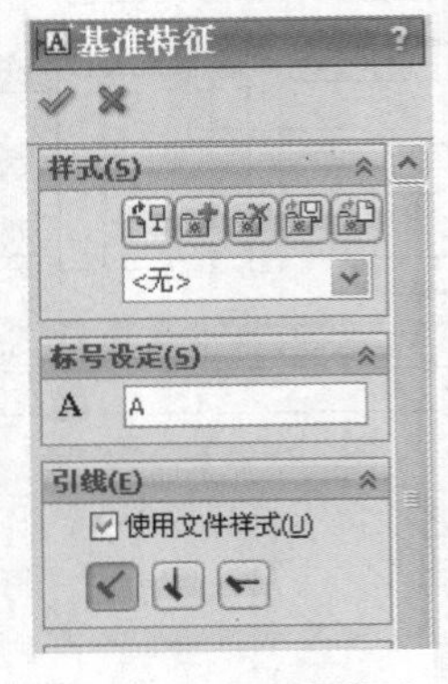

图4-73　基准设置

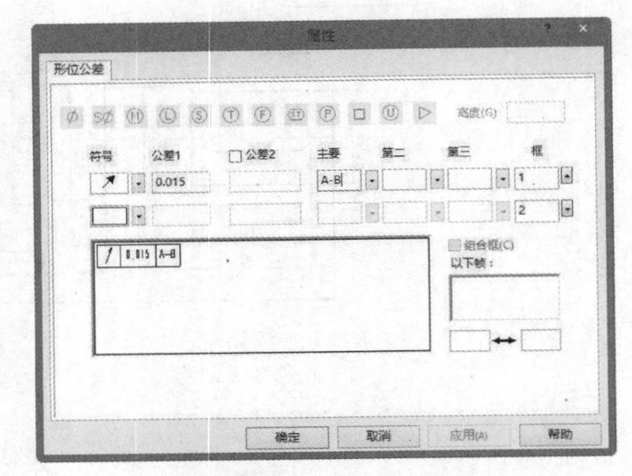

图4-74　形位公差设置

（5）填写标题栏

一般注释：右击图纸空白区，在弹出的快捷菜单中选择“编辑图纸格式”命令进入图纸格式编辑环境，输入“单位名称”等一般注释内容。然后，右击图纸空白区，在弹出的快捷菜单中选择“编辑图纸”命令返回图纸编辑环境。

链接注释：在设计树中右击工程图，在弹出的快捷菜单中选择“打开零件（轴.sldprt）”命令；选择“文件”→“属性”命令，切换到“自定义”，分别在属性名称中的“名称”“代号”和“材料”的数值/表达式中输入图纸名称“轴工作图”、图纸代号“LX-ZGZT-001”和零件材料“45钢”，单击“确定”按钮。单击“保存”按钮。

6. 输出图纸

（1）打印工程图

选择“文件”→“打印”命令，弹出“打印”对话框。单击“页面设置”按钮，在“页面设置”对话框的“比例和分辨率”选项组中，单击“调整比例以套合”，单击“确定”按钮。在“打印”对话框的“打印范围”选项组中，选择“所有图纸”，单击“确定”按钮。

（2）另存为PDF格式工程图

单击“标准”工具栏上的“另存为”按钮，选择“*.pdf”格式，保存为“轴工作图.pdf”。

4.4.3　齿轮工作图实践

齿轮等盘状传动件的主体结构是同轴线的回转体。

1. 齿轮工作图内容

如图4-75所示，一般齿轮工作图包括以下内容。

1）视图。圆柱齿轮一般用两个视图表达。选择主视图时，多按加工位置将轴线水平放置，以垂直轴线的方向作为主视图的投影方向，并用剖视图表示内部结构及其相对位置。有关零件的外形和各种孔、肋、轮辐等的数量及其分布状况，通常选用左（或右）视图来补充说明。如果还有细小结构，则还需增加局部放大图。

2）标注尺寸及公差。包括齿轮宽度、齿顶圆和分度圆直径、轴孔键槽尺寸等。各径向尺寸以轴的中心线为基准标出，宽度方向的尺寸以端面为基准标出。

3）标注几何公差。包括齿轮齿顶圆的径向圆跳动公差、齿轮端面的端面圆跳动公差、键槽的对称度公差。

4）标注表面粗糙度。

5）编写啮合特性表。啮合特性表内容包括：齿轮的基本参数，精度等级，圆柱齿轮和齿轮传动检验项目，齿轮副的侧隙及齿厚极限偏差或公法线长度极限偏差；

6）编写技术要求。齿轮技术条件一般包括：对材料表面性能的要求，如热处理方法，热处理后应达到的硬度值。对图中未标明的圆角、倒角尺寸及其他特殊要求的说明。

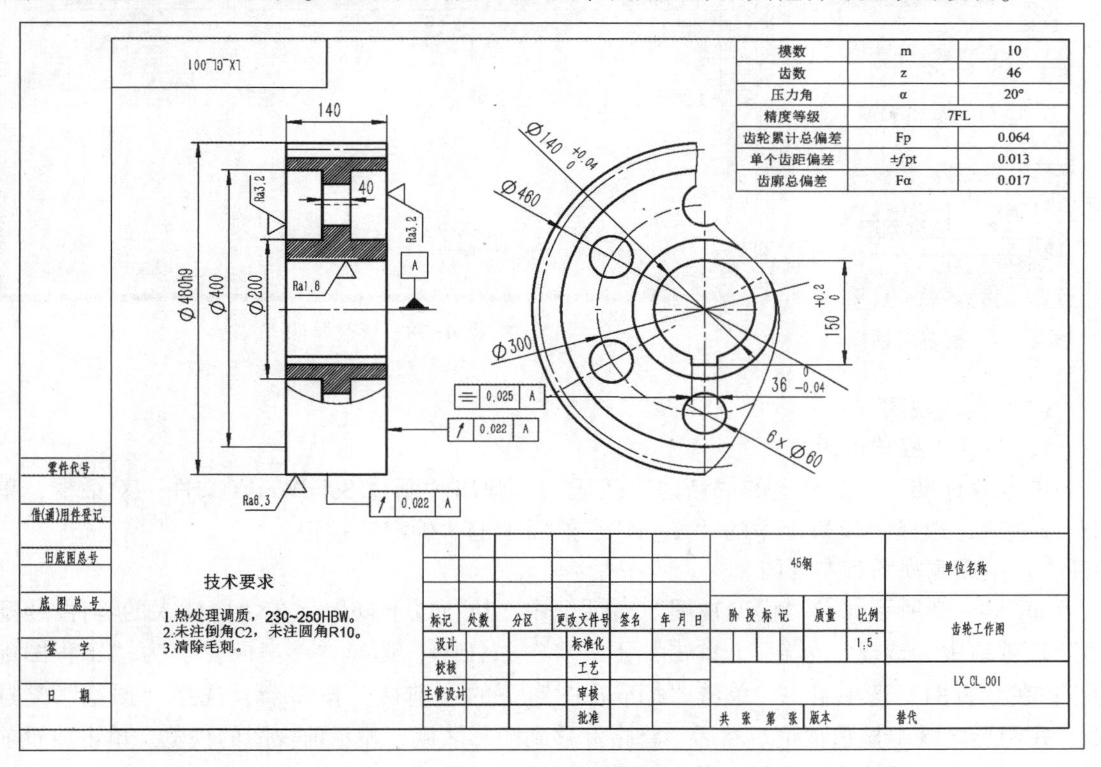

图 4-75 齿轮工作图

2. 齿轮工作图设计

本次练习的重点是局部剖视图、裁剪视图、啮合特性表插入、齿轮简化画法表达（配置）等内容。

（1）绘图前准备

1）添加工程图配置。

如图 4-76 所示，右击特征树中的“阵列齿槽特征”，在弹出的快捷菜单中选择“配置特征”命令；在图 4-77 所示的“修改配置”对话框中添加“工程图配置”，选择“压缩”复选框，单击“确定”按钮。单击“标准”工具栏上的“保存”按钮。

2）设定标题栏属性。

选择“文件”→“属性”命令，如图 4-78 所示，选择“自定义”选项卡，在“属性名称”中选择“Material”和“Weight”，在对应的“数值/文字表达”中输入“SW-Material@齿轮.SLDPRT”和“SW-Mass@齿轮.SLDPRT”；在“属性名称”文本框中输入“名称”

“代号”和“材料”，在对应的“数值/文字表达”文本框中输入图纸名称“齿轮工作图”、图纸代号“LX-CL-001”和零件材料“45 钢”，单击“确定”按钮。单击“标准”工具栏上的“保存”按钮。

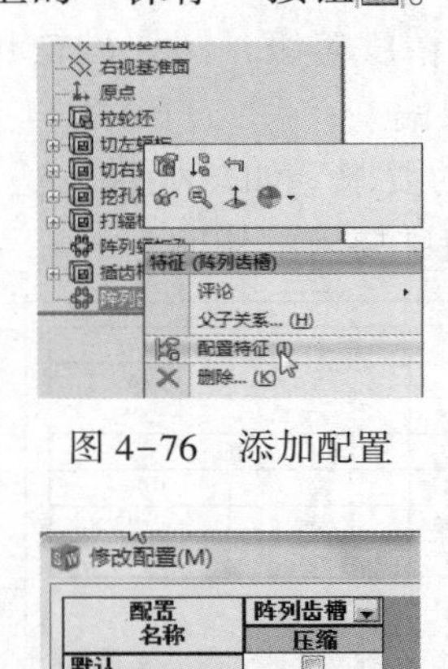

图 4-76　添加配置

修改配置(M)

配置名称	阵列齿槽 压缩
默认	
工程图配置	√
<生成新配置。>	

图 4-77　配置对话框

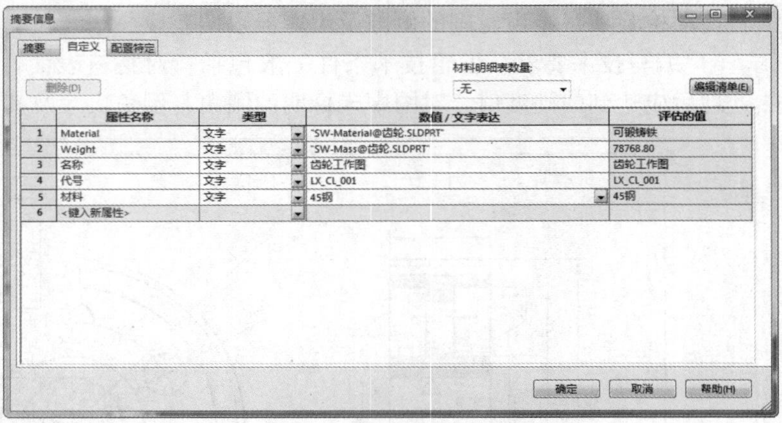

摘要信息

摘要　自定义　配置特定

删除(D)　材料明细表数量: -无-　编辑清单(E)

	属性名称	类型	数值 / 文字表达	评估的值
1	Material	文字	"SW-Material@齿轮.SLDPRT"	可锻铸铁
2	Weight	文字	"SW-Mass@齿轮.SLDPRT"	78768.80
3	名称	文字	齿轮工作图	齿轮工作图
4	代号	文字	LX_CL_001	LX_CL_001
5	材料	文字	45钢	45钢
6	<键入新属性>			

确定　取消　帮助(H)

图 4-78　更改属性

（2）生成视图

1）打开工程图模板。

单击“标准”工具栏上的“新建”按钮，弹出“新建 SolidWorks 文件”对话框，单击“高级”，选择“模板”中的“gb_a4”，然后单击“确定”按钮。

2）生成主视图和左视图。

如图 4-79 所示，在“模型视图”对话框中，执行以下操作：在“要插入的零件/装配体”选项组中，选择“齿轮”。单击“下一步”按钮，选择“参考配置”为“工程图配置”；在“方向”选项组中，单击“标准视图”下的“前视”按钮，选择“预览”复选框，在图形区域中显示预览。然后，将指针移到图形区域，显示前视图的预览。单击放置前视图，移动鼠标到前视图右侧并单击生成左视图，单击“确定”按钮✔。

3）比例设定。

在属性管理器中右击“图纸格式 1”，在弹出的快捷菜单中选择“属性”命令；如图 4-80 所示，在“图纸属性”对话框中将“比例”设为 1∶5，并选择“A4（GB）”，单击“确定”按钮。

4）添加局部剖视图。

在命令管理器中，单击和进入草图绘制环境，如图 4-81 所示；用“样条曲线”在前视图上绘制剖切区域草图。单击“视图布局”工具栏上的“断开的剖视图”按钮，在左视图中单击一条圆线确定剖切位置，单击“确定”按钮✔。可在设计树中右击“断开视图”，在弹出的快捷菜单中选择“编辑”命令，调整剖切范围。

5）裁剪左视图。

选择要裁剪的视图，单击和；如图 4-82 所示，用“样条曲线”在左视图上绘制保留部分区域草图。单击“视图布局”工具栏上的“裁剪视图”按钮，单击“确定”按钮✔。

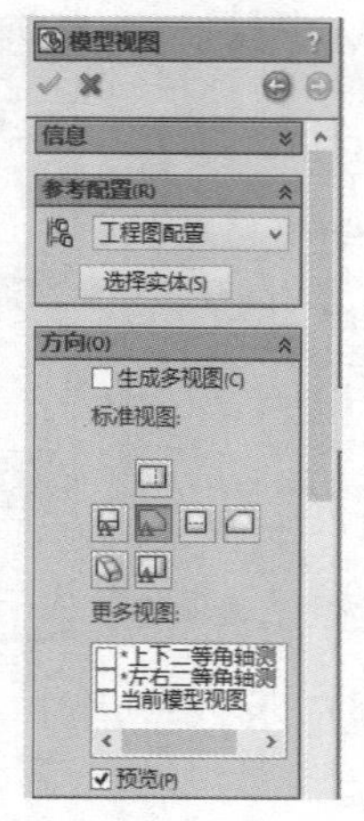

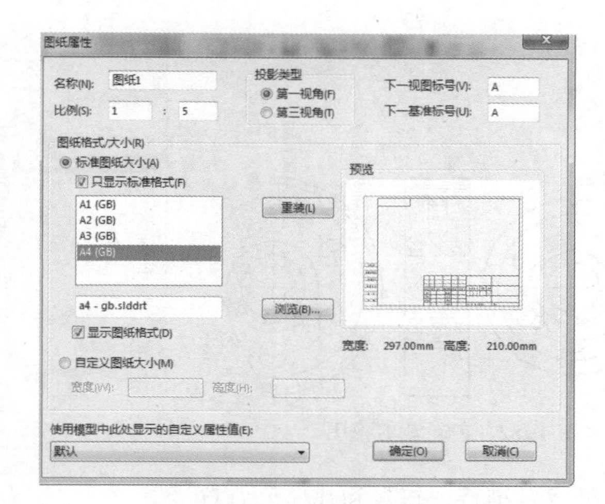

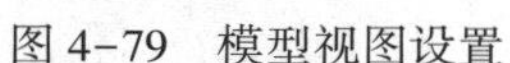
图 4-79　模型视图设置　　　　图 4-80　比例设定

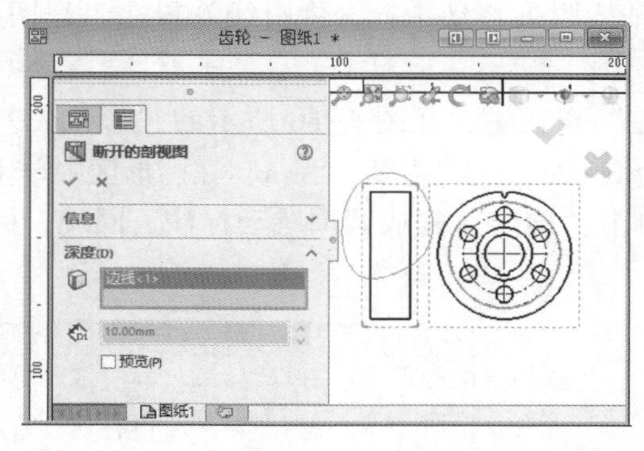

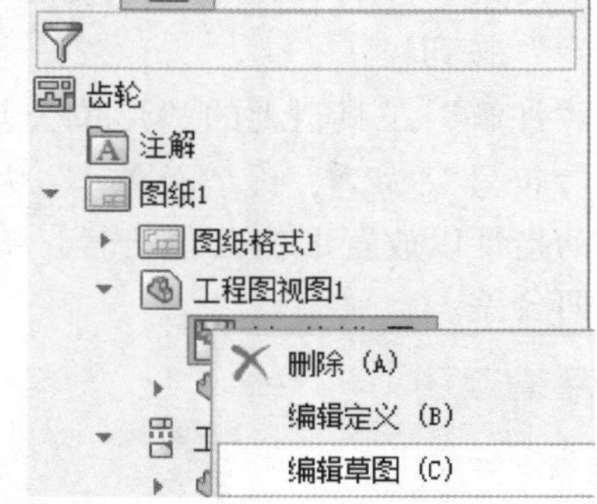

图 4-81　局部剖视图设定

6）添加中心线。

在命令管理器中，单击 和 进入草图绘制环境，用“虚线”工具在两个视图中绘制相关中心线和分度圆，单击“标准”工具栏上的“保存”按钮 。

（3）添加注解

1）标注尺寸。

单击“注解”工具栏上的“智能尺寸”按钮 ，标注键槽宽度，如图 4-83 所示，在“尺寸”对话框的“公差/精度”选项组中选择“双边”，设上偏差为 0.00、下偏差为 -0.04，尺寸偏差保留小数为 0.12（即保留两位小数）；单击“其他”标签，单击“字体比例”单选按钮，并在其后的文本框中输入 0.7。同理，标注其他尺寸。

标注辐板孔直径，在“标注尺寸文字”选项组的文本框中输入“6×”，单击“确定”按钮 。

2）插入粗糙度符号。

单击“注解”工具栏上的“表面粗糙度” 。在图 4-84 所示的“表面粗糙度”对话框的“符号”选项组中单击 ，在“符号布局”选项组中输入粗糙度数值 Ra6.3，然后在图形区域中单击主视图齿顶圆。单击“确定”按钮 。同理，标注其他位置的粗糙度。

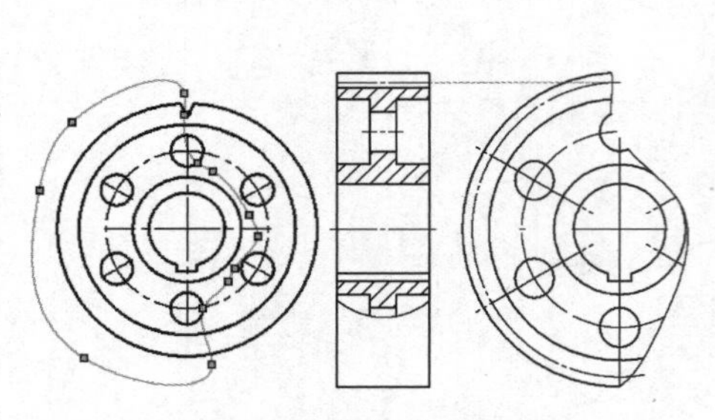

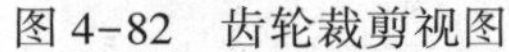

图 4-82　齿轮裁剪视图

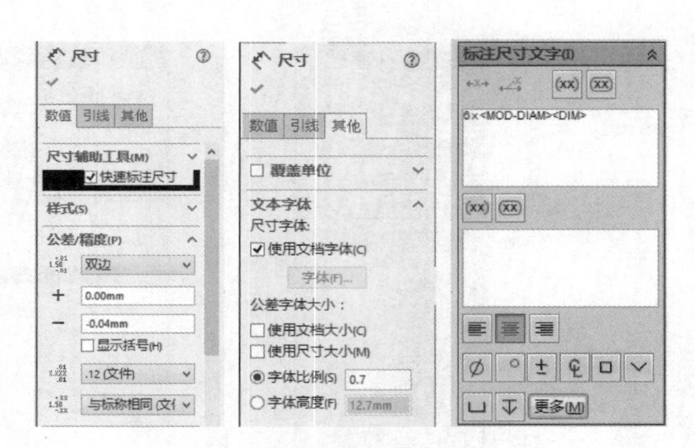

图 4-83　尺寸标注操作

3）插入基准特征符号和几何公差符号。

单击“注解”工具栏上的“基准特征”按钮，在图 4-85 所示的“基准特征”对话框中依次单击和，在图形区域齿轮轴线附近移动指针，将引线放置在工程图视图中，单击“确定”按钮。

单击“注解”工具栏上的“形位公差”按钮，在图 4-86 所示的“形位公差”对话框中，设“符号”为，设“公差 1”为 0.022，设“主要”为 A，在图形区中单击主视图齿顶圆移动指针以放置形位公差符号，单击“确定”完成圆周跳动标注。同理，标注其他位置的几何公差。

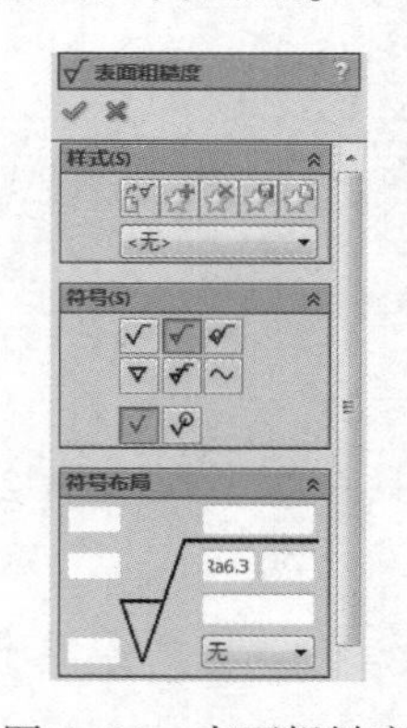

图 4-84　表面粗糙度

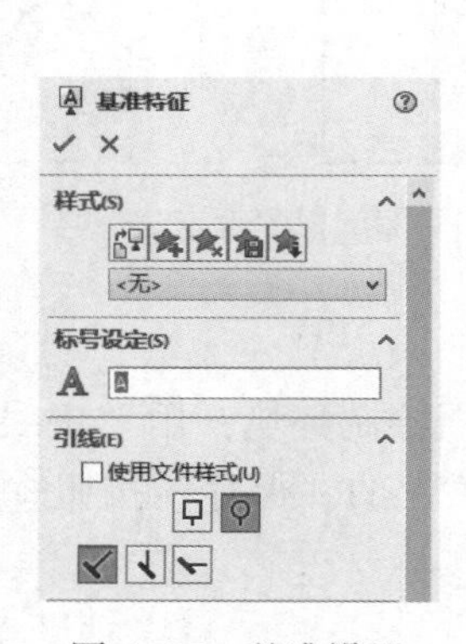

图 4-85　基准设置

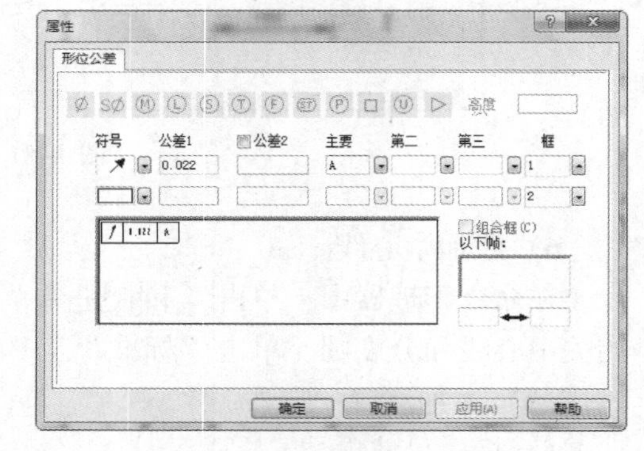

图 4-86　形位公差设置

4）技术要求。

放大显示工程图图纸的左下角，单击“注解”工具栏上的“注释”按钮，在图形区域中单击以放置注释。输入以下内容：“技术要求　1. 热处理调质，230~250HBW。2. 未注倒角 C2，未注圆角 R10。3. 清除毛刺。”（可在 Word 中输入，再复制粘贴）。选择所有注释文字，在“格式化”工具栏上，选择“字号”为 14。选择“注释”然后单击“粗体”按钮，完成**字体加粗**。单击“标准”工具栏上的“保存”按钮。

5）插入啮合特性表。

在 Excel 中编辑“啮合特性表”并保存，复制啮合参数区域后，在 SolidWorks 中选择“编辑”→“粘贴”命令，将 Excel 中编辑的“啮合特性表”粘贴到工程图中并拖动放置到右上角。

6）填写标题栏。

右击图纸空白区，在弹出的快捷菜单中选择“编辑图纸格式”命令进入图纸格式编辑环境，输入“单位名称”等内容。然后，右击图纸空白区，在弹出的快捷菜单中选择“编辑图纸”命令返回图纸编辑环境，单击“标准”工具栏上的“保存”按钮完成工作图设计全部内容。

（4）输出工程图

1）打印工程图。

选择“文件”→“打印”命令，弹出“打印”对话框。单击“页面设置”按钮，在“页面设置”对话框的“比例和分辨率”选项组中，单击“调整比例以套合”单选按钮，单击“确定”按钮。在“打印”对话框的“打印范围”选项组中，选择“所有图纸”，单击“确定”按钮。

2）另存为 PDF 格式工程图。

单击“标准”工具栏上的“另存为”按钮，选择“＊.pdf”格式，保存为“齿轮工作图.pdf”。

3）打包保存。

选择“文件”→“Pack and Go”命令，单击“保存到 zip 文件”单选按钮，输入“文件名”为“齿轮工作图.zip”，单击“确定”按钮。

4.4.4 弹簧工作图实践

如图 4-87 所示，在弹簧工作图中，除标注尺寸、尺寸偏差、轴线对两端面的垂直度公差、表面粗糙度符号、技术要求之外，还应绘制负荷-变形图。技术要求包括下列内容：旋向、有效圈数、总圈数、刚度、热处理方法及硬度要求。

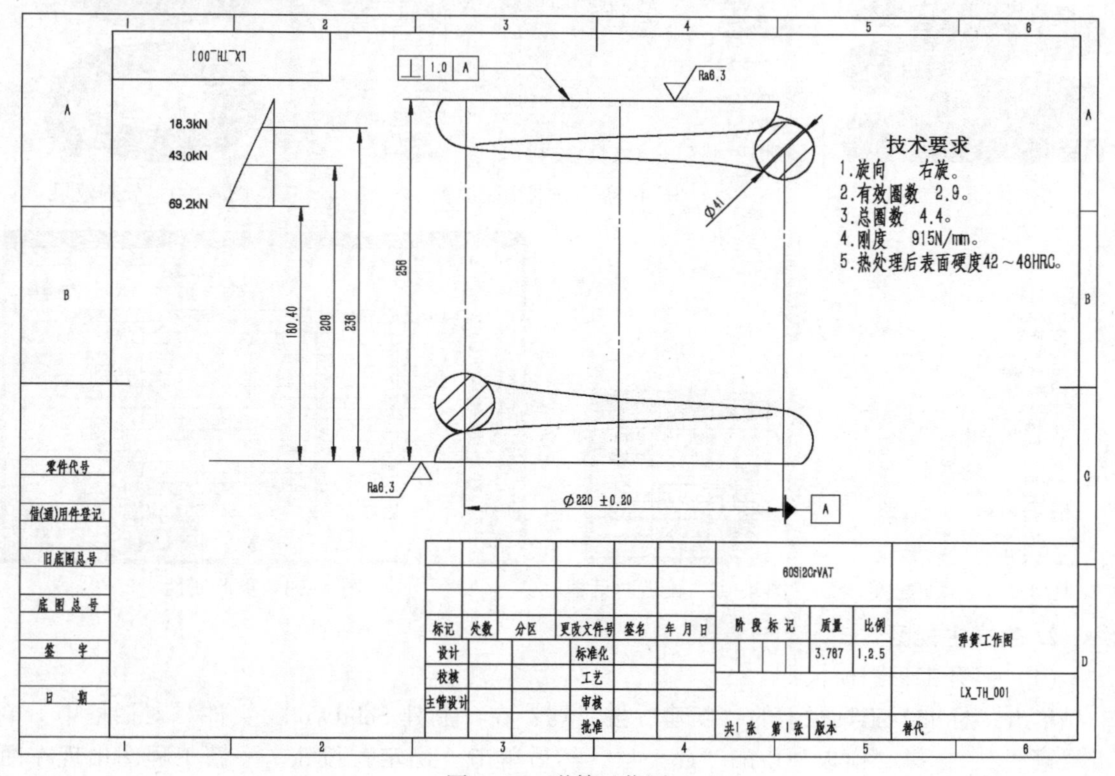

图 4-87 弹簧工作图

1. 绘图准备

（1）添加分割特征

打开“资源文件\弹簧.sldprt”。在左侧的设计树中选择“右视基准面”，单击和工具；如图 4-88 所示，在弹簧中心绘制一条与其等高的竖线。

如图 4-89 所示，选择“插入”→“特征”→“分割”命令，在“分割”对话框中的设“剪裁工具”为“草图 11”，单击图形区需要去除的中间部分，选择“消耗切除实体”复选框，单击“确定”按钮。分割效果如图 4-90 所示。

（2）添加配置

如图 4-91 所示，右击特征树中的“分割特征”，在弹出的快捷菜单中选择“配置特征”命令，在图 4-92 所示的“配置”对话框中添加“工程配置”，并取消选择对应的分割“压缩”复选框，单击“确定”按钮。单击“保存”按钮。

（3）设定链接属性

选择“文件”→“属性”命令，如图 4-93 所示，切换到“自定义”选项卡，更改“材料”为“60SiCrVAT”，图纸名称为“弹簧工作图”，图纸代号为“LX-TH-001”，单击“确定”按钮。单击“保存”按钮。

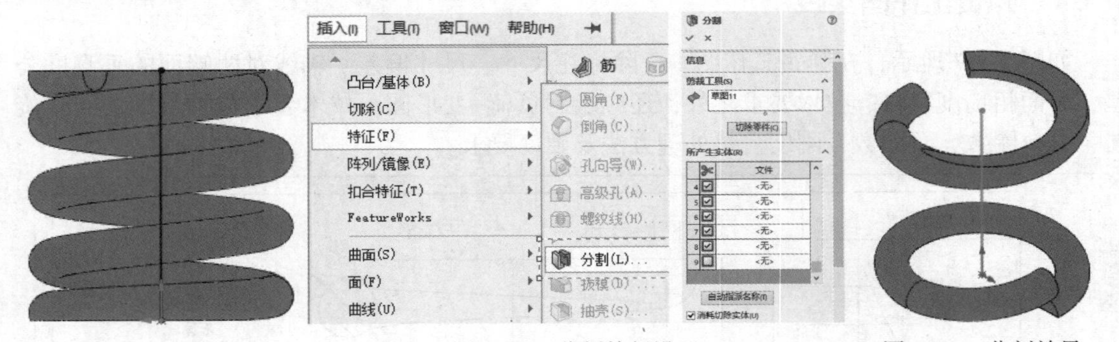

图 4-88　草图　　　　图 4-89　分割特征设置　　　　图 4-90　分割效果

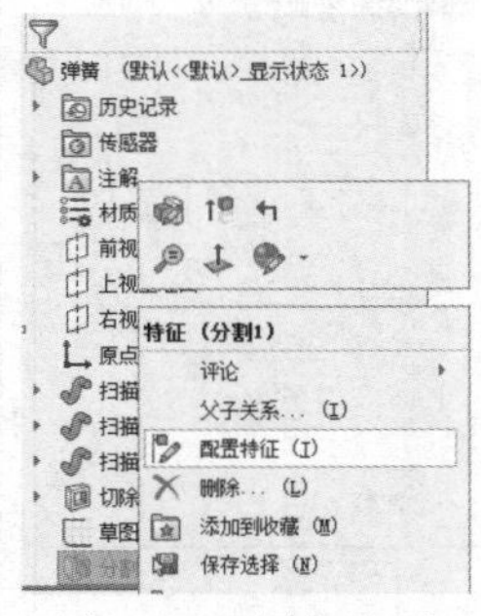

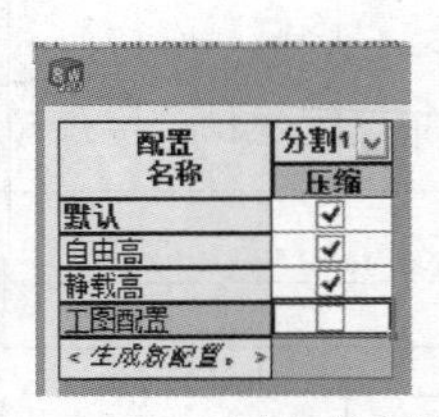

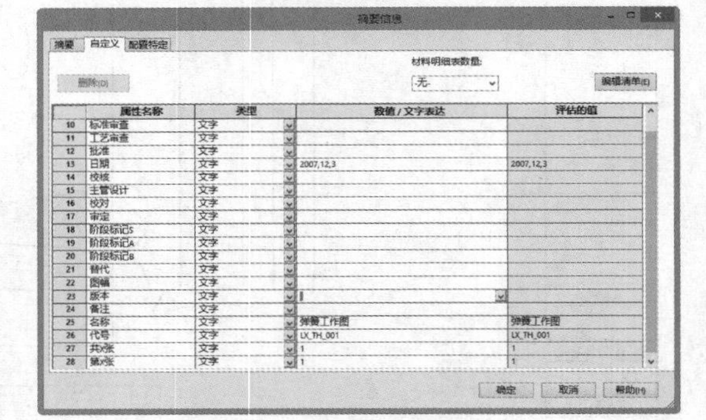

图 4-91　添加配置　　　　图 4-92　配置对话框　　　　图 4-93　更改属性

2. 生成主视图

（1）打开工程图模板

单击“标准”工具栏上的“新建”按钮，在“新建 SolidWorks 文件”对话框中，单击“高级”，选择“模板”中的“gb_a4”，然后单击“确定”按钮。一新工程图出现在图形区域中，且弹出“模型视图”对话框。

（2）生成主视图

如图 4-94 所示，在“模型视图”对话框中，执行下列操作：在“要插入的零件/装配体”选项组中，选择“弹簧”。单击“下一步”按钮，选择“参考配置”为“工程图配置”；在“方向”选项组中，单击“标准视图”下的“后视”，选中“预览”，在图形区域中显示预览。然后，将指针移到图形区域，并显示前视图的预览。单击以将前视图作为工程视图 1 放置，单击“确定”按钮。

（3）比例设定

在属性管理器中右击“图纸格式 1”，在弹出的快捷菜单中选择“属性”；如图 4-95 所示，在“图纸属性”对话框中将“比例”设定为 1∶2.5，并选中“A4（GB）”，单击“确定”按钮。

（4）隐藏边线

如图 4-96 所示，单击簧条过渡线，在弹出的工具栏上单击“隐藏/显示边线”按钮。同理，隐藏另一过渡线。

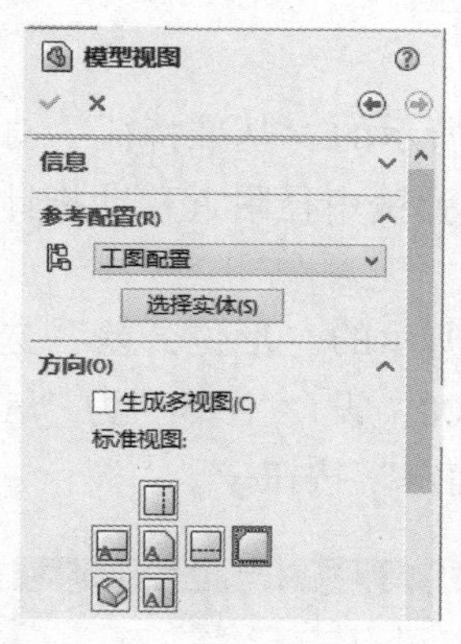

图 4-94　模型视图设置

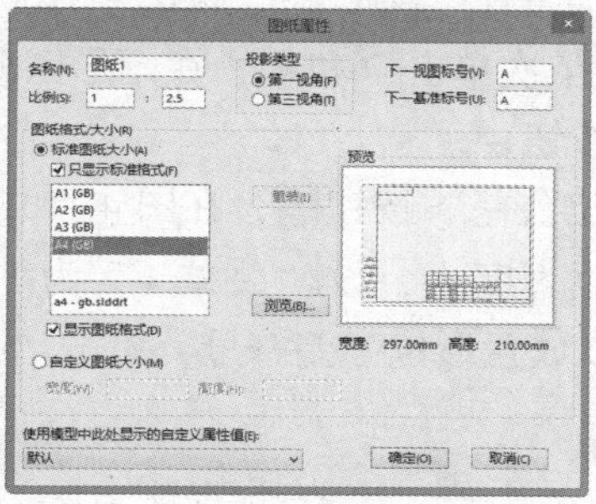

图 4-95　比例设定

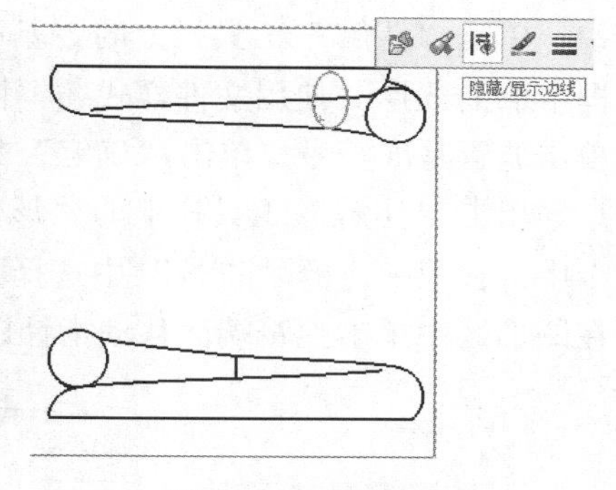

图 4-96　隐藏边线

3. 添加注解

（1）添加剖面线

单击“注解”工具栏上的“区域剖面线/填充”按钮，如图 4-97 所示，在“区域剖面线/填充”对话框中设剖面线密度为 0.25，在“加剖面线区域”选项组中单击“边界”单选按钮，在视图区单击两簧条截面边线。单击“确定”按钮。

（2）添加中心线

单击和进入草图绘制环境，用直线工具绘制弹簧中心线和簧条圆中心线。

（3）标注尺寸

单击“注解”工具栏上的“智能尺寸”按钮，标注簧条直径、自由高和弹簧中径。选择弹簧中径，如图 4-98 所示，在“公差/精度”选项组中设置：对称，上下偏差为 ±0.02，基本尺寸保留小数数字为“无”（即无小数位），偏差为保留小数数字为 0.12（即保留两位小数），然后单击“确定”按钮，完成尺寸标注。

（4）插入粗糙度符号

单击“注解”工具栏上的“表面粗糙度”按钮。在图 4-99 所示的“表面粗糙度”

对话框的“符号”选项组中单击☑，在“符号布局”中输入粗糙度数值 Ra6.3，然后在图形区域中单击弹簧两端面，单击“确定”按钮✔。

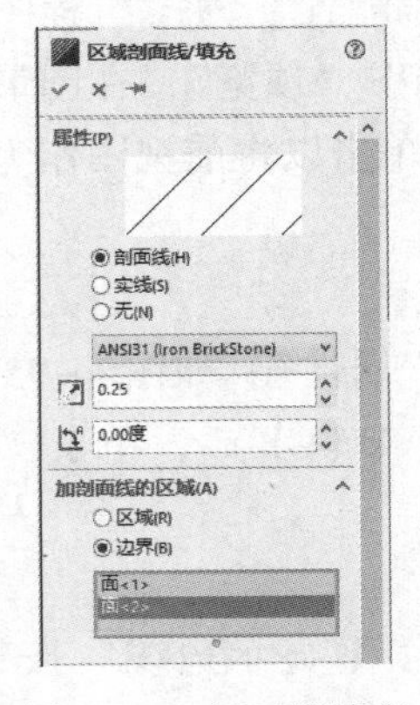

图 4-97　剖面线填充

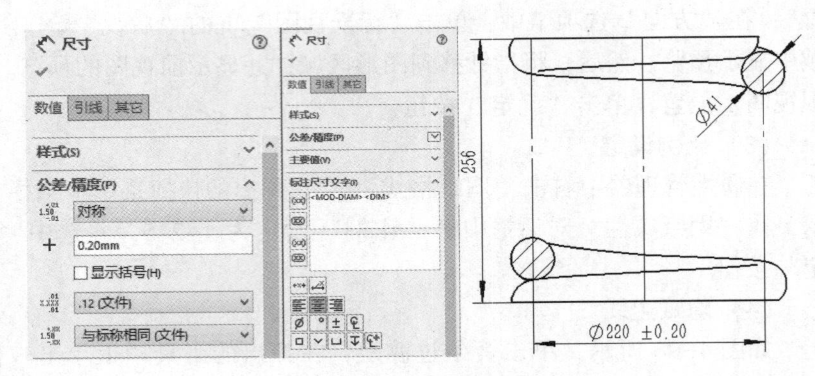

图 4-98　尺寸标注操作

（5）插入基准特征符号和几何公差符号

单击“注解”工具栏上的“基准特征”按钮，在图 4-100 所示的“基准特征”对话框中取消选择“使用文件样式”，并依次单击和✔，在图形区域弹簧中径附近移动指针并单击放置基准符号，单击“确定”按钮✔。

单击“注解”工具栏上的“形位公差”按钮，在图 4-101 所示的“形位公差”选项卡中，在第一行的“符号”中选择垂直度⊥，设“公差 1”为 1.00，设“主要”为“A”，在图形区中单击弹簧端面移动指针以放置形位公差符号，单击“确定”按钮✔。

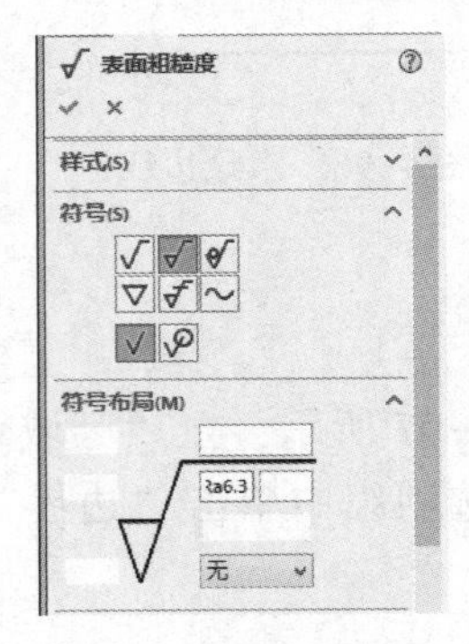

图 4-99　表面粗糙度

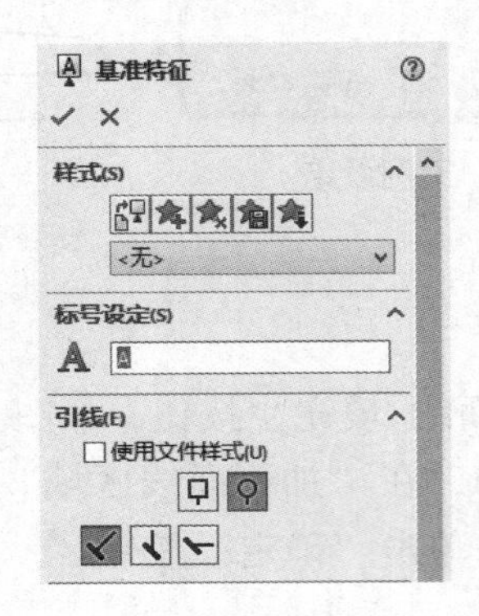

图 4-100　基准设置

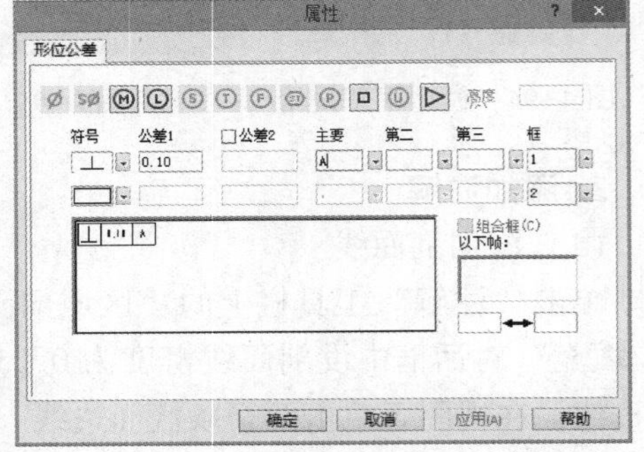

图 4-101　形位公差设置

（6）技术要求

单击“注解”工具栏上的“注释”按钮，在图形区域中单击以放置注释。输入以下内容：“技术要求 1. 旋向　右旋 2. 有效圈数。2.9　3. 总圈数。4.4　4. 刚度　915 N/mm。5. 热处理后表面硬度 42~48HRC”。

（7）绘制弹簧负荷-变形图

单击和进入草图绘制环境，用直线工具绘制弹簧负荷-变形图。

(8) 填写标题栏

右击图纸空白区，在弹出的快捷菜单中选择“编辑图纸格式”，然后输入“单位名称”等内容。右击图纸空白区，在弹出的快捷菜单中选择“编辑图纸”返回图纸编辑环境。

右击设计树中的“工程视图 1”，在弹出的快捷菜单中选择“打开零件”，在弹簧零件环境中，选择“文件”→“属性”命令，更改弹簧自定义属性，即更改名称为“弹簧”，代号为“LXTH-000-001”，然后保存并关闭模型文件，返回工程图环境，查看标题栏中“图样名称”和“图样代号”的相应改变。

4. 输出工程图

(1) 另存为 PDF 格式工程图

单击“标准”工具栏上的“另存为”按钮，选择“*.pdf”格式，保存为“弹簧工作图.pdf”。

(2) 打包保存

选择“文件”→“Pack and Go”命令，单击“保存到 zip 文件”单选按钮，设文件名为“弹簧工作图.zip”，单击“确定”按钮。

4.5 创建装配图

装配图是用来表示机器或部件的工作原理和零部件装配关系的技术图样。在设计新产品或改进现有产品时，一般先根据工作原理绘制装配图，然后根据装配图提供的信息设计零件的结构；在生产过程中，要依据装配图提供的视图、装配关系、技术要求等把制成的零件装配成能实现某种功能的机器；最后依据装配图来调整、检验、安装或使用、维修机器。可见，装配图是零件设计、装配检验、安装维修的重要技术文件。

4.5.1 装配图基础操作

本部分主要介绍装配图的内容、视图选择原则、剖视图制作、零件序号插入、明细栏使用。

1. 装配图的组成

装配图是用来表示机器或部件的工作原理和零部件装配关系的技术图样。装配图的主要内容如下。

1) 一组视图：表达机器或零部件的结构、工作原理、装配关系、各零部件的主要结构形状。

2) 完整的尺寸：机器或零部件的配合尺寸、安装尺寸（如安装孔间距）、总体尺寸。

3) 技术要求：用文字或规定符号说明机器或零部件在装配、检验、使用等方面的要求。

4) 标题栏：说明名称、重量、比例、图号、设计单位等。

5) 零件序号：装配图中每一种零部件都要有序号，且形状尺寸完全相同的零部件只编一个序号，数量填写在明细栏中。

6) 明细栏：列出机器或各零部件中的序号、名称、数量、材料等。

其中，装配图的标题栏与零件图相似，其技术要求一般包括以下 3 方面内容。

- 装配要求。指装配过程中的注意事项，装配后应达到的加工、密封和润滑方面的要求。
- 检验要求。指对机器或零部件整体性能的检验、试验、验收方法和条件的说明。
- 使用要求。对机器或零部件的性能、维护、保养、使用注意事项的说明 。

技术要求示例："1. 装配前，所有零件必须清洗干净。2. 螺母紧固力矩不小于 100 N · m。"

2. 视图选择及剖视图制作

（1）视图选择原则

在选择视图时，可作几种方案的分析、比较，然后选出最佳方案。

- 主视图的选择：尽可能多地表达机器（或零部件）的工作原理和结构特征、主要零部件的主要形状、相对位置和装配关系，主视图按机器（或零部件）的工作位置放置，使主要装配轴线、主要安装面处于特殊位置。
- 其他视图的选择：其他视图应能表达主视图中没能表达清楚的工作原理、装配关系和主要零件的主要形状，并保证每个视图都有明确的表达内容。

（2）剖视图的规定

我国制图标准规定，在装配图中，对于螺钉等紧固件及实心零件如轴、手柄、连杆、拉杆、球、销、键等，当剖切平面通过其基本轴线时（亦称顺轴线剖切），这些零件均按不剖绘制。当剖切平面垂直这些零件的轴线时，则应画出剖面线。

（3）SolidWorks 装配剖视图制作示例

1）生成右视图

新建工程图，用<资源文件>目录下的"4\轮轴装配 . sldasm"生成右视图。

2）生成全剖视图

选择"视图布局"→"剖面视图"命令，选择切割线方式为▒，单击圆心，如图 4-102 所示，在设计树中，选择"阶梯轴"和"平键"为不剖切零件，单击"确定"按钮。

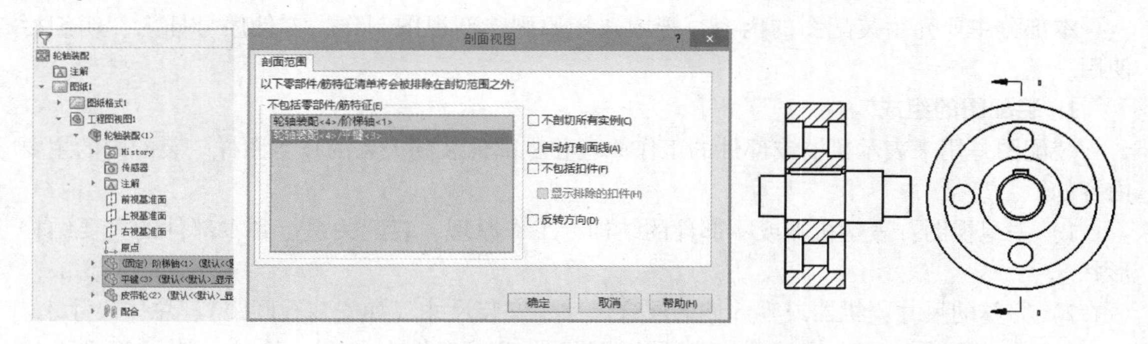

图 4-102　装配工程图剖视图设置

3. 装配图的尺寸标注

装配图尺寸标注与零件图不同，一般只需标注出下列几种尺寸。

1）装配尺寸——表示零件间的配合性质和等级的配合尺寸（如轴与孔的配合直径）以及确定零件间相对位置的尺寸（如重要的间隙、距离、连接件的定位尺寸等）。

2）安装尺寸——机器或零部件被安装到其他基础上时所必需的定位尺寸。

3）外形尺寸——机器或零部件的总长、总宽、总高，以便确定运输、安装占有空间大小。

4）性能尺寸——说明机器（或零部件）的规格或性能的尺寸（如，起重机吊臂的最大伸长量）。

在 SolidWorks 工程图环境下标注配合尺寸的步骤是：在生成的轮轴装配工程图中，单击“智能尺寸”按钮，在图形区选中配合部位并标注其直径尺寸，如图 4-103 所示，在“公差/精度”选项组中设为“套合”，“配合方式”为“间隙”，“基准”为基孔制的“H7”，轴的精度为“f6”，显示方式为，单击“确定”按钮，完成过盈配合尺寸标注，如 ϕ120H7/f6。

4. 明细栏

为便于统计零件数量进行生产准备工作和有助于看图及图样管理，装配图上所有的零部件都必须编注序号，并填写明细栏。

（1）明细栏要求

明细栏是图中各零件的序号、代号、名称、数量、材料、重量等内容的说明表格。明细栏中所填序号应和图中所编零件的序号一致，序号应自下而上按顺序填写。代号是零件图样的唯一性标识，标准件应填写对应的标准代号。

（2）明细栏模板的使用

选择生成的剖视图，选择对应的“插入”→“表格”→“材料明细表”命令，弹出“材料明细表”对话框，如图 4-104 所示，单击“表格模板”下的按钮，选择对应的<资源文件>目录下的“4\模板\gb 材料明细表\材料明细表 . sldbomtbt”，取消选择“表格位置”选项组中的“附加到定位点”复选框，单击“确定”按钮，在标题栏右上角放置明细表，见图 4-105 所示。

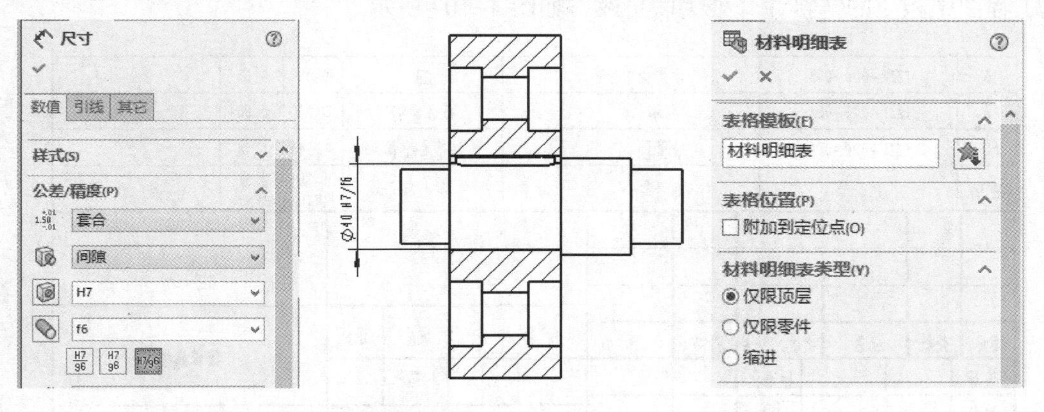

图 4-103　标注配合尺寸　　图 4-104　“材料明细表”对话框

序号	代 号	名 称	数量	材 料	单重(kg)	共重(kg)	备 注
3	"图样代号"	平键	1	普通碳钢	0.031	0.031	
2	"图样代号"	皮带轮	1	铜	0.650	0.65	
1	"图样代号"	阶梯轴	1	铸造合金钢	1.140	1.14	

图 4-105　明细栏

(3) 编辑明细栏中的链接注释

如图 4-106 所示，展开装配工程图设计树，右击工程视图中的“阶梯轴”，在弹出的快捷菜单中选择“打开零件”命令。在阶梯轴零件环境中，选择“文件”→“属性”命令，修改“代号”为“LZZP-001-001”，修改名称为“阶梯轴”；单击“选项”按钮，在“文档属性”选项卡中单击“单位”，在“单位系统”选项组中设“质量/截面属性”的小数位数为“0.12”（保留 2 位小数）。

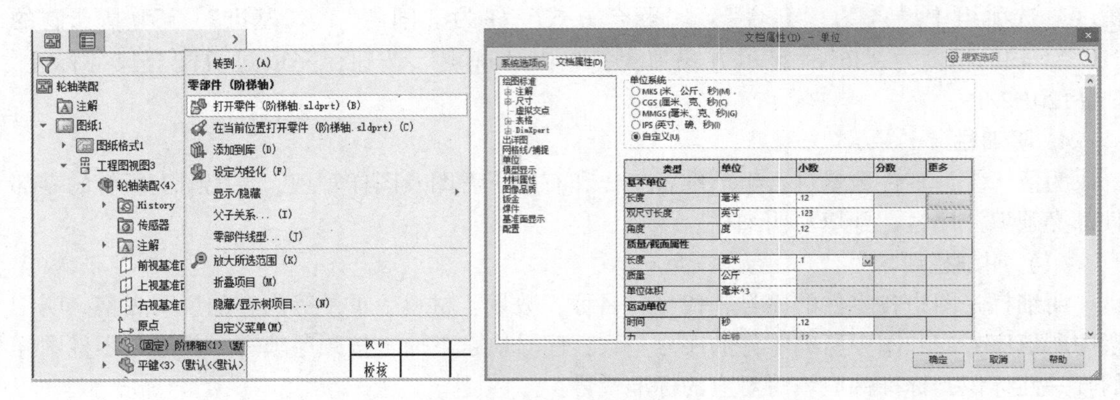

图 4-106　零部件单位属性设置

重复上述步骤，分别更改以下零部件的参数：平键（代号：LZZP-000-002，名称：皮带轮），皮带轮（代号：LZZP-000-003，名称：皮带轮），轮轴装配（代号：LZZP-000-000，名称：轮轴装配）；“质量/截面属性”的小数位数均为“0.12”（保留 2 位小数）。在装配工程图中相应的链接注释处关联更改，如图 4-107 所示。

3	LZZP-000-003	皮带轮	1	铜	0.65	0.65	
2	LZZP-000-002	平键	1	普通碳钢	0.03	0.03	
1	LZZP-000-001	阶梯轴	1	铸造合金钢	1.14	1.14	
序号	代 号	名 称	数量	材 料	单重(kg)	共重(kg)	备 注

标记	处数	分区	更改文件号	签名	年 月 日	阶 段 标 记	质量	比例	轮轴装配
设计			标准化				1.82	1:2.5	
校核			工艺						LZZP-000-000
主管设计			审核						
			批准			共1张 第1张	版本		替代

图 4-107　链接注释修改结果

5. 零部件序号

(1) 零部件序号要求

一般规定，装配图中所有零部件都必须编注序号，且该序号应与明细栏中的序号一致。

序号应按水平或垂直方向排列整齐，并按顺时针或逆时针方向顺序排列。

(2) 自动插入零件序号并自动按序排列

在 SolidWorks 工程图环境下自动插入零件序号并自动按序排列的步骤如下。在工程图视图中，插入明细表时选中的视图；然后单击“注解”工具栏中的“自动零件序号”按钮（或选择“插入”→“注解”→“自动零件序号”命令）。如图 4-108 所示，在“自动零件序号”对话框中选择“项目号”选项组中的“按序排列”1,2。单击“确定”按钮✔。

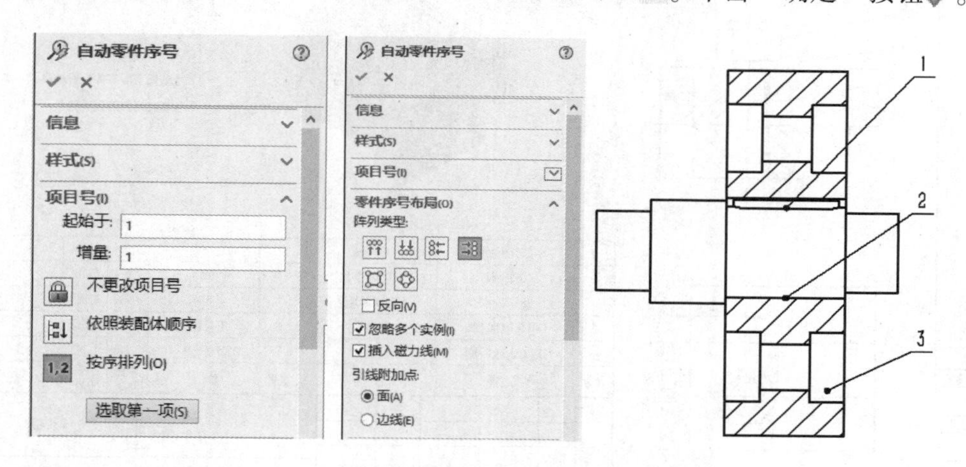

图 4-108　自动插入零件序号并自动排序

4.5.2　螺栓联接装配图实践

下面以图 4-109 所示的螺栓联接装配图为例练习局部剖视、明细栏、零件序号等装配图设计命令。

1. 生成视图

(1) 打开工程图模板

单击“标准”工具栏上的“新建”按钮，在“新建 SolidWorks 文件”对话框中，单击“高级”，选择“模板”中的“gb_a4”，然后单击“确定”按钮。一新工程图出现在图形区域中，且“模型视图”对话框出现。

(2) 生成基本视图

在“模型视图”对话框中，执行下列操作：在“要插入的零件/装配体”选项组中，选择<资源文件>目录下的“4\虚拟装配\螺栓联接 .sldasm”。单击“下一步”按钮，在“方向”选项组中，单击“标准视图”下的“前视”，选择“预览”复选框，在图形区域中显示预览。然后，将指针移到图形区域，显示前视图的预览。单击放置前视图，移动鼠标到前视图下面单击生成俯视图，在向主视图左上方移动鼠标单击生成轴测图，单击“确定”按钮✔。拖动各视图，在图纸中合理布局。

(3) 添加局部剖视图

在命令管理器中，单击和进入草图绘制环境，如图 4-110 所示，用“样条曲线”在主视图上绘制剖切区域草图，单击“确定”按钮✔。单击“视图布局”工具栏上的

“断开的剖视图”，在主视图上单击选择不剖切的零件：螺母、垫片和螺栓，在俯视图中单击圆线确定剖切位置，单击“确定”按钮✔，生成局部剖视图，如图 4-111 所示。

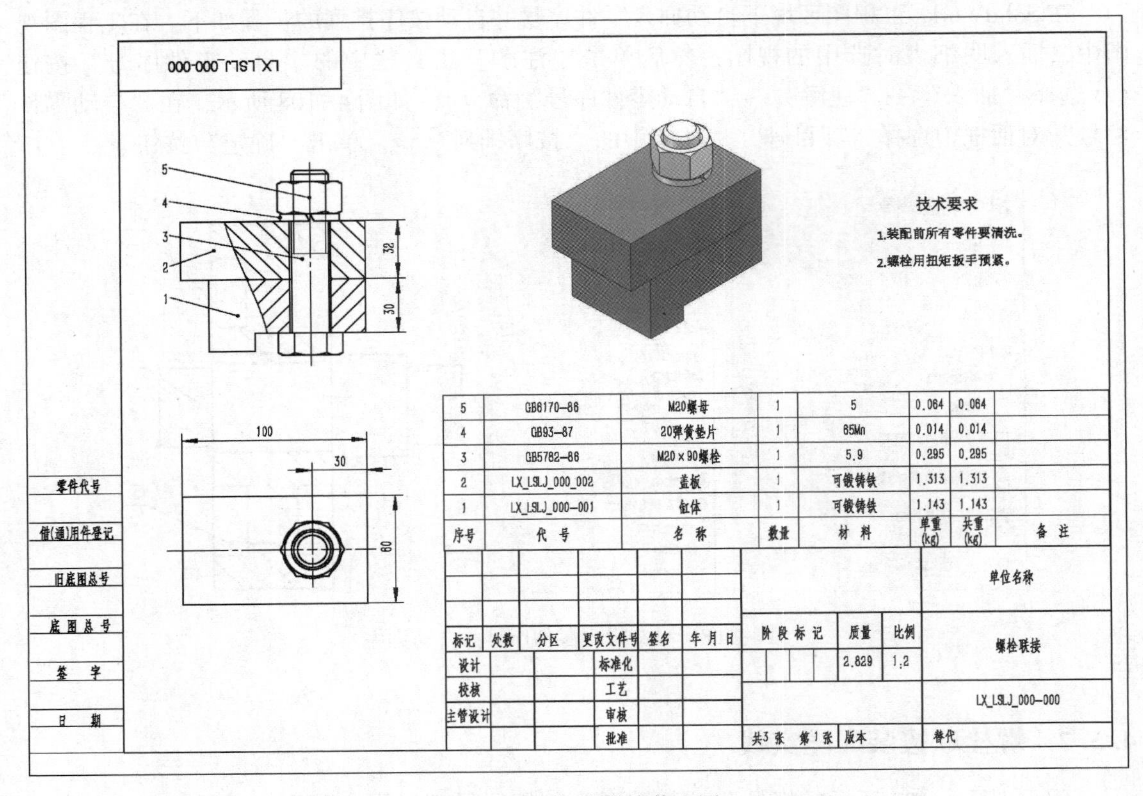

图 4-109　螺栓联接装配图

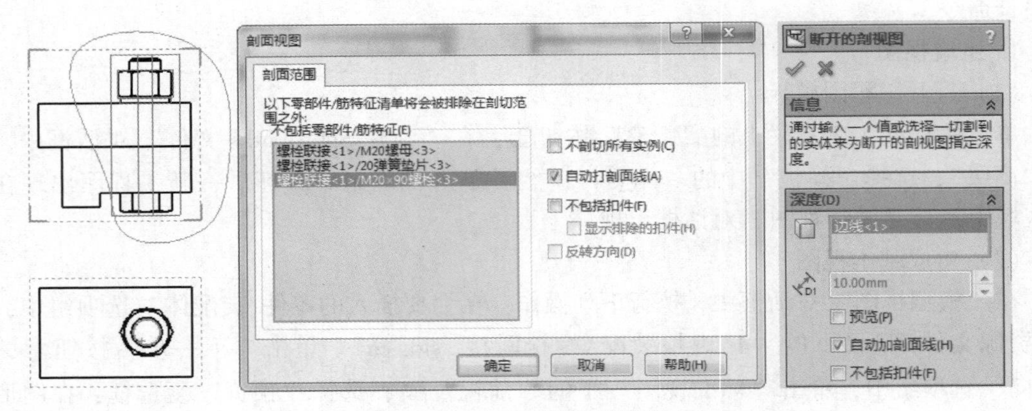

图 4-110　局部剖视图设定

（4）渲染轴测图

如图 4-112 所示，单击“轴测图”，在“视图”工具栏中单击“带边线上色”按钮完成轴测图渲染。

2. 添加注解

（1）添加中心线和圆心线

在“注解”工具栏中单击“中心线”按钮，在主视图上单击螺栓母线添加中心线；单击“中心符号线”按钮，在俯视图上单击螺栓圆线添加“中心符号线”，拖动中心线和“中心符号线”的控制点调整其长度，如图 4-113 所示。单击“标准”工具栏上的“保存”按钮 。

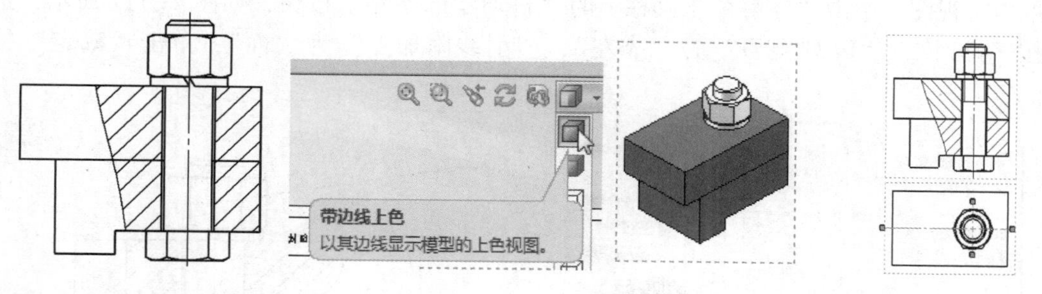

图 4-111　局部剖视图　　图 4-112　渲染视图设定　　图 4-113　添加中心线

（2）显示装饰螺纹线

添加装饰螺纹线：打开零件“螺栓 M20×90. sldprt”，选择“插入”→“注解”→“装饰螺旋线”命令，如图 4-114 所示，单击螺栓端面圆线和顶面，设“标准”为 GB，“大小”为 M18，方式为“给定深度”，深度值为 45，单击“确定”按钮。单击“标准”工具栏上的“保存”按钮。

显示装饰螺纹线：单击“注解”工具栏中的“模型项目”按钮，如图 4-115 所示，选择装饰螺纹线，单击“确定”按钮。选择“工具”→“选项”命令，在“选项”对话框中选“文档属性”→“线型”→“装饰螺纹线”→“实线”命令，单击“确定”按钮。

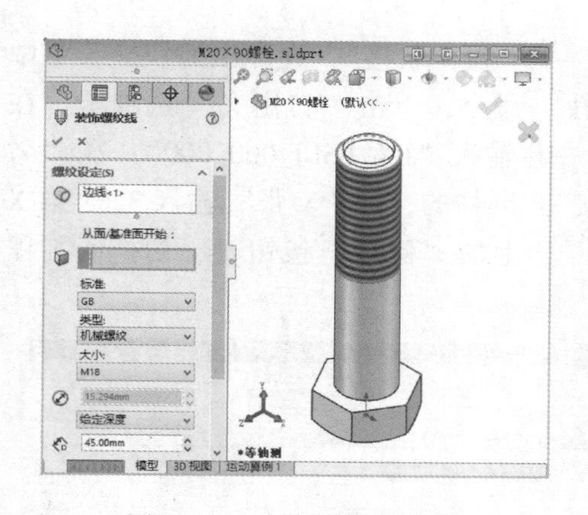

图 4-114　添加装饰螺纹线

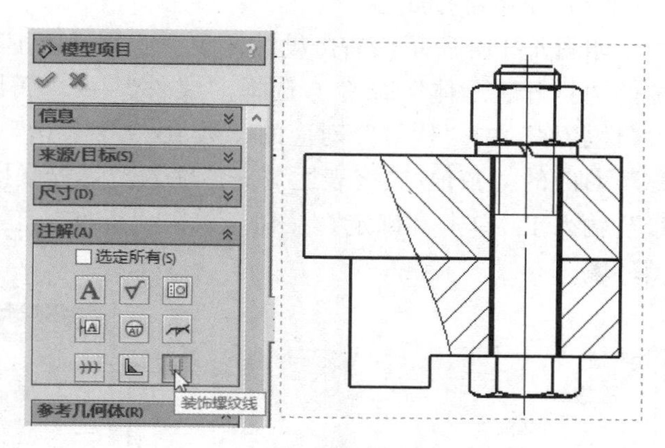

图 4-115　显示装饰螺旋线

（3）标注尺寸

单击“注解”工具栏上的“智能尺寸”按钮，标注缸体凸缘和盖板的厚度。

（4）插入明细栏

单击主视图，然后选择“插入”→“表格”→“材料明细表”命令，如图 4-116 所示，在“材料明细表”对话框的表格模板中浏览并选择<资源文件>目录下的“4\模板\GB 材料明细栏\材料明细栏 . sldbomtbt”文件，清空表格位置中的“附加到定位点”复选框，单击“确定”按钮✔，捕捉标题栏右上角放置明细栏，单击“保存”按钮。

(5) 插入零件序号

单击主视图，单击“注解”工具栏上的“自动零件序号”按钮，如图 4-117 所示，选择“按序排列”，“阵列类型”为“靠左”，“引线附加点”为“面”，单击“确定”按钮✔。

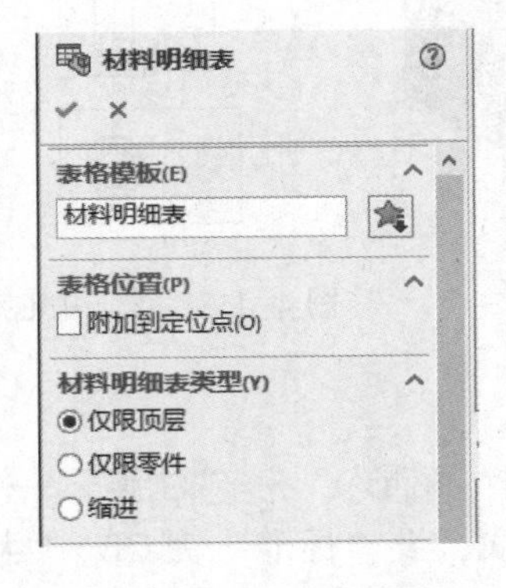

图 4-116　添加明细栏

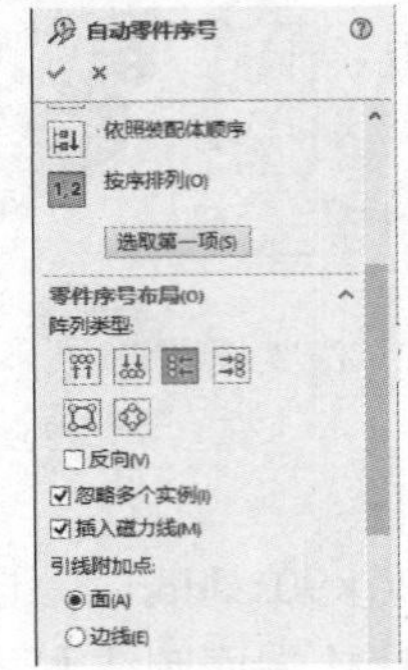

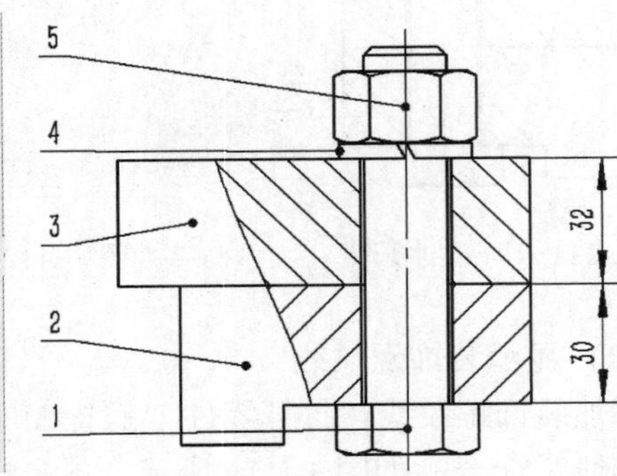

图 4-117　添加零件序号

(6) 填写标题栏

右击图纸空白区，在弹出的快捷菜单中选择“编辑图纸格式”命令进入图纸格式编辑环境，输入“单位名称”等内容。然后，右击图纸空白区，在弹出的快捷菜单中选择“编辑图纸”命令返回图纸编辑环境，单击“保存”按钮。

(7) 设定链接属性

如图 4-118 所示，右击设计树中“工程视图 1”→“螺栓联接”，在弹出的快捷菜单中选择“打开装配体”命令，选择“文件”→“属性”命令，单击“自定义”选项卡，在“属性名称”中“代号”对应的“数值/文字表达”一栏输入“LX_LSLJ_000_000”；在“名称”对应的“数值/文字表达”一栏输入“螺栓联接”；同样的，“共 X 张”输入 3，“第 X 张”输入 1，单击“确定”按钮。单击“标准”工具栏上的“保存”按钮，切换回工程图环境。

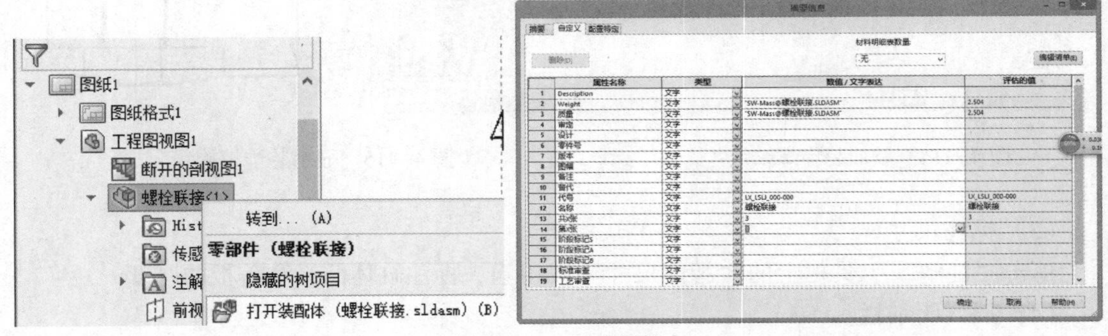

图 4-118　更改属性

(8) 技术要求

放大显示工程图图纸的左下角。单击“注解”工具栏上的“注释”按钮，在图形区域中单击以放置注释。输入以下内容：“技术要求 1. 装配前所有零件要清洗。2. 螺栓用扭矩扳手预紧。”(可在Word中输入，再复制粘贴)。选择所有注释文字，在“格式化”工具栏上，选择“字号”为14。选择“注释”后单击“粗体”按钮，完成**字体加粗**。单击“标准”工具栏上的“保存”按钮。

3. 输出工程图

(1) 打包保存

选择“文件”→“Pack and Go”命令，在“Pack and Go”对话框中选中“保存到Zip文件”，设定保存文件夹和名称，如“螺栓联接.zip”，单击“保存”按钮。

(2) 另存为PDF格式文件

选择“文件”→“另存为”命令，在“另存为”对话框中选择文件类型为“(*.pdf)”，设定文件名称为“螺栓联接.pdf”，单击“保存”按钮。

(3) 打印输出

选择“文件”→“打印”命令，“打印”对话框出现，单击“页面设置”按钮，“页面设置”对话框出现，在“比例和分辨率”选项组中选择“调整比例以套合”，设定纸张大小为“A4”，单击“确定”按钮。在“打印”对话框“打印范围”选项组中选择“所有图纸”，单击“确定”按钮。

4.5.3 减速器总装配图实践

完成图4-119所示的减速器总装配图设计，包括打开工程图模板、生成新工程图、移动工程视图、生成剖面视图、生成局部剖视图、添加中心符号线和中心线、修改剖面线、标注尺寸、自动插入零件序号、插入材料明细栏、插入注释并格式化和打印工程图。

1. 生成视图

(1) 打开工程图模板

打开<资源文件>目录下的“4\减速器总装.sldasm”。单击“标准”工具栏上的“新建”按钮，在弹出的“新建SolidWorks文件”对话框中，选择“工程图”，然后单击“高级”，选择“gb_a3”模板，并单击“确定”按钮。一新工程图出现在图形区域中。

(2) 生成新工程图

单击“视图布局”工具栏上的“标准三视图”按钮，在“插入的零件/装配体”选项组中，选择“减速器总装”，单击“确定”按钮生成标准三视图。选择“视图”→“原点”命令，隐藏坐标原点。

(3) 更改比例

在属性管理器中右击“图纸格式1”，在弹出的快捷菜单中选择“属性”命令，在“图纸属性”对话框中将比例设定为1:5。

(4) 移动工程视图

在指针位于视图边框、模型边线等时指针更改为，此时单击并拖动可移动视图。单击工程视图1(图纸上的前视图)，然后上下拖动。单击工程视图2(左视图)，然后左右拖动。将工程图纸上的视图移动到恰当的位置。

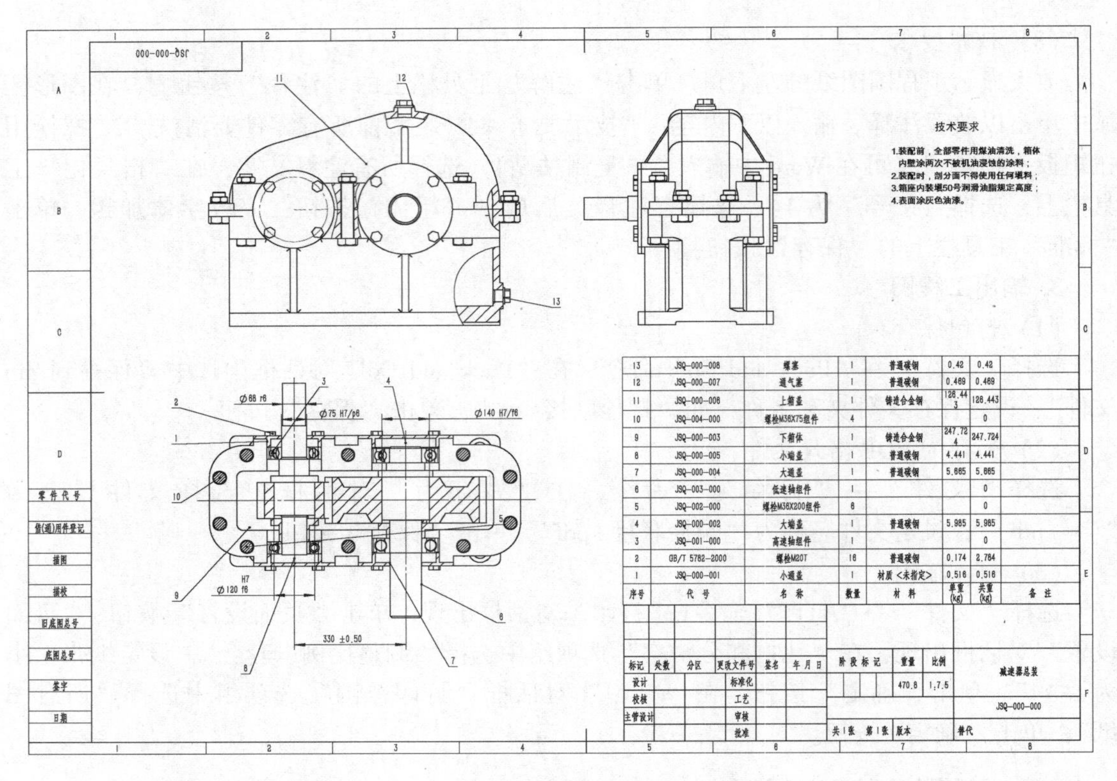

图 4-119　减速器装配图

（5）生成剖面视图

如图 4-120a 所示，单击“视图布局”工具栏中的“剖面视图”按钮，在“剖面视图辅助”对话框中选择，单击高速轴圆心确定剖切位置，单击“确定”按钮。展开设计树，选择“高/低速轴”和“高/低速键”不剖切，如图所示 4-120b，单击“确定”按钮。单击“反转方向”复选框。在视图下侧单击放置剖视图。

右击切割线，在弹出的快捷菜单中选择“隐藏切割线”命令；右击剖视图名称，在弹出的快捷菜单中选择“隐藏”命令。

（6）生成局部剖视图

单击“草图”工具栏上的“样条曲线”按钮创建一个封闭轮廓，如图 4-121a 所示，单击“确定”按钮。单击“视图布局”工具栏上的“断开的剖视图”按钮；如图 4-121b 所示，在“剖面视图”对话框的“不包括零部件/筋特征”列表中选择“减速器总装〈1〉/螺塞”，单击“确定”按钮。在图 4-121c 所示的“断开的剖视图”对话框中单击“深度”列表框，在左视图中单击下箱体底槽边线，选择其中点为剖切位置，单击“确定”按钮。重复上述步骤完成“通气塞”“螺栓 M36×75”和“螺栓 M36×200”处的局部剖视图，如图 4-121d 所示。

单击“标准”工具栏上的“保存”按钮。接受默认文件名称，单击“保存”按钮。

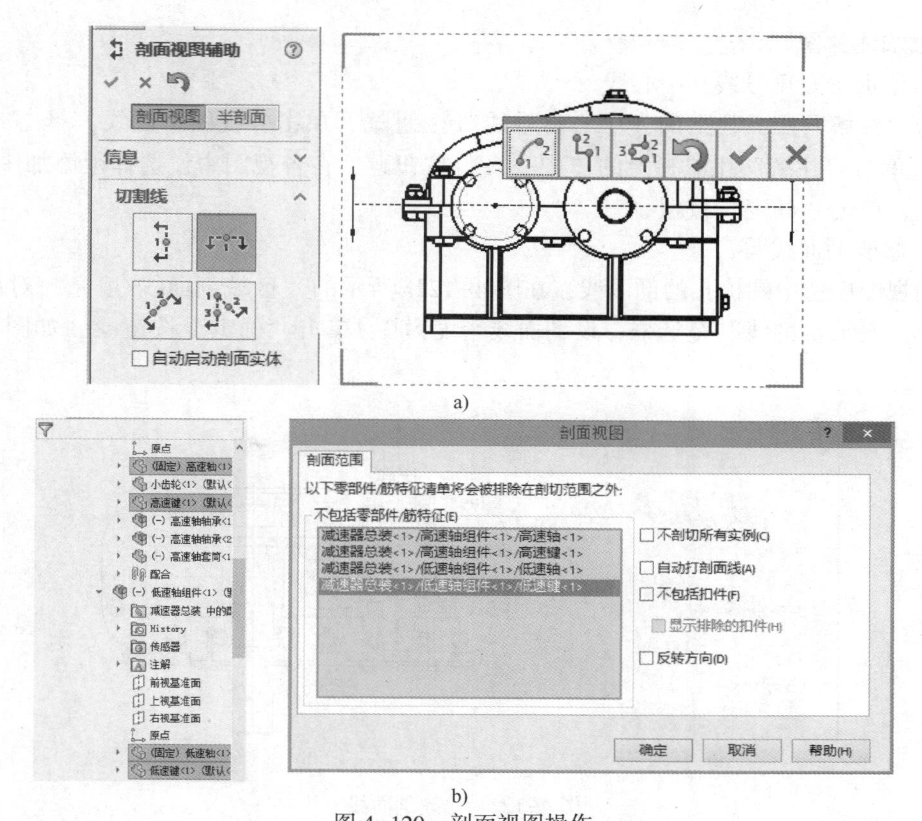

图 4-120　剖面视图操作

a）确定剖切位置　b）不剖切的零件选择

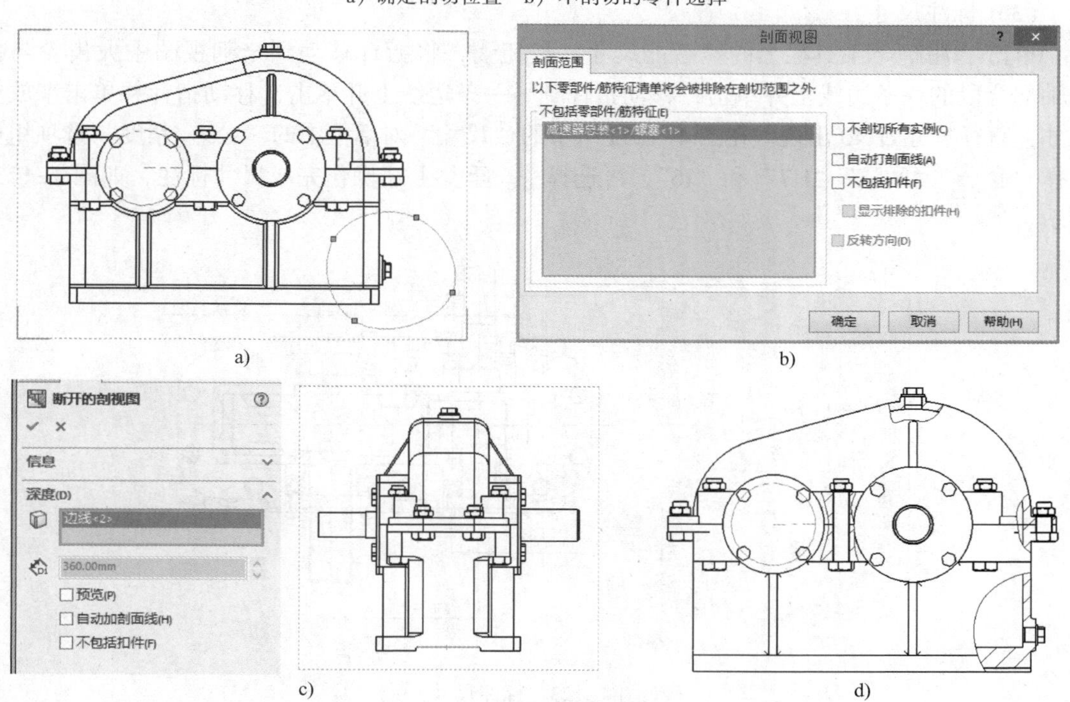

图 4-121　局部剖视图操作

2. 添加注解图

（1）添加中心符号线和中心线

单击“注解”工具栏上的“中心符号线”按钮，单击各视图中圆线，单击“确定”按钮。单击“注解”工具栏上的“中心线”按钮，在各视图中，选择须添加中心线的两条边线，单击“确定”按钮。

（2）修改剖面线

在剖视图中选中螺栓孔的剖面线，在图4-122a所示的“区域剖面线/填充”对话框中，取消选择“材质剖面线”复选框，设剖面线密度为3，单击“确定”按钮，如图4-122b所示。

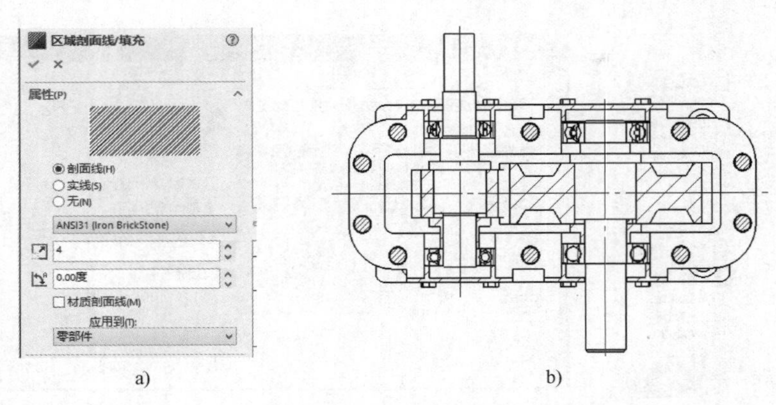

图4-122　修改剖面线

（3）标注尺寸

单击“注解”工具栏上的“智能尺寸”按钮，将指针移动到全剖视图中大齿轮与低速轴配合段的一条边线上并单击，移动指针到另一条边线上并单击，移动指针并单击来放置尺寸，直径尺寸ϕ140出现。在图4-123a所示的“尺寸”对话框中的“公差/精度”选项组中选择“套合”“间隙”“H7”和“f6”，再选择。重复上述操作完成尺寸标注，如图4-123b所示。

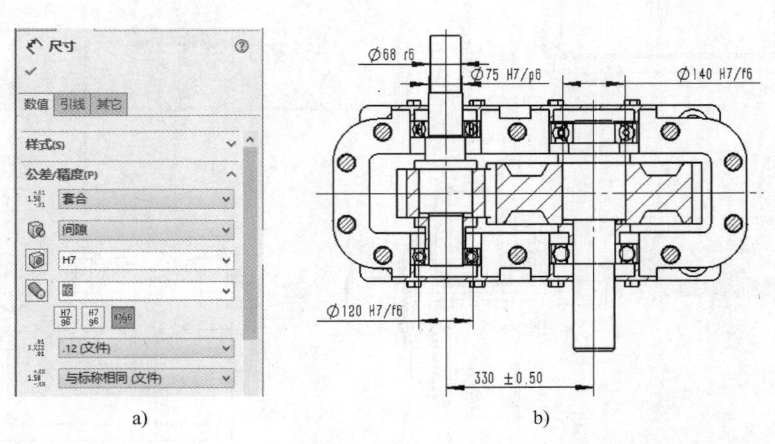

图4-123　标注尺寸

(4) 插入材料明细栏

现在插入材料明细栏（BOM）以在装配体中识别每个零件并标号。

选择剖视图，再选择“插入”→“表格”→“材料明细表”命令。在图 4-124 所示的“打开”对话框中选择<资源文件>目录下的“4\材料明细表 .sldbomtbt”，单击“打开”按钮。在图 4-125 所示的“材料明细表”对话框中取消选择“附加到定位点”复选框，单击“确定”按钮✔，捕捉标题栏右上角放置生成材料明细栏，如图 4-126 所示。

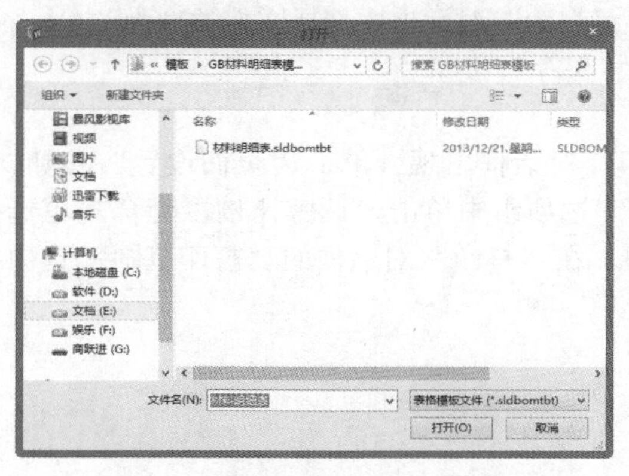

图 4-124　选择“材料明细表”模板对话中框

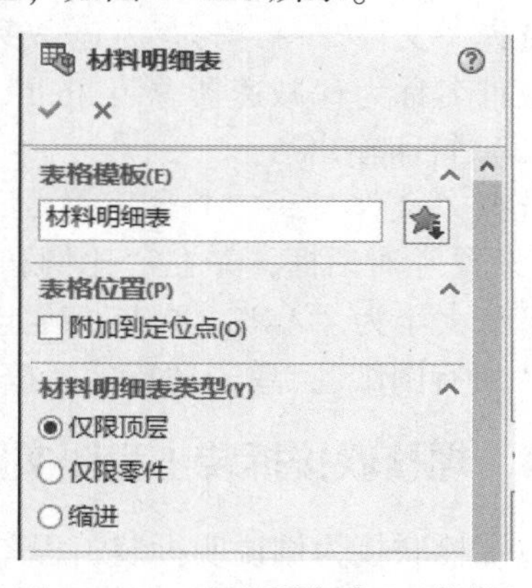

图 4-125　“材料明细表”对话框

(5) 自动插入零件序号

选择插入明细表的视图（剖视图），单击“注解”工具栏上的“自动零件序号”按钮，单击“按序排列”，单击“确定”按钮✔；再选择主视图，单击“注解”工具栏上的“自动零件序号”按钮，单击“确定”按钮✔，将按需要移动零件序号，如图 4-127 所示。

序号	代　号	名　称	数量	材　料	单重 (kg)	共重 (kg)	备　注
13	JSQ-000-008	螺塞	1	普通碳钢	0.42	0.42	
12	JSQ-000-007	通气塞	1	普通碳钢	0.469	0.469	
11	JSQ-000-006	上箱盖	1	铸造合金钢	126.443	126.443	
10	JSQ-004-000	螺栓M36X75组件	4			0	
9	JSQ-000-003	下箱体	1	铸造合金钢	247.724	247.724	
8	JSQ-000-005	小端盖	1	普通碳钢	4.441	4.441	
7	JSQ-000-004	大通盖	1	普通碳钢	5.665	5.665	
6	JSQ-003-000	低速轴组件	1			0	
5	JSQ-002-000	螺栓M36X200组件	6			0	
4	JSQ-000-002	大端盖	1	普通碳钢	5.985	5.985	
3	JSQ-001-000	高速轴组件	1			0	
2	GB/T 5782-2000	螺栓M20T	16	普通碳钢	0.174	2.784	
1	JSQ-000-001	小通盖	1	材质 <未指定>	0.516	0.516	

图 4-126　材料明细栏

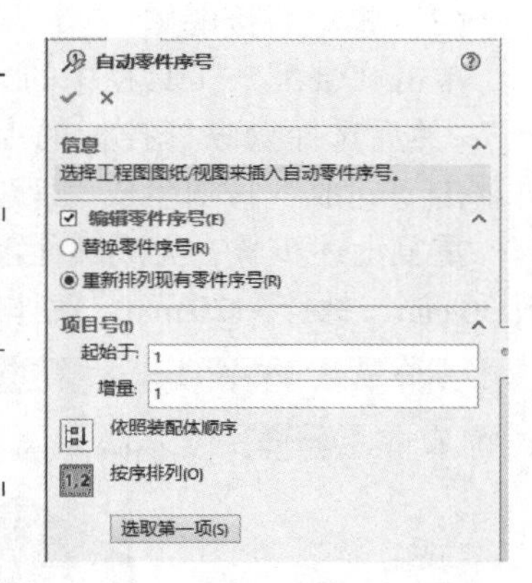

图 4-127　插入零件序号

(6) 插入注释并格式化

放大显示工程图图纸的左下角。单击“注解”工具栏上的“注释”按钮A，在图形区域中单击以放置注释。输入以下内容：“技术条件　1. 装配前，全部零件用煤油清洗，箱体内壁涂两次不被机油浸蚀的涂料；2. 装配时，剖分面不得使用任何填料；3. 箱座内装填 50 号润滑油脂规定高度；4. 表面涂灰色油漆。”在属性管理器中选择“图层”→“格式”，选择所有注释文字。在“格式化”工具栏上，选择“字号”为 36。选择注释后单击“粗体”

按钮▣，再单击“确定”按钮✔，完成注释格式化。

3. 输出工程图

(1) 打包保存

选择“文件”→“Pack and Go”命令，在“Pack and Go”对话框中单击“保存到Zip文件”单选按钮，设定保存文件夹和名称，如“减速器总装.zip”，单击“保存”按钮。

(2) 另存为PDF格式文件

选择“文件”→“另存为”命令，在“另存为”对话框中选择文件类型为“(＊.pdf)”，设定文件名称为“减速器总装.pdf”，单击“保存”按钮。

(3) 打印输出

选择“文件”→“打印”命令，“打印”对话框出现，单击“页面设置”按钮，弹出“页面设置”对话框，并在“比例和分辨率”选项组中单击“调整比例以套合”单选按钮，设定纸张大小为“A4”，单击“确定”按钮。在“打印”对话框的“打印范围”选项组中，选择“所有图纸”，单击“确定”按钮。

4.5.4 螺栓联接拆装工程图实践

以螺栓联接为例说明拆装工程图的方法。

1. 生成螺栓联接解体模型

(1) 打开装配文件

打开<资源文件>目录下的“3\螺栓联接.sldasm”装配文件。

(2) 添加配置

单击装配设计树上的“配置”标签，选择“添加配置”输入配置名称为“拆卸”，单击“确定”按钮✔。

(3) 螺栓联接解体

单击“装配”工具栏中的“爆炸视图”按钮，如图4-128所示，在图形区中单击“螺母”，然后选择操纵杆控标的Y轴，输入移动距离为100 mm，单击“应用”按钮并预览，再单击“完成”按钮生成“螺母”拆卸。

重复上述步骤，完成其他零件的拆卸，其中各零件的移动距离分别为：垫片50 mm、盖板30 mm、螺栓-120 mm。解体结果如图4-129所示。

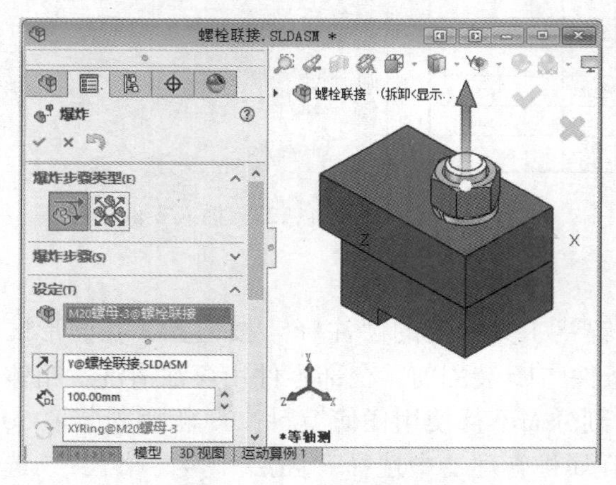

图4-128 拆卸螺母

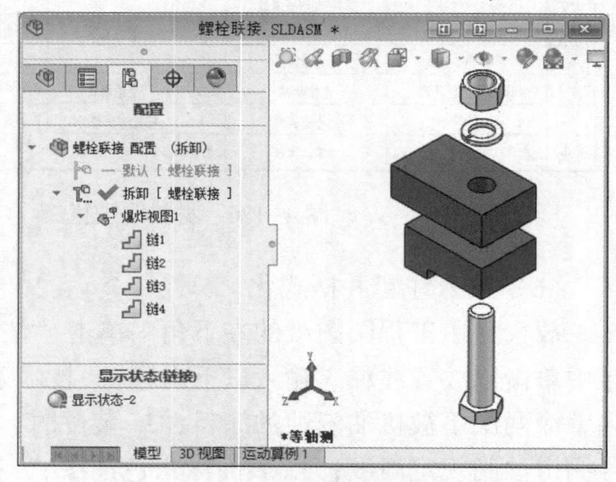

图4-129 螺栓联接解体

2. 生成螺栓联接解体视图

（1）打开工程图模板

单击“标准”工具栏上的“新建”按钮，在弹出的“新建 SolidWorks 文件”对话框中，选择“工程图”，然后单击“高级”，选择“gb_a4p”模板，并单击“确定”按钮。一新工程图出现在图形区域中。

（2）生成等轴测图

如图 4-130 所示，在“模型视图”对话框中，执行下列操作：在“要插入的零件/装配体”选项组中，单击“浏览”按钮并选择打开“螺栓联接 . sldasm”，单击“下一步”按钮；在“参考配置”选项组中选择“拆卸”，在“方向”选项组中单击“等轴测”，单击“预览”。然后，将指针移到图形区域，并显示前视图的预览。单击将等轴测图作为工程视图 1 放置，单击“确定”按钮。

（3）更改比例

在属性管理器中右击“图纸格式 1”，在弹出的快捷菜单中选择“属性”命令，在“图纸属性”对话框中将比例设定为 1:2。

（4）移动工程视图

在指针位于视图边框、模型边线等时更改为，此时单击并拖动将视图移至恰当位置。

（5）渲染轴测图

单击轴测图，在“视图”工具栏中选择“带边线上色”命令完成轴测图渲染。

（6）插入零件序号

选择主视图，单击“注解”工具栏上的“自动零件序号”按钮，如图 4-131 所示，在“零件序号文”下拉列表中选择“文件名称”，单击“确定”按钮。然后，拖动调整需要调整的序号。

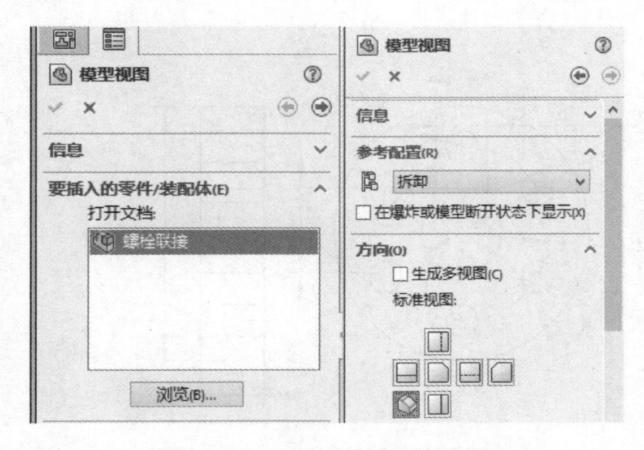

图 4-130　生成轴测图设置

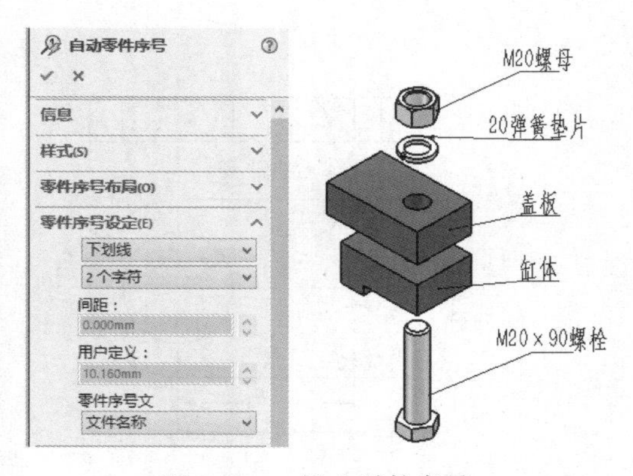

图 4-131　插入零件序号

习题 4

习题 4-1　简答题

1）工程图包括哪两部分内容？SolidWorks 如何对其进行管理？

2）在工程图中，如何控制组合件中不进行剖切的零部件？

3）在工程图中生成了剖面视图，但发现方向不正确，如何改正？

习题 4-2　生成带有如图 4-132 所示标题栏的 A4 横向图纸格式和工程图模板。

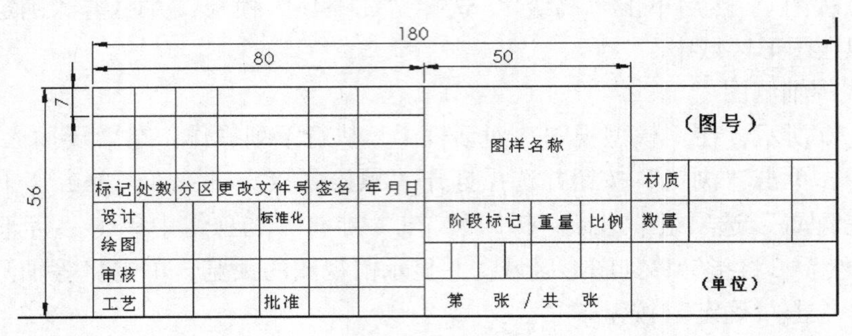

图 4-132　标题栏

习题 4-3　建立如图 4-133 所示各零件的模型并生成相关剖视图。

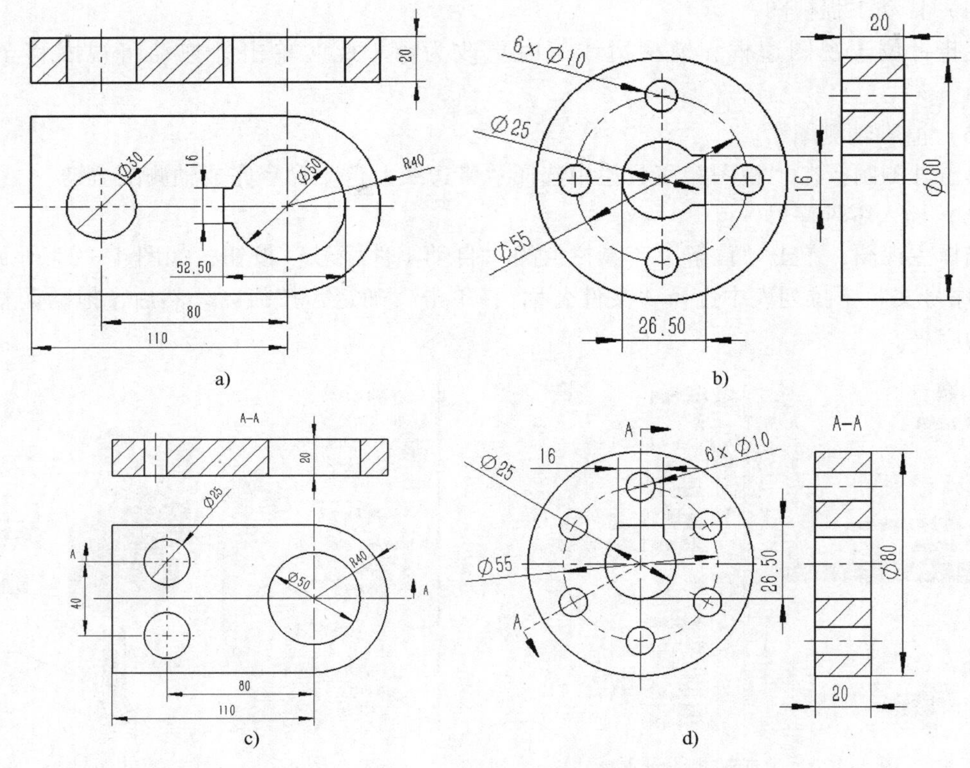

图 4-133　剖视图练习

a）全剖　b）半剖　c）阶梯剖　d）旋转剖

习题 4-4　建立如图 4-134 所示各零件的模型并添加相关注解。

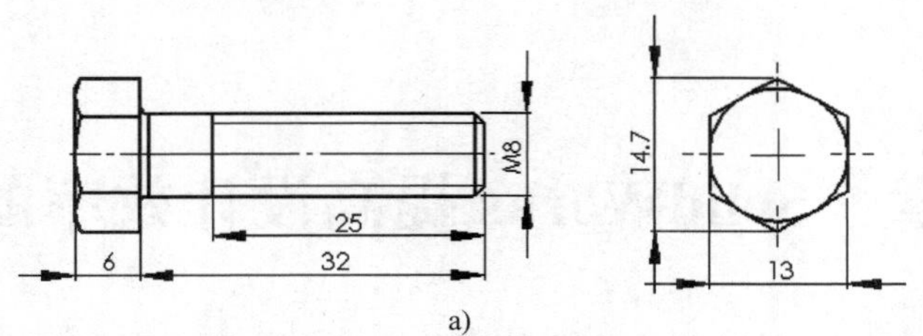

a)

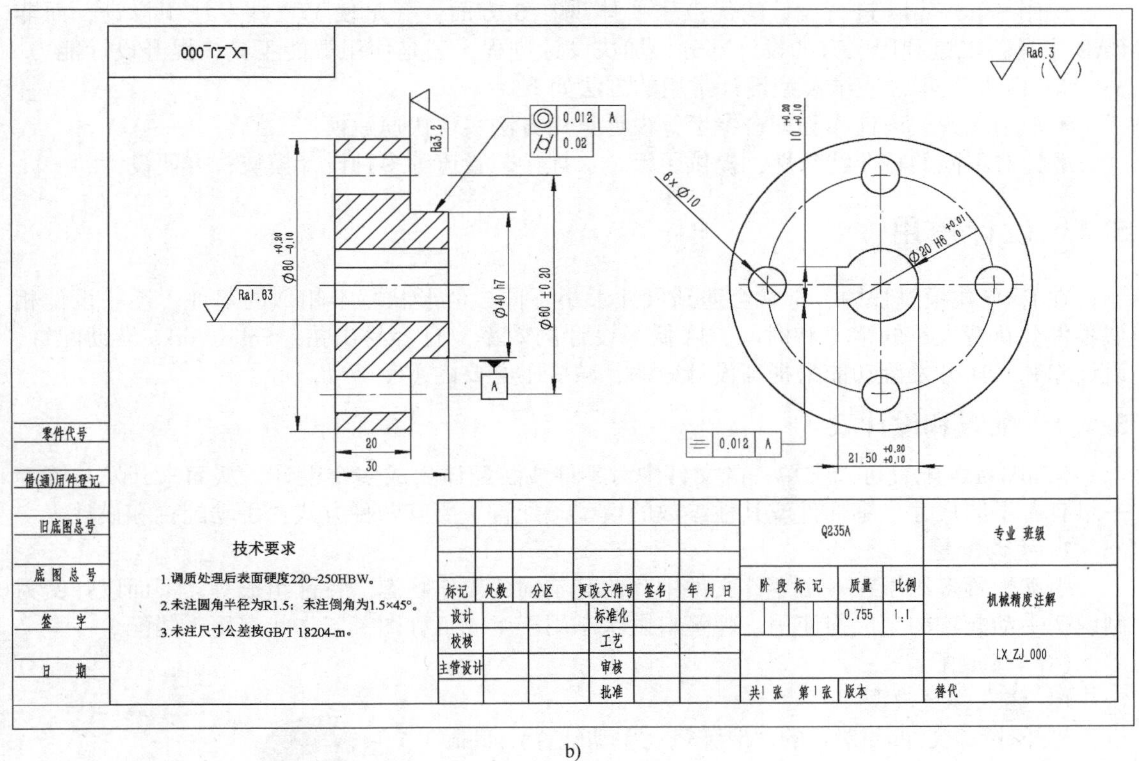

b)

图 4-134　注解练习

a）装饰螺纹线　b）机械精度

习题 4-5　打开高速轴组件文件并生成装配图。练习内容包括：建立主视图、俯视图和侧视图、全剖侧视图，注意轴零件在剖视图中不会被剖切；建立或修改标题栏，其中要包含名字、日期、图号与图纸名称等项目，加入每个零件的零件号，建立材料明细栏，标注线性尺寸、几何公差和图示的其他标记。

第 5 章　SolidWorks 提高设计效率的方法

使用 SolidWorks 进行设计的优点主要体现在 3 方面：一是使工程师专注于设计，而非 CAD 工具；二是利用已有的设计部分，加快设计进程；三是使用智能工具，提升设计能力。SolidWorks 加快零件三维模型设计常用的方法如下。

- 采用配置、设计库和配合参考等设计重用方法实现快速建模。
- 针对不同的行业特殊性，提供了钣金、焊接、管道等多种设计模块，方便设计。

5.1　设计重用

在 CAD 建模过程中，常常会遇到尺寸大小不同，但形状基本相似的零件。逐一设计相似零件会花费大量的精力和时间，降低了设计的效率，且容易出错。SolidWorks 借助配置、设计库和二次开发等功能来提高设计效率，减少不必要的重复劳动。

5.1.1　配置和设计表

SolidWorks 配置可以在单一的文件中对零件或装配体生成多个设计，从而来开发与管理一组有着不同尺寸、零部件或其他参数的模型。配置主要有两种方式：手动配置和设计表。

1. 手动配置

手动配置多用于在一个零件文件中存储其不同的工作状态、特征组成等。下面以弹簧为例说明手动配置的生成与使用。弹簧自由状态用于生成工程图，工作状态用于装配。

（1）生成配置

1）建立弹簧模型

打开<资源文件>目录下的“5\弹簧（手动配置）. sldprt”文件。

2）显示特征尺寸

如图 5-1 所示，在设计树中右击“注解”，在弹出的快捷菜单中选择“显示特征尺寸”命令。

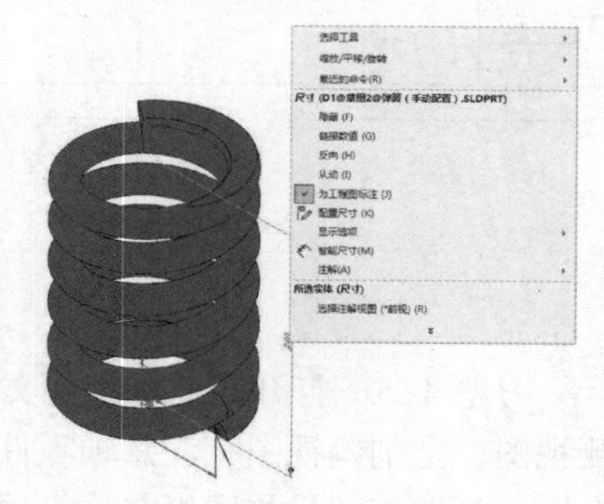

图 5-1　配置尺寸

3）添加高度配置

如图 5-2 所示，在图形区中右击“弹簧高度”240，在弹出的快捷菜单中选择“配置尺寸”，添加高度配置：自由高为 240 mm；工作高为 180 mm，单击“确定”按钮✔。

4）切换配置

如图 5-3 所示，单击“配置”标签，在“配置”特征树中双击“配置名称”，如“工作状态”即可切换到高度为 180 mm 的工作状态。

（2）使用配置

1）装配时使用工作状态配置：新建装配体，并插入已经生成配置的“弹簧 . sldprt”，在装配设计树中，右击弹簧，在弹出的快捷菜单中选择“属性”，弹出“零部件属性”对话框，如图 5-4 所示，选择“所参考的配置”为“工作状态”。单击“确定”按钮。

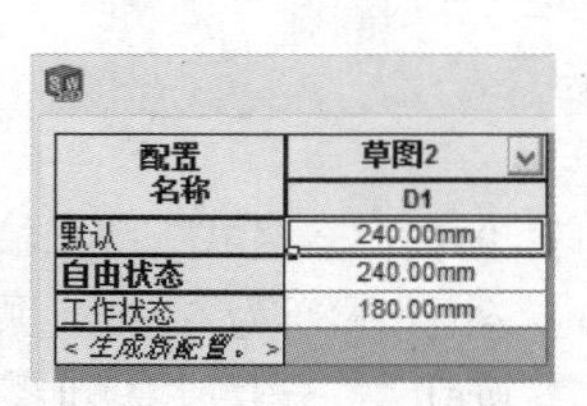

图 5-2　添加高度配置

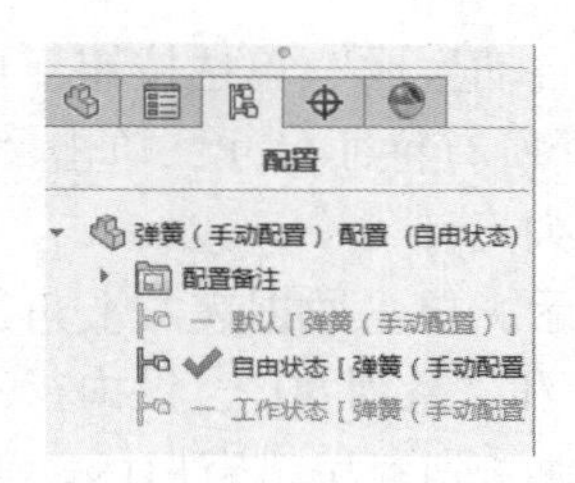

图 5-3　切换配置

2）出图时使用自由状态配置：新建工程图，如图 5-5 所示，在“模型视图”对话框中直接设“参考配置”为“自由状态”，或者选中一个视图，设“参考配置”为“自由状态”。

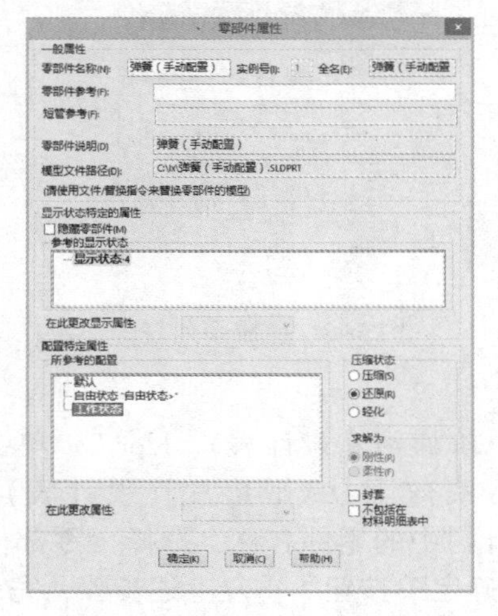

图 5-4　装配中选用配置

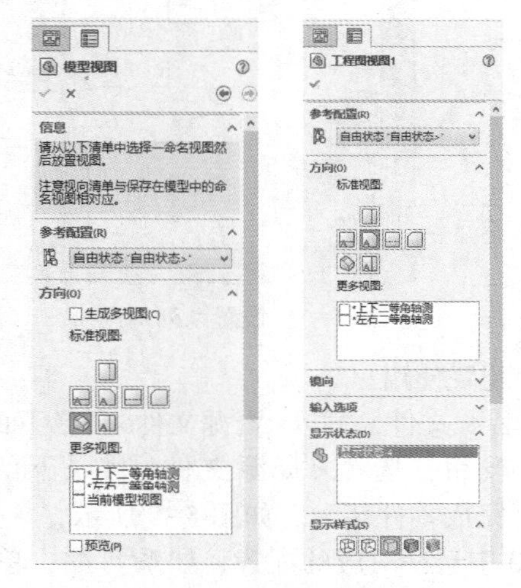

图 5-5　工程图中选用配置

2. 设计表配置

设计表可以生成具有一定规律的一系列配置，特别适用于系列零件。其操作步骤为：首先，设计出初始零件形态；然后，插入系列零件设计表，选择自动生成，在系列零件设计表的 Excel 界面编辑零件的尺寸数值和附加特征的状态（压缩/解除压缩），单击 Excel 表以外的空白处确认即可自动生成多个新的配置。下面以生成平垫片系列零件为例说明其操作过程。

（1）创建零件模型

打开<资源文件>目录下的“5\平垫（设计表）. sldprt”。

（2）插入设计表

如图 5-6 所示，选择“插入”→“表格”→“设计表”命令，在“系列零件设计表”

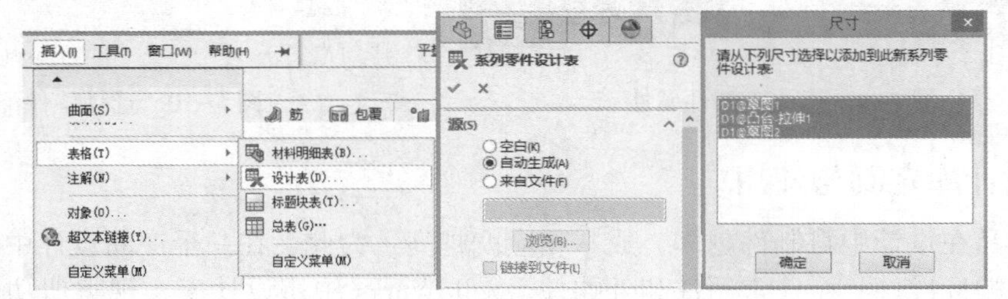

图 5-6　设计表设置

对话框中单击“自动生成”单选按钮，再单击“确定”按钮✔。出现“尺寸”对话框，按下<Ctrl>键，选择所有特征尺寸，单击“确定”按钮。

(3) 填写系列尺寸

如图 5-7 所示，单击数据表左上角选中表格，设“单元格格式”为“常规”，添加系列名称“系列 38”和“系列 40”，设内径系列为 2 mm、外径系列为 5 mm、厚度系列为 1 mm，拖动填充生成其他系列；单击空白区，单击“确定”按钮✔，生成系列零件，如图 5-8 所示。另存为“平垫（设计表）带表格 . sldprt”。

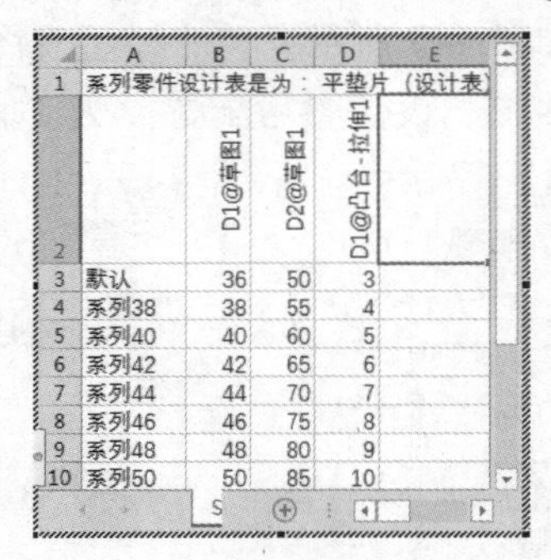

	A	B	C	D	E
1	系列零件设计表是为：平垫片（设计表）				
2		D1@草图1	D2@草图1	D1@凸台-拉伸1	
3	默认	36	50	3	
4	系列38	38	55	4	
5	系列40	40	60	5	
6	系列42	42	65	6	
7	系列44	44	70	7	
8	系列46	46	75	8	
9	系列48	48	80	9	
10	系列50	50	85	10	

图 5-7　设置系列规则

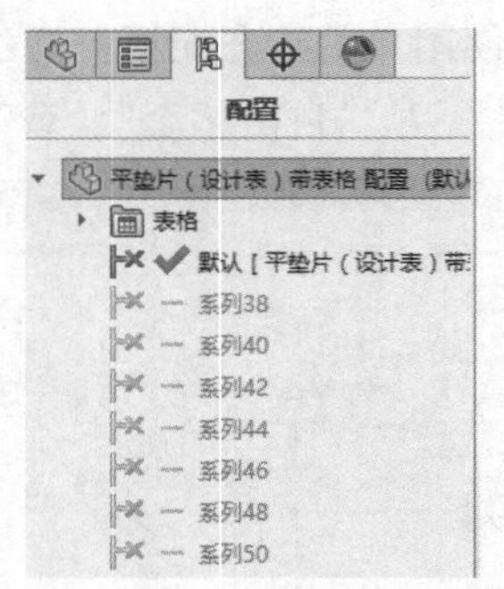

图 5-8　生成系列表

(4) 配置使用

新建装配文件，插入<资源文件>目录下的“5\阶梯轴（设计表）. sldprt”。单击“插入零部件”按钮，选择<资源文件>目录下的“5. 高效工具\平垫片（设计表）带表格 . sldprt”，完成零件装配。如图 5-9 所示，单击设计树中的零件名称，选择“零部件属性”，在图 5-10 中选择对应的配置，如系列 44，单击“确定”按钮。重复上述步骤，完成另外两个轴段系列 50 和系列 40 的装配。

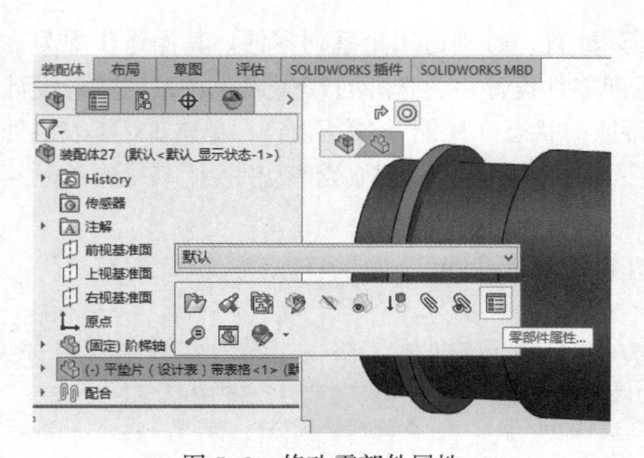

图 5-9　修改零部件属性

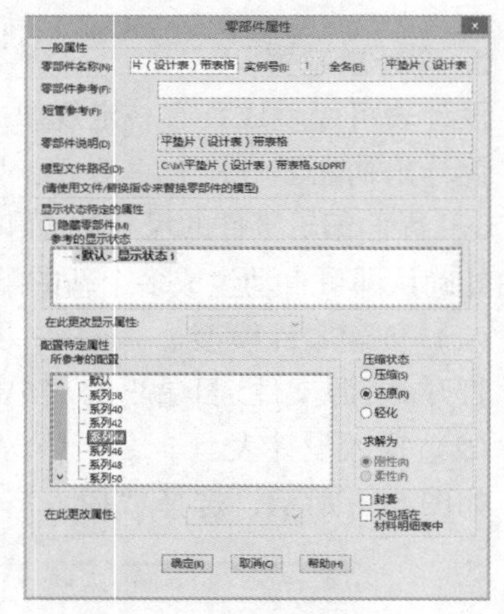

图 5-10　选择零件配置

5.1.2　设计库定制与使用

一个产品在设计中自制件越多，成本相应就越高。为此，在一个产品设计中不可避免地要用到很多的标准件、企业常用件和外购件。SolidWorks 中用设计库实现类似功能，设计库主要用于以下几方面：标准件/常用件库、常用注释库、图块库、特征库。

1. Toolbox 库零件调用

SolidWorks Toolbox 插件包括 GB 和 ISO 等标准零件库、凸轮设计、凹槽设计和其他设计工具，也可自定义 Toolbox 常用零件。Toolbox 中提供的扣件为近似形状，不包括精确的螺纹细节；Toolbox 的齿轮为机械设计展示所用，它们并不是为制造而设计的真实渐开线齿轮。下面以生成齿轮为例说明 Toolbox 库零件的使用方法。

（1）新建零件

单击“新建”按钮，建立新零件，并以“齿轮（库零件）”名称保存。

（2）激活 Toolbox

如图 5-11 所示，单击 SolidWorks 界面右侧“设计库”中的 Toolbox，单击“现在插入”按钮。

（3）插入库零件-齿轮

如图 5-12 所示，在“设计库”中选择“Toolbox”→“GB”→“动力传动”→“齿轮”命令，右击“正齿轮”，在弹出的快捷菜单中选择“生成零件”，如图 5-13 所示；在图 5-14 所示的“配置零部件”对话框中设置齿轮参数：模数 2.5、齿数 32、压力角 20、齿轮厚 30、毂样式为类型 A，键槽为“矩形 1”，单击“确定”按钮，生成齿轮，另存为“齿轮 . sldprt”。

图 5-11　激活 Toolbox

图 5-12　选择齿轮库

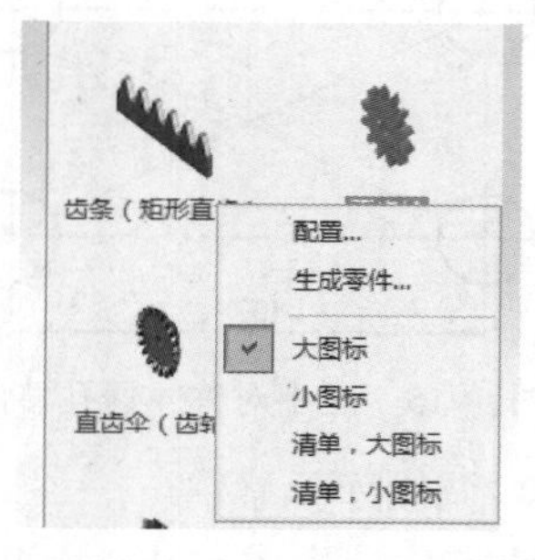

图 5-13　生成正齿轮

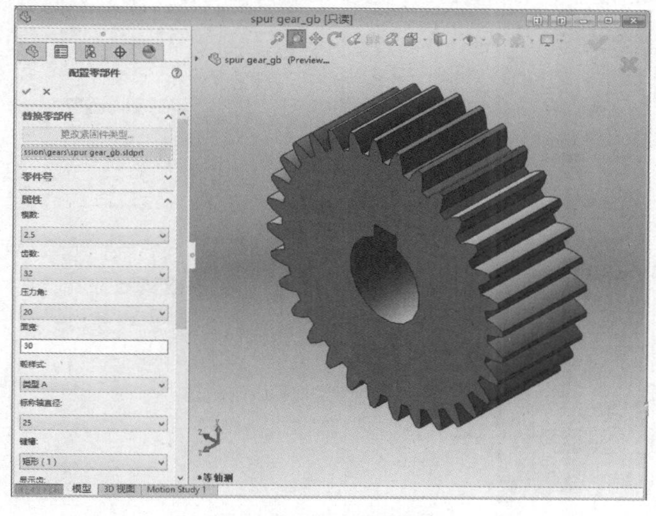

图 5-14　齿轮参数设置

由以上过程可将 Toolbox 库零件的调用过程总结为：开库房、找货架、调零件。

2. design library 库元素定制与调用

可以在 SolidWorks 中定制企业特点的草图、特征、零件等库元素，以提高检索效率，减少重复劳动，提高设计效率。下面以平板四孔居中对称为例说明设计库定制与使用的步骤。

在常规机械设计中，经常碰到板材上四孔对称的设计情形，虽然设计难度不大，但如果设计量很大，也是十分烦琐的工作。现在通过建立库特征加快设计速度，提高效率。

问题描述如下：平板上四孔居中对称，通孔。操作步骤如下。

(1) 定制库元素

新建零件，生成 120 mm×100 mm×20 mm 的矩形块，选取其上表面为草图平面，用中心矩形和圆绘制图 5-15 所示的居中对称 4 通孔草图，用完全贯穿拉伸切除特征生成通孔，将特征更名为“对称 4 通孔”，并保存为“居中对称 4 通孔 . sldprt”。

(2) 添加库元素

如图 5-16 所示，在设计树中，右击零件名称，在弹出的快捷菜单中选择“添加到库”命令，在设计树中选中“对称 4 通孔”特征作为要添加的项目，单击“确定”按钮✔，将其添加到“design library”文件夹中（也可以用图 5-17 所示右上角设计库中的“添加文件位置”，新建“库元素文件夹”）。

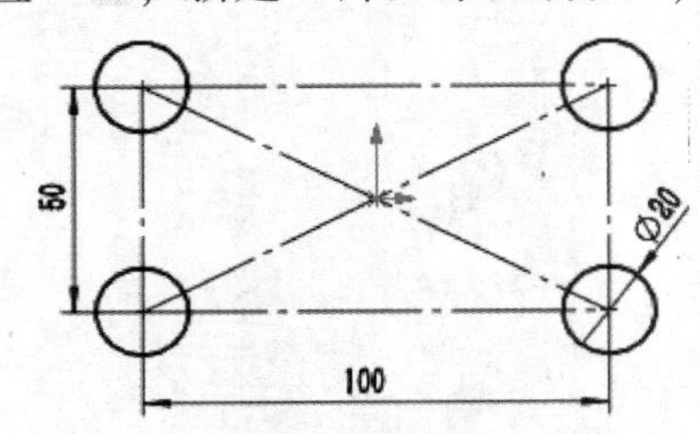

图 5-15　居中对称 4 通孔草图

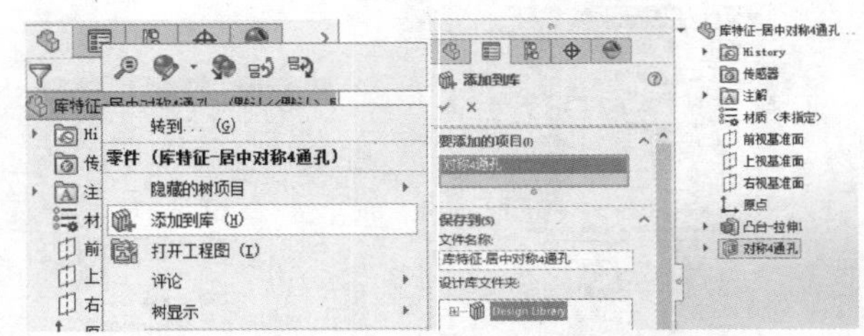

图 5-16　添加库特征

(3) 调用库元素

新建零件，生成 600 mm×400 mm×50 mm 的矩形块，将 SolidWorks 右侧任务窗格“设计库”中的“库特征-居中对称 4 通孔”直接拖进图形区。如图 5-17 所示，单击板上表面

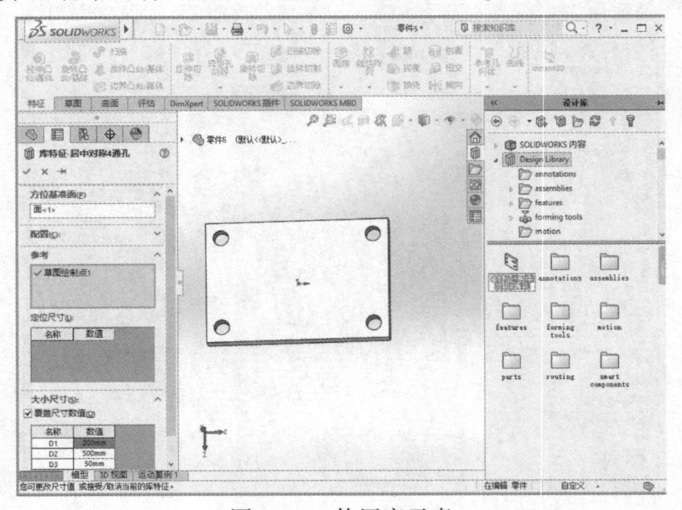

图 5-17　使用库元素

中心定位，选中“覆盖尺寸数值”，修改孔的定位尺寸 500 mm×300 mm，直径为 50 mm，单击“确定”按钮✔，完成打孔。

5.1.3 智能扣件等智能功能

SolidWorks 提供内置的智能功能，可让扣件和各种零部件自动执行一些设计工作，可加快设计过程、节省时间和开发成本，并提高生产效率。SolidWorks 智能功能如下。

- 智能扣件：可以使用“智能扣件”工具向装配体添加 Toolbox 扣件库中的扣件。包括自动装配和适当调整长度以适应零件厚度、垫圈和螺母层叠的扣件。
- 智能零部件：选择 Toolbox 零件库中不同配置的零件，自动创建必要零件。
- 自定义内容：创建自己的智能内容，以满足特殊的设计需求。

1. Toolbox 智能扣件

如图 5-18 所示，要把两个管接头用螺栓与螺帽固定在一起，通常，想到的办法是先装配两零件，然后再从 Toolbox 库里调出标准件进行装配。能不能只需要插入一个螺栓，就自动地装配垫圈、螺帽呢？下面以管接头法兰连接为例说明智能扣件的使用步骤。

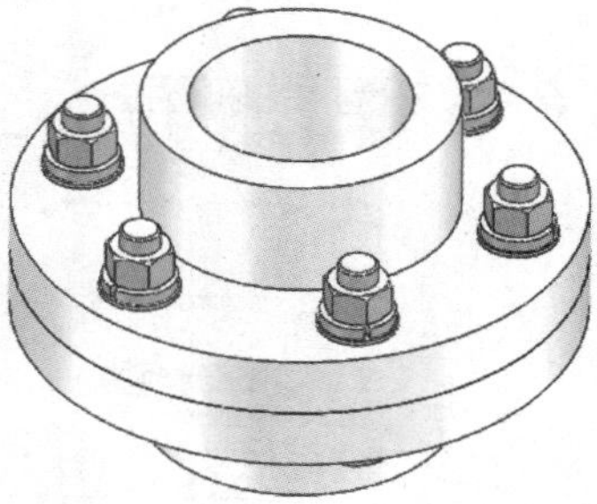

图 5-18 管接头

（1）激活 Toolbox 插件

要使用 Toolbox 扣件库中的标准件，用户必须将 Solid Works Toolbox Browser 插件激活。如图 5-19 所示，在 SolidWorks 软件右上角的“设计库”中，单击 Toolbox，再单击“现在插入”链接激活 Toolbox。

（2）添加智能控件

单击“装配体”工具栏中的“智能扣件”按钮，单击“确定”按钮✔。如图 5-20 所示，选中要装配扣件的孔所在的表面，单击“添加”按钮注意：螺栓方向与打孔方向有关，智能扣件是无法更改方向的；螺栓头打孔面上，因此不能将孔的草图平面选在装配结合面上。

图 5-19 激活 Toolbox

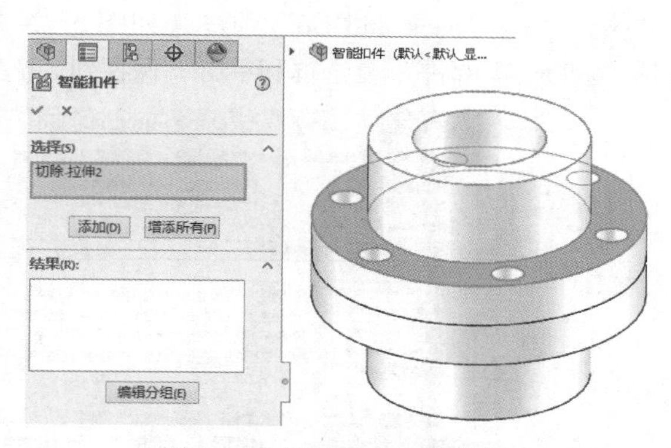

图 5-20 选择扣件装配位置

如图 5-21 所示，右击“扣件”列表框，在弹出的快捷菜单中选择“更改扣件类型”命令，然后在“智能扣件”对话框中选择“六角头”中的“Hex Bolt”，单击“确定”按钮✔。

如图 5-22 所示，单击“添加到底层叠”列表框并依次选择“Narrow Flat Washer Type B”（平垫圈）、“Extra Duty Spring Lock Washer ”（弹簧垫圈）和“Hex Nut”（螺母）。接受默认的螺栓大小等参数，单击“确定”按钮✔，完成扣件添加，如图 5-23 所示。

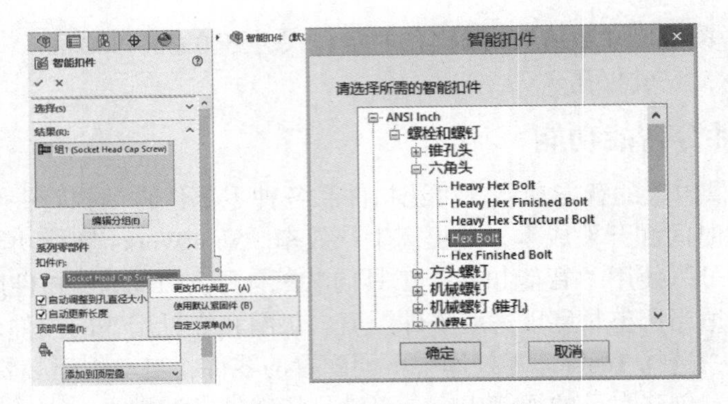

图 5-21　更改智能配件类型

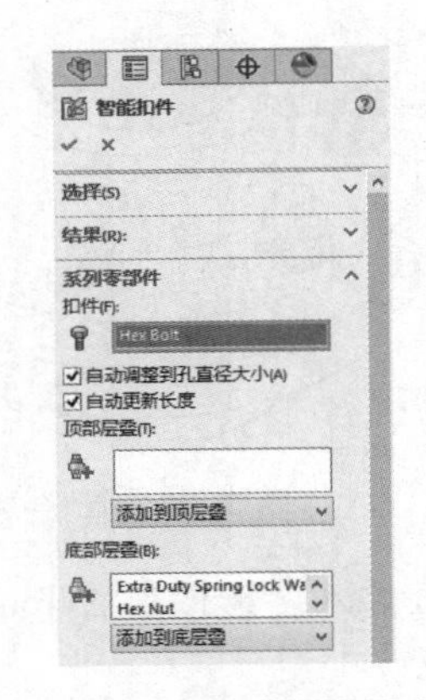

图 5-22　添加到底层叠选择

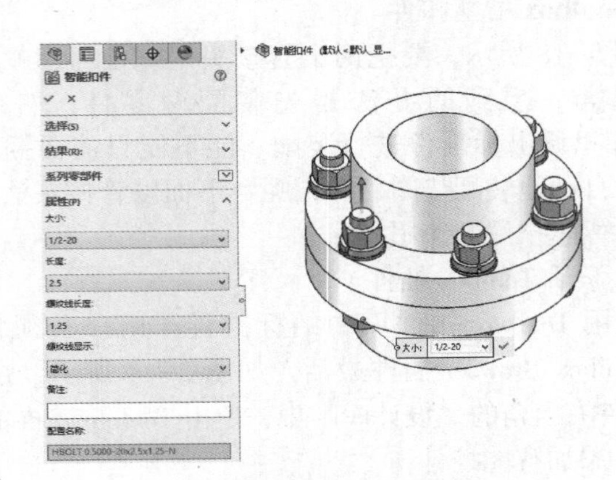

图 5-23　螺栓长度等参数设置

（3）打包保存

为了确保在其他计算机上也能打开智能扣件，必须用打包方式保存装配文件。具体步骤为：选择“文件”→“pack and Go”命令，如图 5-24 所示，在“Pack and Go”对话框中，选择“包括 Toolbox 零部件”复选框和单击“保存到 Zip 文件”单选按钮，单击“保存”按钮。

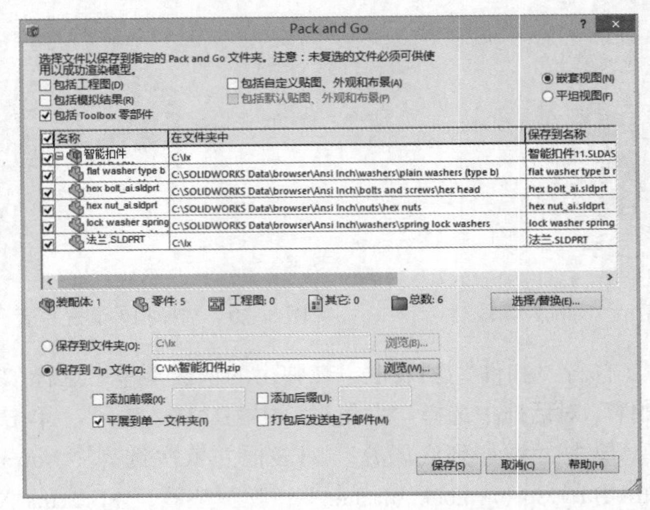

图 5-24　“Pack and Go”对话框

2. Toolbox 智能零部件

选择 Toolbox 零件库中 O 形圈、键等零件的不同配置，自动创建必要零件。下面以 O 形圈为例说明其操作过程。

（1）新建装配体

插入<资源文件>目录下的“5\阶梯轴 . sldpar”。

（2）激活 Toolbox 插件

在 SolidWorks 软件右上角的“设计库”中，单击“Toolbox”，再单击“现在插入”激活 Toolbox，展开其中的 GB\O-环。

（3）添加智能零部件

拖动其中的 O 形圈 G 系列，到相应的轴段，单击“确定”按钮✔，完成 O 形圈添加，如图 5-25 所示。

（4）打包保存

选择“文件”→“Pack and Go”命令，在“Pack and Go”对话框中选择“包括 Toolbox 零部件”复选框和单击“保存到 Zip 文件”单选按钮，单击“保存”按钮。

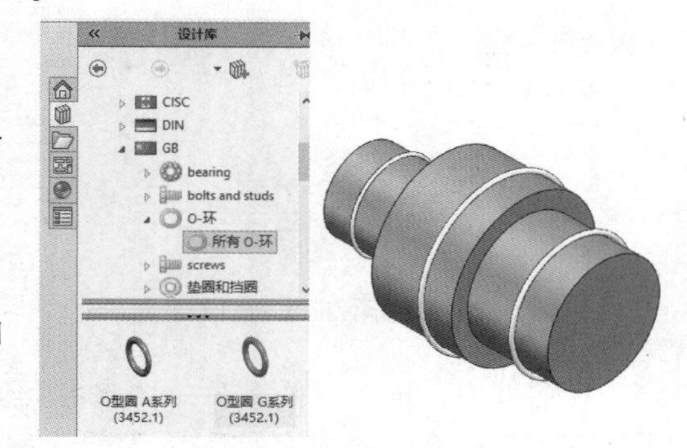

图 5-25　Toolbox 智能零件添加

3. 自建智能零部件

自建智能零部件可以根据配合尺寸自由选择零件的不同配置。下面以轴套使用于不同直径轴的情况说明智能零部件的创建和使用过程。

（1）生成零部件配置

1）生成轴套零件：生成内径 50 mm，壁厚 20 mm，长度为 25 mm 的轴套，并保存为“轴套（智能零部件）. sldprt”。

2）显示特征尺寸：在设计树中右击“注解”，在弹出的快捷菜单中选择“显示特征尺寸”命令。

3）添加高度配置：在图形区中右击“轴套内径”，在弹出的快捷菜单中选择“配置尺寸”命令，添加以下多个配置，轴套 1、2、3 的内径分别为 50 mm、70 mm、90 mm，单击“确定”按钮✔。

（2）制作智能零部件

新建装配体，将（1）中创建的“轴套（智能零部件）. sldprt”插入到装配环境。如图 5-26 所示，选择“工具”→“制作智能零部件”命令。如图 5-27 所示，在图形区单击选中轴套，选择“直径”复选框，单击轴套内圆柱面，单击“配置器表”，在“配置器表”对话框中设置不同配置对应的轴段直径范围，单击“确定”按钮。选择“文件”→“保存”命令。

（3）使用智能零部件

新建装配体，插入<资源文件>目录下的“5\阶梯轴 . sldpar”。

单击工具栏上的“插入零部件零件”按钮，选择“轴套（智能零部件）. sldprt”，按住〈Alt〉键，将零件拖放到配合的中间轴段，可见轴套自动选择与其配合的配置尺寸。

4. 配合参考

配合参考是一种智能配合技术。将总是以相同的配合与其他零部件装配的零件配合基准设为配合参考，保存零件后，便可以在装配体中插入该零件时自动按设定的“配合参考”完成配合。

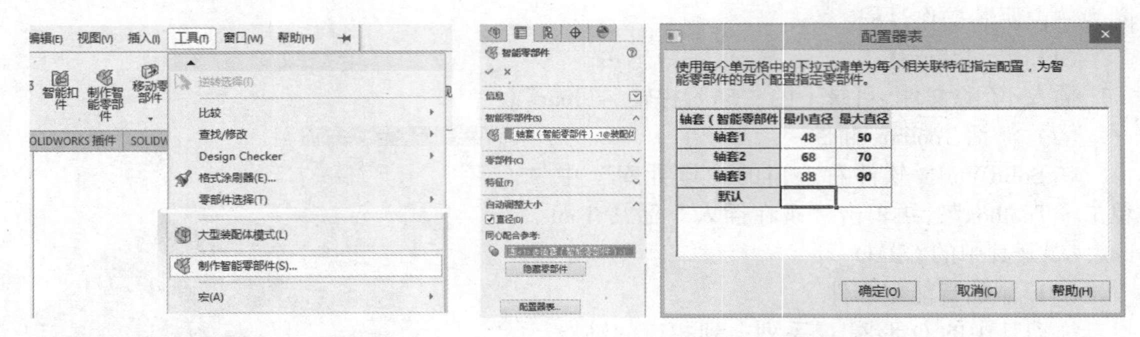

图 5-26　制作智能零部件　　　　图 5-27　设置智能零部件

在零件中，选择“插入”→“参考几何体”→“配合参考”命令，即会出现“配合参考”对话框，在“参考名称”下为配合参考输入一名称。在“主要参考实体”选项组中，为“主要参考实体”选择一个面、边线、顶点或基准面。当将零部件拖入到装配体中时，实体为可能的配合所用。选择“配合参考类型”和“配合参考对齐”为参考实体定义默认的配合。如有必要，可添加第二和第三实体。单击“确定”按钮。配合参考添加到设计树的“配合参考”文件夹中。配合参考示例操作如下。

（1）添加配合参考

打开要添加配合参考的零件“配合参考-零件.sldprt”，选择“插入”→“参考几何体”→“配合参考”命令，如图 5-28 所示，依次添加圆柱与六方体交线“默认”、圆柱面“同心”和六方体下平面“重合”为配合参考，保存为“配合参考-零件（含配合参考）.sldprt”。

（2）使用配合参考

打开要使用配合参考的装配“配合参考-装配.sldprt”，其中已经安装了待装配的地基零件，单击“插入零部件”按钮，浏览到文件“配合参考-零件（含配合参考）.sldprt”，拖放到要配合的孔处，单击放置零件，则自动添加两个预先设置的“配合参考”，如图 5-29 所示。重复上述步骤完成另一个孔的配合。

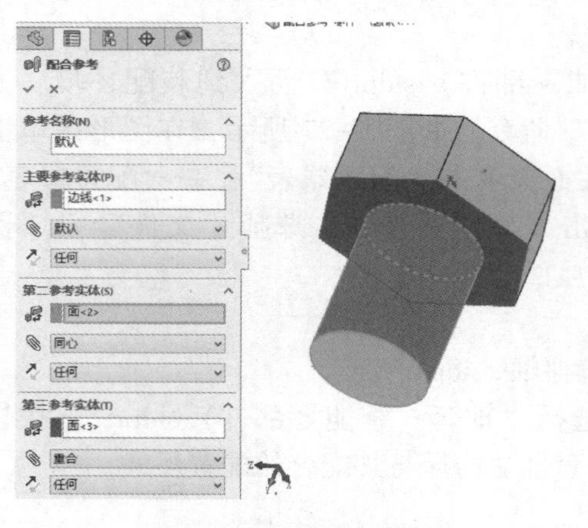

图 5-28　添加配合参考

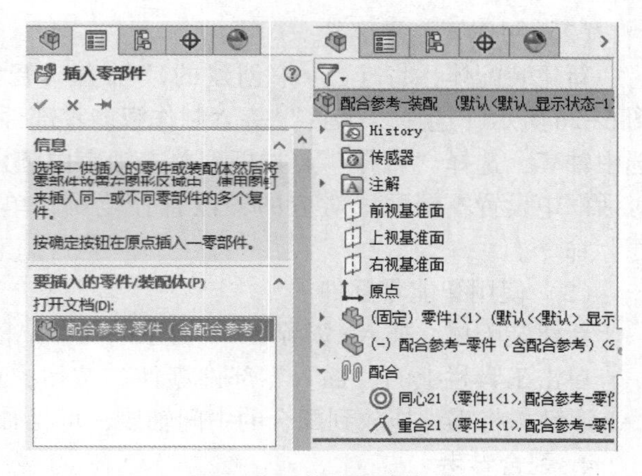

图 5-29　使用配合参考

5.1.4 方程式参数化设计

使用全局变量和方程式建模就是在建模过程中运用运算符、函数和常量等，为建模过程中模型的参数创建关系，实现参数化设计。

下面以一矩形体（长为宽的2倍，高为宽的1/2倍）简要说明全局变量和方程式的应用。

1. 全局变量参数化

（1）添加全局变量

如图5-30所示，选择“工具”→“方程式”命令，在“方程式、整体变量及尺寸”对话框中的“全局变量”下输入:"B"=100,"L"=2 * "B","H"="B"/2（等号不必输入），单击“确定”按钮。

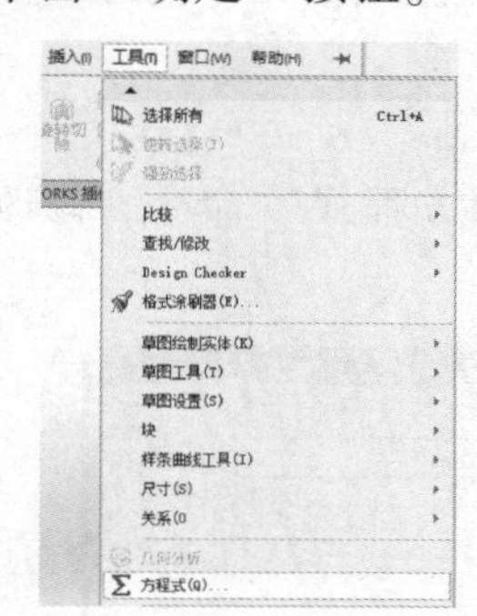

图5-30 添加方程式命令与添加全局变量

（2）使用全局变量

选择前视基准面，绘制矩形草图，标注智能尺寸，如图5-31所示，在“尺寸”文本框中输入“=”，选择“全局变量”和“B”，单击“确定”按钮✔完成宽度B标注。同理，完成长度L标注。如图5-32所示，在“凸台-拉伸”对话框中的“给定深度”文本框中输入“=”，选择“全局变量”和“H”，单击“确定”按钮✔完成高度设置。获得矩形块的三维参数化模型。

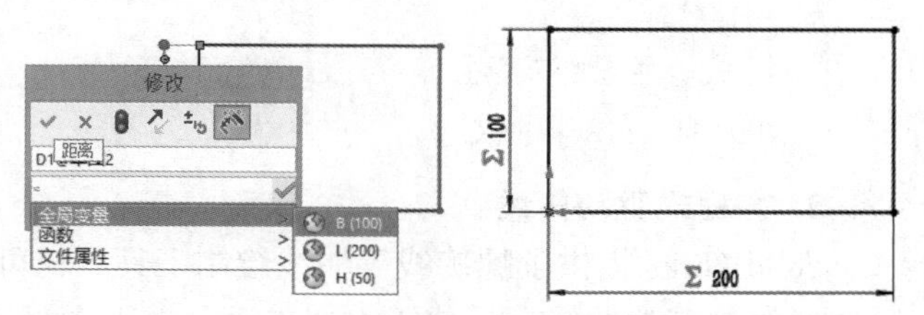

图5-31 草图中使用全局变量

（3）修改全局变量

在设计树中，如图5-33所示，右击“方程式”，在弹出的快捷菜单中选择“管理方程式”，修改B=50，单击“确定”按钮✔，可见模型缩小一半。

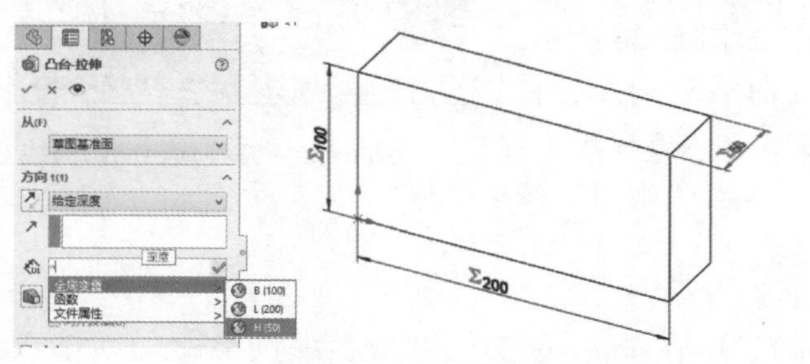

图5-32 特征中使用全局变量

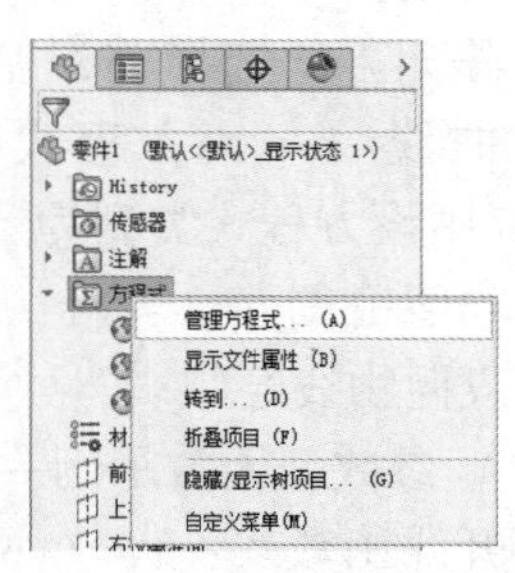

图5-33 方程式管理

2. 方程式参数化

（1）显示特征尺寸

新建矩形块三维模型，如图 5-34 所示，在设计树中右击“注解”，在弹出的快捷菜单中选择“显示特征尺寸”命令。

（2）添加方程式

选择“工具”→“方程式”命令，在图 5-35 所示的对话框的“名称”列单击“方程式”，然后，在图形区单击宽度尺寸，则其尺寸名称“D1@草图 1”自动输入在“名称”列，在“数值/方程式”列输入“=100”，完成宽度方程式添加；再单击方程式下的单元格，并在图形区单击长度尺寸，确定光标在“数值/方程式”列时，在图形区单击选中宽度尺寸，并在“数值/方程式”列已有内容后添加“*2”，设置长度为宽度的 2 倍。同理，设置高度为宽度的 1/2，单击“确定”按钮。

（3）修改模型参数

在设计树中，右击“方程式”，在弹出的快捷菜单中选择“管理方程式”命令，修改“D1@草图 1”=50，单击“确定”按钮，可见模型缩小一半。

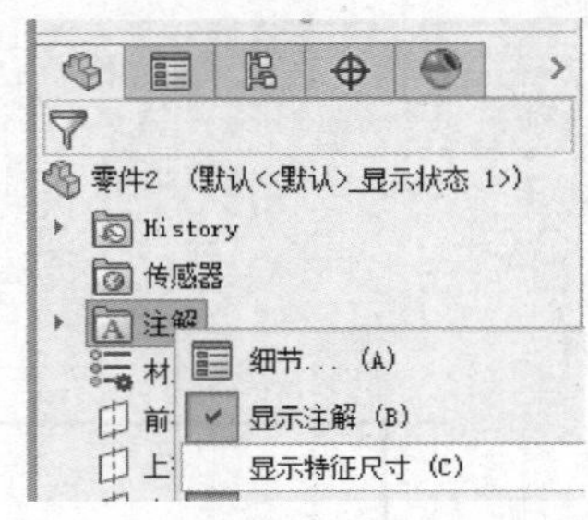

图 5-34　显示特征尺寸

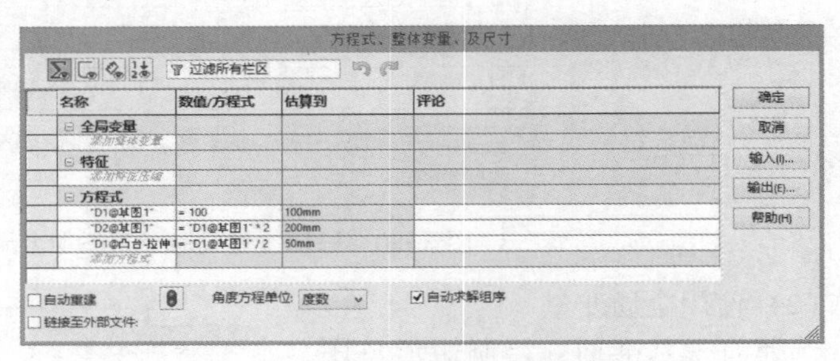

图 5-35　添加方程式

3. 方程式驱动曲线

SolidWorks 提供了螺旋线等曲线绘制工具，也可以利用曲线的函数关系式，用方程式驱动曲线绘制其他曲线。从使用方法来讲，方程式驱动的曲线分为两种定义方式：“显性”和“参数性”。“显性”在定义了起点和终点处的 X 值以后，Y 值会随着 X 值的范围而自动得出；而“参数性”则需要定义曲线起点和终点对应的参数 T 的范围，X 值表达式中含有变量 T，同时 Y 值定义另一个含有 T 值的表达式，这两个方程式会在 T 的定义域内求解，从而生成目标曲线。

（1）显式函数示例——抛物线

解析式：$y=ax^2+bx+c$，其中 a，b，c 都是常数。操作步骤如下。选择前视基准面，如图 5-36 所示，选择“曲线”→“方程式驱动的曲线”命令，在图 5-37 中设方程式类型为“显性”，输入方程式 $x*x-1$ 和取值范围：$x1=-1$，$x2=1$，单击“确定”按钮✔完成抛物线绘制。

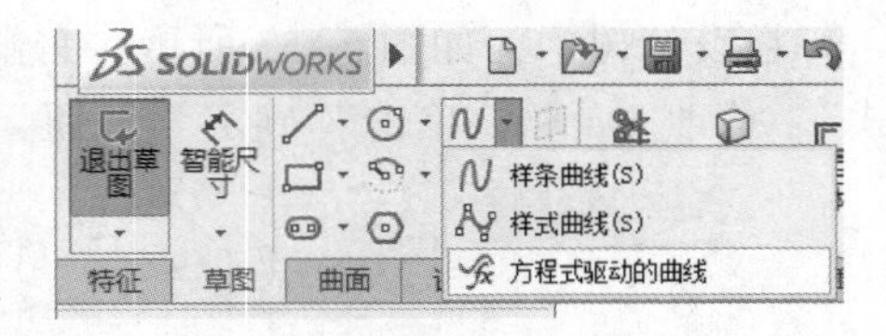

图 5-36　方程式驱动的曲线

（2）参数型函数示例——渐开线

渐开线函数式：$x=r(\cos t+t\sin t)$，$y=r(\sin t-t\cos t)$，式中 r 为基圆半径，t 为参数，取弧度。操作步骤如下。选择前视基准面，选择“曲线”→“方程式驱动的曲线”命令，如

图 5-38 所示方程式类型为“参数性”，输入方程式 X_t 为 50 *（t * sin(t)+cos(t)），Y_t 为 50 *（sin(t)-t * cos(t)），取值范围 t_1 为 0，t_2 为 2 * pi，单击“确定”按钮✔完成渐开线绘制。

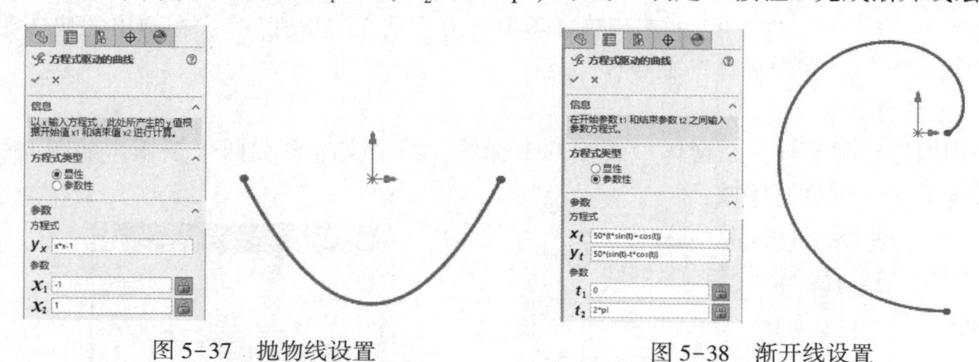

图 5-37　抛物线设置　　　　图 5-38　渐开线设置

5.1.5　二次开发

为了适应特定企业的特殊需求，提高效率，形成企业自己的特色，可以使用 SolidWorks 进行本地化和专业化的二次开发工作。

1. 二次开发方法

二次开发，简单地说就是在现有的软件上进行定制修改，扩展功能，达到自己想要的功能。SolidWorks 进行二次开发主要有两种方法。

1）直接法：完全用程序实现三维模型的参数化设计全过程。

2）更新法：即用人机交互形式建立模型，设置合理的设计变量，再通过 VB 等程序驱动设计变量实现模型的更新，这种方法编程较简单，通用性好。其步骤可归纳为 5 大步：参数化建模、程序界面绘制、编制按钮事件、添加模块代码、执行宏代码。

2. 二次开发快速入门——圆盘更新法

（1）参数化建模

1）建模型。

在设计树中单击“前视基准面”。单击“草图”工具栏中的“圆”按钮，在图形区中绘制圆。单击“草图”工具栏中的“智能尺寸”按钮，选中图形区标注直径（如直径为 50 mm）。单击“特征”工具栏中的“拉伸凸台”按钮，并设置拉伸特征为“给定深度”（如给定深度为 50 mm）。

2）改名称。

在图形区中右击直径尺寸，在弹出的快捷菜单中选择“属性”，设“名称”为“diameter”，单击“确定”按钮✔；右击高度，在弹出的快捷菜单中选择“属性”，设“名称”为“High”，单击“确定”按钮✔。

3）存模型。

选择“文件”→“保存”命令，将模型文件以特定的文件名保存到指定文件夹下（如：D:\圆盘二次开发\圆盘 . sldprt）。

（2）绘制程序界面

1）新建宏。

选择“工具”→“宏”→“新建”命令，并保存为“圆盘二次开发 . swp”（注意：需要将其与参数化模型放在同一文件夹中)。

2）添窗体。

如图 5-39 所示，在 VBA 的工程管理器中右击“圆盘二次开发”，在弹出的快捷菜单中选择“插入”→“用户窗体”命令。

3）绘控件。

利用控件绘制工具，在窗体中绘制两个标签、两个文本框和两个按钮，如图 5-40 所示，并按表 5-1 设置其属性。

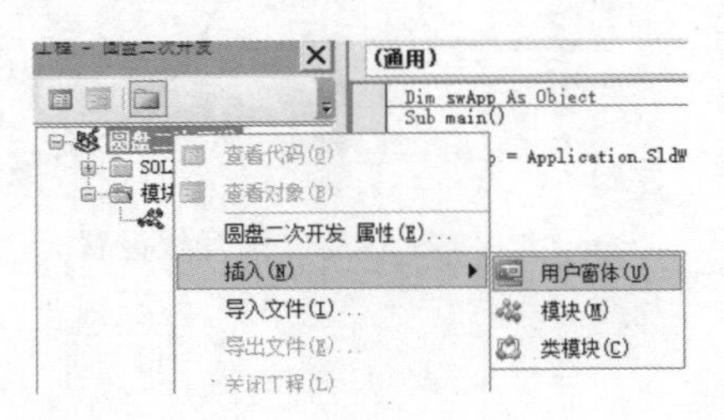

图 5-39　添窗口

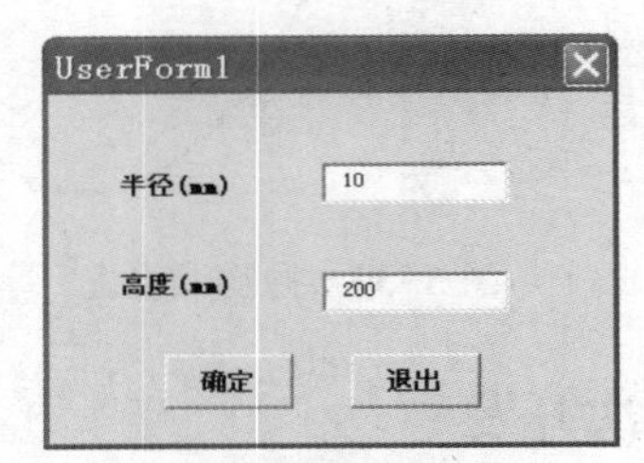

图 5-40　画控件

表 5-1　窗体及控件的属性

序　号	类　型	Name	Caption	Text
1	窗体	Userform1	基于 Solidworks 的参数化设计	–
2	标签 1	Label1	直径（mm）	–
3	标签 2	Label2	高度（mm）	–
4	文本框 1	TxtDiameter	–	50
5	文本框 2	TxtHigh	–	10
6	按钮 1	CmdOK	确定	–
7	按钮 1	CmdClose	关闭	–

(3) 编制按钮事件

1) 添“关闭”事件。

双击窗体中的“关闭”按钮，添加 CmdClose_Click( )事件代码。

```
Private Sub CmdClose_Click( )
    End     '退出
End Sub
```

2) 添“确定”事件。

双击窗体中的“确定”按钮，添加 CmdOK_Click( )事件代码。

```
Private Sub CmdOK_Click( )
    DiameterValue = Val( TxtDiameter. Text)/1000      '从文本框获取新的直径
    HighValue = Val( TxtHigh. Text)/1000              '从文本框获取新的高度
    Call ParameterSub( DiameterValue, HighValue)      '调用更新函数
End Sub
```

(4) 添加模块代码

1) 加 Main( )函数模块。

在 VBA 的工程管理器中双击“圆盘二次开发 1”，修改其主函数 Main( )的代码如下。

```
Dim swApp As Object
Dim Part As Object
Dim SelMgr As Object
Dim boolstatus As Boolean
Dim longstatus As Long, longwarnings As Long
Dim Feature As Object
Sub main()
    UserForm1. Show 0   '打开主窗口
End Sub
```

2）加模型更新函数 ParameterSub()函数。

在 VBA 的工程管理器中双击“圆盘二次开发 1”，添加模型更新函数 ParameterSub()的代码如下。

```
Sub ParameterSub(ByVal DiameterValue_Passed As Double, ByVal HighValue_Passed As Double)
    Set swApp=Application. SldWorks
    Set Part=swApp. ActiveDoc
    '打开模板文件
    Set Part=swApp. OpenDoc6("圆盘 . SLDPRT", 1, 0, "", longstatus, longwarnings)
    If longstatus=2 Then
        MsgBox "圆盘 . SLDPRT 不存在!", vbOKOnly, "警告"
        Exit Sub
    Else
        Set Part=swApp. ActivateDoc2("圆盘", False, longstatus)
    End If
    '更改特征尺寸
    Part. Parameter("Diameter@草图 1"). SystemValue=DiameterValue_Passed    '更改直径
    Part. Parameter("High@拉伸 1"). SystemValue=HighValue_Passed    '更改高度
    '用新的特征尺寸更新模型
    Part. EditRebuild3 ' Regenerate the part file since changes were made
    '显示方式
    Part. ShowNamedView2 " * 等轴测", 7    '等轴测图
    Part. ViewZoomtofit2    '显示全图
End Sub
```

（5）执行宏程序

1）直接执行宏。

选择“工具”→“宏”→“执行”命令后，在对话框中找出宏文件（ * . swp、 * . swb）并打开。

2）添加工具宏。

运行 SolidWorks，选择“工具”→“自定义”命令，打开“自定义”对话框，在“命令”选项卡，从“类别”列表中选择“宏”，将“新建宏”按钮拖动到相应的工具栏上。单击工具栏上的图标执行相应的程序。

3. 二次开发应用——螺旋弹簧修改法

完成上述圆盘二次开发后，对于复杂的零件二次开发问题，可直接修改上述程序即可实现。下面以螺旋弹簧二次开发为例，简要说明其步骤。

(1) 参数化

用簧条直径、弹簧中径、有效圈数和自由高为驱动尺寸完成弹簧参数化建模，并将其分别命名为 SD_MD（中径）、SD_n（有效圈数）、SD_HSd（簧条直径）和 SD_H（自由高）后，保存为“弹簧 . sldprt”。

(2) 画界面

如图 5-41 所示，添加主窗体并绘制相应控件，各控件属性见表 5-2。

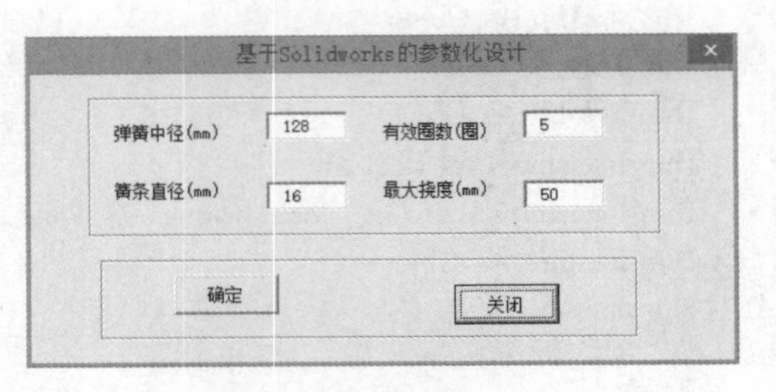

图 5-41 螺旋弹簧主窗口

表 5-2 窗体及控件的属性

序号	类　型	Name	Caption	Text
1	窗体	Userform1	基于 Solidworks 的参数化设计	–
2	标签 1	Label1	弹簧中径（mm）	–
3	标签 2	Label2	簧条直径（mm）	–
4	标签 3	Label1	有效圈数（圈）	–
5	标签 4	Label2	最大挠度（mm）	–
6	文本框 1	TxtMD	–	128
7	文本框 2	TxtTd	–	16
8	文本框 3	Txtn	–	5
9	文本框 4	Txtfmax	–	50
10	按钮 1	CmdOK	确定	–
11	按钮 2	CmdClose	关闭	–

(3) 编代码

为主窗体的“确定”事件添加以下代码。

```
Private SubCmdOK_Click( )
    MDiameterValue=Val(TxtMD. Text)/1000    '从文本框获取新的中径
    TDiameterValue=Val(TxtTd. Text)/1000    '从文本框获取新的簧条直径
    nValue=Val(Txtn. Text)                  '从文本框获取新的有效圈数
    FmaxValue=Val(Txtfmax. Text)/1000       '从文本框获取新的最大挠度
    Call ParameterSub(MDiameterValue, TDiameterValue, nValue, FmaxValue) '调用更新函数
End Sub
```

(4) 添模块

添加尺寸更新模块代码。

```
Dim Part As Object
Dim SelMgr As Object
Dim boolstatus As Boolean
Dim longstatus As Long, longwarnings As Long
Dim Feature As Object
Sub main( )
```

```
    UserForm1.Show 0    '打开主窗口
End Sub

Sub ParameterSub(ByVal MDValue_Passed As Double, ByVal TdValue_Passed As Double, ByVal nValue_
Passed As Double, ByVal fmaxValue_Passed As Double)
    Set swApp = Application.SldWorks
    Set Part = swApp.ActiveDoc
    '打开原始文件
    Set Part = swApp.OpenDoc6("弹簧.SLDPRT", 1, 0, "", longstatus, longwarnings)
    Iflongstatus = 2 Then
        MsgBox "弹簧.SLDPRT不存在!", vbOKOnly, "警告"
        Exit Sub
    Else
        Set Part = swApp.ActivateDoc2("弹簧", False, longstatus)
    End If
    '更改4个特征尺寸
    Part.Parameter("SD_MD@草图1").SystemValue = MDValue_Passed          '更改中径
    Part.Parameter("SD_n@螺旋线/涡状线1").SystemValue = nValue_Passed   '更改有效圈数
    Part.Parameter("SD_HSd@草图2").SystemValue = TdValue_Passed         '更改簧条直径
    Part.Parameter("SD_H@螺旋线/涡状线1").SystemValue = nValue_Passed * TdValue_Passed+fmax-
Value_Passed            '更改高度

    '用新的特征尺寸更新模型
    Part.EditRebuild3 ' Regenerate the part file since changes were made
    '显示方式
    Part.ShowNamedView2 "*等轴测", 7          '等轴测图
    Part.ViewZoomtofit2                        '显示全图
End Sub
```

(5) 直接执行宏

选择“工具”→“宏”→“执行”命令后，在对话框中找出宏文件（*.swp、*.swb）然后打开。

5.2 钣金

钣金是针对金属薄板的（通常在6mm以下）一种综合冷加工工艺，包括剪、冲/切/复合、折、焊接、铆接、拼接、成型（如汽车车身）等。其显著的特征就是同一零件厚度一致。SolidWorks为满足钣金零件的设计需求而专门定制了钣金工具。

5.2.1 钣金设计快速入门

1. 钣金设计引例

下面以如图5-42所示挡书板（书立）为例介绍如何设计钣金零件。

(1) 生成基体法兰

新建零件，在上视基准面生成如图5-43所示草图。如图5-44所示，选择“插入”→“钣金”→“基体法兰”命令，接受默认的厚度（2mm）等参数，单击“确定”按钮✔。

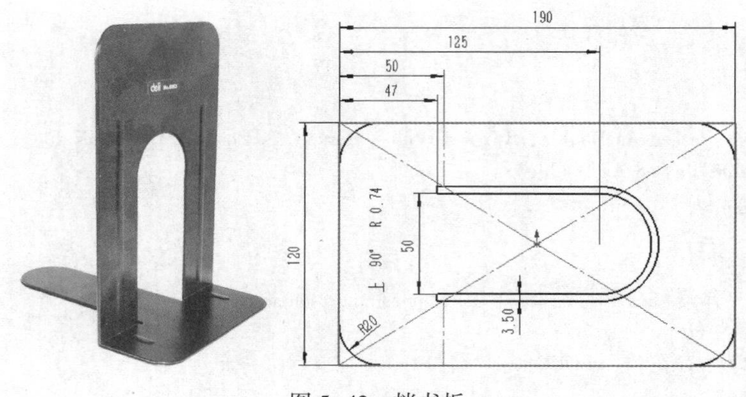

图 5-42　挡书板

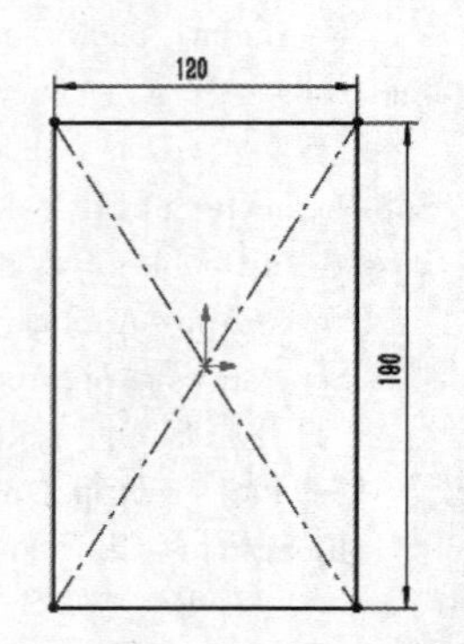

图 5-43　基体法兰草图

（2）生成圆角

单击“特征”工具栏上的“圆角”按钮，选择 4 条边角线，设置圆角半径为 20 mm，单击“确定”按钮✔。

（3）切除切口

在上视基准面绘制如图 5-45 所示的切口草图，单击“特征”工具栏上的“拉伸切除”按钮，选择“完全贯穿”，单击“确定”按钮✔。

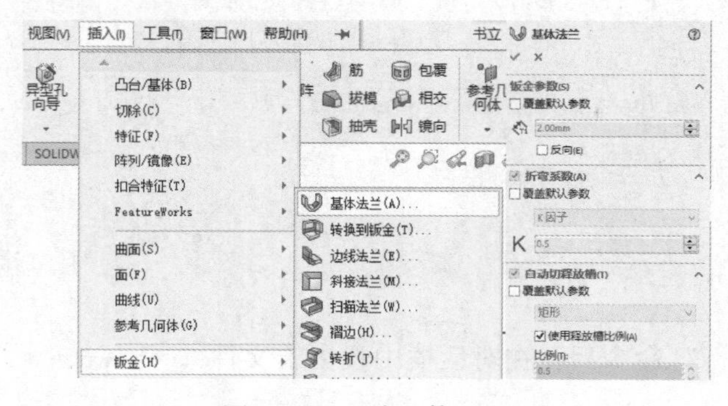

图 5-44　生成基体法兰

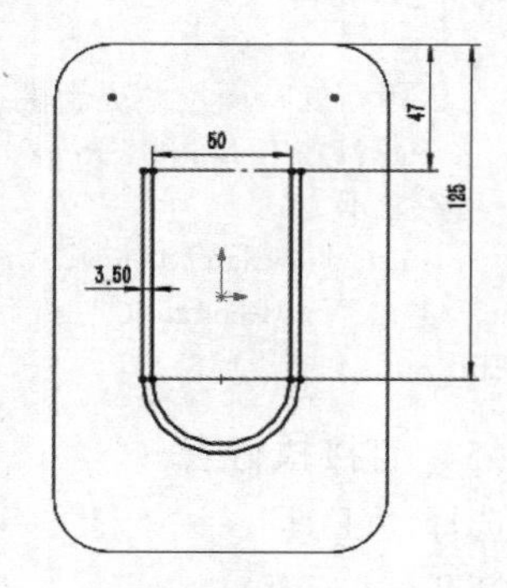

图 5-45　切口草图

（4）生成折弯

在模型上表面上绘制图 5-46 所示的折弯线，选择“插入”→“钣金”→“绘制折弯”命令，单击要固定的一侧区域（折弯线上部），接受默认的弯曲角度（90°）、折弯位置和折弯半径等参数，单击“确定”按钮✔。

（5）钣金工程图

新建工程图，如图 5-47 所示，在“模型视图”对话框中选中“平板型式”，单击“确定”按钮✔，则生成钣金零件的展开视图，单击“注解”工具栏中的“模型项目”按钮标注尺寸。

2. 钣金工具

SolidWorks 钣金零件的最大特点是可以在设计过程中任何时候展开。此外，钣金零件的展开图样视图是自动生成的，并可在视图中利用。右击“特征”工具栏，在弹出的快捷菜单中选择“钣金”，添加“钣金”工具栏。也可以通过选择“插入”→“钣金”命令来实现。SolidWorks 用于钣金零件建模的特征的定义及其操作步骤如表 5-3 所示。

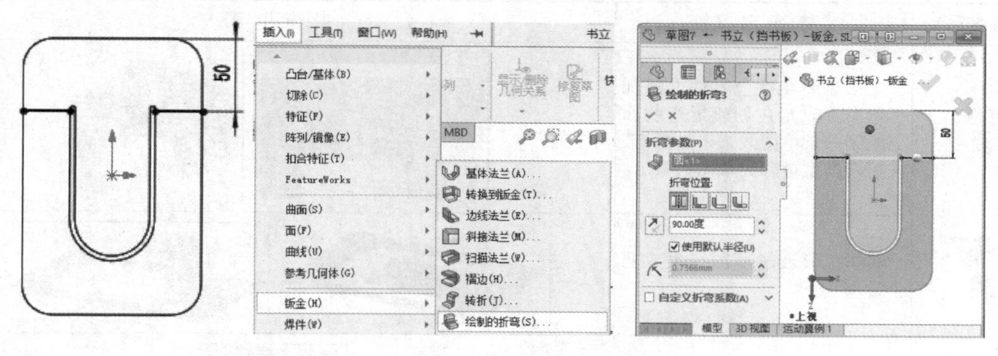

图 5-46　绘制折弯

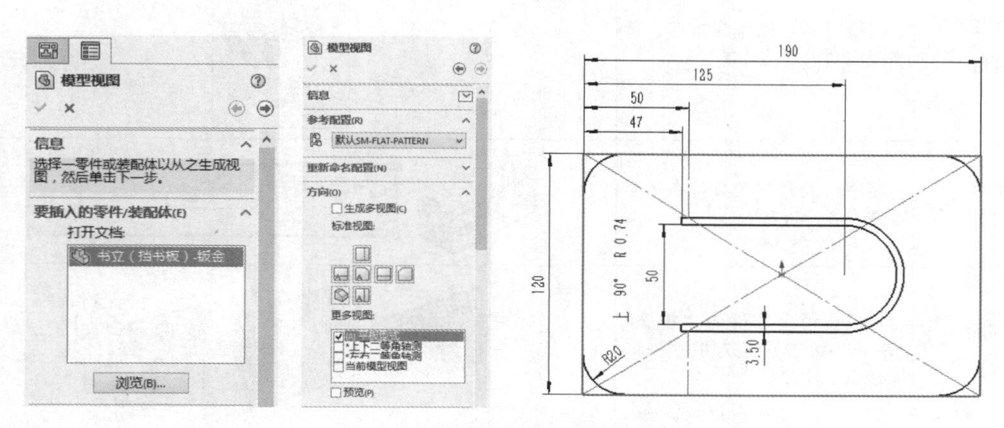

图 5-47　生成钣金零件的展开视图

表 5-3　主要钣金特征的定义及其操作步骤

特征名称	特 征 定 义	操 作 步 骤
基体法兰	基体法兰不仅生成了零件最初的实体，而且为以后的钣金特征设置了参数	15　10　30
边线法兰	边线法兰可以利用钣金零件的边线添加法兰，还可以通过所选边线设置法兰的尺寸和方向	
斜接法兰	斜接法兰用来生成相互连接的法兰和自动生成必要的切口。它必须由一个草图轮廓来生成，且草图基准面必须垂直于生成斜接法兰的第一条边线	.625

（续）

特征名称	特征定义	操作步骤
折弯	如果需要在钣金零件上添加折弯，首先要在创建折弯的面上绘制一条草图线来定义折弯。该折弯类型被称为草图折弯	
转折	转折工具通过草图线生成两个折弯	
成型工具	成型工具可以作为折弯、伸展或成型钣金的冲模	钣金成型特征 成形工具
展开	使用“展开”工具可在钣金零件中展开折弯	
切除	可以在钣金零件的“折叠”“展开”状态下建立切除特征，以移除零件的材料	

5.2.2 建立钣金零件的方法

利用 SolidWorks 建立钣金零件的方法如下。

（1）使用钣金特征建立钣金零件

利用钣金设计的所有功能建模，可分为从折弯状态建模和从展开状态建模两种方式。

（2）由实体零件转换成钣金零件

按照常规方法先建立零件，然后将它转换成钣金零件，这样可以将零件展开，以便于应用钣金零件的特定特征。

下面以图 5-48 所示的铜盒为例，说明钣金设计的 3 种方法。铜盒尺寸为 300 mm×200 mm×100 mm，壁厚 2 mm。

1. 从折弯状态建模

（1）新建铜盒——折弯零件文件

启动 SolidWorks，单击“标准”工具栏中的“新建”按钮，弹出“新建 SolidWorks 文件”对话框，选择“零件”模板，单击“确定”按钮。选择“文件”→“另存为”命令，弹出“另存为”对话框，在“文件名”文本框中输入“铜盒-折弯”，单击“保存”按钮。

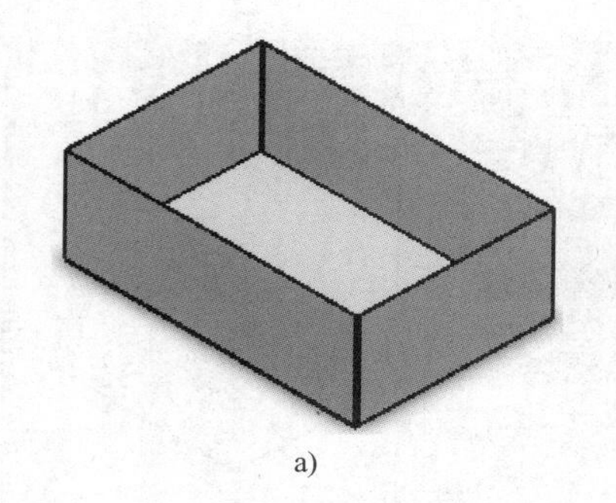

a)

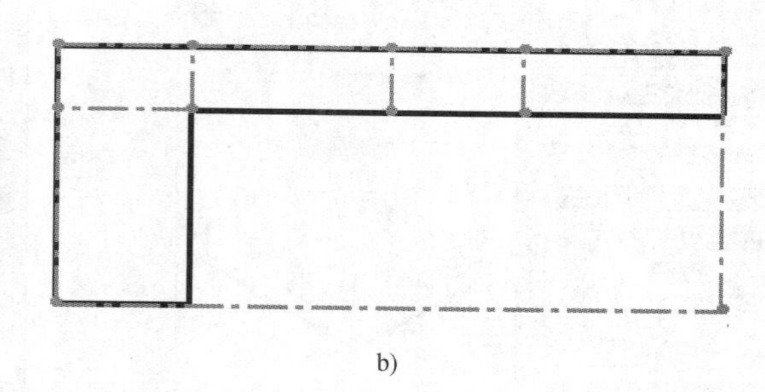

b)

图 5-48 铜盒

a）折弯状态 b）展开状态

（2）创建盒底

在设计树中选择“上视基准面”，单击“草图”工具栏中的“草图绘制”按钮进入草图绘制。单击“中心矩形”按钮，捕捉坐标原点，绘制矩形；单击“尺寸/几何关系”工具栏中的“智能尺寸”按钮标注尺寸，如图 5-49 所示。

选择“插入”→“特征”→“钣金”→“基体法兰”命令，显示“基体-法兰”对话框。如图 5-50 所示，设置厚度 T1 = 2.0 mm，单击“确定”按钮✔，生成盒底。

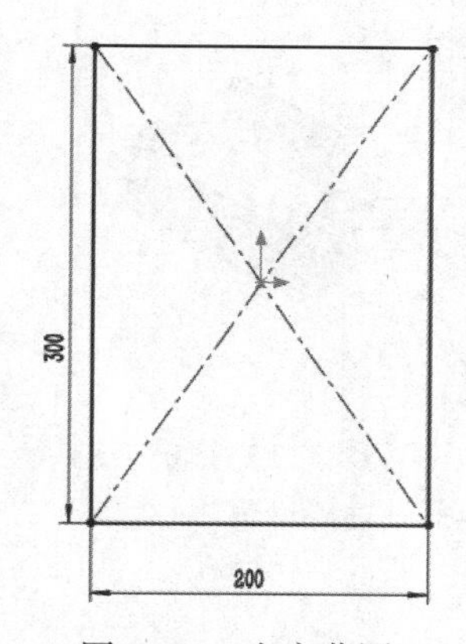

图 5-49 盒底草图

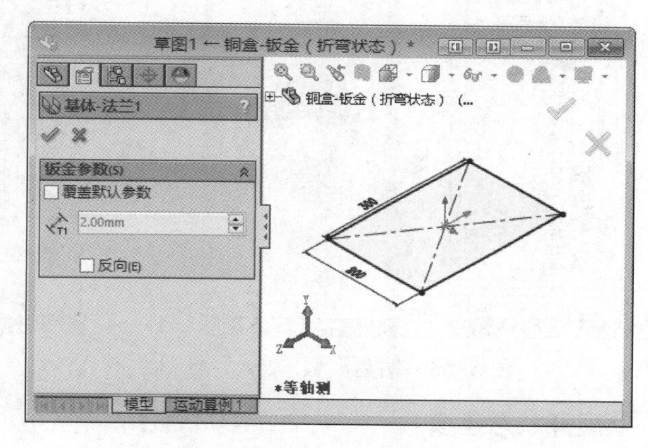

图 5-50 盒底法兰

（3）创建左侧面

选择盒底与左侧面交线，选择“插入”→“特征”→“钣金”→“边线法兰”命令。如图 5-51 所示，在“边线 法兰”对话框中，设置“给定深度”D = 100 mm，单击“确定”按钮✔生成左侧面。

（4）创建后侧面

在左侧面上选择左侧面与后侧面交线，选择“插入”→“特征”→“钣金”→“边线法兰”命令。如图 5-52 所示，在“边线 法兰”对话框的“法兰长度”选项组中选择“成形到一顶点”，设“法兰位置”为▣，捕捉右上角点，单击“确定”按钮✔生成后侧面。

（5）创建剩余侧面

重复（4）创建剩余侧面，在设计树中将其材料设为“黄铜”完成铜盒实体建模，如图 5-53 所示。

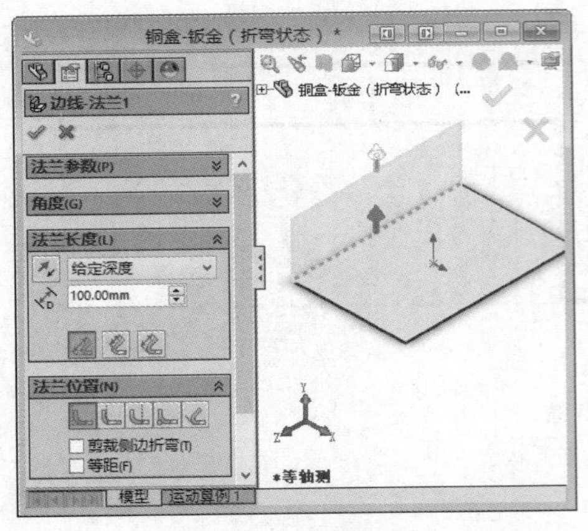

图 5-51　左侧面特征

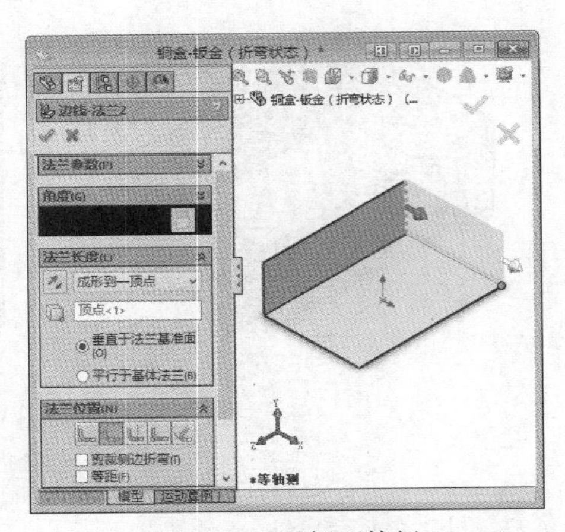

图 5-52　后侧面特征

（6）观察展平状态

如图 5-54 所示，在特征树中右击“平板型式”中的“平板型式 6”，在弹出的快捷菜单中选择“解除压缩”命令即可展平铜盒。再重复上述步骤，选择“压缩”则恢复折弯状态。

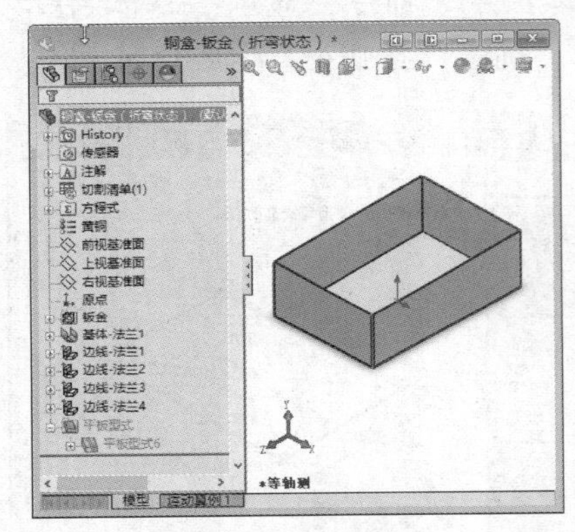

图 5-53　铜盒模型

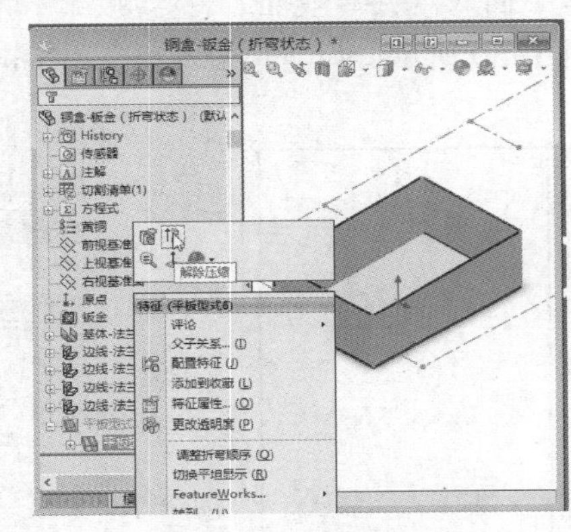

图 5-54　展平设置

2. 从展开状态建模

（1）新建铜盒——展平零件文件

启动 SolidWorks，单击“标准”工具栏中的“新建”按钮，弹出“新建 SolidWorks 文件”对话框，选择“零件”模板，单击“确定”按钮✔。选择“文件”→“另存为”命令，弹出“另存为”对话框，在“文件名”文本框中输入“铜盒-展平”，单击“保存”按钮。

（2）创建钣金料板

在特征管理器设计树中选择“上视基准面”，单击“草图”工具栏中的“草图绘制”按钮进入草图绘制。单击“中心矩形”按钮，捕捉坐标原点，绘制矩形；单击“尺寸/几何关系”工具栏中的“智能尺寸”按钮标注尺寸，如图 5-55 所示。

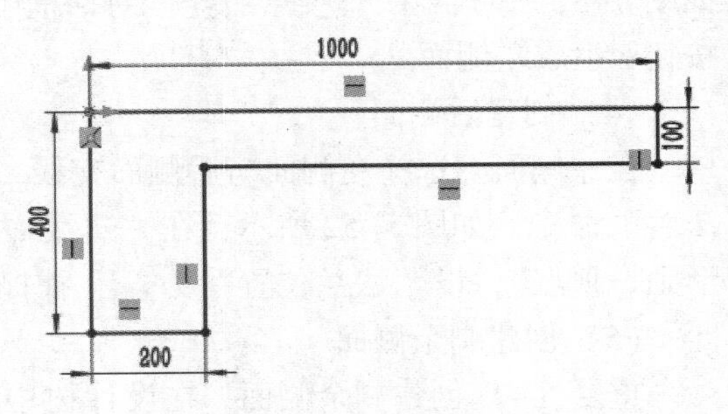

图 5-55　铜盒料板

选择“插入”→“特征”→“钣金”→

“基体法兰”命令，显示“基体法兰”对话框。设置厚度 T1＝2.0 mm，单击“确定”按钮✔，生成铜盒料板。

（3）折弯盒底

绘制折弯线：选择铜盒料板的上表面，单击“草图”工具栏中的“草图绘制”按钮进行折弯线的绘制。再单击“直线”等按钮绘制草图，如图 5-56 所示。

单击“钣金”工具栏中的“绘制的折弯”按钮或选择“插入”→“特征”→“钣金”→“绘制的折弯”命令，显示“绘制的折弯”对话框，单击选择铜盒料板的盒底部位作为固定面，设置“折弯位置”为，角度为 90.00 度，单击“确定”按钮✔，折弯盒底，如图 5-57 所示。

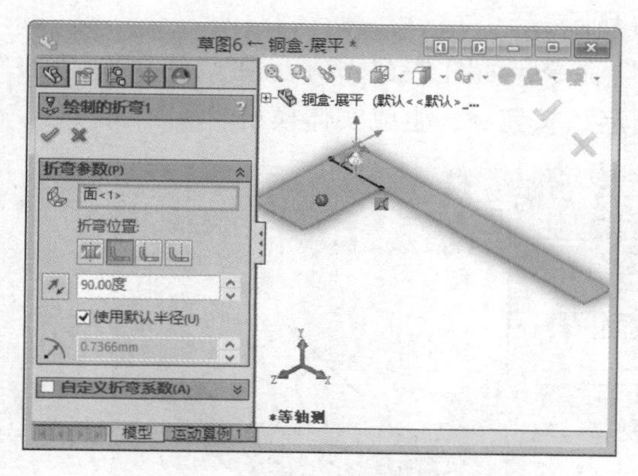

图 5-56　盒底折弯线及其折弯参数

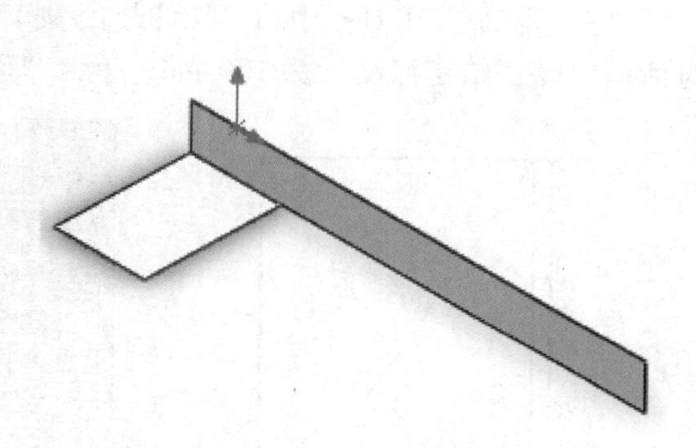

图 5-57　盒底折弯特征

（4）折弯盒侧面

绘制折弯线：选择侧面板面，单击“草图”工具栏中的“草图绘制”按钮进行折弯线的绘制。再单击“直线”等按钮绘制草图。

单击“钣金”工具栏中的“绘制的折弯”按钮或选择“插入”→“特征”→“钣金”→“绘制的折弯”命令，显示“绘制的折弯”对话框，如图 5-58 所示，单击选择铜盒料板的盒底部位作为固定面，设置“折弯位置”为，角度为 90.00 度，单击“确定”按钮✔，折弯得到如图 5-59 所示的铜盒模型。

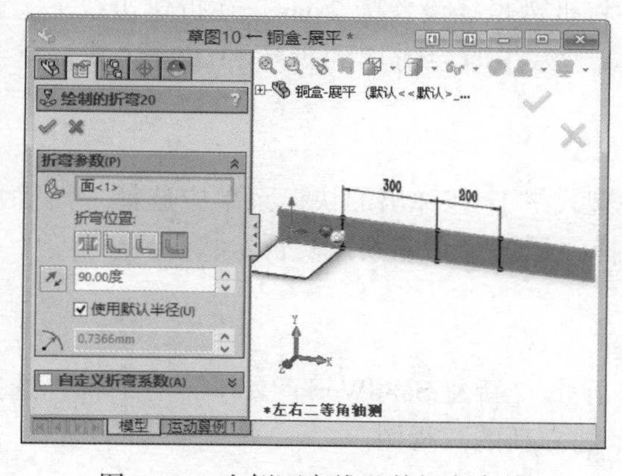

图 5-58　盒侧面弯线及其折弯参数

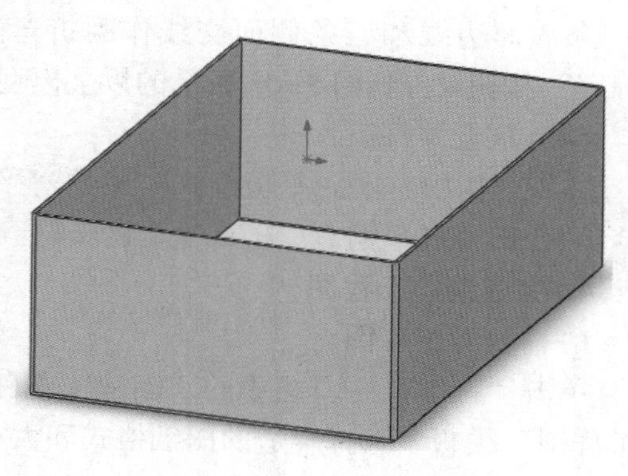

图 5-59　铜盒模型

3. 实体转换到钣金

（1）新建铜盒——实体转换

启动 SolidWorks，单击“标准”工具栏中的“新建”按钮，弹出“新建 SolidWorks 文件”对话框，选择“零件”模板，单击“确定”按钮。选择“文件”→“另存为”命令，弹出“另存为”对话框，在“文件名”文本框输入“铜盒-实体转换”，单击“保存”按钮。

（2）创建实体模型

在设计树中选择“上视基准面”，单击“草图”工具栏中的“草图绘制”按钮进入草图绘制。单击“中心矩形”按钮，捕捉坐标原点，绘制矩形；单击“尺寸/几何关系”工具栏中的“智能尺寸”按钮标注尺寸，如图 5-60 所示。

单击“特征”工具栏中的“拉伸凸台/基体”命令，如图 5-61 所示，在“凸台-拉伸 1”对话框中设“给定深度”为 100 mm，单击“确定”按钮✔，生成实体模型。

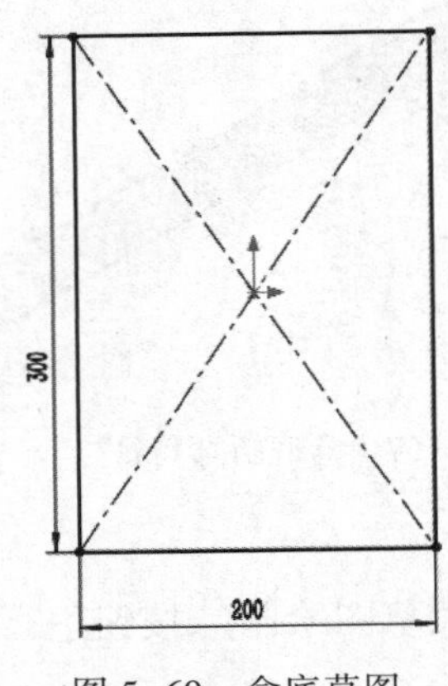

图 5-60　盒底草图

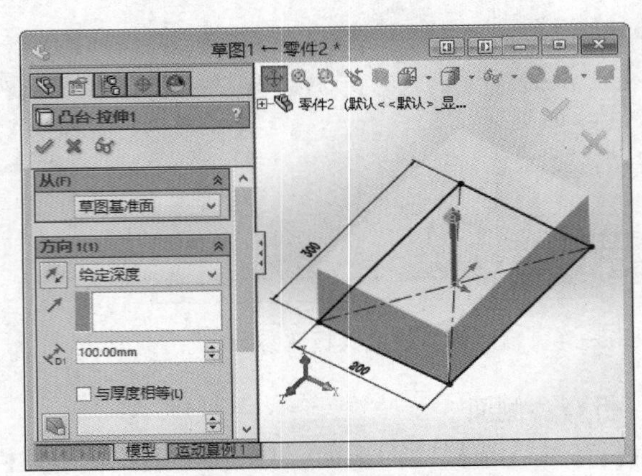

图 5-61　三维实体

（3）应用钣金特征

单击“转换到钣金”按钮（“钣金”工具栏）或选择“插入”→“钣金”→“转换到钣金”命令。如图 5-62 所示，在属性管理器中，在钣金参数下选择三维模型地面作为钣金零件的固定面。将钣金厚度设置为 2 mm，并将折弯半径设置为 2 mm。在折弯边线下，选择一条底面边线和三条侧面交线作为折弯边线，标注即会附加到折弯和切口边线，单击“确定”按钮✔得到图 5-63 所示的钣金模型。

（4）展开零件

在特征树中右击“平板型式”中的“平板型式 7”，在弹出的快捷菜单中选择“解除压缩”命令即可展平铜盒。再重复上述步骤，选择“压缩”命令则恢复折弯状态。

4. 生成铜盒工程图

（1）打开工程图

单击“标准”工具栏中的“新建”按钮，弹出“新建 SolidWorks 文件”对话框，选择“工程图”模板，选择合适的图纸格式和大小，建立新的工程图。

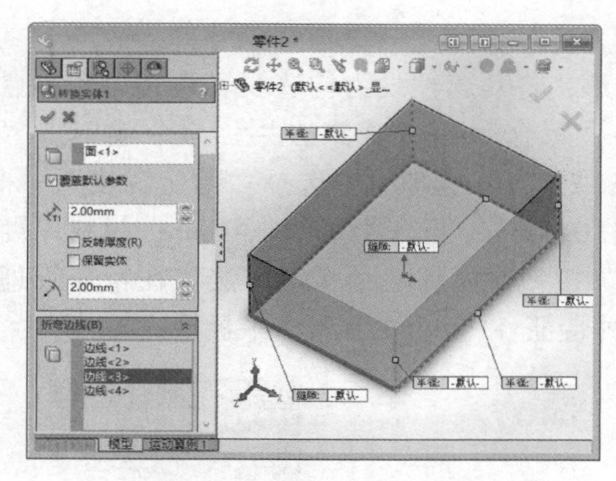

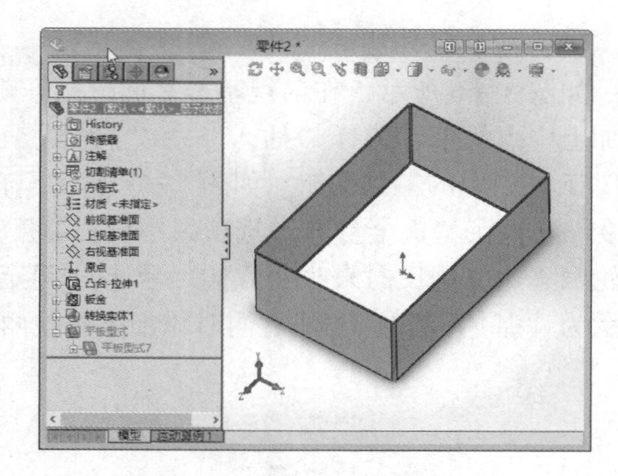

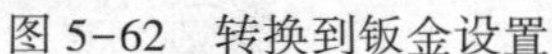

图 5-62　转换到钣金设置　　　　图 5-63　实体转换到钣金

（2）标准三视图

选择“插入”→“工程视图”→“标准三视图”命令。在“标准三视图”对话框中，单击“浏览”按钮，弹出“打开”对话框，选择所需打开的钣金零件文件，单击“打开”按钮，即可生成对应钣金零件的标准三视图。

（3）添加平板视图

选择“插入”→“工程视图”→“模型视图”命令，显示“模型视图”对话框，单击“浏览”按钮，在“打开”对话框中选择所需打开的钣金零件文件，单击“打开”按钮。单击“上视”按钮，在“模型视图”对话框“方向”选项组的“更多视图”列表框中选择“平板型式”，如图 5-64 所示。

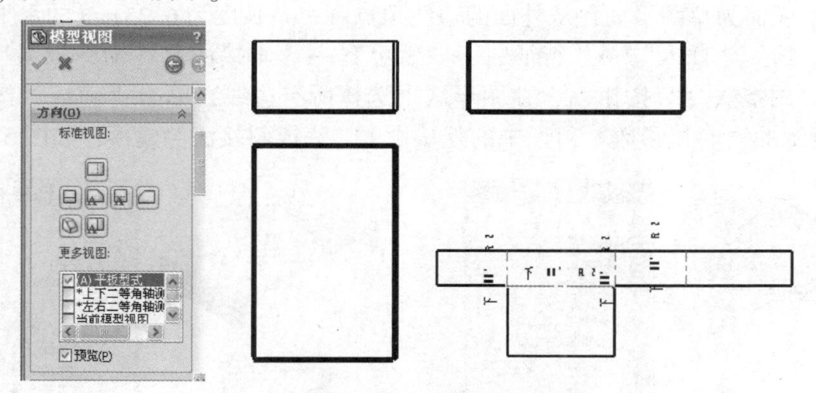

图 5-64　铜盒工程图

5.2.3　机箱盖子钣金设计实践

在本节的钣金零件实例中，建立一个计算机主机机箱的盖子。

1. 零件分析

建立机箱盖子，将用到 4 种法兰特征，以及切除和成型工具，其步骤如图 5-65 所示。

2. 设计步骤

（1）新零件

新建一个零件，并保存为“机箱盖子 . sldprt”。

（2）生成基体法兰

如图 5-66 所示，在前视基准平面上画一矩形，将其属性设为构造线。为底边和原点之间加上中点约束。选择“插入”→“特征”→“钣金”→“基体法兰”命令或单击“钣金”工具栏中的工具按钮。如图 5-67 所示，在“方向”选项组中选择“给定深度”，深度为 95 mm；在“钣金参数”选项组中设置厚度为 0.4 mm，折弯半径为 1.0 mm；材料厚度加在轮廓里边，用反向来改变方向。单击“确定”按钮✔添加法兰，基体法兰在特征管理器显示为“基体-法兰”，注意同时添加了其他两种特征：“钣金 1”和“平板型式 1”。

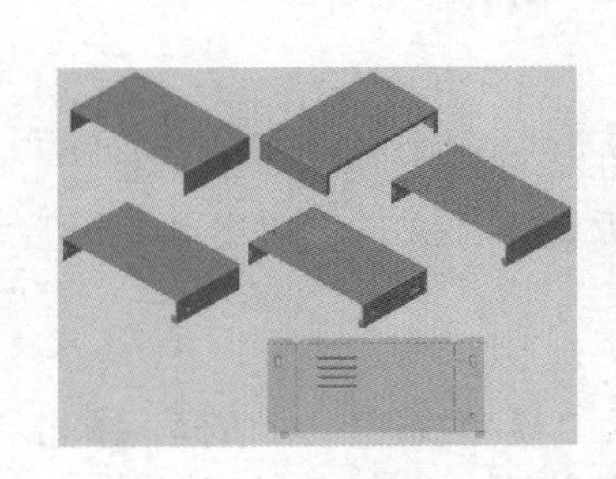
图 5-65　钣金零件实例

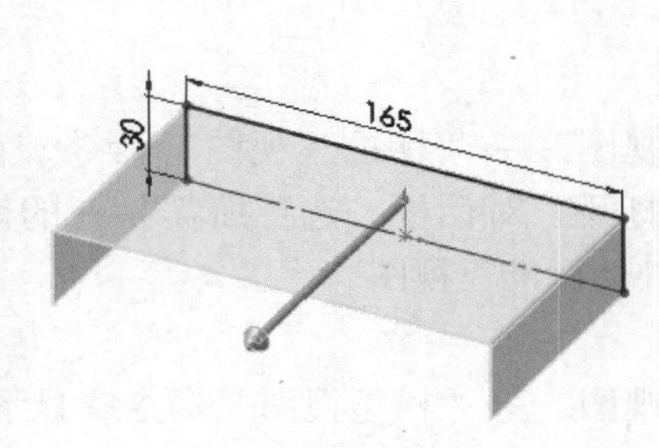

图 5-66　草图

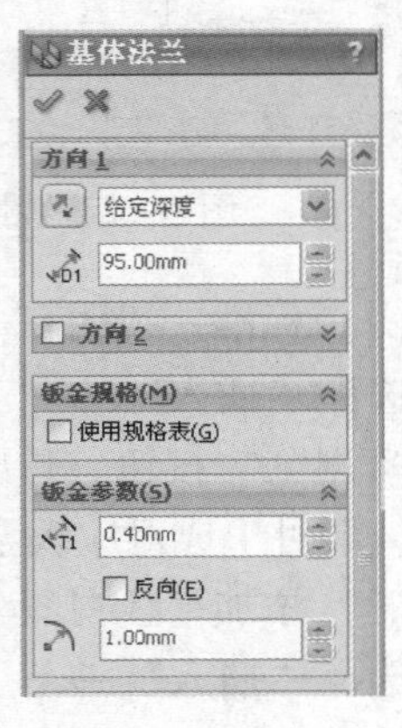

图 5-67　基体法兰设置

（3）生成斜接法兰

以左侧板底面为草图平面，从外面的边线顶点画一条长度为 6.25 mm 的水平线作为斜接法兰的轮廓。选择“插入”→“特征”→“钣金”→“斜接法兰”命令或者单击“钣金”工具栏中的“斜接法兰”按钮，在图形区中选择所有边线，单击“确定”按钮✔，接受如图 5-68 所示的“斜接参数”对话中的默认设置，完成斜接法兰建模，如图 5-69 所示。

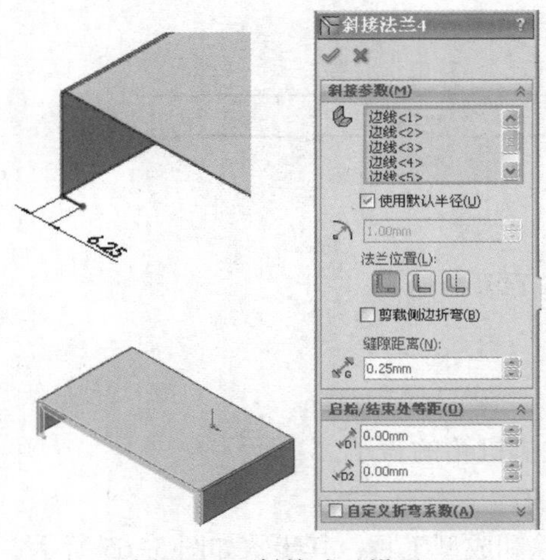

图 5-68　斜接法兰设置

图 5-69　斜接法兰模型

（4）添加边线法兰

选择“插入”→“特征”→“钣金”→“边线法兰”命令，或者单击“钣金”工具栏中的“边线-法兰”按钮，单击将其放在模型内部。如图 5-70 所示，通过“边线-法兰”对话框设置法兰相关参数：角度=90°，“法兰位置”为材料在外，“法兰长度”为“给定深度”，其值用编辑法兰轮廓来指定。单击“编辑法兰轮廓”按钮来改变默认的矩形轮廓，弹出“轮廓草图”对话框。拖动轮廓并添加尺寸使其完全定义，并倒圆角，在“轮廓草图”对话框中单击“完成”按钮。

用类似的步骤在零件相反的边上添加另一个边线法兰，位置略有不同，如图 5-71 所示。

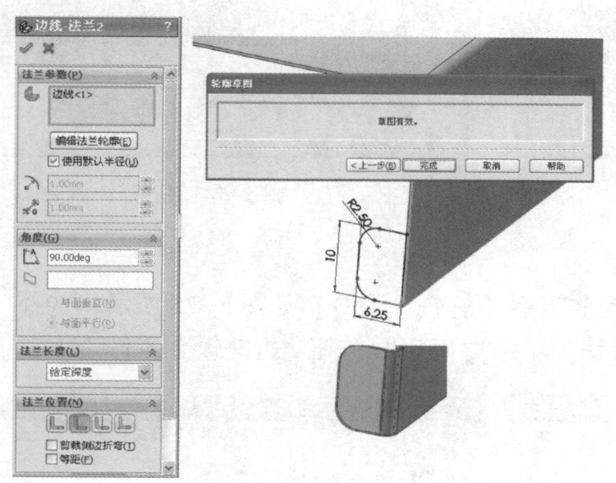

图 5-70　边线法兰 1

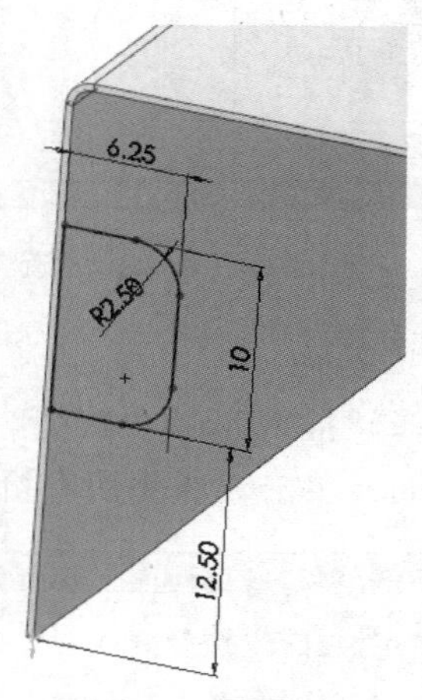

图 5-71　边线法兰 2

(5) 添加薄片

选择斜接法兰的表面，插入一幅草图。添加如图 5-72 所示的圆心在模型边线上的圆形轮廓，并标注图示尺寸。

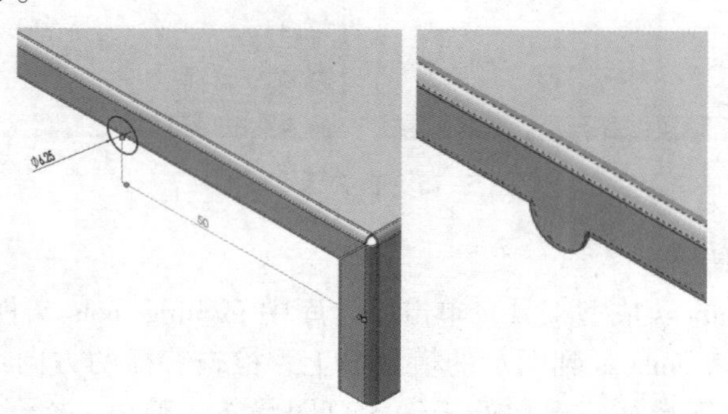

图 5-72　薄片特征

选择“插入”→“特征”→“钣金”→“薄片”命令或者单击“钣金”工具栏中的生成薄片特征“薄片 1”，方向和深度因模型而定。

(6) 展开

选择“插入”→“特征”→“钣金”→“展开”命令，如图 5-73 所示，选择“顶面”为固定面，单击“收集所有折弯”按钮，单击“确定”按钮展开钣金零件。

(7) 切除

绘制一个 ϕ2.5 mm 的圆，并与圆形边添加同心约束。在固定面上绘制图 5-74 所示尺寸的矩形草图，终止条件为“完全贯穿”的切除。

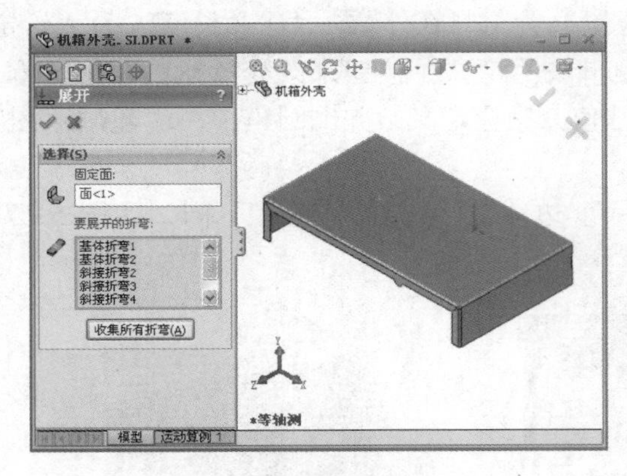

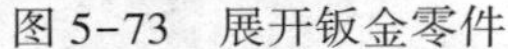
图 5-73　展开钣金零件

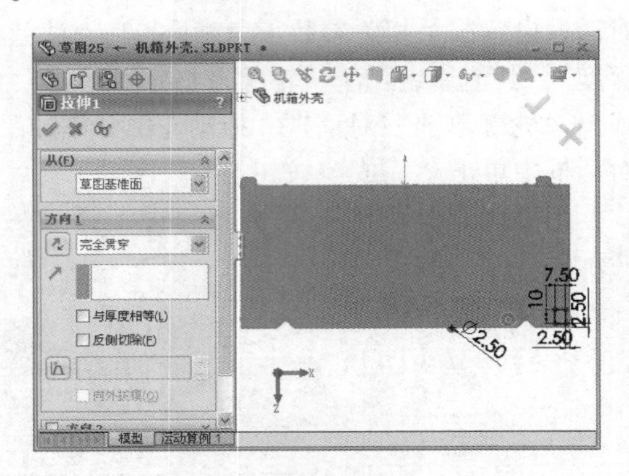

图 5-74　切除

（8）折叠

选择“插入”→“特征”→“钣金”→“折叠”命令，如图 5-75 所示，选择“顶面”为固定面，单击“收集所有折弯”按钮，单击“确定”按钮✔折叠钣金零件。

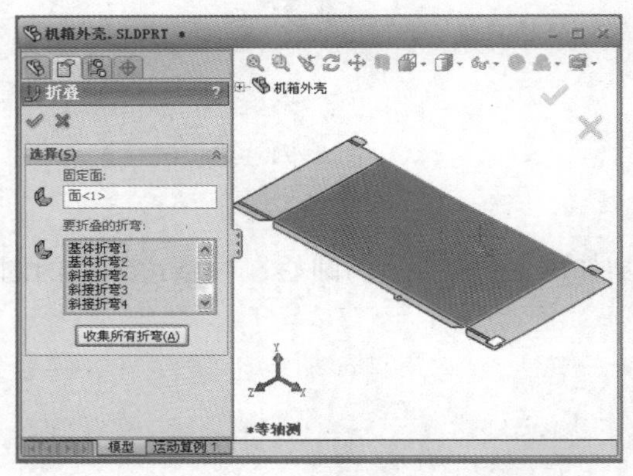

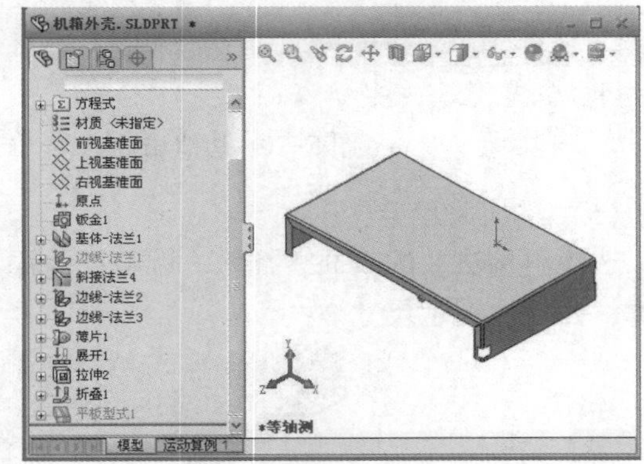

图 5-75　折叠钣金零件

（9）钣金成型工具

1）counter sink emboss 成型工具。单击设计库中 forming tools 文件夹，双击 embosses 文件夹，拖动 counter sink emboss 到图示的模型面上，检查特征的方向（可用〈Tab〉键来改变方向），松开鼠标放下特征。现在处于编辑草图状态，弹出一个信息框提示需为特征定位。并出现特征轮廓和两条中心线（定位用），按如图 5-76 所示尺寸定位草图，单击“放置成形特征”对话框中的“完成”按钮。成型特征按所需的方向添加到模型中。

2）louver 成型工具。单击设计库中 forming tools 文件夹，选择 louvers 文件夹中 louver 成型工具并拖动到如图 5-77 所示的模型面上，用〈Tab〉键来使特征方向朝上，标注尺寸和添加约束使草图完全定义。用修改草图命令将草图按 90°旋转 3 次，使草图的长边面对零件后面的边。使用草图内的几何轮廓来给草图定位，单击完成结束成型工具的插入过程。按 15mm 的间距将刚创建的成型特征阵列 4 个。

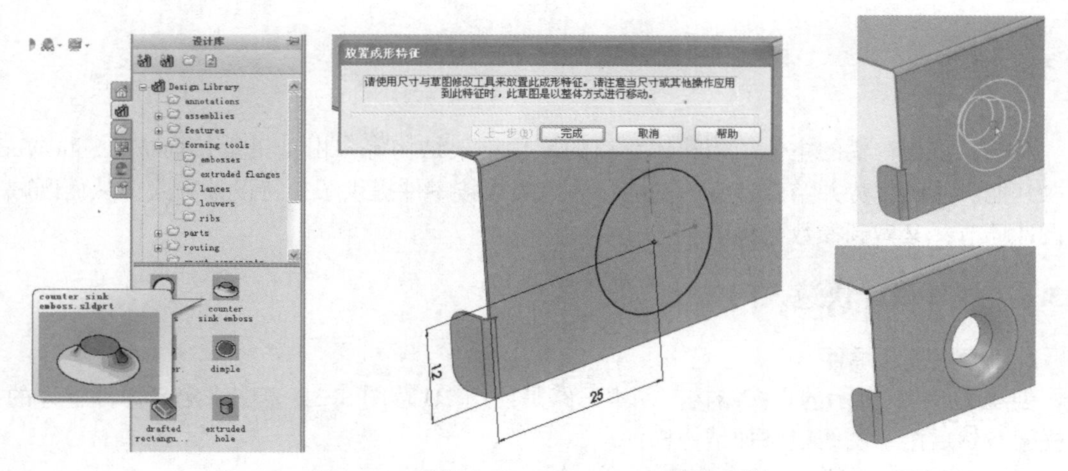

图 5-76　添加 counter sink emboss 成型工具

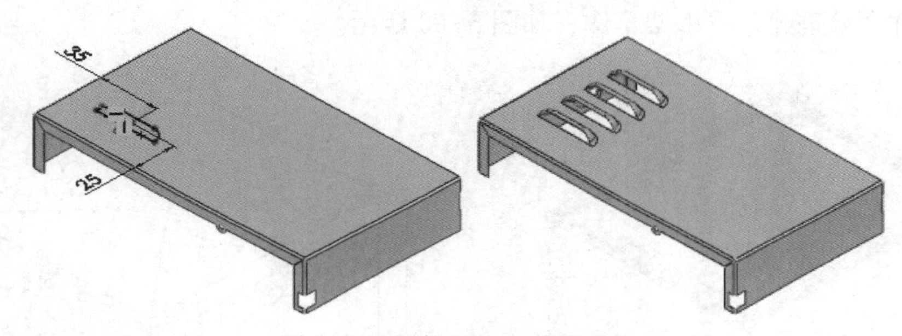

图 5-77　添加 louvers 成型工具

(10) 钣金零件工程图

打开一幅图幅为 A3-横向、无图纸格式的工程图，将比例设为 1:2，插入刚创建的钣金零件的标准三视图和展开图样视图，从模型项目中插入驱动尺寸，如图 5-78 所示。

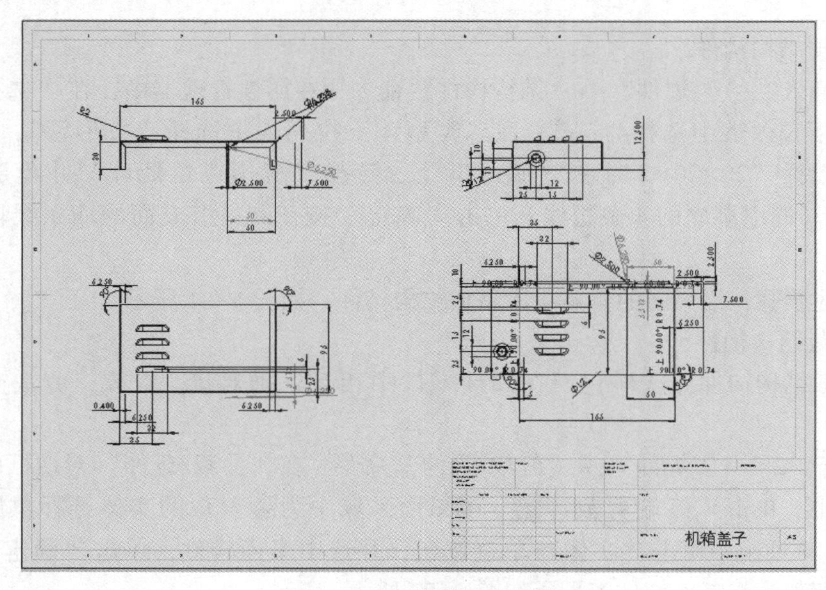

图 5-78　钣金零件工程图

5.3 焊件

船舶、重型车辆的主体结构和体育馆的屋顶钢架结构等多由型钢焊接而成。SolidWorks 吸取其他产品的优势并结合自身的功能，为该类焊接零件提供了独特设计方式，从而既减少了设计环节，又做到参数化关联。

5.3.1 焊件设计快速入门

1. 引例-茶几焊件

创建图 5-79 所示的焊接结构。基本思路是使用 2D 草图和 3D 草图来定义焊件零件的基本框架。然后沿草图线段添加结构构件。

（1）绘制基本框架

新建零件，并创建基本框架草图，如图 5-80 所示。

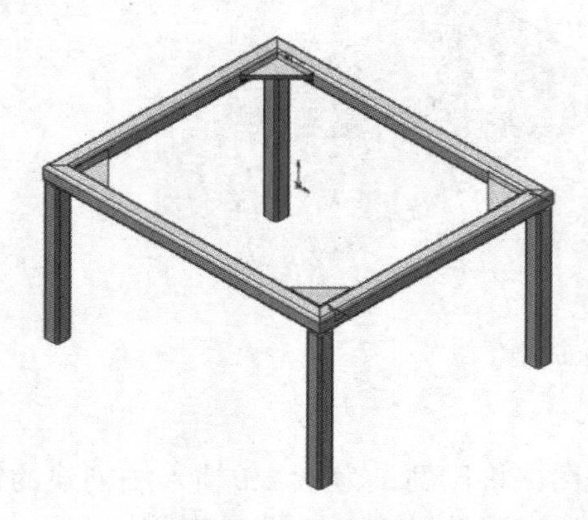

图 5-79　焊接结构

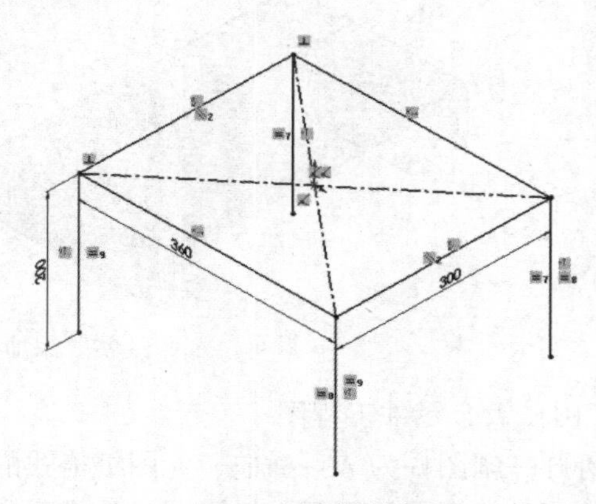

图 5-80　焊接结构框架

（2）添加结构构件

选择“插入”→“焊件”→“结构构件”命令，在属性管理器中，在“选择”选项组的“标准”下拉列表中选择“iso”，在“类型”下拉列表中选择“方形管”，在“大小”下拉列表中选择“20×20×2”；在“设置”下，选择“应用边角处理”并单击“终端斜接”按钮。选中桌面的 4 条边线，单击“确定”按钮✔，沿桌面的四条线段添加结构构件。

重复上述步骤，沿桌腿的 4 条线段添加结构构件，如图 5-81 所示。

（3）剪裁结构构件

现在剪裁结构构件，这样它们在焊件零件中相互正确对接。首先，剪裁交叉构件的末端。

选择“插入”→“焊件”→“剪裁/延伸”命令。在“剪裁/延伸”对话框的“边角类型”选项组中，单击“终端剪裁”。在图形区域中为要剪裁的实体选择桌腿构件，在“剪裁边界”选项组中单击“实体”单选按钮，并选中桌面构件，单击“确定”按钮✔，桌腿构件被剪裁为与桌面构件齐平，如图 5-82 所示。

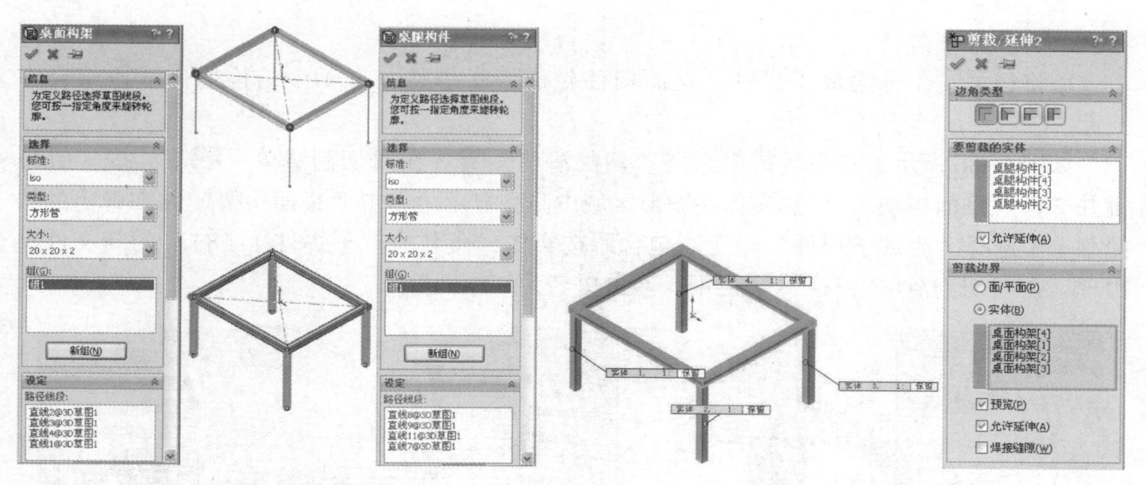

图 5-81　添加方形管结构构件　　　　图 5-82　剪裁结构构件

（4）添加角撑板

放大左下角。选择“插入”→“焊件”→“角撑板”命令，弹出“角撑板”对话框，如图 5-83 所示，在“角撑板”对话框的“支撑面”选项组中，选择图示两个面作为角撑板的两个直角面；在“轮廓”选项组中，单击“三角形轮廓”，将“轮廓距离 1”和“轮廓距离 2”均设为 50，单击“内边”，将“角撑板厚度”设置为 5mm；在“位置”选项组中单击“轮廓定位于中点”，单击“确定”按钮。重复上述步骤添加另外 3 个角添加角撑板，结果如图 5-84 所示。

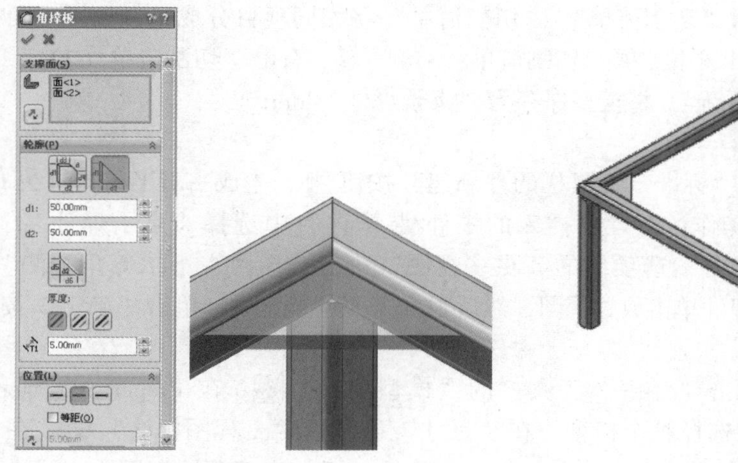

图 5-83　角撑板设置

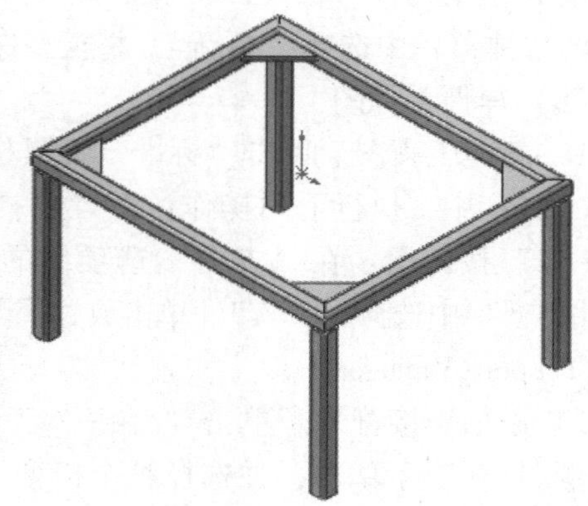

图 5-84　角撑板设置模型

（5）添加圆角焊缝

放大显示的右上角，选择“插入”→“焊件”→“圆角焊缝”命令，弹出“圆角焊缝”对话框，如图 5-85 所示，在“圆角焊缝”对话框中，设“焊缝类型”为“全长”，“焊缝大小”设为 5 mm，为“面组 1”选择角撑板上下面，为“面组 2”选择结构构件的两个侧面。单击“确定”按钮，生成圆角焊缝和注解。

（6）生成子焊件

可将相关实体分组成子焊件。桌面构件生成一子焊件，将 4 个结构构件线段组合在一起。

如图 5-86 所示，在设计树中扩展“切割清单”。在“切割清单”下，按〈Ctrl〉键并选择“桌面构架”，所选实体在图形区域中高亮显示。右击“桌面构架”并在弹出的快捷菜单中选择“生成子焊件”命令。包含所选实体，命名为“子焊件 1（8）”的新文件夹出现，在“切割清单（31）”之下，双击更名为“桌面”。

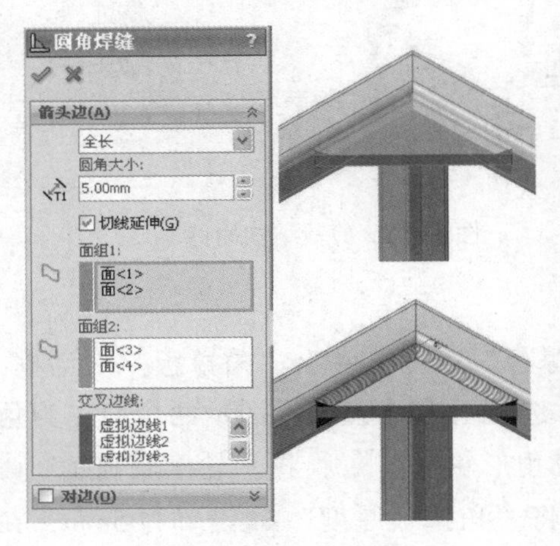

图 5-85　添加圆角焊缝　　　　图 5-86　生成子焊件

（7）生成切割清单项目

可在工程图图纸上显示“切割清单”，“切割清单”将相同项目分成组，如 4 个角撑板或两个 I-横梁构件。在设计树中扩展“切割清单（31）”。右击“切割清单（20）”并在弹出的快捷菜单中选择“更新”。将模型保存为“桌子焊件 . sldprt”。

（8）焊件工程图

1）新建工程图。单击“标准”工具栏的“新建”按钮，生成一新工程图。在 PropertyManager 中，执行下列操作：在“要插入的零件/装配体”中选择“桌子焊件”；单击“下一步”按钮；在“方向”选项组的“更多视图”中，选择“上下二等角轴测”；在“尺寸类型”中选择“真实”。单击放置视图，然后根据需要调整比例。单击“确定”按钮关闭 PropertyManager。

2）添加焊接符号。单击“注解”工具栏的“模型项目”。在 PropertyManager 中，在“源/目标”下单击，并选择整个模型。在“尺寸”下选择“工程图标注”，在“注解”下选择“焊接”，单击“确定”按钮。焊接注解插入到工程图视图中，拖动注解定位。

3）添加零件序号。选择工程视图。单击“注解”工具栏的“自动零件序号”按钮。在 PropertyManager 中的“零件序号布局”下，选择“方形”。单击“确定”按钮，零件序号添加到工程视图。每个零件序号的项目号与切割清单中的项目号对应，拖动零件序号和焊接符号定位。

4）添加切割清单。单击“焊件切割清单”按钮，在图形区域中选择工程视图。单击

“确定”按钮✔关闭 PropertyManager。在图形区域中单击以在工程图图纸左上角放置切割清单，如图 5-87 所示。

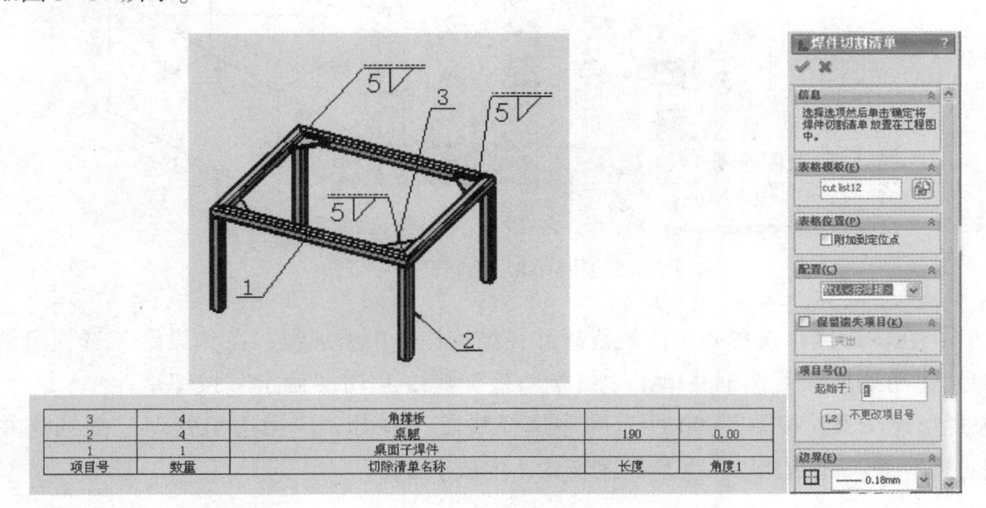

项目号	数量	切除清单名称	长度	角度1
3	4	角撑板		
2	4	桌腿	190	0.00
1	1	桌面子焊件		

图 5-87　焊接工程图

2. SolidWorks 焊件设计步骤

SolidWorks 焊件设计步骤为：首先，建立整体框架轴线草图后，将焊接型材库中的工字梁等不同型材放置到对应的草图线段上，并对交叉部位进行剪裁建立主体结构；然后，添加焊缝、角支撑板和顶端盖等常用焊件结构；最后，生成和管理焊接切割清单，以便生成焊接工程图时自动生成信息关联的 BOM，并能标注序号。

在某些情况下，如为了运输方便，希望把大型焊接件进行拆分，分成若干单独的小焊件，这些较小的焊件称为“子焊件”。子焊件可以被单独保存，即将子焊件文件夹中的所有实体保存为一个独立的文件，从而可以很方便地为子焊件建立工程图。

5.3.2　框架焊件设计实践

1. 焊件零件分析

使用 2D 草图和 3D 草图来定义焊件零件的基本框架，然后沿草图线段添加结构构件。

2. 焊接零件设计步骤

（1）绘制框架

在“草图”工具栏中选择“草图绘制”→“3D 草图”，再单击“直线”按钮，捕捉原点，按〈Tab〉键，确定空间控标的方向为 XY，停止按〈Tab〉键，在平面 XY 内沿 X 轴方向绘制矩形边线，沿 Y 轴方向绘制矩形另一边线，重复上述步骤，完成矩形绘制并标注边长为 600 mm 的正方形。

重复上述步骤，完成焊接框架 3D 草图，并通过定义各直线沿相应坐标轴方向的几何约束实现完全定义，单击“退出草图”按钮，如图 5-88 所示。

（2）添加结构构件

选择“插入”→“焊件”→“结构构件”，如图 5-89 所示，在“结构构件”对话框的在“选择”选项组中，设“标准”为“iso”，“类型”为“方形管”，“大小”为“30×

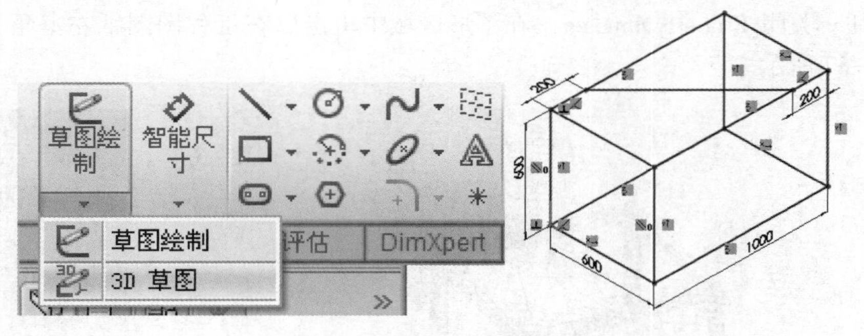

图 5-88　绘制框架

30×2. 6”；在图形区中选择 4 个前视线段并在结构构件中添加组；在“设定”选项组中，单击“应用边角处理”复选框并单击“终端斜接”，单击“确定”按钮。

重复上述步骤，按图 5-90 所示顺序选择线段，单击“应用边角处理”复选框并单击“终端对接”，生成组 2。重复上述步骤，生成组 3。

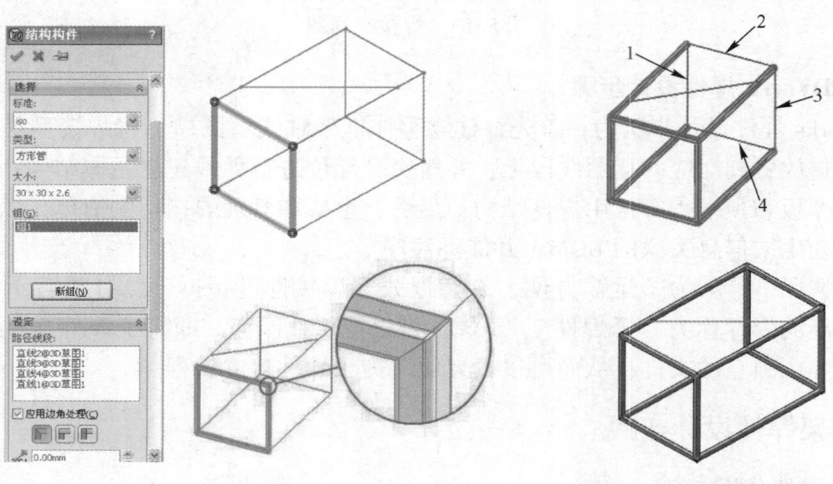

图 5-89　结构构件组 1　　　　图 5-90　结构构件组 2

（3）裁剪结构构件

选择“插入”→“焊件”→“裁剪/延伸”命令。如图 5-91 所示，在“剪裁/延伸”对话框中，选择“边角类型”为，选择“要裁剪的实体”为 4 条长边，选择“裁剪边界”为 8 条短边，单击“确定”按钮。

（4）添加交叉构件

选择“插入”→“焊件”→“结构构件”命令，在 PropertyManager 中，在标准中选择“iso”，在“类型”中选“方形管”，在“大小”中选择“30×30×2. 6”，在图形区中选中沿 4 个前视线段在结构构件中添加组，在设置下，选择应用边角处理并单击“终端斜接”，单击“确定”按钮添加交叉构件。

（5）裁剪交叉构件

选择“插入”→”焊件”→“裁剪/延伸”命令，在“剪裁/延伸”对话框中，选择

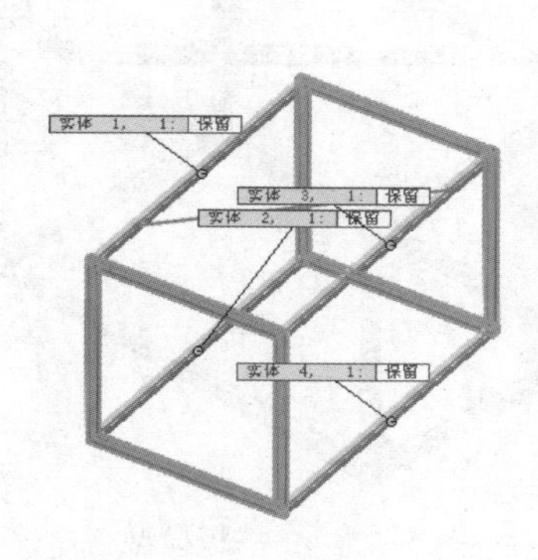

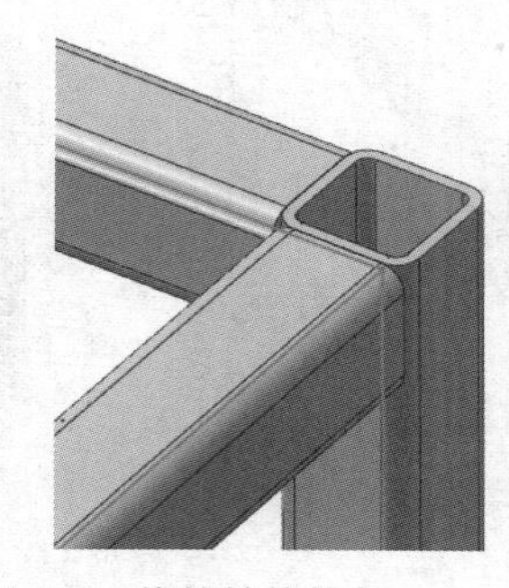

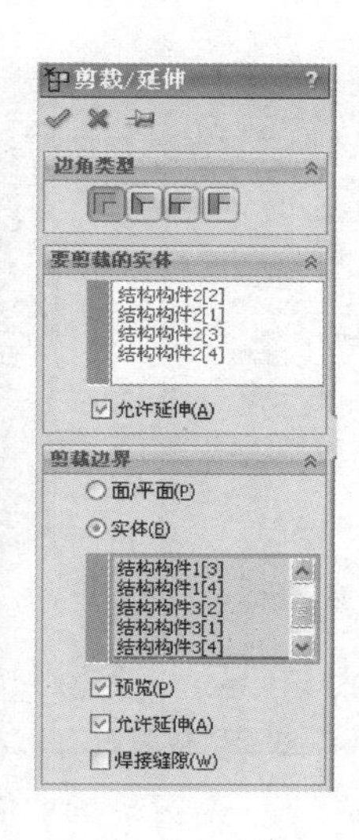

图 5-91　裁剪结构构件

“边角类型”为，选择交叉构件为“要裁剪的实体”，选择 2 条长边为“裁剪边界”，单击“确定”按钮完成裁剪，见图 5-92。

（6）添加顶端盖

选择“插入”→“焊件”→“顶端盖”命令，如图 5-93 所示，在“参数”选项组中，在“面”列表框中选择边角上部面，将“厚度方向”设置为“向内”，以使顶端盖与结构的原始范围齐平，单击“确定”按钮。重复上述步骤，给其他角加盖。

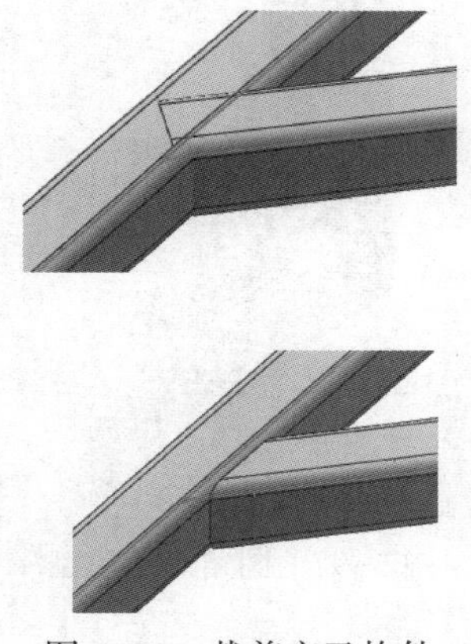

图 5-92　裁剪交叉构件

图 5-93　添加顶端盖

（7）添加角撑板

放大显示模型的左下角。选择“插入”→“焊件”→“角撑板”命令，在“角撑板”对话框的“支撑面”选项组中，选择如图 5-94 所示的两个面；在“轮廓”选项组中，单击“三角形轮廓”，设“轮廓距离 1”和“轮廓距离 2”为 80mm，单击“内边”按钮，将“角撑板厚度”设为 5mm；在“位置”选项组中，单击“轮廓定位于中点”按钮，单击“确定”按钮。

重复上述步骤，为结构构件 1 的另外 3 个角添加角撑板，如图 5-95 所示。

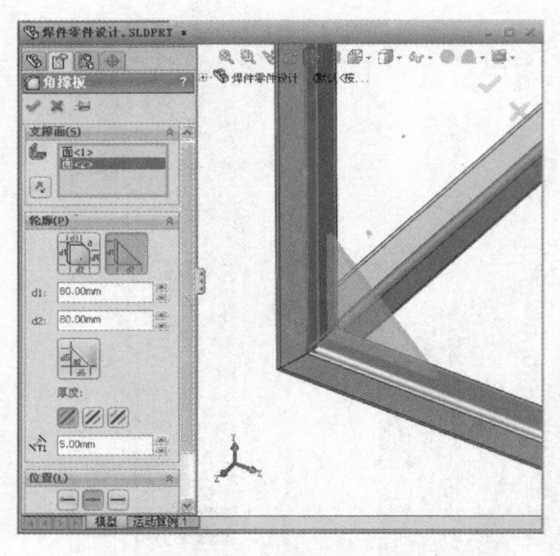

图 5-94　角撑板

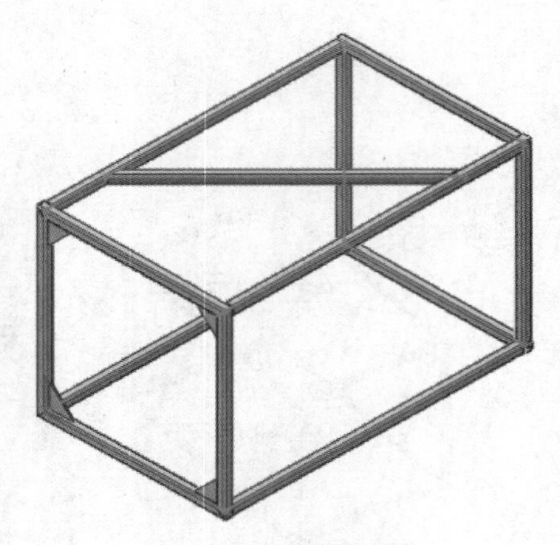

图 5-95　角撑板模型

（8）添加圆角焊缝

放大显示前视组的左下角。选择“插入”→“焊件”→“圆角焊缝”命令，如图 5-96 所示，在“圆角焊缝”对话框中，在“箭头边”选项组中，设“焊缝类型”为“全长”，在“圆角大小”下，设“焊缝大小”为 6 mm，为“面组 1”选择图示角撑板面，为“面组 2”选择结构构件的两个平坦面；单击“确定”按钮，生成圆角焊缝和注解，如图 5-97 所示。

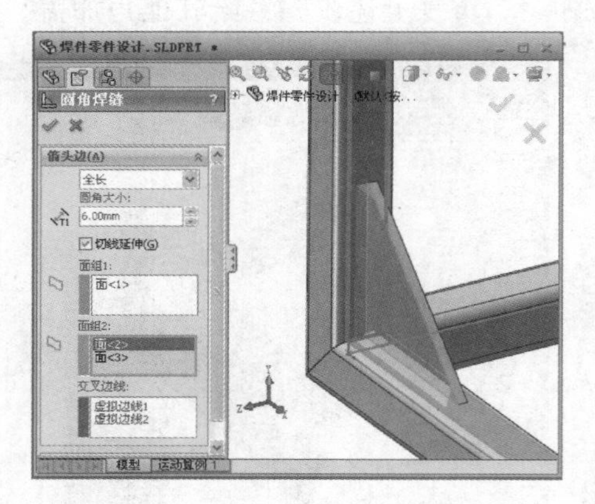

图 5-96　圆角焊缝设置

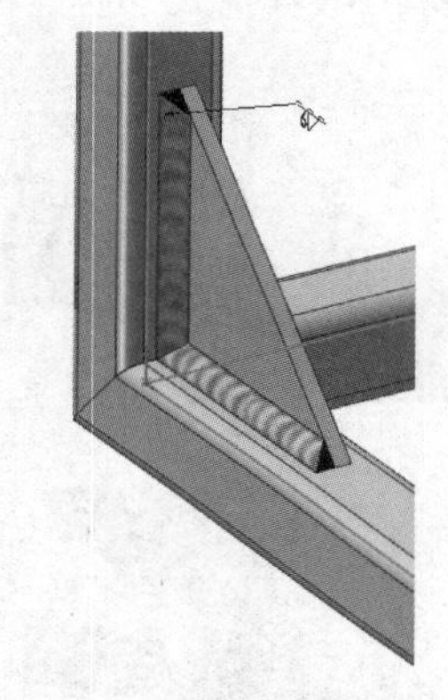

图 5-97　圆角焊缝模型

重复上述步骤，将圆角焊缝应用于其余 3 个角撑板。

（9）添加横挡

在框底上添加两个横挡，首先绘制直线来定位横挡。

1）绘制横挡线。单击“标准视图”工具栏的“下视”按钮。若想在操作新草图时隐藏焊接符号，则右击设计树中的“注解”，在弹出的快捷菜单中取消选择“显示注解”。对于草图基准面，在底部结构构件之一上选择一个面。单击“草图”工具栏的“草图绘制”按钮，绘制一水平直线并标注尺寸。单击“草图”工具栏上的“中心线”按钮，在竖直边侧的中点之间绘制一构造性直线。单击“草图”工具栏的“镜向实体”按钮将直线镜向，如图 5-98 所示。

2）更改穿透点。单击“上下二等角轴测”按钮。选择“插入”→“焊件”→“结构构件”命令，在“结构构件”对话框的“选择”选项组中，选择“标准”为“iso”，“类型”为“sb 横梁”，“大小”为“80×7”。为路径线段选择两个新的草图实体。单击“标准视图”工具栏的“左视”按钮。在 PropertyManager 中的“设置”下，单击“找出轮廓”按钮，显示放大到结构构件的轮廓，默认穿透点将轮廓置于草图线段上，选择轮廓顶边线中心处的点，轮廓位置更改，这样轮廓的顶边线位于草图线段上。由于草图位于零件的底面，新结构构件的顶面与零件的底部齐平，单击“确定”按钮，如图 5-99 所示。

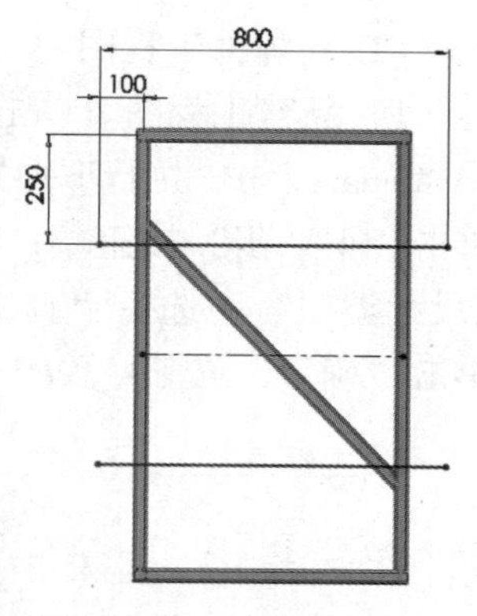

图 5-98　绘制横挡线

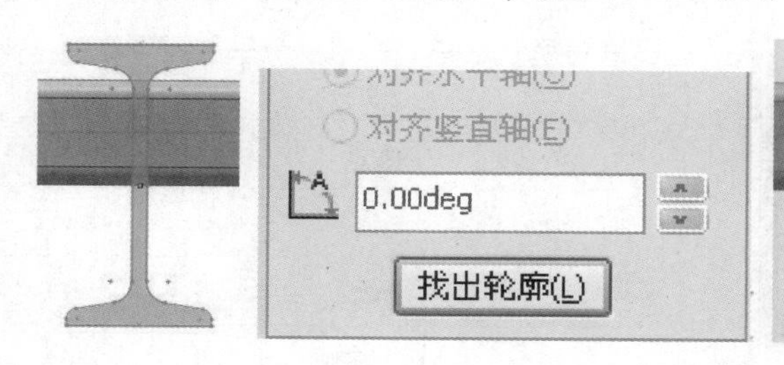

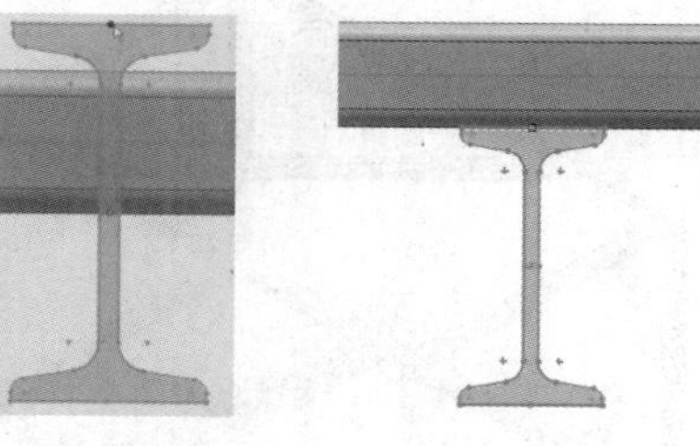

图 5-99　更改穿透点

（10）生成子焊件

在设计树中打开“切割清单”，按〈Ctrl〉键并选择：“剪裁/延伸 2”“剪裁/延伸 3”和“顶端盖 1-4”。如图 5-100 所示，将框背面 4 个结构构件线段和 4 个顶端盖组合在一起生成一子焊件，并保存为“MyWeldment_Box2. sldprt”。

（11）生成切割清单项目

在设计树中单击“切割清单”。右击“切割清单（20）”并在弹出的快捷菜单中选择“更新”命令，并对各文件夹按如图 5-101 所示进行重命名，将模型保存为“桌子焊件. sldprt”。

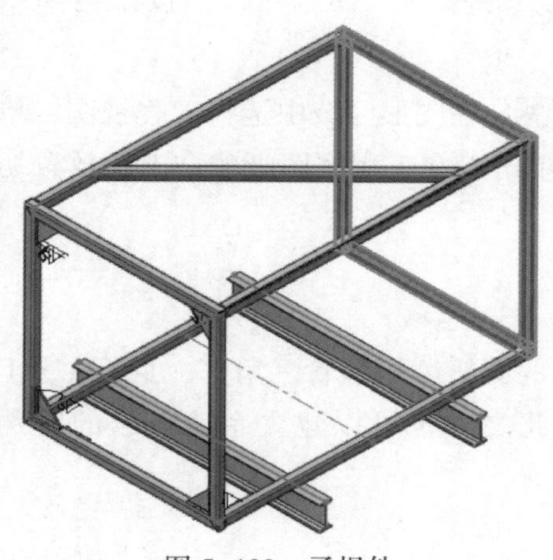

图 5-100　子焊件

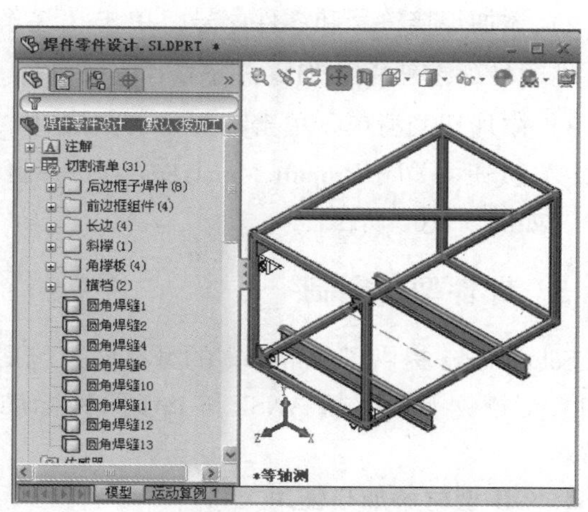

图 5-101　切割清单

（12）焊件工程图

1）新建工程图。单击“标准”工具栏的“新建”按钮，生成一新工程图，在 PropertyManager 中，执行下列操作：在“要插入的零件/装配体”中选择“MyWeldment_Box2”；单击“下一步”按钮；在“方向”选项组的更多视图中，选取“上下二等角轴测”；在“尺寸类型”中选择“真实”。单击放置视图，如图 5-102 所示，然后根据需要调整比例，单击“确定”按钮关闭 PropertyManager。

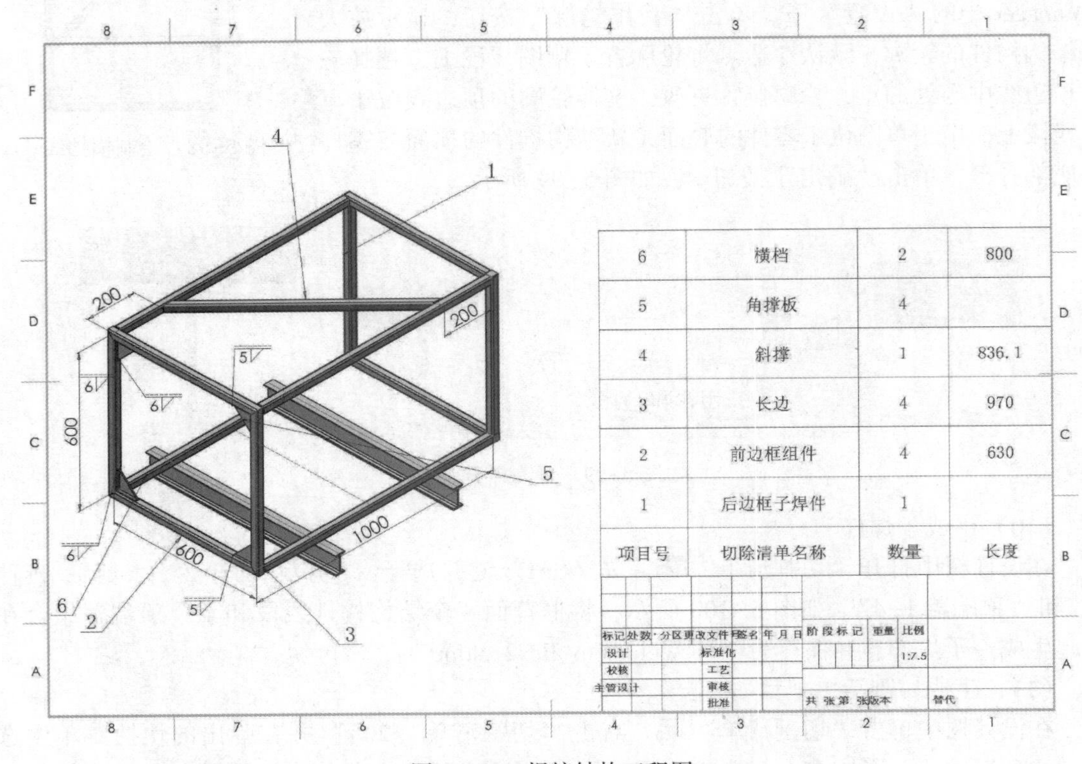

图 5-102　焊接结构工程图

2）添加焊接符号和零件序号。单击“注解”工具栏中的“模型项目”按钮和“自动零件序号”按钮添加零件序号和焊接符号。

3）添加切割清单。单击“焊件切割清单”按钮。在图形区域中选择工程视图，单击“确定”按钮关闭 PropertyManager。在图形区域中单击以在工程图图纸的左上角放置切割清单，如图 5-102 所示。

5.3.3　焊件型材定制

SolidWorks 提供了非常丰富的型材库，包括常用的圆管、矩形管、角钢、T 形梁、工字梁和 C 形槽钢等，支持 ANSI 和 ISO 两种标准，除此之外也可以建立企业自己的特殊型材库。

1. GB 型材添加与使用

在网上下载 GB 型材后，添加与使用步骤为：在 SolidWorks 环境中选择“选项”→“系统选项”→“文件位置”命令，在弹出对话框的“显示下项的文件夹”列表中选择“焊件轮廓”，单击“添加”按钮，浏览到“焊件GB型材”，单击“确定”按钮。

2. 定制焊接型材的方法

定制焊接型材的方法有以下两种。

（1）改造原有型材

复制原有模板文件（“<安装目录>\solidworks\data\weldment profiles”），修改模板文件（打开改名后的模板文件，把草图尺寸改为国标尺寸后保存文件）。

（2）直接生成焊件型材

打开一个新零件，绘制轮廓草图，设穿透点（默认为草图原点）并另存为“库特征”类型（Lib feat part *. sldlfp）。

3. 帽形钢的定制与使用

下面以帽形钢的定制过程为例，说明焊接型材的定制与使用方法。

（1）创建型材库文件夹

在“<安装目录>\data\weldment profiles”中创建“QB（企业标准）”文件夹，再在此文件夹下创建“帽形钢”文件夹。

（2）绘制型材轮廓

新建零件，在前视基准面上绘制型材轮廓，如图5-103所示。

（3）保存型材模板

选择“文件”→“另存为”命令，保存路径为：<安装目录>\data\weldment profiles\QB（企业标准）\帽形钢；“保存类型”为“库特征零件（*. sldlfp）”；“文件名”为：“30×5”。单击“保存”按钮。

（4）绘制焊接框架

新建零件，绘制框架的3D草图，如图5-104所示。

（5）添加型材

选择“插入”→“焊件”→“结构构件”，在“结构构件”对话框中，设“标准”为“QB（企业标准）”，“类型”为“帽形钢”，“大小”为“30×5”。在“设定”选项组中，选择“应用边角处理”复选框并单击“终端斜接”按钮。在图形区中依次选择框架边线，单击“确定”按钮，如图5-105所示。

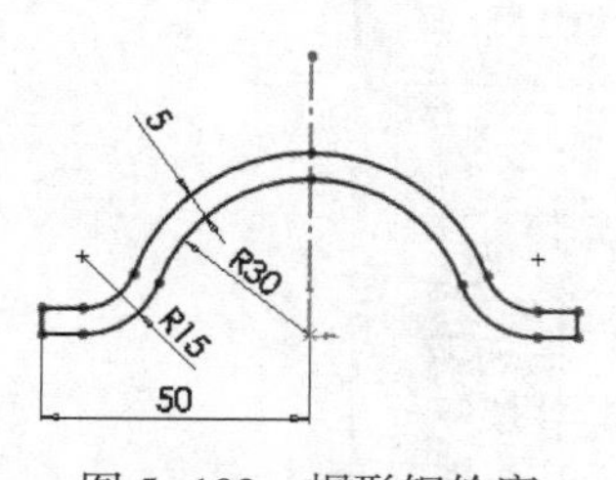

图5-103　帽形钢轮廓

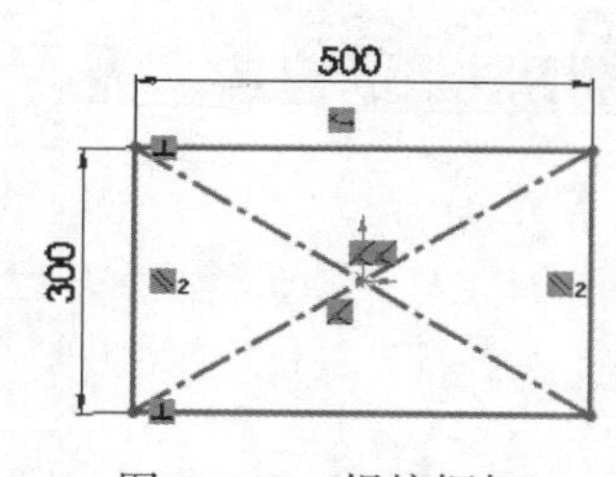

图5-104　焊接框架

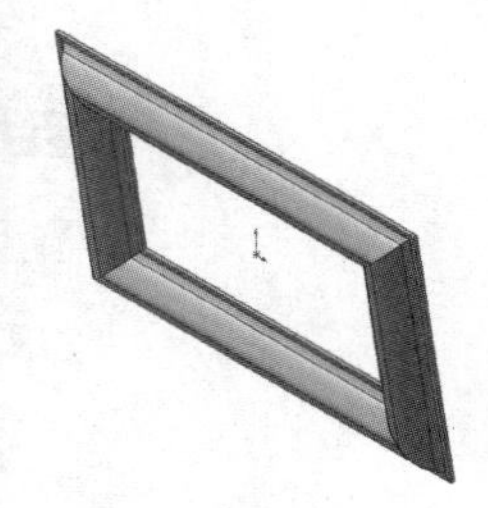
图5-105　添加型材

5.4 管路与布线

为了加速管筒和管道、电力电缆和缆束的设计过程，SolidWorks公司推出了一套强大的线路系统设计软件 SolidWorks Routing。

5.4.1 管路与布线设计快速入门

下面以如图 5-106 所示的管路装配体为例简要说明其设计过程。

1. 管道与布线引例：管路设计

该管路装配体，在基体的两个法兰之间通过管路连接，包括 7 段管道、3 个弯管、3 个法兰和 1 个三通管。

（1）装入基体装配

新建“装配体”并保存为“管路装配引例 . sldasm”，然后插入“管路基体装配”，如图 5-107 所示。

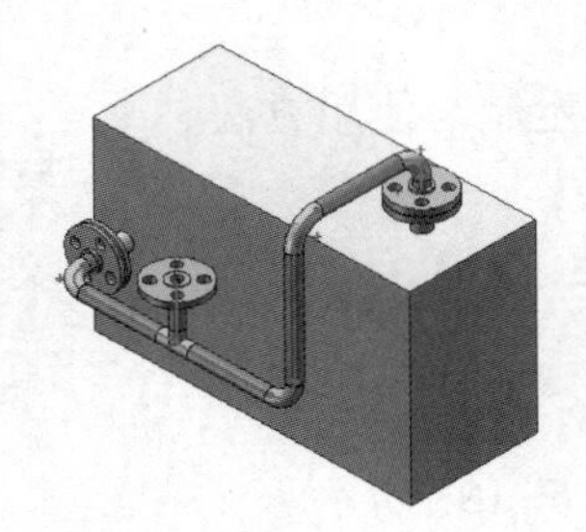

图 5-106　管路装配体

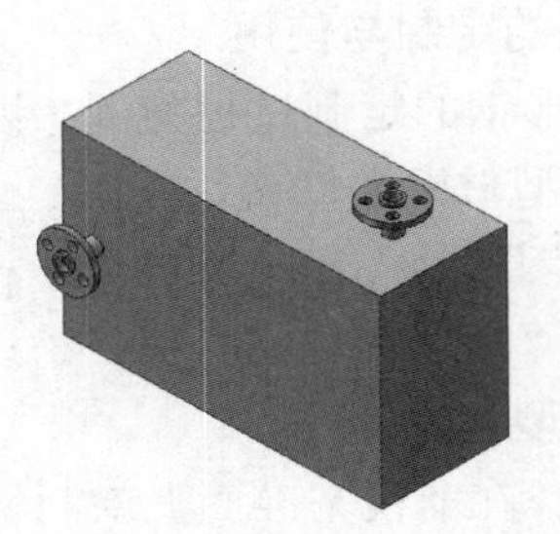

图 5-107　管路基体装配

（2）开始第一个线路

单击“管道设计”工具栏上的“通过拖/放来开始”按钮，如图 5-108 所示，在“设计库”文件夹中打开到步路库的 piping（管道设计）部分，双击 flanges（法兰）文件夹，将 slip on weld flange. sldprt 从库中拖动到“机体装配”侧面的法兰面上，在法兰捕捉到位时放置，在“选择配置”对话框中选取“Slip On Flange 150-NPS0. 5”，单击“确定”按

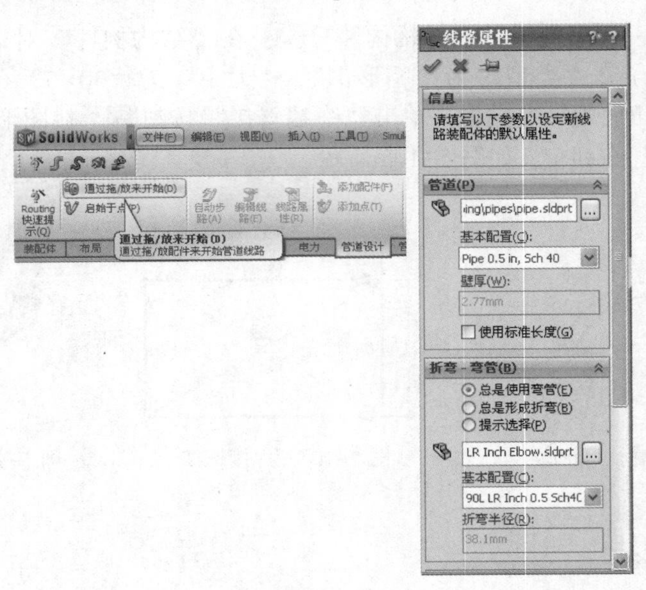

图 5-108　拖放布路

钮✔。“线路属性”对话框出现，在“线路属性”对话框中单击“确定”按钮✔接受默认“线路属性”设置。新线路子装配作为虚拟零部件生成，并在设计树中显示为。

(3) 添加终端法兰

重复上述步骤，在方形容器法兰面上添加终端法兰。

(4) 自动步路

单击“管路”工具栏上的“自动步路”按钮。在图形区分别选中起点法兰和终点法兰的管道端头的端点，将自动添加 3D 草图并用默认的管道进行管路连接，如图 5-109 所示。单击“退出草图”，完成步路，再单击，退出零件编辑状态。

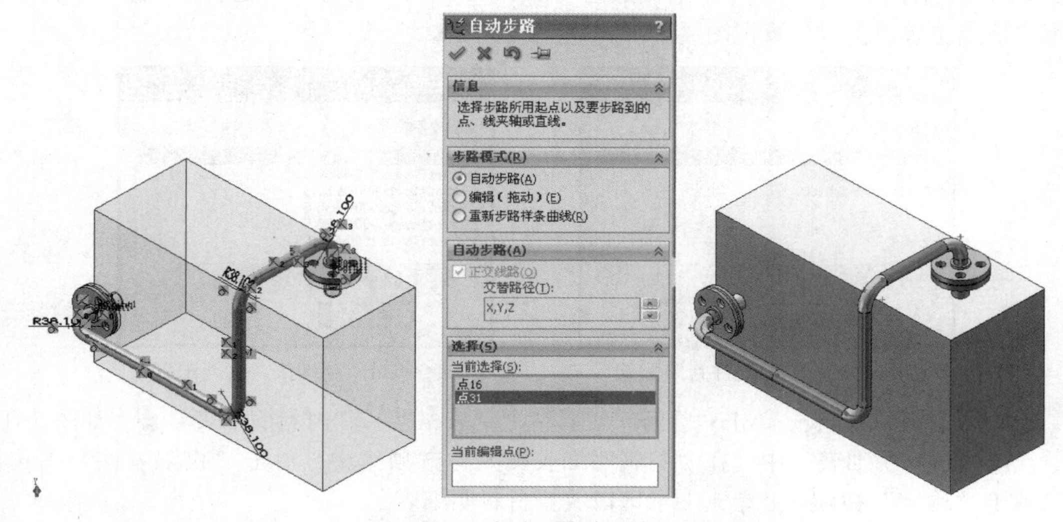

图 5-109　自动用管路联接法兰

(5) 添加 T 形配件

1) 添加分割点。要想将 T 形配件添加到线路，首先，需要将一个点添加到想放置配件的地方。单击“管道设计”工具栏上的“编辑线路”按钮，3D 线路草图打开。单击“分割线路”按钮，在管道的中心线所需位置单击以添加分割点，按〈Esc〉键关闭分割实体工具。

2) 添加 T 形配件。在“设计库”文件夹中单击 tees（T 形接头），从中拖动“Straight tee inch”到分割点（可按〈Tab〉键旋转 T 形配件），在配件达到所示方位时将之释放，在图 5-110 所示的对话框中，选“Tee Inch0. 5 Sch40”然后单击“确定”按钮。T 形配件添加到线路中，有管道的一个端头从开端处延伸。在“线路属性”对话框中单击“确定”按钮✔接受默认“线路属性”设置。

(6) 添加顶端法兰

现在添加一个顶端法兰到 T 形配件上方的线路上。

放大到 T 形配件所在区域。在“设计库”文件夹中，将 flanges（法兰）文件夹中的“Socket weld flange. sldprt”拖动到 T 形配件上方的线路上方，在捕捉顶点时将之施放，在如图 5-111 所示的“选择配置”对话框中选取“Scocket Flange 150-NPS0. 5”，单击“确定”

按钮，单击“退出草图”按钮，再单击，退出零件编辑状态，完成管路装配设计。

（7）线路工程图

1）新建工程图。单击“新建”按钮，在“新建 SolidWorks 文档”对话框中，单击“高级”，在“模板”选项卡上单击“工程图”，再单击“确定”按钮。

2）图纸格式。在“图纸格式/大小”对话框中，选取标准图纸大小，再选取“A3-横向”，单击“确定”按钮，有一新工程图打开，“模型视图”对话框出现。

3）插入视图。在“模型视图”对话框中，在“要插入的零件/装配体”选项组中，选择“装配体”，单击“下一步”按钮，在“方向”选项组为“标准视图”选择“等轴测”；在“显示样式”下选择“带边线上色”，在“尺寸类型”下选择“真实”。在图形区域中适当位置单击以放置视图。单击“确定”按钮✔。

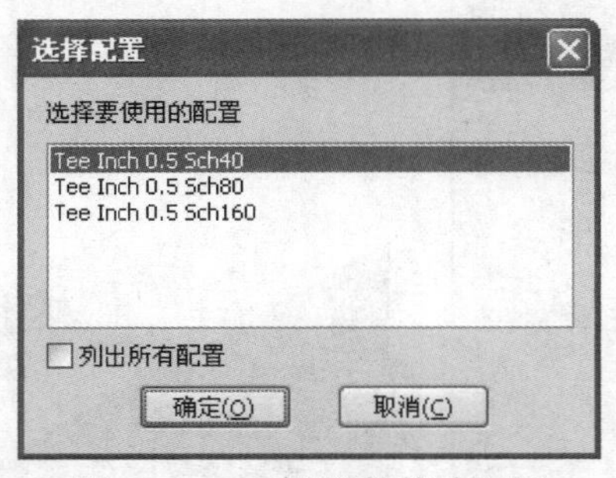

图 5-110　T 型配件管路配置

图 5-111　顶端法兰管路配置

4）添加材料明细表。单击“注解”工具栏上“表格”→“材料明细表”。如图 5-112 所示，在“材料明细表”中，在“材料明细表类型”选项组中，单击“仅限零件”单选按钮，单击“确定”按钮✔。单击图形区以放置材料明细表。

5）更改材料明细表。注意材料明细表中没有管道长度的信息，更改说明列以显示管道长度的信息。将指针移到列标题，指针形状将变为时单击以选取列。“列弹出”工具栏出现，单击“列弹出”工具栏中的“列属性”按钮。如图 5-113 所示，在“列类型”选择“ROUTE PROPERTY”（线路属性），在“属性名称”选择“SW 管道长度”。列标题更改为“SW 管道长度”，内容为所有管道长度。

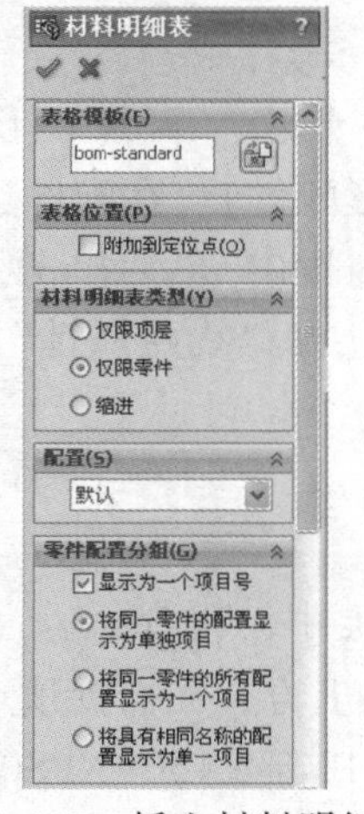

图 5-112　插入材料明细表

图 5-113　修改列属性

6）添加零件序号。选择工程图视图。单击“注解”工具栏上的“自动零件序号”按钮。在“自动零件序号”对话框中的“零件序号布局”选项组中选择“方形”；忽略多个实例；零件序号边线，单击“确定”按钮完成工程图的创建，如图 5-114 所示。

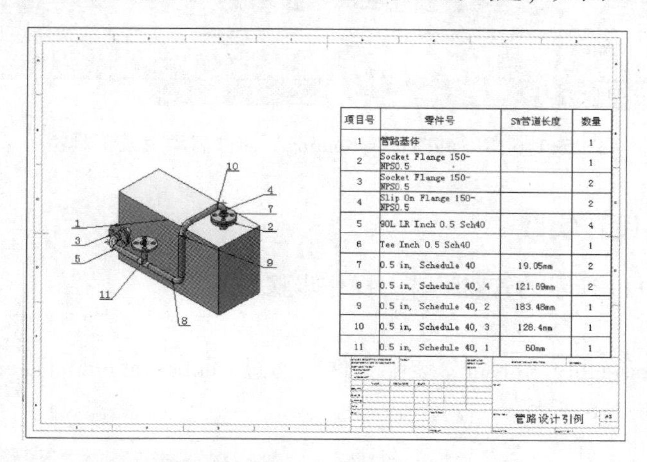

项目号	零件号	SW管道长度	数量
1	管路基体		1
2	Socket Flange 150-NPS0.5		1
3	Socket Flange 150-NPS0.5		2
4	Slip On Flange 150-NPS0.5		2
5	90L LR Inch 0.5 Sch40		4
6	Tee Inch 0.5 Sch40		1
7	0.5 in, Schedule 40	19.05mm	2
8	0.5 in, Schedule 40, 4	121.69mm	2
9	0.5 in, Schedule 40, 2	183.48mm	1
10	0.5 in, Schedule 40, 3	128.4mm	1
11	0.5 in, Schedule 40, 1	60mm	1

图 5-114　管路装配工程图

2. 管路系统设计的一般步骤

由以上引例可见，管路系统设计的基本原理是利用 3D 草图完成管道布局，并添加相应的管路附件，整个管路系统作为主装配体的一个特殊子装配体，其设计步骤如下。

1）打开装配：打开要建立管路的系统，必要时在装配体中建立管道中的起点和管道布线草图。

2）开始布路：从起点开始布路，确定管道并设置管道子装配体的保存名称和位置。

3）编辑布路：通过各种方法完成管路系统的线路图（3D 草图）。

4）添加附件：使用设计库添加必要的管路附件。

5）完成装配：完成管道子装配体，确定保存的管道零件名称和位置。

6）编辑修改：编辑管路系统的属性或线路草图，删除或添加管路附件。

3. SolidWorks Routing 功能

SolidWorks Routing 是 SolidWorks 公司推出的一套强大的线路系统设计软件和备件库。SolidWorks Routing 管路系统插件可以完成如下系统的设计：通过螺纹联接、焊接方法将弯头和钢管连接成的管道（Pipe）系统、由塑性软管组成的管筒（Tube）系统和电子产品中由电缆线组成的电缆的布线（Routing）系统，如图 5-115 所示。SolidWorks Routing 具有如下功能。

1）提供了管筒、管道、电力电缆和缆束零部件库。直观地创建和修改线路系统。

2）自动创建包含完整信息（包括管道和管筒线路的切割长度）的工程图和材料明细表。

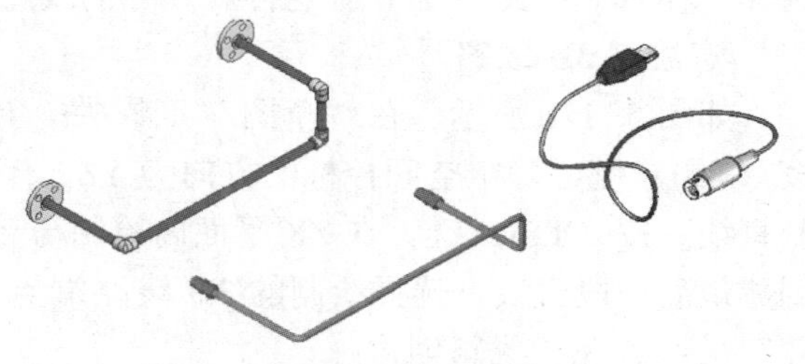

图 5-115　管路系统的分类

4. 启动 SolidWorks Routing

选择“工具”→“插件”命令，在“插

件”对话框中选中“SolidWorks Routing”复选框，单击“确定”按钮即可启动并激活“SolidWorks Routing”插件，如图 5-116 所示。

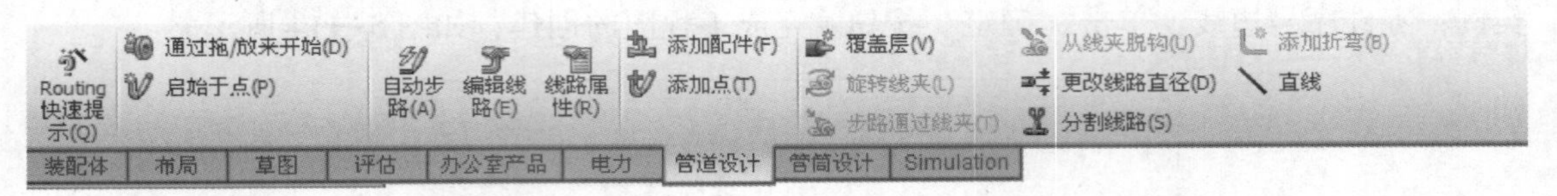

图 5-116 “SolidWorks Routing”插件启动及其工具栏

5.4.2 三维管路设计实践

下面完成图 5-117 所示的管路设计，操作步骤如下。

1. 选择

打开“Piping Assembly. sldasm”装配文件，通过 ConfigurationManager 选择装配体的配置“ROUTE2”，如图 5-118 所示。

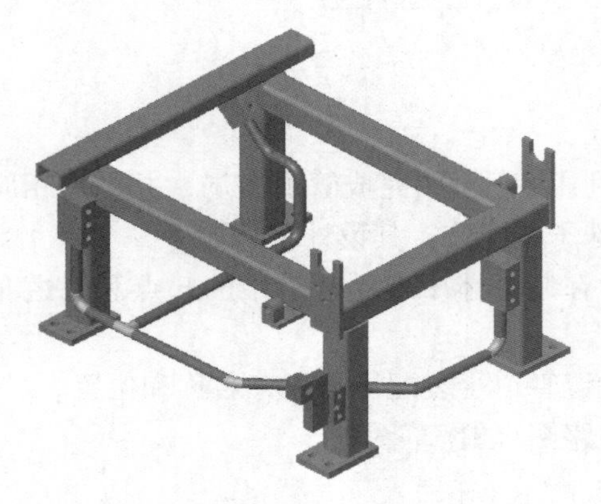

图 5-117 管路系统

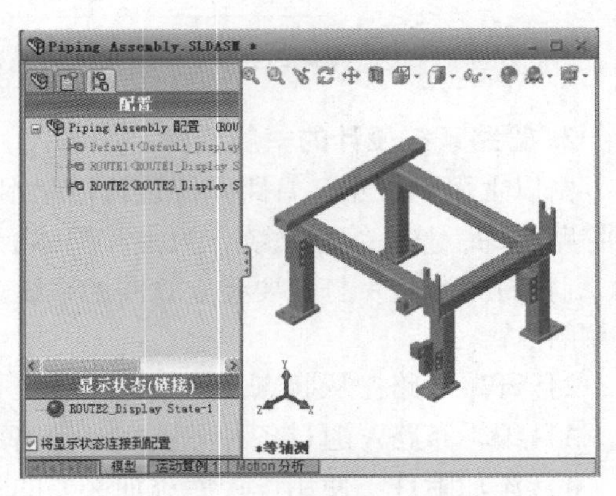

图 5-118 管路系统配置

2. 新建线路

在“特征”管理器中选择零部件“manifold<1>”→“CPoint1”，在“命令”管理器中选择“管道设计”→“启始于点”，在“线路属性”对话框中单击“确定”按钮✔接受默认管道和弯管设置。从“Frame”向下生成新的线路，拖动该线路，结果如图 5-119 所示。

3. 添加到线路

在“特征”管理器中右击零部件“manifold<2>”→“CPoint1”，从弹出的快捷菜单中选择“添加到线路”命令，这样就在当前线路中新建另一个线路，拖动该线路。

4. 绘制 3D 线路

如图 5-120 所示，在“草图”工具栏中单击“直线”按钮，新建线路。单击线路起点，按〈Tab〉键，确定空间控标的方向为 YZ，停止按〈Tab〉键，在平面 YZ 内沿 Z 轴方向绘制直线。按〈Tab〉键，在 ZX 平面内绘制与 Z 轴成 135°的直线。在 ZX 平面内沿 X 轴方向创建最后一段直线。选择绘制的 3D 线路端点和“manifold<2>”下的线路端点，添加“合并”关系，完成线路创建。

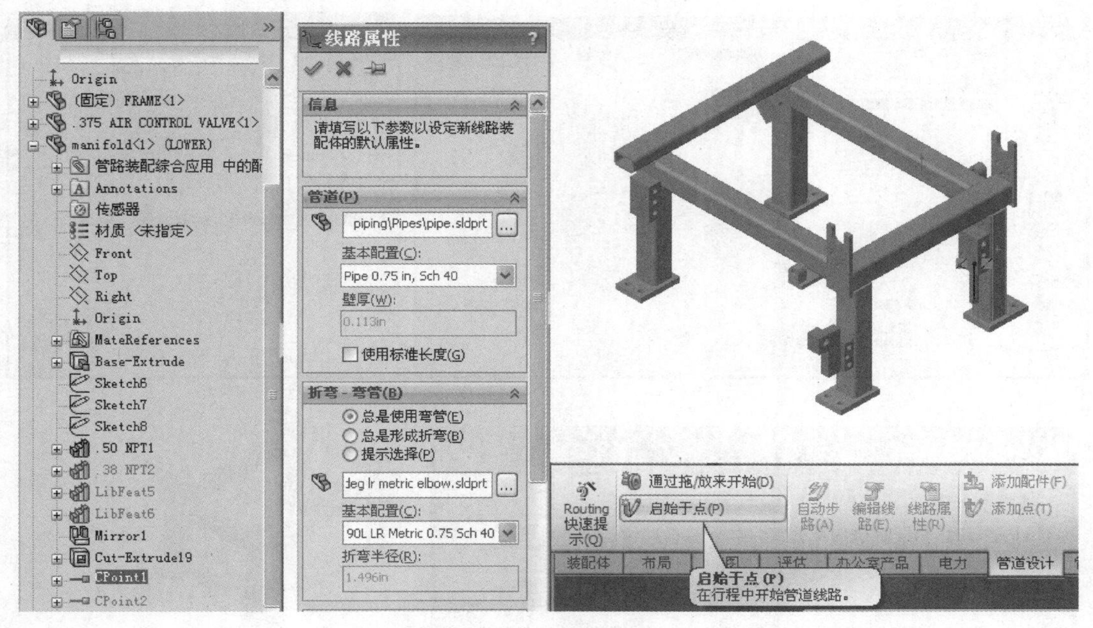

图 5-119　新建线路

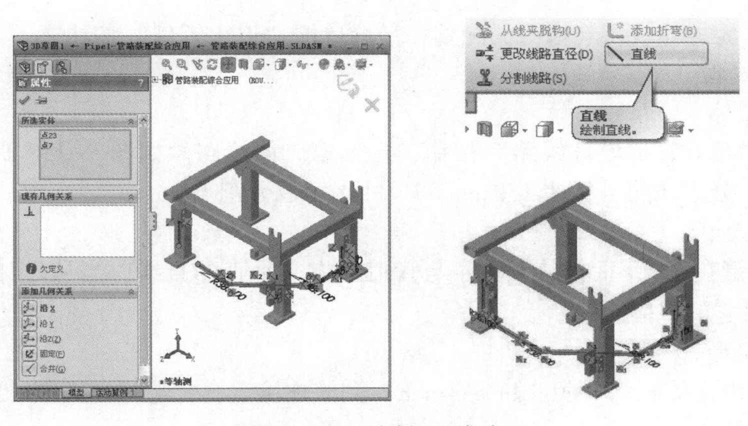

图 5-120　绘制 3D 线路

5. 标注尺寸

添加如图 5-121 所示的角度尺寸和线性尺寸。

6. 添加弯头

通过单击“退出草图”按钮退出步路操作，如图 5-122 所示，打开“折弯-弯管”对话框，第一个弯管放大并高亮显示，单击“浏览”按钮，选择文件夹“45 degree”中的零部件“45deg lr metric elbow. sldprt”生成弯管；选择“45LL METRIC 0. 75 Sch40”作为要使用的配置。单击“确定”按钮，完成第一个折弯配置。

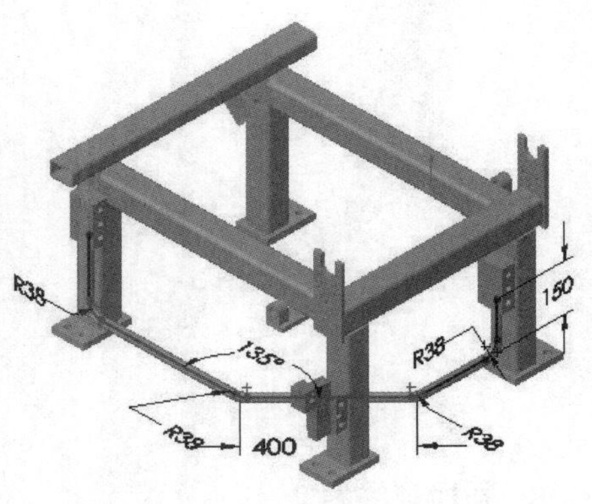

图 5-121　角度尺寸和线性尺寸

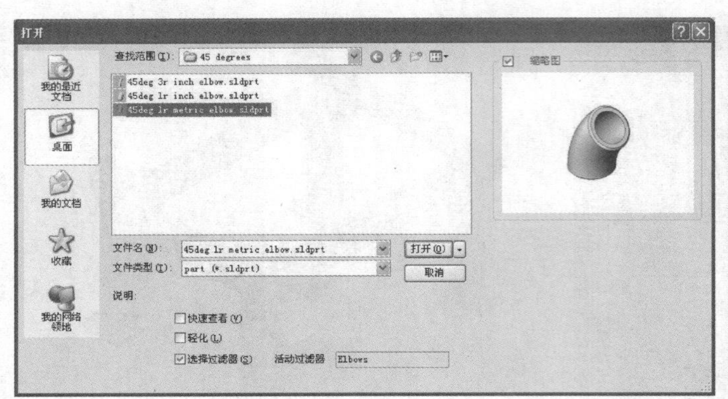

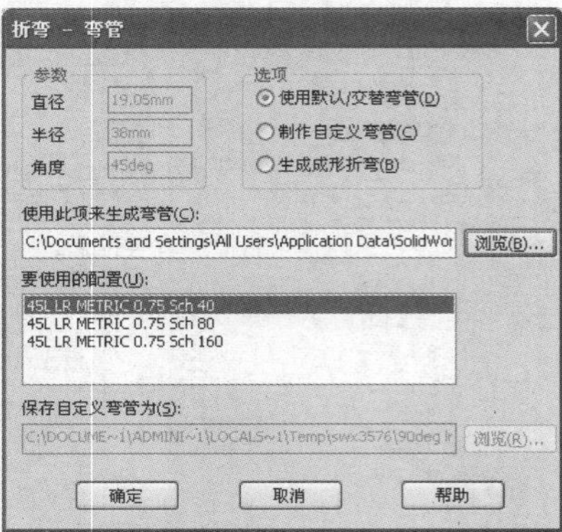

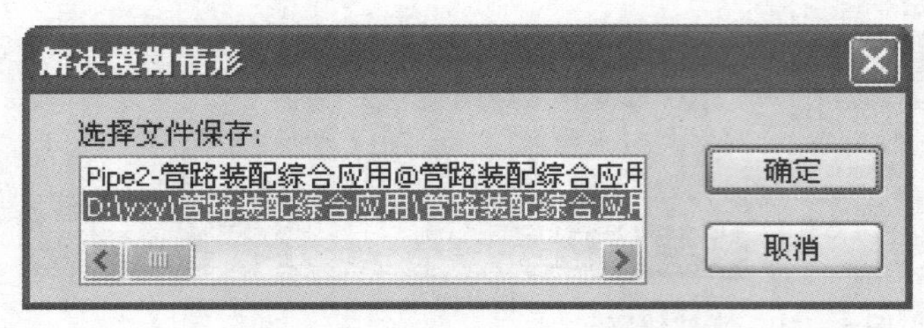

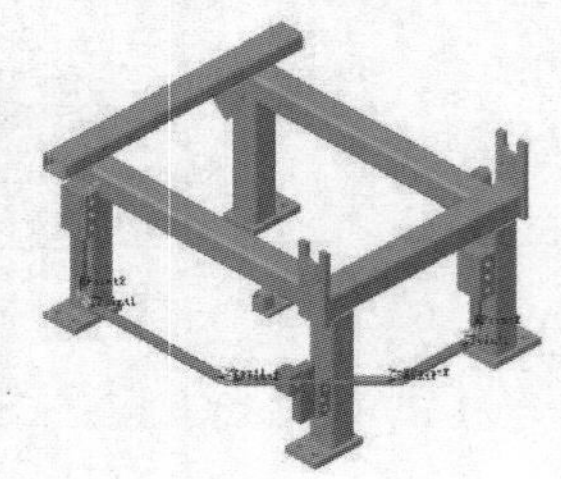

图 5-122　添加弯头

重复上述步骤，完成所有弯头的配置，最后单击“退出零件”按钮。

7. 添加 T 形管

（1）分割实体

单击“编辑现有管道设计线路”按钮，选择第二段线路。如图 5-123 所示，使用“分割实体”工具来分割线路，标注 150 mm 的尺寸来定位分割点。

（2）绘制方向线

按〈Tab〉键在 XZ 平面内绘制一条与管道线方向垂直的直线。当从设计库中拖放 T 形管时，就指定了它的方向。

（3）添加 T 形管

从“tees”中拖放配件“straight tee inch”到该连接点，并选择如图 5-124 所示的配置。

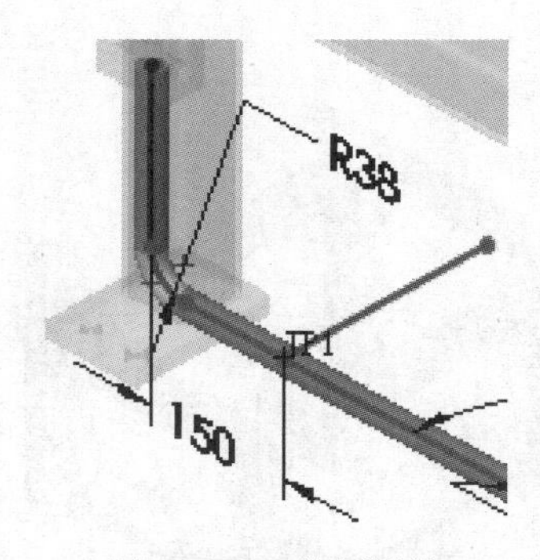

图 5-123　分割线路

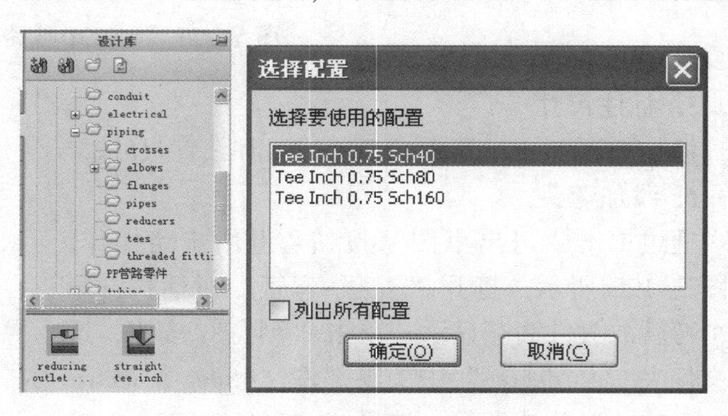

图 5-124　添加 T 形管

8. 添加到线路 2

在特征管理器中右击零部件“manifold<3>”→“CPoint1”，从弹出的快捷菜单中选择

“添加到线路”命令。这样就在当前线路中新建了另一个线路，拖动该线路。

9. 自动步路

使用“自动步路”创建线路，选择“manifold<3>”下的线路端点和T形管路段点创建线路，如图5-125所示。

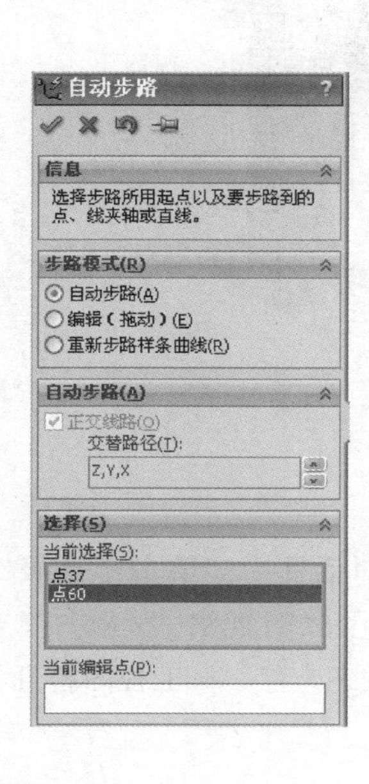

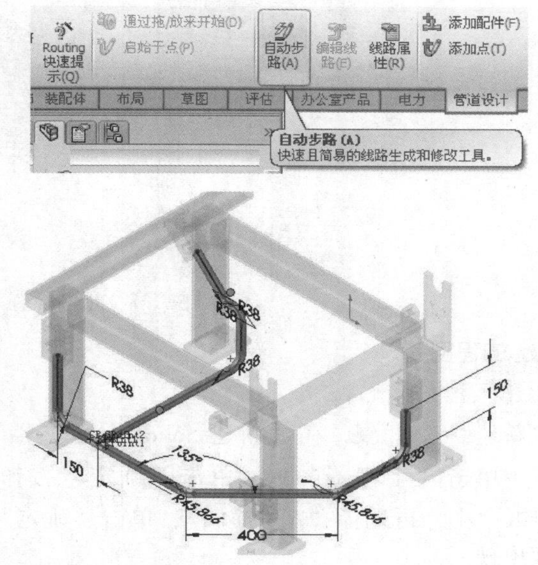

图5-125　自动步路

10. 标注尺寸

添加如图5-126所示的尺寸，完成定义该草图。

11. 完成管路装配体

单击“退出草图”按钮退出步路操作，再单击“退出零件”按钮，完成管路装配体，如图5-127所示。

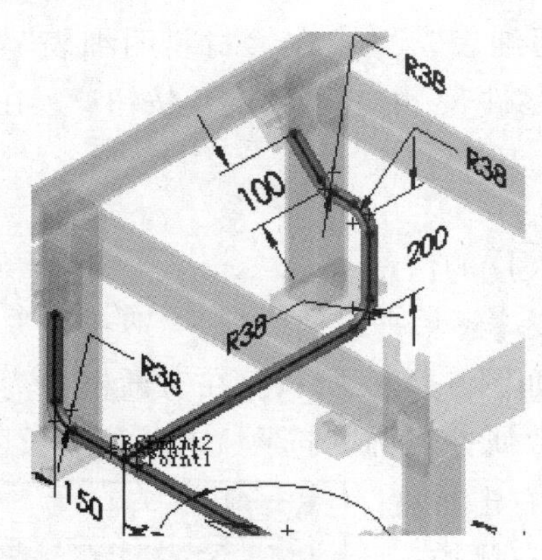

图5-126　尺寸标注

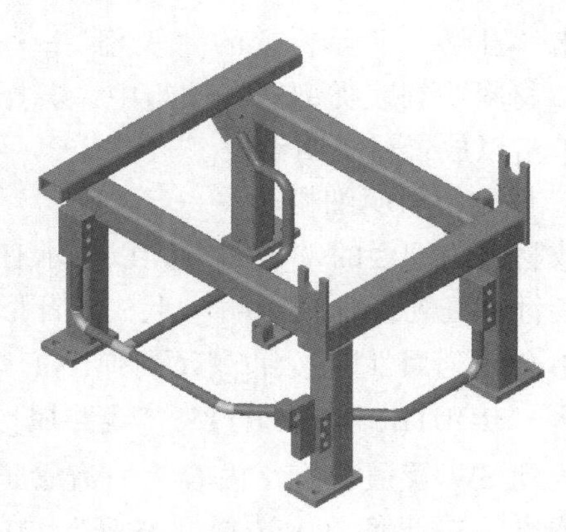

图5-127　管路装配体

12. 干涉检查

选择“工具”→“干涉检查”命令，如图5-128所示，单击“计算”按钮，干涉区显示在“结果”列表框中，图形区中高亮显示当前干涉区。

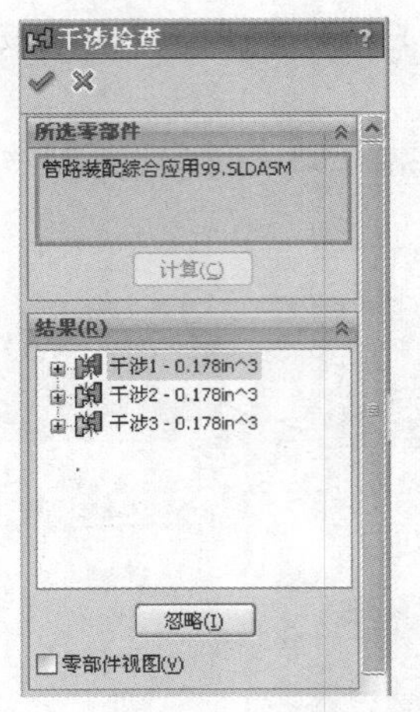

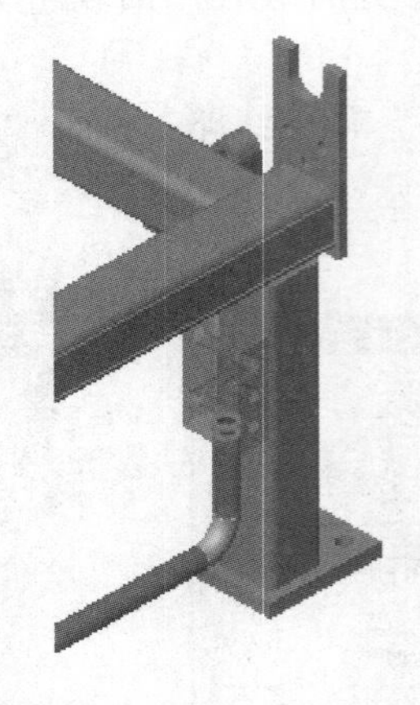

图 5-128　干涉检查

13. 创建工程图

（1）新建工程图

单击“新建”按钮，在“新建 SolidWorks 文档”对话框中，单击“高级”；在“模板”选项卡中单击“工程图”，单击“确定”按钮。在“图纸格式/大小”对话框中，选择标准图纸大小，再选择“A3-横向”，单击“确定”按钮。有一新工程图打开，“模型视图”对话框出现。

（2）插入视图

在“模型视图”对话框中，在“要插入的零件/装配体”选项组中选择“装配体”，单击“下一步”按钮；在“方向”选项组为“标准视图”选择“等轴测”，在“显示样式”中选择“带边线上色”，在“尺寸类型”下选择“真实”。在图形区域中适当位置单击以放置视图。单击“确定”按钮。

（3）添加材料明细栏

单击“注解”工具栏上的“表格”→“材料明细表”，在“材料明细表”对话框中，在“材料明细表类型”选项组中，选择“仅限零件”，单击“确定”按钮。在图形区域中，单击以放置材料明细栏。

（4）修改材料明细栏

更改材料明细栏的“说明”列以显示有关管道长度的信息。

将指针移到列标题“说明”上，指针形状将变为，单击以选取列，“列弹出”工具栏出现，单击“列属性”按钮（列弹出工具栏）。如图 5-129 所示，在对话框中为“列类型”选择“ROUTE PROPERTY”（线路属性），为“属性名称”选择“SW 管道长度”。列标题更改到 SW 管道长度，内容为所有管道长度。右击长度列，在弹出的快捷菜单中选择“右列”，在长度列右侧插入一列，并将该列属性设为“SW 弯管角度”格式化表格。

图 5-129　修改列属性

（5）添加零件序号

选择视图，单击“注解”工具栏的“自动零件序号”按钮。在“自动零件序号”对话框中的“零件序号布局”选项组中选择“方形”；忽略多个实例，零件序号，单击“确定”按钮✔，完成工程图，如图 5-130 所示。

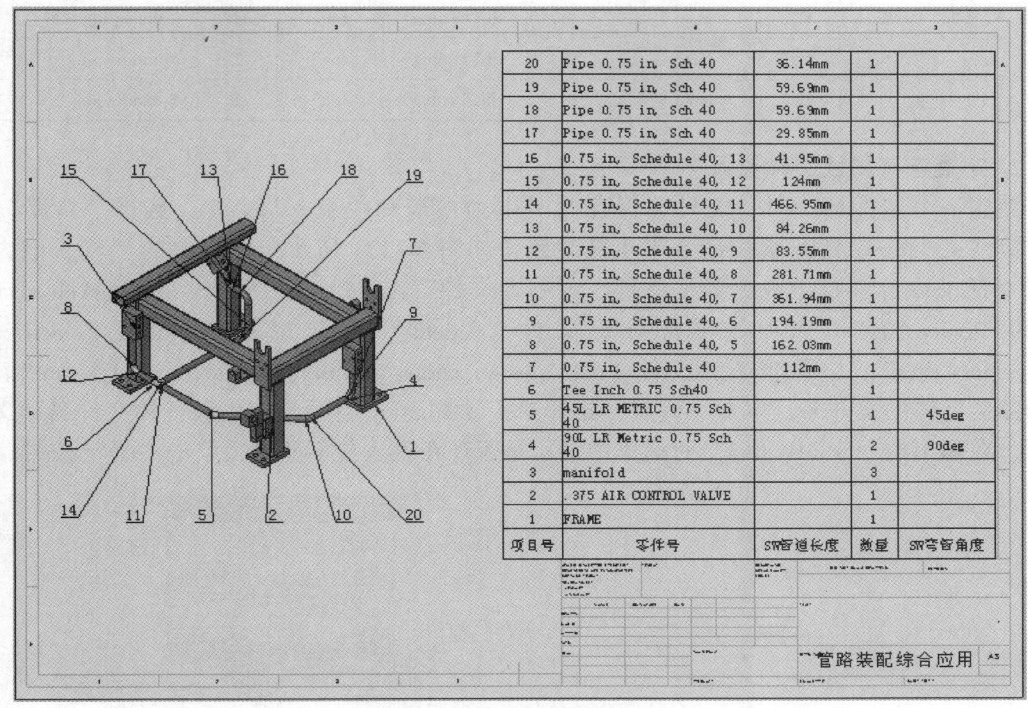

图 5-130　管路系统工程图

5.4.3　计算机数据线建模

电力电缆的设计可以使用标准电缆生成线路。标准电缆的信息存储在 Excel 电子表格中，也可以生成自己的标准电缆和管筒库。下面以一个简单的三维布线问题讲解电力电缆的生成和缆束工程图的建立过程。本例中包含 3 个接头零件：db9-plug、5pindin-plug 和 motor 1。motor 1 分别连接 db9-plug 和 5pindin-plug，由 2 条电线连接和 1 条电缆连接。电缆和两条电线从 1 个接头开始（motor 1，零件号 db15-plug）。4 条电缆芯线连接到第 2 个接头（con2，零件号 db9-plug ）。2 条单个电线连接第 3 个接头（con3，零件号 5pindin-plug）。2 条电线命名为 W11 和 W6，电缆命名为 C1，电缆带有 4 条芯线，分别命名为 S1W，S2W，S2t 和 W5。这些数据就是电气数据，需要导入到 SolidWorks 中去。

1. 定义电气属性

首先需要在 Excel 中建立一个表格（见表 5-4），保存文件为“sample fromto. xls”，用于定义接头和电线的属性。

表 5-4　电气属性

Wire	Cable	Core	Spec	From Ref	Pin	Partno	To Ref	Pin	Partno	Colour
S1W	C1	W1	C1	motor1	1	db15-plug	con2	3	db9-plug	
S2W	C1	W2	C1	motor1	2	db15-plug	con2	5	db9-plug	
S2t	C1	W3	C1	motor1	4	db15-plug	con2	2	db9-plug	

（续）

Wire	Cable	Core	Spec	From Ref	Pin	Partno	To Ref	Pin	Partno	Colour
W5	C1	W4	C1	motor1	3	db15-plug	con2	4	db9-plug	
W11			9982	motor1	5	db15-plug	con3	1	5pindin-plug	
W7			9982	motor1	6	db15-plug	con3	1	5pindin-plug	

2. 定置电气属性文件位置

新建一个装配体文件，文件名保存为“电力电缆和线束 . sldasm”，选择“步路”→“电力”→“按从/到开始”命令来生成线路，如图 5-131 所示，在弹出的“输入电力数据”对话框中分别指定电力数据文件，电缆库文件“data\design library\routing\electrical\sample fromco. xls”；选项（零部件库文件）“data \ design library \ routing \ electrical \ components. xml”；电缆/电线库文件“data\design library\routing\electrical\cable 1. xml”。询问步路装配体的文件名，单击“确定”按钮✔接受 Routing 自动给出的装配体文件名和文件模版，在弹出的“SolidWorks”对话框中提示是否现在就放置零部件，单击“是”按钮。

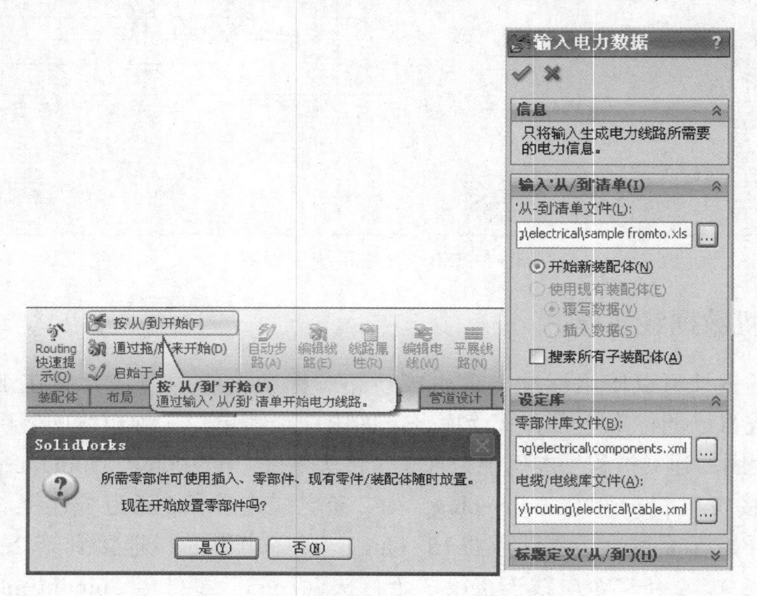

图 5-131　由文件开始建立线路装配体

3. 插入电缆头

依次单击“插入零部件”对话框中的 con2、con3 和 motor 1，根据设计要求移动至合适的空间位置。在“线路属性”对话框中，在“电力”选项组的“子类型”中选择“缆束”，输入“外径”为 2. 5 mm，其余选项按默认值，如图 5-132 所示。

4. 自动步路

单击“电力”工具栏上的“自动步路”按钮，弹出“自动步路”对话框，如 5-133 所示。在“步路模式”选项组中，选择“自动步路”，依次单击 motor 1 和 con2 的连接点、motor 1 和 con3 的连接点，Routing 自动生成 3D 样条曲线，并出现预览。

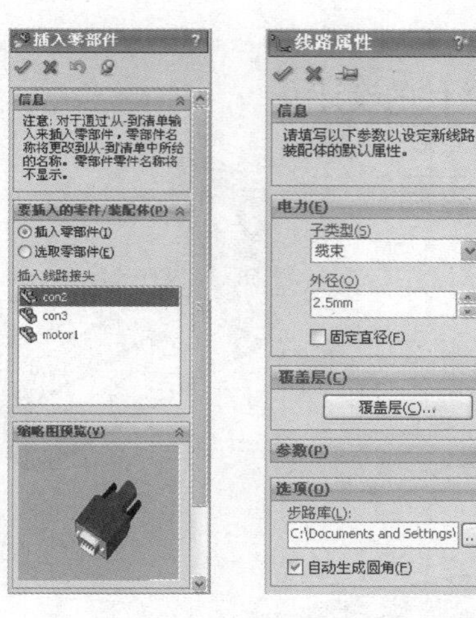

图 5-132　插入电缆头

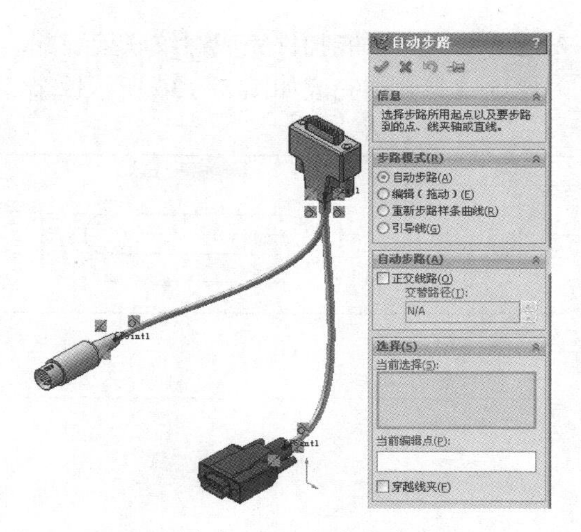

图 5-133　自动步路

5. 平展线路工程图创建

在装配体环境下，选择“Routing”→“电力”→“平展线路”命令，在弹出的属性管理器中，选择当前生成的线束装配体。然后单击“打开工程图”按钮，如图 5-134 所示。Routing 转入工程图的设计界面，自动以当前的线束装配体生成平面展开的 2D 工程图，计算并标注出缆束的长度，如图 5-135 所示。

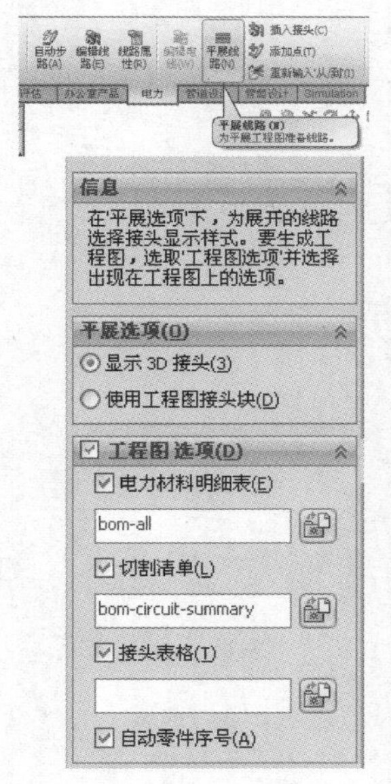

图 5-134　平展线路设置

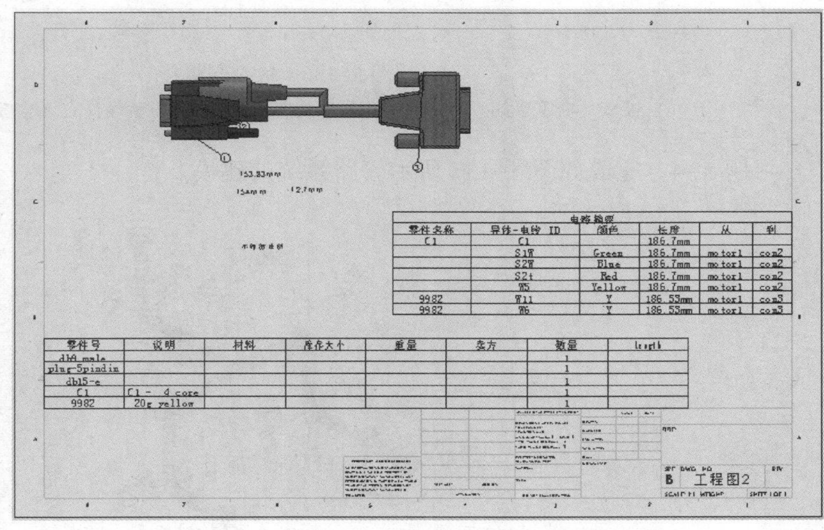

图 5-135　平展线路工程图

习题 5

习题 5-1　生成螺旋弹簧工作高度和自由高的配置。

习题 5-2　用智能扣件完成螺纹联接装配。

习题 5-3　分别完成如图 5-136 所示钣金零件和焊接件的设计。

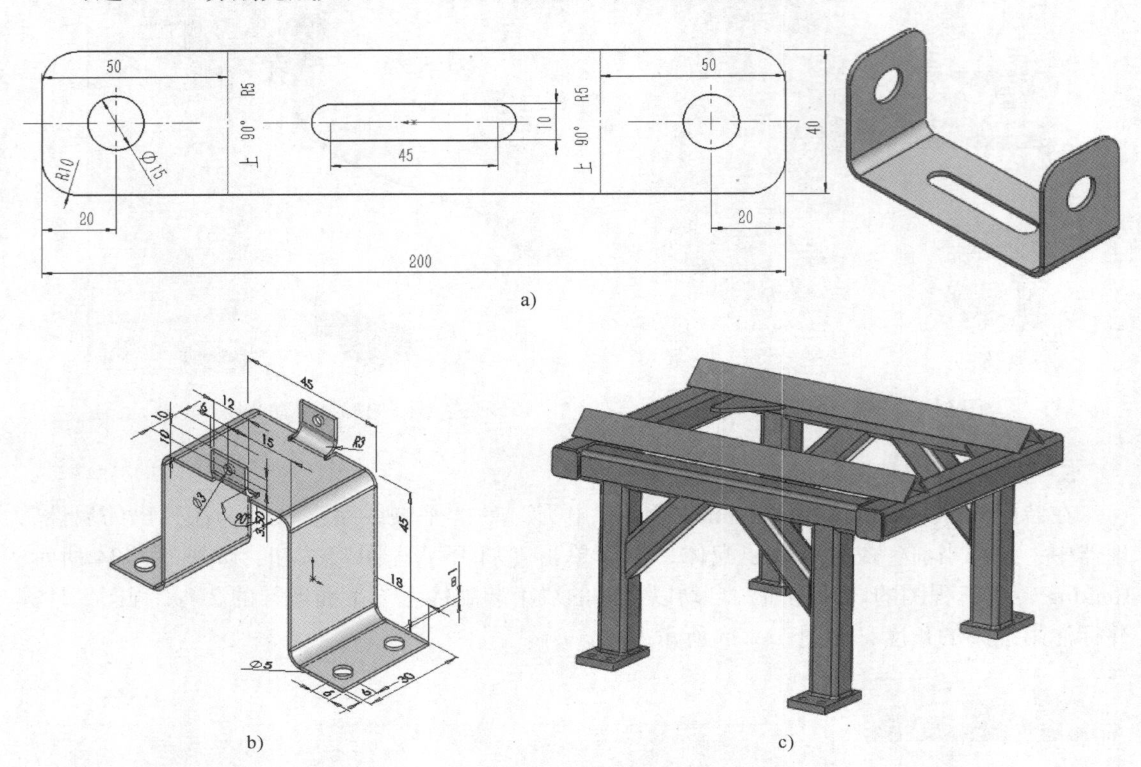

a)

b)　c)

图 5-136　钣金与焊接

a）钣金（壁厚 2 mm，用展平、折弯和从实体转换 3 种方法设计）　b）钣金　c）焊接

习题 5-4　完成如图 5-137 所示管路系统的建模。

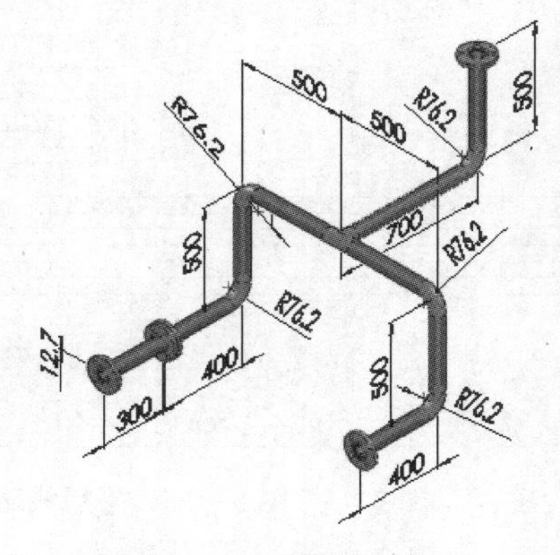

图 5-137　管路系统

第 6 章　机构运动/动力学仿真

计算机辅助工程（Computer Aided Engineering，CAE）是降低成本，提高可靠性的保证。本部分重点介绍机构运动/动力学仿真技术。

6.1　机构分析快速入门

本节介绍机构运动仿真的基本步骤、基本功能、软件界面组成等内容。

6.1.1　引例：曲柄滑块机构分析

采用先进可靠的设计软件是现代产品设计的主要手段，下面以图 6-1 所示的曲柄滑块机构的运动仿真为例说明 SolidWorks Motion 中的分析功能。

1. 问题描述

在图 6-1 所示的曲柄滑块机构中，已知曲柄 1 长度 $l_1=0.35\text{m}$，连杆 2 长度 $l_2=2.35\text{m}$。全部零件的材料为普通碳钢，滑块 3 及其附件的质量为 6kg。曲柄 1 转速 n_1 为 300 r/min，求曲柄 1 逆时针转动 $\theta_1=45°$ 时滑块 3 的位移和惯性力。

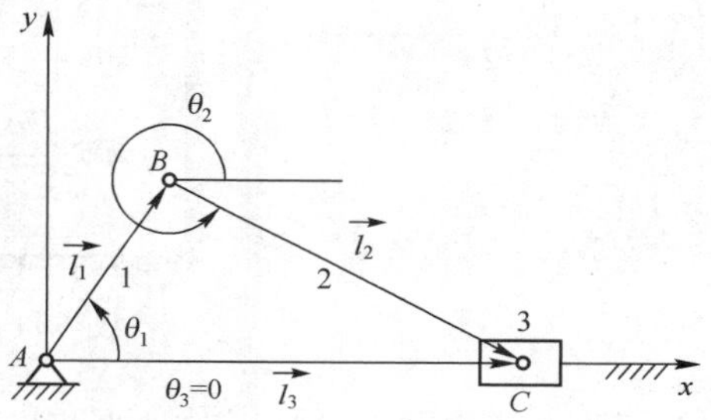

图 6-1　曲柄滑块机构

2. 仿真分析

（1）打开曲柄滑块机构装配

打开<资源文件>目录下的“6\曲柄滑块机构 . sldasm”装配体，并单击“运动算例”，打开“Motion 管理器”，选择分析类型为“Motion 分析”，如图 6-2 所示。

（2）设置曲轴驱动力参数

在“Motion”工具栏中单击“马达”。在“马达”对话框中选择“马达类型”为“旋转马达”；在图形区中选中曲轴端面作为马达“零部件/方向”；设定“运动参数”为“等速，300RPM”，单击“确定”按钮✔。

（3）仿真计算

如图 6-3 所示，单击“Motion 管理器”中的“放大”按钮放大时间线，拖动键码◆，设置仿真时间为 0.5 s。单击“Motion 管理器”中的“运动算例属性”，设置“每秒帧数”为 150，单击“计算”按钮，系统自动计算运动。

（4）查看结果

1）绘制滑块运动特性曲线。

单击“Motion”工具栏上的“图解”按钮，如图 6-4 所示，在“结果”对话框中选择类别为“位移/速度/加速度力”、子类别为“线性位移”和结果分量为“X 分量”，单击，在图形区选择滑块，单击“确定”按钮✔，在图形区域中出现滑块质心位移曲线。

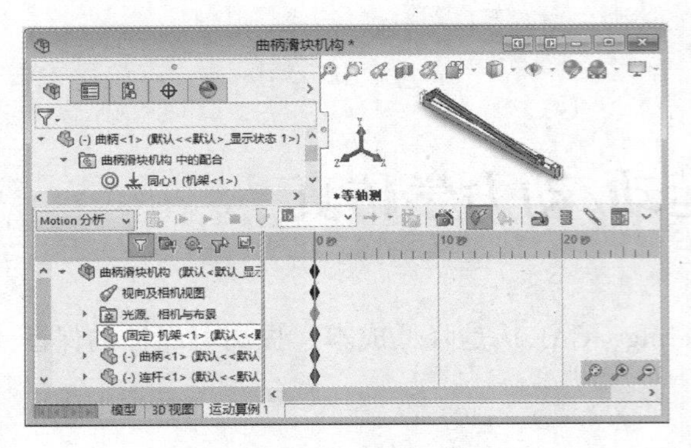

图 6-2　Motion 管理器

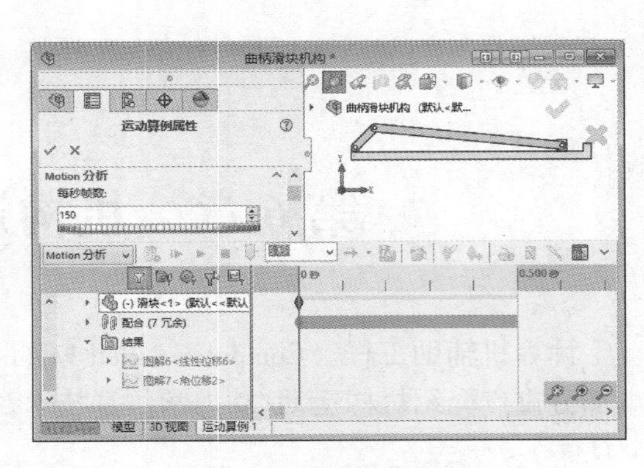

图 6-3　仿真参数设置

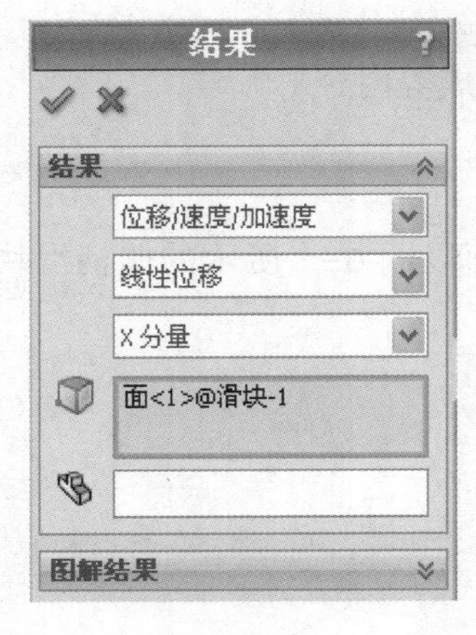

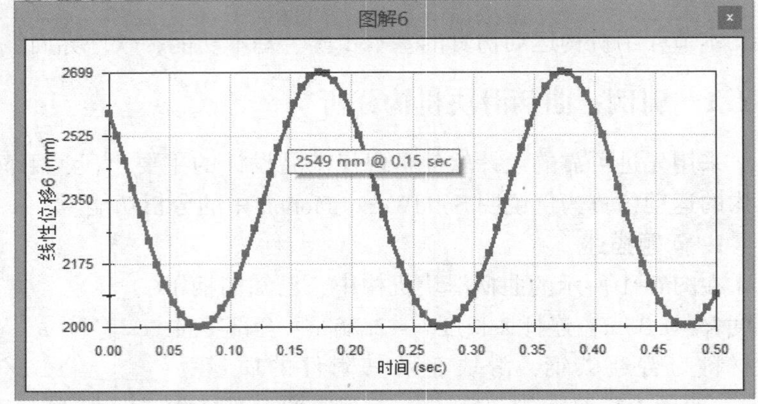

图 6-4　滑块质心 X 坐标曲线

重复上述步骤，可画出滑块速度和加速度曲线，如图 6-5 和图 6-6 所示。

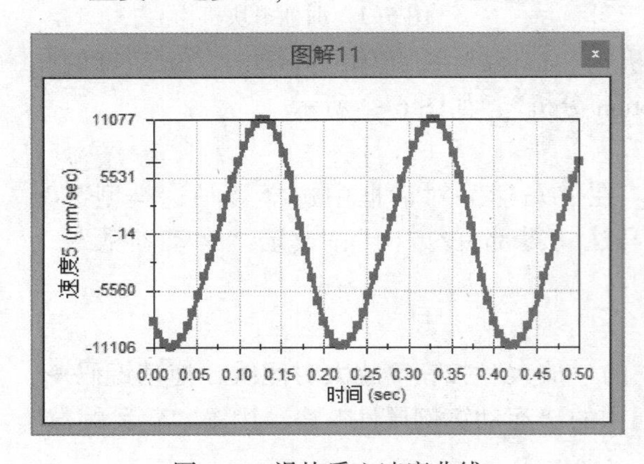

图 6-5　滑块质心速度曲线

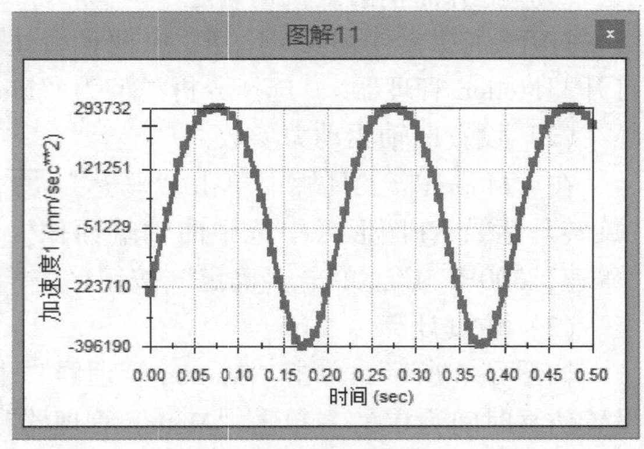

图 6-6　滑块质心加速度曲线

2）绘制滑块动力特性曲线。

单击“Motion”工具栏上的“图解”按钮，如图 6-7 所示，在“结果”对话框中选择类别为“力”、子类别为“反作用力”和结果分量为“X 分量”；单击，在设计树的“配合”中设置连杆与滑块的配合为“同心 3”；单击，在设计树中选择“机架”作为参考坐标系，单击“确定”按钮✔，在图形区域中出现滑块惯性力曲线，如图 6-8 所示。

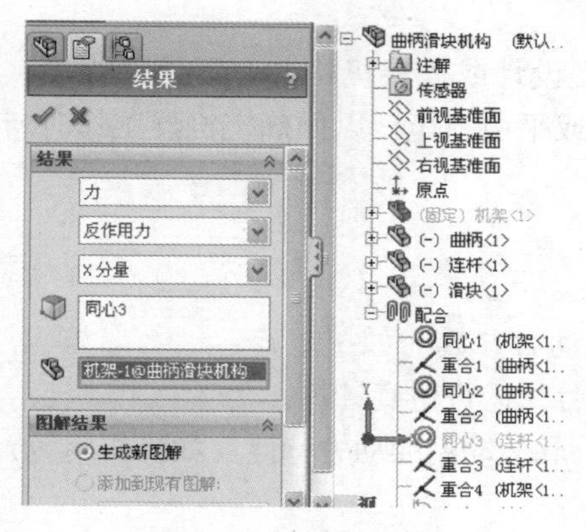

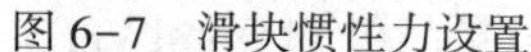
图 6-7　滑块惯性力设置

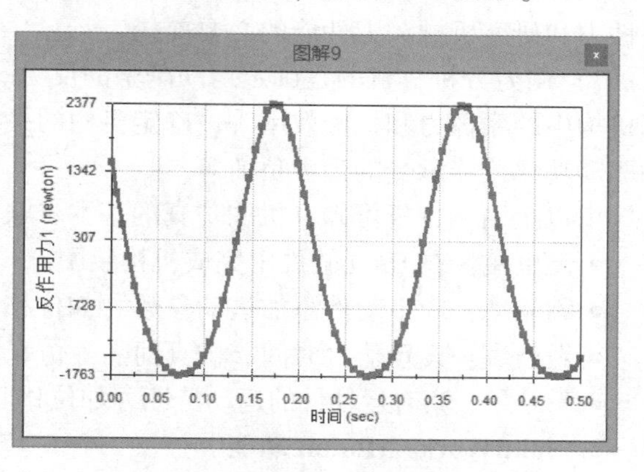

图 6-8　滑块惯性力曲线

3）结果比较

由表 6-1 可见解析法和虚拟样机仿真法所得结果非常接近。但虚拟样机仿真法非常简单，而且可以直接在机构的装配模型中进行分析，效率高，时间短。

表 6-1　曲柄 1 逆时针转动 $\theta_1=45°$ 时，滑块运动分析和动力分析结果比较

计 算 方 法	l_3/m	V_3/(m/s)	α_3/(m/s^2)	P_3/N
解析法	2. 58	−8. 59	−271. 29	1627. 74
仿真法	2. 55	−7. 90	−261. 43	1559. 00

6. 1. 2　SolidWorks Motion 基础

1. 机构仿真步骤

从运动学的角度看，机器都是由若干个机构组成的，如内燃机就包含了曲柄滑块机构、控制阀门启闭的凸轮机构和齿轮机构。机构是通过一系列运动副将多个构件联系在一起，使其在运动过程中部件之间存在相对运动的系统。构件是机构的基本组成单位，是机构中的刚性系统，它与机构的其他刚性系统相接触而保持一定的相对运动。机构中的固定构件称为机架。活动构件称为运动件，其中，运动规律给定的构件称为主动件，运动规律没有给定的构件称为从动件。机构中两构件直接接触而又能产生一定形式的相对运动的连接，称为运动副。常见的运动副包括移动副、转动副、螺旋副、球面副等。

机构分析的目的在于掌握机构的组成原理、运动性能和动力性能，以便合理地使用现有机构并充分发挥其效能，或为验证和改进设计提供依据。具体内容如下。

1）结构分析，目的是了解各种机构的组成及其对运动的影响，其内容包括按照一定的原则将已知机构分解为原动件、机架、杆组，并确定机构的级别。进行运动分析和动力分析之前，首先需要对机构进行结构分析。

2）运动分析，目的是根据给定的原动件的运动规律，求出机构中其他构件的运动规律，即求出各构件的位置、速度、加速度等运动参数。以便确定各构件在运动过程中所占据的空间大小，判断各构件之间是否会发生位置干涉，考察从动件及其上某些点能否实现预定的位置或轨迹要求；了解从动件的速度、加速度变化规律能否满足工作要求。它是计算构件惯性力和研究机械动力性能的必要前提。

3）动力分析，目的是确定运动副中的反力。以便设计或校核机构各个零件的强度、测算机构中的摩擦力和机械效率等；确定机构的平衡力或平衡力矩，以便确定机器工作时所需的驱动功率或能承受的最大负荷等。

由以上引例分析可知，机构仿真的基本步骤如下。

- 装机械：在 CAD 软件中完成机构装配。
- 添驱动：为主动件添加运动参数（如位移）或动力参数（如扭矩）。
- 做仿真：设置仿真时间、仿真间隔等仿真参数后，运行仿真计算。
- 看结果：察看运动件的运动特性（如位移曲线）和运动副的动力特性（如反作用力）。

2. SolidWorks Motion 功能

SolidWorks Motion 是 ADAMS 软件的简化版，是 MDI 公司专门针对 SolidWorks 等软件开发的运动仿真模块。它以插件的形式无缝兼容于 SolidWorks，具有体积小、运动速度快等特点。可以对中小装配体进行完整的运动学和动力学仿真，得到系统中各零部件的运动情况，包括位移、速度、加速度和作用力及反作用力等；并以动画、图形、表格等多种形式输出结果，还可将零部件在复杂运动情况下的复杂载荷情况直接输出到主流有限元分析软件中进行强度和结构分析。SolidWorks Motion 具有以下功能。

- 通过将物理运动与来自 SolidWorks 的装配体信息相结合，模拟真实运行条件。
- 提供了多种代表真实运行条件的作用力选项：输入函数、线性和非线性弹簧、力、力矩、二维和三维接触）来捕获零件间的相互作用。
- 使用功能强大且直观的可视化工具来解释结果（其形式为位移、速度、加速度、力向量的图解或数值数据，可以创建 AVI 格式的动画文件等共享数据）。
- 可以将载荷无缝传入 Simulation 以进行应力分析。

3. SolidWorks Motion 启动与用户界面

完全内嵌于 SolidWorks 的 MotionManager 工作环境中，利用在 SolidWorks 中定义的质量属性进行运动模拟。和其他插件一样，选择“工具”→“插件”命令，在“插件”对话框中选择 SolidWorks Motion，单击“确定”按钮，或如图 6-9 所示，单击“办公室产品”中的“SolidWorks Motion”按钮，再单击左下角的“运动算例”标签，在“运动类型”列表中选择“Motion 分析”即可打开“Motion 管理器”。

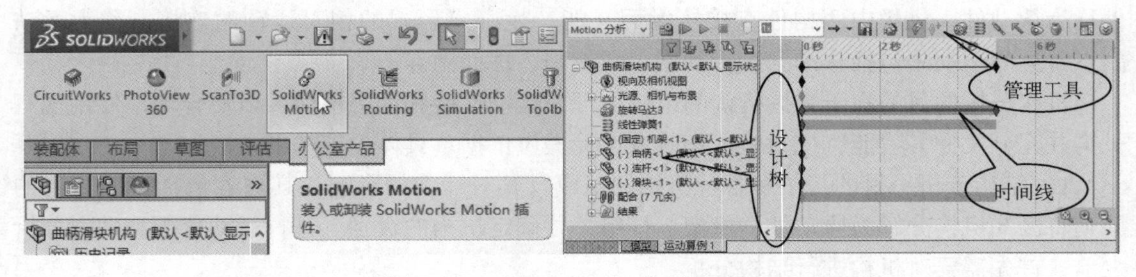

图 6-9　SolidWorks Motion 用户界面

- 设计树：设计树中包含驱动元素（如“旋转马达”）、装配体中的零部件和分析结果等。

● 时间线：时间线位于 MotionManager 设计树的右方；SolidWorks Motion 可用于设定仿真时间。

● 管理工具：管理工具中包含了添加驱动元素等的工具按钮。

4. SolidWorks Motion 驱动元素的类型

SolidWorks Motion 可利用“马达”改变运动参数（位移、速度或加速度）来定义各种运动；还可以利用力、引力、弹簧、阻尼、3D 接触和配合摩擦改变动力参数来影响运动，各种工具的定义方法与含义如表 6-2 所示。

表 6-2 SolidWorks Motion 驱动元素的类型

名 称	作 用	添 加 方 法
马达	以运动参数（位移、速度、加速度）驱动主动件	马达类型：旋转马达或线性马达 零部件/方向：选取与马达方向平行或垂直的面 运动类型及相应值：等速、距离、振荡或插值
力	以动力参数（力、力矩）驱动或阻碍构件运动	力类型：线性力或扭转力 方向：选取作用点和与力方向垂直或平行的面 力函数：
引力	以动力参数（引力）驱动或阻碍构件运动	引力参数：设引力的方向和加速度值
弹簧	以动力参数（弹力）阻碍构件运动	弹簧类型：线性弹簧或扭转弹簧 弹簧参数：选取两端点、设刚度和阻尼值 显示：设簧条直径、中径和圈数，仅供三维显示用
阻尼	以动力参数（阻尼力）阻碍构件运动。	阻尼类型：线性阻尼或扭转阻尼 阻尼参数：选取两端点、设阻尼值
3D 接触	在两构件之间建立不可穿越的约束，并以动力参数（摩擦力）阻碍构件运动	定义：选择要生成 3D 的两个零部件 摩擦：定义动态/静态摩擦系数 弹性：定义碰撞时的冲击或恢复系数
配合摩擦	以动力参数（摩擦力）阻碍构件运动	在“配合”的分析卡上指定材料或摩擦系数

5. CAE 基础

计算机辅助工程（Computer Aided Engineering，CAE）主要是指用计算机对工程和产品的运行性能与安全可靠性分析，对其未来的状态和运行状态进行模拟、及早地发现设计计算中的缺陷，并证实未来工程、产品功能和性能的可靠性。其核心为**有限元技术**（Finite Element Method，FEM）与虚拟样机的**运动/动力学仿真技术**（Virtual Prototyping，VP）。该技术是降低成本、提高可靠性的保证。CAE 具体的含义表现为以下几个方面。

1）运动/动力学仿真 VP：运用运动/动力学的理论、方法，对由 CAD 实体造型设计出的机构、整机进行运动/动力学仿真，给出机构、整机的运动轨迹、速度、加速度以及动力的大小等。

2）工程有限元分析 FEM：运用工程数值分析中的有限元等技术分析计算产品结构的应力、变形等物理场量，给出整个物理场量在空间与时间上的分布，实现结构从线性、静力计算分析到非线性、动力计算分析。

3）强度与寿命评估：运用结构强度与寿命评估的理论、方法、规范，对结构的安全性、可靠性以及使用寿命做出评价与估计。

4）结构与过程优化设计：运用过程优化设计的方法在满足工艺、设计的约束条件下，对产品的结构、工艺参数、结构形状参数进行优化设计，使产品结构性能、工艺过程达到最优。

6.2 SolidWorks Motion 应用

本节通过压气机等机构仿真分析实例深入介绍相关运动副添加、驱动元素施加、仿真参数设置、运动图解绘制等内容。

6.2.1 压气机机构仿真分析

对如图 6-10 所示的活塞式压气机进行机构仿真分析。

1. 结构分析

活塞式压气机是一种将机械能转化为气体势能的机械。电动机通过皮带带动曲柄转动，由连杆推动活塞移动，使压缩气缸内的空气达到需要的压力。曲柄旋转一周，活塞往复移动一次，压气机的工作过程可分为吸气、压缩、排气三步。对活塞式压气机进行结构分析可知：曲柄为原动件、机体和气缸为机架、活塞和连杆为杆组；其中包括曲柄和机体之间的转动副、曲柄与连杆之间的转动副、活塞与连杆之间的转动副及活塞与气缸之间的移动副。

2. 运动仿真分析

（1）打开活塞压气机装配

打开<资源文件>目录下的“6\活塞式压气机 . sldasm”，并单击“运动算例 1”，打开“Motion 管理器”，选择分析类型为“Motion 分析”，如图 6-10 所示。

（2）初始位置的确定

为了使压气机的初始位置在 0°，要把曲柄转动中心和连杆安置在同一竖直线上。添加位置配合，然后将其设为“压缩”状态。

（3）设置曲轴驱动力参数

在“Motion”工具栏中单击“马达”按钮。如图 6-11 所示，在“马达”对话框中选“马达类型”为“旋转马达”；在图形区中选择曲轴端面作为马达“零部件/方向”；设定“运动参数”为“等速，100RPM”，单击“确定”按钮✔。

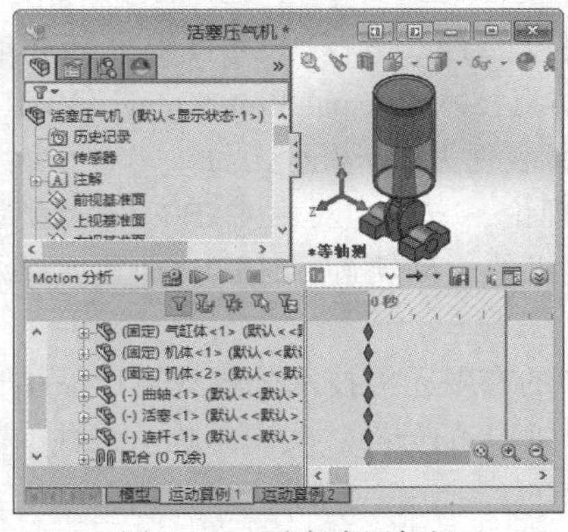

图 6-10 活塞式压气机

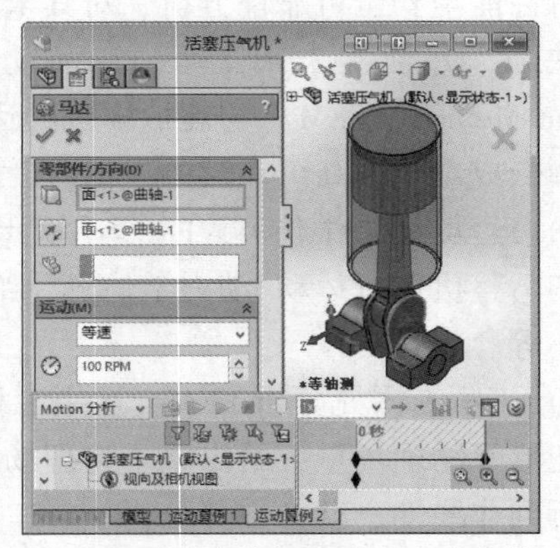

图 6-11 设定曲柄驱动力速度参数

（4）仿真计算

如图 6-12 所示，拖动“键码”◆，设置仿真时间为 0.6 s，单击“计算”按钮，系统自动计算运动。

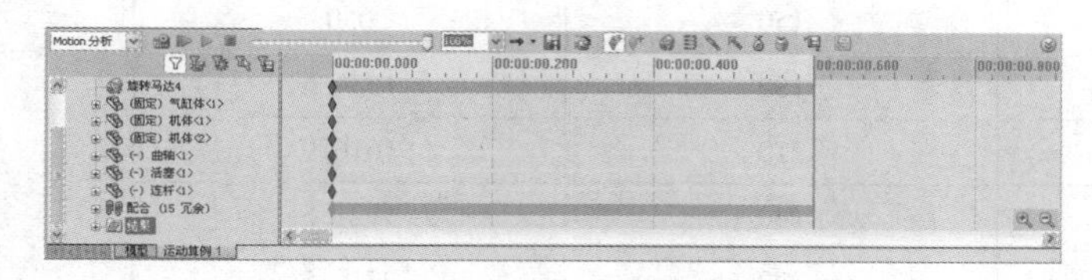

图 6-12　仿真参数设置

（5）查看结果

1）绘制活塞质心位移曲线。

单击“Motion”工具栏上的“图解”按钮，如图 6-13 所示，在“结果”对话框中选择类别为“位移/速度/加速度力”、子类别为“线性位移”和结果分量为“分量”；单击，在图形区选择活塞侧面，单击“确定”按钮✔，在图形区域中出现活塞质心位移曲线。

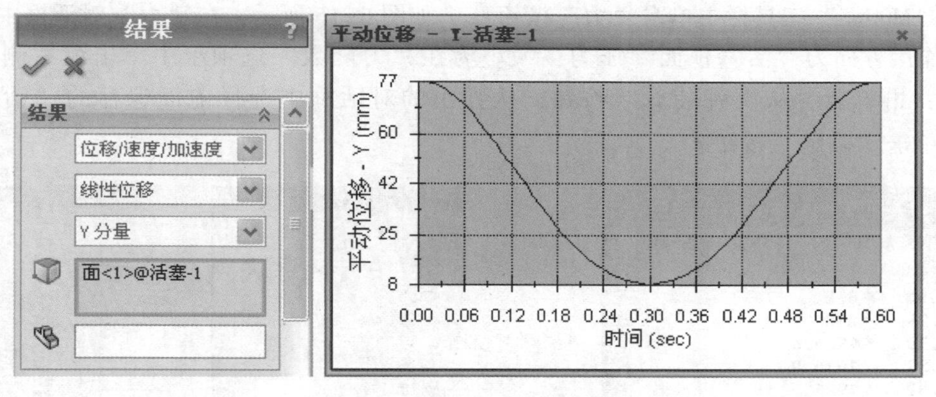

图 6-13　活塞质心位移曲线

2）生成 avi 格式动画。

单击“MotionManager”工具栏上的“保存”按钮，将动画文件保存到指定文件夹。

3）输出仿真数据。

在特征树的“结果”中，右击“图解 1<线性位移 1>”→“输出到电子表格”，仿真测试数据将输出到一个电子表格中，并绘制成图形。

3. 动力仿真分析

（1）确定工作阻力

活塞上的工作阻力是气缸内压力与活塞端面面积的乘积。由运动分析得到活塞位移后，即可确定气缸的容积变化，结合进排气门打开时曲柄的位置和空气性能参数可得到压气机工作过程中曲柄位置与活塞受力的关系数据，如表 6-3 所示。

表 6-3　活塞运转数据

时间/s	曲柄位置/°	活塞阻力/N	工 作 过 程
0. 00	0	0. 0	吸气
0. 25	150	0. 0	
0. 30	180	1534. 6	压缩
0. 35	210	1616. 9	
0. 40	240	1921. 5	
0. 45	270	2715. 5	
0. 50	300	3348. 3	
0. 55	330	3348. 3	排气
0. 60	360	0. 0	

（2）生成工作阻力数据文件

在本部分要利用文件数据生成一个活塞工作阻力数据文件。操作步骤为：在“记事本”中编辑工作阻力数据文件，并存为“活塞阻力 . txt”，如图 6-14 所示。

（3）添加工作阻力

在“Motion”工具栏中单击“力”按钮。如图 6-15 所示，在“力”对话框中设作用位置和作用方向为“活塞顶面”压力；大小为在“力函数”选项组中单击最右侧的“插值”，再单击“从文件装载”按钮，从弹出的对话框中选择前面保存的“活塞阻力 . txt”，单击“确定”按钮✔。

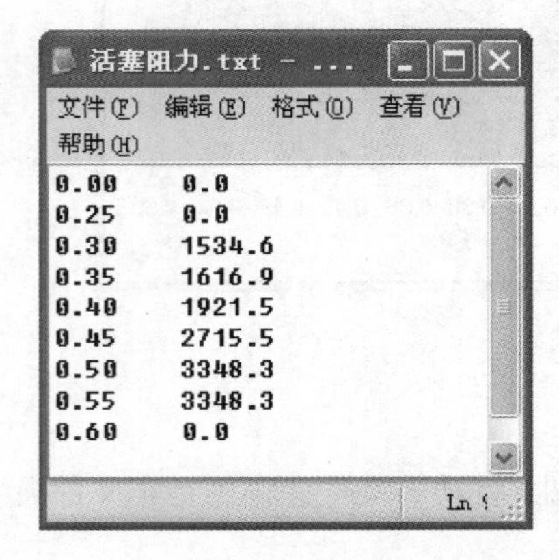

图 6-14　“活塞阻力”数据文件

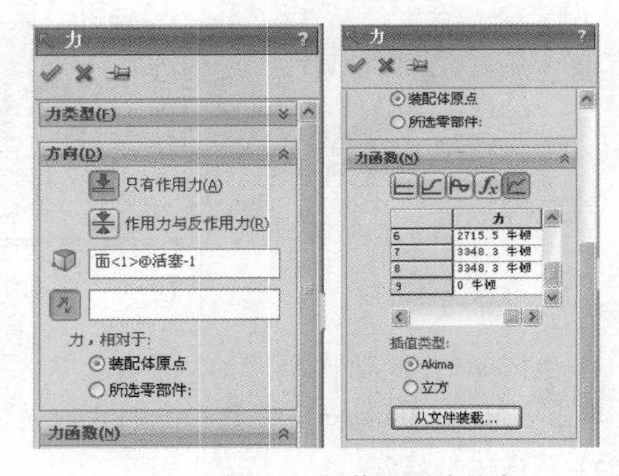

图 6-15　添加“插值”形式的力

（4）仿真计算

单击“计算”按钮，系统自动计算运动。

（5）查看工作阻力

单击“Motion”工具栏上的“图解”按钮，在“结果”对话框中选择类别为“力/力矩”、子类别为“反作用力”和结果分量为“幅值”，在“运动管理器”中单击“力”将其选入，再单击，最后单击“确定”按钮✔，绘制活塞上的阻力，如图 6-16 所示。

同理，可以绘制活塞和连杆之间的运动副“同心”的反力。

（6）查看平衡力矩

单击“MotionManager”工具栏上的“图解”按钮，在“结果”对话框中选择类别为“力/力矩”、子类别为“反力矩”和结果分量为“幅值”，在“运动管理器”中单击“驱动马达”将其选入，单击，单击“确定”按钮，绘制平衡力矩，如图6-17所示。

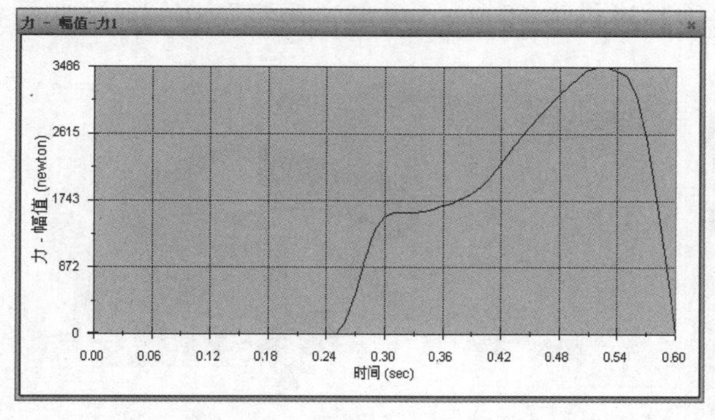

图6-16　绘制工作阻力曲线

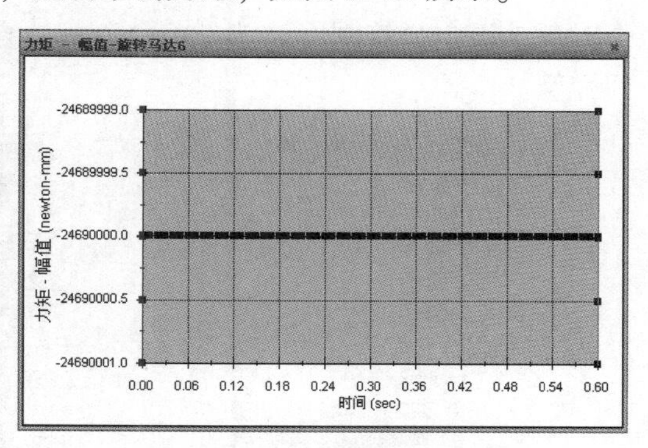

图6-17　绘制平衡力矩曲线

6.2.2　阀门凸轮机构仿真设计

本例说明用SolidWorks Motion来解决间歇接触问题，并以3D接触的方式来保证摇杆始终与凸轮的接触。阀门、摇臂及其轴、凸轮及其轴和机架组成，如图6-18所示。

（1）打开装配模型

打开<资源文件>目录下的“6\Valve_Cam. sldasm”。

（2）启动Motion插件

选择“工具”→“SolidWorks插件”→“SolidWorks Motion”启动该插件。在屏幕左下角单击“运动算例1”选项卡，在算例类型列表中选择“Motion分析”，如图6-19所示。

（3）添加模拟成分

1）添加旋转马达：在“Motion”工具栏中单击“旋转马达”按钮，选择“凸轮轴”端面，如图6-20所示，在“马达”对话框中选择“旋转马达”，运动参数为“等速”“1200RPM”，单击“确定”按钮。

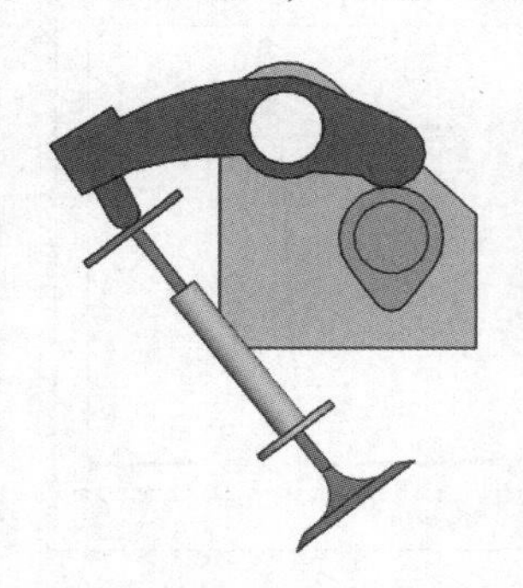

图6-18　阀门凸轮机构

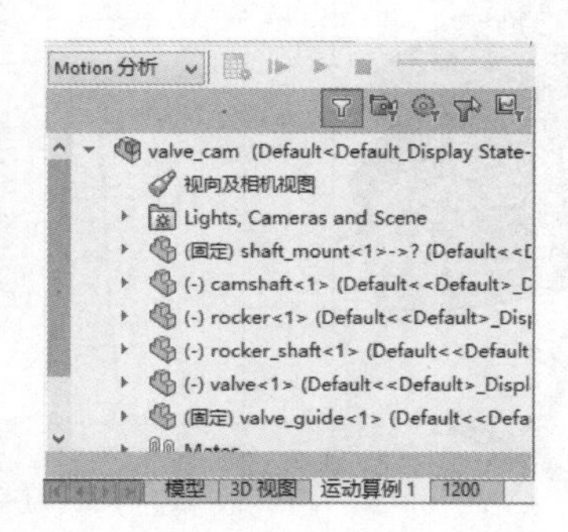

图6-19　阀门凸轮机构

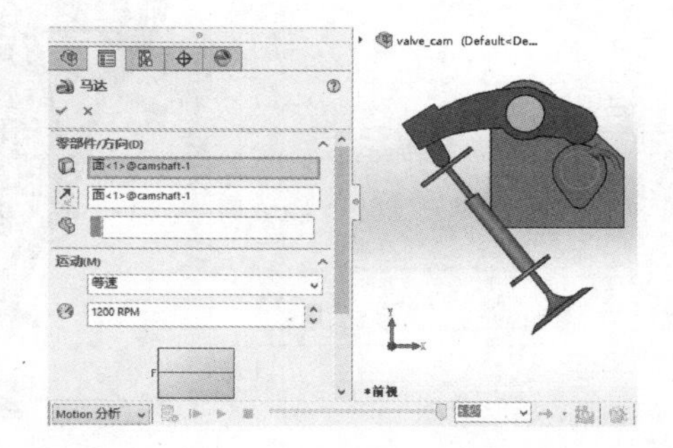

图6-20　“旋转马达”设置

2）添加凸轮接触：在“Motion”工具栏中单击“3D接触”按钮。如图6-21所示，在“接触”对话框中设“定义”为在图形区中选择摇臂和凸轮；取消选择“摩擦”，单击

"确定"按钮✔。

3）添加阀门接触：重复上述步骤，在阀门和摇臂之间增加一个3D接触。

4）添加阀门弹簧：在"Motion"工具栏中单击"弹簧"按钮，如图6-22所示的"弹簧"对话框，选择阀门平板下表面为第一个对象，选择导管大圆柱上表面边线作为第二个对象，设定弹簧刚度 K 为10.0 N/mm，自由长度设为60 mm，单击"确定"按钮✔添加阀门弹簧。

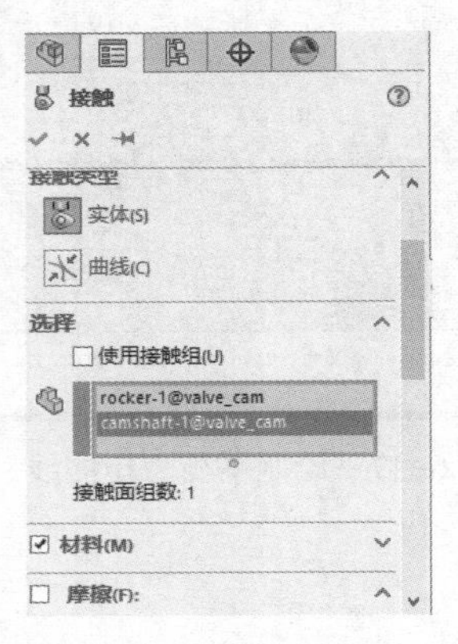

图6-21　凸轮3D接触设置

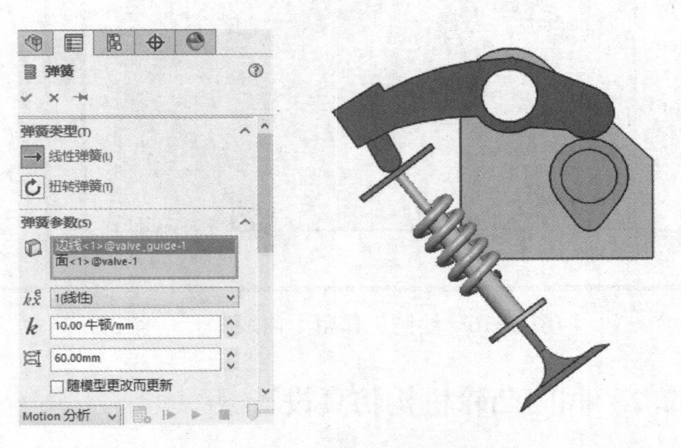

图6-22　阀门弹簧设置

（4）仿真计算

单击"Motion"工具栏中的"键码"按钮◆，编辑关键时间点。设置仿真时间为0.1s，单击右下角的。选择"Motion管理器"→"运动算例属性"，设置"每秒帧数"为1500。单击"计算"按钮，系统自动计算运动。

（5）测试阀门开度

单击"Motion"工具栏上的"图解"按钮，在"结果"对话框中选择类别为"位移/速度/加速度"、子类别为"线性位移"和结果分量为"幅度"，单击，在图形区选择"阀门"，单击"确定"按钮✔，在图形区域中出现阀门位移曲线，如图6-23所示。

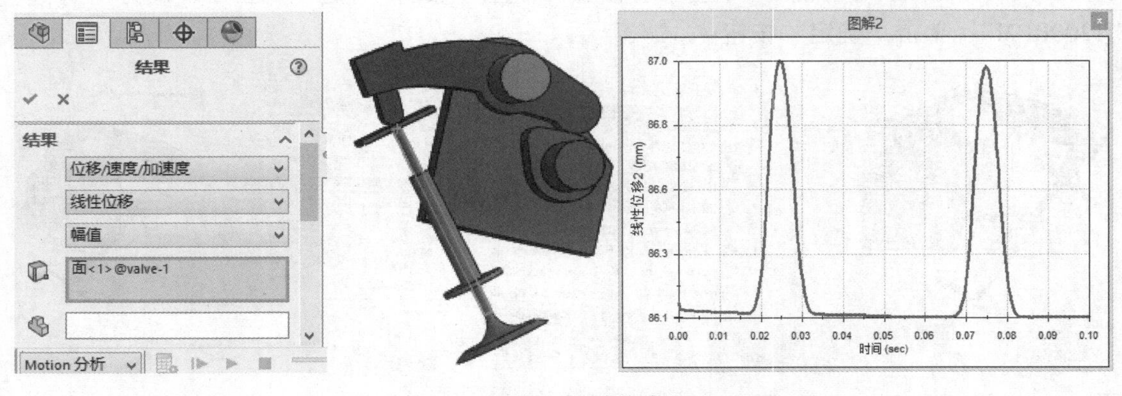

图6-23　阀门位移曲线设置

（6）测试凸轮接触力

单击"Motion"工具栏中的"结果和图解"按钮，如图6-24所示，在"结果"选项组中，分别选择“力”作为类别，“接触力”作为子类别，“幅值”作为结果分量。选择接触中的零部件：在“零部件选择”区中单击，在图形区选择进行接触的摇杆面和凸轮杆面。单击“确定”按钮，在图形区域中出现接触力曲线。

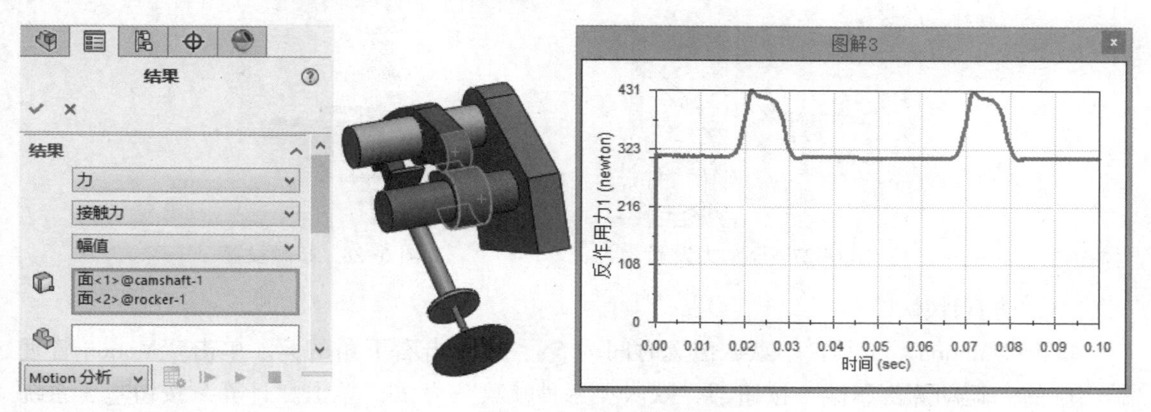

图 6-24　接触力曲线设置

6.2.3　工件夹紧机构仿真设计

如图 6-25 所示，工件夹紧机构由夹紧杆、加力杆、连杆和机架组成，试分析夹紧力。

（1）打开装配模型

打开<资源文件>目录下的“6\工件夹紧机构 . sldasm”。

（2）启动 Motion 插件

单击工具栏中的“SolidWorks 插件”→“SolidWorksMotion”启动该插件。如图 6-26 所示，在屏幕左下角单击“运动算例 1”选项卡，在“算例类型”列表中选择“Motion 分析”。

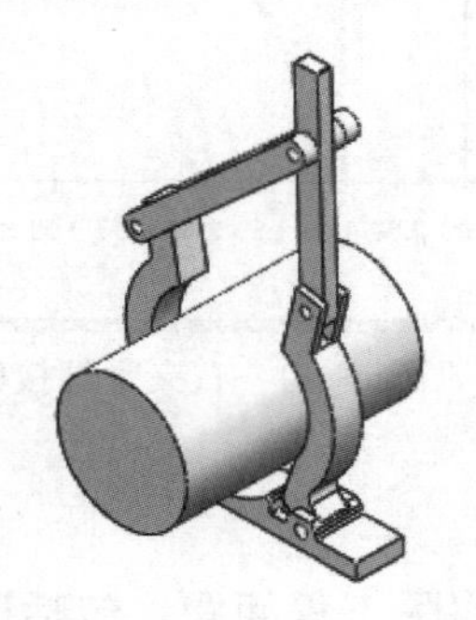

图 6-25　工件夹紧机构

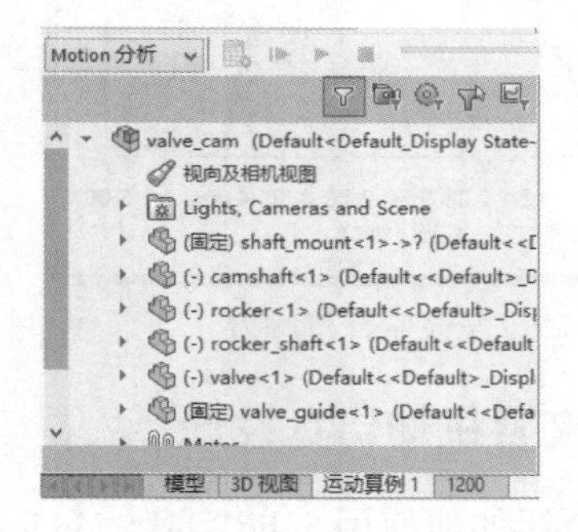

图 6-26　工件夹紧机构

（3）添加模拟成分

1）添加驱动力：在“Motion”工具栏中单击“力”按钮，如图 6-27 所示，在“类型”选项组中选择“力”；选择加力杆顶点为加载位置、机架下边线为加载方向；在“力函数”选项组中选择“常量”“10 牛顿”，单击“确定”按钮。

2）添加左夹紧杆接触：在“Motion”工具栏中单击“3D 接触”按钮。如图 6-28 示，在“接触”对话框的“接触类型”选项组中选择“实体”；在图形区中选择左夹紧杆和工件；取消选择“摩擦”复选框，单击“确定”按钮。

3）添加右夹紧杆接触：重复上述步骤，在右夹紧杆和工件之间加一个 3D 接触。

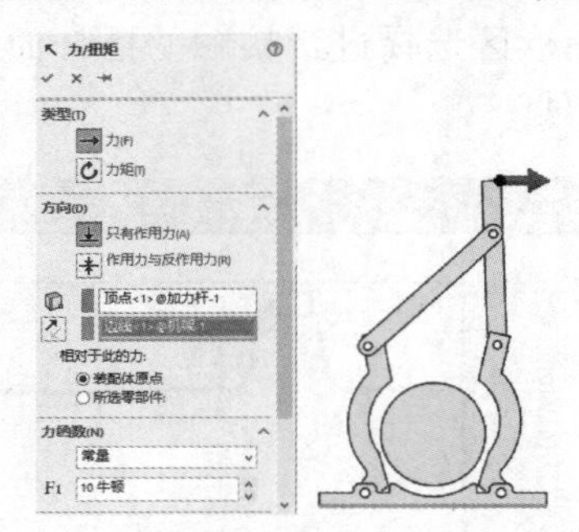

图 6-27　驱动力设置

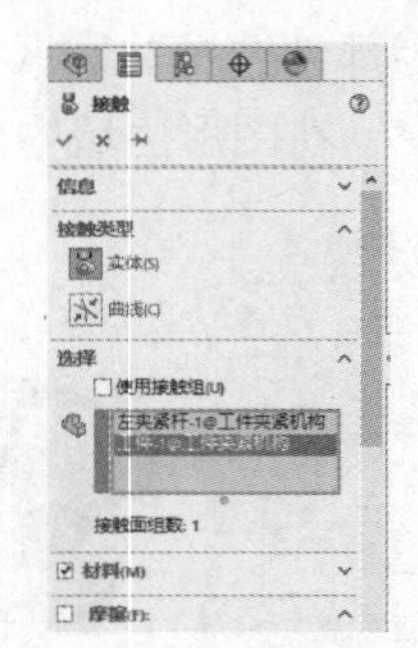

图 6-28　接触设置

（4）仿真计算

单击“Motion”工具栏中默认仿真时间为 5 s，再单击右下角的。单击“Motion 管理器”中的“运动算例属性”按钮，默认“每秒帧数”为 25。单击“计算”按钮，系统自动计算运动。

（5）测试工件接触力

单击“Motion”工具栏中的“结果和图解”按钮，在“结果”对话框中选择“力”作为类别，“接触力”作为子类别，“幅值”作为结果分量；选取接触中的零部件，在“零部件选择”中单击，在图形区选取左夹紧杆面和工件面。单击“确定”按钮，在图形区域中出现接触力曲线，如图 6-29 所示。重复上述步骤，绘制右夹紧杆接触力，如图 6-30 所示。

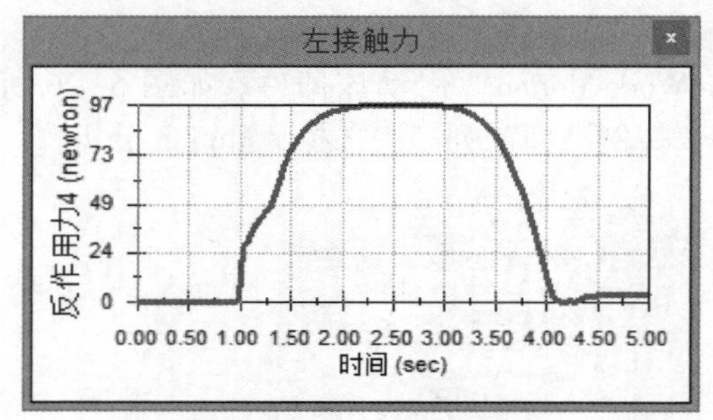

图 6-29　左夹紧杆接触力

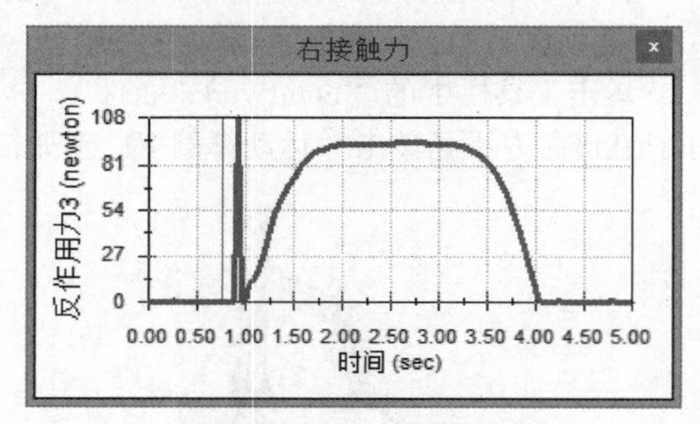

图 6-30　右夹紧杆接触力

6.2.4　挂锁夹紧机构仿真设计

本部分将介绍如何使用 SolidWorks Motion 解决一个实际工程问题，包括以下基本步骤：①创建一个包括运动件、运动副、柔性连接和作用力等在内的机械系统模型；②通过模拟仿真模型在实际操作过程中的动作来测试所建模型；③深化设计，评估系统模型针对不同的设计变量的灵敏度；④优化设计方案，找到能够获得最佳性能的最优化设计组合。

1. 问题描述

在人造太空飞船研制过程中，EarlV. Holman 发明了一个挂锁模型，它能够将运输集装箱的两部分夹紧在一起，由此而产生了该弹簧挂锁的设计问题。在 Apollo 登月计划中，挂锁用来夹紧登月舱和指挥服务舱。挂锁由手柄、曲柄、钩头、连杆和机架组成，如图 6-31 所示。

（1）工作原理

在 P4 处下压操作手柄，挂锁就能够夹紧。下压时，曲柄绕 P1 顺时针转动，将钩子上的 P2 向后拖动，此时，连杆上的 P4 向下运动。当 P5 处于 P6 和 P3 的连线时，夹紧力达到最大值。P5 应该在 P3 和 P6 连线的下方移动，直到操作手柄停在钩子上部。这样使得夹紧力接近最大值，但只需一个较小的力就可以打开挂锁。

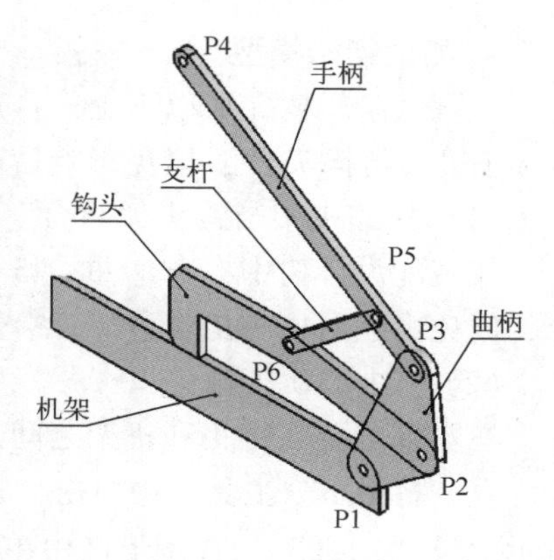

图 6-31　夹紧机构

根据对挂锁操作过程的描述可知，P1 与 P6 的相对位置对于保证挂锁满足设计要求是非常重要的。因此，在建立和测试模型时，可以通过改变这两点之间的相对位置来研究它们对设计要求的影响。

（2）设计要求

能产生至少 800 N 的夹紧力；手动夹紧，用力不大于 80 N，手动松开时做功最少；必须在给定的空间内工作；有震动时，仍能保持可靠夹紧。

2. 建模

在 SolidWorks 零件建模环境中按图 6-32 所示尺寸建立厚度为 5 mm 的所有零件的实体模型，设置其材料为“普通碳钢”，并在手柄把手位置的孔处插入施加手柄力时的参考分割线。

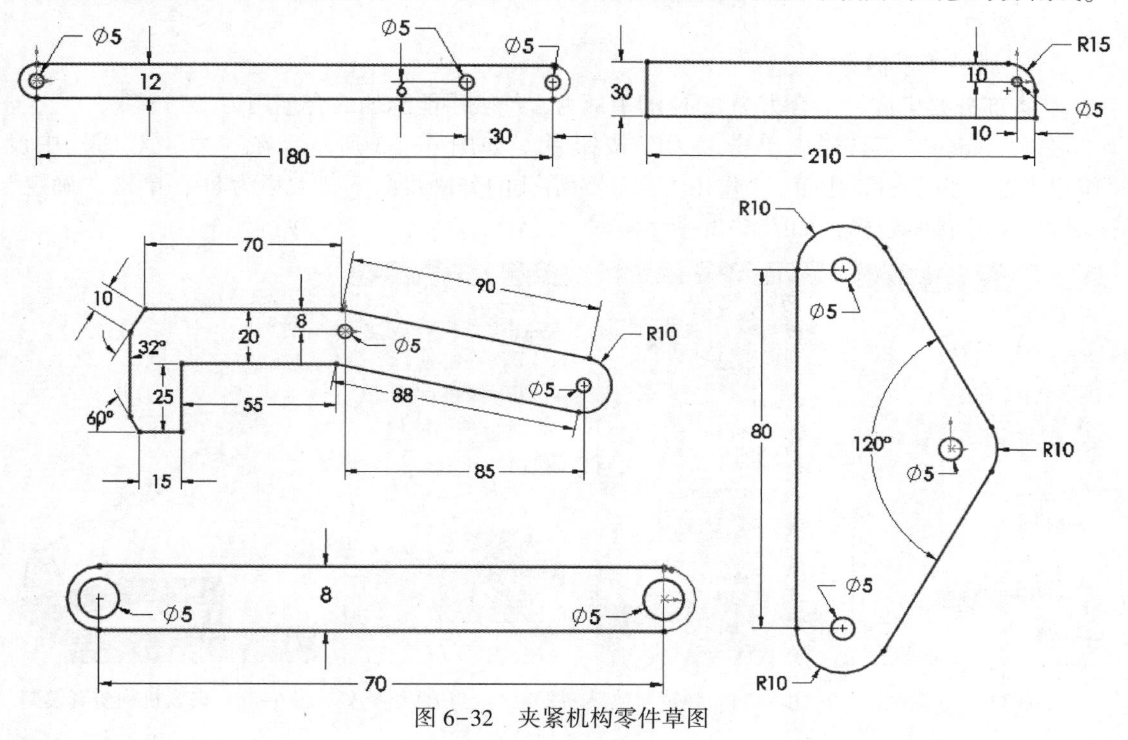

图 6-32　夹紧机构零件草图

3. 装配

在 SolidWorks 装配环境中，先插入机架并使其固定，然后插入其他零件；用“重合”配合将所有零件配合在同一平面上，用“同轴心”配合将各零件的孔中心连接起来；用“重合”配合将机架顶面与钩头前端底面配合在同一平面上。

4. 测试初始模型

在测试阶段要完成以下工作：加一个 3D 接触、一个拉压弹簧和一个手柄力；压缩“重合 5（机架与钩头）”，以免影响后面的仿真分析；测试弹簧力和手柄角度。

（1）压缩机架与钩头“重合”

在装配设计树中右击“重合 5（机架与钩头）”，在弹出的快捷菜单中选择“压缩”命令，以免影响后面的仿真分析。

（2）添加 3D 接触

在本部分要在钩头和机架之间加一个 3D 接触，限制钩头只能在机架表面上滑动。

在“Motion”工具栏中单击“3D 接触”按钮，弹出“3D 接触”对话框，如图 6-33 所示。设“定义”为在图形区中单击选中的机架和钩头；取消选择“摩擦”复选框，单击“确定”按钮✔。

（3）加一个拉压弹簧

弹簧代表钩头夹住集装箱时的夹紧力。弹簧的刚度是 120 N/mm，表示钩头移动 1 mm 产生的夹紧力为 120 N，阻尼系数是 0.5 N · s/mm。

在“Motion 管理器”中，单击“弹簧”按钮，其属性管理器如图 6-34 所示，单击“添加弹簧”按钮。进入“弹簧”对话框，选择钩头顶面在机架面上的端线作为第一个对象，选择机架上端线作为第二个对象，设定弹簧刚度 K 为 120，阻尼系数 C 为 0.5，单击“确定”按钮✔。

（4）加一个手柄力

在本部分要生成一个合力为 80 N 的手柄力，代表手能施加的合理用力。

在“Motion”工具栏中单击“力”按钮。如图 6-35 所示，在“力”对话框中设“作用位置”为手柄圆孔面，“作用方向”为沿孔的分割线向下，大小为 80，单击“确定”按钮✔，完成仿真建模，如图 6-36 所示。

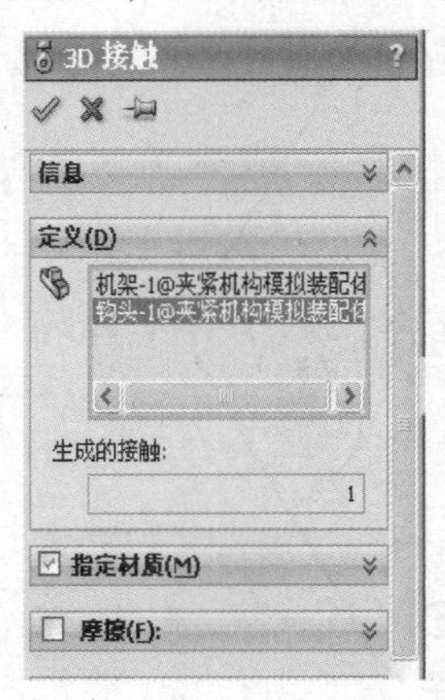

图 6-33　3D 接触

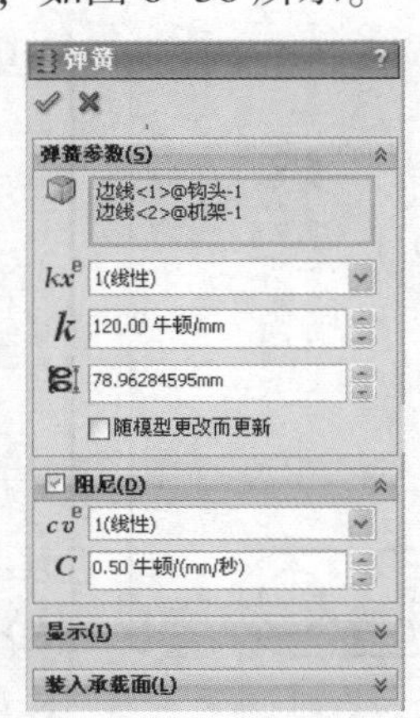

图 6-34　弹簧参数

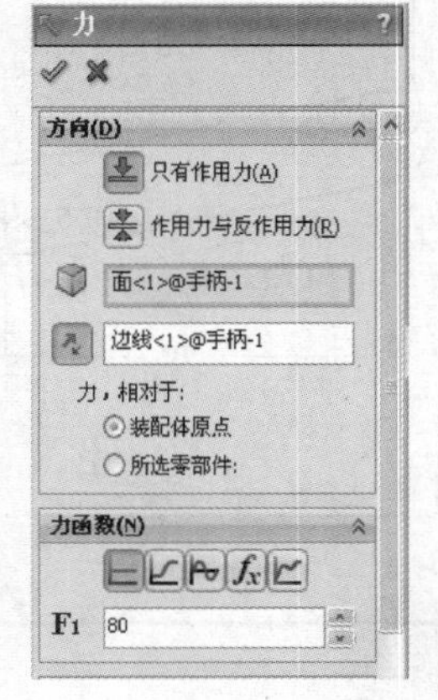

图 6-35　手柄力参数

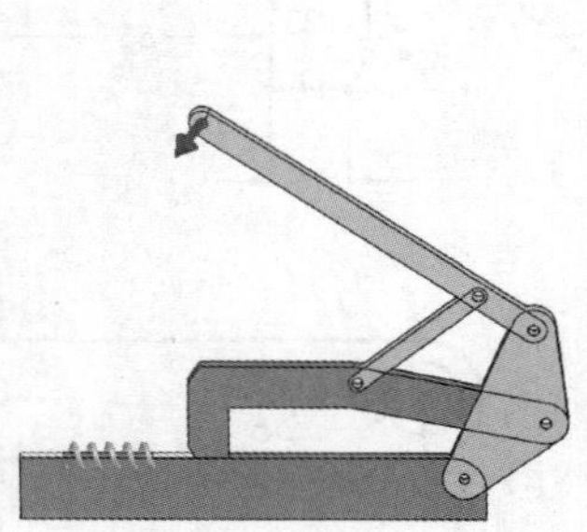
图 6-36　夹紧机构仿真模型

（5）仿真计算

单击“Motion 管理器”中的“放大”按钮，放大时间线，拖动“键码”◆，设置仿真时间为 0.2s。单击“Motion 管理器”中的“运动算例属性”按钮，设置“每秒帧数”为 200。

单击“计算”按钮，系统自动计算运动。

（6）测试弹簧力

对于挂锁模型，需要对夹紧力进行测试并与设计要求进行比较。弹簧力的值代表夹紧力的大小。操作步骤：单击“Motion”工具栏上的“图解”按钮，如图 6-37 所示，在“结果”对话框中选择类别为“力”、子类别为“反作用力”和结果分量为“幅值”，单击，在图形区选择“线性弹簧”，单击“确定”按钮✔，在图形区域中出现弹簧力曲线。

（7）测试手柄角度

再进行一次角度的测试来反映手柄压下的行程。挂锁锁紧时，手柄处于过锁紧点位置，从而保证挂锁处于安全状态。这和用虎钳夹紧相似，虎钳夹在材料上的那一点就是自锁点。单击“Motion”工具栏上的“图解”按钮，在“结果”对话框中选择类别为“位移/速度/加速度”、子类别为“角位移”和结果分量为“幅度”，单击，在图形区选择“手柄”，单击“确定”按钮✔，在图形区域中出现手柄角位移，如图 6-38 所示。

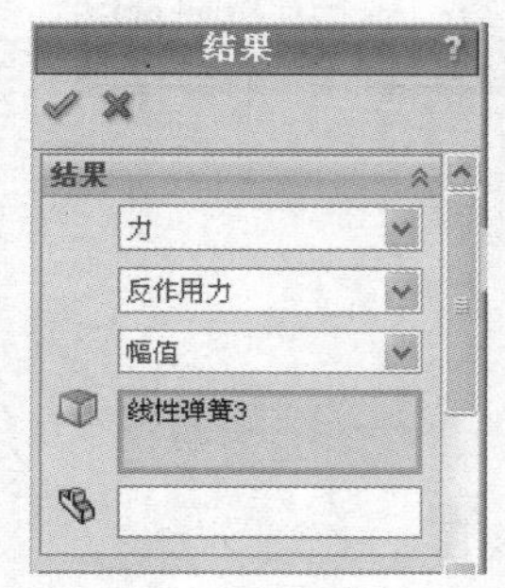

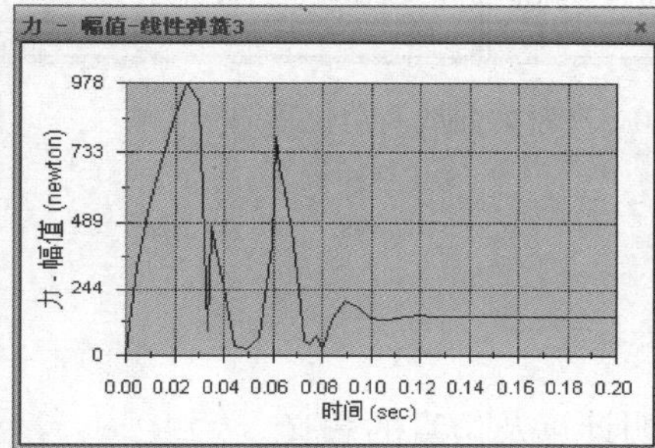

图 6-37　弹簧力曲线

图 6-38　手柄角位移曲线

（8）结果分析

由以上分析结果可见，弹簧力（即夹紧力）为 978 N，大于规定值（800 N），且手柄转角超过锁紧点位置（104°），即手柄处于过锁紧点位置，可保证挂锁处于安全状态。所以，该方案满足设计要求。

5. 优化设计参数

本部分要对设计变量的变化对夹紧力大小的影响进行研究。操作步骤如下。

（1）建立设计变量

选取除机架之外的零件的长度方向尺寸作为设计变量。

（2）灵敏度分析

为了研究设计变量的影响，按照将其中 1 个设计变量增大 20%，其他设计变量不变的原则，分别完成增加和减小变量值的仿真，根据弹簧力与原方案的变化率的大小可以得出各变量对结果的影响程度，即灵敏度。

（3）优化方案选择

根据步骤（2）的研究结果，确定各变量的增减方式后，组成新的方案进行研究，得出优化方案。下面研究改变曲柄垂直尺寸的方案，如图 6-39 所示。

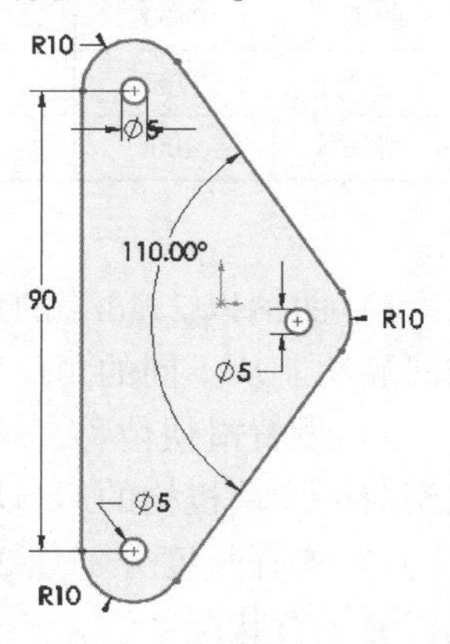

图 6-39　曲柄修改方案

首先打开曲柄零件，在草图中修改曲柄垂直尺寸和夹角。然后，回到装配图，此时钩头和机架的接触面不再重合，在装配设计树中右击该配合，在弹出的快捷菜单中选择“解压缩”命令使其恢复后，再重复上述步骤将其改回到“压缩”状态。最后，重新进行仿真，并观察在该方案下的夹紧力和手柄角位移，如图 6-40 所示。

由图 6-40 可见，此方案下的最大夹紧力为 964 N，满足设计要求。

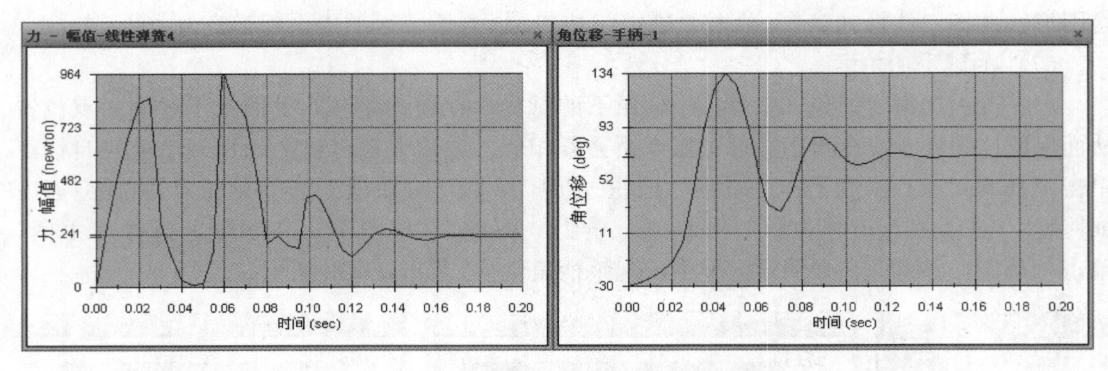

图 6-40　夹紧力曲线及角位移曲线

习题 6

习题 6-1　简答题

1）何谓虚拟样机技术？举例说明计算及仿真的意义。

2）利用 SolidWorksMotion 程序进行虚拟样机仿真分析的步骤包括哪些？

3）虚拟样机存在哪些主要约束类型、各类约束可减少几个自由度？

习题 6-2　曲柄滑块机构如图 6-41 所示，由曲柄 1、连杆 2、滑块 3 和机架 4 共 4 个构件组成，各构件的尺寸如表 6-4 所示。曲柄、连杆和滑块的材料均为钢材。曲柄与机架和连杆通过铰接副连接，滑块与连杆通过铰接副连接，滑块与机架通过移动副连接。

表 6-4　曲柄滑块机构尺寸

构件名称	长度/mm	宽度/mm	厚度/mm
曲柄	2400	400	200
连杆	3700	200	100
滑块	400	300	300

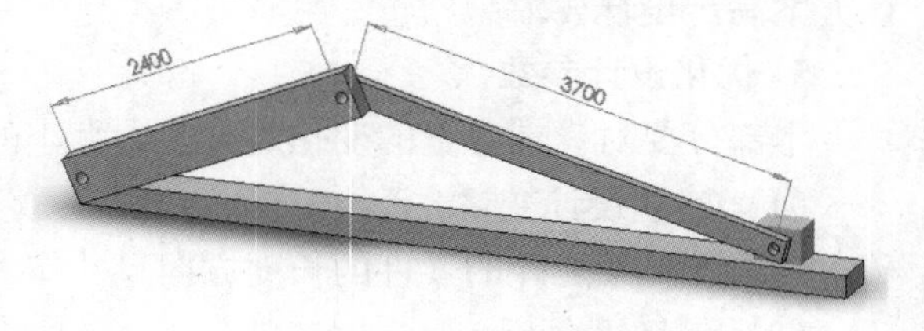

图 6-41　曲柄滑块机构

1）曲柄以 2 rad/s 的角速度逆时针旋转，进行 5 s 的仿真分析。完成仿真分析后，再利用回放功能从不同的角度观察曲柄滑块机构的运行状况。

2）设置滑块位移、速度和加速度的测量。如果曲柄以 4 rad/s 的角速度逆时针旋转，试观察曲柄滑块机构的运行状况。

3）连杆长度分别为 2500 mm、2200 mm、2100 mm，角速度为 2 rad/s 时，观察曲柄滑块机构的运行状况。

第7章　机械零件结构设计

随着计算机技术的快速发展和普及，有限元方法迅速从结构工程强度分析计算扩展到几乎所有的科学技术领域，成为一种应用广泛并且实用高效的数值分析方法。本章重点介绍结构强度分析的相关内容。

7.1　有限元分析快速入门

本节主要介绍有限元分析的步骤、术语和分析策略。

7.1.1　引例：带孔板应力分析

下面通过带孔板应力分析来说明有限元法的分析步骤。

1. 问题描述

图7-1为一个620 mm×380 mm×20 mm的带孔矩形板，其中孔的直径为200 mm，一端固定，另一段承受360 kN的均布载荷，计算其最大应力。

2. 应力有限元仿真

（1）分析准备

1）创建零件。

从SolidWorks创建一个620 mm×380 mm×100 mm的带孔矩形板，其中孔的直径为200 mm。并保存为“带孔板.sldprt”。

2）创建“默认网格”算例。

单击SolidWorks插件卡中的SolidWorks Simulation启动该插件，显示Simulation选项卡。单击Simulation选项卡中的“新算例”。在“算例”对话框的“名称”下面输入“默认网格”，在“类型”选项组中，单击“静应力分析”，单击“确定”按钮✔。建立Simulation设计树，如图7-2所示。

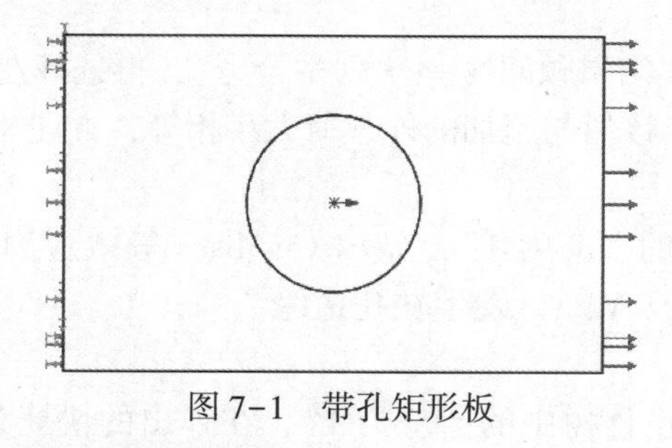

图7-1　带孔矩形板

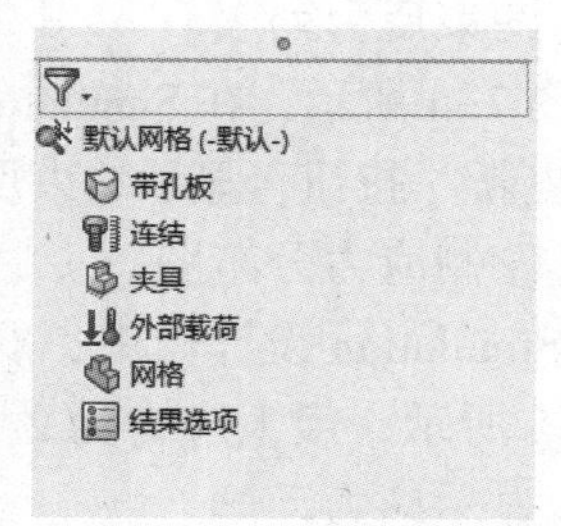

图7-2　Simulation设计树

3）分配材料属性。

在Simulation设计树中右击“带孔板”，在弹出的快捷菜单中选择“添加/编辑材料”命令，在“材料”对话框中选择“1023碳钢板（SS）”，单击“应用”按钮，再单击“关闭”

按钮。

4）划分网格。

在 Simulation 设计树中右击“网格”，在弹出的快捷菜单中选择“生成网格”命令，单击“确定”按钮✔使用默认网格划分。

（2）求结果

1）消除刚体运动。

在 Simulation 设计树中右击“夹具”，在弹出的快捷菜单中选择“固定几何体”命令，选左端面，单击“确定”按钮✔添加固定约束。

2）施加载荷。

在 Simulation 设计树中右击“外部载荷”，选择右端面，如图 7-3 所示，单击“法向”单选按钮，选择模型左面和右面，设置力值为 360000 N，选择“反向”复选框，单击“确定”按钮✔。在设计树的“外部载荷”下生成“力-1”。

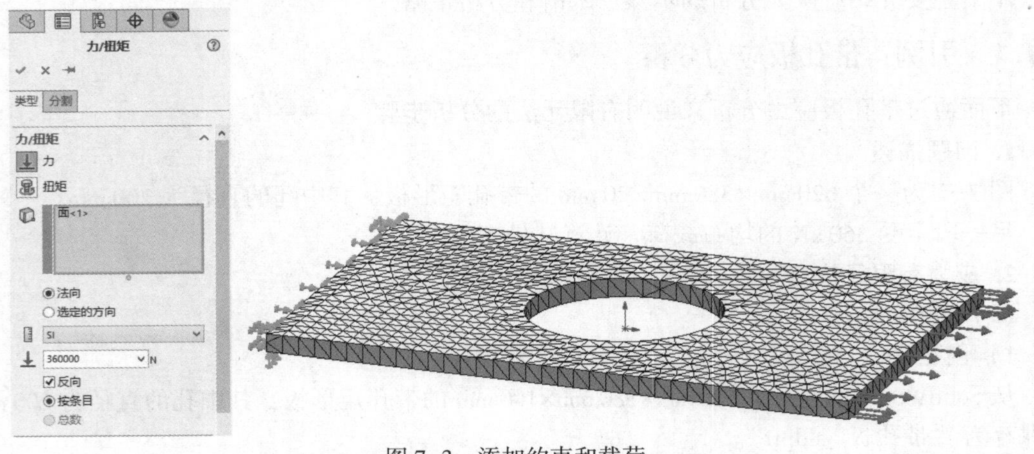

图 7-3　添加约束和载荷

3）运行分析。

在 Simulation 选项卡中单击“运行此算例”，开始计算，并显示算例的节点、单元和自由度数。计算结束后，在设计树中添加“结果”文件夹，其中包括应力等 3 个默认图解。

（3）观察结果

1）约束反力列表。

如图 7-4 所示，在 Simulation 选项卡中选择“结果顾问”→“列举合力”，再选择左端面，单击“更新”按钮，显示约束反力为“-18 kN”，该值与施加的外载荷大小相等，方向相反。

2）绘制应力分布图。

在 Simulation 设计树中，双击结果文件夹中的“应力 1”，显示 vonMises 等效应力云图，如图 7-5 所示，最大应力为 2. 179e+008Pa = 217. 9 MPa，发生在孔边缘。

3）显示应力动画。

在应力云图显示的情况下，右击 Simulation 设计树中的“应力 1”，在弹出的快捷菜单中选择“动画”命令，可以动态显示应力云图。

4）结果验证。

将一个无限长带孔矩形板受拉问题的解析解与有限元解进行比较。解析解可由式（7-1）

计算。

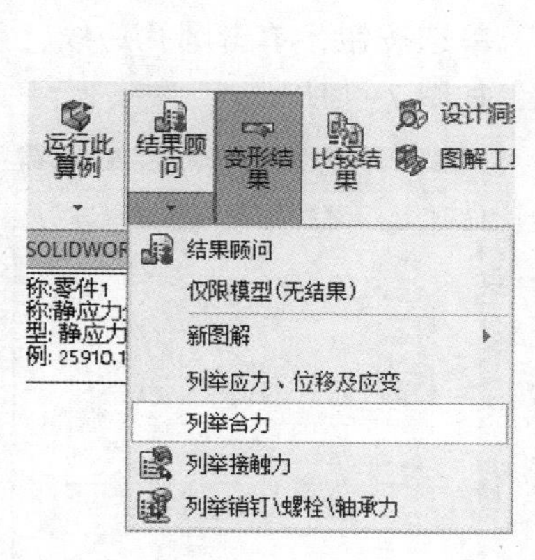

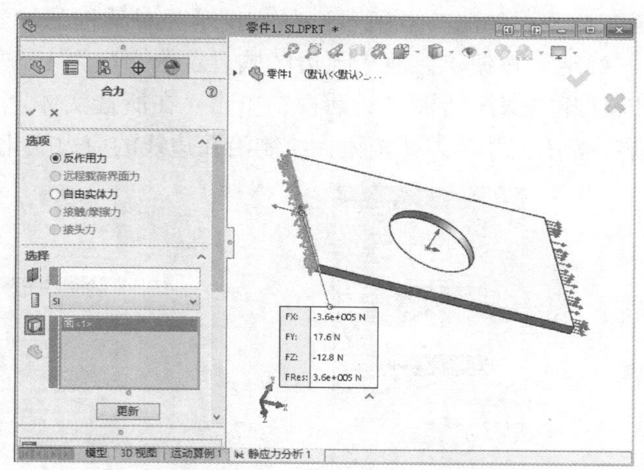

图 7-4　约束反力列表

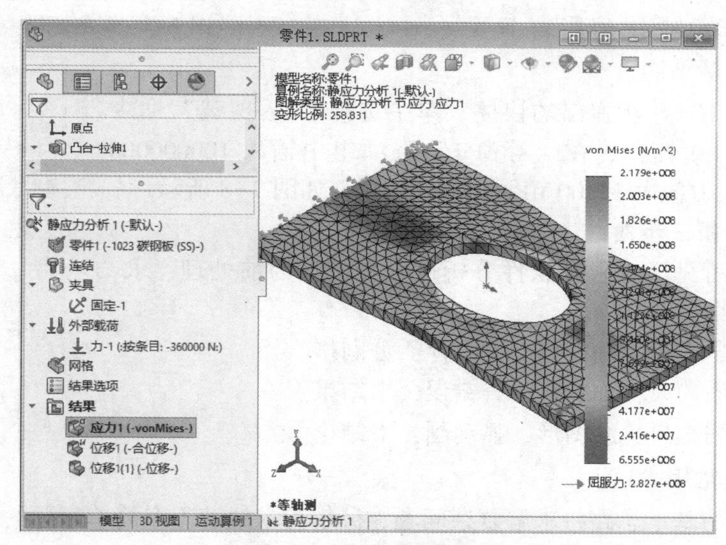

图 7-5　应力分布图解

$$\sigma_{\max}=K_n\cdot\sigma_n=\left[2+\left(1-\frac{D}{W}\right)^3\right]\cdot\left[\frac{P}{(W-D)\cdot T}\right] \tag{7-1}$$

式中，P 为板所承受的拉力；σ_n为孔所在的横截面上的平均应力；K_n为应力集中系数；$\sigma_{\max}$为最大主应力；W、D 和 T 分别表示板的宽度、孔的直径以及板的厚度。

将 $W=380$ mm，$D=200$ mm，$T=20$ mm 和 $P=360$ kN 代入式（7-1）得 $K_n=2.15$，$\sigma_n=100$ MPa，$\sigma_{\max}=215$ MPa。可见，解析解与数值解的误差为 1.35%。

5）结果应用。

若依据材料的屈服极限作为强度评价标准，按照第四强度理论，最大等效应力 von Mises 为 217.9 MPa，小于 Q235A 材料的屈服极限 235 MPa，所以该带孔板强度满足要求。

6）探测结果。

只有在节点对应的位置才能探测到结果。在结果中显示网格层的具体操作为：在“结果”文件夹中双击“应力 1”显示应力图解后，右击“应力 1”，在弹出的快捷菜单中选择“设定”命令。如图 7-6 所示，在“设定”对话框的“边界选项”选项组中选择“网格”，单击“确定”按钮✔。放大孔边区域。右击“应力 1”并在弹出的快捷菜单中选择“探测”命令以打开“探测结果”对话框，单击“在所选实体上”单选按钮，单击圆孔边线，单击“更新”按钮，并单击📈按钮，绘制沿孔边线的应力变化，如图 7-7 所示。

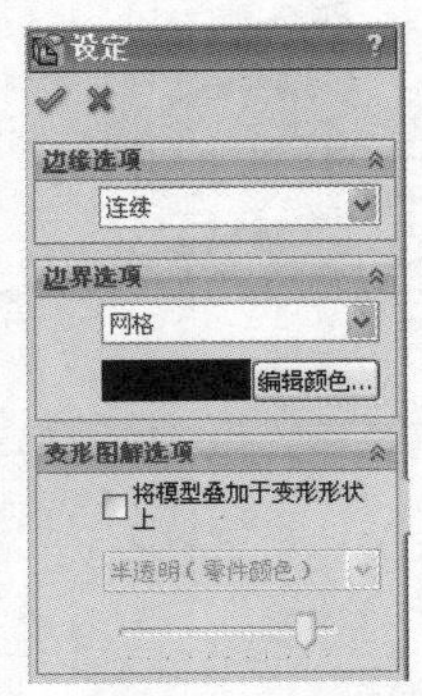

图 7-6　显示带网格的图形设置

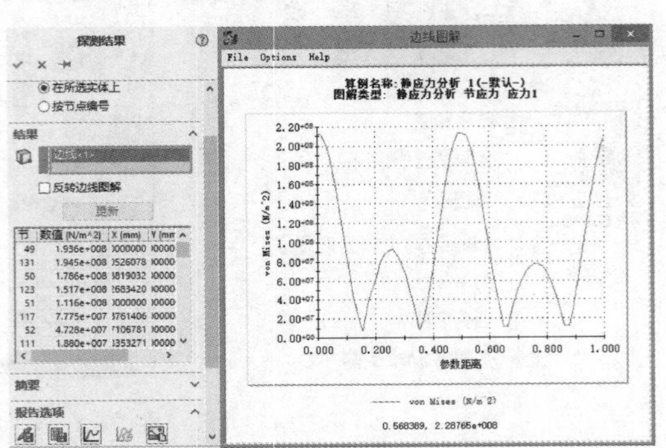

图 7-7　探测结果

7）创建 Iso 裁剪图。

右击“应力 1”并在弹出的快捷菜单中选择“Iso 剪裁”命令。打开“Iso 剪裁”对话框，在“等值 1”选项组中输入 100000000，显示 von Mises 应力值大于 100 MPa 的部分区域，如图 7-8 所示。

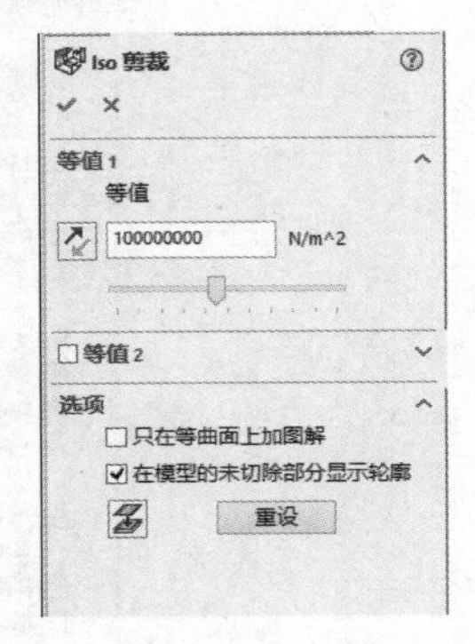

图 7-8　Iso 裁剪图

3. 有限元分析三步曲

由以上算例可见，有限元软件分析过程可概括为前处理、求结果和后处理三步曲。

- 前处理：定类型，画模型，设属性，分网格。
- 求结果：添约束，加载荷，查错误，求结果。
- 后处理：列结果，绘图形，显动画，下结论。

4. 有限元法常用术语

有限元分析的基本思路将求解复杂问题，分解为求解若干个简单问题的组合，可以归结为：“化整为零，积零为整”八个字。有限元分析常用术语如下。

- 单元：结构的网格划分中的每一个小块体称为一个单元。
- 节点：确定单元形状的点就叫节点。
- 载荷：工程结构所受到的外在施加的力称为载荷。
- 约束：边界条件就是指结构边界上所受到的外加支撑（已知位移）。

5. SolidWorks Simulation 基本操作

（1）Simulation 分析类型

SolidWorks Simulation 是一个与 SolidWorks 完全集成的设计分析系统，可以创建常规模拟、设计洞查、高级模拟和专用模拟，常用专题如下。

- 静态分析：计算静态（Static）压力、拉力和变形。
- 频率分析：计算固有频率（Frequency）。
- 热力分析：计算热流（Thermal）温度和热流量。

• 设计算例：对设计进行优化（Optimization），以满足功能、尺寸变化和约束的要求。

（2）SolidWorks Simulation 界面

如图 7-9 所示，选择“工具”→“插件”命令，在“插件”对话框中选择“SolidWorks Simulation”，然后单击“确定”按钮。或者在命令管理器的 SolidWorks 插件中单击 SolidWorks Simulation，启动该插件。在命令管理器中单击“Simulation”按钮进入 SolidWorks Simulation 界面，如图 7-10 所示。

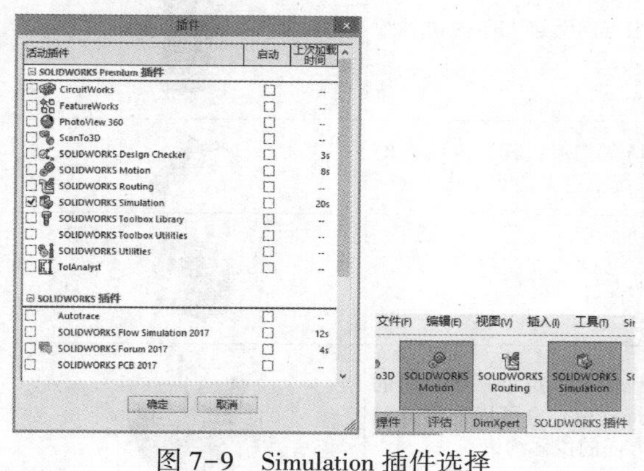

图 7-9　Simulation 插件选择

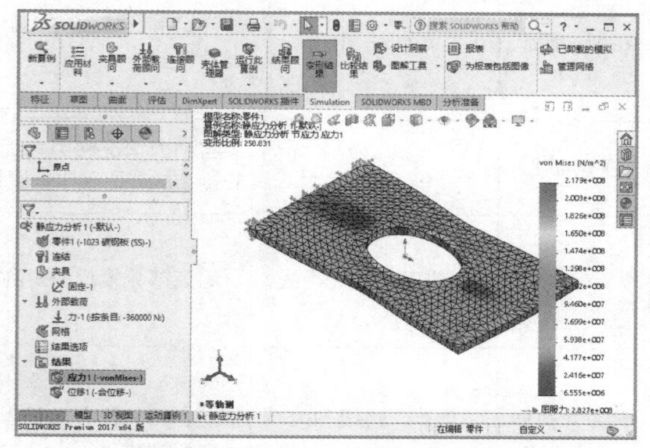

图 7-10　Simulation 界面与工具条

SolidWorks Simulation 界面分为两栏，在左边的 SolidWorks Simulation 设计树中以树结构的方式显示组织所有与分析有关的内容；每个“算例”生成一个包含若干子文件夹的文件夹，子文件夹的内容取决于研究类型，例如，每个结构算例都有“零部件”或“外壳”“载荷/约束”“网格”“结果”以及“报告”文件夹。在右边的图形显示区中进行针对各个文档的操作。

下拉菜单包括选项等所有设置命令。工具栏提供常用工具的快捷方式，包括主工具栏、负载工具栏和结果工具栏等。可以使用菜单系统或 Simulation 程序设计树来分析研究。

（3）Simulation 常用约束

常用载荷包括：面力，即施加在物体外表面的力，例如，压力；体力，即在物体内部的力，例如，重力、离心力、温度应力。常用约束种类见表 7-1。

表 7-1　常用约束种类

约束类型	约束对象	约束自由度	图　例
固定几何体	顶点、边线和面	约束全部自由度。将实体和桁架接榫所有平移自由度设定为零。将壳体与横梁的平移和旋转自由度设定为零	
不可移动	顶点、边线和面	将所有平移自由度设定为零	
固定铰链	圆柱面	所有的移动被约束，仅允许一个转动自由度	
滚柱/滑杆	面	可以指定平面能够在其基准面方向自由移动，但不能在垂直于其基准面的方向移动	

（续）

约束类型	约束对象	约束自由度	图例
在平面上	平面	设定沿平面的3个主方向中所选方向的边界约束条件	
在圆柱面上	圆柱面	设定沿圆柱面的3个主方向所选方向的边界约束条件	
在球面上	球面	与平面情况和圆柱面情况类似；其边界约束的3个主方向是在球坐标系统下定义的	
对称	实体面和外壳边线	约束部分模型的对称面	
参考几何体	顶点、边线和面	约束一个面、一条边或一个顶点沿某些方向的移动，而其他方向仍保持自由。也可以为所选的平面或轴线指定沿某个方向的位移约束	

7.1.2 有限元的建模策略

1. 建模原则

有限元建模的基本原则是**“在保证计算精度的前提下尽量降低计算规模”**。常用策略如下。

（1）网格疏密得当

原则上讲，网格划分得越密，则分析精度越高。但划分过细会使计算量太大，占用过多的计算机容量和机时，经济性差。为了兼顾精度要求和时间，一般采用“网格疏密得当，先粗后细多次试算”法提高计算精度。SolidWorks 网格控制方法如下。

- 全局控制：右击设计树中的“网格”，在弹出的快捷菜单中选择“生成网格”命令，调整网格密度。
- 局部控制：右击设计树中的“网格”，在弹出的快捷菜单中选择“应用网格控制”命令，选择控制部位，再调整网格密度。

（2）删除细节

实际结构往往是复杂的，在建立力学模型时常常将构件或零件上一些不处于最大应力发生部位的细节加以忽略而删去，例如，构件的小孔、倒角/圆角、退刀槽、键槽等，如图7-11所示。删除细节的原则是“用特征建立细节，先压缩所有细节进行初步分析，然后解压缩应力较大部位的细节再进行分析”。SolidWorks 细节简化的方法如下。

- 模型简化法：用工具菜单中的 Defeature 工具对模型细节简化。
- Simulation 法：右击设计树中的“网格”，在弹出的快捷菜单中选择“为网格化简化模型”，选择“特征”（圆角等），设置简化因子，查找确认简化对象，取消选择“生成派生配置”复选框，右击查找到的细节，在弹出的快捷菜单中选择“压缩”命令。

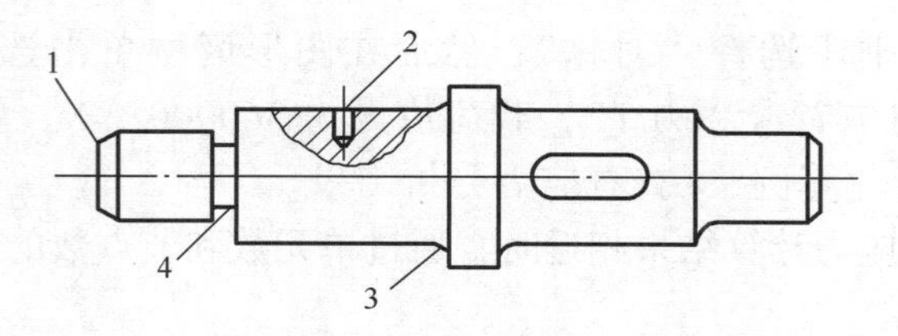

图 7-11　阶梯轴

1—倒角　2—小孔　3—圆弧过渡　4—退刀槽

（3）对称性的利用

所谓结构对称性，是指结构中的一部分相对于结构的某一平面，与结构的其余部分在形状、物理性质和支撑条件等方面具有完全一致的特性。具有对称性的结构计算时，可以取其1/2进行计算。利用工程结构的对称性可以大大减小结构有限元模型的规模，节省计算机的计算时间，所以应给予充分重视。SolidWorks 中生成对称模型的计算方法如下。

1）获取对称模型：选择“插入”→“特征”→“分割”命令，选择切割面，选择去除部分，选择“消耗切除实体”。

2）添加对称约束：右击“夹具”，在弹出的快捷菜单中选择“高级夹具”→“对称”，选取对称面，单击“确定”按钮✔。

3）添加对称载荷：如果是集中载荷，则在加载面上施加载荷的1/2。

（4）尽量模拟实际边界条件

如果模型边界条件与实际工况相差较大，计算结果就会出现较大的误差，所以建模时应尽量使边界条件值与实际值相一致。

2. 有限元的建模策略范例——带孔矩形板的静力分析

下面以 7.1.1 节中的引例为例，分别研究网格粗细、细节简化和对称性的利用等建模方法及其影响，具体结果见表 7-2。主要操作如下。

1）精细网格：打开<资源文件目录下的“7\带孔板 . sldprt”，在设计树中右击“网格”，在弹出的快捷菜单中选择“生成网格”，将网格控制条拖动到“良好”，单击“确定”按钮✔。在工具条中单击“运行此算例”，查看应力分析结果。

2）疏密得当：打开<资源文件目录下的“7\带孔板 . sldprt”，在设计树中右击“网格”，在弹出的快捷菜单中选择“生成网格”，将网格控制条拖动到“粗糙”，单击“确定”按钮✔，完成全局稀疏网格控制；右击“网格”，在弹出的快捷菜单中选择“应用网格控制”，单击圆孔面，将网格控制条拖动到“良好”，单击“确定”按钮✔，完成大应力部位的网格加密控制。在工具条中单击“运行此算例”，查看应力分析结果。

3）细节简化：打开<资源文件目录下的“7\带孔板 . sldprt”，在 SolidWorks 特征树中，右击“圆角”，在弹出的快捷菜单中选择“解压”；在 Simulation 设计树中右击“网格”，在弹出的快捷菜单中选择“生成网格”，将网格控制条拖动到“粗糙”和“良好”中间位置，单击“确定”按钮✔。在 Simulation 工具栏中单击“运行此算例”，查看应力分析结果。

4）1/2 模型：打开<资源文件目录下的“7\带孔板 . sldprt”，在 SolidWorks 特征树中，右击“分割”，在弹出的快捷菜单中选择“解压”。在设计树中右击“网格”，在弹出的快捷菜单中选择“生成网格”，拖动网格控制条到“粗糙”和“良好”中间位置，单击“确定”按钮✔。在 Simulation 设计树中右击“夹具”，在弹出的快捷菜单中选择“约

束”；在“约束”对话框中选择“对称”，然后在图形区中单击选中对称面，单击“确定”按钮✔。在设计树中右击“力 1”，载荷值设为 360000/2 N，单击“确定”按钮✔。在工具条中单击“运行此算例”，查看应力分析结果。

由表 7-2 可见，在应力计算结果相近时，通过单元数和节点数的比较，可知 1/2 模型的计算规模最小。

表 7-2　建模策略影响

建模策略	应力计算结果	建模策略	应力计算结果
精细网格	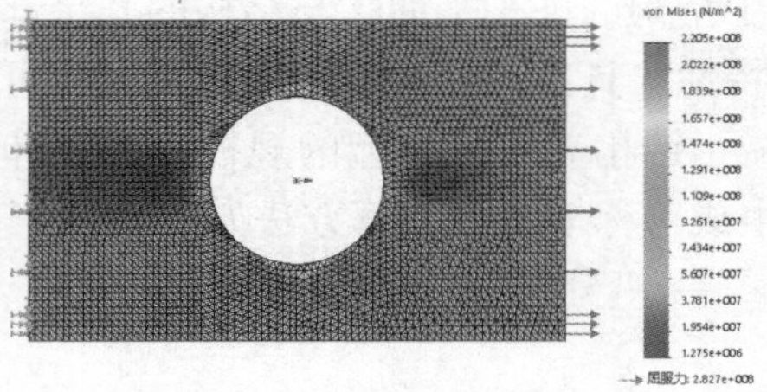 节总数 95949，单元总数 60563	疏密得当	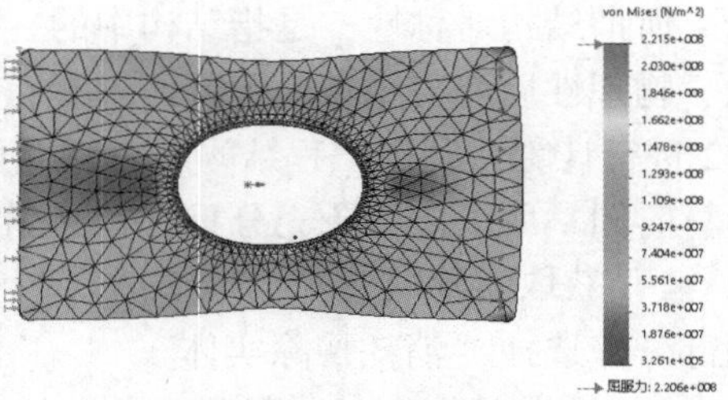 节总数 18061，单元总数 10174
细节简化	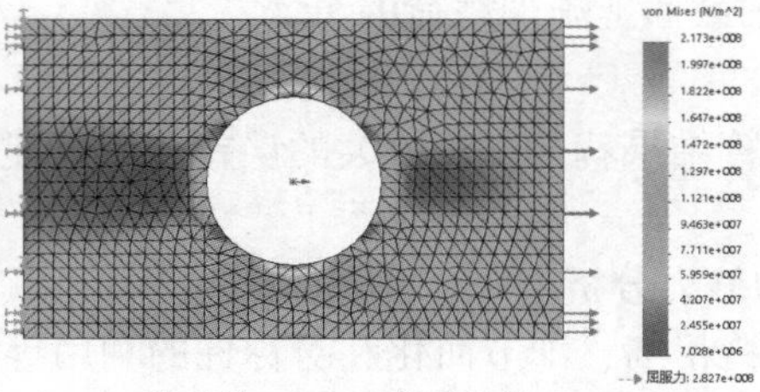 节总数 13249，单元总数 7558	利用对称	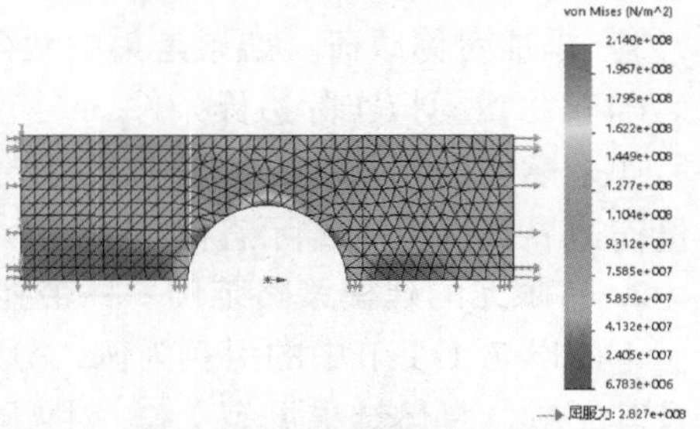 节总数 6790，单元总数 3844
边界模拟			

注意：查看网格信息的方法是在 Simulation 设计树中右击“网格”，在弹出的快捷菜单中选择“细节”命令。

3. 装配体分析

进行装配体分析时，必须设置零件之间的连接关系，即要考虑各零部件之间是如何接触的。车轮与钢轨之间、啮合的齿轮是典型的接触问题。

SolidWorks Simulation 中的接触关系有 5 种，分别是接合、无穿透、允许贯通（相互贯穿）、冷缩配合和虚拟壁；其中最常用的 4 种是接合、无穿透、允许贯通及冷缩配合。可以通过零部件相触和相触面组两种方式添加接触关系，具体内容见表 7-3。

表 7-3　SolidWorks Simulation 接触设置

名称	特点	应用实例	接触设置方法	
			零部件相触	相触面组
接合	两零件接触面不能产生相对位移	粘接	为两个以上的零件所有面添加接触关系。选择“全局接触”自动为所有零件添加接触	为两零件对应的面（接触面对）指定接触关系
无穿透	两零件不能产生侵入干涉	轮轨接触		
允许贯通	两者间无相互约束关系			
冷缩配合	按“外胀内缩”的原则使有干涉的两零件接触面重合	过盈配合		

注意：在分析装配体时，自动为所有零件添加“接合”接触。

7.2　高速轴设计

通常轴所受的载荷是变化的，因此以疲劳强度分析为主。有时轴所受的瞬时过载即使作用的时间很短和出现次数很少，虽不至于引起疲劳，但却能使轴产生塑性变形，因此应进行静强度以检查轴抵抗塑性变形的能力。如果轴的刚度不足，在工作中就会产生过大的变形，从而影响轴上零件的正常工作。轴的刚度校核计算通常是计算出轴在受载时的变形量，并控制其不大于允许值。轴的扭转刚度以扭转角来量度；弯曲刚度以挠度或偏转角来量度。

轴是弹性体，旋转时由于轴和轴上零件的材料不均匀、制造有误差或对中不良等，就会产生以离心力为表征的周期性的干扰力，从而引起轴的弯曲振动。如果这种强迫振动的频率与轴的弯曲自振频率相重合，就出现了弯曲共振现象。因此，有必要对轴进行模态分析。

如图 7-12 所示，一高速轴扭矩 $T=8000\ \text{N}\cdot\text{m}$，圆周力 $F_t=5000\ \text{N}$，径向力 $F_r=1840\ \text{N}$，轴向力 $F_a=700\ \text{N}$，试对该轴进行静强度、刚度、疲劳强度和模态分析。

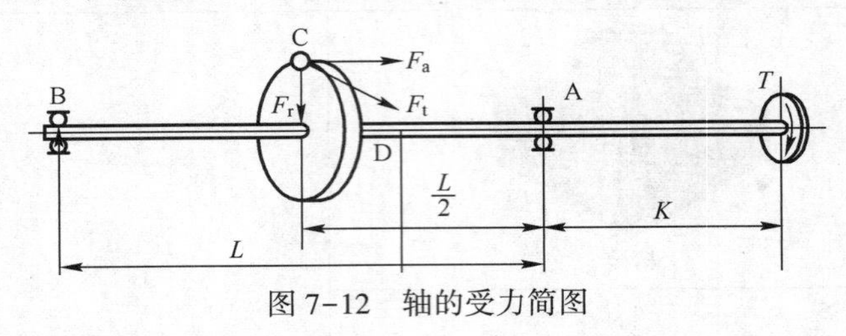

图 7-12　轴的受力简图

7.2.1　轴的静强度与刚度分析

高速轴的静态分析内容包括如何确定加载区域和加载方向，如何进行周向约束，如何施加扭矩和离心力。

（1）打开零件

打开<资源文件>目录下的“7\高速轴 . sldprt”。

（2）分割加载面

为了在轴的圆柱面上确定加载区域，需要对圆柱面进行分割。选择“前视基准面”为草图绘制平面，利用“矩形”绘制工具分别绘制包含右轴承座和联轴器的两个矩形。

选择“插入”→“曲线”→“分割线”命令，如图 7-13 所示，设置分割线的类型为“投影”，在图形区选择右轴承座和联轴器座圆柱面，单击“确定”按钮，创建分割线。

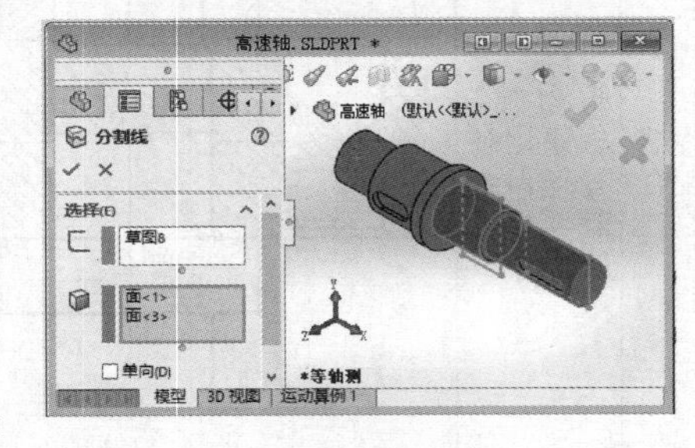

图 7-13　分割加载面

（3）生成静态算例

单击 CommandManager 中的“算例”→“新算例”。在 PropertyManager 的“名称”文本框中输入“静态分析”；在“类型”选项组中单击“静应力分析”。最后，单击“确定”按钮。

（4）定义材料属性

单击“应用材料”，在“材料”对话框中选择“自库文件”，在“SolidWorksmaterial”材料库中选择“钢”→“1023 碳钢板（相当于 45 钢回火）”，单击“应用”按钮，再单击“关闭”按钮。

（5）网格控制

右击设计树中的“网格”，在弹出的快捷菜单中选择“应用网格控制”命令，选择联轴器座和右轴承座的过渡圆角，网格密度设置为“良好”，单击“确定”按钮。

（6）添加约束

1）左轴承座线性约束：右击 Simulation 设计树上的“夹具”，在弹出的快捷菜单中选择“固定铰链”，“夹具”对话框出现。如图 7-14 所示，在图形区域中，单击左轴承座圆柱面，单击“确定”按钮。Simulation 约束左轴承座 3 个方向的线位移。

2）右轴承座径向约束：右击 Simulation 设计树上的“夹具”，在弹出的快捷菜单中选择“滚柱/滑杆”，“力/扭矩”对话框出现，如图 7-15 所示，单击右轴承座圆柱面，单击“确定”按钮，约束径向位移。

3）齿轮座扭转约束：右击 Simulation 设计树上的“夹具”，在弹出的快捷菜单中选择“高级夹具”；“夹具”对话框出现，选择“在圆柱面上”。在图形区域中，单击齿轮座圆柱面。在平移中选择“圆周”，单击“确定”按钮，约束圆周位移。

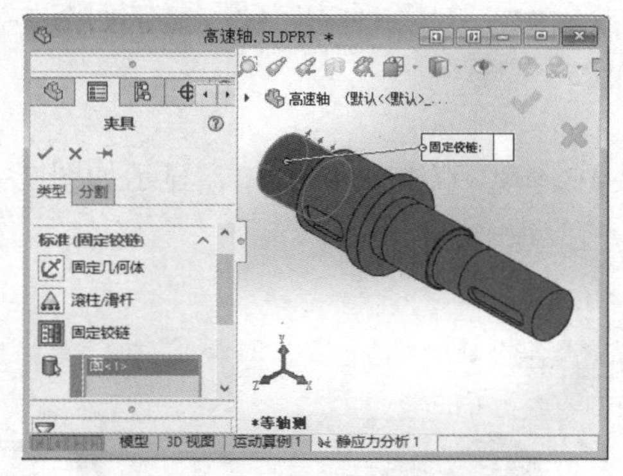

图 7-14　添加固定铰链约束

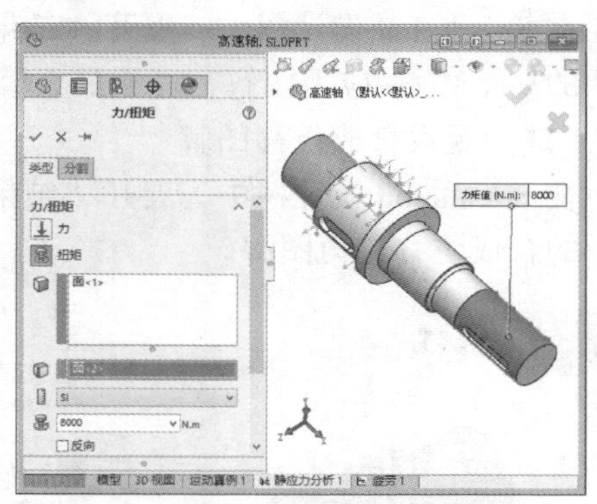

图 7-15　添加圆柱径向约束

（7）施加力

右击 Simulation 设计树上的“外部载荷”，在弹出的快捷菜单中选择“力”，“力/扭矩”对话框出现。如图 7-16a 所示，在图形区域中单击齿轮圆柱面作为加载面；在“力/扭矩”对话框中选择“选定的方向”单选按钮，在图形区域中，单击齿轮键槽底面作为参考面；在“力/扭矩”对话框中的“力”选项组中依次输入轴向力 700 N、径向力 1840 N 和圆周力 5000 N，单击“确定”按钮。

（8）施加扭矩

右击 Simulation 设计树上的“外部载荷”，在弹出的快捷菜单中选择“扭矩”，“力/扭矩”对话框出现。如图 7-16b 所示，在图形区域中，单击联轴器座圆柱面作为加载面，单击左轴承座圆柱面作为参考面；在“力/扭矩”对话框中的区输入扭矩 960 W · m，单击“确定”按钮。

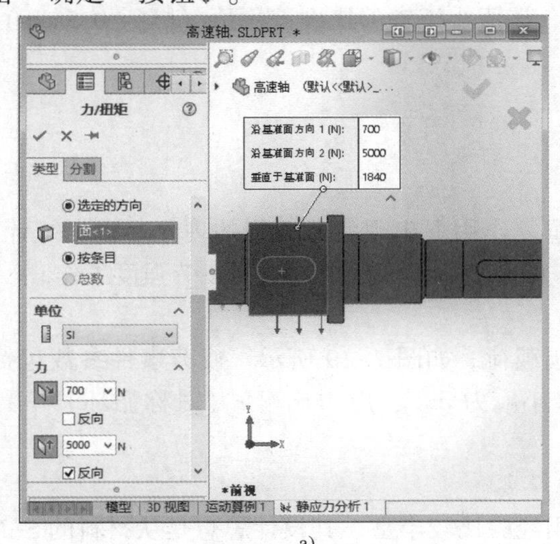

a)

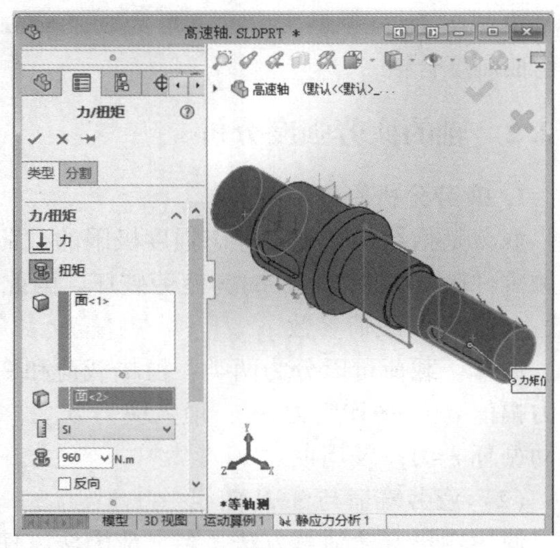

b)

图 7-16　施加载荷
a）施加力　b）施加扭矩

（9）求解

单击 Simulation 工具栏上“运行”按钮，划分网格并运行分析。

（10）观察 von Mises 应力图解

在 Simulation 设计树中，展开“结果”文件夹 结果，双击“应力 1”，显示如图 7-17 所示的 von Mises 应力图解，可见最大值为 246.2 MPa。

（11）观察合成位移图解

在 Simulation 设计树中，展开“结果”文件夹 结果，双击“位移 1”，显示如图 7-18 所示的合成位移应力图解。

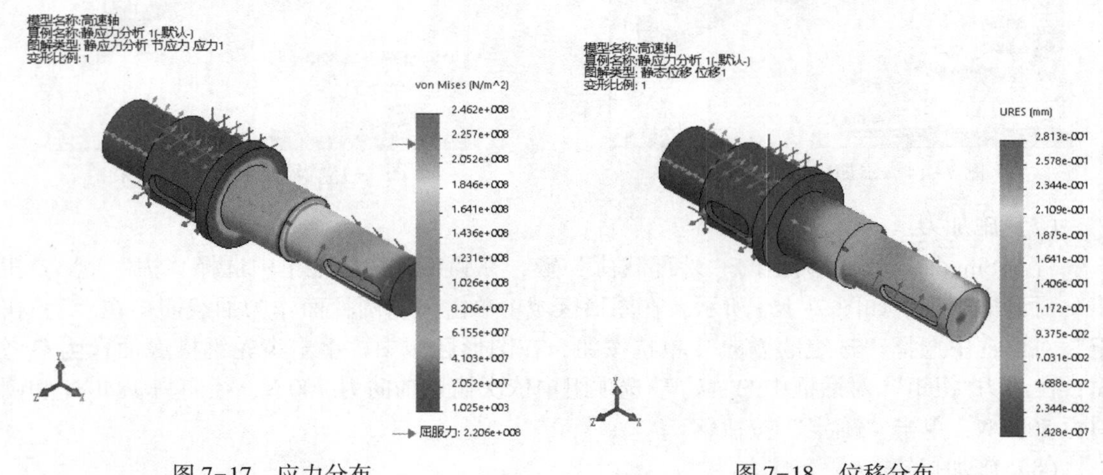

图 7-17　应力分布　　　　图 7-18　位移分布

（12）静强度和刚度分析

由图 7-17 可见最大应力为 246.2 MPa，该值小于 45 钢的屈服极限（280 MPa），轴不会发生塑性变形。

由图 7-18 可见最大弯曲变形为 0.2813 mm，该值小于轴的挠度许用值（[f]=0.5 mm），轴弯曲刚度合格。

7.2.2　轴的疲劳强度分析

1. 疲劳分析原理

疲劳是指结构在低于静态强度极限的载荷重复作用下出现疲劳断裂的现象。根据统计，机械零件破坏 50%~90%时为疲劳破坏。因此，许多发达国家越来越重视疲劳强度工作。

（1）疲劳载荷参数

通常，载荷可以分为两类：恒幅载荷和变幅载荷。如图 7-19 所示，疲劳事件参数包括应力幅值 σ_a、平均应力 σ_m，最大应力 σ_{max}、最小应力 σ_{min}，应力比率 r（对称循环 $r=-1$，脉动循环 $r=0$）及周期。

（2）疲劳寿命与 S-N 曲线

使用较早寿命估算方法是名义应力法，使用经验比较丰富。其设计思想是从材料的 S-N 曲线出发，再考虑各种因素的影响，得出零件的 S-N 曲线（见图 7-20），并根据零件的 S-N 曲线估计在已知应力水平时的寿命，若给定了设计寿命则可估计可以使用的应力水平。

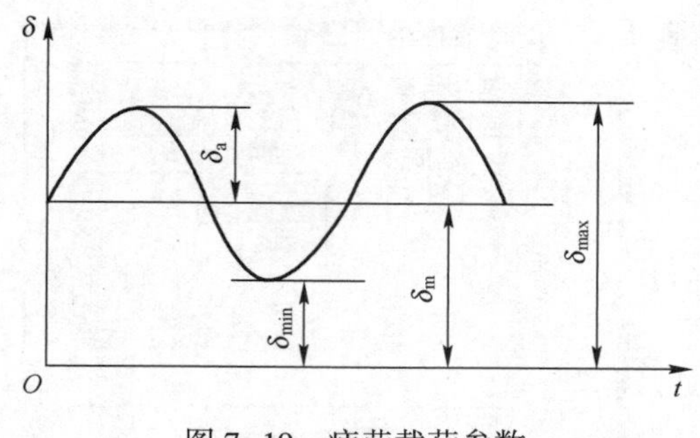

图 7-19 疲劳载荷参数

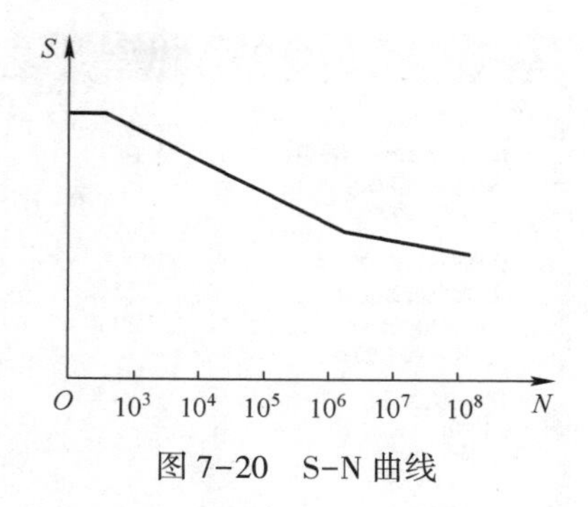

图 7-20 S-N 曲线

材料的 S-N 曲线，只能代表标准光滑试样的疲劳性能。实际零件的尺寸、形状和表面状况等都与标准试样有很大差别，因此其疲劳强度和寿命也与标准试样有很大差别。影响机械零件疲劳强度的因素很多，其中主要的有形状、尺寸、表面状况、平均应力、复合应力、加载频率、应力波形、腐蚀介质和温度等。为了反映形状、尺寸、表面状况的影响，一般在材料的疲劳极限和 S-N 曲线的基础上再考虑一个疲劳强度降低系数 $K_{\sigma D}$，以获得零件的疲劳极限和 S-N 曲线。通常使用材料的 Goodman 方程引入折合系数 α 将非对称循环等效为对称循环进行分析。

通常，由弯矩所产生的弯曲应力是对称循环变应力，而由扭矩所产生的扭转切应力则常常不是对称循环变应力。为了考虑两者循环特性不同的影响，引入折合系数 α 进行计算应力。当扭转切应力为静应力时，取 $\alpha=0.3$；当扭转切应力为脉动循环变应力时，取 $\alpha=0.6$；若扭转切应力亦为对称循环变应力时，则取 $\alpha=1.0$。此次扭转切应力按脉动循环变应力，取$\alpha=0.6$。

2. 恒幅疲劳寿命估算

利用静态分析获得的应力数据，即可进行疲劳寿命估算。

（1）生成疲劳算例

在 Simulation 选项卡下选择“算例”→“新算例”。在 PropertyManager 的“类型”选项组中单击“疲劳”，在“名称”文本框中输入“寿命估算”；最后，单击“确定”按钮✔。

（2）设置算例属性

在 Simulation 设计树中，右击“疲劳”，在弹出的快捷菜单中选择“属性”，“疲劳-恒定振幅”对话框出现。在“计算交替应力”的选项组中，单击“对等应力（von Mises）”；在“疲劳强度缩减因子”（Kf）文本框内，输入 1。单击“确定”按钮，如图 7-21 所示。

（3）添加事件

在“寿命估算”算例的设计树中，右击“负载”，在弹出的快捷菜单中选择“添加事件”，“添加事件（恒定）”对话框出现。将“循环数”设定为 1000，设“负载类型”为“完全反转（LR=-1）”，在“算例”选项组中选择“静应力分析”，单击“确定”按钮✔，如图 7-22 所示。

（4）定义 S-N 曲线

在“寿命估算”算例的设计树中，右击“高速轴”，在弹出的快捷菜单中选择“应用/编辑疲劳数据”，如图 7-23 所示，在“材料”对话框中单击“从材料弹性模量派生”和“基于 ASME 奥氏体钢曲线”单选按钮，单击“应用”按钮，再单击“关闭”按钮。

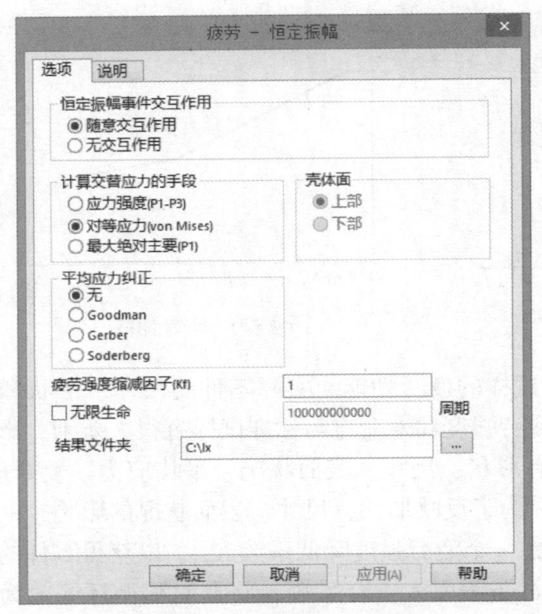

图 7-21　设置算例属性

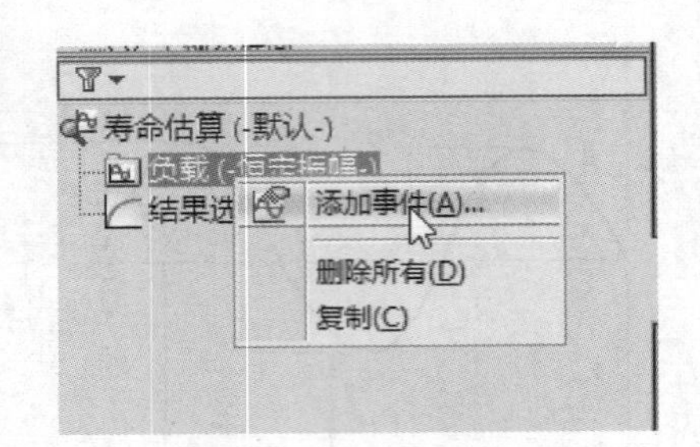

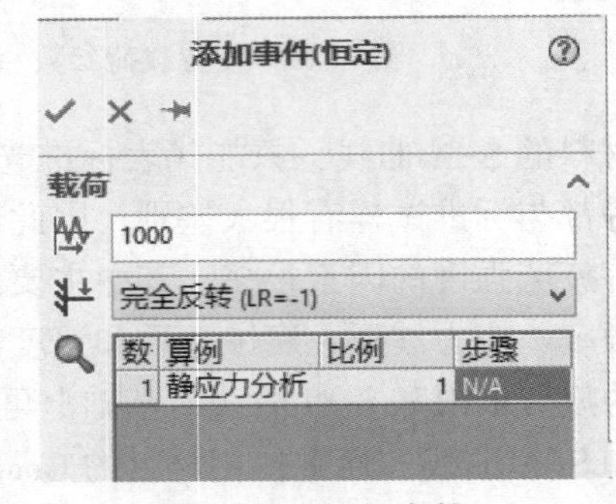

图 7-22　添加事件

（5）运行疲劳研究

在 Simulation 设计树中右击“寿命估算”按钮，在弹出的快捷菜单中选择“运行”命令。

（6）查看生命图解

在 Simulation 设计树的“结果”文件夹中，双击“结果 2（-生命-）”，将显示疲劳寿命分布，如图 7-24 所示。可见，轴最短寿命为 32.73 万次。

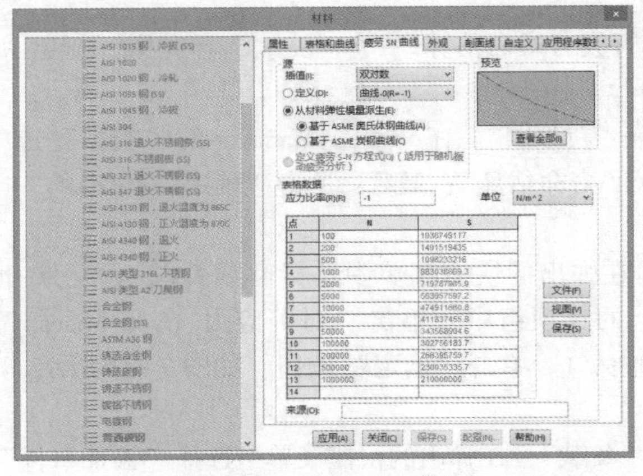

图 7-23　设置 S-N 曲线

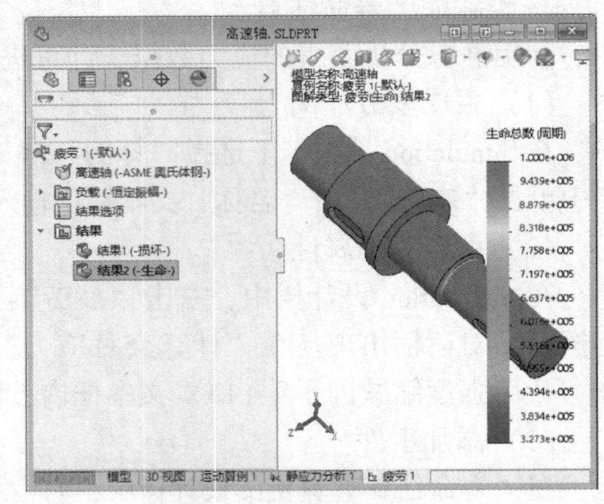

图 7-24　疲劳寿命分布

3. 变幅疲劳寿命估算

轴使用过程中由于工况的变化，动载荷常常不是稳定幅值，下面分析变化载荷下的疲劳寿命。

（1）生成疲劳算例

在 Simulation 选项卡下选择“算例”→“新算例”。在属性管理器的“名称”文本框中输入“疲劳”；在“类型”下单击“疲劳”。如图 7-25 所示，在“选项”选项组中选择

“可变高低幅度历史数据”作为疲劳分析的类型最后，单击“确定”按钮✔。

（2）设置算例属性

在 Simulation 设计树中，右击“疲劳”，在弹出的快捷菜单中选择“属性”，“疲劳-可变振幅”对话框出现。如图 7-26 所示，在“可变振幅事件选项”选项组的“雨流记教箱数”文本框中输入 25，“在以下过滤载荷周期”文本框中输入 1%；在“计算交替应力的手段”选项组中，单击“对等应力（von Mises）”；在“平均应力纠正”选项组中单击“Gerber”单选按钮；在“疲劳强度缩减因子（Kf）”文本框中输入 0.5。单击“确定”按钮。

图 7-25　新建随机疲劳算例

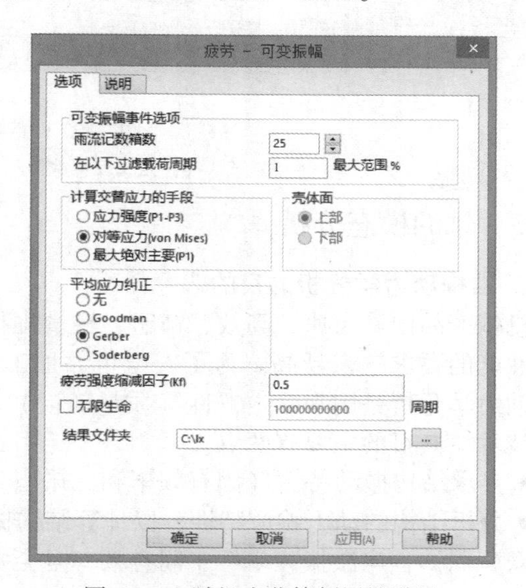

图 7-26　随机疲劳算例属性设置

（3）定义随机疲劳事件

在“疲劳”算例的设计树中，右击“负载”，在弹出的快捷菜单中选择“添加事件”。如图 7-27a 所示，在“添加事件（可变）”对话框中指定算例为“静应力分析”，比例设为 0.002；单击“获取曲线”按钮。在“函数曲线”对话框的“类型”下拉列表中选择“仅限振幅”，在第 3 种曲线库中选择“SAE Suspension”，单击“确定”按钮，用实测数据来模拟载荷。

在“函数曲线”对话框中单击“视图”按钮，可查看载荷历史图表，单击“确定”按钮，关闭该图形窗。再在“添加事件（可变）”对话框单击“确定”按钮✔完成该事件的定义。

（4）定义 S-N 曲线

右击设计树中“高速轴疲劳”，在弹出的快捷菜单中选择“应用/编辑疲劳数据”。在“源”选项组中，单击“从材料弹性模量派生”和“基于 ASME 碳钢曲线”，该曲线图形将出现在预览区域，并且在表格内显示出数据组，单击“应用”和“关闭”按钮。

（5）运行疲劳研究

在 Simulation 设计树中，右击“疲劳”，在弹出的快捷菜单中选择“运行”。

（6）查看生命图解

在 Simulation 设计树的“结果”文件夹中，双击“结果 2（-生命-）”，将显示生命图解，如图 7-27b 所示。可见，最短寿命是 695.2 个谱块。

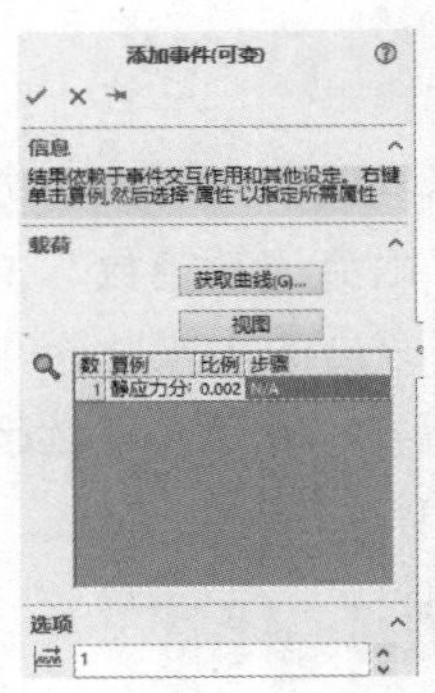

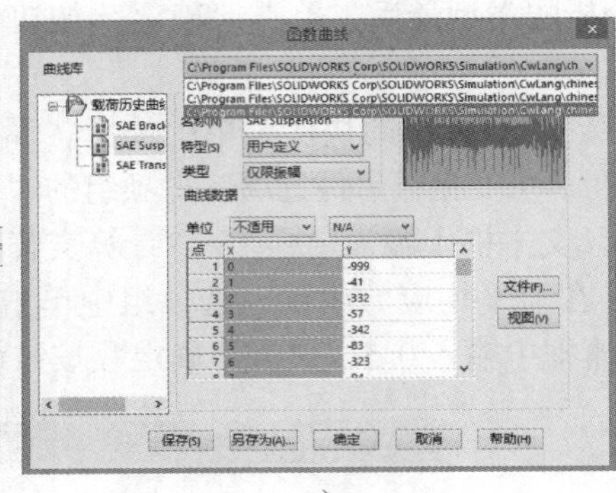

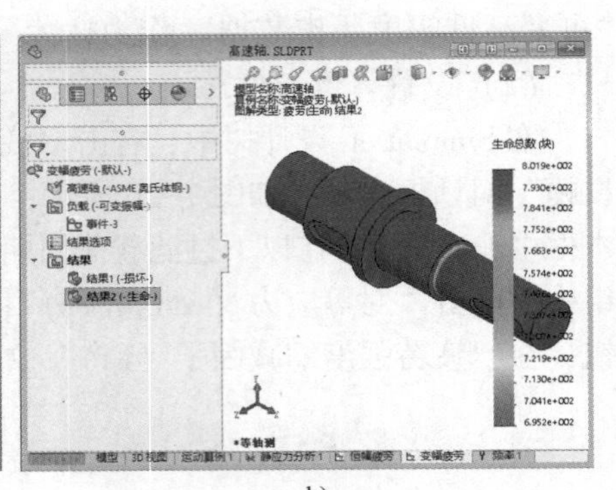

a) b)

图 7-27 变幅疲劳分析

a）定义变幅载荷 b）变幅疲劳寿命

7.2.3 轴的模态分析

1. 结构动力学分析的目的

机械产品向着高速、高效、精密、轻量化和自动化方向发展，产品结构日趋复杂，对其工作性能的要求越来越高。为了安全可靠地工作，其结构系统必须具有良好的静、动态特性。动力学分析是用来确定惯性（质量效应）和阻尼起着重要作用时结构或构件动力学特性的技术，其目的主要有两点。

- 寻求结构振动特性（固有频率和主振型）以便更好地利用或减小振动。
- 分析结构的动力响应特性，以计算结构振动时的动力响应的大小及其变化规律。

众所周知，当激振频率等于固有频率时会发生过度振动反应，这种现象就称为共振。为了避免或利用共振，必须确定零件的固有频率。特定固有频率下各节点的振幅，反映了结构的共振频率被激活时的振动形态，称之为振动模态，简称为模态，也叫主振型。因此确定零件的固有频率的分析，也称为模态分析。模态分析由于确定的是内在固有的特性，因此不需要施加载荷，如不施加任何约束，则其前 6 阶固有频率为零，模态分别对应 6 个刚体位移，从第 7 阶开始依次对应相应固有频率下的振动模态。

2. 轴的模态分析过程

（1）生成频率分析算例

在 Simulation 选项卡下选择“算例”→“新算例”。在“算例”对话框的“类型”下，单击“频率”，在“名称”文本框中输入“固有频率分析”，单击“确定”按钮✔。

（2）复制材料

切换到“静态分析”算例，右击其设计树中的“高速轴”，在弹出的快捷菜单中选择“复制”；切换回“固有频率分析”算例，右击其设计树中的“轴”，在弹出的快捷菜单中选择“粘贴”完成材料复制，如图 7-28 所示。

（3）复制约束

切换到“静态分析”算例，右击其设计树中的“夹具”，在弹出的快捷菜单中选择“复制”；切换回“固有频率分析”算例，右击其设计树中的“夹具”，在弹出的快捷菜单中选择“粘贴”完成约束复制。

（4）网格化模型和运行

在 Simulation 选项卡下单击“运行”按钮，按默认方式划分网格并运行。

（5）列举共振频率

在 Simulation 设计树中，右击“结果”文件夹，在弹出的快捷菜单中选择“列举共振频率”。列举模式框将显示模式编号、共振频率（rad/s 或 Hz）以及对应的周期秒数。如图 7-29 所示，模式 1 的频率为 1255.8 Hz。

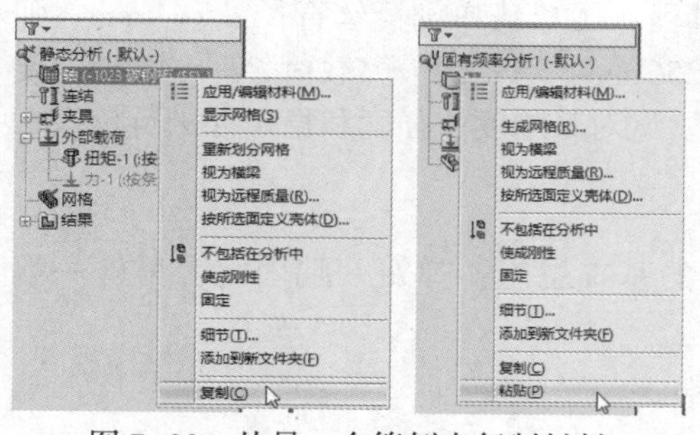

图 7-28　从另一个算例中复制材料

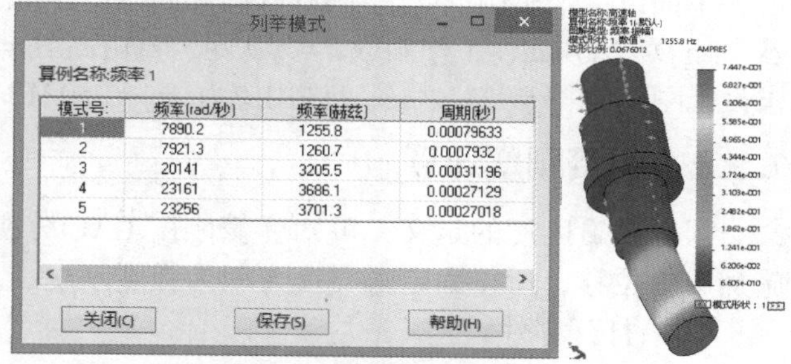

图 7-29　列举共振频率及第 1 阶模态

（6）查看模态形状

在 Simulation 设计树中，右击“载荷/约束”文件夹，在弹出的快捷菜单中选择“隐藏所有”以隐藏所有约束符号。单击 Simulation 设计树中的“结果”文件夹，双击“位移 2”，列出模式形式图。图说明中包括：模式号和固有频率大小。

（7）动画演示

单击 Simulation 设计树中的“结果”文件夹，双击对应的“位移”文件夹，打开模态图解。然后，右击对应项，在弹出的快捷菜单中选择“动画”，以便对各阶模态进行深入的认识。

7.3　圆柱螺旋压缩弹簧设计

本节介绍螺旋弹簧强度、刚度和稳定性分析的过程。

7.3.1　弹簧设计内容

圆柱螺旋弹簧是一种广泛应用于车辆减振和缓冲装置中的弹性元件，它可以在载荷作用下产生较大的弹性变形，具有经久不变的弹性，且不允许产生永久变形。因此在弹簧校核时，为保证其缓冲效果通常要进行刚度验证；为避免弹簧发生断裂或并圈失效，要进行强度验证和最大挠度验证；对于压缩弹簧，如其长度较大时，则受力后容易失去稳定性，故要验算其稳定性，也称为屈曲分析。传统的校核公式如下。

$$K_v=\frac{Gd^4}{8nD^3}=[K_v] \tag{7-2}$$

$$\tau_{\max}=\frac{8P_{\max}DC}{\pi d^3}\leqslant[\tau] \tag{7-3}$$

$$f_{\max}=\frac{P_{\max}}{K_v}<H_0-H_{\min} \tag{7-4}$$

$$P_c=C_uK_vH_0>P_{\max} \tag{7-5}$$

式中，d 为簧丝直径；D 为弹簧中径；n 为工作圈数；H_0 为弹簧自由高；$H_{\min}$ 为弹簧压并高度；G 为弹簧材料的剪切弹性模量，$G=80$ GPa；C 为应力修正系数 $C=(4m-1)/(4m-4)+0.615\,m$，m 弹簧指数 $m=D/d$；P_{max} 为最大工作载荷；K_v 为弹簧刚度（使弹簧产生单位变形所需的载荷称为弹簧刚度）；τ_{max} 为工作应力，f_{max} 为弹簧工作过程中的最大挠度，P_c 为压缩弹簧的稳定载荷。

下面以一个实例说明上述验证内容的 CAE 分析过程。已知某弹簧簧丝直径 $d=41$ mm、弹簧中径 $D=220$ mm、工作圈数 $n=2.9$ 圈、自由高 $H_0=256$ mm，承受的最大载荷 $P_{max}=43$ kN，要求设计刚度 $[K_v]=925$ N/mm，许用应力 $[\tau]=750$ MPa。试对其刚度、强度和稳定性进行校核。

7.3.2 弹簧刚度计算

根据弹簧刚度的定义，可知弹簧刚度 CAE 分析的基本思想：弹簧一端固定，另外一端施加单位位移，所得固定端支反力即为弹簧刚度。

（1）打开零件

浏览到<资源文件>目录下的“7\螺旋弹簧 . sldprt”并打开。

（2）生成静态算例

在 CommandManager 中单击“算例”→“新算例”。在 PropertyManager 的“名称”文本框中输入“刚度分析”；在“类型”下单击“静应力分析”。最后，单击“确定”按钮。

（3）定义材料属性

单击“应用材料”，在“材料”对话框中选择“自库文件”，然后在“SolidWorksmaterial”材料库中选择“钢”→“合金钢”，单击“应用”按钮，再单击“关闭”按钮。

（4）添加约束

右击 Simulation 设计树上的“夹具”按钮，在弹出的快捷菜单中选择“固定几何体”，“夹具”对话框出现。如图 7-30 所示，在图形区域中，单击弹簧下支撑圈圆柱面，单击“确定”按钮。

（5）施加强迫位移

右击 Simulation 设计树上的“夹具”，在弹出的快捷菜单中选择“高级夹具”，“夹具”对话框出现。如图 7-31 所示，在“类型”选项卡中选择“使用参考几何体”，设法线平移为 1.0mm，在图形区域中，单击弹簧上支撑圈圆柱面为加载位置，单击弹簧顶面为参考面，单击“确定”按钮。

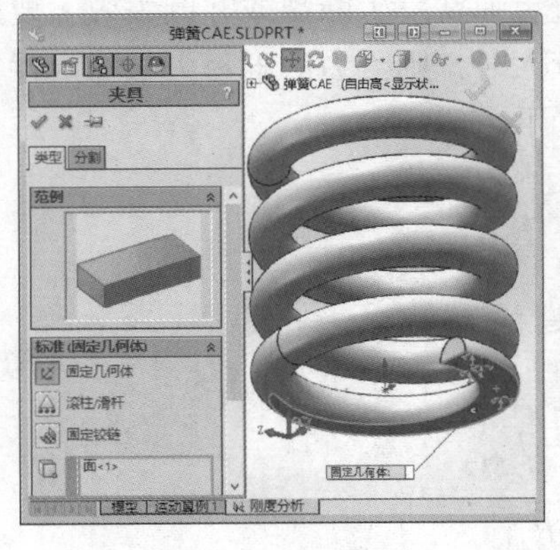

图 7-30　施加约束

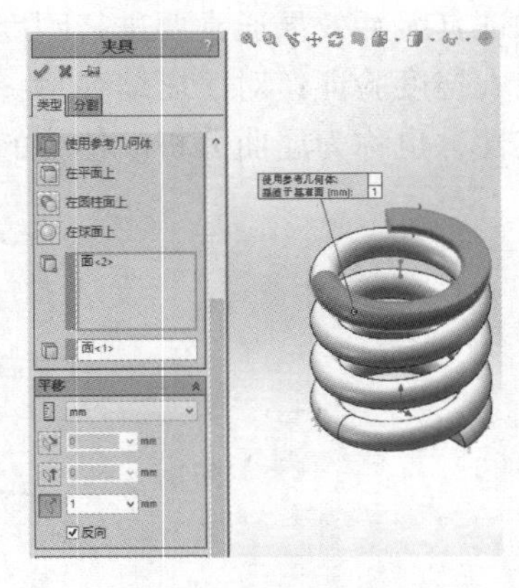

图 7-31　施加强迫位移

(6) 求解

单击 Simulation 工具栏上“运行”按钮，划分网格并运行分析。

(7) 观察约束反力

如图 7-32 所示，在 SolidWorks Simulation 的工具栏上选择“结果顾问”→“列举合力”，在“合力”对话框中单击“反作用力”单选按钮，在图形区单击弹簧上支撑圈圆柱面，单击“更新”按钮，显示约束反力计算结果。

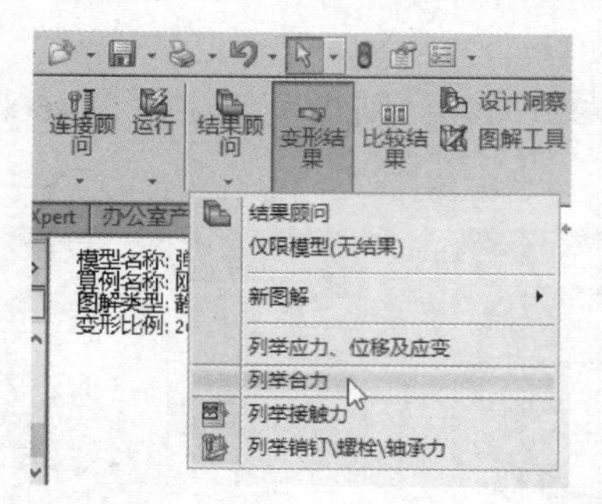

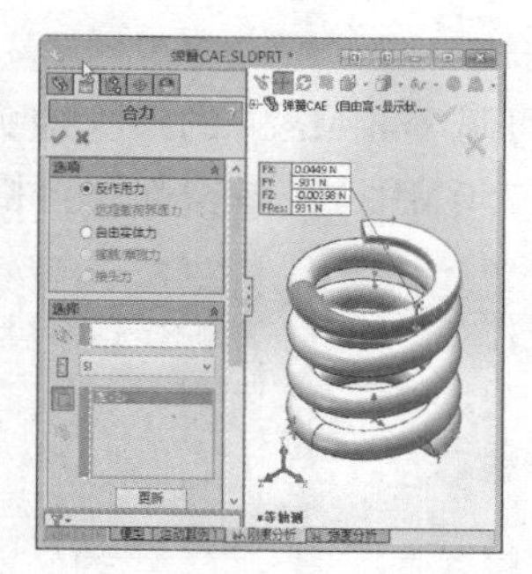

图 7-32　观察约束反力

(8) 刚度分析

可见约束反力为 931 N，即弹簧刚度为 931 N/mm。与设计刚度 925 N/mm 接近，弹簧刚度合格。

7.3.3　弹簧强度计算

基本思想：弹簧一端固定，另外一端施加最大位移 ($f_{max}=P_{max}/K_v=46.2\ \mathrm{mm}$)，所得应力即为弹簧最大应力。

(1) 复制静态算例

如图 7-33 所示，在算例管理标签中，右击前面生成的“刚度分析”，在弹出的快捷菜单中选择“复制”，输入算例名称为“强度分析”，单击“确定”按钮。

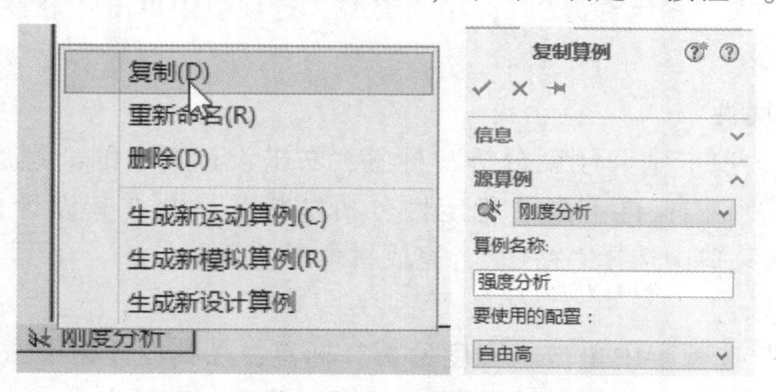

图 7-33　复制算例

(2) 更改强迫位移

在“算例管理”选项卡中，单击前面生成的“强度分析”标签，如图 7-34 所示，右击 Simulation 设计树上的“夹具”→“参考几何”，在弹出的快捷菜单中选择“编辑定义”，在弹出的“夹具”对话框中修改法线平移为 46.2 mm，并选择“反向”复选框，单击“确定”按钮。

(3) 求解

单击 Simulation 工具栏上的“运行”按钮，划分网格并运行分析。在“静态分析”对话框中单击“否”按钮（不考虑大变形的影响）。

(4) 观察 von Mises 应力图解

在 Simulation 设计树中，展开“结果”文件夹 结果，双击“应力 1”，显示如图 7-35 所示的 von Mises 应力图解。

(5) 强度校核

由图 7-35 可见 von Mises 的最大应力为 921 MPa，则当量剪应力为 460.5 MPa，小于材料的许用应力（750 MPa），弹簧强度合格。

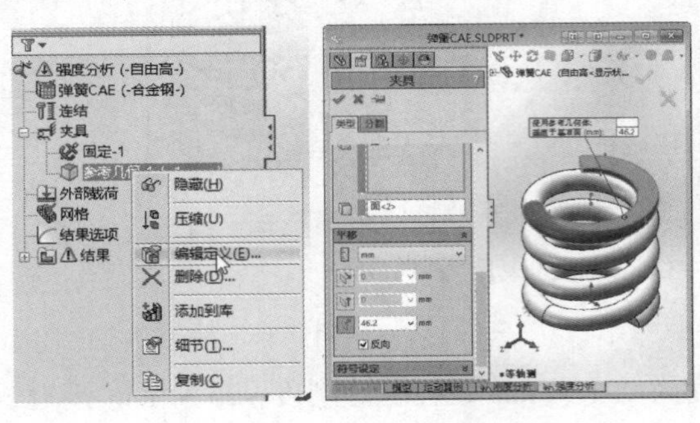

图 7-34　更改强迫位移

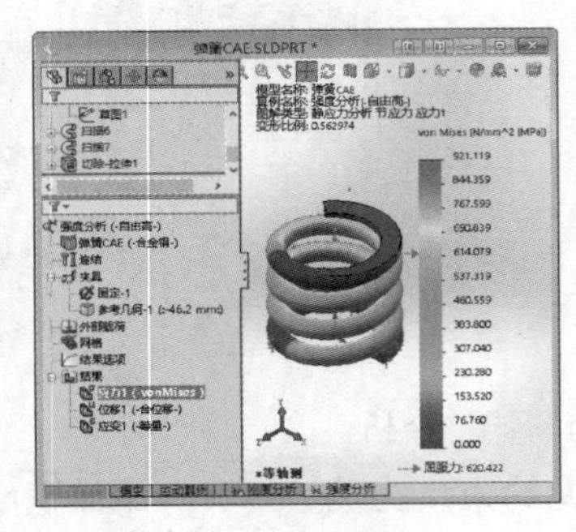

图 7-35　应力分布

7.3.4　弹簧稳定性分析

基本思想：弹簧一端固定，另外一端施加单位位移，进行屈曲分析确定位移屈曲因子乘以弹簧刚度即为临界载荷。

(1) 生成屈曲算例

如图 7-36 所示，单击命令管理器上的“算例”→“新算例”。在“算例”对话框的“名称”文本框中输入“稳定性分析”；在“类型”选项组中单击“屈曲”。最后，单击“确定”按钮。

(2) 复制材料属性

单击“算例”选项卡中“刚度分析”标签，右击设计树中的“螺旋弹簧”，在弹出的快捷菜单中选择“复制”；再单击“稳定性分析”标签，并在其设计树中右击“螺旋弹簧”，在弹出的快捷菜单中选择“粘贴”，完成材料属性复制。

(3) 复制边界条件

在“算例管理”选项卡中单击“刚度分析”标签，在其设计树中右击“夹具”→“固定”，在弹出的快捷菜单中选择“复制”；再在“算例管理”选项卡中单击“稳定性分析”标签，并在其设计树中右击“夹具”，在弹出的快捷菜单中选择“粘贴”，完成边界条件复制。

右击设计树中的“夹具”，在弹出的快捷菜单中选择“高级夹具”→“在平面上”，选中弹簧上表面，除法向施加单位位移（-1 mm）外，其他两个方向均为 0 mm。

(4) 求解

单击 Simulation 工具栏上的“运行”按钮，划分网格并运行分析。

（5）观察 von Mises 应力图解

在 Simulation 设计树中，展开“结果”文件夹 **结果**，双击“位移 1”，显示如图 7-37 所示的一阶屈曲位移模态图解。

（6）屈曲分析

由图 7-37 可见一阶位移屈曲因子为 99.904，则临界载荷 $P_c=99.904\times1.0\times931\,\text{kN}/1000=93.1\,\text{kN}>P_{max}=43\,\text{kN}$，弹簧的稳定性合格。

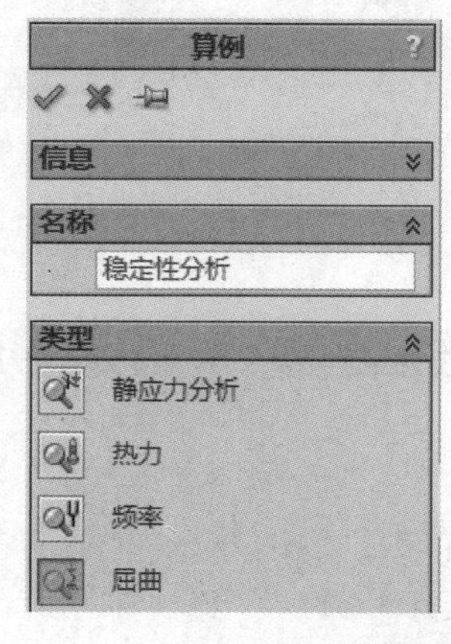

图 7-36　屈曲算例设置

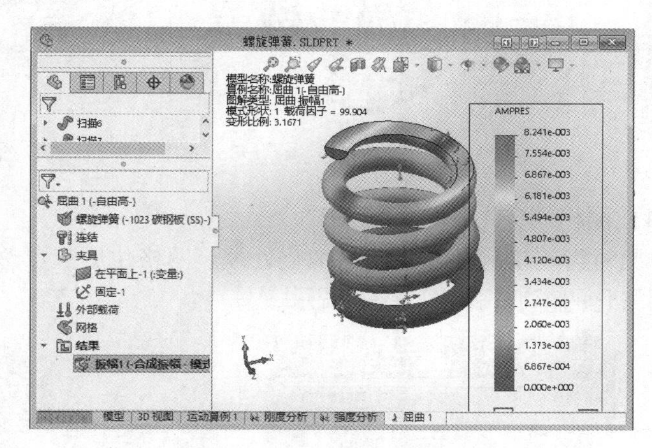

图 7-37　一阶屈曲位移模态图解

7.4　直齿圆柱齿轮强度设计

为了保证在预定寿命内不发生轮齿断裂失效，应进行齿根弯曲强度计算。其计算准则为：齿根弯曲应力小于或等于许用弯曲应力；为了保证在预定寿命内齿轮不发生点蚀失效，应进行齿面接触强度计算。计算准则为：齿面接触应力小于或等于许用接触应力；齿轮与轴的连接方式采用圆柱面过盈配合，且要进行装配应力和传递扭矩的计算。

某减速器，输入功率 $P_1=7\,\text{kW}$，小齿轮转速 $n_1=540\,\text{r/min}$，相互啮合的齿轮材料均为 45 钢，弹性模量 $E=2.06\times10^5\,\text{MPa}$，泊松比 $\mu=0.3$。给定齿轮的基本参数如下：齿轮模数 m 为 3，压力角 α 为 20°，齿数 z_1、z_2 分别为 24、77，齿宽 b 为 45 mm。

7.4.1　齿轮啮合传动强度计算

（1）齿轮啮合建模

采用 SolidWorks 软件的 ToolBox 插件进行齿轮实体建模。将齿轮装配到一起，并保证正确的啮合位置，用装配体拉伸切除特征获得 3 齿简化模型。模型如图 7-38 所示。

（2）生成齿轮传动分析算例

单击命令管理器上的“算例”→“新算例”。在“算例”对话框的“名称”文本框中输入“齿轮传动分析”；在“类型”选项组中单击“静态分析”。最后，单击“确定”按钮✔。

（3）生成接触对

如图 7-39 所示，右击设计树中的“连结”→“零部件接触”→“全局接触”，在弹出的快捷菜单中选择“编辑定义”；在“零部件相触”对话框中，选择“接触类型”为“无穿透”，设接触面摩擦系数为 0.25，单击“确定”按钮✔，完成啮合关系设置。

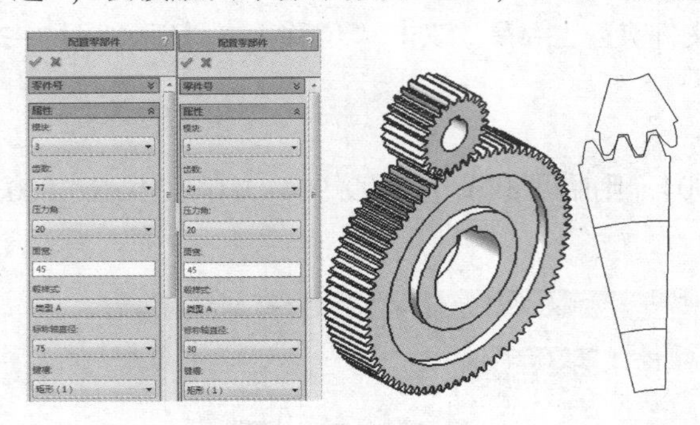

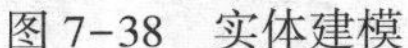
图 7-38 实体建模

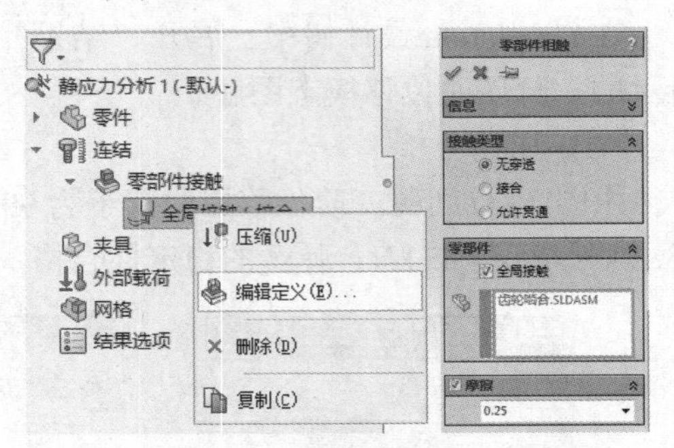

图 7-39 简化模型及接触对

（4）网格划分

对两对齿轮接触面实施网格细化处理。网格化后节点总数为 22684，单元总数为 14514。完成网格化的模型，如图 7-40 所示。

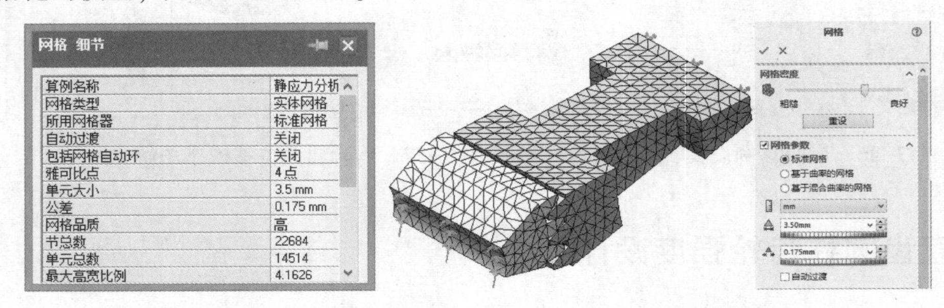

网格 细节	
算例名称	静应力分析
网格类型	实体网格
所用网格器	标准网格
自动过渡	关闭
包括网格自动环	关闭
雅可比点	4 点
单元大小	3.5 mm
公差	0.175 mm
网格品质	高
节总数	22684
单元总数	14514
最大高宽比例	4.1626

图 7-40 网格模型

（5）施加约束与载荷

根据工作的实际情况，将大齿轮内表面设定为固定几何体约束。小齿轮内表面设定为固定铰链约束，使其只有绕齿轮回转中心轴的转动自由度。在小齿轮内表面上施加扭矩载荷 T_1。

$$T_1=\frac{95.5\times10^5 P_1}{1000n_1}=\frac{95.5\times10^5\times7}{1000\times540}=123.8(\mathrm{N\cdot m})$$

取载荷系数 $K=1.8$，则施加载荷为 $1.8\times123.8=222.84$（N·m）。

（6）弯曲应力

右击设计树中的“结果”，在弹出的快捷菜单中选择“添加应力图解”，如图 7-41 所示，在“高级选项”选项组中选择“仅显示选定实体的图解”复选框，在图形区中单击大齿轮的啮合面，单击“确定”按钮✔。

（7）接触压力

右击设计树中的“结果”，在弹出的快捷菜单中选择“添加应力图解”，如图 7-42 所示，在“显示”选项组中选择“CP：接触压力”，单击“确定”按钮✔。

（8）结果验证与应用

下面采用赫兹公式验证上述分析结果的正确性。按赫兹公式计算齿面接触应力为

$$\sigma_H=Z_E Z_H Z_\varepsilon\sqrt{\frac{2KT_1}{\varphi_d\cdot d_1^3}\frac{u+1}{u}}=188.9\times2.5\times0.87\sqrt{\frac{2\times1.81\times1.238\times10^5}{45\times72^2}\cdot\frac{3.2+1}{3.2}}=650.6(\mathrm{MPa})$$

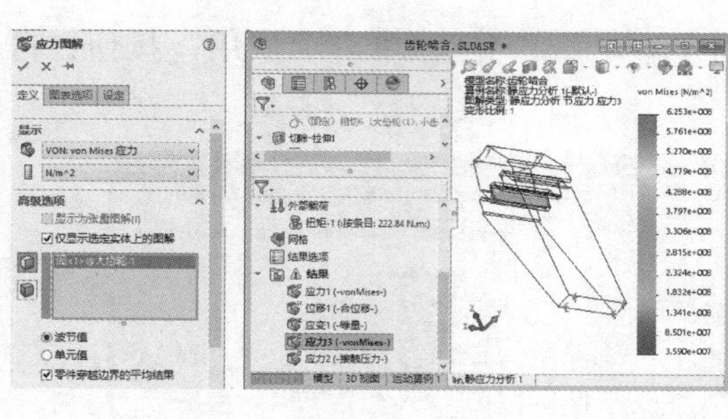

图 7-41 齿面应力分布

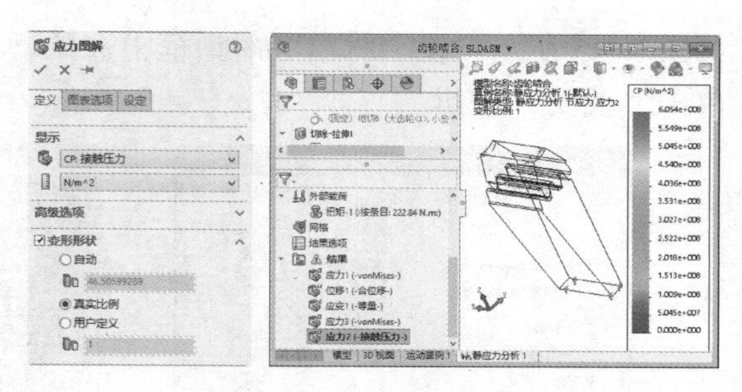

图 7-42 齿轮啮合压力

图 7-42 中的仿真结果（605.4 MPa）与按赫兹公式计算值（650.6 MPa）的误差为 6.9%。

由文献［18］可知，材料为 45 号钢的齿轮接触疲劳强度极限为 550 MPa，因此，设计的齿轮不满足接触疲劳强度要求，需要增加齿轮宽度。可将齿轮宽度增加到 75 mm 再进行校核。

7.4.2 轮轴过盈配合强度计算

下面以过盈配合为例说明 SolidWorks Simulation 冷缩接触分析过程，内容包括使用惯性卸除选项、定义紧缩套合接触、观察相对于参考轴的结果、列举所选实体上的 von Mises 应力、Hoop 应力和接触应力。

一个整体式齿轮与轴的结构设计如图 7-43 所示，齿轮与轴的配合选为过盈配合 ϕ60H7/r6，齿轮内孔表面粗糙度值均为 *Ra*3.2，轴的表面粗糙度值为 *Ra*1.6，轮轴材料均为铜，采用压入法装配，试求：

1）此过盈配合能传递多大转矩。

2）计算所需的最大装拆力。

（1）打开装配体文件

选择“文件”→“打开”命令，浏览到“资源文件\轮轴过盈配合 .sldasm”装配体文件，并将其打开（其中的轴直径比孔大 0.04696 mm）。

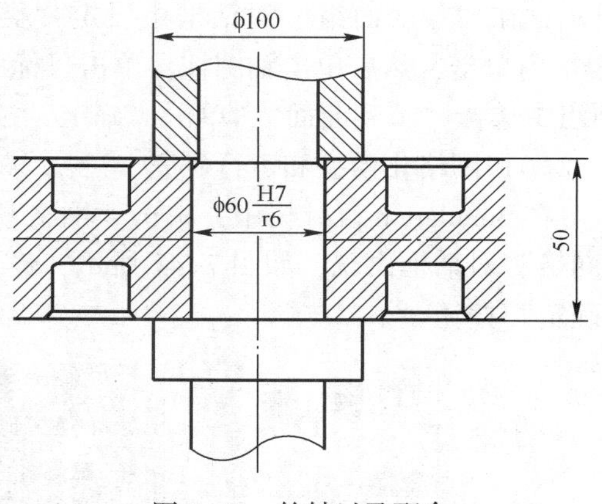

图 7-43 轮轴过盈配合

（2）生成静态算例

在 Simulation 选项卡下选择“算例”→“新算例”。在“算例”对话框的“名称”文本框中输入“过盈配合”，在“类型”选项组中，单击“static”，单击“确定”按钮。

（3）消除刚性实体运动

接触力已内部平衡，激活“惯性卸除”功能来消除刚性实体运动，而无须应用约束。要激活“使用惯性卸除”选项，则在 SolidWorks Simulation 设计树中，右击“过盈配合”，在弹出的快捷菜单中选择“属性”。在“Static”对话框的“选项”选项卡中，将“解算器”设置为“Direct sparse”并选择“使用惯性卸除”复选框，单击“确定”按钮，如图 7-44 所示。

（4）定义材料属性

在 Simulation 设计树中，右击“零件”，在弹出的快捷菜单中选择“应用材料到所有”。

如图 7-45 所示，在“材料”对话框中选择“红铜合金”→“铜”，单击“应用”按钮，再单击“关闭”按钮。

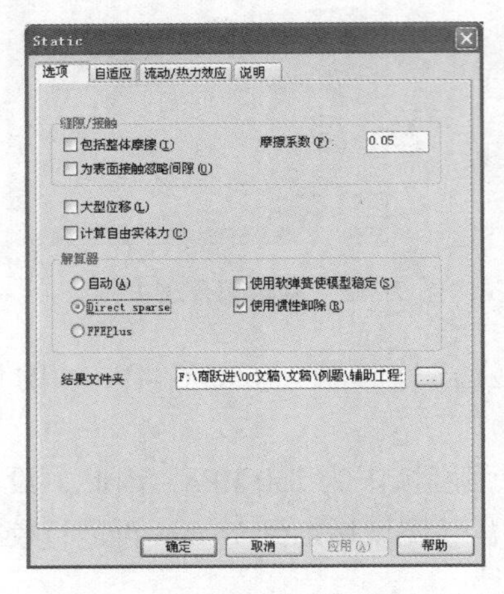

图 7-44　消除刚性实体运动

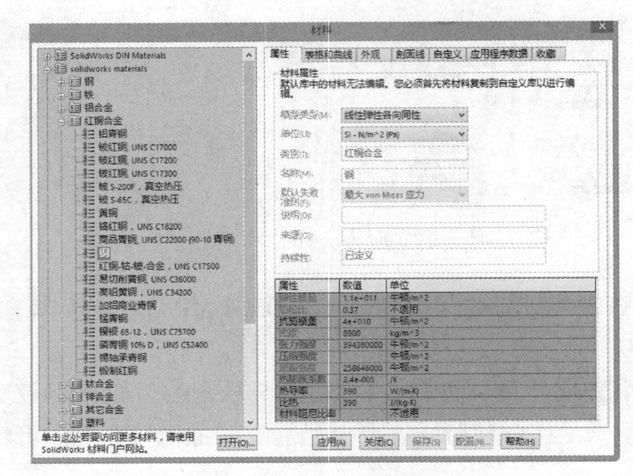

图 7-45　定义材料属性

（5）定义冷缩配合接触

生成爆炸视图以展现出重叠面，以便在轴座与轮毂孔柱面间定义紧缩套合接触条件。

在 Simulation 选项卡的“连接”中选择“相触面组”→“定义接触面组”。如图 7-46 所示，在“相触面组”对话框中设定“类型”为“冷缩配合”。在源项的面、边线、顶点框内单击，然后单击轴圆柱；单击目标的面框内，然后单击轮毂孔面，在“选项”选项组中选择“节到曲面”，单击“确定”按钮。Simulation 在两个面上应用紧缩套合接触。

（6）网格化模型和运行研究

在 Simulation 设计树中，右击“网格”网格，在弹出的快捷菜单中选择“生成网格”，“网格”对话框出现，如图 7-47 所示，输入 5 mm 作为整体大小，选择“运行分析”，单击“确定”按钮。

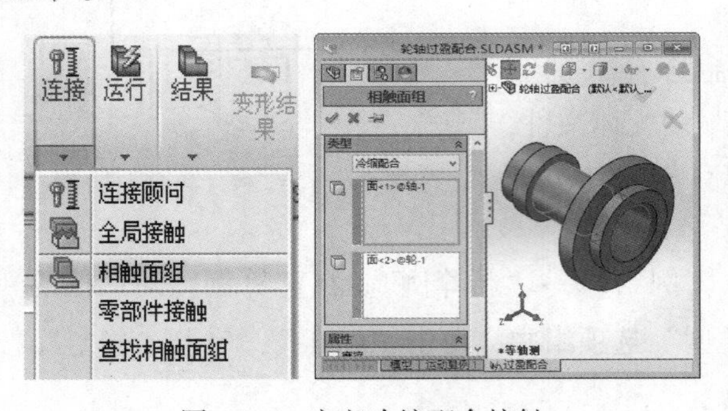

图 7-46　定义冷缩配合接触

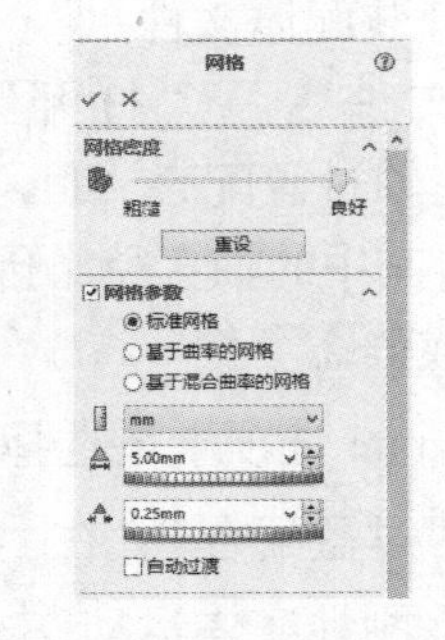

图 7-47　“网格”对话框

（7）观察结果

具有轴对称特性的模型，最好在柱坐标系中观察结果。首先需要在轮轴中心生成基准轴。

1）生成基准轴。

选择“插入”→“参考几何体”→“基准轴”命令，“基准轴”对话框出现。单击“圆柱/圆锥面”按钮。在图形区域中单击轮轴的任意圆柱面，单击“确定”按钮，如

图 7-48 所示。

2）观察径向应力。

在 Simulation 设计树中，右击“应力 1”文件夹，在弹出的快捷菜单中选择“编辑定义”，“应力图解”对话框出现。在“显示”选项组中的“分量”中选择“SX：X 法向应力”（在由参考轴定义的圆柱坐标系中，SX 应力分量代表径向应力），将“单位”设为“N/mm^2（MPa）”。在“高级选项”选项组中，选择“基准轴 1”作为坐标系。取消选择“变形形状”复选框，单击“确定”按钮，如图 7-49 所示。

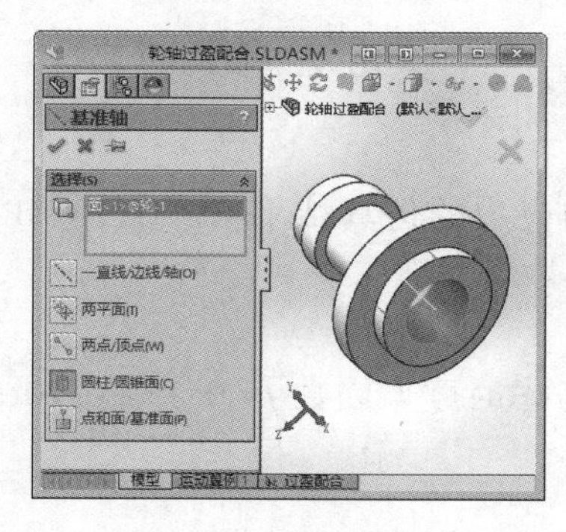

图 7-48　生成基准轴

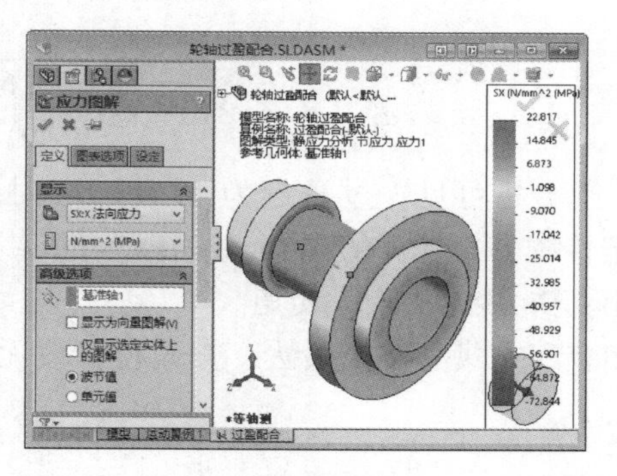

图 7-49　观察径向应力

3）列举径向应力。

在 SolidWorks Simulation 设计树中，右击“结果”文件夹中的“应力（-X 正交-）”，在弹出的快捷菜单中选择“探测”。在属性管理器的“选项”选项组中，选择“在所选实体上”。在中选择轮座柱面。单击“更新”，在“结果”选项组中查看与选定面相关联的所有节点的径向应力；在“摘要”选项组中，查看选定面的平均应力、最大应力和最小应力，平均径向应力约为-31.18 MPa。单击“确定”按钮。

4）观察接触压力。

在 Simulation 设计树中，右击“结果”，在弹出的快捷菜单中选择“添加应力图解”，在“应力图解”对话框中，执行以下操作：在“分量”中选择“CP：接触压力”，将“单位”设为“N/mm^2（MPa）”。单击“确定”按钮。

（8）结果验证与应用

1）计算最小过盈量 Δmin /最大过盈量 Δmax。

已给出过盈配合 ϕ60H7/r6，查表得轴的极限偏差，轴和孔的上下偏差值分别为：$\phi\,60^{+0.060}_{+0.041}$ mm 和 $\phi\,60^{+0.030}_{0}$ mm。根据已知轮毂孔的表面粗糙度值均为 $Ra3.2$，查表得轮毂孔的表面微观不平度十点高度 $Rz2=10\ \mu m$；已知轴的表面粗糙度值为 $Ra1.6$，查表得轴的表面微观不平度十点高度 $Rz1=6.3$ mm。由配合可得最小过盈量为 $\Delta min=(41-30)-0.8(Rz1+Rz2)=[(41-30)-0.8\times(6.3+10)]\ \mu m=5.16\ \mu m$；因采用压入法装配，考虑配合表面微观峰尖被擦去一部分，由配合可得，最大过盈量为 $\Delta max=(60-0)-0.8(Rz1+Rz2)=[(60-0)-0.8\times(6.3+10)]\ \mu m=46.96\ \mu m$。

2）确定最小/最大配合压力。

轮轴材料均为铜，弹性模量 $E_1=E_2=1.03\times10^5$ MPa，泊松比 $\mu_1=\mu_2=0.37$。该连接简化

为厚壁圆筒的尺寸为：$d_1=0$，$d_2=100\,\text{mm}$，$d=60\,\text{mm}$，因此刚度系数为

$$c_1=\frac{d^2+d_1^2}{d^2-d_1^2}-\mu_1=\frac{60^2+0^2}{60^2-0^2}-0.37=0.63、c_2=\frac{d_2^2+d^2}{d_2^2-d^2}-\mu_2=\frac{100^2+60^2}{100^2-60^2}-0.37=2.355$$

最小的配合压力和最大的配合压力为

$$p_{\min}=\frac{\Delta_{\min}}{d\left(\frac{c_1}{E_1}+\frac{c_1}{E_1}\right)\times10^3}=\frac{5.16}{60\times\left(\frac{0.63}{10^5}+\frac{2.355}{10^5}\right)\times10^3}=2.88\,(\text{MPa})$$

$$p_{\max}=\frac{\Delta_{\max}}{d\left(\frac{c_1}{E_1}+\frac{c_1}{E_1}\right)\times10^3}=\frac{46.96}{60\times\left(\frac{0.63}{10^5}+\frac{2.355}{10^5}\right)\times10^3}=26.22\,(\text{MPa})$$

由以上分析可见：过盈量为 49.96 μm 时的径向应力的仿真结果（-31.18 MPa，压应力）与按传统公式计算值（26.22 MPa）的误差为 8.4%。

3）确定能传递的最大转矩。

已知装配方式为按压入法，查表得，按无润滑考虑时摩擦因数 $f=0.15\sim0.20$，本例题取 0.15。

传递扭矩 $T_{\max}=\frac{1}{2}\pi p_{\min}d^2Lf=\frac{1}{2}\times\pi\times2.752\times60^2\times50\times0.15=116.72(\text{N}\cdot\text{m})$

4）确定压入法装配时所需的最大装拆力。

最大压入力 $F_\text{i}=\pi\cdot f\cdot d\cdot l\cdot p_{\min}=\pi\times0.15\times60\times50\times28.90=40.85(\text{kN})$

最大压出力 $F_\text{o}=(1.3\sim1.5)F_\text{i}=(1.3\sim1.5)\times40.85=(53.11\sim61.28)\,\text{kN}$

7.5 优化设计

本节介绍结构优化设计的类型、拓扑优化的步骤、尺寸优化的思想和步骤等内容。

7.5.1 拓扑优化设计

1. 结构优化类型

结构优化设计可以根据设计变量的类型分为 3 个不同的层次：一是在给定结构形状的情况下，优化截面尺寸，使结构最轻或变形最小，通常称为尺寸优化（Sizing Design）；二是优化结构的几何外形及内部开孔形状，即所谓的结构形状优化（Shape Optimization）；三是优化结构外侧的材料和内部的开孔数目，即结构的拓扑优化。

2. 结构拓扑优化的相关术语

拓扑优化完成零件的非参数优化，须考虑施加的所有载荷、夹具和制造约束，从最大设计空间（代表零部件的最大允许值）开始，设置设计目标以找到最佳强度重量比、最小化质量或减少零部件的最大位移，在允许的最大几何体的边界内通过重新分配材料寻求新的材料布局，以获取零部件的初始优化形状。除了优化目标之外，还可以定义设计约束来确保诸如最大挠度、移除的质量百分比，并且满足制造流程等所需的机械属性。

- 设计目标。选择其中一个优化目标，如最佳强度重量比、最小化质量或最小化最大位移。
- 约束条件。约束通过强制质量百分比达到一定值或通过设置模型中观察到的最大位移

的性能目标来限制设计空间解决方案。最多可以为一个优化目标定义两个约束。

- 保留区域。模型的有些区域被排除在优化流程之外，它们被保留在最终形状中。默认保留应用负载和夹具的几何实体。选择从优化中排除的区域，选择“拓扑”→“选项”→“保留（冻结）区域设置”；选择要保留的额外面，右击“制造控制”，在弹出的快捷菜单中选择“添加保留区域”。
- 制造控制。制造流程强制实施的几何约束可以优化零件的制造。右击“制造控制”利用弹出的菜单命令定义所需的控制，如脱模方向、厚度控制或对称控制。在“脱模方向”对话框中，还可以应用冲压约束创建穿过零件厚度的孔。借助对称控制，可以对优化的零部件形状强制实施二分对称、四分对称或八分对称。

3. 板的拓扑优化

如图 7-50 所示的三角板，在左侧两个圆孔的内表面施加固定约束，另一个圆孔的内表面施加力：$F_x = 15\ \mathrm{N}$，$F_y = 5\ \mathrm{N}$；在将其质量减少 45%的基础上，找到板的最佳强度重量比时的结构方案，并做出拓扑优化分析后的新模型，进行应力的变形分析。

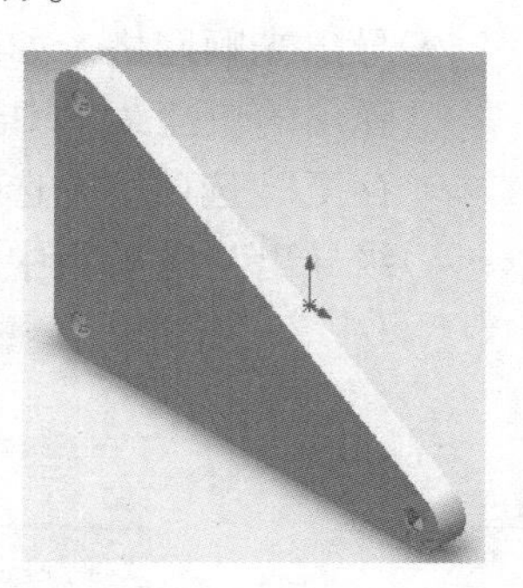

图 7-50　三角板几何模型

(1) 创建拓扑算例

打开<资源文件>目录下的“7\三角板拓扑优化 . sldprt”模型，单击 Simulation 工具栏中的“算例”，如图 7-51 所示，选择“设计洞察”中的“拓扑算例”，然后单击“确定”按钮✔。

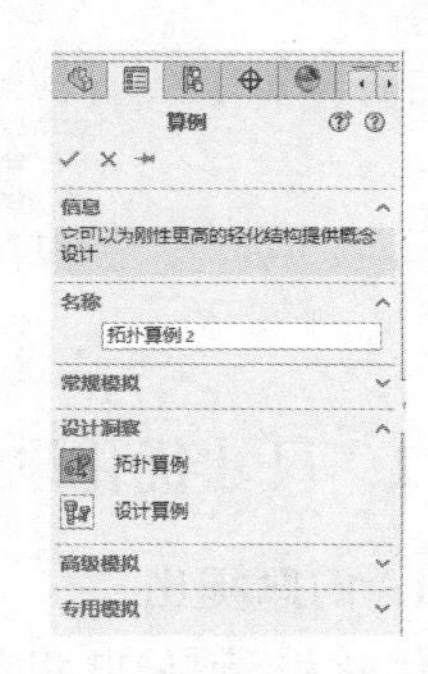

图 7-51　新建拓扑算例

(2) 施加边界条件

- 施加约束：在特征树中右击“夹具”，在弹出的快捷菜单中选择“固定铰链”；选择左侧的两个孔的圆柱面，然后单击“确定”按钮✔。
- 施加载荷：在特征树中右击“外部载荷”，在弹出的快捷菜单中选择“力”；选择“选定方向”方式，在右侧的孔的圆柱面上施加载荷，$F_x = 15\ \mathrm{N}$，$F_y = 5\ \mathrm{N}$，然后单击“确定”按钮✔。

(3) 设置目标和约束

如图 7-52 所示，在“拓扑算例”特征树中，右击“目标和约束”，在弹出的快捷菜单中选择“最佳强度重量比（默认）”。在“目标和约束”对话框的“约束 1”选项组中选择“减少质量（百分比）”，将约束值设置为 45（%），单击“确定”按钮✔。

(4) 运行拓扑优化

单击 Simulation 工具栏中的“运行”，通过多次迭代实现拓扑优化。

(5) 查看结果

- 相对质量密度的等值图解。在“拓扑算例”特征树的“结果”下，双击“材料质量 1（-材料质量）”，将绘制元素相对质量密度的等值图解，如图 7-53 所示。
- 计算光顺网格。右击“结果”，在弹出的快捷菜单中选择“定义新的材料质量图解”；如图 7-54 所示，在“材料质量”对话框中单击“计算光顺网格”，单击“确定”按钮✔。

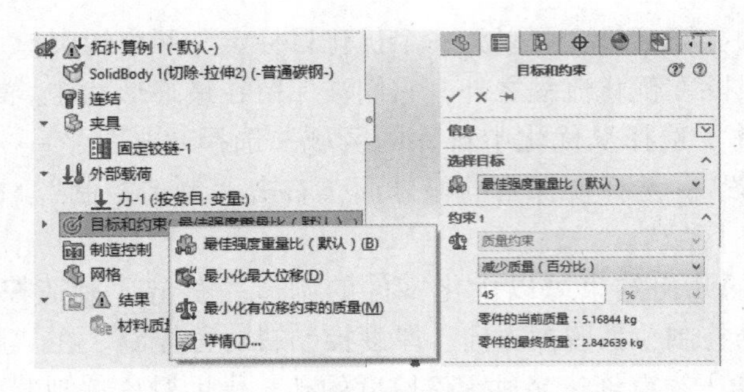

图 7-52　设置拓扑优化目标和约束

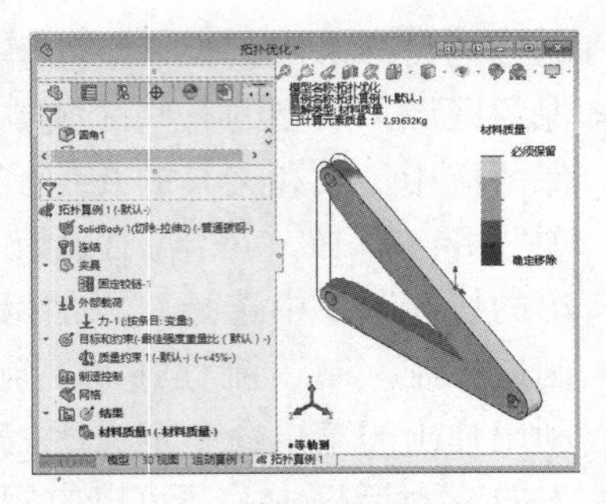

图 7-53　拓扑优化结果

- 导出光顺网格。如图 7-54 所示，在设计树中右击“材料质量 1（-材料质量）”，在弹出的快捷菜单中选择“导出光顺网格”；在“导出光顺网络”对话框的“将网格保存至”选项组中选择“新零件文件”，设“零件名称”为“拓扑优化结果”；在“高级导出”选项组中单击“实体”单选按钮，单击“确定”按钮✔。

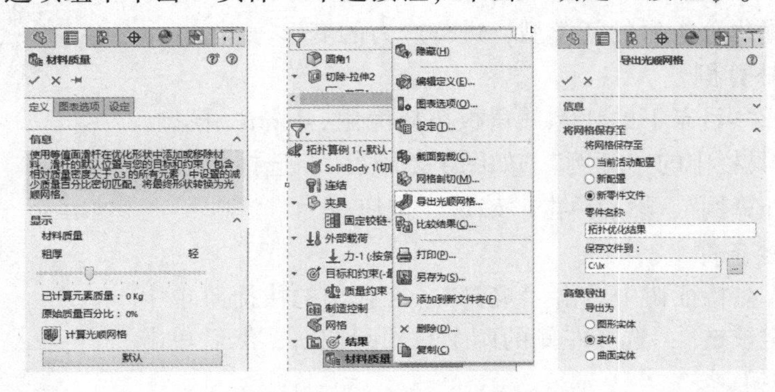

图 7-54　计算并导出光顺网格

7.5.2　尺寸优化设计原理

1. 问题提出

优化设计是 20 世纪 60 年代初发展起来的一门新兴学科，它将数学中的最优化理论与工程设计相结合，使人们在解决工程设计问题时，可以从多个设计方案中找到最优或尽可能完善的设计方案，提高了工程的设计效率和设计质量。目前，优化设计是工程设计中的一种重要方法，已经广泛应用于航空航天、机械、船舶、交通、电子、通信、建筑、纺织、冶金、石油、管理等各个工程领域，并产生了巨大的经济效益和社会效益，优化设计越来越受人们的重视，成为 21 世纪工程设计人员必须掌握的一种设计方法。

什么是优化？通过下面的例子进行简要说明。

仔细观察图 7-55 所示的老式茶杯，会发现此类水杯有一个共同特点：底面直径 D = 水杯高度 H。为什么是这样呢？因为只有满足这个条件，才能在原料耗费最少的情况下使杯子的容积最大。

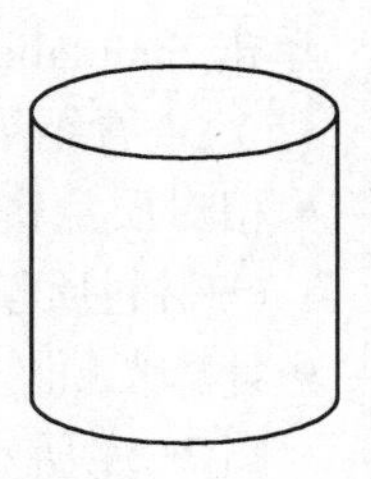

图 7-55　水杯模型

在材料一定的情况下，如果水杯的底面积大，其高度必然就要小；如果高度变大了，底面积又大不了，如何调和这两者之间的矛盾？这恰恰就反映了一个完整的优化过程。

在此，所要优化的目标是使整个水杯的容积最大。由于水杯材料直接与水杯的表面积有关系，假设水杯表面积 S 不能大于 10000，即 $S=\pi DH+\pi D^2/2\leqslant 10000$，目标是通过选取合理的底面直径 D 和高度 H 使整个水杯的容积 $V=\pi D^2H/4$ 最大。该问题的数学模型为

设计变量：底面直径 D 和高度 H

目标函数：Max $V=\pi D^2H/4$

约束条件：$S=\pi DH+\pi D^2/2\leqslant 10000$

对于通用的问题可归纳为：在满足一定约束条件下，选取设计变量，使目标函数达到最大（或最小）。可见，优化设计是一种寻找确定最优设计方案的技术，其基本思想就是用最小的代价获得最大收益。

其数学模型为

$$\begin{aligned} &\min \quad f(x) \quad x\in R^n \\ &\text{s.t.} \quad g_u(x)\leqslant 0 \quad u=1,2,\cdots,m \\ &\qquad h_v(x)=0 \quad v=1,2,\cdots,p \end{aligned} \tag{7-6}$$

2. 优化设计三要素

1）设计变量。优化结果的取得就是通过改变设计变量的数值来实现的。每个设计变量都有上下限，它定义了设计变量的变化范围。如引例中的底面直径 D 和高度 H。

2）约束条件。约束条件用来体现优化的边界条件，它们是因变量，是设计变量的函数。如引例中的表面面积 $S=\pi DH+\pi D^2/2$。

3）目标函数。目标函数是最终的优化目的，它必须是设计变量的函数。也就是说，改变设计变量的数值将改变目标函数的数值，如引例中目标函数为 $V=\pi D^2H/4$。

3. SolidWork Simulation 茶杯优化

优化方法发展到今天可说是形形色色，比较完善了。求解工具包括 MATLAB 优化工具箱等多种工具。SolidWork Simulation 的优化模块中支持验算点法。下面以引例的求解过程说明 SolidWork Simulation 优化设计步骤。

（1）参数化建模

为了简化分析不考虑杯子的壁厚。在 SolidWorks 环境中建立以设计变量为驱动尺寸的初始设计方案（底面直径 $D=50$ mm 和高度 $h=50$ mm），并保存为“茶杯优化 . sldprt”。

（2）准备约束条件和目标函数

如图 7-56a 所示，在特征树中右击“传感器”，在弹出的快捷菜单中选择“添加传感器”。如图 7-56b 所示，在弹出的“传感器”对话框中选择“传感器类型”为“测量”。如图 7-56c 所示，在绘图区选中模型表面的 3 个面，在“测量”对话框中单击“创建传感器”按钮，在“传感器”对话框中单击“确定”按钮✔，完成约束条件——表面积计算。

在特征树中右击“传感器”，在弹出的快捷菜单中选择“添加传感器”，如图 7-57 所示，在弹出的“传感器”对话框中选择“传感器类型”为“质量属性”，选择“属性”为“体积”，单击“确定”按钮✔，完成目标函数——体积计算。

如图 7-58 所示，在特征树中，将两者更名为“表面积”和“体积”。

（3）生成优化算例

如图 7-59，右击“算例”标签管理器中的“运动算例 1”，在弹出的快捷菜单中选择

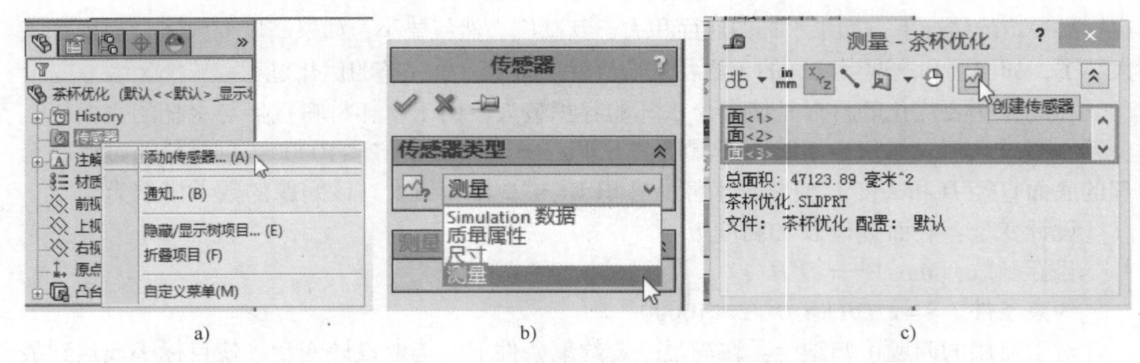

图 7-56 准备约束条件——表面积

“生成新设计算例”。

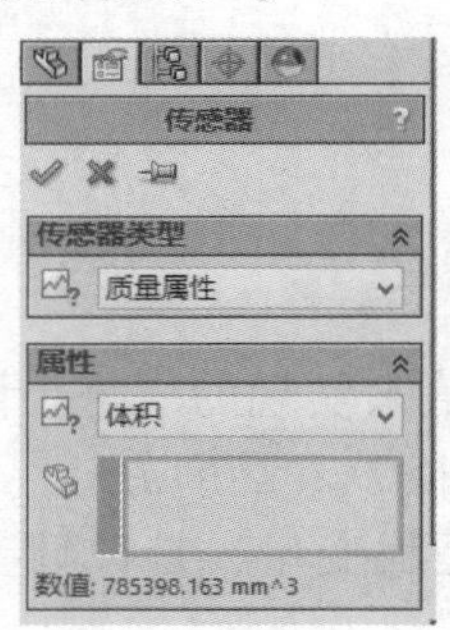

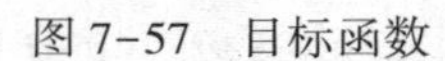

图 7-57 目标函数

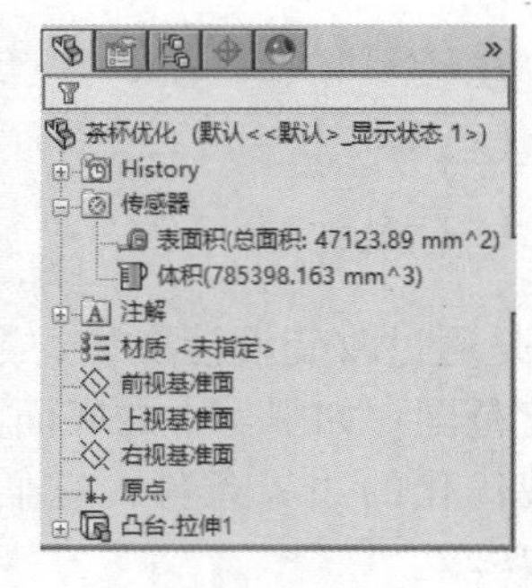

图 7-58 准备结果

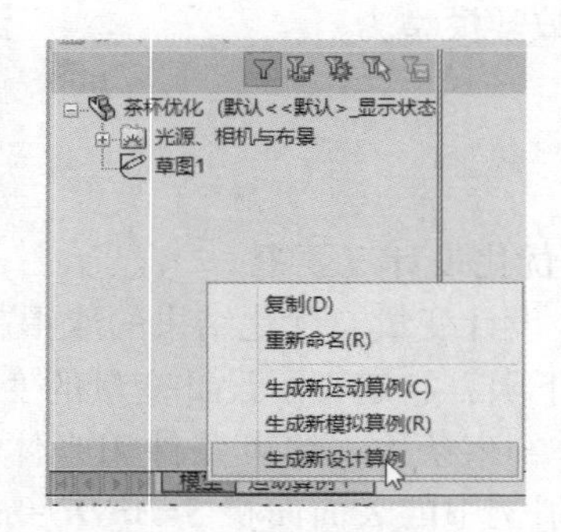

图 7-59 生成优化算例

(4) 定义优化三要素

- 定义设计变量：在 SolidWorks 的 FeatureManager 设计树中右击“注释”，在弹出的快捷菜单中选择“显示特征尺寸”，在图形内显示特征尺寸。在优化设计管理器中单击“变量”中的“单击此处添加变量”，在图形区域中单击底面直径尺寸；如图 7-60 所示，在“参数”对话框的“名称”中输入 D，单击“应用”按钮完成直径 *D* 的设定；重复上述步骤完成高度 *H* 的设定。单击“确定”按钮返回优化设计管理器。如图 7-61 所示，设定两者的变化范围和步长均为［30,60］和 5。
- 定义约束条件：在优化设计管理器中单击“约束”中的“单击此处添加约束”，选择“表面积”，如图 7-61 所示，设定其小于“10000 mm^2”。
- 定义目标函数：在优化设计管理器中单击“约束”中的“单击此处添加目标”，选择“体积”，如图 7-61 所示，设定为“最大化”。

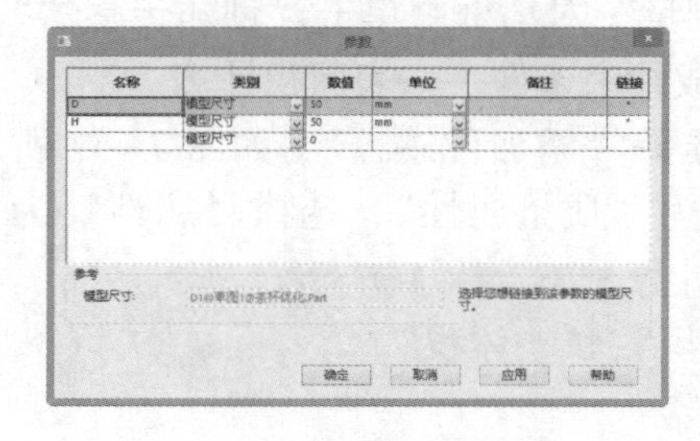

图 7-60 指定设计参数

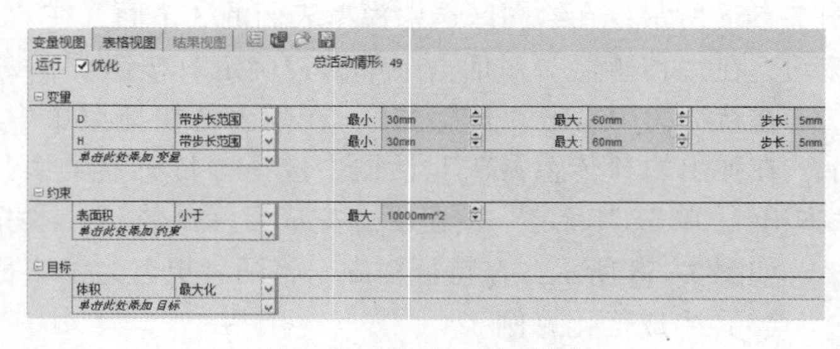

图 7-61 优化三要素设定

(5) 运行优化研究

在优化设计管理器中单击“运行”按钮，经过 51 个循环之后得到优化设计结果，如图 7-62 所示。

(6) 优化设计结果分析

由图 7-62 可见，最优解是 D=H=45 mm。

变量视图 | 表格视图 | 结果视图

51 情形之 51 已成功运行 设计算例质量: 高

		当前	初始	优化 (25)	情形 1	情形 2	情形 3	情形
D		50mm	50mm	45mm	30mm	35mm	40mm	45mm
H		50mm	50mm	45mm	30mm	30mm	30mm	30mm
表面积	< 10000mm^2	11780.97259mm^2	11780.97259mm^2	9542.58814mm^2	4241.14987mm^2	5222.89798mm^2	6283.18544mm^2	7422.0127
体积	最大化	98174.8 mm^3	98174.8 mm^3	71569.4 mm^3	21205.8 mm^3	28863.4 mm^3	37699.1 mm^3	47712.9 mr

图 7-62　优化结果

4. SolidWork Simulation 优化设计步骤

由以上分析过程，可将 SolidWork Simulation 优化设计步骤归结为：定目标、选变量、取约束、做优化。

7.5.3　带孔板轻量化设计

1. 问题描述

一个 620 mm×380 mm×20 mm 的带孔矩形板，其中孔的直径为 200 mm，一端固定，另一端承受 360 kN 的均布载荷，设计板宽，使最大应力小于 200 MPa 时重量最轻。

2. 分析步骤

(1) 打开零件

选择<资源文件>目录下的“7\带孔板轻量化 . sldrpt”并将其打开。

(2) 进行应力分析

在进行优化设计之前，必须完成静态分析以获得应力约束，本例生成名称为“应力分析”的静态算例：材料为碳钢板，一端固定，另一端施加 360 kN 法向拉力，如图 7-63 所示。von Mises 应力分析结果如图 7-64 所示。

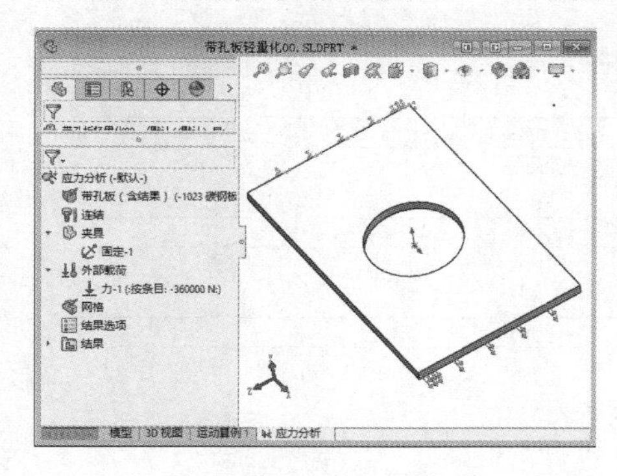

图 7-63　约束条件

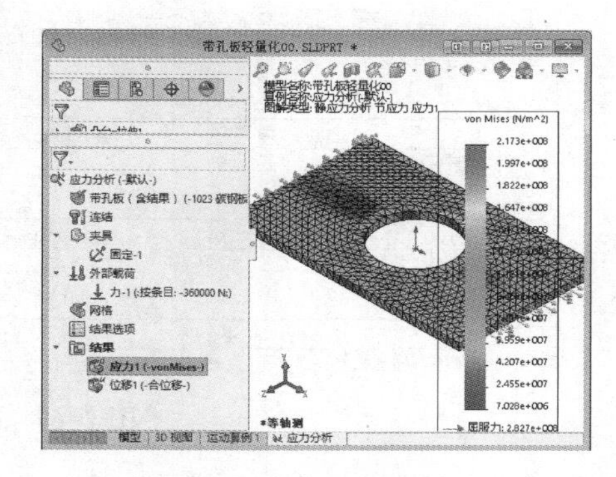

图 7-64　应力分析结果

(3) 准备约束条件和目标函数

如图 7-65 所示，在设计树中右击“传感器”，在弹出的快捷菜单中选择“添加传感器”，在“传感器”对话框中选择“传感器类型”为“Simulation 数据”，设“数据”为“VON：von Mises 应力”，单位为“N/mm^2（MPa）”单击“确定”按钮✔，完成应力约束条件设定。在设计树中右击“传感器”，在弹出的快捷菜单中选择“添加传感器”，在弹出的“传感器”对话框中选择“传感器类型”为“质量属性”，“属性”选择“质量”，单击“确定”按钮✔，完成目标函数——质量设定，如图 7-66 所示。

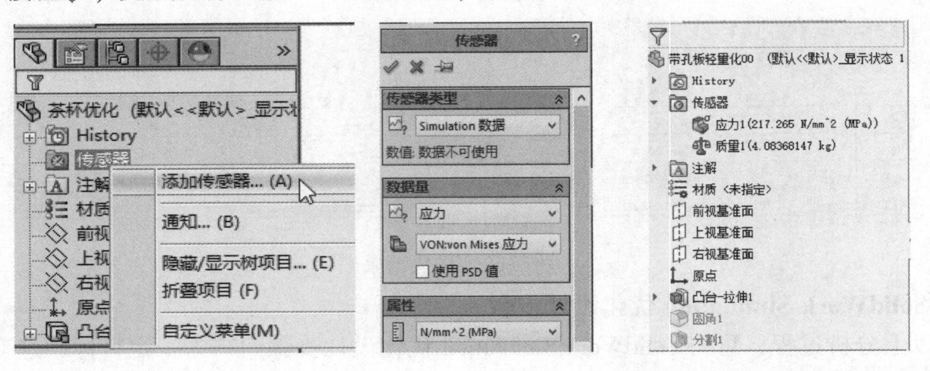

图 7-65　准备约束条件——应力　　　图 7-66　准备质量优化目标

（4）生成优化算例

右击“算例”标签管理器中的“运动算例”，在弹出的快捷菜单中选择“生成新设计算例”，打开优化设计管理器。

（5）定义优化三要素

- 定义设计变量：在优化设计管理器中单击“变量”中的“单击此处添加变量”，在图形区域中单击板厚尺寸，在“参数”对话框的“名称”中输入 B，单击“确定”按钮完成直径 D 的设定。如图 7-67 所示，设变化范围为［380,450］，步长为 10 mm。
- 定义约束条件：在优化设计管理器中单击“约束”中的“单击此处添加约束”，选择“应力 1”，如图 7-67 所示，设定其小于 200 牛顿/mm^2。
- 定义目标函数：在优化设计管理器中单击“约束”中的“单击此处添加目标”，选择“质量 1”，如图 7-67 所示，设定为“最小化”。

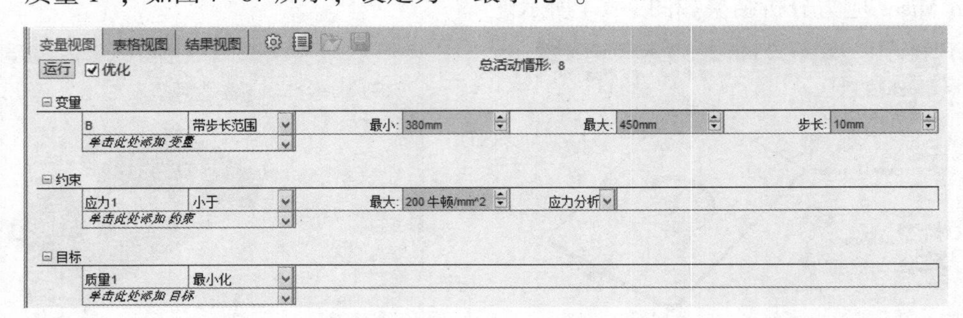

图 7-67　优化三要素设定

（6）初步优化结果

在优化设计管理器中单击“运行”按钮，经 10 个循环之后完成优化设计，并切换到结果视图，如图 7-68a 所示。可见，最优解是板宽 $B=400$ mm，应力为 198.69 MPa。

（7）精细优化

根据初算结果，将取设计变量范围为 395~400 mm，步长为 1 mm，进行精细优化设计，结果如图 7-68b 所示。可将 B=399 mm 时最优，应力为 199. 25 MPa。

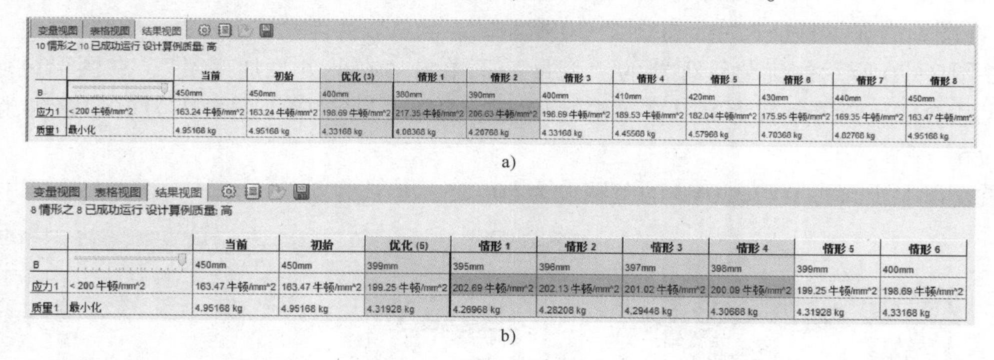
变量视图 表格视图 结果视图

10 情形之 10 已成功运行 设计算例质量: 高

		当前	初始	优化 (3)	情形 1	情形 2	情形 3	情形 4	情形 5	情形 6	情形 7	情形 8
B		450mm	450mm	400mm	380mm	390mm	400mm	410mm	420mm	430mm	440mm	450mm
应力1	< 200 牛顿/mm^2	163.24 牛顿/mm^2	163.24 牛顿/mm^2	198.69 牛顿/mm^2	217.35 牛顿/mm^2	206.63 牛顿/mm^2	198.69 牛顿/mm^2	189.53 牛顿/mm^2	182.04 牛顿/mm^2	175.95 牛顿/mm^2	169.35 牛顿/mm^2	163.47 牛顿/mm^2
质量1	最小化	4.95168 kg	4.95168 kg	4.33168 kg	4.08368 kg	4.20768 kg	4.33168 kg	4.45568 kg	4.57968 kg	4.70368 kg	4.82768 kg	4.95168 kg

a)

变量视图 表格视图 结果视图

8 情形之 8 已成功运行 设计算例质量: 高

		当前	初始	优化 (5)	情形 1	情形 2	情形 3	情形 4	情形 5	情形 6
B		450mm	450mm	399mm	395mm	396mm	397mm	398mm	399mm	400mm
应力1	< 200 牛顿/mm^2	163.47 牛顿/mm^2	163.47 牛顿/mm^2	199.25 牛顿/mm^2	202.69 牛顿/mm^2	202.13 牛顿/mm^2	201.02 牛顿/mm^2	200.09 牛顿/mm^2	199.25 牛顿/mm^2	198.69 牛顿/mm^2
质量1	最小化	4.95168 kg	4.95168 kg	4.31928 kg	4.26968 kg	4.28208 kg	4.29448 kg	4.30688 kg	4.31928 kg	4.33168 kg

b)

图 7-68　优化结果

a）初步优化结果　b）精细优化结果

7. 5. 4　悬臂托架轻量化设计

在本节主要学习以下内容：生成优化算例，定义目标、设计变量和约束。

1. 问题描述

悬臂托架按图 7-69 所示进行支撑和施加载荷（面载荷为 5 MPa）。根据功能要求，托架的外部尺寸不能变化。中心切除大小由 D11、D12 和 D13 控制。这些尺寸可以在一定范围内变化。

通过以下条件减小悬臂托架的体积：von Mises 应力不得超过特定值；大位移不得超过特定值；基础频率应为 260~400 Hz，以避免与安装机械引起共振。

2. 分析步骤

（1）打开零件

选择<资源文件>目录下的“7\托架轻量化 . sldprt”，并将其打开。

（2）完成约束条件分析

完成静态分析以获得应力和位移约束；完成频率分析，以获得频率约束。

1）初始静态分析。

生成名称为“初始静态分析”的实体网格算例。从材料库中为零件指派合金钢材料。对托架的竖直面应用固定约束。对托架的水平面沿垂直方向施加均匀 5×10^{6} N/m^{2} 的压力。网格化模型和运行初始静态研究，观察 von Mises 应力和观察合力位移。

2）初始频率分析。

生成名称为“初始频率分析”的实体网格算例。将“初始静态分析”算例的实体、约束-1 和网格文件夹复制到“初始频率分析”。运行“初始频率分析”，列举模型的自然频率为 366. 43 Hz。

（3）生成优化算例

右击算例标签管理器中的“动画 1”，在弹出的快捷菜单中选择“生成新设计算例”，打开优化设计管理器。

（4）定义优化三要素

1）定义设计变量。

右击 SolidWorks 的设计树中的“注解”，在弹出的快捷菜单中选择“显示特征尺寸”，在图形内显示特征尺寸，如图 7-70 所示。

在图 7-70 所示的优化管理器的“变量”下单击“在此处添加变量”，在图形区域中，选择尺寸 D11，变量命名为 DV1，单击“确定”按钮。设定 DV1 的最小为 10，最大为 15，步长为 5。

重复以上步骤将 DV2、DV3 的范围设为 20~25，步长为 5。

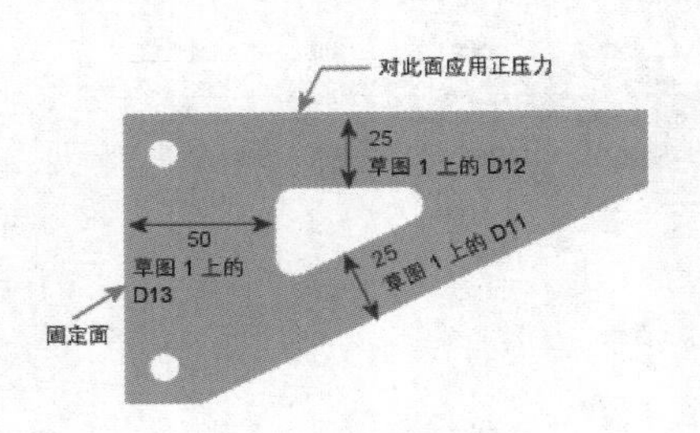

图 7-69　悬臂托架

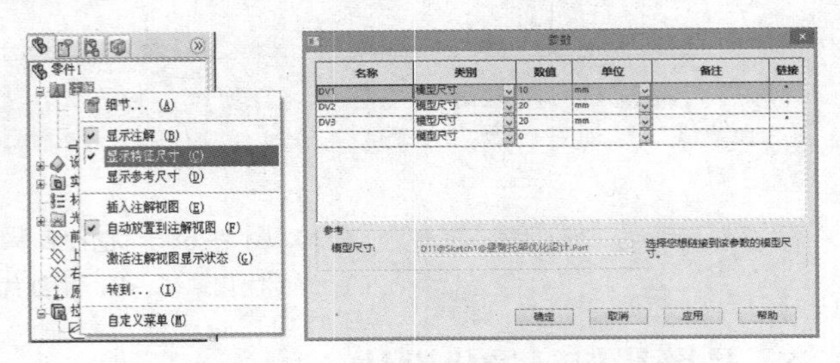

图 7-70　定义设计变量

2）定义约束。

如图 7-71 所示，在“约束”下单击“单击此处添加约束”，在属性管理器中的“响应”下选择“分析类型”为“静态”，算例框为初始静态。设定“结果类型”为“节应力”，设定零部件为“VON：von Mises 应力”，最大为 3×10^{8} N/m^{2}。

同理，设置位移约束最大为 0.21 mm；设置频率约束为 260~400 Hz。

3）定义目标函数。

如图 7-71 所示，在约束下，单击“单击此处添加目标”，在 Property Manager 的目标下选择“体积 1”和“最小化”，单击“确定”按钮✔。

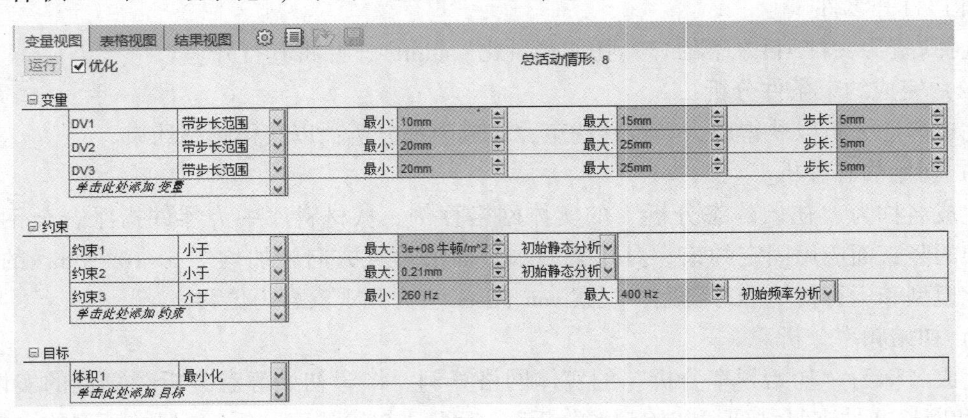

图 7-71　优化设计三要素设定

4）运行优化研究。

在优化设计管理器中单击“运行”按钮，经 10 个循环之后完成优化设计，并切换到结果视图 。

5）观察优化设计结果。

由图 7-72 可见，最优解是 DV1 = 10 mm，DV2 = 25 mm，DV3 = 20 mm。

变量视图 表格视图 结果视图

10 情形之 10 已成功运行 设计算例质量: 高
当前情形违背了一个或多个约束。

		当前	初始	优化 (3)	情形 1	情形 2	情形 3
DV1		10mm	15mm	10mm	10mm	15mm	10mm
DV2		20mm	25mm	25mm	20mm	20mm	25mm
DV3		20mm	25mm	20mm	20mm	20mm	20mm
约束1	< 3e+008 牛顿/m^2	3.2278e+008 牛顿/m^2	1.8531e+008 牛顿/m^2	2.4005e+008 牛顿/m^2	3.2278e+008 牛顿/m^2	2.6509e+008 牛顿/m^2	2.4005e+008 牛顿/m^2
约束2	< 0.21mm	0.25027mm	0.11448mm	0.16283mm	0.25027mm	0.18316mm	0.16283mm
约束3	(260 Hz ~ 400 Hz)	270.80377 Hz	300.81147 Hz	279.42326 Hz	270.80377 Hz	276.76878 Hz	279.42326 Hz
目标1	最小化	67650.8 mm^3	84609 mm^3	74532.7 mm^3	67650.8 mm^3	75312 mm^3	74532.7 mm^3

图 7-72　优化结果

7.6　耦合场分析

自然界存在 4 种场：位移（应力应变）场，电磁场、温度场和流场。这 4 种场之间是相互联系的，现实世界不存在纯粹的单场问题，所遇到的所有物理问题都是多场耦合的，只是受到硬件或软件的限制，人为将它们分成单场现象，各自进行分析。有时这种分离是可以接受的，但很多问题这样计算可能会得到错误结果。因此，在条件允许时，应该尽量进行多场耦合分析。目前，多场耦合问题一般采用将前一个场的分析结果作为后一个场的载荷进行求解。

7.6.1　压气机连杆动应力分析

分析思路：将压气机机构仿真确定的连杆上作用的力作为连杆应力分析的载荷。即，首先用 SolidWorks motion 对活塞式压气机进行机构仿真分析，然后用 SolidWorks Simulation 对其进行应力计算。

1. 活塞式压气机机构仿真

（1）打开机构装配

打开<资源文件>目录下的“7\单缸压气机 . sldasm”文件。

（2）启动 SolidWorks motion 和 SolidWorks Simulation

在“SolidWorks 插件”标签中，单击 SolidWorks motion 和 SolidWorks Simulation。

（3）执行仿真分析

如图 7-73 所示，单击“Motion”标签切换到“Motion 管理器”，选择分析类型为“Motion 分析”，单击“计算”按钮，完成连杆反作用力仿真。单击“保存”按钮保存计算结果。可见，0. 52 s 时，力最大，大小为 3550 N。

（4）将运动载荷输入 SolidWorks Simulation

如图 7-74 所示，鼠标移动到窗口左上角的 SolidWorks，选择“Simulation”→“输入运动载荷”命令。如图 7-75 所示，在“输入运动载荷”对话框的“可用的装配体零部件”列表中选择零件“liangan-2”，单击 > 将其移动到“所选零部件”列表中。单击“单画面算例”单选按钮，将“画面号数”设为“55”（对应的运动仿真时间为 0. 54 秒，即图 7-75

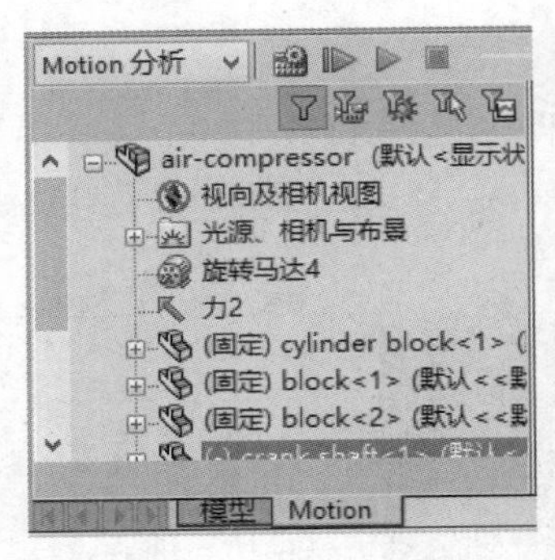

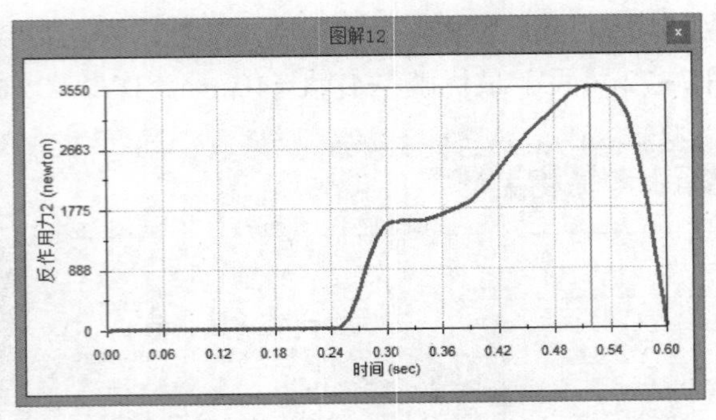

图 7-73　连杆反作用力

中最大反作用力处)，单击“确定”按钮。

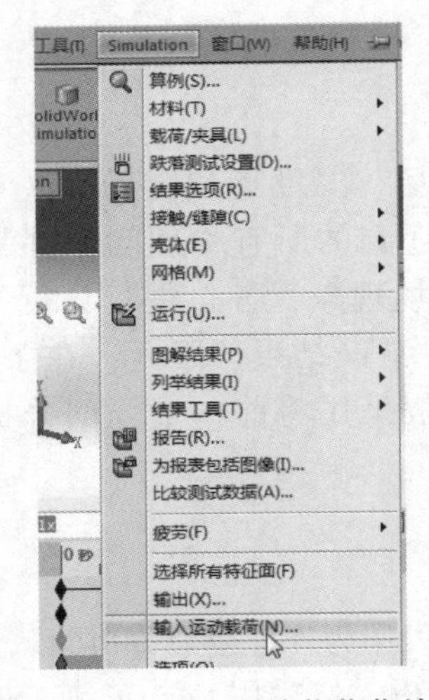

图 7-74　输入运动载荷菜单

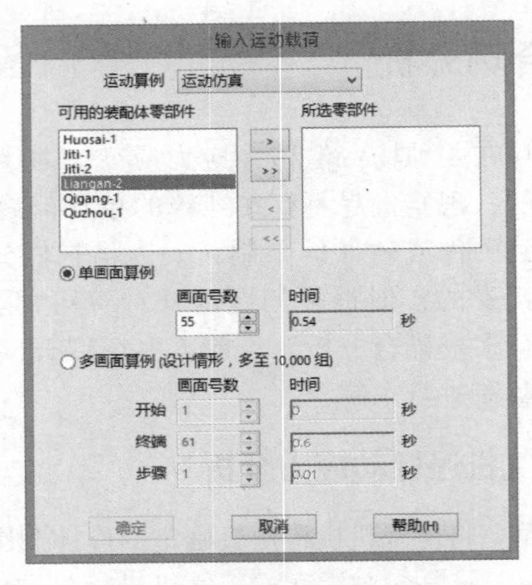

图 7-75　“输入运动载荷”对话框

2. 连杆动应力分析

(1) 打开零件并进入 Simulation 界面

如图 7-76 所示，在设计树中，右击零件“liangan”，并在弹出的快捷菜单中选择“打开零件”，打开连杆，在图形窗口左下方的添加了标签“CM4-ALT-Frame-55”，单击该标签，进入 Simulation 界面。如图 7-77 所示，在“外部载荷”中已添加 4 个由运动仿真获得的载荷。

(2) 选材料

在 Simulation 管理器中右击“link-rod”，在弹出的快捷菜单中选择“应用/编辑材料”，在弹出的“材料”对话框中，选择“自库文件”为“SolidWorksmaterials”，选择“钢”→“1023 碳钢板”，单击“确定”按钮。

(3) 分网格

在 Simulation 管理器中右击“网格”，在弹出的快捷菜单中选择“生成网格”，在弹出的“网格”对话框中单击“确定”✔，接受默认的“网格密度”，完成网格划分。

(4) 求结果

在 CommandManager 的 Simulation 标签中单击“运行”执行分析，在弹出的“线性静态算例”中单击“是”按钮。完成分析后，在 Simulation 管理器中添加含有应力等 3 个分析结果的结果文件夹，且图形区域中显示应力分布图解。

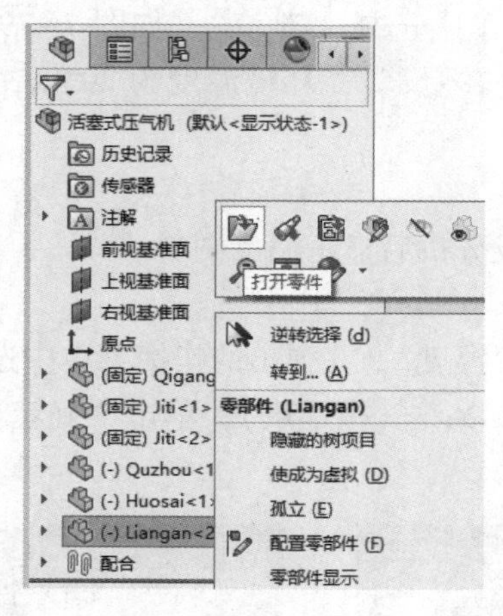

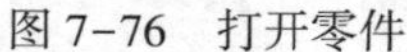
图 7-76　打开零件

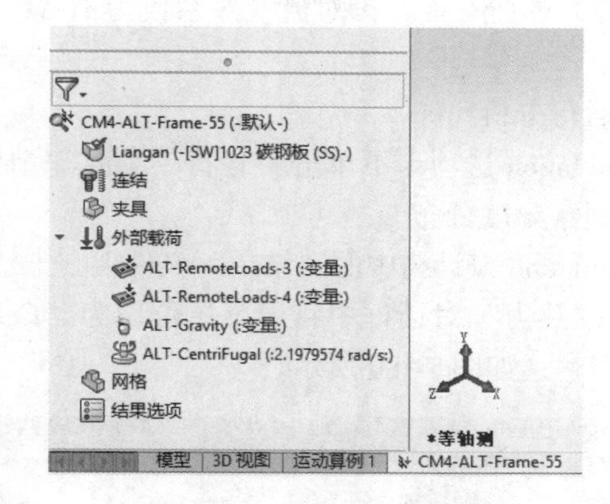

图 7-77　Simulation 管理器

7.6.2　制动零件热应力分析

1. 问题描述

踏面制动是铁路货车车辆最基本的制动方式。闸瓦作用于车轮时，通过摩擦将列车动能转化为热能，这一能量被轮辋吸收，使车轮内部产生温度梯度，再加上车轮各部分之间的制约关系，就形成了车轮内部的热应力。热负荷会形成轮辋裂纹、踏面裂纹缺损、擦伤以及辐板裂纹等多种破坏方式。踏面制动车轮热机耦合是对车轮最不利的制动工况。

分析思路：将温度场分析得到的温度分布，作为热应力分析的热载荷计算热应力分布。

2. 温度场计算

（1）打开模型

打开<资源文件>目录下的”7\车轮热机耦合 . sldprt” 文件。

（2）生成热分析算例

在 Simulation 选项卡下选择“算例” →“新算例”。在“算例”对话框的“名称”文本框中输入“热分析”；在“类型”选项组中，单击“热力”按钮，单击“确定”按钮。

（3）指派材料

在 Simulation 设计树的零件中，右击“车轮热机耦合”，在弹出的快捷菜单中选择“应用/编辑材料”，在“材料”对话框中选择“钢”→“1023 碳钢板”，单击“应用”按钮，然后单击“关闭”按钮。

（4）划分网格

在 Simulation 选项卡下选择“运行” →“生成网格” ，在“网格”对话框中拖动网格参数滑杆，设置元素尺寸及公差值，单击“确定”按钮，完成网格划分。

（5）施加热载荷和边界条件

对车轮热负荷最不利的制动工况是紧急制动工况，按普通货车计算制动功率，则紧急制动工况的热流密度为 288.8 kW/m^2。

右击设计树的“热载荷”，在弹出的快捷菜单中选择“热流量”，如图 7-78 所示，选中车轮踏面，热流密度为 288 800 W/m²。

右击设计树的“热载荷”，在弹出的快捷菜单中选择“对流”，如图 7-79 所示，选中除轮毂孔外的所有面，设对流换热系数为 16 W（K·m²），环境温度为 293 K，单击“确定”按钮。

（6）运行分析

在 Simulation 选项卡下单击“运行”，完成分析后显示温度图解。

（7）观察温度分布

在 Simulation 设计树中的“结果”文件夹右击“温度”，在弹出的快捷菜单中选择“编辑定义”。在“热力”对话框中将温度单位设为“Celsius”（摄氏度），单击“确定”按钮，显示温度图解，如图 7-80 所示。

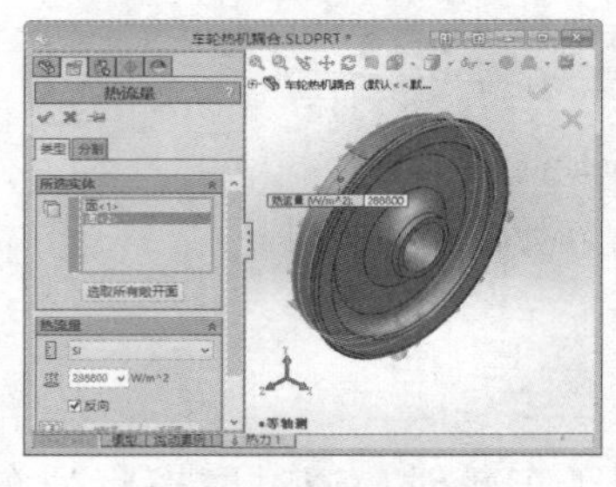

图 7-78　应用热流量

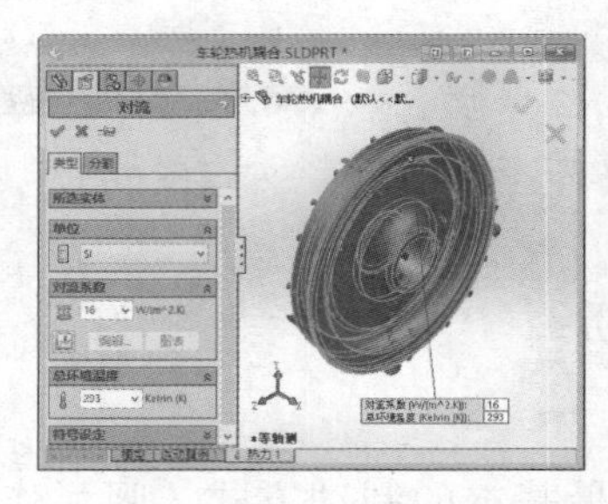

图 7-79　施加对流边界条件

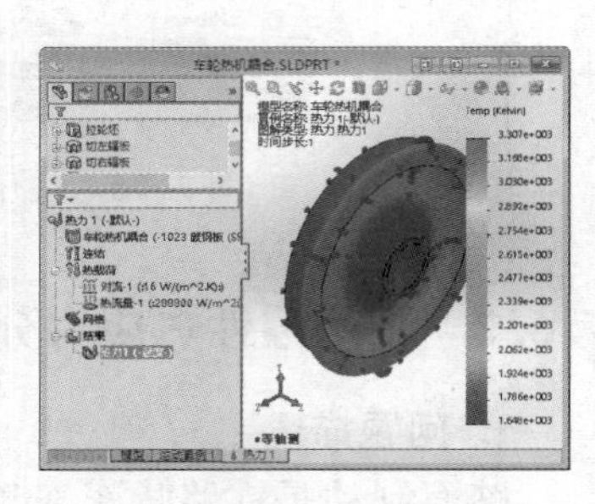

图 7-80　温度场结果

3. 热应力分析

（1）生成稳态分析算例

在 Simulation 选项卡下选择“算例”→“新算例”。在“算例”对话框的“名称”文本框中输入“热应力分析”；在“类型”选项组中，单击“静态”，单击“确定”按钮。

（2）指派材料

右击热分析算例中的“热机耦合”，在弹出的快捷菜单中选择“复制”，然后切换到热应力分析算例，右击热分析算例中的“热机耦合”，在弹出的快捷菜单中选择“粘贴”，热应力算例的零件按钮将出现选中标记，表明所有实体指派了材料。

（3）施加约束条件

右击热应力分析算例 Simulation 设计树中的“热应力分析”，在弹出的快捷菜单中选择“属性”，在“选项”选项卡中选择“使用软弹簧使模型稳定”，单击“确定”按钮。

（4）施加热效应载荷

在热应力分析算例的 Simulation 设计树中，右击“外部载荷”，如图 7-81 所示，在弹出的快捷菜单中选择“热力效应”，在“静应力分析”对话框中单击“热算例的温度”单选按钮，“热算例”名称为“热分析”，单击“确定”按钮。

（5）网格化模型和运行研究

在 Simulation 选项卡下单击“运行”。完成分析后，显示瞬态热应力分布，如图 7-82 所示。

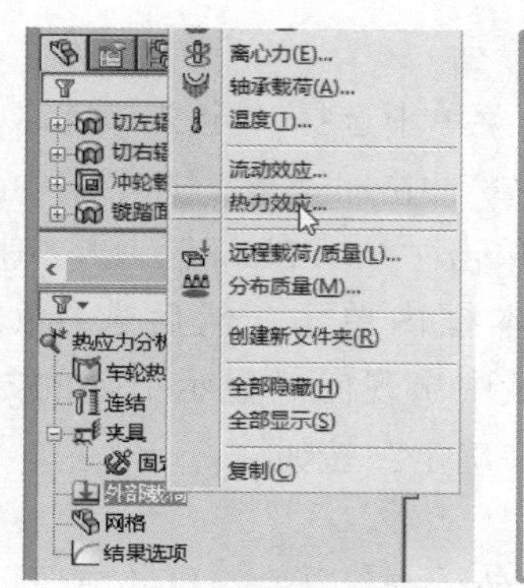

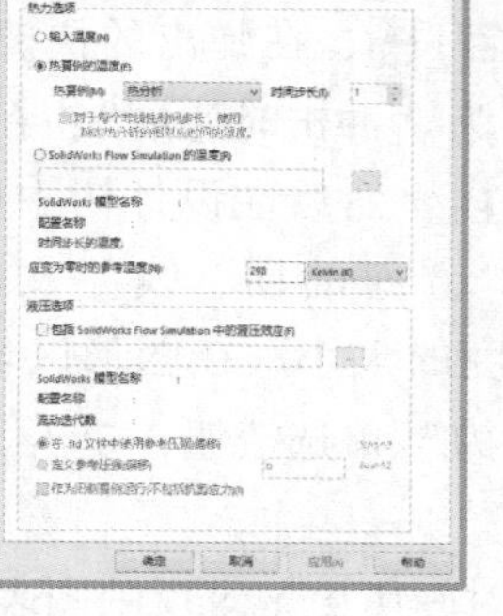
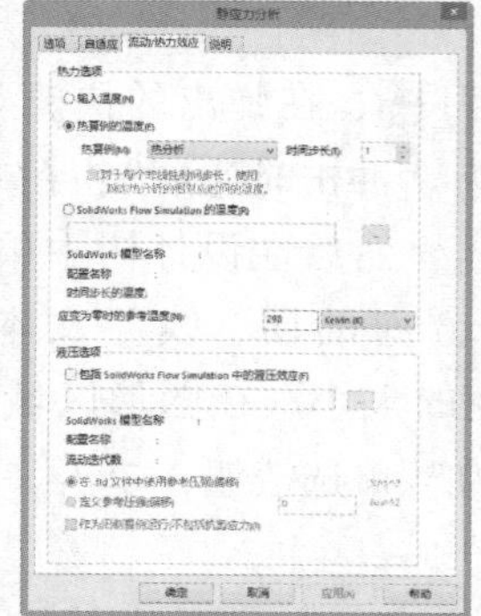

图 7-81　应用热力效应

图 7-82　热应力分布

7.6.3　动车组车体碰撞分析

碰撞问题是实际生活中经常遇到的问题。如应用广泛的计算机等电子设备，从投产开始，直到产品完全报废，与外界物品的碰撞是不可避免的。掉落测试研究零件在规定跌落高度掉落在硬地板上的效应，国家标准规定跌落高度的优先选择值为 25 mm，100 mm，500 mm，1000 mm 等。除引力外，还可以指定掉落距离或撞击时的速度。程序通过显性积分方法解出动态问题为时间的函数，显性方法速度快，但要求使用小的时间增量。由于分析过程中可能产生大量的信息，程序将以一定的时间间隔在指定的位置保存结果，然后运行分析。完成分析之后，可以绘制有关位移、速度、加速度、应变和应力的图表。

以 100 m/s（相当于 360 km/h）的速度沿轴向运动的铝圆柱杆，碰撞固定边界，模拟动车组车体碰撞刚性墙。计算杆件反应的时间函数，并求出杆件最小长度。杆件采用铝合金制作，满足具有硬化同向性的 von Mises 塑性模型。

（1）打开零件

浏览并打开<资源文件>目录下的“7\AluminumBar. sldprt”。

（2）生成掉落测试算例

在 Simulation 选项卡下选择“算例”→“新算例”。在“算例”对话框的“名称”文本框中输入“跌落”；在“类型”选项组中，单击“掉落测试”，单击“确定”按钮。

（3）指定材料属性

在设计树中，右击“跌落分析”文件夹并在弹出的快捷菜单中选择“应用/编辑材料”。在“材料”对话框的“选择材料来源”选项组中，单击“自定义”单选按钮。在“材料属性”选项组中，选择“塑性-von Mises”并设定单位为“公制”，在“名称”文本框中输入铝-塑性。在“属性”列表中，执行以下操作：设定“弹性模量”为7e10，“泊松比”为 0.3，“屈服应力”为 4.2e8，“相切模量”为 1.0e8，“质量密度”为 2700，单击“确定”按钮，如图 7-83 所示。

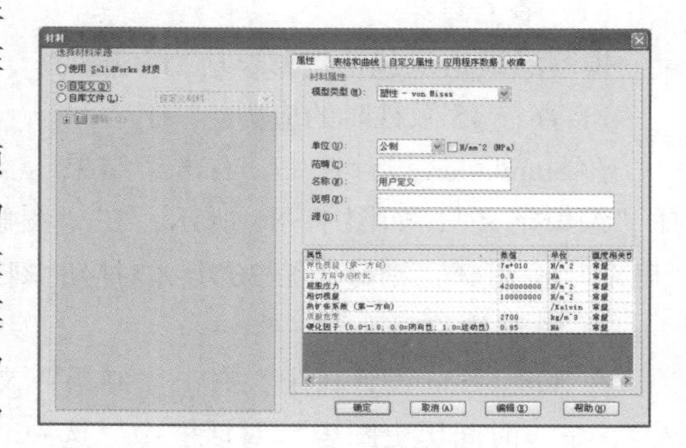

图 7-83　指定材料属性

(4) 定义掉落测试参数

单击 Simulation 设计树中，右击“设置”，在弹出的快捷菜单中选择“定义/编辑”。在“掉落测试设置”对话框中设“指定”为“冲击时速度”；在“冲击时速度”选项组中，单击方向的面、边线、基准面、基准轴框内，然后在设计树中单击“FrontPlane”，设“速度”为 478m/s；在“引力”选项组的“方向的面、线”文本框内单击，然后选择如图 7-84 显示的边线。接受默认引力加速度的大小。在图形区域中出现向量显示引力的方向。在“目标”选项组中单击“垂直于引力”单选按钮，单击“确定”按钮。

(5) 设定结果选项

需要设定冲击之后的求解时间，以及时间历史记录反映图表的位置。设定结果选项的步骤为：单击 Simulation 工具栏上的“结果选项”按钮，在“结果选项”对话框中，在“冲击后的求解时间”文本框内输入 45（微秒）；在“保存结果”选项组中，执行的操作为：将“从此开始保存结果”设为 0，将“图解步长数”设为 30，在圆柱的圆形面中心选择两个顶点，选定的顶点出现在时间历史图表选择顶点、参考点框内。将每个图解的图表步骤数设为 300，这将指示程序保存算例运行时整个模型在指定数目的均匀分布时刻的结果。程序可根据需要采用线性插值方法来计算指定时间瞬间的反应，并保存 30 个均匀分布瞬间的所有结果。单击“确定”按钮，如图 7-85 所示。

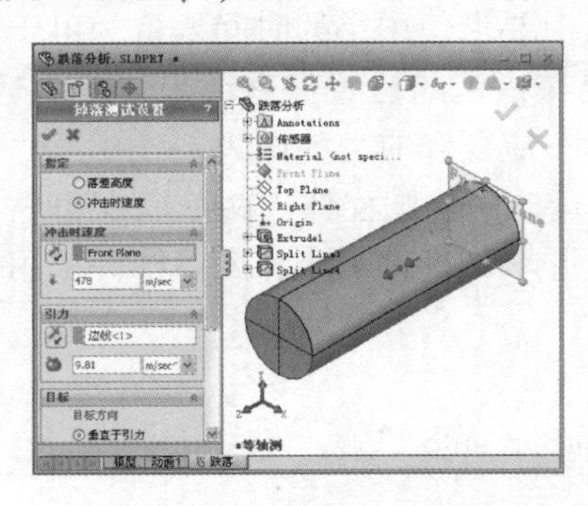

图 7-84　定义掉落测试参数

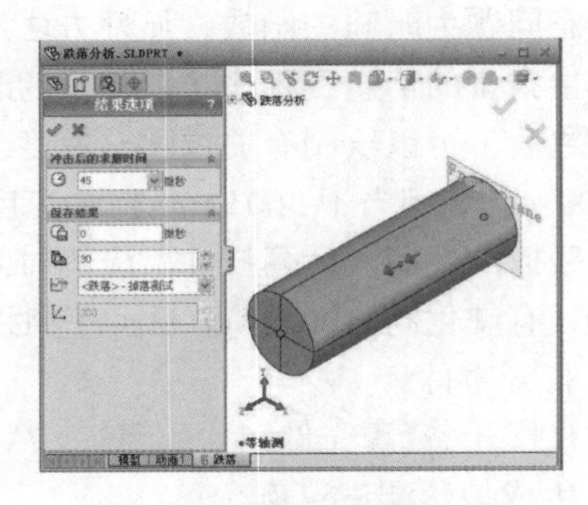

图 7-85　设定“结果选项”

(6) 网格化模型和运行分析

在 Simulation 选项卡下单击“运行”，网格化后运行分析。

(7) 查看结果

掉落测试结果包括位移、应力和应变。

1) 查看 45 微秒时的应力。

在 Simulation 设计树中，右击“结果”文件夹中的“应力 1”，在弹出的快捷菜单中选择“编辑定义”，如图 7-86 所示，在“图解步长”选项组的文本框内输入“30”，单击“确定”按钮，则显示第 30 步（对应时刻第 45 微秒）时的应力分布。

2) 绘制位移图表。

在 Simulation 设计树中，右击“结果”文件夹，在弹出的快捷菜单中选择“时间历史图表”。在“时间历史图表”对话框中，选中“预定义的位置”单选按钮，在“Y 轴”中设“位移”“UZ：Z 位移”，单击“确定”按钮，如图 7-87 所示。

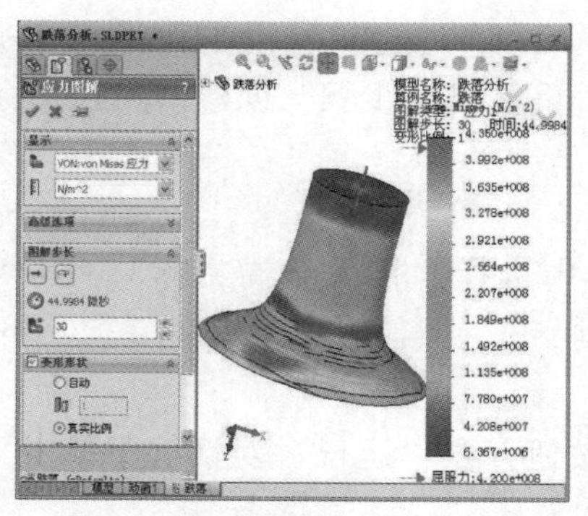

图 7-86　45 微秒时的应力分布

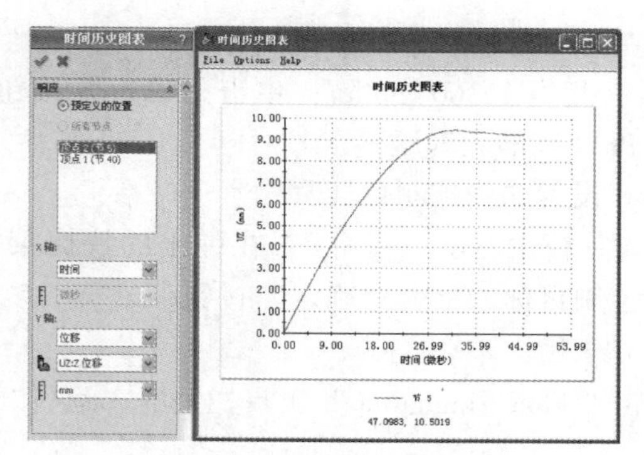

图 7-87　Z 方向位移变化

7.6.4　动车组车体流固耦合分析

动车组车体等零件由于受到空气等流体的压力而产生应力。此问题实际上就是流体和应力两个物理场之间的相互作用，故属于耦合场分析问题。SolidWorks 中流固耦合问题的求解步骤为：首先在 Flow Simulation 中进行流体仿真得到固体壁面的流体压力，然后将其结果导出为 SolidWorks Simulation 加载条件，最后进行应力分析获得流固耦合应力。

下面通过 Flow Simulation 分析上述问题，说明 Flow Simulation 分析步骤。

1. 车体表面压力分析

（1）建立模型

参照图 7-88 所示建立车体及其周围空气控制体模型（一般比车体大 4~5 倍），保存为“车体 CFD. sldprt”。

（2）启动 Flow Simulation 插件

如图 7-89 所示，选择“SOLIDWORKS 插件”→“SOLIDWORKS Flow Simulation”命令，启动该插件。

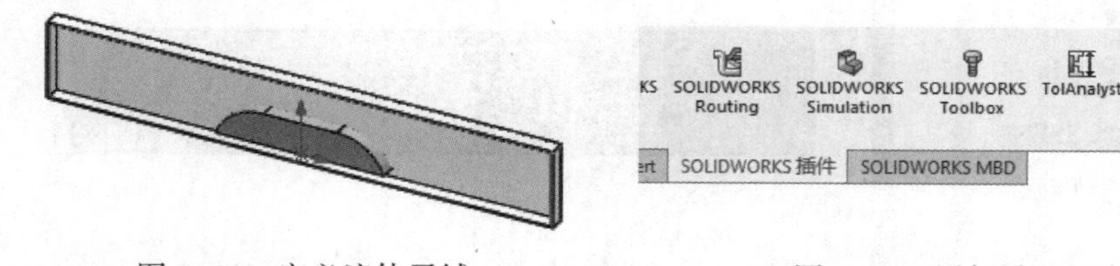

图 7-88　定义流体子域　　　图 7-89　添加进口压力

（3）创建流动模拟

切换到“流动模拟”，单击“Flow Simulation”工具栏上的“新建”按钮，在项目名称中输入“车体空气压力”，单击“确定”按钮✔，创建流动模拟，并自动生成计算域。

（4）定义流体子域

在设计树中右击“流体子域”，在弹出的快捷菜单中选择“插入流体子域”，如图 7-90 所示，在绘图区中单击内部的流体区域，选择“流体类型”为“(气体/真实气体/蒸汽”→“空气 | 气体)”，单击“确定”按钮✔，创建“流体子域”。

（5）添加进出口边界条件

在设计树中右击“边界条件”，在弹出的快捷菜单中选择“插入边界条件”。如图 7-91

所示，在绘图区中单击进口截面，选择“类型”为“入口流速”，设定“进口流速”V=100 m/s（相当于360 km/h），单击“确定”按钮。重复以上步骤，创建出口压力条件P=101325 Pa（标准大气压）。

（6）设置迭代控制目标

在设计树中右击“目标”，在弹出的快捷菜单中选择“插入全局目标”，设“平均速度”为控制目标，单击“确定”按钮✔。

（7）求解

单击“Flow Simulation”工具栏上的“运行”按钮，在“运行”对话框中单击“运行”按钮。

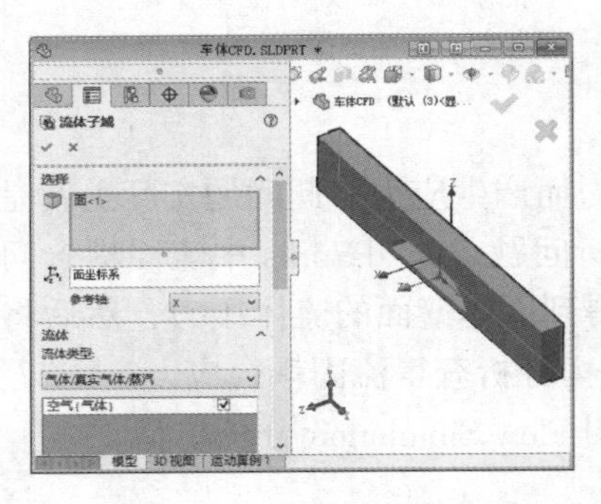

图7-90　定义流体子域

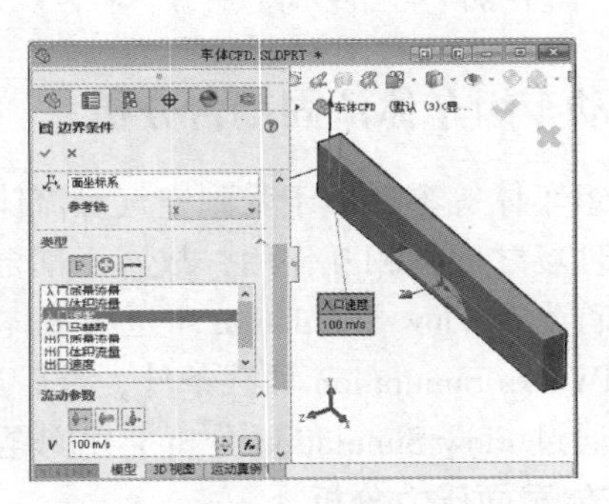

图7-91　添加进口压力

（8）显示速度流线图解

右击设计树中的“流动迹线”，在弹出的快捷菜单中选择“插入”，再选择“前视基准面”和“速度”，单击“确定”按钮✔。显示流动迹线，如图7-92所示。

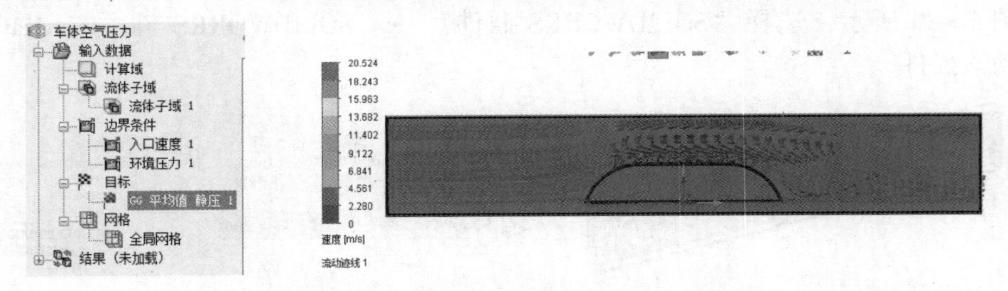

图7-92　流动迹线

2. 车体结构应力分析

通过上述步骤完成Flow Simulation分析，可以求得流体对管道壁面的作用力。将计算结果输出到SolidWorks Simulation，即可寻求模型的最大应力。

（1）完成流体分析

打开“<资源文件>目录下的“7\车体CFD. sldprt”，在“流动模拟”工具栏中单击“运行”完成事先建立的流体分析。

（2）导出结果到模拟

光标移动到窗口左上角，显示菜单栏，选择“工具”→“Flow Simulation”→“工具”→“将结果导出到模拟”命令。

(3) 建立应力分析算例

单击“Simulation”工具栏中的“新算例”，设名称为“流动效应应力”，选择“静应力分析”，单击“确定”按钮✔，应力分析算例。为车体添加材料“1023 碳钢板”和为车体下表面添加固定几何体约束条件。

(4) 施加流动效应载荷

如图 7-93 所示，右击“外部载荷”，在弹出的快捷菜单中选择“流动效应”，弹出“静应力分析，对话框，在“流动/热力效应”选项卡的“液压选项”选项组中，选择“包括 SolidWorks Flow Simulation 中的液压效应”复选框，浏览到流体分析结果文件如“2. fld”，单击“打开”按钮，再单击“确定”按钮。

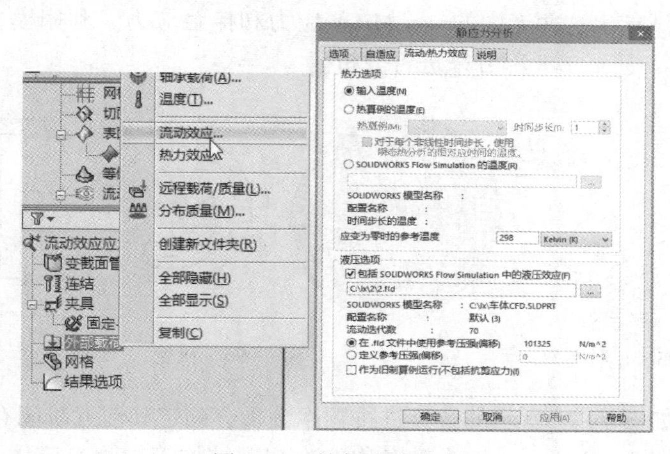

图 7-93 施加流动效应

(5) 运行分析并查看结果

单击“Simulation”工具栏上的“运行”按钮，执行流固耦合应力分析，所得应力分布如图 7-94 所示。

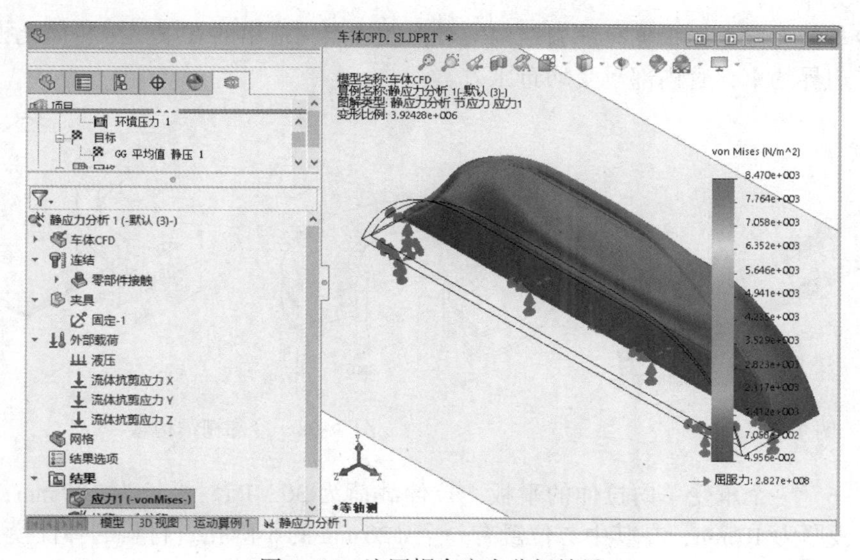

图 7-94 流固耦合应力分析结果

习题 7

习题 7-1　什么是有限元法？简述有限元法的基本思路。简述大型有限元软件的分析步骤。

习题 7-2　如图 7-95 所示，一个 AISI304 钢材料制成的 L 形支架上端面被固定（埋入），同时在下端面施加 200 N 的弯曲载荷。分析该模型的位移和应力分布情况，尤其是位于拐角处的大小为 10 mm 的倒角部分的应力分布，比较有圆角与无圆角的结果；有圆角时，比较采用不同圆角网格控制时的结果。

习题 7-3　如图 7-96 所示，一内半径为 121.82 mm 的机轮边承受一外半径为 121.91 mm 轮毂的压力作用。试求出这两者中的 von Mises 应力和接触应力。利用模型的对称性，分别选择它的 1/2，1/4，甚至 1/8 部分来进行分析。

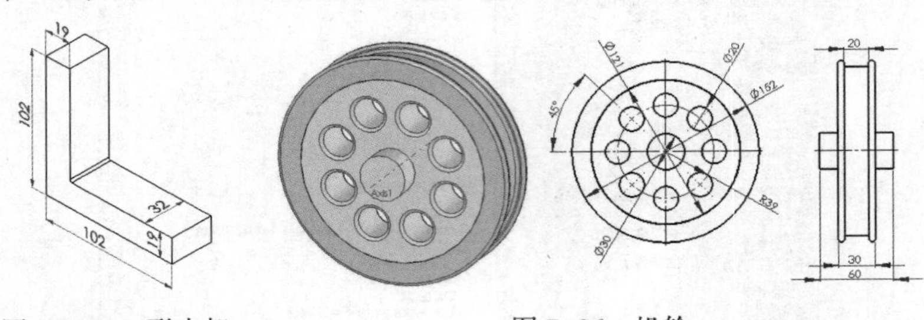

图 7-95　L 形支架　　　　图 7-96　机轮

习题 7-4　对如图 7-97 所示的音叉进行频率分析，确定其前五阶固有频率和模态。

习题 7-5　如图 7-98 所示，一个轴对称的冷却栅结构管内为热流体，管外为空气，管道机冷却栅材料均为不锈钢，导热系数为 25.96 W/m℃，弹性模量为 1.93×10^{9} Pa，泊松比为 0.3，热膨胀系数为 1.62×10^{-5}/℃，管内压力为 6.89 MPa，管内流体温度为 250℃，对流换热系数为 249.23 W/m^2℃，外界流体温度为 39℃，对流换热系数为 62.3 W/m^2℃，试求其温度和应力分布。

假定冷却栅无限长，根据冷却栅结构的对称性特点构造出的有限元分析简化模型，其上下边界承受边界约束，管内部承受均布压力。

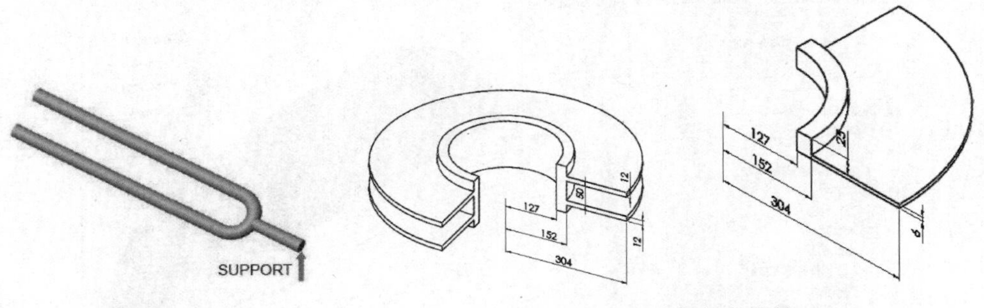

图 7-97　音叉　　　　图 7-98　冷却栅结构管

习题 7-6　一个承受单向拉伸的平板，拉伸载荷为 30 MPa。板长为 100 mm，初始板宽为 80 mm，板厚为 10 mm，在其中心位置有一个 ϕ20 mm 的小圆孔。材料的弹性模量为 2.06×10^{11} Pa，泊松比为 0.3，材料许用应力为 130 MPa，确定重量最轻时的板宽。

第 8 章　计算机辅助制造

计算机辅助制造（Computer Aided Manufacturing，CAM）是指在机械制造业中，利用计算机通过各种数值控制机床和设备，自动完成离散产品的加工、装配 、检测和包装等制造过程。本部分重点介绍 SolidWorks CAM 数控铣削加工和 CAMWorks 数控车削加工的知识。

8.1　CAM 快速入门

1. SolidWorks CAM 引例

下面以图 8-1 所示槽形凸轮为例来说明 SolidWorks CAM 如何使数控加工变得更轻松。

（1）零件建模

在 SolidWorks 中打开“<资源文件>目录下的”8\“SolidWorks CAM 快速入门（槽形凸轮）. sldprt”。

（2）提取加工特征

如图 8-2 所示，单击“SolidWorks CAM”工具栏中的“提取可加工的特征”按钮，自动提取可加工的特征，并在 SolidWorks CAM 特征树中显示。

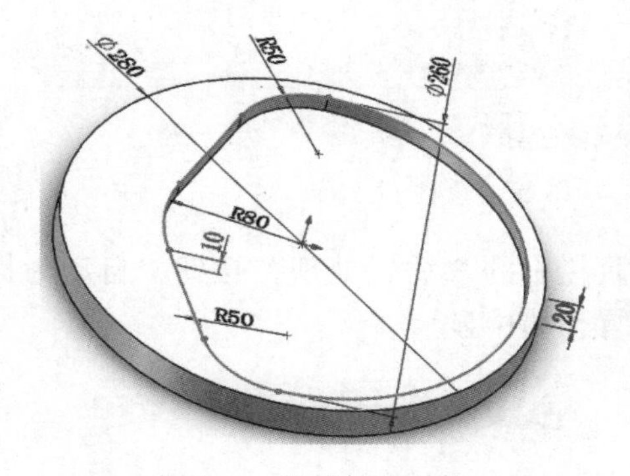

图 8-1　挖槽加工零件

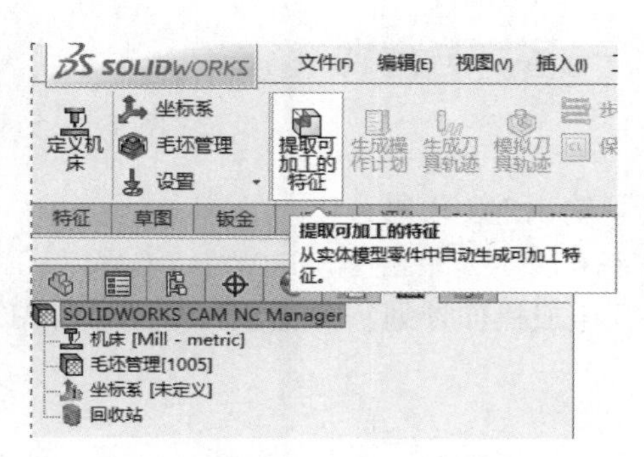

图 8-2　提取可加工的特征

（3）生成操作计划

如图 8-3 所示，单击“SolidWorks CAM”工具栏中的“生成操作计划”按钮，自动为提取的加工特征生成操作计划，并在 SolidWorks CAM 操作树中显示。

（4）生成刀具轨迹

如图 8-4 所示，单击“SolidWorks CAM”工具栏中的“生成刀具轨迹”按钮，自动按操作计划生成刀具轨迹。

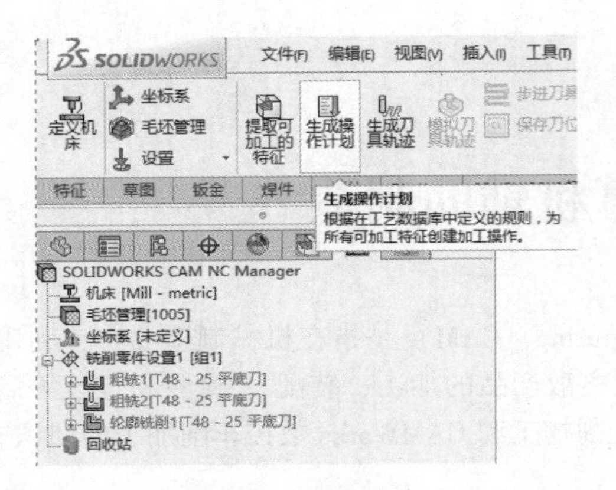

图 8-3　生成操作计划

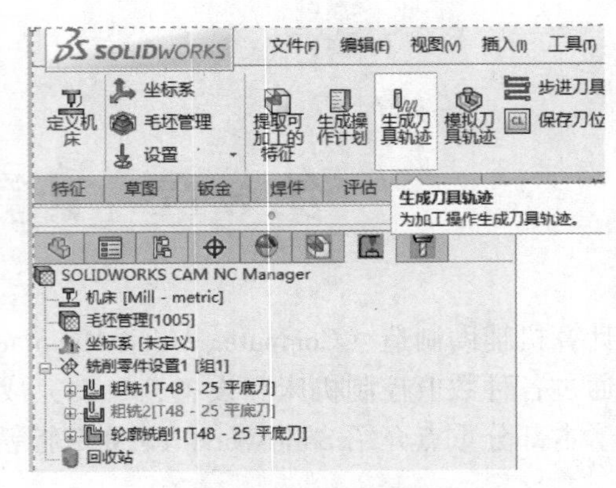

图 8-4　生成刀具轨迹

（5）模拟刀具轨迹

如图 8-5 所示，单击“SolidWorks CAM”工具栏中的“模拟刀具轨迹”按钮，再单击“模拟刀具轨迹”工具栏上的“播放”按钮观看铣削过程模拟。

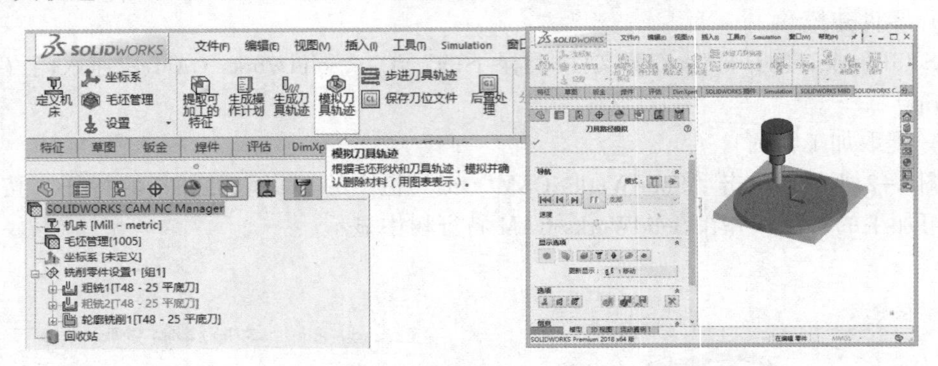

图 8-5　刀具轨迹模拟

（6）输出 NG 代码

图 8-6 所示，单击“SolidWorks CAM”工具栏中的“后置处理”按钮，自动为提取的加工特征生成操作计划，并在 SolidWorks CAM 操作树中显示。

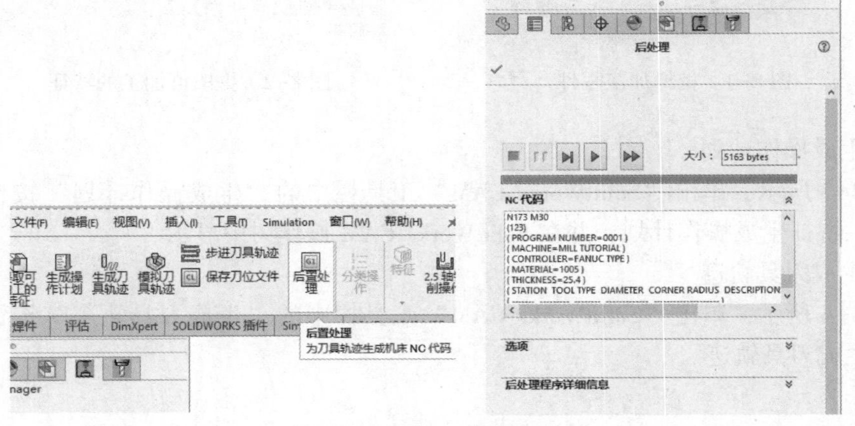

图 8-6　生成 NC 代码文件

如图 8-6 所示，单击“后置处理”按钮，选择生成文件的保存位置并输入文件名“平面凸轮加工”，选择“播放”按钮输出 NG 代码文件。

2. SolidWorks CAM 基本步骤

由上面的实例可见，SolidWorks CAM 数控加工主要的步骤如下。

- **选定加工机床**：包括选择加工方式和加工毛坯。本例默认用铣削加工，矩形块毛坯。
- **提取加工特征**：用自动特征识别或交互特征识别功能，提取加工特征。
- **生成操作计划**：操作计划就是对提取的特征设定加工操作，包括粗/精加工、钻孔等。
- **生成刀具轨迹**：定义刀具的进给速度、卡盘的转速、进刀点的位置、安全点位置等。
- **模拟刀具轨迹**：模拟刀具轨迹。看是否有刀具干涉，加工的先后顺序是否合理。
- **输出加工 NC 代码**：生成程序代码，传输至机床上加工。

3. SolidWorks CAM 常用功能及界面

SolidWorks CAM 是一个集成在 SolidWorks 软件中的 CAM 软件产品，由 CAMWorks 提供支持。SolidWorks CAM 提供了真正跟随设计模型变化的加工自动关联，消除了设计更新后重新进行编程上的时间浪费。SolidWorks CAM 提供了完整机床的真实仿真，加工模块可以有多种铣削和车削功能。SolidWorks CAM 常用加工功能如表 8-1 所示。

表 8-1　SolidWorks CAM 常用加工功能

名　称	功　能	示　例
2.5 轴铣削	2.5 轴铣削包括自动粗加工、精加工、螺纹铣削、表面铣削以及单点（钻孔、镗孔、铰孔和攻丝）循环加工体素特征	
2 轴车削	2 轴车削包括车削、车槽、车镗等	

SolidWorks CAM 插件启动方法为：选择“工具”→“插件”命令，打开“插件”对话框，在“其他插件中”选择“SolidWorks CAM”。如图 8-7 所示，启动 SolidWorks CAM 后在 SolidWorks 中新增了 SolidWorks CAM 工具栏，在左窗口中新增特征树、操作树和刀具树。

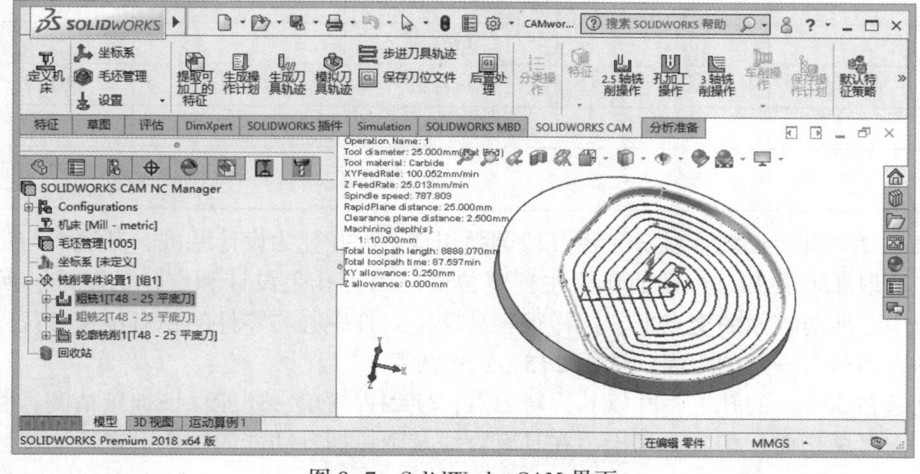

图 8-7　SolidWorks CAM 界面

8.2 SolidWorks CAM 数控铣削加工范例

铣削是将毛坯固定，用高速旋转的铣刀在毛坯上走刀，切出需要的形状和特征。传统铣削较多地用于铣削轮廓和凹槽等简单外形或特征。数控铣床可以进行复杂外形和特征的加工。

8.2.1 平面凸轮轮廓铣削

数控机床程序编制方法有手工编程和自动编程两种。下面以平面凸轮零件为例，说明数控铣床的编程过程。

1. 加工工艺分析

数控加工工序卡如表 8-2 所示。

表 8-2 数控加工工序卡

数控加工工序卡	零件图号	零件名称	文件编号	第 页
	NC 01	凸轮		
		工 序 号	工序名称	材 料
		50	铣周边轮廓	45 钢
		加工车间	设备型号	
			XK5032	
		主程序名	子程序名	加工原点
		O100		G54
		刀具半径补偿	刀具长度补偿	
		H01=10	0	
工 步 号	工 步 内 容	工 装		
1	数控铣周边轮廓	夹具	刀具	
		定心夹具	立铣刀 $\phi15$	
		更改标记	更改单号	更改者/日期
工艺员	校对	审定	批准	

由表 8-2 可知，凸轮曲线分别由几段圆弧组成，$\phi30$ 孔为设计基准，其底面与定位孔已加工好。故取 $\phi30$ 孔和一个端面作为主要定位面。因为孔是设计和定位的基准，所以对刀点选在孔中心线与端面的交点上，这样很容易确定刀具中心与零件的相对位置。铣刀的端面距零件的表面留有一定的距离，选用 $\phi15$ mm 立铣刀。

装夹选在 30 mm 的孔上，并以其为对刀点，使编程简单，还能保证加工精度。确定走刀路线时，需考虑切向、切入、切出。在具有直线及圆弧插补功能的铣床上进行加工，其走刀路线为 O→P1→P2→P3→P4→P5→P7→ P6→P8→P9→P10→O，见表 8-3。

表 8-3　数控加工走刀路线图

数控加工走刀路线图		零件图号	NC01	工序号		工步号		程序号	O100
机床型号	XK5032	程序段号	N10～N170	加工内容		铣周边	共 1 页	第　页	

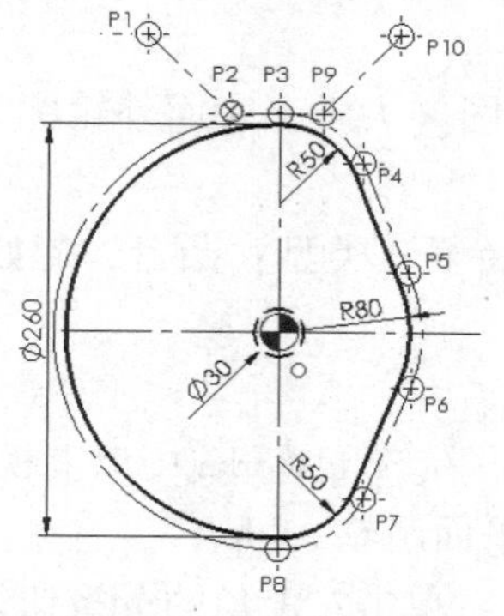

编程	
校对	
审批	

符号	⊙	⊗		○——→	→				
含义	抬刀	下刀	编程原点	起刀点	走刀方向	走刀线相交	爬斜坡	铰孔	行切

2. 手工编程

（1）数学处理

需求出平面凸轮零件图形中各几何元素相交或相切的基点坐标值。应用三角、几何及解析几何的数学方法可计算出 P1,P2,…,P10 各点的坐标如下。

P1(-50,170)　　P2(-10,130)　　P3(0,130)　　P4(47.351,98.750)

P5(74.172,30)　　P6(74.172,-30)　　P7(47.351,-98.750)　　P8(0,-130)

（2）编写程序单

按程序格式编写凸轮零件加工程序单如下。

序号	语句	注释
N100	%0033	程序号
N110	G92 X0 Y0 Z100;	//对刀
N120	G90 M03 S700;	//主轴正转
N130	G00 X-50 Y170;	//快进到下刀点
N140	G01 Z-9F500;	//下刀 P1
N150	G01G41D01X-10 Y130;	//→P2
N160	X0;	//→P3
N170	G02X47.351Y98.750R50,	//→P4
N180	G01X74.172Y30.00;	//→P5
N190	G02X74.172Y-30R80;	//→P6
N200	G01X47.351Y-98.750;	//→P7
N210	G02X0.0Y-130.0R50;	//→P8
N220	G02X0Yl30R130;	//→P3
N230	G01X10;	//→P9
N240	G40G00X50Y170;	//→P10
N250	Z100	//抬刀

```
N260        G01X0Y0M05;        //回刀
N100        M02;               //结束
```

3. SolidWorks CAM 加工仿真

（1）加工分析

1）毛坯分析。类型：拉伸草图（大于上表面外轮廓 2 mm），起始位置：上表面，终止位置：下表面。

2）特征分析。类型：2.5 轴特征，类型：凸台，起始位置：上表面，终止位置：从下表面向下偏差 2 mm。

（2）加工准备

1）零件建模。如图 8-8 所示，在 SolidWorks 中以上视基准面为草图平面创建一个 20 mm 厚的平面凸轮实体，并保存为“平面凸轮 . sldprt”。

2）毛坯管理。如图 8-9 所示，单击左上角的按钮切换到 SolidWorks CAM 特征树，然后双击特征树中的“毛坯管理”，弹出“毛坯管理器”对话框，如图 8-10 所示，设“毛坯类型”为“拉伸草图”，单击上表面的“毛坯草图”，设“拉伸目标”为“偏差面”，选择凸轮下表面，单击“确定”按钮生成毛坯。

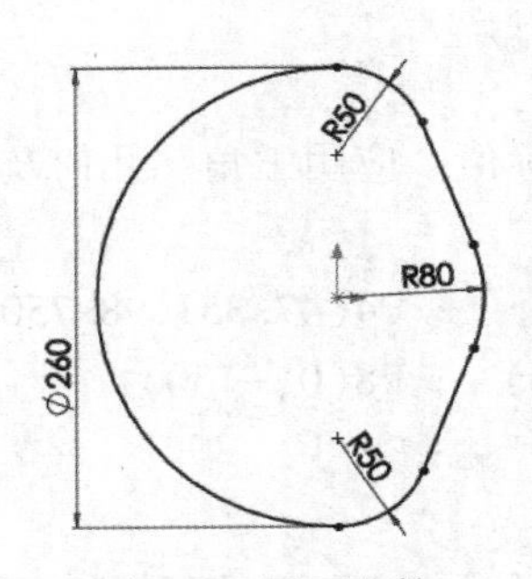

图 8-8　平面凸轮

图 8-9　切换到 SolidWorks CAM

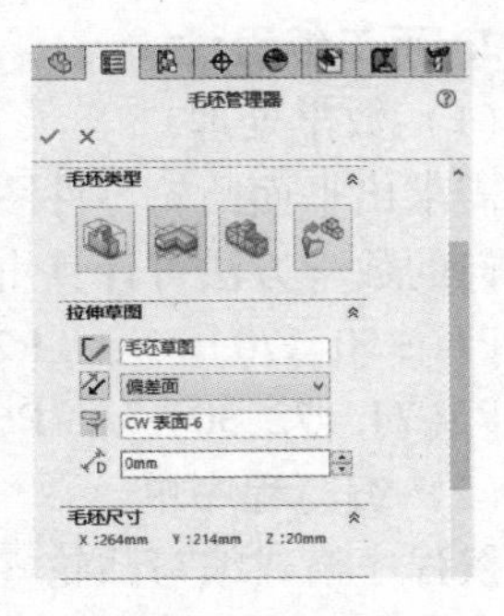

图 8-10　毛坯管理器

（3）提取加工特征

1）确定进刀方向。如图 8-11 所示，右击特征树中的“毛坯管理”，在弹出的快捷菜单中选择“铣削零件设置”命令，如图 8-12 所示，单击工件上表面，设定加工方向（一定要保持 Z 轴是垂直于工件的），单击“确定”按钮，设计树中出现“铣削零件设置 1”。

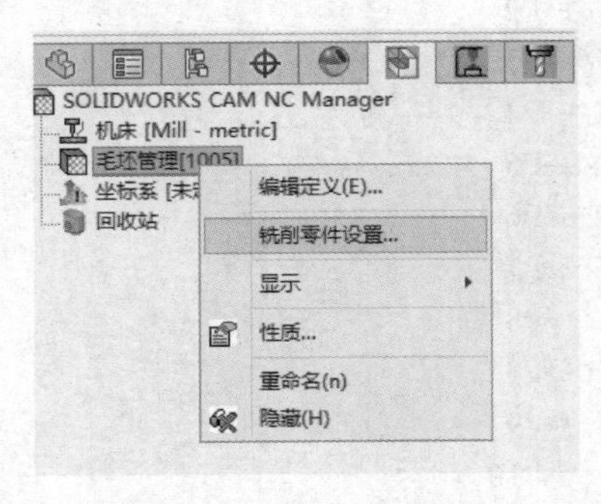

图 8-11　铣削零件设置

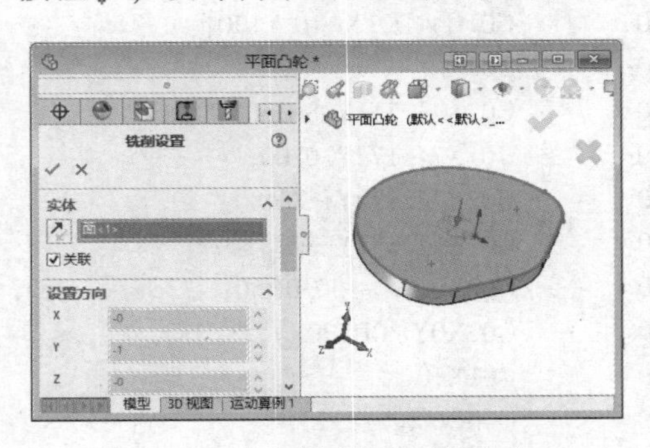

图 8-12　确定原点和 Z 轴方向

2）新建加工特征。如图 8-13a 所示，右击设计树中的“铣削零件设置 1”，在弹出的快捷菜单中选择“新建 2.5 轴特征”，弹出“2.5 轴特征”对话框，如图 8-13b 所示，设置特征“类型”为“凸台”，单击“所选实体”列表框，并单击凸台上表面，单击“结束条件”按钮；在“结束条件”对话框（图 8-13c）中，设为“从面偏差”，选中凸轮上表面，设“偏差值”为 2 mm（这样做可以确保自动适应模型厚度修改），单击“确定”按钮✔，在 SolidWorks CAM 特征树中自动创建 2.5 轴特征“不规则凸台 1”。

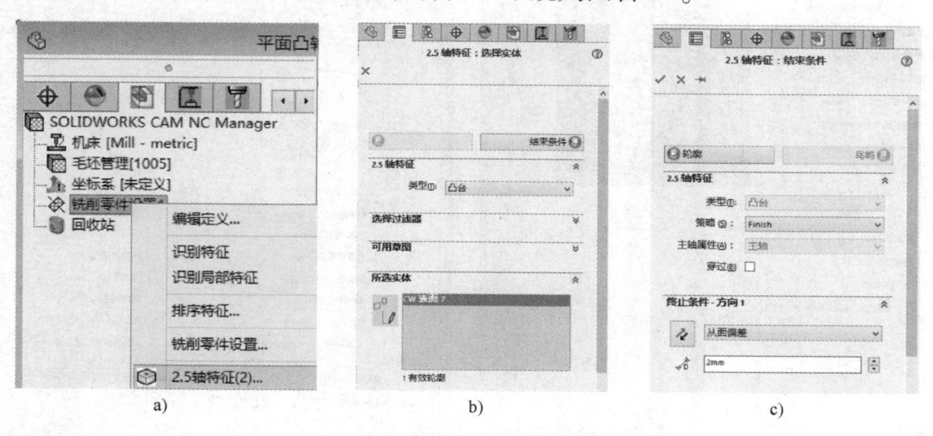

图 8-13　新建 2.5 轴特征

a）选择“2.5 轴特征”　b）选择实体　c）结束条件

（4）生成操作计划

1）选定加工特征。单击“SolidWorks CAM”工具栏上的“新建 2.5 轴铣削操作”按钮，弹出“新建操作：轮廓铣削”对话框。如图 8-14 所示，选择“轮廓铣削”；在“特征”选项卡中，选择“不规则凸台 1”，单击“确定”按钮✔，弹出“操作参数”对话框。

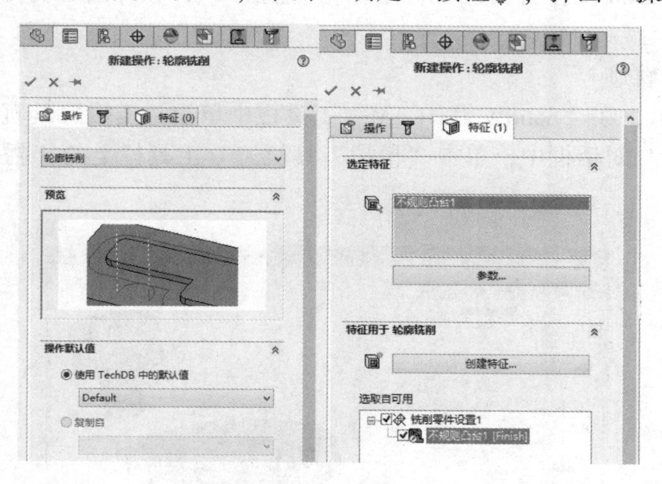

图 8-14　选定加工特征

2）设置操作参数。如图 8-15 所示，单击切换到“刀具”选项卡，单击“铣刀”选项卡，设置“切削直径”等参数。单击切换到“切入引导”选项卡，选择“引入类型”为“圆弧”；在“之间链接”选项组中，选择“侧轨迹”为“直接”（全程不提刀，加速铣削过程)，单击“预览”按钮查看更改效果。设置刀具、切入方式等参数后，单击“确定”按钮。在 SolidWorks CAM 操作特征树中自动创建操作“轮廓铣削 1”。

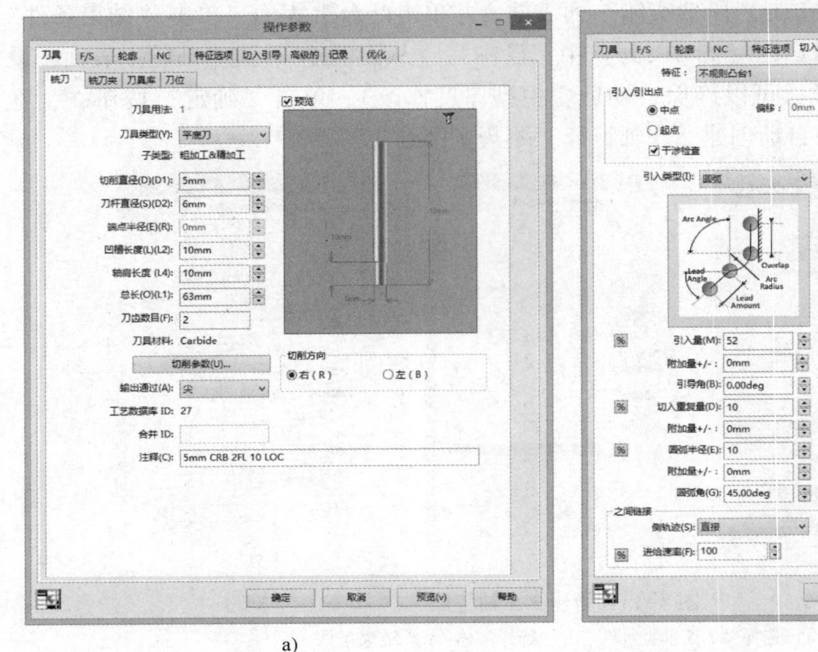

a)

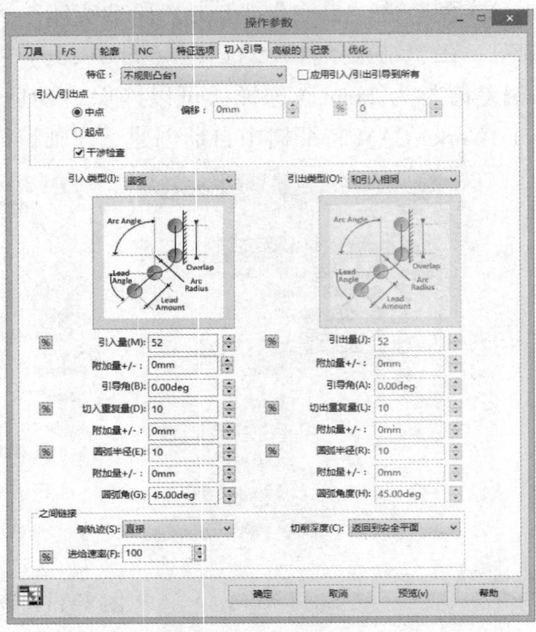

b)

图 8-15　设置加工参数

a）刀具参数设置　b）切入方式设置

（5）生成刀具轨迹

在 SolidWorks CAM 操作特征树中右击“轮廓铣削 1”，在弹出的快捷菜单中选择“生成刀路轨迹”。

（6）模拟刀具轨迹

如图 8-16 所示，在“SolidWorks CAM”工具栏中单击“模拟刀具轨迹”按钮，在弹出的“刀具路径模拟”对话框中，单击“模拟刀具轨迹”工具栏上的“播放”按钮观看铣削过程模拟。

图 8-16　刀具轨迹模拟

（7）输出 NC 代码

在“SolidWorks CAM”工具栏上单击“后置处理”按钮，选择生成文件的保存位置并输入文件名“平面凸轮加工”，单击“播放”按钮输出 NC 代码文件。

8.2.2 外形轮廓与凹槽铣削加工

1. 问题描述

如图 8-17 所示，毛坯为 170 mm×145 mm×30 mm，材料为 45 钢，六面已粗加工过，要求铣出轮廓和槽。

2. 加工工艺分析

定位基准与装卡：以已加工过的底面为定位基准。

工步顺序：铣削外轮廓→铣削直槽。

3. 外轮廓铣削

（1）加工准备

打开零件文件：在 SolidWorks 中打开<资源文件>目录下的“8\外形与槽铣加工 . sldprt”文件。

毛坯管理：单击左上角的按钮切换到 SolidWorks CAM 特征树，然后双击特征树中的“毛坯管理”，弹出“毛坯管理器”对话框。如图 8-18 所示，选择“毛坯类型”为中间的“拉伸草图”，打开 SolidWorks 特征树，并选择“毛坯草图”，选择“方向控制方式”为“偏差顶点”，并在图形区选中下角顶点，单击“确定”按钮，生成毛坯。

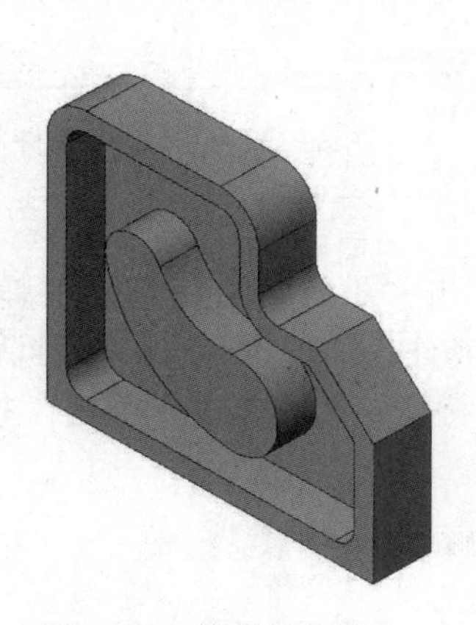

图 8-17 外形与凹槽加工

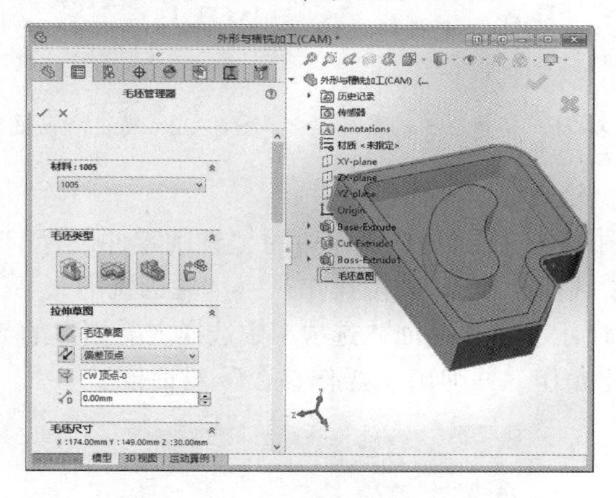

图 8-18 “毛坯管理器”对话框

（2）铣削零件设置

如图 8-19 所示，右击特征树中的“毛坯管理”，在弹出的快捷菜单中选择“铣削零件设置”。如图 8-20 所示，单击工件上表面，单击“确定”按钮，设计树中出现“铣削零件设置 1”。

（3）新建外轮廓特征

如图 8-21 所示，右击设计树中的“铣削零件设置 1”，在弹出的快捷菜单中选择“新建 2.5 轴特征”，弹出“2.5 轴特征”向导对话框，可利用特征向导设置以下参数。

- 特征和截面定义：如图 8-22 所示，设置特征“类型”为“凸台”，单击模型上表面，单击“结束条件”按钮。

- 选择结束条件：如图 8-23 所示，在“终止条件-方向 1”选项组中选择“直到顶点”，然后选择底面顶点。单击“完成”按钮，再单击“关闭”按钮完成 2.5 轴特征添加。

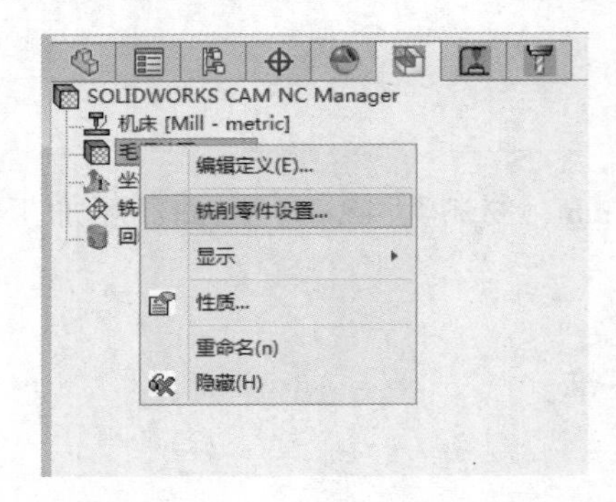

图 8-19　铣削零件设置

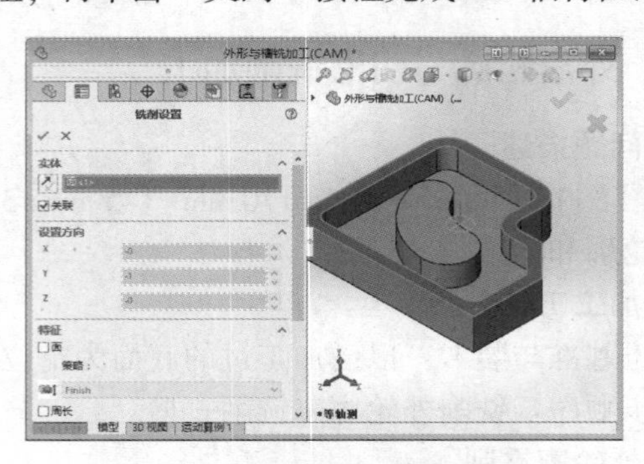

图 8-20　确定原点和 Z 轴方向

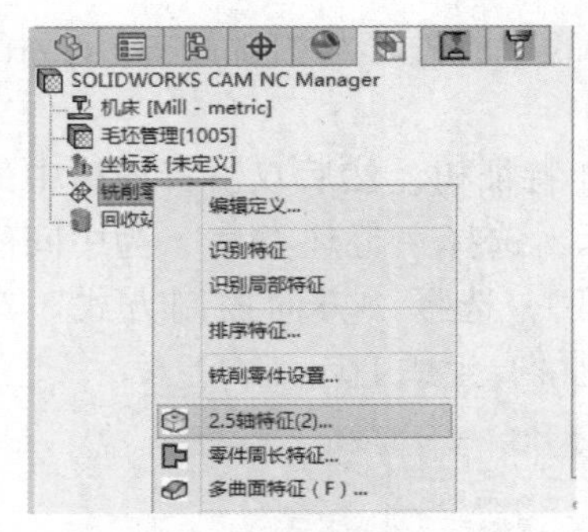

图 8-21　新建 2.5 轴特征

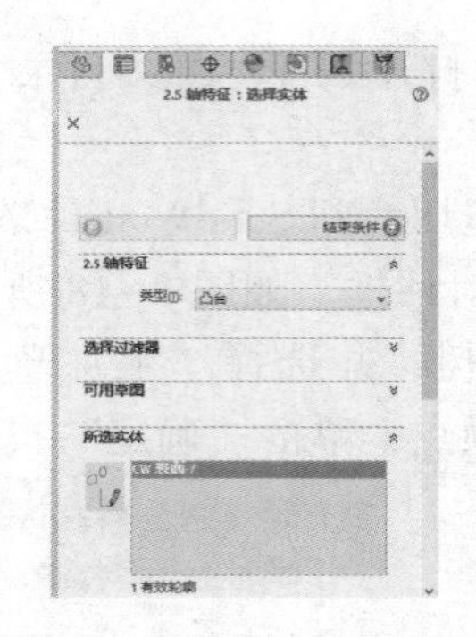

图 8-22　特征和截面定义

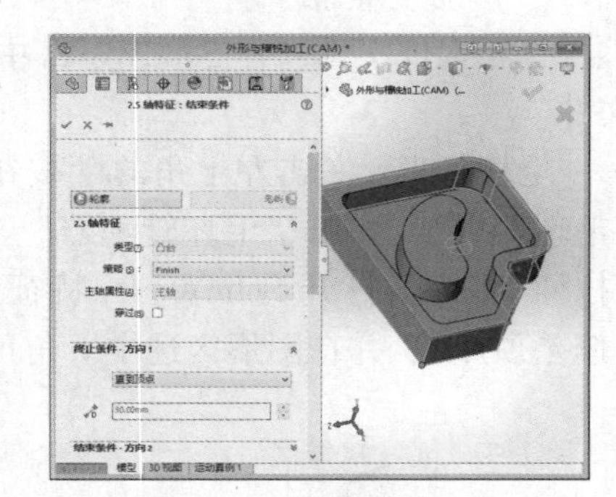

图 8-23　选择结束条件

（4）轮廓加工操作设置

如图 8-24 所示，在操作树的“铣削零件设置 1”中右击“不规则凸台 1”，在弹出的快捷菜单中选择“2.5 轴铣削操作”→“轮廓铣削”，弹出“新建操作：轮廓铣削”对话框，如图 8-25 所示，在“特征”选项卡中选择之前创建的 2.5 轴特征，然后单击“确定”按钮✔，自动创建操作，并弹出“操作参数”对话框。

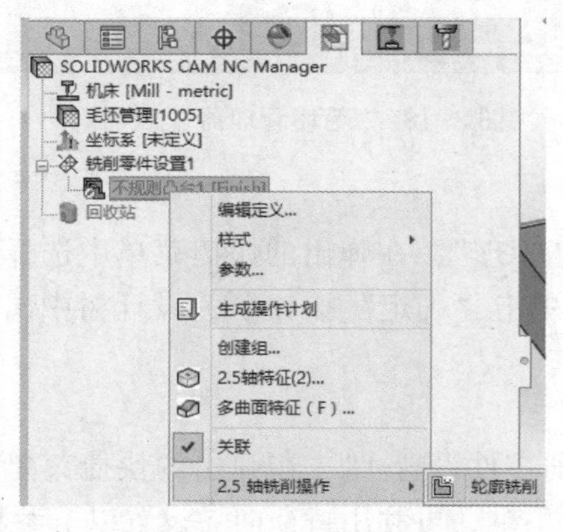

图 8-24　插入 2.5 轴铣削操作

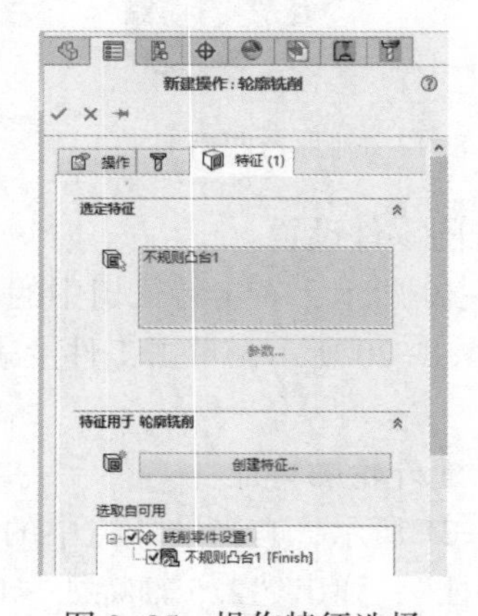

图 8-25　操作特征选择

（5）操作参数设置

- 刀具参数设置：如图 8-26 所示，单击切换到“刀具”选项卡 ，单击“铣刀”选项卡，设“轴肩长度”为 30 mm，单击“确定”按钮。
- 进给参数设置：切换到“F/S（进给量）”选项卡，修改主轴速度为 1200 r/min。

（6）生成刀路轨迹

右击操作树中的“轮廓铣削”，在弹出的快捷菜单中选择“生成刀路轨迹”。

（7）模拟刀具轨迹

如图 8-27 所示，选择左上角的“刀具路径模拟”，在弹出的“刀具路径模拟”对话框中，单击“模拟刀具轨迹”工具栏上的“播放”按钮观看铣削过程模拟。

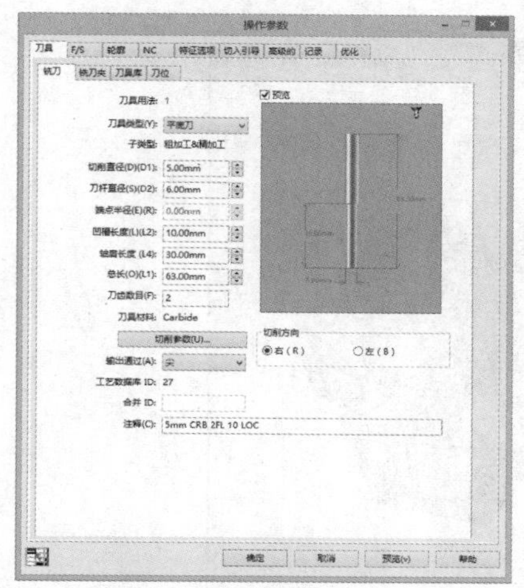

图 8-26　刀具参数设置

图 8-27　刀具轨迹模拟

4. 槽铣加工

（1）新建槽特征

单击左上角的按钮切换到 SolidWorks CAM 特征树，如图 8-28 所示，右击设计树中的“铣削零件设置 1”，在弹出的快捷菜单中选择“2. 5 轴特征”，弹出“2. 5 轴特征”向导对话框，可利用特征向导设置以下参数。

- 特征和截面定义：如图 8-29 所示，设置“类型”为“槽”，将左下侧列表框中加工轮廓草图-sketch2 选入右下侧的已选实体列表框中，单击“结束条件”按钮。
- 选择结束条件：如图 8-30 所示，在“终止条件-方向 1”选项组中选择“直到面”，然后单击槽底面，单击“岛屿”按钮。
- 岛屿设定：如图 8-31 所示，单击岛屿图素列表框的“添加”按钮，在图形区单击岛屿顶面，单击“完成”按钮，再单击“关闭”按钮完成 2. 5 轴特征添加。

（2）新建槽加工操作

如图 8-32 所示，在操作树的“铣削零件设置 1”中右击“不规则槽”，在弹出的快捷菜单中选择“2. 5 轴铣削操作”→“粗铣”。如图 8-33 所示，单击“特征”标签切换到列表中选择之前创建的槽特征，然后单击“确定”按钮✔，自动创建操作，并弹出“操作参数”对话框。

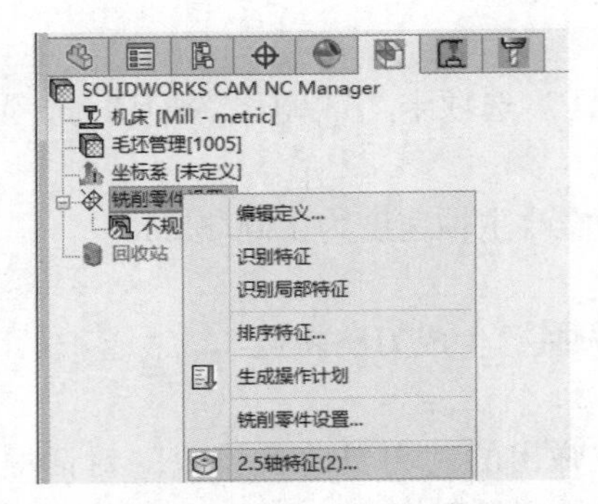

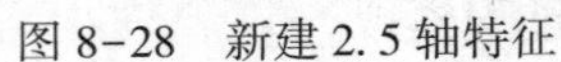
图 8-28 新建 2.5 轴特征

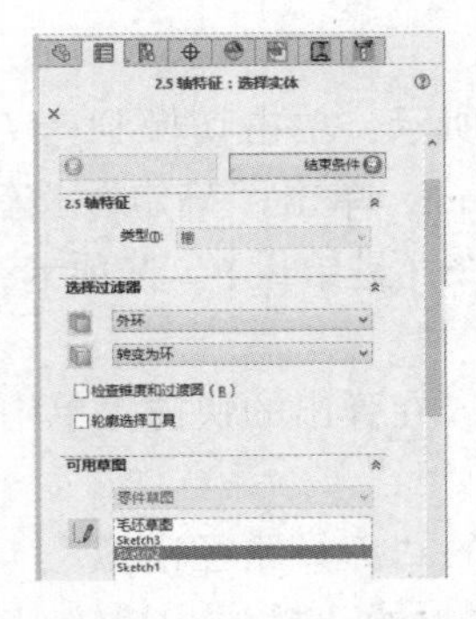

图 8-29 特征和截面定义

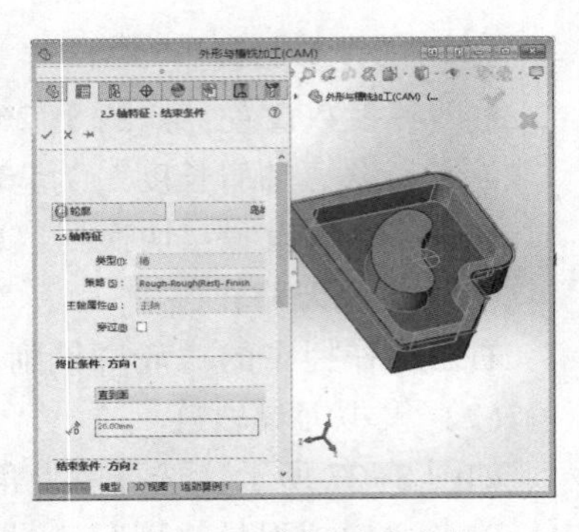

图 8-30 选择结束条件

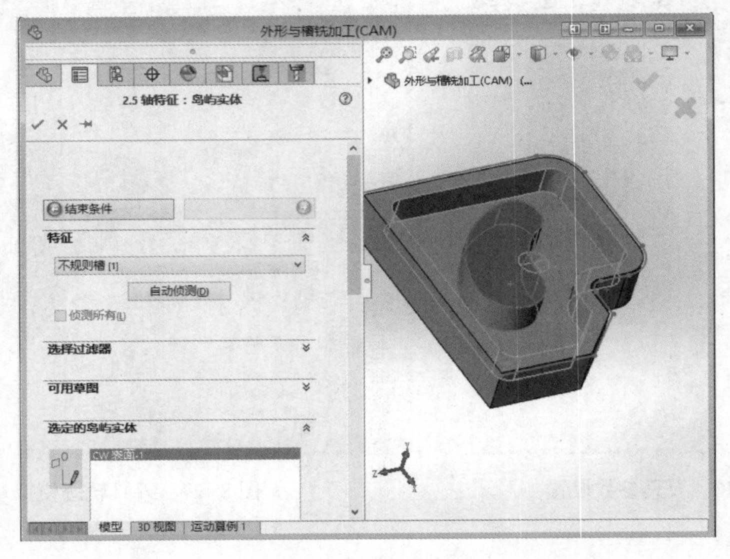

图 8-31 岛屿设定

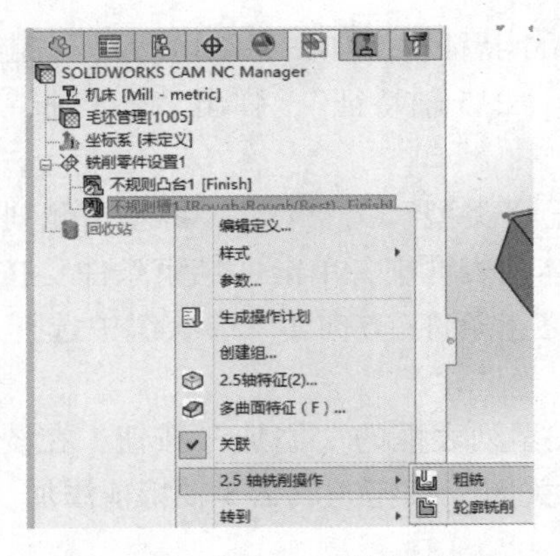

图 8-32 插入 2.5 轴铣削操作

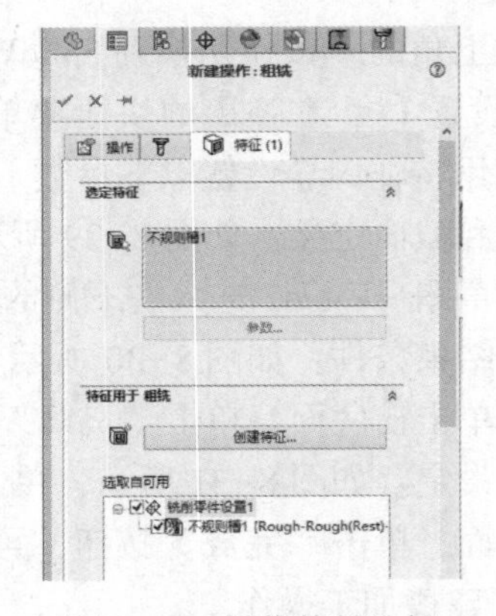

图 8-33 操作特征选择

(3) 操作参数设置

- 刀具参数设置：单击切换到“刀具”选项卡，单击“刀具库”标签，选中其中的“6 号刀”，单击“选择”按钮，设轴肩长度为 30 mm，单击“确定”。

• 进给参数设置：切换到“F/S（进给量）”选项卡，修改主轴速度为 1200 r/min。

（4）生成刀路轨迹

如图 8-34 所示，右击操作树中的“粗铣 1”，在弹出的快捷菜单中选择“生成刀路轨迹”。

（5）模拟刀具轨迹

如图 8-35 所示，选择左上角的“刀具路径模拟”，在弹出的“刀具路径模拟”对话框中，单击“模拟刀具轨迹”工具栏上的“播放”按钮观看铣削过程模拟。

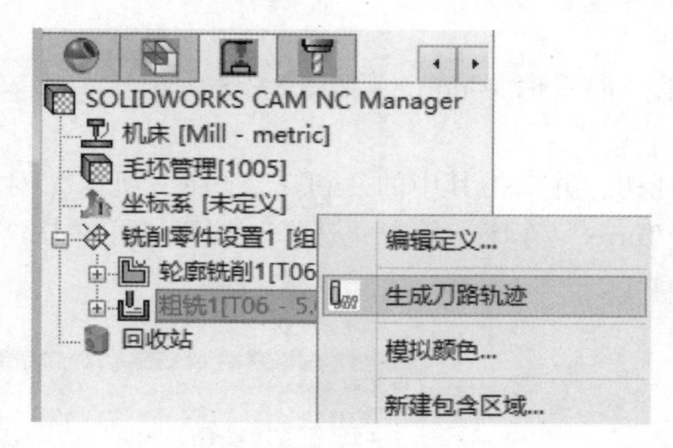

图 8-34　生成刀路轨迹

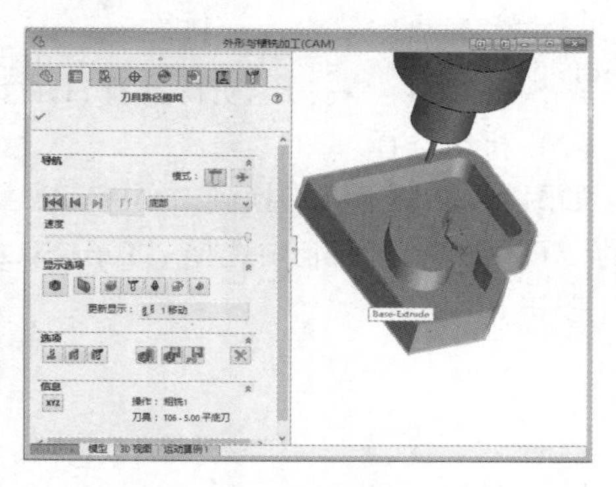

图 8-35　粗铣刀具轨迹模拟

5. 轮廓与槽铣加工后处理

（1）模拟刀具轨迹

如图 8-36 所示，右击操作树中的“铣削零件设置”→“模拟刀路轨迹”，在弹出的“刀具路径模拟”对话框中，单击“模拟刀具轨迹”工具栏上的“播放”按钮观看铣削过程模拟，如图 8-37 所示。

图 8-36　模拟刀路轨迹

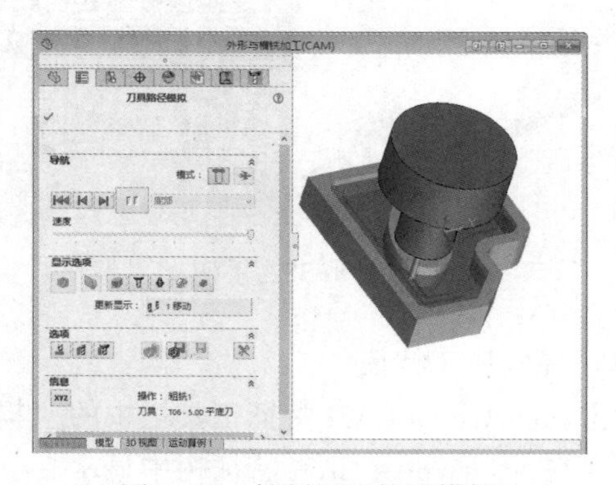

图 8-37　铣削刀具轨迹模拟

（2）输出 NC 代码

单击“后置处理”按钮，选择生成文件的保存位置并输入文件名“轮廓与槽铣加工”，选择“播放”按钮输出 NC 代码文件。

8.3　SolidWorks CAM 数控车削加工范例

车削用来加工回转体零件，把零件通过三爪卡盘夹在机床主轴上，并高速旋转，然后用车刀按照回转体的母线走刀，切削出产品外形。数控车床可进行复杂回转体外形的加工，本部分介绍 SolidWorks CAM 的数控车削功能。

8.3.1　车削入门-手柄车削加工

下面以图 8-38 所示手柄为例，介绍该自动识别特征和交互识别特征的车削加工。

1. 自动识别特征

（1）零件建模

在 SolidWorks 中打开<资源文件目录下的“8\手柄 . sldprt”，如图 8-38 所示。

（2）机床选择

如图 8-39 所示，切换到 CAMWorks 特征树，并双击其中的“机床”，在“机床”对话框的“可用机床”列表中选择“Turn Single Turret”车床，单击“选择”按钮，再单击“确定”按钮。

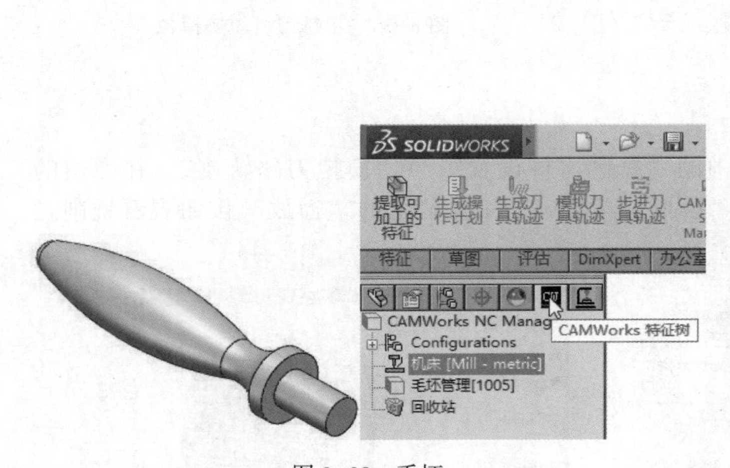

图 8-38　手柄

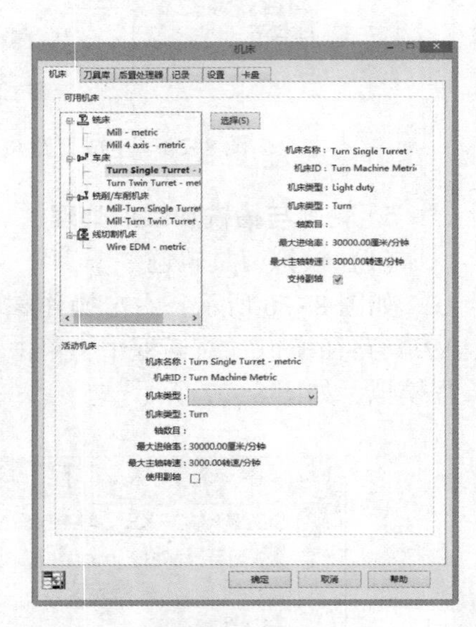

图 8-39　车床选择

（3）提取加工特征

单击 SolidWorks CAM 特征工具栏中的“提取可加工的特征”按钮，自动提取可加工的特征，并在 SolidWorks CAM 特征树中显示。

（4）生成操作计划

单击 SolidWorks CAM 特征工具栏中的“生成操作计划”按钮，自动为提取的加工特征生成操作计划，并在 SolidWorks CAM 操作树中显示。

（5）生成刀具轨迹

单击 SolidWorks CAM 特征工具栏中的“生成刀具轨迹”按钮，自动按操作计划生成刀具轨迹。

（6）模拟刀具轨迹

如图 8-40 所示，单击 SolidWorks CAM 特征工具栏中的“模拟刀具轨迹”按钮，在弹出的“刀具路径模拟”对话框中，单击“刀具路径模拟”工具栏上的“播放”按钮观看铣削过程模拟。

（7）输出 NC 代码

单击 SolidWorks CAM 特征工具栏中的“后置处理”按钮，选择生成文件的保存位置并输入文件名“平面凸轮加工”，选择“播放”按钮输出 NC 代码文件。

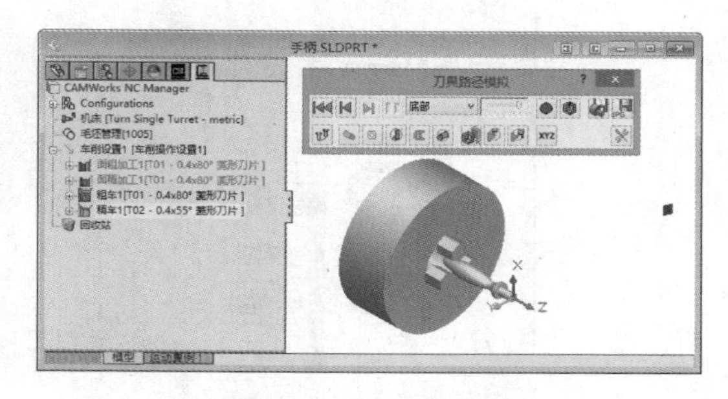

图 8-40　刀具轨迹模拟

2. 交互识别特征车削

交互识别特征的车削加工包括实体毛坯设置、车柄身和车柄头等。

（1）零件建模

在 SolidWorks 中打开零件“手柄 . sldprt”。

（2）机床选择

单击 SolidWorks CAM 工具栏中的“定义机床”按钮，在“机床”对话框的“可用机床”列表的“车床”中选择“Turn Single Turret”，单击“选择”按钮，再单击“确定”按钮。

（3）毛坯管理

双击特征树中的“毛坯管理”，弹出“毛坯管理器”对话框，如图 8-41 所示，设置“材料”为“1005”，“毛坯类型”为“圆条形毛坯”，单击“确定”按钮✔。

（4）车柄身

1）新建车削设置：如图 8-42 所示，右击特征树中的“毛坯管理”，在弹出的快捷菜单中选择“车削设置”命令，单击“确定”按钮✔，设计树中出现“车削设置 1”。

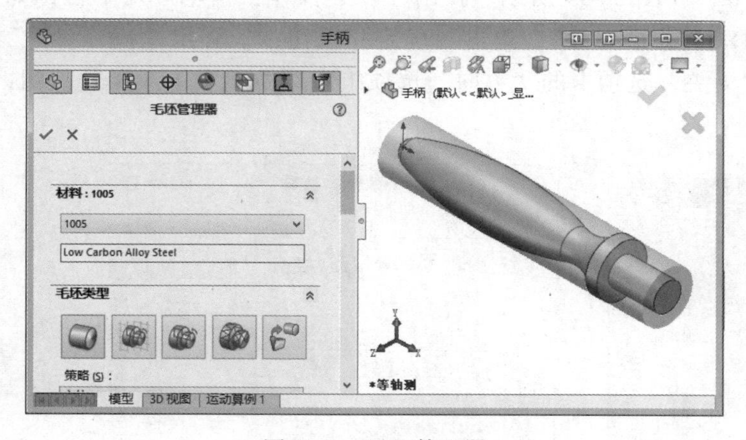

图 8-41　毛坯管理器

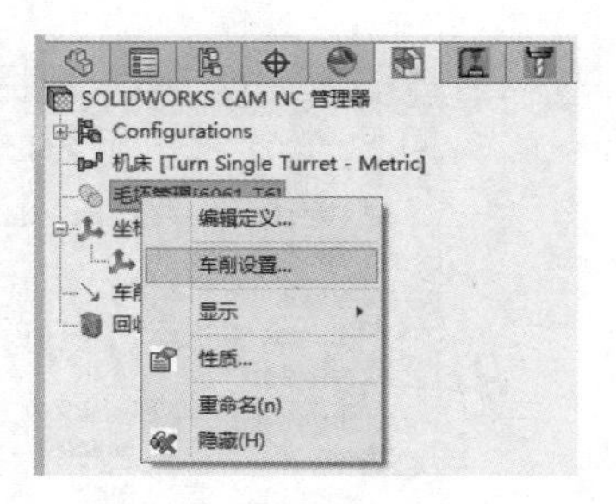

图 8-42　新建车削设置

2）新建车削特征：右击设计树中的“车削设置 1”，在弹出的快捷菜单中选择“车削特征”，如图 8-43a 所示，弹出“新建车削特征”对话框，如图 8-43b 所示，设置“类型”为“OD 特征”（外圆特征），选中“<零件轮廓>”，单击柄身表面，如图 8-43c 所示，单击“确定”按钮✔，创建“OD 特征 1”。

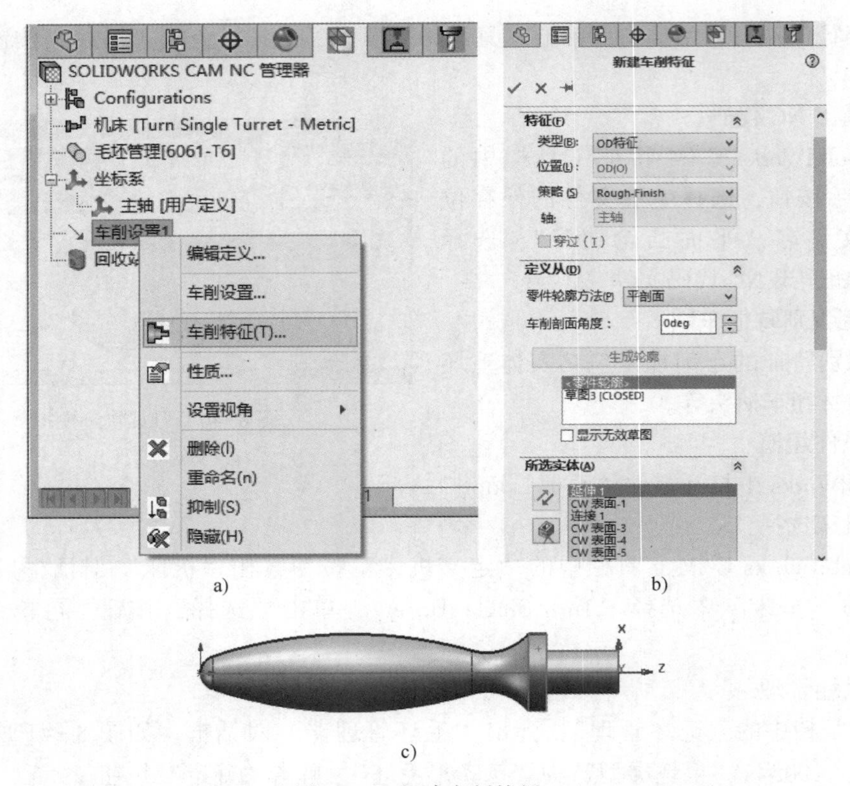

图 8-43　新建车削特征 1

a）选择“车削特征”命令　b）“新建车削特征”对话框　c）OD 特征 1

3）新建车削操作：如图 8-44 所示，右击设计树中的“OD 特征 1”，在弹出的快捷菜单“车削操作”→“精车”命令，如图 8-44 所示。弹出“新建操作：精车”对话框，如图 8-45 所示，选择“T03-0.4×55°菱形刀片”，单击“确定”按钮✔。弹出“操作参数”对话框，如图 8-46 所示，在“刀夹”选项卡的“方向”选项组中选中“右下”单选按钮，单击“确定”按钮。

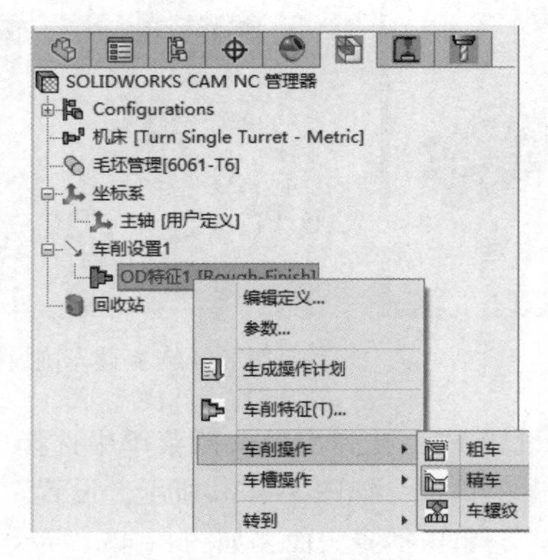

图 8-44　插入精车操作

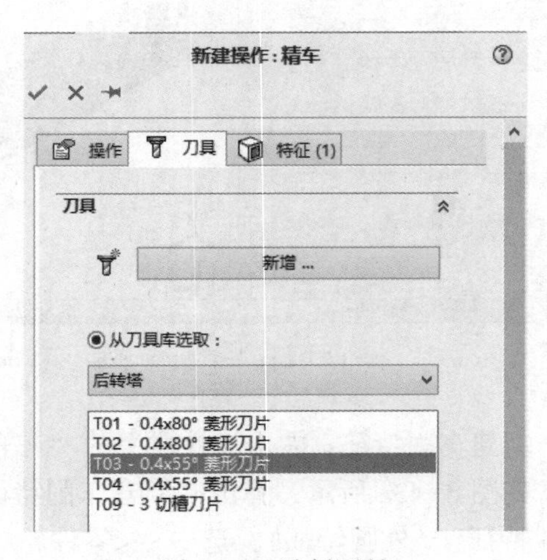

图 8-45　选择刀具

4）生成刀具轨迹：单击 SolidWorks CAM 特征工具栏中的“生成刀具轨迹”按钮，自动按操作计划生成刀具轨迹。

5）模拟刀具轨迹：单击 SolidWorks CAM 特征工具栏中的“模拟刀具轨迹”按钮，在弹出的“刀具路径模拟”对话框中，单击“模拟刀具轨迹”工具栏上的“播放”按钮观看车削过程模拟。

（5）车柄头

1）新建车削特征：单击切换到 SolidWorks CAM 的特征树，右击设计树中的“车削设置 1”，在弹出的快捷菜单中选择“车削特征”命令，弹出“新建车削特征”对话框，设“类型”为“OD 特征”（外圆特征），选中“<零件轮廓>”；单击柄头表面，如图 8-47 所示，单击“确定”按钮，创建“OD 特征 2”。

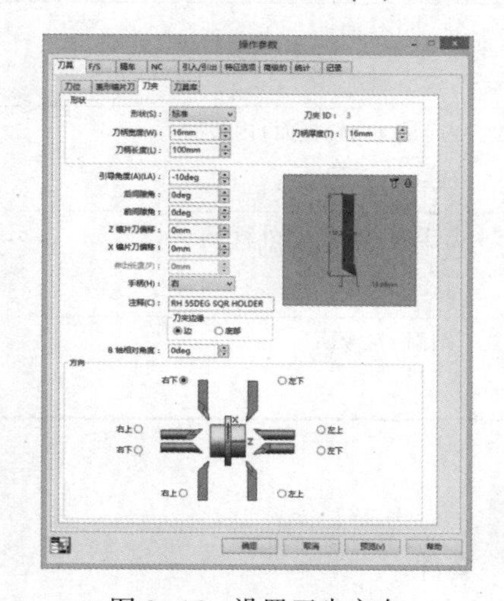

图 8-46　设置刀尖方向

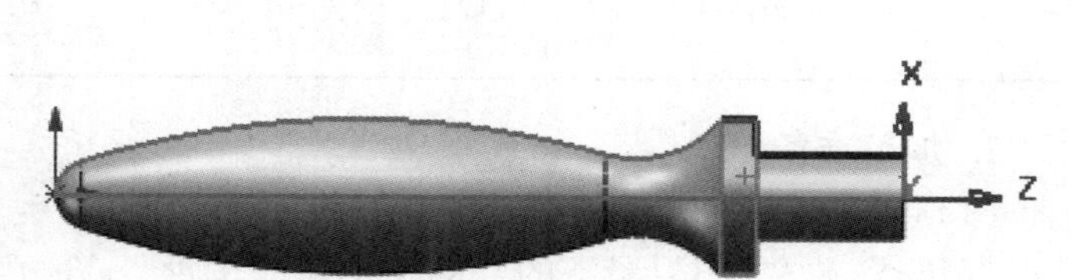

图 8-47　新建车削特征 2

2）新建精车 2 操作：右击设计树中的“OD 特征 2”在弹出的快捷菜单中选择“车削操作”→“精车”命令，弹出“新建操作：精车”对话框，选择“T03-0.4×55°菱形刀片”，单击“确定”按钮。弹出“操作参数”对话框，在“刀夹”选项卡的“方向”选项组选中“左下”单选按钮，单击“确定”按钮，新建精车 2 操作。

3）生成刀具轨迹：单击 SolidWorks CAM 特征工具栏中的“生成刀具轨迹”按钮，自动按操作计划生成刀具轨迹。

4）模拟刀具轨迹：单击 SolidWorks CAM 特征工具栏中的“模拟刀具轨迹”按钮，在弹出的“刀具路径模拟”对话框中，单击“模拟刀具轨迹”工具栏上的“播放”按钮观看车削过程模拟。

（6）模拟所有刀具轨迹

在 SolidWorks CAM 操作树中，右击“车削设置 1”，单击“模拟刀具轨迹”工具栏上的“播放”按钮观看所有车削过程模拟。

（7）输出 NC 代码

单击 SolidWorks CAM 特征工具栏中的“后置处理”，选择生成的文件的保存位置并输入文件名“平面凸轮加工”，单击“播放”按钮来输出 NC 代码文件。

8.3.2 辋钢整体车轮车削加工

铁路客车用辋钢整体车轮的 SolidWorks CAM 车削加工过程如下。

1. 加工分析

轧制后的毛坯车轮要经过切削加工才能达到车轮的尺寸精度、形位公差以及表面粗糙度的要求，具体流程如表 8-4 所示。

表 8-4 铁路客车用辋钢整体车轮 SolidWorks CAM 车削加工过程

序 号	工序名称	主要内容
1	加工准备	机床类型：车床 毛坯类型：草图旋转，草图：断面外偏 2 mm
2	镗轮毂孔	加工方向：默认。特征类型：ID 特征，位置：轮毂孔柱面 粗镗参数：特征选项中的端部长度 = 10 mm 精镗参数：特征选项中的端部长度 = 10 mm
3	车内侧面	加工方向：默认。特征类型：ID 特征，位置：内辋面+内辐板面+内毂面 槽粗加工参数：默认 槽精加工参数：默认
4	车外侧面	加工方向：反向。特征类型：ID 特征，位置：外辋面+外板面+外毂面 槽粗加工参数：默认 槽精加工参数：默认
5	车镟踏面	加工方向：反向。特征类型：OD 特征，位置：踏面+轮缘面 槽粗加工参数：默认 槽精加工参数：默认

2. 加工准备

（1）零件建模

打开<资源文件>目录下的“8\辋钢整体车轮 . sldprt” 文件。

（2）机床选择

单击 SolidWorks CAM 工具栏中的“定义机床”按钮，在“机床”对话框的“可用机床”列表中选择“Turn Single Turret”车床，单击“选择”按钮，再单击“确定”按钮。

（3）毛坯管理

双击“特征树”中的“毛坯管理”，弹出“毛坯管理器”对话框。如图 8-48 所示，在“毛坯类型”选项组中，选择“自旋转的草图”，在“可用草图”选项组中选择“毛坯草图”，单击“确定”按钮。

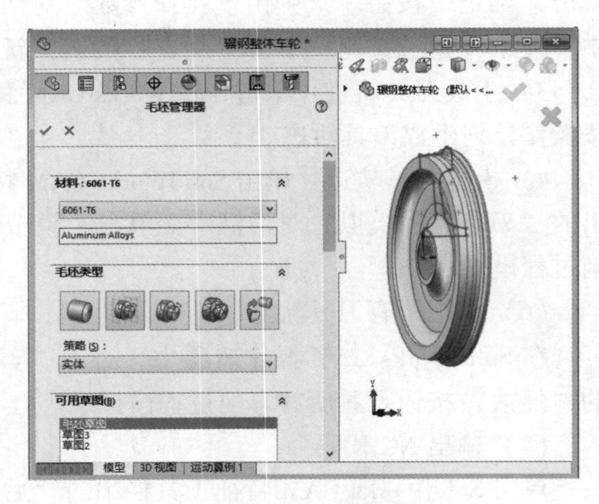

图 8-48 毛坯管理

3. 镗轮毂孔

（1）新建镗削轮毂孔设置

如图 8-49 所示，在 SolidWorks CAM 特征树中，右击“毛坯管理”，在弹出的快捷菜单中选择“车削设置”命令，单击“确定”按钮，默认加工方向，设计树中出现“车削设置 1”，右击更名为“镗轮毂孔”。

（2）提取镗轮毂孔特征

右击设计树中的“镗轮毂孔”，在弹出的快捷菜单中选择“车削特征”命令，如图 8-50 所示，弹出“新建车削特征”对话框，在“特征”选项组中选择“类型”为“ID 特征”，在图形区选择轮毂孔面，单击“确定”按钮✔创建“ID 特征 1”。

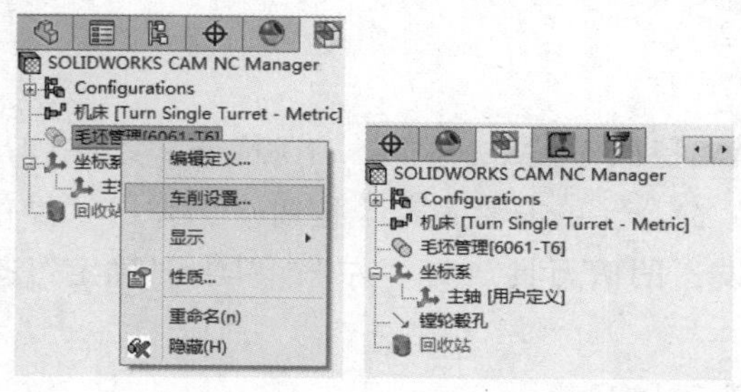

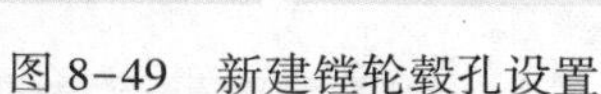
图 8-49　新建镗轮毂孔设置

图 8-50　新建镗轮毂孔设置

（3）新建粗镗加工操作

如图 8-51 所示，在 SolidWorks CAM 特征树中，右击“ID 特征 1”，在弹出的快捷菜单中选择“车镗操作”→“粗镗”命令，弹出“操作参数”对话框，设“特征选项”选项卡中的端部长度为 10 mm，单击“确定”按钮。

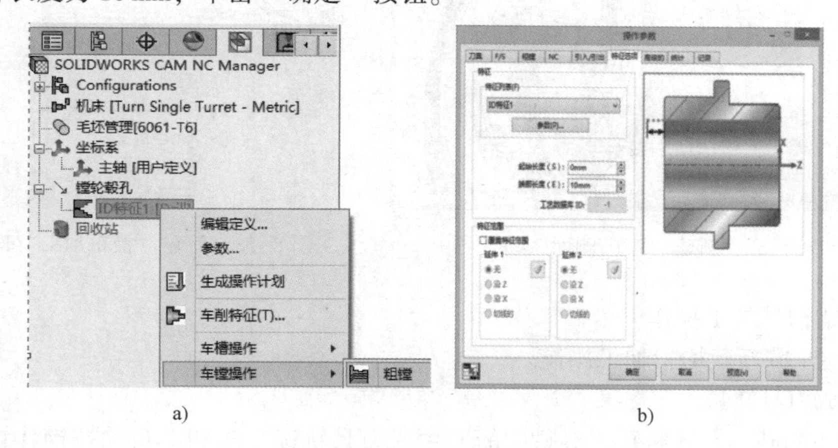

a)　　　　b)

图 8-51　新建“粗镗”操作

a）选择“粗镗”命令　b）操作参数

（4）新建精镗加工操作

重复上述步骤新建精镗加工操作。

（5）生成刀具轨迹

单击 SolidWorks CAM 特征工具栏中的“生成刀具轨迹”按钮，自动按操作计划生成刀具轨迹。

4. 车内侧面

（1）新建车内侧面设置

在 SolidWorks CAM 特征树中，右击“毛坯管理”，在弹出的快捷菜单中选择“车削设置”命令，单击“确定”按钮✔，默认加工方向，设计树中出现“车削设置 2”，右击更名为“车内侧面”。

(2) 新建车内侧面特征

在 SolidWorks CAM 特征树中，右击“车内侧面”，在弹出的快捷菜单中选择“车削特征”命令，弹出“新建车削特征”对话框，如图 8-52 所示，在“特征”选项组中选择“类型”为“ID 特征”，在图形区依次选择轮毂内端面+内辐板面+轮辋内端面，单击“确定”按钮，创建车削特征“ID 特征 2”。

(3) 新建槽粗加工操作

如图 8-53 所示，在 SolidWorks CAM 特征树中，右击“ID 特征 2”，在弹出的快捷菜单中选择“车槽操作”→“槽粗加工”命令，单击“确定”按钮，弹出“操作参数”对话框，切换到“槽粗加工”选项卡，设“凹槽刀具”为“左”，单击“确定”按钮，接受默认加工参数。

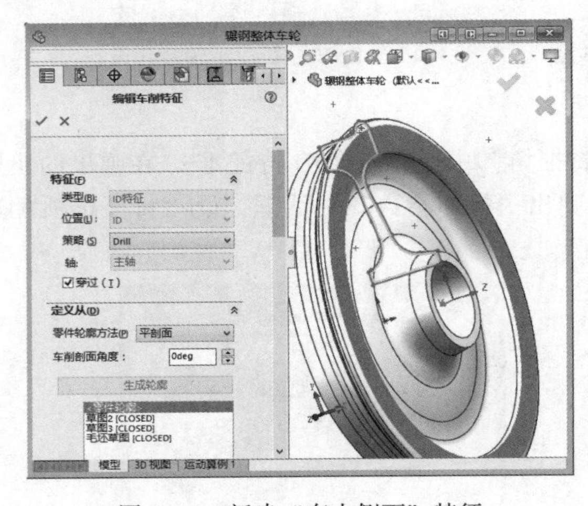

图 8-52 新建“车内侧面”特征

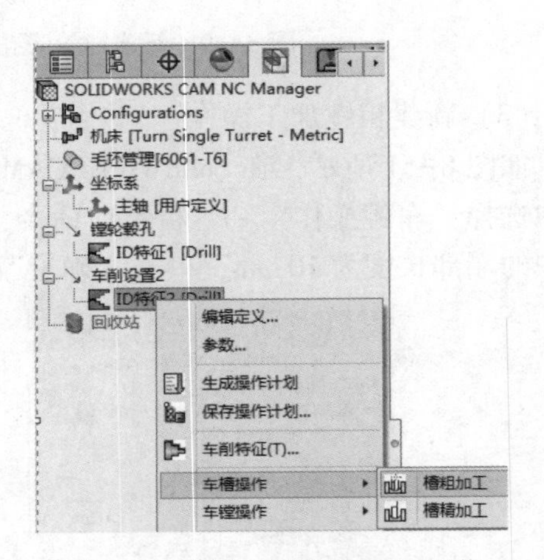

图 8-53 新建“槽粗加工”操作

(4) 新建槽精加工操作

重复上述步骤新建槽精加工操作。

(5) 生成刀具轨迹

单击 SolidWorks CAM 特征工具栏中的“生成刀具轨迹”按钮，自动按操作计划生成刀具轨迹。

5. 车外侧面

(1) 新建车外侧壳面设置

在 SolidWorks CAM 特征树中，右击“毛坯管理”，在弹出的快捷菜单中选择“车削设置”命令，如图 8-54 所示，在“车削设置”对话框的“设置方向”选项组中选择“反向”复选框，单击“确定”按钮，设计树中出现“车削设置 3”，右击更名为“车外侧面”。

(2) 新建车外侧面特征

在 SolidWorks CAM 特征树中，右击“车外侧面”，在弹出的快捷菜单中选择“车削特征”命令，弹出“新建车削特征”对话框，如图 8-55 所示，在“特征”选项组中选择“类型”为“ID 特征”，在图形区选择轮毂外端面+内辐板面+轮辋外端面，单击“确定”按钮创建车削特征“ID 特征 3”。

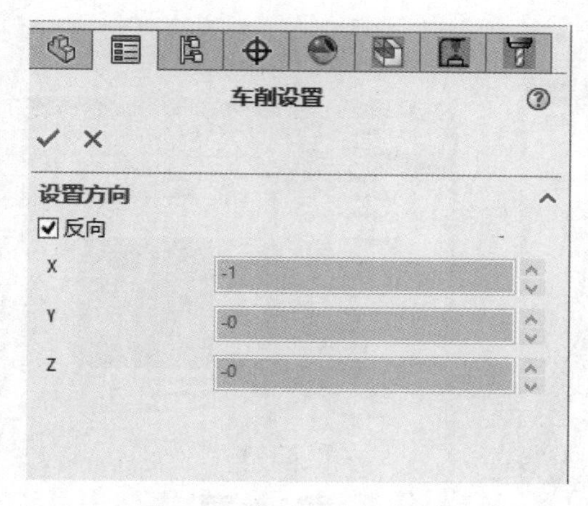

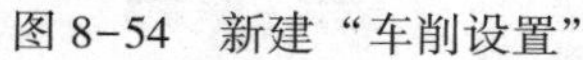
图 8-54　新建“车削设置”

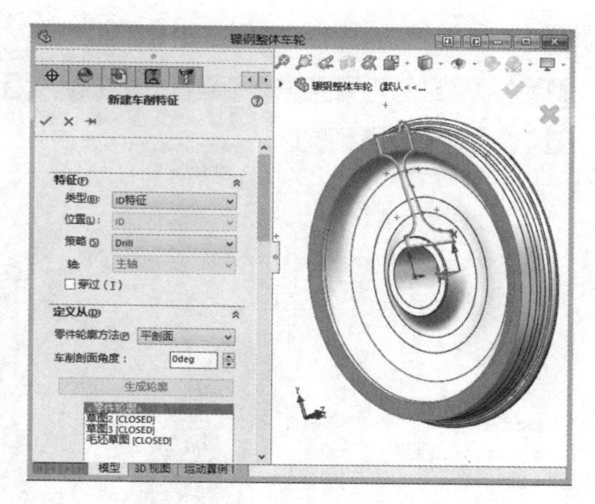

图 8-55　操作特征选择

（3）新建槽粗加工削操作

在 SolidWorks CAM 特征树中，右击“ID 特征 3”，在弹出的快捷菜单中选择“车槽操作”→“槽粗加工”命令，然后单击“确定”按钮，切换到“槽粗加工”选项卡，设“凹槽刀具”为“右”，弹出“操作参数”对话框，单击“确定”按钮，接受默认加工参数。

（4）新建槽精加工操作

重复上述步骤新建槽精加工操作。

（5）生成刀具轨迹

单击 SolidWorks CAM 特征工具栏中的“生成刀具轨迹”按钮，自动按操作计划生成刀具轨迹。

6. 车镟踏面

（1）新建车削设置

在 SolidWorks CAM 特征树中，右击“毛坯管理”，在弹出的快捷菜单中选择“车削设置”命令，在“车削设置”对话框的“设置方向”选项组中选择“反向”复选框，单击“确定”按钮，设计树中出现“车削设置 4”，右击更名为“车镟踏面”。

（2）新建车削特征

在 SolidWorks CAM 特征树中，右击“车镟踏面”，在弹出的快捷菜单中选择“车削特征”，弹出“新建车削特征”对话框，如图 8-56 所示，在“特征”选项组中选择“类型”为“OD 特征”，在图形区选择踏面+轮缘所有面，单击“确定”按钮，创建车削特征“OD 特征 1”。

（3）新建槽粗加工操作

在 SolidWorks CAM 特征树中，右击“OD 特征 1”，在弹出的快捷菜单中选择“车槽操作”→“槽粗加工”命令，在弹出的“操作参数”对话框的“刀夹”选项卡中，选中“方向”选项组中的“右下”单选按钮，如图 8-57 所示，单击“确定”按钮。

（4）新建槽精加工操作

重复上述步骤新建精车操作。

（5）生成刀具轨迹

单击 SolidWorks CAM 特征工具栏中的“生成刀具轨迹”按钮，自动按操作计划生成刀具轨迹。

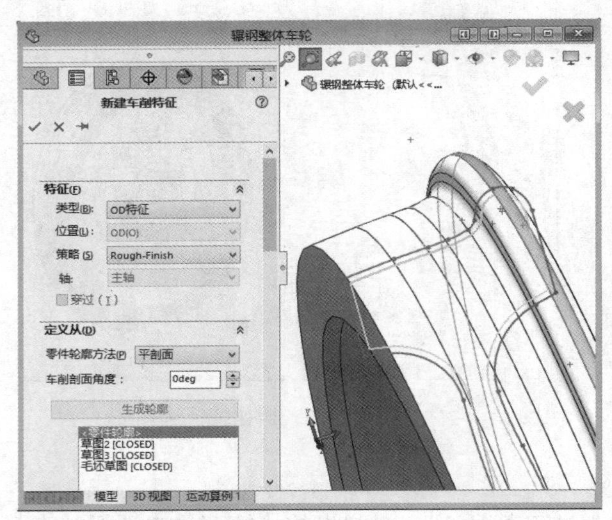

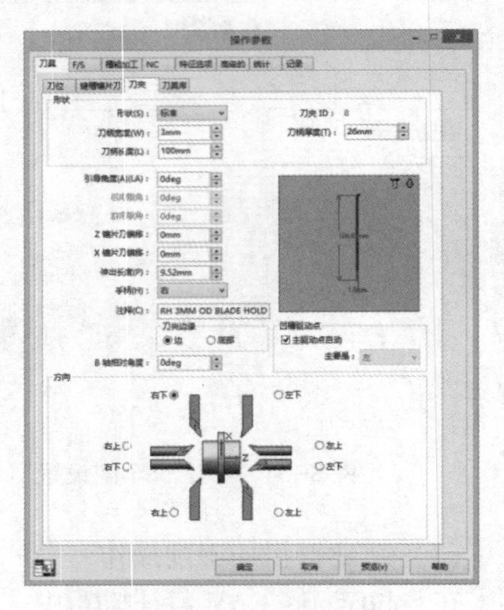

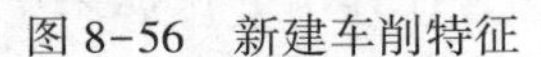

图 8-56 新建车削特征 图 8-57 刀尖方向设置

7. 后处理

1）模拟刀具轨迹

在 SolidWorks CAM 操作树中，右击“SolidWorks CAM NC Manager”，在弹出的快捷菜单中选择“模拟刀路轨迹”命令，如图 8-58 所示。在弹出“刀具路径模拟”对话框的“显示选项”选项组中，选择“四分之三”，单击“播放”按钮观看铣削过程模拟。

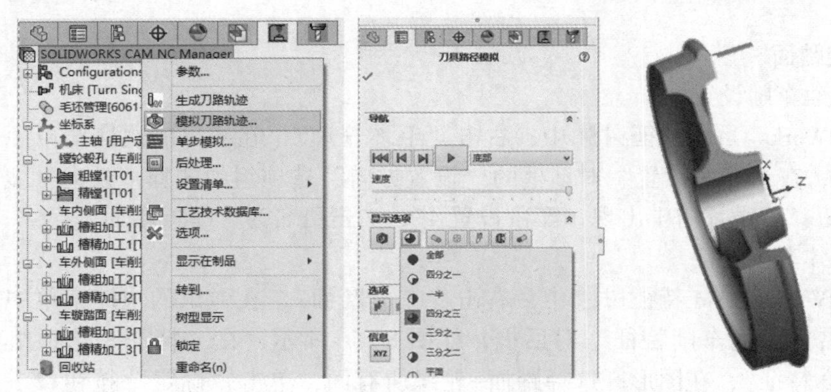

图 8-58 刀具路径模拟

2）输出 NC 代码

单击 SolidWorks CAM 特征工具栏中的“后置处理”按钮，自动为提取的加工特征生成操作计划，并显示在 SolidWorks CAM 操作树中。

习题 8

习题 8-1 完成以下问题。

1）简述数控编程的内容和步骤。SolidWorks CAM 的主要功能有哪些？

2）用交互式方法完成 8.1 节中槽型凸轮的槽铣加工。

习题 8-2　图 8-59 所示的两工件厚度均为 10 mm，编写外轮廓加工程序。

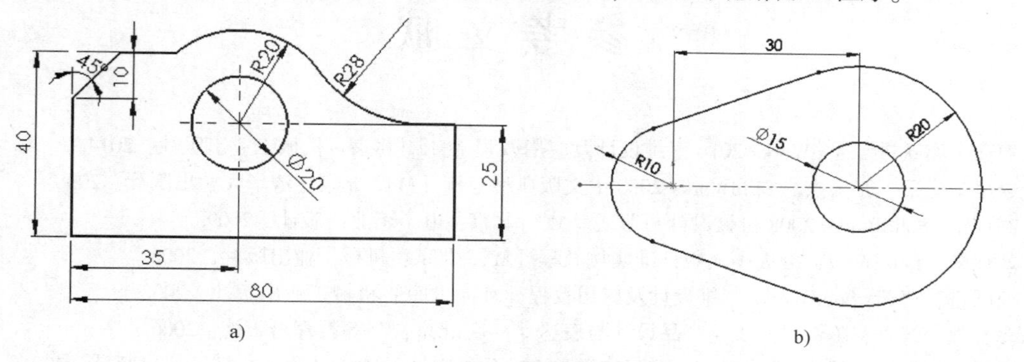

图 8-59　外轮廓加工

习题 8-3　编写图 8-60 所示的两零件的铣内腔程序。

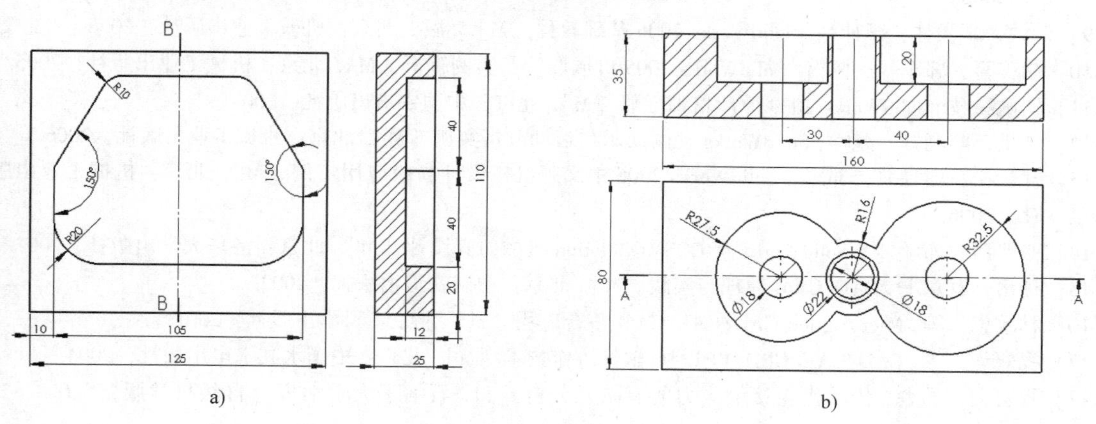

图 8-60　铣内腔

习题 8-4　利用<资源文件>目录下的“8\挖斜槽 . sldprt”和“挖斜槽毛坯 . sldprt”文件，完成图 8-61 所示零件的“Z 层”3 轴铣削操作。

习题 8-5　完成图 8-62 所示的齿轮轴的车削加工。

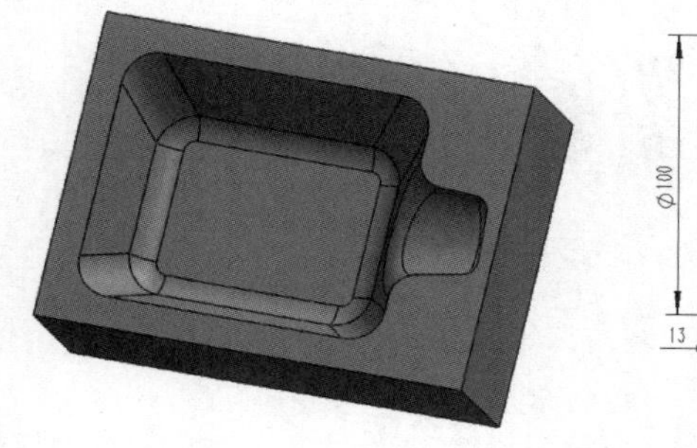

图 8-61　挖斜槽

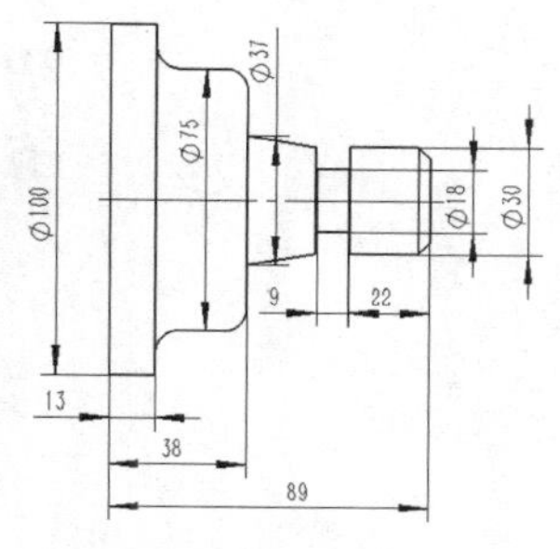

图 8-62　齿轮轴的车削加工

参考文献

[1] 曹茹，商跃进 . SolidWorks 2014 三维设计及应用教程 [M]. 北京：机械工业出版社，2014.

[2] 赵罘，王平，张云杰 . SolidWorks 2008 中文版典型范例 [M]. 北京：清华大学出版社，2008.

[3] 高广镇 . SolidWorks 2008 机械设计一册通 [M]. 北京：电子工业出版社，2009.

[4] 胡仁喜 . SolidWorks 2008 中文版标准实例教程 [M]. 北京：机械工业出版社，2008.

[5] 商跃进，曹茹 . SolidWorks 三维设计及应用教程 [M]. 北京：机械工业出版社，2008.

[6] 窦忠强，续丹，陈锦昌 . 工业产品设计与表达 [M]. 北京：高等教育出版社，2006.

[7] 江洪，陆利锋，魏峥 . SolidWorks 动画演示与运动分析实例 [M]. 北京：机械工业出版社，2006.

[8] 郑长松，谢昱北，郭军 . SolidWorks 2006 中文版机械设计高级应用实例 [M]. 北京：机械工业出版社，2006.

[9] 江洪，郦祥林，李仲兴 . SolidWorks 2006 基础教程 [M]. 2 版 . 北京：机械工业出版社，2006.

[10] 胡仁喜，郭军，王佩楷 . SolidWorks 2005 机械设计及实例解析 [M]. 北京：机械工业出版社，2005.

[11] 实威科技 . SolidWorks 2004 原厂培训手册 [M]. 北京：中国铁道出版社，2004.

[12] 江洪，陆利锋，魏峥 . SolidWorks 动画演示与运动分析实例 [M]. 北京：机械工业出版社，2006.

[13] 郑长松，谢昱北，郭军 . SolidWorks 2006 中文版机械设计高级应用实例 [M]. 北京：机械工业出版社，2006.

[14] 张晋西，郭学琴 . SolidWorks 及 COSMOSMotion 机械仿真设计 [M]. 北京：清华大学出版社，2007.

[15] 杨岳，罗意平 . CAD/CAM 原理与实践 [M]. 北京：中国铁道出版社，2002.

[16] 林政忠，等 . MicroStation CAD/CAE/CAM 整合应用 [M]. 北京：科学出版社，2001.

[17] 祝效华，等 . CAD/CAE/CPD/VPT/SC 软件协作技术 [M]. 北京：中国水利水电出版社，2004.

[18] 张宏文，吴杰 . 传动齿轮接触应力的有限元分析 [J]. 石河子大学学报（自然科学版），2008，26 (2)：238-240.

[19] 曹茹 . SolidWorks 2009 三维设计及应用教程 [M]. 北京：机械工业出版社，2010.

[20] 于惠力，冯新敏 . 连接零部件设计与实用数据速查 [M]. 北京：机械工业出版社，2011.

[21] 曹茹，商跃进 . 货车车轮制动热疲劳数值仿真分析 [J]. 中国工程机械学报，2012，8 (3)：269-273.